中 国 国 家 标 准 汇 编

417

GB 23429～23470
（2009 年制定）

中国标准出版社　编

中 国 标 准 出 版 社
北　京

图书在版编目（CIP）数据

中国国家标准汇编：2009 年制定．417：GB 23429～23470/中国标准出版社编．—北京：中国标准出版社，2010

ISBN 978-7-5066-6020-4

Ⅰ．①中…　Ⅱ．①中…　Ⅲ．①国家标准-汇编-中国-2009　Ⅳ．①T-652.1

中国版本图书馆 CIP 数据核字（2010）第 166536 号

中国标准出版社出版发行
北京复兴门外三里河北街 16 号
邮政编码：100045
网址 www.spc.net.cn
电话：68523946　68517548
中国标准出版社秦皇岛印刷厂印刷
各地新华书店经销
*
开本 880×1230　1/16　印张 37.75　字数 1 106　千字
2010 年 9 月第一版　2010 年 9 月第一次印刷
*
定价 220.00 元

ISBN 978-7-5066-6020-4

出 版 说 明

1.《中国国家标准汇编》是一部大型综合性国家标准全集。自1983年起，按国家标准顺序号以精装本、平装本两种装帧形式陆续分册汇编出版。它在一定程度上反映了我国建国以来标准化事业发展的基本情况和主要成就，是各级标准化管理机构，工矿企事业单位，农林牧副渔系统，科研、设计、教学等部门必不可少的工具书。

2.《中国国家标准汇编》收入我国每年正式发布的全部国家标准，分为"制定"卷和"修订"卷两种编辑版本。

"制定"卷收入上一年度我国发布的、新制定的国家标准，顺延前年度标准编号分成若干分册，封面和书脊上注明"20××年制定"字样及分册号，分册号一直连续。各分册中的标准是按照标准编号顺序连续排列的，如有标准顺序号缺号的，除特殊情况注明外，暂为空号。

"修订"卷收入上一年度我国发布的、修订的国家标准，视篇幅分设若干分册，但与"制定"卷分册号无关联，仅在封面和书脊上注明"20××年修订-1，-2，-3，……"字样。"修订"卷各分册中的标准，仍按标准编号顺序排列(但不连续)；如有遗漏的，均在当年最后一分册中补齐。需提请读者注意的是，个别非顺延前年度标准编号的新制定的国家标准没有收入在"制定"卷中，而是收入在"修订"卷中。

读者配套购买《中国国家标准汇编》"制定"卷和"修订"卷则可收齐上一年度我国制定和修订的全部国家标准。

3. 由于读者需求的变化，自1996年起，《中国国家标准汇编》仅出版精装本。

4. 2009年我国制修订国家标准共3 158项。本分册为"2009年制定"卷第417分册，收入国家标准GB 23429～23470的最新版本。

中国标准出版社
2010年8月

目　录

GB/T 23429—2009　船舶和海上技术　船队管理系统网络实施导则 …… 1
GB/T 23430—2009　城市轨道交通内燃调车机车通用技术条件 …… 23
GB/T 23431—2009　城市轻轨交通铰接车辆通用技术条件 …… 37
GB/T 23432—2009　三峡枢纽过坝江海直达货船尺度系列 …… 49
GB/T 23433—2009　三峡枢纽过坝载货汽车滚装船船型尺度系列 …… 53
GB/T 23434—2009　运输信息及控制系统　车载导航系统　通信信息集要求 …… 57
GB/T 23435—2009　电喷汽车喷油嘴清洗液 …… 83
GB/T 23436—2009　汽车风窗玻璃清洗液 …… 93
GB/T 23437—2009　汽车上光蜡 …… 113
GB/T 23438—2009　船舶维修保养体系检验导则 …… 135
GB 23439—2009　混凝土膨胀剂 …… 161
GB 23440—2009　无机防水堵漏材料 …… 175
GB 23441—2009　自粘聚合物改性沥青防水卷材 …… 183
GB/T 23442—2009　聚丙烯腈基碳纤维原丝结构和形态的测定 …… 195
GB/T 23443—2009　建筑装饰用铝单板 …… 211
GB/T 23444—2009　金属及金属复合材料吊顶板 …… 233
GB/T 23445—2009　聚合物水泥防水涂料 …… 255
GB/T 23446—2009　喷涂聚脲防水涂料 …… 267
GB/T 23447—2009　卫生洁具　淋浴用花洒 …… 277
GB/T 23448—2009　卫生洁具　软管 …… 297
GB/T 23449—2009　灰渣混凝土空心隔墙板 …… 307
GB/T 23450—2009　建筑隔墙用保温条板 …… 323
GB/T 23451—2009　建筑用轻质隔墙条板 …… 339
GB/T 23452—2009　天然砂岩建筑板材 …… 355
GB/T 23453—2009　天然石灰石建筑板材 …… 367
GB/T 23454—2009　卫生间用天然石材台面板 …… 379
GB/T 23455—2009　外墙柔性腻子 …… 389
GB/T 23456—2009　磷石膏 …… 397
GB/T 23457—2009　预铺/湿铺防水卷材 …… 407
GB/T 23458—2009　广场用陶瓷砖 …… 421
GB/T 23459—2009　陶瓷工业窑炉热平衡、热效率测定与计算方法 …… 429
GB/T 23460.1—2009　陶瓷釉料性能测试方法　第1部分:高温流动性测试　熔流法 …… 451
GB/T 23461—2009　成年男性头型三维尺寸 …… 457
GB/T 23462—2009　防护服装　化学物质渗透试验方法 …… 483
GB/T 23463—2009　防护服装　微波辐射防护服 …… 499
GB/T 23464—2009　防护服装　防静电毛针织服 …… 507
GB/T 23465—2009　呼吸防护用品　实用性能评价 …… 519
GB/T 23466—2009　护听器的选择指南 …… 531

GB/T 23467—2009　用假人评估轰燃条件下服装阻燃性能的测试方法 …… 542
GB/T 23468—2009　坠落防护装备安全使用规范 …… 555
GB/T 23469—2009　坠落防护　连接器 …… 567
GB/T 23470.1—2009　感官分析　感官分析实验室人员一般导则　第1部分:实验室人员职责 …… 577
GB/T 23470.2—2009　感官分析　感官分析实验室人员一般导则　第2部分:评价小组组长的聘用和培训 …… 587

ICS 35.240.60;47.020.99
U 07

中华人民共和国国家标准

GB/T 23429—2009/ISO 15849:2001

船舶和海上技术 船队管理系统网络实施导则

Ships and marine technology—
Guidelines for implementation of a fleet management system network

(ISO 15849:2001,IDT)

2009-03-23 发布　　　　2009-11-01 实施

中华人民共和国国家质量监督检验检疫总局
中国国家标准化管理委员会　发布

前　言

本标准等同采用 ISO 15849:2001《船舶和海上技术　船队管理系统网络实施导则》(英文版),包括其修正案 ISO 15849:2001/Amd 1:2003。

本标准等同翻译 ISO 15849:2001。

为便于使用,本标准做了下列编辑性修改:

——“本国际标准”一词改为“本标准”;

——删除了国际标准的前言和引言;

——删除了修正案 ISO 15849:2001/Amd 1:2003 的前言和引言;

——将修正案 ISO 15849:2001/Amd 1:2003 所增加的资料性附录 A,按 GB/T 1.1 的格式规定编排在标准正文与参考文献之间。

本标准的附录 A 是资料性附录。

本标准由中国船舶工业集团公司提出。

本标准由全国海洋船标准化技术委员会(SAC/TC 12)归口。

本标准起草单位:中国船舶工业综合技术经济研究院。

本标准主要起草人:康元、杨洪锋。

船舶和海上技术
船队管理系统网络实施导则

1 范围

本标准为船东和船队管理系统(FMS)操作者选择和执行网络管理服务提供概况和指南,它包括:

a) 一般基础设施的指南,包括宽带网络、数据传输服务;

b) 船上安装指南,包括应用程序的服务;

c) 陆上安装指南,包括应用程序、数据库工具。

本标准不涉及安全相关系统的要求,例如航海、无线电通信及船舶控制系统。

本标准不涉及与FMS相关的环境因素。

2 术语和定义

下列术语和定义适用于本标准。

2.1

应用程序 application program

计算机程序,执行一项与被控制程序有关而不是与计算机本身功能有关的任务。

2.2

应用程序接口 application program interface,API

一种软件工具,主要作为连接应用程序及其他网络组成软件的模块,也可为网络的其他组件提供连接。

2.3

黑箱测试 black box test

基于应用程序设计的测试,并不需要对其内程序结构的了解。

2.4

认证 certification

官方授权的正式批准过程,关于接收船舶的接收系统,及相关管理的数据的储存、传输,操作或者控制。

2.5

客户端/服务器数据库引擎 client/server database engine

商业数据库管理系统用于存储所有关键的船舶操作及配置信息。

2.6

客户端/服务器架构 client/server architecture

由服务器管理共享资源的计算机架构,向客户端提供对这些共享数据的访问服务。

2.7

计算机系统 computer system

一种功能单元,由一台或多台计算机及相关的软件构成,对所有或部分程序以及所有或部分执行程序所必需的数据提供的公共存储器。

2.8

容错性 fault tolerance

系统的内在能力,在发生有限数量的硬件或软件错误时,保证系统持续正常运行。

2.9

独立性　independent

相对于两个系统而言，当任意一个系统的任何部分发生故障的时候，另一个系统都应正常运行。

2.10

接口　interface

接口特性描述了不同实体之间的连接方式及规则。

2.11

陆基通信中继器　land-based communications hub

陆基计算机系统，提供多重海事卫星服务的统一接入以及公共电话网络、电子邮件和互联网的接入。

2.12

船舶地面站　ship earth station

为船载海事卫星服务工作的移动地面站。

2.13

软件　software

程序、过程、规则及关于计算机系统操作的文档。

2.14

交验　validation

对集成计算机系统(硬件及软件)进行测试和评估，确保满足功能、性能及接口的需求。

2.15

船载信息技术平台　ship information technology platform, SITP

包含软件、硬件系统、通讯系统及标准化程序的集成系统，为船舶系统提供标准化的公共服务。

2.16

验证　verification

确认数字计算机系统各阶段开发过程产生的结果是否满足前一阶段需要的过程。

2.17

白箱试验　white box test

对被测模块内部很了解才能制定测试计划的一种测试。

见黑箱测试(2.3)。

2.18

工作站　workstation

配置输入/输出(I/O)设备来执行任务的计算机及其相配套的视频显示器(监视器)。

3　缩略语

下列缩略语适用于本标准。

ANSI——American National Standards Institute，美国国家标准学会；

API——application program interface，应用程序接口；

CCITT——Consultative Committee for International Telegraghy and Telephony，国际电信电报咨询委员会；

CPU——central processing unit，中央处理器；

DAC——discretionary access control，辨别通道控制；

DBMS——data base management system，数据库管理系统；

FMS——fleet management system，船队管理系统；

FMSN——fleet management system network，船队管理系统网络；

IBS——integrated bridge systems，综合船桥系统；

IEV——international Electrotechnical Vocabulary，国际电工词汇；

LAN——local area network，局域网；

LITP——land-based information technology platform，陆基信息技术平台；

NMEA——National Marine Electronics Association，(美国)国家海洋电子协会；

NOS——network operation system，网络操作系统；

SITP——shipboard information technology platform，船载信息技术平台；

STEP——standard for the exchange of product data(ISO)，产品数据交换标准(ISO)；

UTC——Universal Time Coordinated，协调世界时；

VDU——visual display unit，视频显示器；

WAN——wide area network，广域网。

4 船队管理系统(FMS)网络架构

4.1 架构

FMS结构见图1。FMS基于广域企业网，包括数量不限的船载信息技术平台(SITP)，由一台或多台为航运业提供管理服务的陆基信息技术平台(LITP)组成。总体上，SITP确保多台船载计算机系统相互之间共享数据，并且与陆上管理部门或其他船舶进行通信。

FMS提供多组连接，分布处理，并在网络、计算机、工作站和外围设备之间进行电子数据交换。FMS还能维护在航行中提高生命安全性的数据库及计算机软件，在船舶/船队的整个生命周期中，适应外部环境以保证其有效运转。FMS可以结合卫星网关及陆岸通信中继站提供对陆基网络的访问，陆基网络包含电话线路、传真、电子邮件、互联网服务以及通过陆基站的卫星扩展服务。

4.2 网络设计

基础计算机网络默认支持FMS。FMS能够使节点和设备之间以电信号或光信号的形式发送和接收信息。该过程由通信协议保证，协议定义了硬件及软件所应遵守的规定。

4.3 网络管理

FMS是基于数个分布在世界各地的局域网(LAN)组成的广域网(WAN)，通过网桥及网关进行连续或间歇的无线通信。负责管理FMS的设施一般放置在陆上办公室。网络管理系统的主要任务是对网络上的操作进行监管和报告，网络可以由不同厂家的设备组成。

本标准的使用者有责任安全、健康、环保地进行操作，并确定不同规则设备的适用性。

4.4 网络安全

安全功能包括以下内容：

a) 数据保密性；

b) 数据完整性；

c) 数据验证；

d) 访问控制。

4.5 加密

SITP与LITP之间的无线电通信处于电子监控环境下，因此，明文传送的消息将被窃听和干扰。数据加密是对抗此类干扰最有效的方法，而且被应用于安全敏感性高的通信中。加密协议应采取不同算法，不同类型的数据应分别分配一种算法。加密程序的关键环节是对数据加密及数据解密的密钥控制(密钥管理系统)，该系统负责密钥的产生、应用、编码、分配及消毁。

4.6 数据库模型

数据库的维护及可用性是FMS的关键特性。每个SITP和LITP应保持单独的数据库。包括复制能力，各方应形成一体化的数据库管理系统，作为 SITP 或 LITP 设施的一部分。数据库管理系统(DBMS)应独立于核心管理软件。数据模型的概念包括：数据应以独立的格式构造，与应用软件相分离，而且，应用软件允许使用相同数据类型的程序之间进行数据交换。

4.7 数据库管理系统(DBMS)

4.7.1 一般要求

DBMS 支持以数字格式存储数据，并进行数据仓库管理：

a) 系统采集的数据持久性存储；

b) 根据指令、计划或事件驱动进行数据复制；

c) 多远程端信息集成；

d) 开放的数据连接；

e) 查询语句；

f) 并行/多用户；

g) 完整性检查；

h) 适用的数据模型的编译转换。

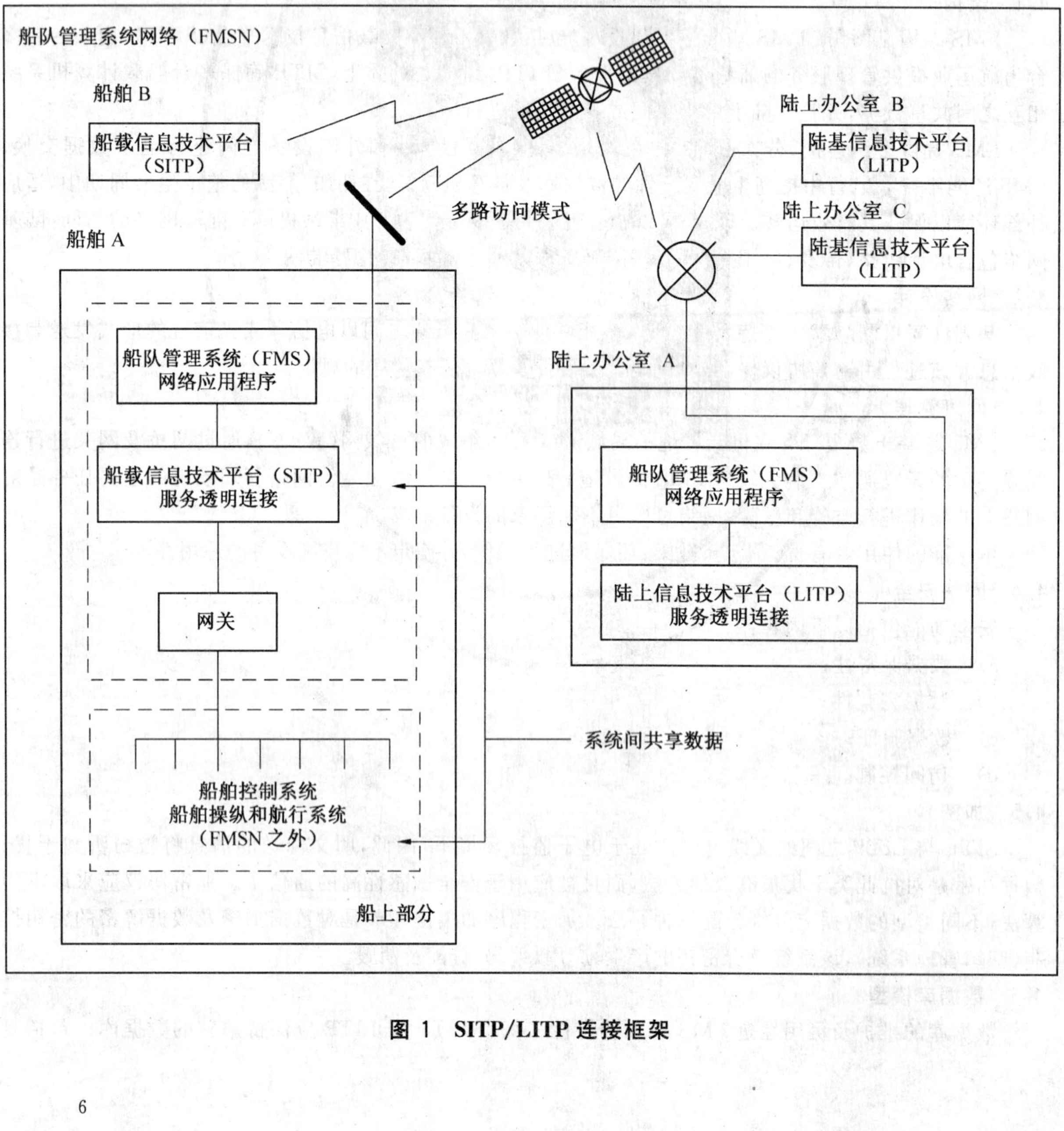

图 1 SITP/LITP 连接框架

4.7.2 数据库安全

DBMS应包含以下保护：

——不适当的访问；

——不适当的数据修改(确保数据完整)；

——不适当的拒绝访问。

应具有以下特性：

a) 操作完整性。该特性表明了事务的串行化及隔离特性。串行化是对相同的一系列事务同时运行或顺序运行将得到相同的结果。

b) 数据逻辑完整性——取值范围。

c) 责任和审计——对所有数据读写的记录。

d) 私密性——对就业、医疗信息的控制等。

e) 定界——程序间数据传送的控制。

5 船载信息技术平台(SITP)

5.1 概述

SITP对软件和硬件的要求是支持基于客户端/服务器模型的分布式计算机网络。通常，SITP将在回应单独的LITP方面做出优化。在SITP回应多个陆基平台时，应定义一个体系。SITP由计算机服务层和包含网络操作系统(NOS)和DBMS的下级系统服务程序层组成。

5.2 SITP数据采集服务

为了获取操作数据，SITP要与不同的船舶控制系统或数据采集单元进行通信。SITP数据采集服务负责服务器上与SITP兼容软件运行的有序注册、控制、审计及监控，并支持工作站的数据采集。SITP数据采集应提供这样一种框架：不同的控制系统以及数据采集单元可以自定义接口。来自控制系统的数据应存储在SITP的数据库中，而且可以被网络上的应用程序软件分析及诊断。这些数据同样能通过通信网络传输到陆基监视服务器上，通信网络使用网关来实现需要控制系统隔离的单向通信。SITP的一个关键目标是便于船舶系统之间的数据共享。

SITP数据采集服务允许船载的FMS从传感器或受保护系统的数据库中采集信息，受保护系统指导航及控制系统等。由于受保护系统对船舶的安全起着关键作用，进入此类系统需要通过防火墙，防火墙可以保证受保护系统的完整性。防火墙一般被认为是受保护系统的一部分，因此，需要遵守适当级别的监管要求。本标准不规定这方面的要求。

为了船队管理的需要，允许人工输入船舶信息，但是，不允许通过其他系统直接操作。

5.3 SITP执行服务

5.3.1 一般要求

标准的SITP执行服务见图2，它负责提供SITP所有的命令和控制。SITP执行者全权负责对SITP的监视和对作为平台服务器运行的分布式处理器的控制。SITP执行服务是一系列的服务，每个都负责特定的任务。SITP在高低级别的进程层之间提供了隔离及控制层。它利用一套结构化的应用程序接口(API)和内部通信通道进行消息交换。

可由SITP操作者提供的服务包括分别负责服务器上的SITP兼容软件进程的有序注册、控制、审计及监视，并支持工作站的特殊功能。所有通过SITP执行者进程管理的数据记录可以被所有SITP兼容进程获取。

5.3.2 进程管理

进程管理指启动、登录、暂停、恢复及停止一个进程。一个SITP进程可以是一个SITP内部进程、网络操作系统进程或者一个SITP兼容程序。进程管理程序与SITP兼容进程通过SITP的API相互进行接口操作，操作也依赖于进程管理数据库。SITP内的每一台实体计算机都拥有一个进程管理函数。所有的 SITP 进程都在进程管理数据库里面注册，它描述了进程的重要特性。SITP 应用程序可以得到所有的进程管理信息。

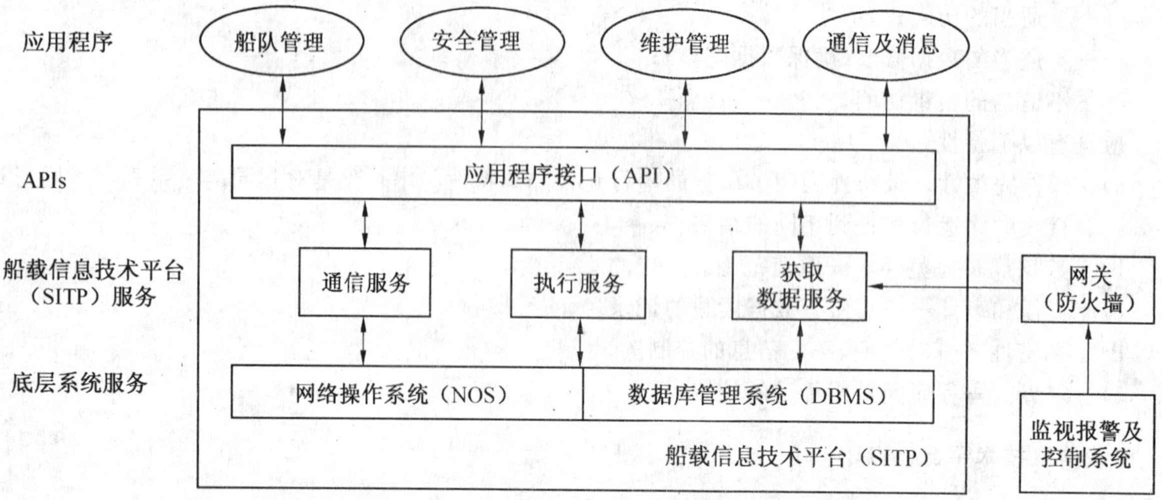

图 2　**SITP 架构**

5.3.3　消息管理

SITP 消息管理程序与 SITP 兼容进程通过 SITP 的 API 相互进行接口操作，API 使应用程序在 SITP 的 WAN 上的所有已注册实体间进行数据传输。这使得应用程序可以和其他的 SITP 应用程序相互发送和接收二进制数据。通信包括船对岸、船对船以及岸对船。消息管理程序应允许通信端点的有序分类。消息管理程序使用通信设备作为程序间消息传输的途径。消息管理程序提供的抽象通信允许将来使用其他的通信途径。

5.3.4　复制管理

SITP 的复制管理采用广义机制，允许 SITP 应用程序提供者建立在 SITP 环境下操作的分布式应用程序。该服务还可通过数据库软件提供，提供的服务如下：

a）　基于规则的分类。桌面级的在船舶与陆基系统站之间进行交换的配置分配。SITP 可以配置为在系统站之间以灵活间隔发送所有信息或选择部分信息发送。此外，再分配特性允许基于系统配置参数，向多站进行传输。

b）　分类控制机制。为保持数据完整性，需要强控制机制去串行化、记录以及存档所有的输入输出。故障恢复机制应对失败传输进行重发，或允许系统站之间进行同步完全刷新。发送及接收信息确认应在系统站之间传输，以确保数据完整性。

c）　批量分配。由于保持系统站之间的实时连接代价昂贵，所以平台支持交换以压缩包的形式批量分组传输。

5.3.5　日志管理

日志管理程序与 SITP 兼容进程通过 SITP 的 API 进行接口，并与记录管理数据库进行接口。一个本地或远程 SITP 兼容进程，允许向记录管理程序发送未经请求的事件进行处理。记录管理程序指导记录管理数据库存储历史事件。

5.3.6　配置管理

配置管理程序与 SITP 兼容进程通过 SITP 的 API 进行接口。请求特殊配置设定或请求改变设置设定。配置管理服务负责在请求时，更新配置数据库以及通知其他受配置更改影响的进程。

5.3.7　异常报告管理

异常报告管理程序与 SITP 兼容进程通过 SITP 的 API 进行接口，并与异常报告数据库进行接口。一个本地或远程 SITP 兼容进程允许向异常报告管理服务程序发送未经请求的特殊格式异常报告，并进行处理。管理服务程序在异常报告数据库中存储报告,数据库会被不同的监控系统访问或处理。

5.3.8 健康状态管理

健康管理程序在不间断的基础上用来检查所有 SITP 兼容进程当前的可操作性及有效性,并检查历史记录中的记录。本信息可由 SITP 兼容程序获取。

5.3.9 计划管理

SITP 计划管理程序与 SITP 兼容进程通过 API 进行接口,以确定程序将来运行的时间,既可以是一次也可以是循环的工作。应保存请求和执行进程的记录。兼容的应用程序应可以访问该数据,用于显示、报告审计或诊断等目的。程序计划可以根据多个标准来确定,如时间和日期,或一定的时间范围或引发的事件确定。程序计划也可以用一个循环程序来设定。

5.3.10 时间管理

SITP 时间管理程序与 SITP 兼容进程通过 API 进行接口,使应用程序可以与主时钟同步。它可以记录计算机实时时钟的时间漂移,并和远程系统运行时间标记同步。在船载系统中,分布式系统自主执行,事件同步是关键功能。时间管理程序负责维护主时钟并允许不同的 SITP 服务存取此信息。为了统一参照点,时间管理程序应在协调世界时(UTC)下操作。所有被 SITP 记录的信息都应包括国际认可格式的日期标记。SITP 同样应在有要求时,显示世界当地时间。

5.3.11 备份管理

SITP 备份管理程序与 SITP 兼容进程通过客户 API 进行接口,并与备份管理数据库进行接口。SITP 兼容进程可以执行备份进程,并向备份管理程序发送数据以便处理,并且此行为会被记录在备份管理数据库中。

5.3.12 性能管理

性能管理程序用来监测系统中任意特定实体的效率。利用 SITP 性能管理工具,进程可以对与程序相关的数据进行性能监测。此外,数据建模形式为:允许通用功能监测程序显示任意参与其中的被监测对象的性能数据。

5.3.13 企业管理

企业管理程序为执行系统内的若干服务程序提供了可以管理 SITP 系统的手段。企业管理程序通过 SITP 的 API 与 SITP 兼容进程进行接口,使其可以被远程用户使用。企业管理程序允许陆基站用户调用指定船舶的 SITP 进程。

5.3.14 本地管理

SITP 本地管理程序通过 SITP 的 API 与 SITP 兼容进程进行接口,并与本地管理数据库进行接口。SITP 兼容进程可以请求本地信息,诸如语言类型、整理顺序、数字及货币格式、系统消息、应用程序字符串以及其他的本地相关信息。

5.3.15 测试管理

SITP 测试管理程序通过客户 API 与 SITP 兼容进程进行接口,并与测试管理数据库进行接口。SITP 兼容进程可以请求测试执行或测试历史信息。

5.3.16 调试管理

SITP 调试管理程序通过客户 API 与 SITP 兼容进程进行接口,并与调试管理数据库进行接口。SITP 兼容进程可以向调试管理程序发送调试数据进行处理。调试管理程序可以在调试管理数据库中记录调试信息。

5.4 通信服务

5.4.1 一般要求

通信管理程序应向 SITP 服务器提供异步对话框来对远程及本地用户进行服务,SITP 服务器根据优先级对客户端请求进行排队、建立连接、确认接收以及满足查询,不应导致堵塞客户端或服务器。通信管理程序提供公共系统接口及支持,如 5.4.2 及 5.4.7 所述。

5.4.2 消息

消息是在FMS中,从任意工作站向其他任意工作站传送E-MAIL消息的能力,包括数字文件的附件。它利用LAN和WAN,包括因特网的接口。

5.4.3 数字数据传送

以手动或自动的方式在网络和工作站之间传输数字数据文件的能力。

5.4.4 数据复制

数据复制是指通过LAN和WAN登录远程站的数据库,保证以自动、清晰的方式完成数据库数据复制任务的能力。数据复制应分为三个级别:

a) 基于非对话的复制——事务的复制通过电子邮件或不受控制的文件进行交换。复制的结果不受监测。
b) 基于控制下的文件复制——所有事务的复制受到跟踪,并作为一批被远程站点确认收悉。具有恢复以及"重发"丢失了的批次的功能。记录被激活可以进行核查以确认复制的完整可靠。
c) 基于对话的复制——复制处理由数据库本身管理,它保证复制的完整(仅在高速数字链接下可使用),建议使用记录和核查机制。

5.4.5 数据合并及压缩

数据合并是将发送到单独地址的数据进行合并,以允许通过一个文件发送多条消息,包括接收终端的软件进行拆解及分配发送。发送的文件需要压缩,以节省数据传输时间。

5.4.6 延续和日志

延续是当传输在中途失败时,从中断点自动接续发送的能力。为便于审计,应自动记录传输过程。

5.4.7 传输媒介

数据通信应能使用多种通信方式,包括:

a) 卫星通信;
b) 无线电通信;
c) 移动电话。

5.5 SITP底层系统服务

5.5.1 网络操作系统(NOS)

NOS支持下列各项服务,且对使用者应透明:

a) 设定系统服务初值;
b) 允许应用程序通过网络;
c) 允许多用户访问程序、数据库和文件服务;
d) 允许多用户访问系统硬件设备;
e) 文件及打印服务——远程访问、读取、写入、下载、上传;
f) 独立网络入口——访问远程系统的能力;
g) 网络管理。

5.5.2 安全管理

安全管理提供了完整的跨平台安全系统(包括网络操作系统和符合应用程序),包括:

a) 选择访问控制,用户可以保护自己的对象;
b) 命令访问控制,用户可以在获得许可后,对对象进行读写操作;
c) 将安全内核从非关键系统中独立出来(限制对操作系统的访问);
d) 用户验证/识别授权访问资源,禁止通过;
e) 对管理员级别登录的配置及文件系统资源访问限制;
f) 对安全相关的交易/登录进行审计和记录,对对象的读或写操作,注销。

5.5.3 病毒防护

由于 SITP 与陆基系统相连接，防止意外或随意暴露于有害入侵环境中是非常重要的，例如通过 E-MAIL或文件传输产生的入侵。防护措施至少包括：

a) 程序病毒扫描软件；

b) 便携式光盘控制。

5.5.4 SITP 系统坚固性

SITP 应具备硬件和软件错误检测与报告机制。同时，还应提供出错后的恢复机制，这些机制包括：

a) 自动检查和报告内存错误；

b) 断电后自动复位和重新开机。

6 陆基信息技术平台(LITP)

6.1 一般要求

LITP 是 FMS 的控制与通信中心。它为计算和通信服务提供必需的基础设施(软件和硬件)，以便管理 SITP 的 WAN 和辅助陆上设施。其结构轮廓根据船队的规模及管理、扩展和优化的需要复制 SITP。

NOS 和 DBMS 即 LITP 的底层系统，应提供与 SITP 对应服务相同的功能，这些服务要求见 6.2～6.5。

6.2 数据获取服务

典型的 LITP 不需要从控制系统获取数据。

6.3 执行服务

LITP 数据管理功能包括依据其指令从多个 SITP 中获取、处理和贮存运营数据。它同样也可以从其他相关岸上数据源或其他数据源中获取数据。它对 SITP 或 LITP 的数据流进行检查。

6.4 通信管理

通信管理支持访问陆上线路的通信中继器，陆上线路包括电话线路、远程传真机、E-MAIL、移动电话和地面站等。

6.5 配置管理

LITP 的配置管理用于回应 WAN(即 SITP 和辅助岸上平台)及本地网络的重构请求。

7 应用程序接口(API)

7.1 概述

第三方应用程序使用 SITP/LITP 服务时，需要调用 API。

7.2 应用程序接口概况

一个 API 是一组将各种软件组件与网络相连接的规定(见图 3)，是一个软件编程过程，可作为一个构件以便程序与其他网络软件之间的连接，也可以提供与网络的其他单元的连接。网络操作系统的功能是控制共享资源和建立程序间的交流。在无共同特性的多个主网络中，API 提供的连接用于以下功能：

a) 使系统平台对编程语言和应用程序的开发环境透明；

b) 为外部操作系统提供连接；

c) 为外部网络提供连接；

d) 为分布式对象提供透明环境。

应用程序			
API			
数据库	网络操作系统	客户端操作系统	图形用户界面
网络			

图 3 API 连接概念示意

7.3 API 应用程序

API 应用程序有以下两种:

a) SITP/LITP 兼容的顾客应用程序;

b) SITP/LITP 系统应用程序。

顾客应用程序是指所有运行在平台上提供便于公共服务的程序。一个 SITP/LITP 系统应用程序的目的是显示 FMS 数据以及输出系统功能。例如,在平台上运行的顾客应用程序可能是“进程管理”,运行平台控制应用程序的启动、关闭等操作。相对应的系统应用程序允许用户查看及控制管理进程。一个系统应用程序同时也可以是 SITP/LITP 的顾客应用程序。

这两种类型的应用程序,都具有通过 API 访问平台的功能。

7.4 API 实现层次

7.4.1 一般要求

API 服务可以以不同层次实现。为了应用程序软件访问 SITP 服务,API 使第三方应用程序软件变得容易。SITP 兼容软件实体允许与平台无缝集成。基于 SITP 服务的使用范围,可以有四个相容层次(见 7.4.2~7.4.5)。

7.4.2 层次 1

a) 进程管理;

b) 日志管理;

c) 消息管理;

d) 复制管理;

e) 配置管理;

f) 备份管理。

7.4.3 层次 2

在层次 1 上增加:

a) 健康状态管理;

b) 警告管理(异常报告管理);

c) 计划管理。

7.4.4 层次 3

在层次 2 上增加:

a) 时间管理;

b) 调试管理;

c) 性能管理。

7.4.5 层次 4

在层次 3 上增加:

a) 测试管理;

b) 企业管理;

c) 本地化管理。

8 系统硬件

8.1 一般要求

为SITP和LITP选择系统硬件应考虑的相关因素包括：FMS支持的应用程序的特性及危急程度、设备运行所处的环境。本标准不包括特殊硬件要求。

8.2 通信总线

通信总线为通信软件和不同的船载收发器之间提供物理接口，船载收发器包括卫星通信、标准的中长距离无线电通信、移动电话通信及其他通信等。

9 容错性

9.1 一般要求

每个FMS设施的容错级别应由系统支持的应用程序的危急程度决定。

9.2 稳定性

FMS应设计得尽可能稳定。

设计应考虑到系统崩溃时易于恢复。

如果系统崩溃，FMS应不需要操作者进行复杂的设备重构。

10 验证及检验

10.1 一般要求

为证明设计可靠性的满意程度，设备的制造、安装和FMS的系统组成需经过论证。总体上，论证由一系列的认证、验证、检验、测试和试验组成。

10.2 基本测试原理

测试应具有分级特性，从设备单元级到集成系统级，最后到安装环境的最终用户测试。

10.3 系统硬件测试

确保系统的所有部分不会遭受过应力，例如操作或测试中的电压突变。

确保系统组件在组件变化、参数变化和瞬时变化条件下，符合与标称的电气兼容有关的其他设计条件。

确保运行温度处于安全范围。

10.4 局域网软件评价

根据本标准，软件评价指验证和检验FMS软件的方法。

验证注重功能设计；检验注重系统是否满足要求。

与硬件相比软件很难测试，它不会磨损、不存在离散参数操作，因此，测试主要是定性的、推理的。此外，冗余并不是有效的备份。

软件产品的验证和检验应在单独的产品和集成系统上进行。每个产品和集成系统都应制定软件验证和检验的测试计划，而且SITP和FMS基础设施应依照该计划测试。总体而言，在开发中，软件测试归纳为以下三点：

a) 单个模块的单元测试独立于逻辑性和接口特征校验，这在目前的软件开发中已经实现；
b) 按照设计条件进行不同单元之间的集成测试，以验证互操作性；
c) 整个系统的检验测试应在完全配置好硬件的状态下测试软件部分的所有特征，完全配置好硬件的状态是指工作在正常操作环境下，且不存在任何模拟部分。

10.5 测试和试验

10.5.1 单元测试（α测试）

单元测试是白箱测试，需要测试单独模块加上隔离的模块以验证逻辑性和接口特征。该测试着重于协议的底层，应在程序允许设计后马上进行。

10.5.2 集成测试

集成测试是白箱测试，目的是将不同层整合到一起集中进行测试。

10.5.3 终端用户(接收)测试

10.5.3.1 一般要求

终端用户测试是完整的系统测试，包括软件、硬件、通信连接和网关。它们应安装或在模拟环境(模型机)下进行。对于FMS，通常包括至少一个SITP和一个LITP。该测试是黑箱测试，所需的测试项目见10.5.3.2～10.5.3.6。

10.5.3.2 装载和压力测试

本测试证实系统可在满负荷状况(内部及外部通信)下运行。

10.5.3.3 安全测试

本测试通过重复尝试击破安全控制来找到系统的薄弱环节。

10.5.3.4 性能测试

本测试运行所有的软件应用程序、通信连接和数据库管理系统。

10.5.3.5 硬件兼容性测试

本测试确定超过需要的硬件资源(内存、硬盘空间、速度等)容限。

10.5.3.6 配置测试

本测试用来确定系统如何回应软硬件所需的替代配置。

11 质量计划

11.1 一般要求

设计、开发、修改、复制和安装应符合文件化的质量计划。质量计划应说明执行和接受11.2要求的范围。

11.2 计算机服务的设计与测试

计算机服务的设计与测试应确保：

a) 应满足应用程序的需求，需求可包括法定和船级要求；

b) 设计文件应指出可被所有级别追踪的特殊需求；

c) 应清楚地定义和标识模块接口及相关性；

d) 内存容量的判断，CPU和带宽是可靠的，并且可支持硬件选择；

e) 测试过程的定义和执行与设计过程同时进行；

f) 文件受正式审查的约束。

12 操作和维护

系统设计应包含使整个系统完善的有关操作和维护方面的完整计划，其中包括与系统测试有关的应用业务操作手册。维护计划应确定用于系统所必需的维护规程和应用程序参考手册。

13 人机界面

13.1 一般要求

SITP和LITP的用户界面设计应参考已发布的标准。

FMS网络的操作和可用性应简单，且不需要复杂操作。

13.2 视频显示器(VDU)

13.2.1 在所有操作条件下的照明，应在操作位置很容易阅读或辨认文本和图像的尺寸、颜色、对比度和密度。打印字样应设计为国际公认的简单的、明确的式样。

13.2.2 VDU页面应采用标准格式，信息和功能区显示风格应协调一致。

13.3 屏幕图像分页

13.3.1 应提供概述页面来解释页面系统。

13.3.2 每个页面在屏幕上应有特殊的识别标记。

14 培训和资料

14.1 一般要求

14.1.1 为了实现FMS软件和硬件的功能，应对操作人员进行培训。为实现在船上对船队管理系统操作的及时性，强调对操作人员在操作和维护系统方面进行深入培训。

14.1.2 本标准包含FMS操作的正式培训。

14.1.3 对管理员和用户应有步骤地进行培训，并检查他们对于FMS操作的了解程度。包括FMS相关子系统指令、网络管理功能、船舶地面站和陆上通信中继站。培训大纲至少应包括以下内容：

a) 局域网的管理；

b) 广域网的管理；

c) 客户服务系统；

d) 网络操作系统；

e) 所有安装的硬件；

f) 维护和修复；

g) 有关电信规则；

h) SITP和FMS的管理；

i) 数据库管理。

14.2 资料

14.2.1 资料是用来帮助理解信息系统结构、使用信息系统及其组件的文件。系统文档是描述及信息系统需求、能力、限制、设计、操作的文件。两者的定义都与本标准的应用相关。

14.2.2 SITP用户文档应以教程形式表现，应包括所有准许操作的详细介绍和适用于船员进行系统调整和维护的内容。

14.2.3 SITP管理文档除用户文档以外，还应包括管理系统完整的参考资料。

附　录　A
（资料性附录）
应用程序接口(API)应用于 SITP 和 LITP 时的软件设计规范示例

A.1　范围

本附录适用于应用 SITP 和 LITP 时的 API 软件设计。

本附录的概念基于 CORBA 的应用，CORBA 作为分布式对象模型的规范在 A.2.3 中描述。

A.2　术语和定义

下列术语和定义适用于本附录。

A.2.1

获得数据列表　acquire data list

在指定服务器上从数据库中获取数据列表的操作。

A.2.2

获得船舶信息　acquire ship information

对指定服务器进行的查询操作。

A.2.3

公共对象请求代理体系结构　Common Object Request Broker Architecture，CORBA

对象管理集团定义的分布式对象模型的标准。

A.2.4

数据库服务器　database server

一个工作站，当数据库在该工作站建立时，与其安装的 LITP 系统和 SITP 系统体制无关。

A.2.5

接口说明语言　Interface Definition Language，IDL

定义每个操作接口的语言。

注：CORBA 隔离语言的主要工具。

A.2.6

接口说明语言框架　IDL skeleton

当 CORBA 用于用户、客户端和服务器进行通信时，服务器端（API 的一部分）提供应用程序直接操作的程序。

A.2.7

接口说明语言存根　IDL stub

当 CORBA 用于用户、客户端和服务器通信时，访问服务器端进行操作的客户程序在客户端存入的相应通信伪对象（API 的一部分）。

A.2.8

命名服务　naming service

CORBA 提供的公共参考服务。

注：命名服务对应于对象查询，与对象名称在网络中的位置相关。

A.2.9

命名服务接口　naming service interface

进行命名服务应用时，根据用户程序请求调用 API 进行一系列处理的程序。

A.2.10

对象管理工作组　Object Management Group,OMG

确定程序开发技术基础的国际标准组织。这里的程序特指在分布式对象结构和与硬件无关的环境中的应用程序。

A.2.11

对象请求代理　Object Request Broker,ORB

负责存根和框架之间通信的软件。

A.2.12

读取数据　read data

在指定服务器的数据库中读取指定资料的操作。

A.2.13

用户应用程序　user application

FMSN用户基于LITP安装系统所具有的功能性要求在FMSN上建立的计算机程序。

注:FMSN服务器具有获得操作管理信息和(或)船舶管理信息的功能。

A.2.14

用户应用程序接口　user-application interface

以API方式开放API端和用户应用程序端的接口。

注:本接口见A.4.1.2、A.4.3.2,定义了4类操作(读取数据、写入数据、获取数据列表和获取船舶信息)。

A.2.15

写入数据　write data

在指定服务器的数据库中写入特定资料的操作。

A.3　目标

见7.2。

在设计API软件时,应考虑下列目标:

a)　使系统平台对应的编程语言和开发环境明晰;

b)　为外部操作系统提供连接;

c)　为外部网络提供连接;

d)　为分布式对象提供明晰环境;

e)　在用户程序和API之间提供简单接口;

f)　用数据交换的通用方法,提供用于应用程序和API之间进行通信的信息的数据结构。

A.4　软件配置

A.4.1　陆基信息技术平台(LITP)

A.4.1.1　说明

LITP软件配置见图A.1被虚线包围部分。

A.4.1.2　API软件数据块

——用户程序接口

用户程序调用操作的需要。

——读取数据

为读取数据,调用操作程序访问IDL存根数据块。

——写入数据

为写入数据,调用操作程序访问IDL存根数据块。

——获取数据列表

为获取数据列表,调用操作程序访问 IDL 存根数据块。

——获取船舶信息

为获取船舶信息,调用操作程序访问 IDL 存根数据块。

——命名服务接口

调用 ORB 提供的命名服务并分配服务器的引用。

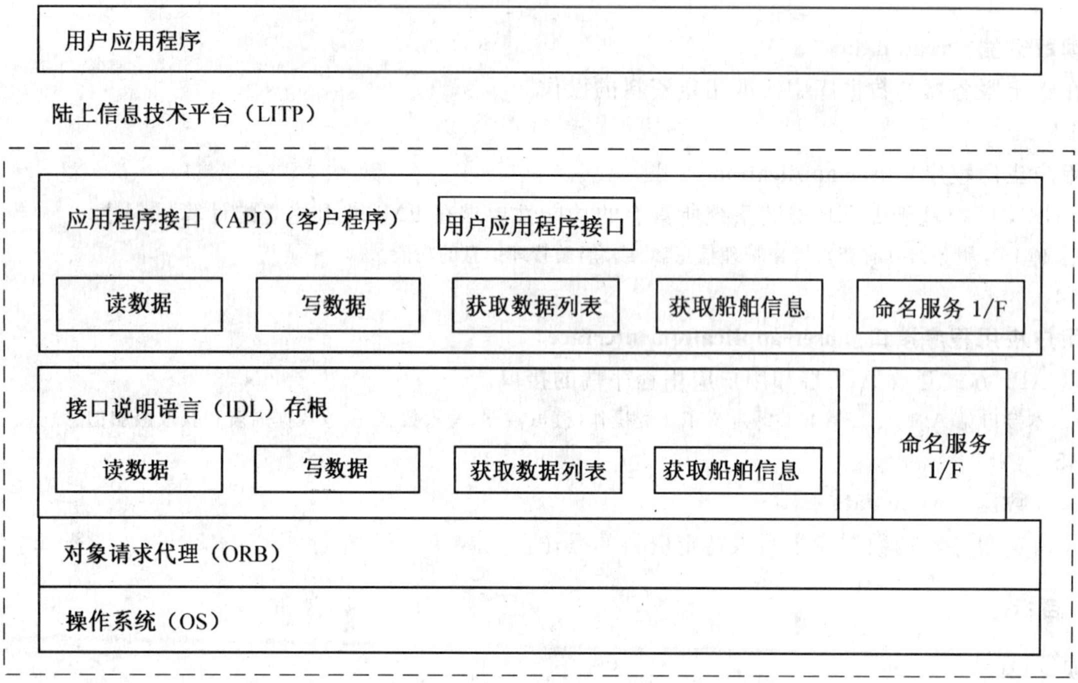

图 A.1　安装 LITP 系统的软件结构示例

A.4.1.3　IDL 存根数据块

——读取数据

调用操作程序,将服务器(安装 SITP 的系统)上的数据读入 ORB。

——写入数据

调用操作程序,将服务器(安装 SITP 的系统)上的数据写入 ORB。

——获取数据列表

调用操作程序,从服务器(安装 SITP 的系统)向 ORB 获取数据列表。

——获取船舶信息

调用操作程序,从服务器(安装 SITP 的系统)向 ORB 获取船舶信息。

A.4.1.4　命名服务

此服务需要服务器的对象引用(安装 SITP 的系统或在工作站网络上)。

A.4.2　船载信息技术平台(SITP)

A.4.2.1　说明

SITP 软件配置见图 A.2。

A.4.2.2　API 服务器数据块

——读取数据

数据读取操作需要从安装 LITP 的系统客户端接收数据,然后传送到客户程序。

——写入数据

数据写入操作需要从安装 LITP 的系统客户端接收数据，然后传送到客户程序。

——获取数据列表

获取数据列表操作需要从安装 LITP 的系统客户端接收数据，然后传送到客户程序。

——获取船舶信息

获取船舶信息操作需要从安装 LITP 的系统客户端接收数据，然后传送到客户程序。

图 A.2　安装 SITP 系统的软件结构示意

A.4.2.3　API 客户程序数据块

——用户程序接口

将用户程序的需要传送到服务器，然后调用操作。

——读取数据

调用 IDL 存根数据块中数据读取操作访问程序。

——写入数据

调用 IDL 存根数据块中数据写入操作访问程序。

——获取数据列表

调用 IDL 存根数据块中获取数据列表操作访问程序。

——获取船舶信息

调用 IDL 存根数据块中获取船舶信息操作访问程序。

——命名服务接口

调用 ORB 提供的命名服务操作，并获取服务器的对象引用。

——调用 IDL 框架

每种操作的需求被传送到 API 服务程序，操作从装配 LITP 的系统客户程序分配。

A.4.2.4　IDL 存根数据块

——读取数据

调用操作程序，将数据库服务器上的数据读入 ORB。

——写入数据

调用操作程序，将数据库服务器上的数据写入 ORB。

——获取数据列表

调用操作程序，从数据库服务器向 ORB 获取数据列表。

——获取船舶信息

调用操作程序，从数据库服务器向 ORB 获取船舶信息。

A.4.2.5　命名服务

为数据库服务器获取对象引用。

A.4.3　数据库服务

A.4.3.1　说明

数据库软件配置如图 A.3 所示，被虚线包围。

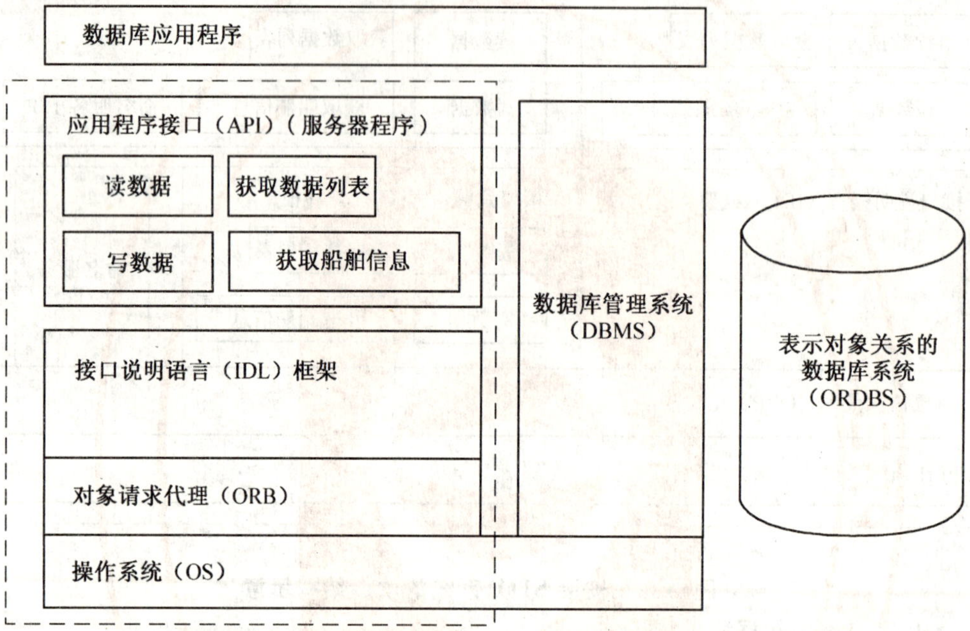

注：ORDBS 表示对象关系的数据库系统。

图 A.3　数据库服务器软件结构举例

A.4.3.2　服务程序块

——读取数据

请求从数据库读取数据，将读取的数据从客户端转移到用户程序的操作。

——写入数据

请求向数据库写入数据，将写入的数据从客户端转移到用户程序的操作。

——获取数据列表

请求从数据库获取数据列表，将获取的数据列表从客户端转移到用户程序的操作。

——获取船舶信息

请求从数据库获取船舶信息，将获取的船舶信息从客户端转移到用户程序的操作。

A.4.3.3　IDL 框架

从客户程序传送操作请求到 API 服务程序。

A.5　软件数据块功能

为方便起见，在本附录中，假定在 LITP 和 SITP 上发送和接收 FMSN 数据的操作仅由来自 LITP 的客户请求引发。

对于安装 SITP 的系统，可以实现将请求传送到服务器数据库的客户端功能和安装 LITP 的系统接收请求的服务器功能。服务器工作站并不总是拥有 FMSN 数据的控制权。

一个系统操作时间进程示例见图 A.4。

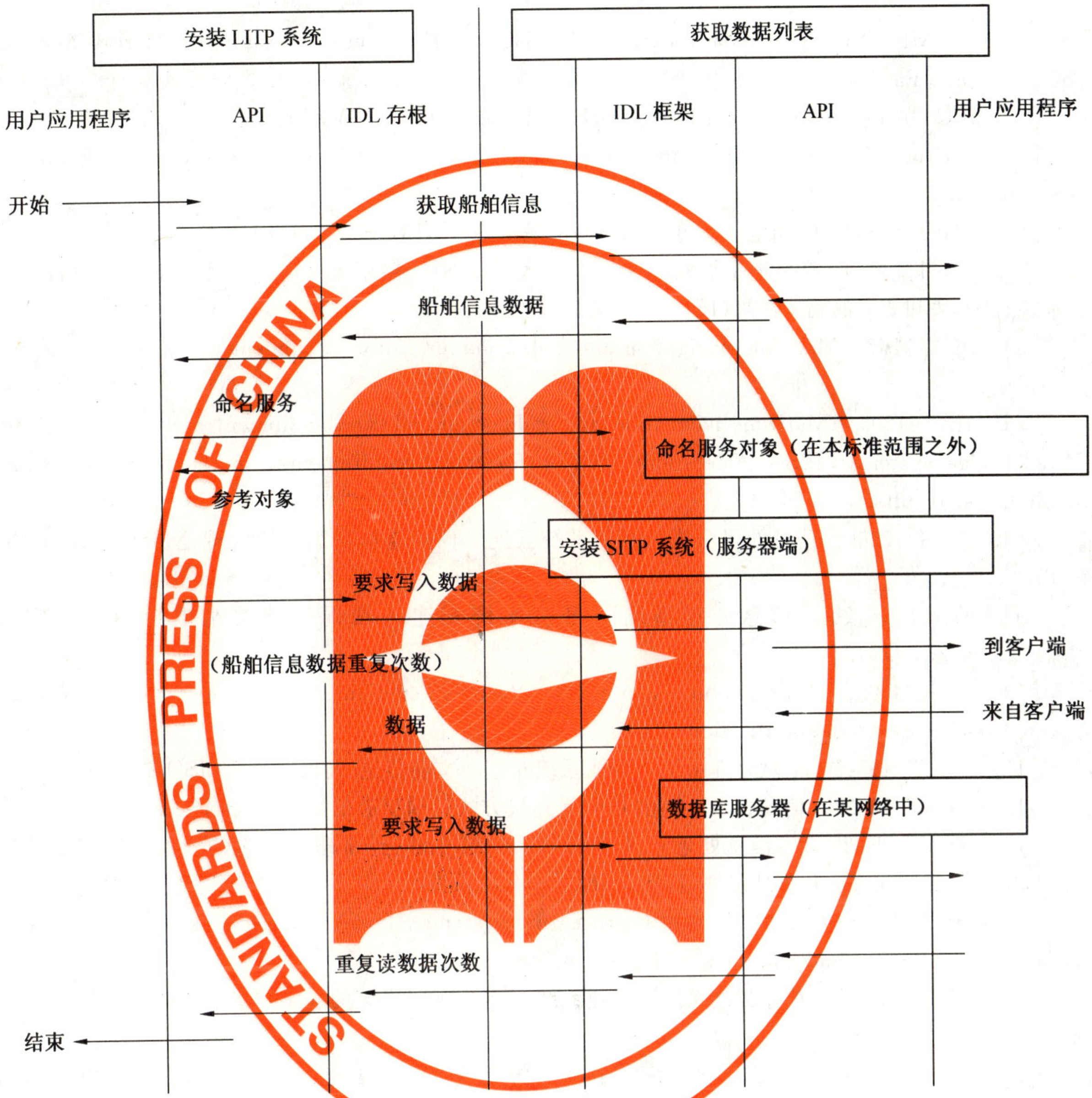

图 A.4　系统操作示例

参 考 文 献

[1] ASME F1166 Standard Practice for Human Engineering Design for Marine Systems Equipment and Facilities.

[2] IEC 60050 International Electrotechnical Vocabulary (IEV).

[3] IEC 60092-504 Electrical installations in ships—Part 504: Special features—Control and instrumentation.

[4] GB/T 10250 船舶电气与电子设备的电磁兼容性(IEC 60533,IDT).

[5] GB/T 15868 全球海上遇险与安全系统(CMDSS) 船用无线电设备和海上导航设备通用要求、测试方法和要求的测试结果(IEC 60945,IDT).

[6] IEC 61162 Maritime navigation and radiocommunication equipment and systems—Digital Interfaces.

[7] IEC 61209 Maritime navigation and radiocommunication equipment and systems—Integrated bridge systems (IBS)—Operational and performance requirements, methods of testing and required test results.

[8] GB/T 12500 信息处理系统 开放系统互连 面向连接的运输协议规范(ISO/IEC 8073, IDT).

[9] GB/T 15128 信息处理系统 开放系统互连 面向连接的基本会话服务定义(ISO/IEC 8326,IDT).

[10] ISO 8327 Information technology—Open Systems Interconnection—Basic connection oriented session protocol specification.

[11] GB/T 16505 信息处理系统 开放系统互连 文卷传送、访问和管理(ISO 8571,IDT).

[12] GB/T 16723 信息技术 提供OSI无连接方式运输服务的协议(ISO/IEC 8602,IDT).

[13] GB/T 15629.3 信息处理系统 局域网 第3部分:带碰撞检测的载波侦听多址访问(CSMA/CD)的访问方法和物理层规范(ISO/IEC 8802-3,IDT).

[14] ISO/IEC 8802-4 Information processing systems—Local area networks—Part 4: Token-passing bus access method and physical layer specifications.

[15] GB/T 15695 信息处理系统 开放系统互连 面向连接的表示服务定义(ISO/IEC 8822, IDT).

[16] GB/T 15696 信息处理系统 开放系统互连 面向连接的表示协议规范(ISO 8823, IDT).

[17] ISO 9000:2000 Quality management systems—Fundamentals and vocabulary.

[18] ISO 9001:2000 Quality management systems—Requirements.

[19] GB/T 12991 信息处理系统 数据库语言 SQL(ISO/IEC 9075,IDT).

[20] ISO/IEC 9548 Information technology—Open Systems Interconnection—Connectionless Session protocol.

[21] ISO/IEC 9576 Information technology—Open Systems Interconnection—Connectionless presentation protocol specification.

ICS 93.080
Q 84

中华人民共和国国家标准

GB/T 23430—2009

城市轨道交通内燃调车机车通用技术条件

General technical specification for shunting diesel locomotive for urban rail transit

2009-03-23 发布　　2009-11-01 实施

中华人民共和国国家质量监督检验检疫总局
中国国家标准化管理委员会　发布

前 言

本标准由中华人民共和国住房和城乡建设部提出。

本标准由全国城市轨道交通标准化技术委员会归口。

本标准负责起草单位：铁科院(北京)工程咨询有限公司

本标准参加起草单位：中国南车集团四方机车车辆股份有限公司、中国南车集团资阳机车厂、中国北车集团北京二七机车厂、中国南车集团株洲电力机车研究所、中国北车集团大连机车研究所、广州地下铁道总公司以及铁道科学研究院机车车辆研究所等单位参加起草。

本标准主要起草人：于振华、肖彦君、赵菊静、杨润栋、吴茂杉、陈兴华、李海川、张建国、郭奕清、李大进、王朝晖、李文勇、马泳、杨欣、黄平、谭雪谦。

本标准为首次发布。

城市轨道交通内燃调车机车通用技术条件

1 范围

本标准规定了城市轨道交通内燃调车机车的术语和定义使用条件、技术要求、结构特点与参数、试验与验收、标志等方面的内容。

本标准适用于在城市轨道交通车辆段或停车场内进行调车作业,兼用于列车救援和工程列车牵引,以柴油机为动力的内燃调车机车(以下简称机车)。

2 规范性引用文件

下列文件中的条款通过本标准的引用而成为本标准的条款。凡是注日期的引用文件,其随后所有的修改单(不包括勘误的内容)或修订版均不适用于本标准。然而,鼓励根据本标准达成协议的各方研究是否可使用这些文件的最新版本。凡是不注日期的引用文件,其最新版本适用于本标准。

GB 146.1 标准轨距铁路机车车辆限界

GB/T 3315—2006 内燃机车制成后投入使用前的试验方法

GB/T 3316 内燃机车功率确定方法

GB/T 3450—2006 铁道机车和动车组司机室噪声限值及测量方法

GB 4208 外壳防护等级(IP 代码)

GB/T 5599 铁道车辆动力学性能评定和试验鉴定规范

GB 5914.1 机车司机室瞭望条件

GB 5914.2 机车司机室前窗、侧窗和其他窗的配置

GB/T 6769 机车司机室布置规则

GB 6770 机车司机室特殊安全规则

GB/T 7928—2003 地铁车辆通用技术条件

GB 8601 铁路用辗钢整体车轮

GB/T 14227—2006 城市轨道交通车站站台声学要求及测量方法

GB 50157—2003 地铁设计规范

TB/T 60 制动软管连接器总成

TB/T 449—2003 机车车辆车轮轮缘踏面外形

TB/T 1025 机车车辆用热卷螺旋压缩弹簧供货技术条件

TB 1126 机车控制与照明电路标准电压

TB/T 1132 内燃、电力机车的管路涂色

TB/T 1160—2006 内燃机车用铜散热器技术条件

TB/T 1333.1 铁路应用 机车车辆电气设备 第1部分:一般使用条件和通用规则

TB/T 1333.2 铁路应用 机车车辆电气设备 第2部分:电工器件通用规则

TB/T 1393 铁路应用 机车车辆电气设备 开启式功率电阻器规则

TB/T 1484.1 铁路机车车辆电缆订货技术条件 第1部分:额定电压3 kV及以下电缆

TB/T 1507 机车电气设备布线规则

TB/T 1508—2005 机车电气屏柜技术条件

TB/T 1718—2003 铁道车辆轮对组装技术条件

TB/T 1891 内燃、电力机车门锁技术条件

TB/T 2056 电力机车制动机技术条件

TB/T 2072 50钢车轴技术条件

TB/T 2325.1—2006 机车、动车组前照灯、辅助照明灯和标志灯技术条件 第1部分:前照灯

TB/T 2325.2—2006 机车、动车组前照灯、辅助照明灯和标志灯技术条件 第2部分:辅助照明灯和标志灯

TB/T 2368—2005 动力转向架构架强度试验方法

TB/T 2394 内燃机车热交换器技术条件

TB/T 2420 内燃机车空气制动机技术条件

TB/T 2437—2006 机车车辆用电力变流器特性和试验方法

TB/T 2532 内燃机车柴油机-主发电机组负载性能试验方法

TB/T 2546 铁道内燃机车用低摩擦系数合成闸瓦

TB/T 2709—2006 内燃机车冷却风扇技术条件

TB/T 2710.1—2005 机车、动车用空气压缩机技术条件 第1部分:往复活塞空气压缩机

TB/T 2710.2—2005 机车、动车用空气压缩机技术条件 第2部分:螺杆空气压缩机

TB/T 2711—2005 机车、动车用空气压缩机试验方法

TB/T 2730 内燃机车车体技术条件

TB/T 2743 内燃机车燃油预热系统技术条件

TB/T 2843 机车车辆橡胶弹性元件通用技术条件

TB/T 2866 机车空调装置技术条件

TB/T 2957 内燃机车液力传动油

TB/T 3001 铁路机车车辆用电子变流器供电的交流电动机

TB/T 3005 机车用粉末冶金闸瓦

TB/T 3021 铁道机车车辆电子装置

TB/T 3034 机车车辆电气设备电磁兼容性试验及其限值

TB/T 3051 机车风笛声学性能技术要求及测量

TB/T 3058 铁路应用 机车车辆设备 冲击和振动试验

TB/T 3088—2004 内燃机车万向轴

TB/T 3106—2005 铁道车辆单元制动缸

TB/T 3117—2005 铁路应用 机车车辆 逆变器供电的交流电动机及其控制系统的综合试验

UIC 624 内燃牵引用柴油机废气排放测试

IEC 61133:1992 电力牵引 机车车辆 电力和电传动热力机车车辆制成后投入运行前的试验方法

IEC 61287-1 机车车辆用电力变流器 第一部分 特性和试验方法

3 术语和定义

下列术语和定义适用于本标准。

3.1

液力传动调车内燃机车 shunting diesel-hydraulic locomotive

以柴油机作为牵引动力,采用液力传动装置,专门用于调车作业的内燃机车。

3.2

调车作业　shunting

在一定的站场范围内将电动客车或车辆从一个股道转移到另一股道的作业。

3.3

交流电传动调车内燃机车　shunting diesel-AC electric locomotive

用于调车作业采用交流电机驱动的内燃机车。

3.4

最大运用功率　maximum service output of engine on locomotive

柴油机装车使用时，从其标定功率中扣除由于使用环境条件和标准大气状况不同，考虑柴油机可靠性及受传动装置物理性能限制而降低功率之后所确定的用于机车的功率。

3.5

双机重联　double heading

由一位司机操纵两台控制系统和制动系统重联着的机车进行作业。

4　使用条件

4.1　环境条件

机车在下列条件下使用时，柴油机应能按最大运用功率正常工作，不进行功率修正：

海拔高度：不高于 700 m；

周围空气温度：不高于 30 ℃；

相对湿度：不大于 95%。

当超过上述使用条件时，制造商应提供功率修正曲线。

4.2　作业条件

4.2.1　机车在地面或高架线路上运行时，能在 9 级风(20.8 m/s～24.4 m/s)的条件下正常工作；12 级风(大于 32.6 m/s)时机车仍能保持停放稳定。

4.2.2　机车应能在符合 GB 50157—2003 要求的隧道内作业。

4.2.3　机车应能承受风、沙、雨、雪和湿度大且含有盐分及腐蚀性物质空气的侵袭，能防虫害、防霉、防灰尘和防火。

4.2.4　机车应能在周围空气温度－25 ℃～＋40 ℃条件下使用，按城市所处地区不同而存在气候条件的差异采取不同防寒、降温措施，用户与制造商可在合同中另外规定附加条件。

4.3　线路条件

4.3.1　轨距为 1 435 mm 的正线、辅助线路及站场线路。

4.3.2　机车允许通过的最小平面曲线半径和竖曲线半径应符合 GB 50157—2003 要求。

4.3.3　机车可在 40‰坡道上停车或起动。

5　技术要求

5.1　基本参数

5.1.1　机车外形尺寸应符合 GB 146.1 和合同有关要求。

5.1.2　机车基本技术参数应符合表 1 要求。

表 1　机车基本技术参数

序号	项　目　名　称	单　位	机车最大运用功率等级		
			Ⅰ级(重型)	Ⅱ级(中型)	Ⅲ级(轻型)
1	最大运用功率	kW	500 以上	300～500	300 以下
2	轴式排列		B—B 或 B_0—B_0		

表 1（续）

序号	项目名称		单位	机车最大运用功率等级		
				Ⅰ级（重型）	Ⅱ级（中型）	Ⅲ级（轻型）
3	机车最大轴重		t	16	14	12
4	机车最大运行速度	调车作业时	km/h	35	35	35
		牵引工程列车或救援时		50	50	50
		无动力回送工况		100	100	80
5	计算粘着系数	撒砂时		0.33	0.33	0.33
		不撒砂时		0.185	0.185	0.185
6	计算起动牵引力	撒砂时	kN	210	180	155
		不撒砂时		120	100	90
7	平直道上单机制动距离（v_0＝35 km/h 时）		m	＜80	＜70	＜60
8	车轮直径（新造）		mm	840 或 915	840	840
9	轮对内侧距		mm	1 353±2	1 353±2	1 353±2
10	机车能进行挂钩作业的最小平面曲线半径		m	110	110	80
11	机车能安全通过的最大的曲线外轨超高		mm	150	150	150
12	机车挂钩时最大速度		km/h	5	5	3
13	机车低恒速控制级		km/h	3	3	3

5.2 一般要求

5.2.1 机车内各种设备、零部件应按经规定程序批准的图样和技术文件制造，并应符合有关技术标准的规定，经检验合格后装车。

5.2.2 机车内各种设备的布置应具有良好的可接近性，便于装配、检修和吊装。

5.2.3 机车应设架车支座、整车起吊装置、车体和转向架之间连接装置，便于救援起吊。

5.2.4 同型号机车的相同机组、零部件和管件应能互换。

5.2.5 各系统管路涂色应符合 TB/T 1132 的要求。

5.2.6 车内设备及其周围的材料应采用低毒或无毒的阻燃材料和防火材料。

5.2.7 人体易碰到的锐边锐角均应倒钝。

5.2.8 机车进出风口应有滤清或防护装置。

5.2.9 机车内应设各种警告标示以及消防器材。

5.2.10 机车外部噪声应符合 GB/T 14227—2006 的要求。

5.2.11 机车的各种出入门、通过门应开启灵活，关闭可靠、严密。门锁应符合 TB/T 1891 的要求。

5.2.12 机车应具有双机重联功能。

5.2.13 安装在机车上的设备的耐振性能应符合 TB/T 3058 的要求。

5.2.14 整备状态下的机车重量不应超过合同中规定值的（−1%～3%），在每根动轴上测得的轴重与该机车各动轴实际平均轴重之差不超过实际平均轴重的 2%。

5.2.15 机车采用风笛时其声学性能应符合 TB/T 3051 要求。

5.2.16 机车使用寿命不应小于 30 年。

6 车体

6.1 车体结构

6.1.1 车体的设计、制造、检查与验收应按 TB/T 2730 的规定和经规定程序批准的图样与技术文件进行。

6.1.2 车体有效使用期不应小于30年，在正常运用条件不产生疲劳裂损。车体在承受垂直载荷的同时作用1 500 kN纵向压缩载荷时不产生永久变形。

6.1.3 车体结构型式：可选用外走道式或内走道式。

6.1.4 车体应设有架车支座和吊车支点，在检修或事故起吊时车体应有足够刚度和强度。

6.2 车体设施

6.2.1 车体及安装在车体外的设备应有良好的防雨、雪、风、沙侵袭能力。

6.2.2 设备间百叶窗应为可拆式的。走道和走台地板应平整、防滑。外走道式车体在其两侧边应有良好的护栏设施。车梯上的扶手，其最低处距轨面高度不应大于1 250 mm。

6.2.3 车体两端应有适用于调车作业的设施，如扶手、扣链、踏梯等。车体的第一级脚蹬距轨面应尽量接近限界允许的最低高度。脚蹬板应防滑，内侧设止挡。车体两端下方设高度可调整的排障器和扫石器，排障器中央底部能承受相当于140 kN静压力的冲击力。

7 转向架

7.1 转向架结构

7.1.1 转向架宜采用无摇枕结构。

7.1.2 转向架可采用一系或二系悬挂装置。悬挂用的弹性元件可以是钢制品，也可以是橡胶制品。

7.1.2.1 钢质螺旋压缩弹簧应符合TB/T 1025的要求。

7.1.2.2 橡胶弹簧应符合TB/T 2843的要求。

7.1.3 转向架构架宜采用由钢板焊接的箱形断面的整体构架。

7.1.3.1 构架强度应符合TB/T 2368—2005的要求。

7.1.3.2 构架使用寿命不应小于30年，在正常使用条件下不应发生疲劳损伤。

7.1.4 转向架宜采用中心销式或四连杆式牵引装置。

7.1.5 轴箱宜采用双侧弹性拉杆定位方式。

7.1.5.1 轴箱轴承使用寿命不应小于走行200万km或20年(以先到为准)。

7.1.5.2 轴箱弹性拉杆橡胶关节性能应符合TB/T 2843的要求或有关设计文件的规定。

7.2 转向架轮对

7.2.1 车轮

7.2.1.1 转向架轮对宜采用辗钢整体车轮，性能和技术参数应符合GB 8601的要求。

7.2.1.2 车轮轮缘踏面宜采用TB/T 449—2003中规定的JM型磨耗形踏面。

7.2.1.3 新造机车各车轮直径允差应小于0.5 mm。

7.2.2 车轴

7.2.2.1 车轴材料应符合TB/T 2072的要求。

7.2.2.2 轮对组装应符合TB/T 1718—2003的要求。

7.3 机车动力学性能

机车应具有良好的垂向和横向平稳性与稳定性。机车在平直道上以最高速度运行时，平稳性指标W小于或等于2.75(符合GB 5599要求)。机车脱轨系数小于或等于1.0。

7.4 转向架附属设备

转向架可设撒砂装置，砂箱应密封防水，撒砂器动作灵活、性能可靠。

8 柴油机

8.1 柴油机特性要求

8.1.1 机车宜采用中、高速电喷型柴油机。

8.1.2 柴油机功率、转速应与传动装置性能相匹配。

8.1.3 柴油机最大运用功率应符合 GB/T 3316 的规定。

8.1.4 柴油机废气排放指标应满足 UIC 624 的要求或达到当年当地政府规定的环保标准。

8.1.5 柴油机宜采用电起动，在寒冷地区使用时可加设预热装置或锅炉以便于起动。燃油预热系统可参照 TB/T 2743 规定。

8.1.6 柴油机两次大修间的有效工作时间不应少于 8 年。

8.2 柴油机保护

8.2.1 柴油机应设转速传感器、水温度传感器、油温度传感器、机油压力传感器等保护和显示器件，应能对柴油机至少实施下列保护：

——柴油机起动保护；

——柴油机超速保护；

——柴油机油压报警与显示；

——柴油机油、水超温报警、显示及卸载保护。

8.2.2 防止废气排气管泄漏，并加装隔热、隔振层。

8.2.3 柴油机安装座应具有弹性吸振功能。柴油机装车后整机振动水平应满足 TB/T 3058 的要求。

9 液力传动系统

9.1 特性与功能

9.1.1 机车宜采用起动、加速性能好，高效范围宽，输入特性与柴油机输出特性相匹配并具有良好的低恒速运行功能的单循环圆或双循环圆液力传动系统。传动效率不宜低于 82%。

9.1.2 液力传动系统应具有不停车液力换向、自动和人工换档以及液力制动功能。

9.1.3 传动系统设计应保证机车在通过允许的最小半径曲线线路时能正常地传递牵引力。拆除万向传动轴后，车轴齿轮箱可在机车 100 km/h 运行时安全地运转。

9.1.4 如机车设有撒砂装置，机车换向时，撒砂装置应能相应自动换向。

9.2 系统组成

9.2.1 液力传动系统应由液力变扭器、万向传动轴和车轴齿轮箱等部件组成。

9.2.1.1 机车使用的万向传动轴应符合 TB/T 3088—2004 的要求。

9.2.1.2 使用的液力传动油应符合 TB/T 2957 的要求。

9.3 系统保护

液力传动系统应设速度传感器、油温传感器、油压传感器等保护和显示器件，应能至少实现下列保护功能：

——液力制动超载保护；

——变扭器油温报警与显示；

——变扭器油压报警与显示；

——变扭器超速保护；

——车轴齿轮箱油温报警与显示；

——液力传动装置调速与换向联锁保护。

10 电传动系统

10.1 电传动系统应采用变频调压的异步电机交流传动。由交流主发电机、整流器、VVVF 逆变器和牵引电机等构成交—直—交电传动系统。

10.2 电传动系统应具有起动力矩大、恒功范围广、低恒速运行性能好以及响应快速的防空转、防滑行和防冲动控制等功能。

10.3 传动系统宜采用微机控制，应具有自诊断及监控功能，并设置行车事件记录仪。

10.4 电传动设备应分别符合下列标准要求：

10.4.1 牵引电机符合 TB/T 3001 的要求；

10.4.2 牵引电气设备符合 TB/T 1333(所有部分)的要求；

10.4.3 电子装备符合 TB/T 3021 的要求；

10.4.4 电力变流器符合 IEC 61287-1 的要求；

10.4.5 电磁兼容性符合 TB/T 3034 的要求；

10.4.6 制动电阻器符合 TB/T 1393 的要求；

10.4.7 主发电机试验符合 TB/T 2532 的要求。

10.5 牵引系统应能充分利用轮轨粘着条件。

10.6 当多台并联工作的电机由同一台逆变器供电时，电机的定额应充分考虑轮径差与电机特性差异引起的负荷分配不均以及轴重转移产生的影响。制造商应提供最大的轮径允差值。

10.7 机车主电路、辅助电路和控制电路应有可靠的保护措施。应有故障显示装置，各电气设备保护性接地要可靠。

10.8 电气系统应具有良好的绝缘性能。各电路应能经受耐压试验。试验方法及试验结果应符和 TB/T 1508 的要求。

10.9 车体外安装的电气设备应具有不低于 GB 4208 中规定的 IP 54 等级的防护性能。

10.10 各电路的电气设备连接导线应采用多股铜芯电缆。电缆的耐压等级、导电性能、阻燃性能均应符合 TB/T 1484.1 的要求。

11 冷却系统

11.1 冷却系统功能

冷却系统应能自动保证柴油机的油、水温度及液力传动装置的液力传动油温度在给定的工作温度范围内，并保证调节过程的稳定性。

11.2 冷却系统组成

冷却系统应由散热器、风扇、风扇驱动装置、油水热交换器、恒温阀和膨胀水箱等部件组成。

11.2.1 冷却系统散热器宜采用铜散热器，散热器技术条件应符合 TB/T 1160—2006 的要求，所需组数按实际散热量确定，最高水温应能满足柴油机工作需要，布置方式由合同规定。

11.2.2 冷却系统风扇宜采用轴流式冷却风扇，风扇转速可随水温变化自动调节，风扇技术条件应符合 TB/T 2709—2006 的要求。

11.2.3 油水热交换器技术条件应符合 TB/T 2394 的要求。

11.2.4 膨胀水箱容量应能保证机车连续作业的用水量需求，必要时应采取防冻措施，使用的冷却液应符合柴油机使用的要求。

11.3 冷却系统保护

冷却系统应设有水位、水温、水压、油温、油压等传感器，应能实现下列保护功能：

——冷却风扇超速保护；

——冷却系统水温、水压、油温、油压报警和显示；

——低水位报警、显示与柴油机卸载保护。

12 制动系统

12.1 系统功能要求

12.1.1 机车空气制动系统应能保证机车在 5.1.2 的表 1 中或合同规定的速度和制动距离内停车。

12.1.2 机车空气制动系统应具有双机重联和回送附挂列车时制动功能。

12.1.3 机车空气制动系统应能满足调车作业时合同规定的电动车组供风量要求。

12.2 系统组成

12.2.1 机车空气制动系统应由机车制动机、重联装置、空气压缩机、空气滤清器、油水分离器、贮风缸、压力表、钢管、管接头、阀门、制动软管等组成的连接管路以及单元制动缸、闸瓦等部件组成。

12.2.2 采用液力传动时,机车制动机宜采用 JZ-7 系列机车制动机,其技术条件应符合 TB/T 2420 要求。

12.2.3 采用电传动时,机车制动机宜采用 DK-1 型机车制动机,其技术条件应符合 TB/T 2056 的要求。

12.2.4 空气压缩机宜采用往复活塞式或螺杆式等型式的空气压缩机,空气压缩机供风量应满足 12.1.3 的要求。电传动时,空气压缩机由静止逆变器供电的交流异步电机传动。

12.2.4.1 往复活塞式空气压缩机技术条件应符合 TB/T 2710.1—2005 的要求。

12.2.4.2 螺杆式空气压缩机技术条件应符合 TB/T 2710.2—2005 的要求。

12.2.4.3 空气压缩机试验按 TB/T 2711—2005 规定进行。

12.2.5 总风缸最高工作压力 0.9 MPa,列车管空气压力符合 TB/T 2420 的要求。压缩空气管路宜采用耐腐蚀的钢管。

12.2.6 基础制动装置宜采用具有停放功能的单侧双闸瓦结构型式的单元制动器,技术性能应满足 TB/T 3106—2005 的要求。闸瓦材质应符合 TB/T 2546 或 TB/T 3005 的要求。

12.2.7 空气制动装置应具有双机重联阀和无火回送制动功能,应装备有可与铁路列车连接用的制动软管,技术条件应符合 TB/T 60 的要求。

12.3 机车动力制动

机车应具有动力制动功能。动力制动包括电阻制动或液力制动。制动时,动力制动优先,动力制动力不足由空气制动补足。动力制动控制与空气制动控制应相互协调、过渡平滑。紧急制动时全部为空气制动。

13 车钩及缓冲器

13.1 车钩

13.1.1 机车车钩型式应能与所牵引的电动客车车钩相匹配,车钩应具有机械自动连接和压缩空气自动连接功能。机车应备有与铁路车辆连挂的过渡车钩,具体结构型式由合同规定。

13.1.2 车钩中心线距轨面作业高度应符合 GB/T 7928—2003 的要求。过度车钩高度由合同规定。

13.1.3 车钩系统具有自动连挂和由一人在司机室内操作解钩功能。当气动故障时,可手动解钩。

13.1.4 车钩静压缩载荷应大于 1 500 kN,静拉伸载荷应大于 1 200 kN。

13.2 缓冲器

13.2.1 机车宜采用体积小、容量大、性能稳定的缓冲器。在 5 km/h 速度与电动车组连挂时,机车缓冲器应能完全吸收这一冲击能量,以确保电动车组的安全。使用寿命不应少于 12 年。

13.2.2 必要时可加设防爬器等设施。

14 司机室

14.1 司机室结构形式

14.1.1 机车为内走道式车体时,应采用双司机室,司机室应位于机车两端部。

14.1.2 机车为外走道式车体时,可采用单司机室,司机室可位于机车的中部或车体的一端。

14.1.3 司机室钢结构、出入门和操纵台等内部布置、尺寸和强度要求等应符合 GB 6770 和GB/T 6769 的要求。

14.1.4 司机室应视野宽广，能清楚、方便地瞭望到前方信号和线路，司机室窗玻璃应采用安全玻璃，前窗应设刮雨器及遮阳装置，如有需要可使用电热玻璃。前窗和侧窗配置应符合 GB 5914.1 和 GB 5914.2 要求。

14.1.5 司机室座椅应具有前后移动、高度调整、旋转、减振和防共振等功能。靠背倾角、座垫斜度可调整。

14.2 司机室作业环境

14.2.1 司机室应具有良好的隔热、隔声和防寒性能。内层结构应装有符合环保要求的低烟度、低毒或无毒、阻燃、防寒、隔热、隔声、消声的填料及构件，使乘务员有舒适的工作条件。

14.2.2 根据机车使用地点的气候条件可设置空调和采暖（可使用柴油机循环热水）设施。

14.2.3 在防暑降温季节，司机室温度控制在 28 ℃以内，在高气温条件下不超过 30 ℃。机车空调装置应符合 TB/T 2866 的要求。

14.2.4 在防寒取暖季节，司机室最低温度不宜低于 14 ℃。

14.2.5 司机室门、窗应具有良好密闭性，隔声材料应具有难燃、阻燃和低毒或无毒性能。司机室噪声允许值应符合 GB/T 3450—2006 的要求。

14.3 司机室附属设施

14.3.1 司机室内应留有对讲机和天线等设备的安装位置。

14.3.2 为能保证乘务人员连续作业，司机室内可设置储物柜、食品加热和冷藏等设施。

15 控制、保护、故障诊断

15.1 机车控制

15.1.1 机车的牵引控制、液力制动或电阻制动控制、保护与诊断宜使用由微处理器或 PLC 组成的控制装置。

15.1.2 控制系统应保证技术要求中规定的各项功能要求能自动地调整和实现。

15.1.3 司机室间或操纵台间应实施联锁。只允许激活其中的一台，并由一名司机操作。

15.2 机车保护

15.2.1 机车保护系统应具有监视、显示、报警、卸载、停机等分级保护功能。

15.2.2 报警装置发出报警信号后，控制系统应首先使柴油机卸载，如司机仍未采取相应措施，应立即实行紧急制动。

15.3 机车故障诊断

15.3.1 诊断系统应具有显示故障部位和存储故障信息的功能。

15.3.2 诊断信息可在司机操纵台显示屏上直接显示或下载。

15.4 控制、保护、故障诊断器件技术要求

在控制、保护、诊断系统中所用的传感器、电子装置应符合 TB/T 3021 的要求。

16 辅助电源

16.1 机车辅助电源

16.1.1 机车直流电源

16.1.1.1 机车直流电源为 DC 110 V，分别由发电机组和蓄电池组提供。

16.1.1.2 发电机组由柴油机驱动。兼做柴油机起动电机用。

16.1.1.3 蓄电池组宜由酸性或碱性免维护蓄电池组成，蓄电池组容量应满足柴油机四次连续起动（每两次起动间隔不低于 2 min）以及维持机车紧急照明和司机室（司机室定员 3 人，每人每小时需用新风量为 10 m^3）应急通风 45 min 的要求。蓄电池充电应满足蓄电池充放电特性要求。

16.1.2 机车交流电源

16.1.2.1 机车交流电源由静止逆变器提供，采用三相 AC 380 V 和单相 AC 220 V 供电制式。

16.1.2.2 静止逆变器输入电源由 DC 110 V 电源提供。

16.2 机车外部电源

16.2.1 机车设外接交流电源插座，机车库停时供柴油机预热与空调机用电。

16.2.2 机车两侧设蓄电池充电专用插座，可利用外部专用充电电源充电。

16.3 机车电气设备技术特性要求

16.3.1 机车所用电气设备应符合 TB/T 1333.1 和 TB/T 1333.2 要求。

16.3.2 电线电缆符合 TB/T 1484.1 的要求。

16.3.3 静止逆变器技术特性和由静止逆变器供电的交流电动机应符合 TB/T 3117—2005、TB/T 3001 和 TB/T 2437—2006 要求。

16.3.4 机车电气设备布线应符合 TB/T 1507 要求。

16.3.5 机车所用的电器屏柜应符合 TB/T 1508—2005 要求。

16.3.6 电磁兼容性应符合 TB/T 3034 要求。

16.3.7 机车电器设备外壳防护应符合 GB 4208 要求。

16.3.8 辅助电源电压及其波动范围应符合 TB 1126 要求。

17 机车照明

17.1 司机室照明

司机室在人工照明条件下，司机室地板面中央照度不应小于 30 lx，司机操纵台上方不应小于60 lx。照明灯关闭后，司机应能根据指示灯和仪表灯正常观察和操作。仪表在日光下和晚上关闭照明时，应能在 500 mm 处清楚看见显示值。指示灯和人工照明等不应引起司机对信号产生错觉。

17.2 机车运行照明

17.2.1 前照灯

机车应装有前照灯。在机车最大作业速度紧急制动距离终端处的照度不应小于 2 lx。机车前照灯技术条件应符合 TB/T 2325.1—2006 的要求。

17.2.2 辅助照明灯

辅助照明灯的安装位置、颜色、亮度等应符合 TB/T 2325.2—2006 的要求。

17.3 机车作业区照明

机车各机器间和工作区走廊设固定式照明灯和供移动式照明用的插座。照明灯在地板面上的照度不应低于 30 lx。车底架下方按需要设若干防雨的照明灯和插座。

18 试验与验收

18.1 试验与验收规定

机车总装配完成后投入运用前应按照 GB/T 3315—2006 及 IEC 61133:1992 规定的内容与要求进行试验和验收。

18.2 验收文件

18.2.1 正式提交验收的机车应有产品合格证书、例行试验报告、使用维护说明书和机车履历簿等文件。

18.2.2 新设计的、经过重大技术改造的或变更生产厂家的机车，制造商应提供该型机车的型式试验报告。

18.3 机车移交

机车移交时，制造商应向用户提供有关技术文件、维修用图纸、随车工具和合同规定的备品、备件等。

19 标志

机车的有关信息应标在机车的明显位置上，其标注方法应符合相关标准的规定。制造商应提供完整的标志信息，标志应包括下列内容：

——机车名称与型号；

——制造商全名；

——机车传动方式；

——机车额定功率；

——出厂编号或代码；

——出厂日期。

标志应清晰、易读、不易磨损。

ICS 93.080
Q 84

中华人民共和国国家标准

GB/T 23431—2009

城市轻轨交通铰接车辆通用技术条件

General technical specification for urban light rail traffic coupled vehicles

2009-03-23 发布 2009-11-01 实施

中华人民共和国国家质量监督检验检疫总局
中国国家标准化管理委员会 发布

前 言

本标准由中华人民共和国住房和城乡建设部提出。

本标准由全国城市轨道交通标准化技术委员会归口。

本标准负责起草单位:铁科院(北京)工程咨询有限公司。

本标准参加起草单位:中国北车集团长春轨道客车股份有限公司、中国北车集团大连机车车辆股份有限公司、中国北车集团唐山机车车辆厂、中国南车集团四方机车车辆股份有限公司、大连现代轨道交通有限公司、长春轻轨运营公司、中国北车集团大连机车研究所、铁道科学研究院机车车辆研究所、北京城市规划设计研究院。

本标准主要起草人:肖彦君、于振华、杨润栋、赵菊静、吴茂杉、张建国、王旭东、杜会谦、丁锋、曹国利、白雪翎、王浩川、林治海、杨基宏、李文勇、杨欣、郭春安。

本标准为首次发布。

城市轻轨交通铰接车辆通用技术条件

1 范围

本标准规定了轻轨交通铰接车辆的使用条件、车辆类型、技术要求、安全设施、试验与验收、标志、运输与保证期限等方面内容。

本标准适用在地面、隧道或高架桥上运行的铰接式轻轨交通车辆(以下简称车辆)。

2 规范性引用文件

下列文件中的条款通过本标准的引用而成为本标准的条款。凡是注日期的引用文件,其随后所有的修改版(不包括勘误的内容)或修订版均不适用于本标准,然而,鼓励根据本标准达成协议的各方研究是否可使用这些文件的最新版本。凡是不注日期的引用文件,其最新版本适用于本标准。

GB 4208 外壳防护等级(IP 代码)

GB 5599 铁道车辆动力学性能评定和试验鉴定规范

GB 6807 钢铁工业涂漆前磷化处理技术条件

GB/T 7928—2003 地铁车辆通用技术条件

GB/T 11944 中空玻璃

GB 14892 城市轨道交通列车噪声限值和测量方法

GB/T 14894—2005 城市轨道交通车辆组装后的检查与试验规则

GB 15763.2 建筑用安全玻璃 第2部分:钢化玻璃

TB/T 1333.1 铁路应用 机车车辆电气设备 第1部分:一般使用条件和通用规则

TB/T 1333.2 铁路应用 机车车辆电气设备 第2部分:电工器件 通用规则

TB/T 1393—2003 电传动机车车辆主电路欧姆电阻器规则

TB/T 1451 机车、动车组用电加温玻璃技术条件

TB/T 1484.1 铁路机车车辆电线电缆订货技术条件 第1部分:额定电压3 kV 及以下电缆

TB/T 1507—2003 机车电气设备布线规则

TB/T 1508—2005 机车电气屏柜技术条件

TB/T 1680 牵引变压器和电抗器

TB/T 1804—2003 铁路客车空调机组

TB/T 2260 铁路机车车辆用防锈底漆

TB/T 2368—2005 动力转向架构架强度试验方法

TB/T 2393 铁路机车车辆用面漆

TB/T 2704—2005 客车电气采暖装置技术条件

TB/T 2879.3 铁路机车车辆 涂料及涂装 第3部分 金属和非金属材料表面处理技术条件

TB/T 2879.5 铁路机车车辆 涂料及涂装 第5部分 客车和牵引动力车的防护和涂装技术条件

TB/T 3001 铁路机车车辆用电子变流器供电的交流电动机

TB/T 3021 铁道机车车辆电子装置

TB/T 3034 机车车辆电气设备电磁兼容性试验及其限值

TB/T 3058 铁路应用 机车车辆设备冲击和振动试验

IEC 61287-1 机车车辆用电力变流器 第一部分 特性和试验方法

3 术语和定义

下列术语和定义适用于本标准。

3.1

轻轨交通车辆 light rail traffic vehicle

在轻轨交通线路上独立运行的铰接式电动车组。

3.2

铰接装置 couple device

在车辆模块相互联结中,固定铰、弹性铰和自由铰的总称。

3.3

低地板车辆(D)

地板面至轨面的高度等于或小于 350 mm 的轻轨交通车辆。

3.4

高地板车辆(G)

地板面至轨面的高度等于或小于 950 mm 的轻轨交通车辆。

4 使用条件

4.1 环境条件

4.1.1 正常工作海拔不超过 1 200 m。

4.1.2 环境温度在-25 ℃至 40 ℃。

4.1.3 最湿月月平均最大相对湿度不大于 90%(该月月平均最低温度为 25 ℃)。

4.1.4 因各城市所处地区不同而存在气候条件差异的,用户与制造商可在合同中另外规定使用环境条件。

4.2 线路条件

4.2.1 线路轨距:1 435 mm。

4.2.2 最小平面曲线半径:正线不小于 50 m;车场线和辅助线不小于 25 m。

4.2.3 最小竖曲线半径:1 000 m。

4.2.4 最大坡度:60‰。

4.3 供电条件

4.3.1 受流方式:低地板车辆采用接触网受电弓受电;高地板车辆采用接触网受电弓受电或接触轨受电。

4.3.2 供电电压:

DC750 V(波动范围 500 V~900 V)或 DC1 500 V(波动范围 1 000 V~1 800 V)。

5 车辆类型

5.1 类型

车辆基本类型为 C 型车,见表 1。

5.1.1 按车轴数目可分为 4 轴车辆、6 轴车辆、8 轴车辆。

5.1.2 按地板高度可分为高地板车辆、低地板车辆。

表 1 车辆分类

类型	轴数	高地板车辆(G)	低地板车辆(D)
C-Ⅰ型	4 轴(铰接)车辆	C-Ⅰ(G)	C-Ⅰ(D)
C-Ⅱ型	6 轴铰接车辆	C-Ⅱ(G)	C-Ⅱ(D)
C-Ⅲ型	8 轴铰接车辆	C-Ⅲ(G)	C-Ⅲ(D)

5.2 车辆主要技术参数

车辆主要技术参数见表 2。

表 2 车辆主要技术参数

序号	名称	四轴(铰接)车 C-Ⅰ型		六轴(铰接)车 C-Ⅱ型		八轴(铰接)车 C-Ⅲ型	
		G	D	G	D	G	D
1	车辆基本长度/mm	<20 000		<35 000		<45 000	
2	车辆基本宽度/mm	2 600		2 600		2 600	
3	车辆顶部至轨面高度/mm	≤3 250		≤3 250		≤3 250	
4	车辆顶部设备至轨面高度/mm	≤3 700		≤3 700		≤3 700	
5	车内最小净高/mm	2 100	1 950	2 100	1 950	2 100	1 950
6	地板面至轨面高度/mm	≤950	≤350	≤950	≤350	≤950	≤350
7	转向架固定轴距/mm	动车≤1 900 拖车≤1 800		动车≤1 900 拖车≤1 800		动车≤1 900 拖车≤1 800	
8	车轮直径/mm	≤760	≤660	≤760	≤660	≤760	≤660
9	车钩中心线距轨面高度/mm	720	660	720	660	720	660
10	受电弓落弓高度/mm	≤3 700		≤3 700		≤3 700	
11	受电弓工作高度/mm	3 900~5 600		3 900~5 600		3 900~5 600	
12	受电弓滑板工作长度/mm	≥1 200		≥1 200		≥1 200	
13	轴重/t	≤12	≤11	≤12	≤11	≤12	≤11
14	定员/人	≤160		≤240		≤320	

6 基本要求

6.1 车辆应符合轻轨交通车辆限界的规定。

6.2 车辆的各种设备应按经过规定程序批准的图纸和技术文件制造,并符合有关标准的规定。

6.3 新造车同轴的轮径差不超过 1 mm;同一车辆动力转向架各轮径差不超过 2 mm。

6.4 轮对内侧距为 1 372 mm±2 mm。

6.5 整备状态下的车辆重量不应大于合同规定值的 3%。

6.6 每根动轴上所测得的轴重与该车各动轴实际平均轴重之差不应超过实际平均轴重的 2%。

6.7 每个车轮的实际轮重与该轴两轮平均轮重之差不应超过该轴两轮平均轮重的±4%。

6.8 车辆客室地板面距轨面高度应与车站站台面相协调,车辆空重车高度调整装置应能有效地保持车辆地板面高度不因载客量的变化而明显改变。地板面高度在正常使用情况下均不应低于站台面。

6.9 车辆应能以规定的速度安全通过最小平面半径曲线区段。

6.10 车辆的牵引力-速度特性和制动力-速度特性应符合用户与制造商双方同意的设计文件的规定要求。

6.11 车辆最高运行速度为 80 km/h。

6.12 车辆载客量应包括司机、坐席定员和站立人员。额定载荷(AW_2)按站立人数按 6 人/m^2 计，超员载荷按(AW_3)最大站立人数按 9 人/m^2 计。人均体重按 60 kg 计算。

6.13 在额定载荷情况下，平直干燥轨道上，车轮为半磨耗状态，额定供电电压时，如无特殊要求，起动平均加速度为：车辆从 0 加速到 35 km/h，不低于 0.85 m/s^2；车辆从 0 加速到 80 km/h，不低于 0.5 m/s^2。

6.14 在额定载荷情况下，平直干燥轨道上，车辆从最高运行速度到停车，如无特殊要求，制动平均减速度为：常用制动平均减速度不低于 1.1 m/s^2；紧急制动平均减速度不低于 1.5 m/s^2。

6.15 车辆纵向冲击率不应大于 1 m/s^3。

6.16 车辆各种设备的冲击振动试验应符合 TB/T 3058 中的有关规定。

6.17 应按 GB 5599 的规定方法测试，车辆运行的平稳性指标应小于 2.5，车辆的脱轨系数应小于 0.8，轮对减载率应小于 0.6。

6.18 车辆内部等效噪声应符合 GB/T 14892—2006 的规定，车辆以 60 km/h 的速度运行时，司机室内的等效噪声不超过 75 dB(A)、客室内的允许噪声不超过 75 dB(A)。

6.19 车外等效噪音应符合 GB/T 7928—2003 的规定，辅助设备正常工作时，在车外距轨道中心 7.5 m，距轨面高度 1.5 m 处，测得的等效噪声值不应大于 69 dB(A)。车辆以 60 km/h 速度运行时，在车外距轨道中心 7.5 m，距轨面高度 1.5 m 处，测得的等效噪声值不应大于 80 dB(A)。

6.20 在粘着允许的范围内，车辆在定员载荷工况下，在丧失 1/4 或 1/3 动力的情况时，应具有在正线 50‰上坡道上起动和运行到最近车站的能力。

6.21 车辆的各种设备及附属设施应布置合理，安装牢固可靠，便于检查、维修，同时应考虑车辆意外情况对其影响。

6.22 同一型号的零部件应具有良好的互换性。

6.23 车辆内墙板应采用易清洗、装饰性好的阻燃材料制造，并具有隔声和隔热性能。地板应具有耐磨、防滑、防水、隔声、减振、防静电和阻燃性能。客室的座椅、装饰等制品应采用难燃或高阻燃材料。材料的阻燃性、材料燃烧和热分解时挥发的有害气体及烟密度指标应符合相关的安全防火标准。车辆上使用的电缆应符合 TB/T 1484.1 的要求。

6.24 车辆涂装前表面处理及防护涂装要求应符合 TB/T 2879.3 和 TB/T 2879.5 的规定。

6.25 车辆应具有良好的密封性，在风、沙、雨、雪气候条件下运行时不应漏雨、进沙、渗水、进雪。在机械清洗时，车内不应漏水、渗水。

6.26 车辆在地面或高架桥线路上运行时，8 级风(17.2 m/s～20.7 m/s)缓行，9 级风(20.8 m/s～24.4 m/s)停运，12 级风(32.6 m/s)时停放的车辆能保持稳定。

7 车辆模块与组成

7.1 车辆模块

车辆由动车模块、拖车模块、中间模块和铰接装置组成。

动车模块：带司机室动车(M_C)、带受电弓的动车(M_P)。

拖车模块：无受电弓拖车(T)、带受电弓拖车(T_P)。

中间模块：无受电弓中间模块(Z)、受电弓中间模块(Z_P)。

7.2 车辆组成

7.2.1 车辆宜采用下列基本形式：

四轴(铰接)车辆：无铰接车或 $M_C+Z_P+M_C$。

六轴(铰接)车辆:$Mc+T_P+Mc$ 或 $Mc+Z+T_P+Z+Mc$。

八轴(铰接)车辆:$Mc+Z+T+Z+M_P+Z+Mc$ 或 $Mc+T+Z+T_P+Mc$。

注:"+"为铰接装置。

7.2.2 车辆可安装不同的设备,车辆组成应根据载客量、牵引动力的需求与车顶安装(或车下安装)设备重量均衡的原则确定。

7.3 铰接装置

7.3.1 在车辆模块之间应安装铰接装置。

7.3.2 由上下两个单铰组成的固定铰接装置应只允许两相邻车体有水平相对运动。由下铰和约束两相邻车体间横向运动的横控杆组成的活动铰接装置宜设纵向减振器,以消除和缓解车体间的冲击和振动。

7.3.3 铰接装置应具有相对运动的功能,其水平转角和纵向折角应满足最小曲线半径和竖曲线半径的运行要求。

7.3.4 车辆两端可设自动车钩或半自动车钩。

8 车体及其内装设备

8.1 车体

8.1.1 同型号车辆应具有统一的基本结构型式。

8.1.2 车体采用整体承载结构,并应有足够的强度和刚度,能满足修理和纠正脱轨的要求。

8.1.3 整备状态下的车辆,停在平直道上并将其制动缓解,其车体底架和转向架构架以轨面为基准的高度值,应符合产品技术条件规定。

8.1.4 在车体底架上承受相当于车辆整备状态时的垂直载荷时,沿车钩中心水平位置施加规定的纵向载荷,其试验合成应力不应超过许用应力。使用的许用应力值应取自用户与制造商均认可的国家标准或国际标准。

8.1.5 车体试验用纵向静压缩载荷为 400 kN。

8.1.6 车体的试验用垂直载荷为:1.1×(车体重量+最大载客重量)-(车体结构重量+试验器材重量)。其中,最大载客重量等于司机、坐席定员及最大站立人员的重量之和。

8.1.7 车体结构设计寿命不应小于 30 年。

8.1.8 车体结构设计应尽量避免车体枕梁、冲击座、门口、窗口等结点处的应力集中,不让焊缝出现在上述部位。避免形成积水区。尽量不用搭接结构。应考虑到装设导管、线槽和可装配电气设备、辅助设备所需的各种附件,这些附件应与钢结构连接牢固。

8.1.9 车辆密封性能应符合 GB/T 14894—2005 的要求。车体以及安装在车体外部的各种设备的外壳和所有的开孔、门窗、孔盖均能防止雨雪侵入。封闭式的箱、柜应做到密闭良好,在机械清洗时不应渗水、漏水。

8.1.10 车体结构的内外墙板之间及底架与地板之间应敷设吸湿性小、膨胀率低、性能稳定的防寒、隔热和隔音材料。

8.1.11 内墙板应采用易清洗、装饰性好的阻燃材料制造。地板应具有耐磨、防滑、防水、防静电和阻燃性能。客室的座椅、装饰等的制作均应使用难燃或高阻燃材料。

8.1.12 普通车体钢结构和蒙皮应在去除油污、锈蚀、焊渣后进行磷化处理,并符合 GB 6807 的规定。应对封闭断面构件的内表面进行防腐蚀处理。

8.1.13 普通钢车身涂层应符合 TB/T 2260 和 TB/T 2393 的规定。非涂漆部位不应有油污和漆迹。

8.1.14 车辆应设有架车支座、车体吊装座,并标注允许架车、起吊的位置,以便于拆装起吊和救援。

8.2 司机室

8.2.1 司机室应视野宽广，应能使司机在运行中清楚方便地瞭望到前方信号、线路、障碍物、接触网、隧道和站台。

8.2.2 司机室的前窗玻璃应采用当在任何部位受到击穿或敲击时不会崩散的安全玻璃，前窗应设刮雨器与遮阳装置，寒冷地区可采用符合 TB/T 1451 条件的电加热玻璃或性能良好的电热吹风。前窗玻璃的抗穿透性和抗冲击性应符合 TB/T 1451 的有关规定。

8.2.3 司机室与客室之间应设连通门，其净开宽度不应小于 550 mm，高度不应低于 1 800 mm。

8.2.4 司机操纵台的外型、结构、各种操纵装置及信息显示方式与司机座位的布置应符合人体工程学原理，保证司机驾驶舒适，同时能方便观察到信息显示设备和前方线路。

8.2.5 司机座椅为软式或半软式，其高度、前后位置应可以调节。司机座椅的设计应做到可让司机在必要时迅速离开。

8.2.6 司机室照明，在地板中央的照度为 3 lx～5 lx，司机控制台面的照度为 5 lx～10 lx。指示灯、车载信号显示和人工照明均不应引起司机瞭望行车信号时产生错觉，并应设置较强照度的照明装置，以适应室内设备检查维修时的需要。

8.2.7 司机台的显示器、仪表和指示灯在日光下或夜间灯光下，应能在 500 mm 远处清楚地看见其显示内容。

8.3 客室

8.3.1 客室两侧应合理布置数量充足的车门，每个门的净开宽度不应小于 1 300 mm，高度不应低于 1 800 mm。

8.3.2 客室侧门的开闭一般采用电气控制方式，电力或压缩空气为动力，其传动和控制应安全可靠。侧门的开闭由司机统一控制；客室侧门应具有零速保护功能，并具有非零速客室侧门要全闭锁的电气联锁装置，确保行驶中门的锁闭无误。单个侧门应具有系统隔离功能，在发生故障时能与门控系统切除，还应有在客室内手动操作解锁开闭车门的功能；车辆每一侧至少应有一个车门可以从外侧使用钥匙进行开启、关闭操作。侧门关闭时应具有缓冲动作，并具备防夹功能。

8.3.3 客室两侧设置适量车窗，车窗为固定式，可在部分车窗上部设可开闭式眉窗。车门、车窗玻璃应采用一旦发生破坏时其碎片不会对人造成严重伤害的安全玻璃，在遇到紧急情况时能用猛力或尖锐物将其击碎，其性能应符合 GB/T 9963 的规定。车窗采用中空玻璃时应符合 GB/T 11944 的规定。

8.3.4 客室内布置适量的客室座椅，座椅设计应满足人体工程学要求。

8.3.5 客室内应设置数量足够，牢固美观的立柱、扶手杆，并可根据需要加装适量的吊环。

8.3.6 客室应有足够的灯光照明，在距地板面高 800 mm 处的照度平均值不低于 200 lx。在正常供电中断时，备有紧急照明，其照度不应低于 10 lx。

8.3.7 相邻两模块的连接处应设置贯通道，贯通道应密封、防火、防水、隔热、隔音。贯通道渡板应耐磨、平顺、防滑、防夹，贯通道用密封材料应有足够的抗拉强度，安全可靠、不易老化。

8.3.8 每列车中至少应设置一处轮椅专用位置并应有乘轮椅者适用的抓握扶手杆或固定装置。

9 转向架

9.1 车辆走行装置的性能、主要尺寸应与轨道参数相互匹配。保证其相关部件在允许磨损限度内，仍能确保车辆以最高允许速度安全平稳运行。即使在悬挂或减振系统损坏时，也应能确保车辆在轨道上安全地运行到终点。

9.2 车辆走行装置机可采用传统轮对转向架或独立轮转向架。独立轮转向架的牵引电机可采用纵向布置或横向布置方式。

9.3 构架应采用钢板焊接结构。转向架构架结构强度试验可按照 TB/T 2368—2005 的要求进行。

9.4 转向架构架应做改善内应力处理。

9.5 转向架悬挂系统宜采用如下结构：

一系悬挂为金属橡胶弹簧或金属圆弹簧；

二系悬挂为空气弹簧或金属圆弹簧。

转向架构架和车体之间安装横向减振器及横向止挡。

9.6 采用动力转向架，其牵引电机的安装采用架悬式。转向架构架电机吊座与齿轮箱吊座的设计应能保证其在寿命期内不发生疲劳裂纹。

9.7 宜采用弹性车轮。轴箱应密封良好，轴箱温升不应超过 30 ℃。

10 制动系统

10.1 列车应采用微机控制的制动系统，应具备电制动(再生制动和电阻制动)、空气制动(或液压制动)、停放制动等制动方式。低地板车辆应设磁轨制动。空气制动(或液压制动)应具有相对独立的制动能力；在牵引供电中断或电制动出现故障的情况下，应能保证空气制动(或液压制动)发挥作用，并有足够能力使列车安全停车。

10.2 制动系统应具有常用制动、紧急制动和停放制动功能，并具有根据空重车调整制动力大小的功能。列车在平直和干燥轨道上实施紧急制动时，应能在规定的距离内停车。

10.3 电制动与空气制动应能协调配合，常用制动应充分利用电制动功能。电制动时优先采用再生制动，电制动与空气制动(或液压制动)应能实现平滑转换，在电制动力不足时空气制动(或液压制动)按总制动力的要求补充不足的制动力。

10.4 基础制动应采用盘形制动装置或踏面制动装置。

10.5 电制动和空气制动(或液压制动)，各自应具有防滑功能。根据不同使用环境，可以增加手动或自动撒砂功能。

10.6 列车应设有停放制动装置，保证在线路最大坡度、空车的情况下施加停放制动的列车不会发生溜逸，其制动力应通过机械方式产生并传递。

10.7 采用空气制动的列车应配置两台的以交流电机为动力的空气压缩机组，当其中一台机组失效时，另一台压缩机组的性能、排气量、供气质量和储风缸容积均应满足整列车的供气要求；压缩机组应设有干燥器和自动排水装置；压力调节器和安全阀动作值应准确、可靠。主风缸的容积还应满足压缩机停止运转后列车三次紧急制动的用风量。

10.8 压缩空气管路应采用不锈钢或铜材料，管路和储风缸安装前应做防锈、防腐和清洁处理，以利风路畅通。

10.9 风路系统的气密性应符合 GB/T 14894—2005 的要求，主风缸、制动管路、风动门、空气悬挂、电空装置等的压力值在关闭气路后 5 min 内下降不应超过 20 kPa；制动缸及辅助风缸压力经 3 min 后，降低值不超过 10 kPa。

10.10 车辆基础制动装置的闸瓦(片)压力实际值不应超过设计值的±5%。

10.11 车辆意外分离时，应立刻自动实施紧急制动，并应使司机便于识别。

11 电气系统

11.1 电力传动系统应采用变频调压的交流传动系统。

11.2 牵引电机应符合 TB/T 3001 的规定，牵引电器应符合 TB/T 1333.1 的规定和 TB/T 1333.2 的规定，电子设备应符合 TB/T 3021 的规定，制动电阻器应符合 TB/T 1393—2003 的规定，电抗器应符合 TB/T 1680 的规定，电力变流器应符合 IEC 61287-1 的规定。

11.3 电气系统的电磁兼容性应符合 TB/T 3034 的规定。

11.4 电气系统应有良好的绝缘保护。各电路应能经受耐受电压试验，试验电压值应符合 TB/T 1508—2005 的规定。试验时应将电子器件和电气仪表加以防护或隔离，使其不承受电路耐压试验。

11.5　主电路、辅助电路、控制电路应有可靠的保护。各种保护的整定值、动作时间、动作程序应正确无误。主电路的过电流保护还应与牵引变电站的过电流保护相匹配，在各种短路状态下能够可靠地分断，并应有故障显示和故障切除装置，以维持列车故障运行。

11.6　各电气设备保护性接地要可靠，接地线要有足够的截面积。各车轴上的接地装置应可靠地保护轴承不受接地电流的影响。各电路接地电阻应符合用户和制造商的合同规定。应确保车辆中可能因故障带电的金属件及所有可触及的导电体等电位联结。

11.7　车体应有接地点，各电路电流回馈线应独立连接到回流排上，回流排应与车体任何裸露导电部件绝缘。电流回馈线不应危及过电流保护装置和接地装置的可靠动作。

11.8　牵引系统应能够充分利用轮轨粘着条件，能够按照车辆载重量自动调整牵引力或电制动力的大小，并应具有反应及时的防空转、防滑行控制和防冲动控制。

11.9　当多台电动机由一个变流器并联供电时，其定额功率应考虑轮径差与电动机特性差异引起的负荷分配不均以及在高粘着系数下运行时轴重转移的影响。制造商应将允许的最大轮径差通知用户，以便用户在轮对检修时加以控制。

11.10　受电弓受流状态应良好，受流时对接触导线或供电设施均无损伤或异常磨耗。受电弓的接触压力为 50 N～80 N，受流器与接触轨的接触压力为 150 N。

11.11　列车应设避雷装置。

11.12　辅助电源系统应由辅助变流器、低压电源和蓄电池等组成。辅助变流器应符合 IEC 61287-1 的规定，其容量应能满足车辆各种工况下的使用需求。

11.13　蓄电池的充电性能良好，其容量应能够满足车辆在故障情况下的应急照明、外部照明、车载安全设备、广播、通讯、应急通风等系统工作不低于 30 min。

11.14　车体外安装的需要保持内部清洁的电气设备箱应具有不低于 GB 4208 中规定的 IP54 等级的防护性能。

11.15　各电路的电气设备联结导线应采用多股铜芯电缆，电气耐压等级、导电性能、阻燃性能均应符合 TB/T 1484.1 的要求，电缆所用材料在燃烧和热分解时不应产生有害和危险的烟气。使用光缆和通信电缆应符合产品技术条件要求。束芯线数应有不小于 10%的冗余量。

11.16　电线电缆的敷设应合理排列汇集，主电路、辅助电路、控制电路的电线电缆应分开走线，满足电磁兼容性的要求，纳入专用电线管槽内，并用线卡、扎带等捆扎固定牢。不得已交叉时，高压线缆的接触部分应有附加绝缘加强。穿越电器箱壳的线缆应用线夹卡牢，与箱壳临靠部位应加装护套。电线管槽应安装稳固，防止车辆运行引起损伤；线管、线槽应防止油、水及其他污染物侵入。车辆布线规则可参照 TB/T 1507—2003 的规定。

11.17　电线电缆端头与接头压接应牢固、导电良好，两接线端子间的电线不允许有接头。每根电线电缆的两端应有清晰耐久的线号标记。

11.18　车上各种测量指示仪表的精度等级不应低于 2.5 级。

12　空气调节及采暖装置

12.1　车辆的空调制冷能力，应能满足在环境温度为 33 ℃时，车内温度不高于 28 ℃±1 ℃，相对湿度不超过 65%。不同地区亦可根据当地气候条件在合同中另行规定温度要求。

12.2　空调装置采用集中控制方式，同步指令控制，分时顺序起动。

12.3　空调机组中制冷系统的密封性能应符合 TB/T 1804—2003 的要求。

12.4　空调机组应有可靠的排水结构，在运用中凝结水及雨水不应渗漏或吹入到客室内。

12.5　客室内采用空调系统时，其新风口和风道设置应确保制冷效果及乘客舒适性的要求，人均新风量不应少于 10 m^3/h（按额定载客人数计）。客室内仅设有机械通风装置时，人均供风量不应少于 20 m^3/h（按额定载客人数计）。

12.6 司机室采用空调时，新风量不少于人均 30 m^3/h。不同地区有特殊需要时，可在合同中另行规定。

12.7 用于冬季寒冷地区的车辆空调应有制热功能，当空调制热能力不足时应设取暖设备，运行时应维持客室温度不低于 10 ℃，司机室温度不低于 14 ℃。

12.8 采暖装置应能根据需要按不同工作挡位调节温度。

12.9 对安装采暖设备部位的侧墙、地板及座椅等应进行安全隔热处理。根据 TB/T 2704—2005 的规定，车用电加热器罩板表面温度不应大于 65 ℃。

12.10 空调和采暖设备应具有相应的电气保护功能。

13 安全设施

13.1 司机台应设置紧急停车操纵装置和警惕按钮。

13.2 司机室内应设置客室侧门开闭状态显示和车载信号显示装置，并应便于司机观察。

13.3 车辆应有列车自动防护系统(ATP)以及必要的保证行车安全的保护装置。

13.4 司机室前端应装设可进行远近光变换的前照灯、雾灯和红色信号灯。前照灯在车辆前端紧急制动距离处照度不应小于 2 lx。

13.5 车内应设置扶手或吊环，车门附近设扶手杆。铰接部宜设护栏。

13.6 车辆应设置鸣笛装置。

13.7 车辆内应有各种警告标识，包括标在司机室内的紧急制动装置、带电高压设备、消防设备及电器箱内的操作警示标识等。

13.8 客室、司机室应配置适合于电气装置与油脂类的灭火器具，安放位置应明显标识并便于取用。灭火材料在灭火时产生的气体不应对人体产生危害。

13.9 车辆应配备专用工具和工具柜。

14 控制和诊断系统

14.1 车辆宜采用网络控制系统。与运行及安全有关的控制还应有硬连线的冗余措施。关键部件、显示信息等也应有冗余。

14.2 数据通信应具有以下基本功能：

车辆控制、诊断系统与车辆子系统通过列车通信网络和智能终端进行通信；

通过列车通信网络上的标准服务接口，对联网子系统的故障信息进行下载；

主要微机控制子系统能通过列车通信网络上的标准服务接口进行在线测试。

14.3 车辆诊断系统应具有接收车辆子系统(包括微机控制与非微机控制系统)的状态信息、故障信息等功能，并能进行评估、储存，在司机室的显示屏上进行显示与报警。

14.4 车辆主要子系统应具有自诊断及监控功能。

14.5 车辆控制、诊断系统应具有事件记录功能。

15 通信与乘客信息系统

15.1 车辆应具有司机与行车控制调度中心进行双向通信功能。

15.2 车辆应具有司机对乘客广播及自动报站的装置。客室内应设有扬声器用于预告前方停站，并设有乘客所需的动态信息设施。

15.3 客室内应设置乘客手动报警和能与司机对讲的装置，紧急情况下乘客可向司机报警。

15.4 车辆两端的司机室前部应设置运行区段显示装置。

16 试验与验收

16.1 车辆组装后使用前，应按照 GB/T 14894—2005 进行试验验收。

16.2 车辆在下列情况之一时，应进行型式试验：

a) 新设计制造的车辆；

b) 批量生产的车辆实施重大技术改造，性能、结构、材料、部件有较大改变；

c) 批量生产的车辆制造一定数量后，有必要重新确认其性能时，抽样进行测试；

d) 制造商首次生产该型号的车辆；

e) 转厂后生产的车辆。

16.3 车辆的配套设备及主要部件应经检验合格后方可装车。

16.4 投入批量生产的车辆，应全部进行例行试验。例行试验结果应与该型产品型式试验相符。

16.5 正式提交验收的车辆应有产品合格证书、型式试验报告、例行试验报告、使用维护说明书和车辆履历簿等。

16.6 车辆移交时，制造厂应向用户提供有关技术文件、维修用图纸和随车工具、备品。

16.7 研究性试验仅在用户与制造商双方合同中有规定时进行。

17 标志

车辆的有关信息应标注在车辆的明显位置上，其标注方法应符合相关标准的规定。制造商应提供完整的资料，标志应包括下列内容：

a) 产品名称与型号；

b) 制造商的名称；

c) 供电电压和供电方式；

d) 轨距；

e) 额定载客量；

f) 出厂编号或代码；

g) 出厂日期。

标志应清晰、易读、不易磨损。

18 运输与质量保证期限

18.1 车辆应由制造商妥善防护，并负责运送至合同指定的交货地点。

18.2 制造商应明确给出车辆及其主要部件的保修期限(一般不短于车辆验交后一年)，在用户遵守使用维护说明书的情况下，保证期限内确属制造质量不良而出现故障影响运行或损坏时，制造商应及时无偿地负责修理或更换零部件，安装调试，恢复运行。

18.3 对因设计或工艺缺陷而需进行整改的项目，应在该车完成此项整改之日起，对相关部件重新建立保证使用期限。

ICS 47.020
U 10

GB

中华人民共和国国家标准

GB/T 23432—2009

三峡枢纽过坝江海直达货船尺度系列

Dimensions series of river/coastal cargo ship passing the lock of the Three Gorges Dam

2009-03-31 发布　　　　2009-11-01 实施

中华人民共和国国家质量监督检验检疫总局
中国国家标准化管理委员会　发布

前　言

本标准由中华人民共和国交通运输部提出。

本标准由全国内河标准化技术委员会(SAC/TC 130)归口。

本标准起草单位:长江船舶设计院。

本标准主要起草人:王前进。

三峡枢纽过坝江海直达货船尺度系列

1 范围

本标准规定了三峡枢纽过坝江海直达货船尺度系列，适用航行于过三峡枢纽的江海直达货船。

2 术语和定义

下列术语和定义适用于本标准。

2.1

三峡枢纽过坝江海直达货船 **river/coastal cargo ship passing the lock of the Three Gorges Dam**

航行于三峡库区至海上有限航区，能装运各种干、散货并兼运集装箱的多用途货船。

3 主要参数

三峡枢纽过坝江海直达货船尺度系列见表1。

表1 三峡枢纽过坝江海直达货船尺度系列

船型	总长 m	船宽 m	设计吃水 m	设计载货量 t	设计航速 km/h	主机功率 kW
1 000吨级江海直达货船	67.5	10.8	2.6	1 000	≥18	2×230
2 000吨级江海直达货船	85.0	14.0	3.0	2 000	≥18	2×280
3 000吨级江海直达货船	92.0	16.2	3.4	3 000	≥18	2×380
4 000吨级江海直达货船	105.0	17.2	3.6	4 000	≥18	2×460
5 000吨级江海直达货船	108.0	19.2	4.3	5 000	≥18	2×520
注1：总长可上下浮动2%。 注2：设计吃水、设计航速和主机功率为参考值。						

ICS 47.020
U 10

GB

中华人民共和国国家标准

GB/T 23433—2009

三峡枢纽过坝载货汽车滚装船船型尺度系列

Dimensions series of roll-on/roll-off truck ship passing the lock of the Three Gorges Dam

2009-03-31 发布　　　　　　　　2009-11-01 实施

中华人民共和国国家质量监督检验检疫总局
中国国家标准化管理委员会　发布

前　言

本标准由中华人民共和国交通运输部提出。

本标准由全国内河标准化技术委员会(SAC/TC 130)归口。

本标准起草单位:长江船舶设计院。

本标准主要起草人:王前进、章鸣。

三峡枢纽过坝载货汽车滚装船船型尺度系列

1 范围

本标准规定了三峡枢纽过坝载货汽车滚装船船型尺度系列及推荐主机功率和航速，适用于三峡库区载货汽车滚装船。

2 术语和定义

下列术语和定义适用于本标准。

2.1

三峡枢纽过坝载货汽车滚装船 roll-on/roll-off truck ship passing the lock of the Three Gorges Dam

航行于川江及三峡库区水域，载运在油箱内备有自用燃油且闪点大于60 ℃(闭杯试验)的载货汽车(不包括装载危险货物的货车)及全船载运的载货汽车司机和随车工作人员超过12人的自航滚装船。

3 主要参数

三峡枢纽过坝载货汽车滚装船船型尺度系列见表1。

表1 三峡枢纽过坝载货汽车滚装船船型尺度系列

船型	总长 m	船宽 m	设计吃水 m	设计航速 km/h	舷伸甲板宽 m	主机功率 kW
30车位	85.00	16.20	2.60	≥21	0	2×375
40车位	85.00	19.20	2.60	≥21	0	2×441
50车位	108.00	19.20	2.60	≥21	0	2×350
60车位(Ⅰ)	108.00	22.20	2.60	≥21	0	2×441
60车位(Ⅱ)	113.80	23.25	2.60	≥23	0	2×735
60车位(Ⅲ)	112.00	23.10	2.60	≥23	1.15	2×662

注1：船舶总长不包括跳板长度。

注2：设计吃水、设计航速和主机功率为推荐值。

注3：60车位(Ⅰ)型载车车位宽度为2.5 m，60车位(Ⅱ)型载车车位宽度为2.65 m，60车位(Ⅲ)型载车车位宽度为2.75 m。

ICS 35.240.60
R 07

中华人民共和国国家标准

GB/T 23434—2009/ISO 15075:2003

运输信息及控制系统　车载导航系统通信信息集要求

Transport information and control systems—In-vehicle navigation systems—Communications message set requirements

(ISO 15075:2003,IDT)

2009-03-31 发布　　2009-11-01 实施

中华人民共和国国家质量监督检验检疫总局
中国国家标准化管理委员会　发布

前　言

本标准等同采用国际标准 ISO 15075:2003(E)《运输信息及控制系统　车载导航系统　通信信息集要求》(英文版)。

为了便于使用,本标准做了以下编辑性修改:

a) “本国际标准”一词改为“本标准”;

b) 小数点由“,”改为“.”。

本标准由全国智能运输系统标准化技术委员会(SAC/TC 268)提出并归口。

本标准起草单位:交通部公路科学研究院。

本标准起草人:王春燕、张可、陈希、丁捷、刘冬梅、贺瑞华。

运输信息及控制系统　车载导航系统
通信信息集要求

1　范围

本标准规定了车载导航系统所需的通讯信息内容和信息格式，主要强调产生或提高路径指令的信息，同时也强调一些不须被包括在通常的交通管理信息列表的信息。

虽然本标准主要包括采用车载地图数据库数据来确定路径的本地型路径诱导系统的需求信息，但是也包括主要利用导航中心数据确定路径的中心型路径诱导系统的需求信息和某些增值信息。

2　术语和定义

下列术语和定义适用于本标准。

2.1

本地型路径诱导系统　locally determined route guidance system (LDRG)

通过车载系统给予驾驶员逐步驾驶提示的系统。

注：典型的系统包括显示屏、计算机、路径选择和诱导软件、导航地图数据库以及途中追踪车辆位置的定位设备。

2.2

中心型路径诱导系统　centrally determined route guidance system (CDRG)

通过车载装置给驾驶员提供类似 LDRG 的逐步驾驶提示的系统。

注：在中心型路径诱导系统中，路径选择提示由控制中心确定，并发送给车辆。

2.3

信息　message

符合电磁场传输过程中播送和广播要求的格式化数据元素。

2.4

标准位置参考　standard location references (SLR)

用于描述地理位置的标准化方法。地理位置包括点、点之间的路段以及地理区域。

2.5

交通信息中心　traffic message centre (TMC)

除了车与路侧(信标)的短程通讯外，还以任何通讯方式向(从)车辆发送(接收)信息的中心。

注：这些信息大部分是和交通相关的。

2.6

路侧信标　roadside beacon (RS)

用于车-路短程通讯的设备。该设备带有固定的位置信息，车辆一旦接收到该信息，就被定位在相应区域。

3　信息集的内容和格式

本标准涉及的信息可以分为：

——本地型路径诱导系统确定推荐路径所需要的信息。此类信息包括交通状况、收费、道路构造、空余车位等(见表 1)。

——中心型路径诱导系统确定推荐路径所需要的信息。此类信息重点在于路径诱导信息的请求和传输(见表 2)。

——可以在车载导航系统上显示或提供诱导信息过程中需要使用的增值信息。这些信息包括涉及突发事件、通行费和其他费用支付以及合乘项的通讯信息(见表3)。

表1、表2、表3的表格结构如下：

——项目编号：由ISO/TC 204指定的字母数字组合序号，其标明信息在列表中的相对位置及分类：

L=LDRG，C=CDRG，V=附加值。

——信息：标准中信息的简短描述。

——数据流：IN代表数据由基础设施(通讯装置)流向车辆(导航系统)，OUT代表数据由车辆(导航系统)流向基础设施(通讯装置)，见图1。

——数据字段：描述了此信息所需要的数据字段细节。本标准采用模块化方式使用的数据字段为局部字段。

——字段类型：A=字符数字组合型，F=浮点型，I=整型，V=变量。

——字段长度：以位(bit)为单位。

——字段格式：F=固定长度，V=可变长度。

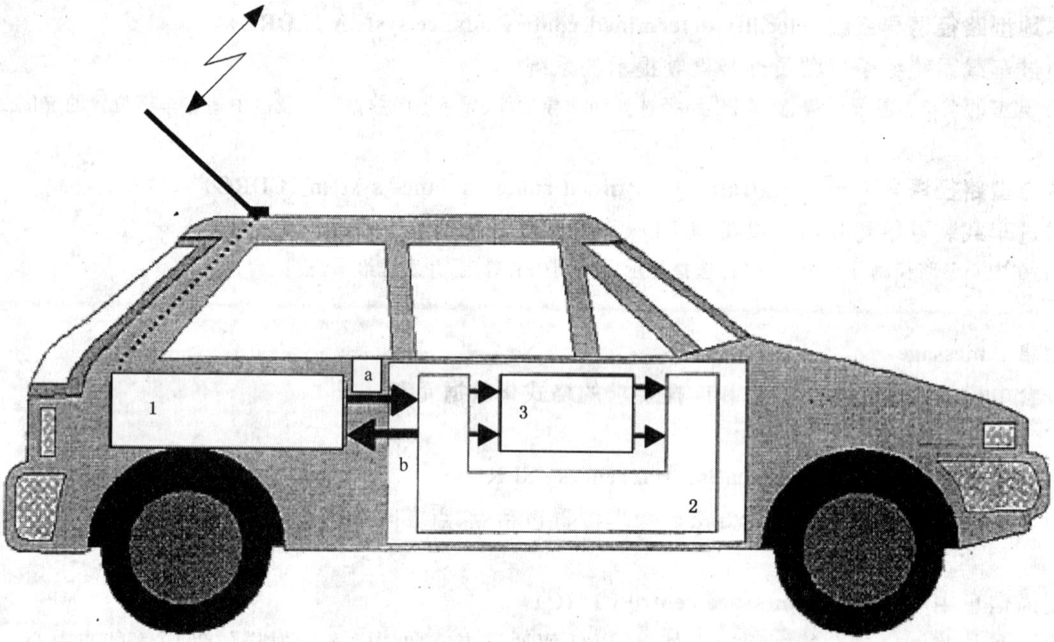

1——通讯设备；

2——车载设备；

3——导航系统；

a——IN(输入)；

b——OUT(输出)。

图1 数据流示意图

表 1　本地型路径诱导系统使用的信息

项目编号	信　　息	数据流	数　据　字　段	字段类型	字段长度	字段格式
1L	从交通信息中心(TMC)来的动态路段时间	IN	信息代码(交通信息中心或路侧信标通用)	I	16	F
			序列号	I	6	F
			信息时间戳(精确到秒)	I	17	F
			数据格式代码[拥堵等级、路段旅行时间、旅行时间增量、或者时间/速度因子(比率)]	I	3	F
			每条路段 5 min 的间隔序号(L)(L≤6)(1=当前;2=预测的后 5 min;依次类推)	I	3	F
			地理区域(1)的标准位置参考	I	64	F
			信息中报告的路段数(N) {重复集合:N 次}	I	8	F
			——路段(1)的标准位置参考	I	64	F
			——起因代码类型 (2 位:00=不指定)	I	2	F
			——起因代码(可选) {重复集合:L 次}	I	6	F
			5 min 间隔的出行信息	I	V	V
2L	从路侧信标来的动态路段时间(只适用于信标)	IN 来源于路侧信标	信息代码(路侧信标专用)	I	16	F
			序列号	I	6	F
			信息时间戳(精确到秒)	I	17	F
			信标对识别		(40)	
			——控制器编号	I	8	F
			——第一个信标(位置)ID 号	I	16	F
			——第二个信标的 ID(用于成对提供信息)	I	16	F
			数据格式代码[拥堵等级、路段旅行时间增量、旅行时间增量、或者时间/速度因子(比率)]	I	3	F
			每条路段 5 min 的间隔序号(L)(L≤6)	I	3	F
			信息中报告的路段数(N) {每组信息重复 N 次}	I	8	F
			——路段(1)的标准位置参考	I	64	F
			——起因代码类型(2 位:00=不指定)	I	2	F
			——起因代码(可选){每组信息重复 L 次}	I	6	F
			5 min 间隔的旅行信息	I	V	V
3L	请求车辆临时 ID	OUT	信息代码(由车辆到 TMC 或路侧信标)	I	16	F
			车辆选择的临时 ID(随机)	I	16	F

表 1（续）

项目编号	信　　息	数据流	数　据　字　段	字段类型	字段长度	字段格式
4L	分配临时的车辆 ID	IN	信息代码(从 TMC 或路侧信标到车辆)	I	16	F
			车辆发送的临时 ID	I	16	F
			由 TMC 或路侧信标分配给车辆的临时 ID		(40)	
			——标明 ID 是由 TMC(0)或路侧信标(1)分配得到的标志	I	1	F
			——分配得到的车辆 ID 注：日本的前 16 位是交易数，后 23 位是信标分配的 ID	I	39	F
5L	车辆探测报告(采集路段旅行时间并提供给数据库)	OUT	信息代码(一般用于 TMC 或路侧信标到车辆)	I	16	F
			分配的车辆 ID	I	40	F
			路段数据库的版本	I	4	F
			信息中报告的路段数目(N) {每组信息重复 N 次}	I	8	F
			——路段(1)的标准位置参考	I	64	F
			——起因代码类型 (2 位：00＝不指定)	I	2	F
			——起因代码[可选：路段“暂停”，路段熄火，交通模式(TBD 码)]	I	5	F
			——旅行时间(单位：秒)	I	12	F
			——等待(停车)时间(单位：秒)；FFF 表示得不到数据	I	12	F
			——抵达路段末端的旅行时间戳(精确到秒)	I	17	F
6L	车辆探测报告(路侧信标间的旅行时间)	OUT	信息代码(TMC 和路侧信标通用)	I	16	F
			分配的车辆 ID	I	40	F
			车辆测量的旅行时间(来源于前一定位信标)		(40)	
			——前一信标的编号		(24)	
			——信标控制器的编号	I	8	F
			——信标(位置)ID 编号	I	16	F
			——相邻路侧信标间车辆测量的旅行时间(单位：秒)	I	16	F
7L	探测异常报告规则(可能根据路面类型、区域、路段而变化)	IN	信息代码	I	16	F
			信息中报告异常规则的数目(N) {每组信息重复 N 次}	I	5	F
			——异常规则代码(1、2、3 或 4)	I	2	F
			如果 1(路面类型)：			
			——路面类型代码	I	4	F

表 1（续）

项目编号	信　息	数据流	数　据　字　段	字段类型	字段长度	字段格式
7L	探测异常报告规则(可能根据路面类型、区域、路段而变化)	IN	——临界值	I	6	F
			如果 2(区域)			
			——区域代码 ID	I	11	F
			——临界值	I	6	F
			如果 3(路段)			
			——信息中路段的数目(n) {每组信息重复 n 次}	I	6	F
			——路段(1)的标准位置参考	I	64	F
			——临界值	I	6	F
			如果 4(总体)			
			——整个系统的临界值	I	6	F
8L	起讫点和路径的请求	IN	信息代码	I	16	F
			分配的车辆 ID	I	40	F
9L	起讫点和路径报告	IN	信息代码	I	16	F
			分配的车辆 ID	I	49	F
			起点			
			——标准位置参考(1)	I	64	F
			终点			
			——标准位置参考(1)	I	64	F
			上报路段的数目(N) (00=没有路线) {每组信息重复 N 次}	I	16	F
			——路段(1)的标准位置参考	I	N* 64	F
			注：本条信息可用于上报成对起讫点，也可以(可选)上报本地型或中心型系统所规划的路径。			
10L	出行完成报告	OUT	信息代码	I	16	F
			车辆分配的 ID	I	40	F
			起点			
			——标准位置参考(1)	I	64	F
			终点			
			——标准位置参考(1)	I	64	F
			旅行时间(精确到分钟)	I	16	F
11L	车辆当前定位请求	IN	信息代码	I	16	F
			分配的车辆 ID	I	40	F

表 1（续）

项目编号	信　息	数据流	数　据　字　段	字段类型	字段长度	字段格式
12L	车辆当前定位报告	OUT	信息代码	I	16	F
			分配的车辆 ID	I	40	F
			——当前车辆定位(1)的标准位置参考	I	64	F
13L	路侧信标的定位报告(标准位置参考)(只适用于信标)	IN 来源于路侧信标	信息代码	I	16	F
			信标匹配确认		(40)	
			——控制器编号	I	8	F
			——第一个信标(位置)ID 编号	I	16	F
			——第二个信标 ID(成对出现)	I	16	F
			信标位置			
			——标准位置参考(1)	I	64	F
			——相对参考点的偏移量(精确到米)	I	16	F
14L	来源于路侧信标的定位报告(文本参照)(只适用于信标)	IN 来源于路侧信标	信息代码	I	16	F
			信标匹配确认(地点标识)		(40)	
			——控制器编号	I	8	F
			——第一个信标(位置)ID 编号	I	16	F
			——第二个信标 ID(成对出现)	I	16	F
			信标编号(地点标识)		(1 或 24)	V
			——信标控制器编号	I	8	
			——延长数目(0=循环结束)	I	1	F
			——信标(位置)ID 编号	I	15	F
			信标位置			
			——地图版本	I	16	F
			——信标(1)标准位置参考	I	64	F
			——道路类型	I	2	F
			——路段数	I	12	F
			——道路名称			
			——显示字符数:o	I	8	F
			——语音输出字符数:p	I	8	F
			——显示的道路名称	A	8*o	V
			——语音输出的道路名称	A	8*p	V
			——点的名称			
			——显示的字符数:q	I	8	F
			——语音输出的字符数:r	I	8	F
			——显示点名称	A	8*q	V
			——语音输出的点名称	A	8*r	V

表 1（续）

项目编号	信　　息	数据流	数 据 字 段	字段类型	字段长度	字段格式
15L	GPS 差分站修正因子	IN	信息代码	I	16	F
			采用 ISO GPS 接口标准	—	—	—
16L	常规文本信息	IN 或 OUT	信息代码	I	16	F
			信息优先权代码	I	4	F
			信息时间戳(精确到秒)	I	17	F
			信息类型代码	I	16	F
			信息字符类型(1 或 2 字节)—支持东方语言字符	I	1	F
			文本信息中的字符数(N) 限制 N≤120(对于东方是 60)	I	7	F
			文本信息	I	N* (8 或 16)	F
17L	咨询信息(交通、安全、天气)	IN	信息代码	I	16	F
			序列号	I	11	F
			信息时间戳(精确到秒)	I	17	F
			信息中报告咨询代码的个数(N) {每组信息重复 N 次}	I	5	F
			——咨询类型代码(例如 RDS-TMC)	I	5	F
			——咨询信息分类代码(例如 Alert C 或 Alert+协议)	I	V	V
			——持续时间			
			——严重程度			
			——区域			
			——其他			
			注：车辆拥有信息代码数据库来译码			
18L	咨询信息请求(交通、安全、天气)	OUT	信息代码	I	16	F
			车辆分配的 ID	I	40	F
			收费 ID	I	40	F
			区域 ID(标准参照)(1)	I	32	F
			请求的信息类型	I	5	F
19L	车辆运输信息(如汽车铁路运输或汽车轮渡)	IN	信息代码	I	16	F
			信息中报告的运输信息数(N) {每组信息重复 N 次}	I	5	F
			——起点的标准位置参考(1)	I	64	F
			——终点的标准位置参考(1)	I	64	F
			——旅行时间(精确到分钟)	I	16	F
			——成本			

表 1（续）

项目编号	信　　息	数据流	数　据　字　段	字段类型	字段长度	字段格式
19L	车辆运输信息（如汽车铁路运输或汽车轮渡）	IN	——货币代码	I	5	F
			——货币单位（以百计）	I	12	F
			——承运人 ID	I	30	F
			出发时间报告的数目（n） {第二次信息重复 n 次}	I	4	F
			——出发时间（精确到分钟）	I	16	F
			——运力/可用性	I	6	F
20L	停车及换乘信息	IN	信息代码	I	16	F
			信息中报告的位置数（N） {第二次信息重复 N 次}	I	5	F
			——起点（1）的标准位置代码	I	64	F
			——运输模式代码	I	3	F
			——路线代码	I	6	F
			——旅行时间（精确到分钟）	I	10	F
			——成本			
			——货币代码	I	5	F
			——货币单位（以百计）	I	12	F
			——停车位 ID	I	10	F
			报告的出发时间数（n） {每组信息重复 n 次}	I	5	F
			——出发时间（精确到分钟）	I	16	F
			——容量/可用性	I	6	F
			报告的途经点数目（M） {第三次信息重复 M 次}	I	6	F
			——途经点的标准位置参考（1）	I	64	F
21L	常规停车信息	IN	信息代码	I	16	F
			信息时间戳（精确到秒）	I	17	F
			报告的可供停车的地点数目（N） {每组信息重复 N 次}	I	16	F
			——停车地点的标准位置参考（1）	I	64	F
			——停车场的总车位数	I	8	F
			——停车场的名称			
			——显示字符数：o	I	8	F
			——语音输出字符数：p	I	8	F
			——显示停车场名称	A	o*8	V

表 1（续）

项目编号	信　　息	数据流	数　据　字　段	字段类型	字段长度	字段格式
21L	常规停车信息	IN	——语音输出停车场名称	A	p*8	V
			——停车场入口所在的路名			
			——显示的字符数：q	I	8	F
			——显示的路名	A	q*8	V
			——该停车场空余的车位数	I	8	F
			——获得下一停车泊位所需等候的时间估计值(分钟)	I	8	F
			——费用信息	I	16	F
			——营业时间	I	16	F
			——入口信息	I	40	F
22L	停车信息请求	OUT	信息代码	I	16	F
			车辆分配的 ID	I	40	F
			收费 ID	I	40	F
			目的地的标准位置参考(1)	I	32	F
			请求的信息类型	I	5	F
23L	停车信息请求响应	IN	信息代码	I	16	F
			分配的车辆 ID	I	40	F
			信息时间戳(精确到秒)	I	17	F
			报告的可供停车地点数(N) {每组信息重复 N 次}	I	16	F
			——停车地点的标准位置参考(1)	I	64	F
			——停车场车位数	I	8	F
			——停车场的名称			
			——显示字符数：o	I	8	F
			——语音输出字符数：p	I	8	F
			——显示的停车场名	A	o*8	V
			——语音输出的停车场名	A	p*8	V
			——停车场入口所在路名			
			——显示字符数：q	A	8	F
			——显示的路名	I	q*8	V
			——空余车位	I	8	F
			——获得下一停车位所需等候的时间估计值(分钟)	I	8	F
			——费用信息	I	16	F
			——营业时间	I	16	F
			——入口信息	I	40	F

表 1(续)

项目编号	信息	数据流	数据字段	字段类型	字段长度	字段格式
24L	导航数据库更新(修改和添加)	IN	信息代码	I	16	F
			序列号	I	11	F
			区域 ID(标准参照)(1)	I	32	F
			城市 ID(标准参照)(1)	I	16	F
			被修改的数据库版本号	I	6	F
			信息中数据库修改的项数(N) {每组信息重复 N 次}	I	5	F
			——修改代码(如:现有路段属性变更;添加一条新的路段;删除一条原有路段或者增加一个旅馆)	I	5	F
			——信息字段长度代码	I	7	F
			——更新的信息	I,A	V	V
			如果修改的内容与路段联在一起,则需要增加如下内容:			
			——接收指定修改的路段数(n) {每组信息重复 n 次}	I	5	F
			——路段的标准位置参考(1)	I	64	F
25L	导航数据库更新请求	OUT	信息代码	I	16	F
			车辆分配的 ID	I	40	F
			排序 ID	I	40	F
			区域的 ID(标准参照)(1)	I	32	F
			城市的 ID(标准参照)(1)	I	16	F
			数据库的变更版本	I	6	F
26L	区域系统状况报告	IN	信息代码	I	16	F
			日期(年七位,月四位,日五位)	I	16	F
			信息时间戳(精确到秒)	I	17	F
			地区 ID(标准参照)(1)	I	32	F
			城市 ID(标准参照)(1)	I	16	F
			数据库版本	I	6	F
			下列全局时间变更代码的字段定义代码 全局旅行时间变更代码	I	3	F
			——路面分类代码	I	V	V
			——旅行时间因子或滤波器	I	V	V
27L	TMC 网络状态报告	IN	信息代码	I	16	F
			信息时间戳(精确到秒)	I	17	F
			文本信息			

表 1（续）

项目编号	信　　息	数据流	数　据　字　段	字段类型	字段长度	字段格式
27L	TMC 网络状态报告	IN	——显示字符数:o	I	8	F
			——语音输出字符数:p	I	8	F
			——用于显示的文本信息	A	o* 8	V
			——用于语音输出的文本信息	A	p* 8	V
			报告子系统 ID			
			——子系统的类型	I	8	F
			——子系统控制器 ID	I	32	F
			状态代码	I	8	F
			设备故障			
			——设备故障次数(N)	I	8	F
			——故障设备 ID	I	N* 32	V
28L	车辆通讯系统的状态请求	IN	信息代码	I	16	F
			应用系统代码	I	6	F
			应用系统指定 ID	I	40	F
			测试序列号	I	6	F
			信息时间戳(精确到秒)	I	17	F
			所需测试的代码(如通讯、导航等)	I	8	F
29L	车辆通讯系统状态请求响应	OUT	信息代码	I	16	F
			应用系统代码	I	6	F
			应用系统指定 ID	I	40	F
			测试次序号	I	6	F
			信息时间戳(精确到秒)	I	17	F
			报告中的测试代码(定义测试结果的字段格式)	I	10	F
			测试结果	I	V	V
30L	TMC 的动态事件报告	IN	信息代码(来源于交通信息中心或路侧信标)	I	16	F
			次序号	I	6	F
			信息时间戳(精确到秒)	I	17	F
			信息中报告的事件数目(N) {每组信息重复 N 次}	I	5	F
			——事件类型	I	12	F
			——路段标准位置参考(1)	I	64	F
			——起因代码类型	I	2	F
			——起因代码(可选)	I	5	F
			——事件发生时间	I	17	F
			——事件预测结束时间	I	17	F

表 1（续）

项目编号	信　息	数据流	数　据　字　段	字段类型	字段长度	字段格式
31L	来源于 TMC 的动态事件报告（明细）	IN	信息代码（来源于交通信息中心或路侧信标）	I	16	F
			事件序列号	I	6	F
			信息时间戳（精确到秒）	I	17	F
			路段层	I	2	F
			采纳的起因代码类型	I	4	F
			起因起始时间	I	8	F
			起因信息		(V)	
			——显示的字符数：o	I	8	F
			——显示的起因信息	A	o*8	V
			主要事件类型	I	4	F
			次要事件类型（可选）	I	8	F
			事件开始时间	I	17	F
			事件结束时间	I	17	F
			与起始路段终点的距离（0.1 英里增量）	I	8	F
			与结束路段终点的距离（0.1 英里增量）	I	8	F
			拥堵状态	I	4	F
			恢复信息	I	22	F
			信息中报告的路段数（N） {每组信息重复 N 次}	I	8	F
			——路段的标准位置参考(1)	I	64	F
			——路段中事件位置（点）的名称		(V)	
			——显示字符数：p	I	8	F
			——语音输出的字符数：q	I	8	F
			——显示位置	A	p*8	F
			——语音输出位置	A	q*8	F
			——路段的道路名称		(V)	
			——显示字符数：r	I	8	F
			——语音输出的字符数：s	I	8	F
			——显示的道路名称	A	r*8	F
			——语音输出的道路名称	A	s*8	F
			——方向代码	I	4	F
			——从路段起点到事件发生处的距离（0.1 英里增量）	I	14	F
32L	对 TMC/RS 通信系统的请求状态	OUT	信息代码	I	16	F
			分配的车辆 ID	I	40	F
			请求测试的代码	I	8	F

表 1（续）

项目编号	信息	数据流	数据字段	字段类型	字段长度	字段格式
33L	来自 TMC/RS 通信系统的状态响应	IN	信息代码	I	16	F
			分配的车辆 ID	I	40	F
			测试序列号	I	6	F
			信息时间戳(精确到秒)	I	17	F
			报告的测试代码(定义结果字段的格式)	I	10	F
			测试结果	I	V	V

表 2　中心型路径诱导系统的附加信息

项目编号	信息	数据流	数据字段	字段类型	字段长度	字段格式
1C	路径规划请求(通常情况)	OUT	信息代码	I	16	F
			分配的车辆 ID	I	40	F
			起点(或当前位置)			F
			——点标准位置参考(1)	I	64	F
			——相对参照点的偏移距离(精确到 20 m)	I	8	F
			目的地指定代码(1＝标准位置参考;2＝地域;3＝区域指定位置代码:A、B、C、D 四种类型)	I	4	F
			——如果 1:点的标准位置参考	I	64	F
			——如果 2:地域[(区域的标准位置参考(1)]	I	64	F
			——如果 3A:一条特定路段(希望获得到达此特定路段的路径)		(34)	
			——此路段所在区域的代码	I	20	F
			——道路类型代码(普通或具有禁行限制)	I	2	F
			——路段编号	I	12	F
			——如果 3B:可选的指定路段(关于两条路径哪条更好的请求:一条是到达指定路段的路径,另一条是与指定路段相反方向而到达指定路段的路径)		(34)	
			——反向路段所在区域的代码	I	20	F
			——道路类型代码(普通或具有禁行限制)	I	2	F
			——路段编号	I	12	F
			——如果 3C:道路交叉口(结点)		(34)	
			——结点所在区域的代码;	I	20	F
			——道路类型代码(普通或具有禁行限制)	I	2	F
			——结点编号(连接结点的路段)	I	12	F
			——如果 3D:大范围地域		(34)	
			——地域所在区域的代码;	I	20	F

表 2（续）

项目编号	信　息	数据流	数　据　字　段	字段类型	字段长度	字段格式
1C	路径规划请求（通常情况）	OUT	——地域编号	I	14	F
			限制条件代码的数目(N)：如果 N=15，最后要附加 8 bit 的约束条件标记 {每组信息重复 N 次}	I	4	F
			路径规划限制条件代码（例如：无收费、无高速公路、观景路径规划、卡车、危险品运输、急救车辆、方向限制、高占有率的车辆或多交通方式）	I	8* N(如果 N=15 取 8)	V
2C	路侧信标路径规划请求（只用于信标应用）	OUT	信息代码	I	6	F
			分配的车辆 ID	I	40	F
			目的地指定代码(1=标准位置参考；2=地域；3=区域指定位置代码：A、B、C、D 四种类型)	I	4	F
			——如果 1：点的标准位置参考	I	64	F
			——如果 2：地域[（区域的标准位置参考(1)]	I	64	F
			——如果 3A：一条特定路段（希望获得到达此特定路段的路径）		(34)	
			——此路段所在区域的代码	I	20	F
			——道路类型代码（普通或具有禁行限制）	I	2	F
			——路段编号	I	12	F
			——如果 3B：可选的指定路段（关于两条路径哪条更好的请求：一条是到达指定路段的路径，另一条是与指定路段相反方向而到达指定路段的路径）		(34)	
			——反向路段所在区域的代码	I	20	F
			——道路类型代码（普通或具有禁行限制）	I	2	F
			——路段编号	I	12	F
			——如果 3C：道路交叉口（结点）		(34)	
			——结点所在区域的代码；	I	20	F
			——道路类型代码（普通或具有禁行限制）	I	2	F
			——结点编号（连接结点的路段）	I	12	F
			——如果 3D：大范围地域		(34)	
			——地域所在区域的代码；	I	20	F
			——地域编号	I	14	F
			限制条件代码的数目(N)：如果 N=15，最后要附加 8 bit 的约束条件标记{每组信息重复 N 次}	I	4	F
			——路径规划限制条件代码（例如：无收费、无高速公路、观景路径规划、卡车、危险品运输、急救车辆、方向限制、高占有率的车辆或多交通方式）	I	8* N(如果 N=15 取 8)	V

表 2（续）

项目编号	信　　息	数据流	数　据　字　段	字段类型	字段长度	字段格式
3C	出行前发给单个车辆的推荐路径	IN	信息代码	I	16	F
			分配的车辆 ID	I	40	F
			出发地点标准位置参考(1)	I	64	F
			目的地标准位置参考(1)	I	64	F
			到达时间估计	I	16	F
			推荐路径所包含的路段数目(N) {每组信息重复 N 次}	I	8	F
			——推荐路径所包含的路段 ID 列表[(标准位置参考(1)]	I	N* 64	V
4C	出行中发给个体车辆的推荐路径(不包括拥堵信息)	IN	信息代码	I	16	F
			路径编号	I	3	F
			分配的车辆 ID	I	40	F
			当前地点的点标准位置参考(1)	I	64	F
			目的地指定代码(1＝标准位置参考；2＝地域；3＝区域指定位置代码：A、B、C、D 四种类型)	I	4	F
			——如果 1：点的标准位置参考	I	64	F
			——如果 2：地域[区域标准位置参考(1)]	I	64	F
			——如果 3A：一条特定路段(希望获得到达此特定路段的路径)		(34)	
			——此路段所在区域的代码	I	20	F
			——道路类型代码(普通或具有禁行限制)	I	2	F
			——路段编号	I	12	F
			——如果 3B：可选的指定路段(关于两条路径哪条更好的请求：一条是到达指定路段的路径，另一条是与指定路段相反方向而到达指定路段的路径)		(34)	
			——反向路段所在区域的代码	I	20	F
			——道路类型代码(普通或具有禁行限制)	I	2	F
			——路段编号	I	12	F
			——如果 3C：道路交叉口(结点)		(34)	
			——结点所在区域的代码；	I	20	F
			——道路类型代码(普通或具有禁行限制)	I	2	F
			——结点编号(连接结点的路段)	I	12	F
			——如果 3D：大范围地域		(34)	
			——地域所在区域的代码；	I	20	F
			——地域编号	I	14	F

表 2（续）

项目编号	信　息	数据流	数 据 字 段	字段类型	字段长度	字段格式
4C	出行中发给个体车辆的推荐路径（不包括拥堵信息）	IN	预计抵达时间	I	16	F
			路线指定路径代码（0＝任意路段；1＝路段列表集合）	I	1	F
			——如果 0：路线中剩余路段的数目（N）{每组信息重复 N 次}	I	8	F
			——路线剩余路段 ID 列表[（标准位置参考（1）]	I	N* 64	V
			——如果 1：路线经过的区域数目（M）{每组信息重复 M 次}	I	8	F
			——区域代码	I	16	F
			——路段列表集合的数目（M1）{重复集合：M1 次}	I	8（22* M1）	F
			——连续路段的数目	I	8	F
			——路段层代码（0＝标准；1＝“超级路段层）	I	2	F
			——道路类型代码	I	2	F
			——起始路段编号	I	12	F
5C	出行中发给单个车辆的推荐路径（包括路径拥堵信息）	IN	信息代码	I	16	F
			分配的车辆 ID	I	40	F
			当前位置的点标准位置参考（1）	I	64	F
			目的地指定代码（1＝标准位置参考；2＝地域；3＝区域指定位置代码：A、B、C、D 四种类型）	I	4	F
			——如果 1：点的标准位置参考	I	64	F
			——如果 2：地域[（区域的标准位置参考（1）]	I	64	F
			——如果 3A：一条特定路段（请求到达此特定路段的路径）		（34）	
			——此路段所在区域的代码	I	20	F
			——道路类型代码（普通或具有禁行限制）	I	2	F
			——路段编号	I	12	F
			——如果 3B：可选的指定路段（关于两条路径哪条更好的请求：一条是到达指定路段的路径，另一条是与指定路段相反方向而到达指定路段的路径）		（34）	
			——反向路段所在区域的代码	I	20	F
			——道路类型代码（普通或具有禁行限制）	I	2	F
			——路段编号	I	12	F
			——如果 3C：道路交叉口（结点）		（34）	
			——结点所在区域的代码；	I	20	F
			——道路类型代码（普通或具有禁行限制）	I	2	F

表 2（续）

项目编号	信　息	数据流	数　据　字　段	字段类型	字段长度	字段格式
5C	出行中发给单个车辆的推荐路径（包括路径拥堵信息）	IN	——结点编号（连接结点的路段）	I	12	F
			——如果 3D：大范围地域		(34)	
			——地域所在区域的代码；	I	20	F
			——地域编号	I	14	F
			限制条件代码的数目（N）：如果 N＝15，最后要附加 8 bit 的约束条件标记｛每组信息重复 N 次｝	I	4	F
			——路径规划限制条件代码（例如：无收费、无高速公路、观景路径规划、卡车、危险品运输、急救车辆、方向限制、高占有率的车辆或多交通方式）	I	8* N（如果 N＝15 取 8）	V
			系统范畴代码	I	8	F
			服务范畴代码	I	8	F
			特定路径的信息组的数目（N1）｛每组信息重复 N1 次｝	I	3	F
			——路径编号	I	3	F
			——路径信息标记	I	7	F
			——路径旅行时间预测信息		(17)	
			——旅行时间表示标记	I	1	F
			——预测旅行时间最可能值的单位	I	2	F
			——预测旅行时间最可能值	I	6	F
			——预测旅行时间的最大值的单位	I	2	F
			——预测旅行时间的最大值	I	6	F
			——路径长度		(8)	
			——单位	I	2	F
			——距离	I	6	F
			特定路径的附加信息的数目（N2）｛每组信息重复 N2 次｝	I	4	F
			——特定路径附加信息（例如：左转或右转次数）	I	16* N2	V
6C	由路侧信标传送的局部路径规划信息（只适用于信标）	IN	信息代码	I	16	F
			路径编号	I	3	F
			被分配的车辆 ID	I	40	F
			目的地指定代码（1＝标准位置参考；2＝地域；3＝区域指定位置代码：A、B、C、D 四种类型）	I	4	F
			——如果 1：点的标准位置参考（1）	I	64	F
			——如果 2：地域［（区域标准位置参考（1）］	I	64	F

表 2（续）

项目编号	信息	数据流	数据字段	字段类型	字段长度	字段格式
6C	由路侧信标传送的局部路径规划信息（只适用于信标）	IN	——如果 3A：一条特定路段（希望获请求得到达此特定路段的路径）		(34)	
			——此路段所在区域的代码	I	20	F
			——道路类型代码（普通或具有禁行限制）	I	2	F
			——路段编号	I	12	F
			——如果 3B：可选的指定路段（关于两条路径哪条更好的请求：一条是到达指定路段的路径，另一条是到达指定路段反向路段的路径）		(34)	
			——反向路段所在区域的代码	I	20	F
			——道路类型代码（普通或具有禁行限制）	I	2	F
			——路段编号	I	12	F
			——如果 3C：道路交叉口（结点）		(34)	
			——结点所在区域的代码；	I	20	F
			——道路类型代码（普通或具有禁行限制）	I	2	F
			——结点编号（连接结点的路段）	I	12	F
			——如果 3D：大范围地域		(34)	
			——地域所在区域的代码；	I	20	F
			——地域编号	I	14	F
			预计路径中至下一个信标的路段数目（N）{每组信息重复 N 次}	I	8	F
			——路径路段 ID[（标准位置参考(1)]	I	64	F
			——路段车道数目	I	4	F
			——驶入路段的推荐车道	I	4	F
			——驶出路段的推荐车道	I	4	F
			——驶入路末端车道的推荐偏移量（精确到 20 m）	I	8	F
			——路段末端的转弯代码	I	4	F
			——转弯准备的偏移量（精确到 20 m）	I	8	F
			——路段长度（精确到 20 m）	I	10	F
			——用于航位推算的路段方向（角度）	I	4	F
7C	出行中由路侧信标传送至个体车辆的路径特定信息（只应用于路侧信标）	IN	信息代码	I	16	F
			路径编号	I	3	F
			分配的车辆 ID	I	40	F
			目的地指定代码（1＝标准位置参考；2＝地域；3＝区域指定位置代码：A、B、C、D 四种类型）		4	F
			——如果 1：点的标准位置参考	I	64	F

表 2（续）

项目编号	信　　息	数据流	数　据　字　段	字段类型	字段长度	字段格式
7C	出行中由路侧信标传送至个体车辆的路径特定信息（只应用于路侧信标）	IN	——如果 2：地域[（区域标准位置参考(1)]	I	64	F
			——如果 3A：一条特定路段（希望获得到达此特定路段的路径）		(34)	
			——此路段所在区域的代码	I	20	F
			——道路类型代码（普通或具有禁行限制）	I	2	F
			——路段编号	I	12	F
			——如果 3B：可选的指定路段（关于两条路径哪条更好的请求：一条是到达指定路段的路径，另一条是与指定路段相反方向而到达指定路段的路径）		(34)	
			——反向路段所在区域的代码	I	20	F
			——道路类型代码（普通或具有禁行限制）	I	2	F
			——路段编号	I	12	F
			——如果 3C：道路交叉口（结点）		(34)	
			——结点所在区域的代码；	I	20	F
			——道路类型代码（普通或具有禁行限制）	I	2	F
			——结点编号（连接结点的路段）	I	12	F
			——如果 3D：大范围地域		(34)	
			——地域所在区域的代码；	I	20	F
			——地域编号	I	14	F
			预计路径中即将通过的道路点的数目(N) {每组信息重复 N 次}	I	4	F
			——显示字数：F1 字节	I	8	F
			——语音输出字数：F2 字节	I	8	F
			——显示的道路点名称	A	8* F1	V
			——语音输出的道路点名称	A	8* F2	V
			指定路径的交通信息组的数目(N1) {每组信息重复 N1 次}	I	4	F
			——信息语句编号	I	8	F
			——显示字数：F3 字节	I	8	F
			——语音输出字数：F4 字节	I	8	F
			——显示的信息	A	8* F3	V
			——语音输出的信息	A	8* F4	V
8C	确认路线状况	IN	信息代码	I	16	F
			分配的车辆 ID	I	40	F

表 2（续）

项目编号	信　　息	数据流	数　据　字　段	字段类型	字段长度	字段格式
9C	广播应用：数据报告（总广播长度≤64 Kbytes)	IN	信息代码	I	16	F
			文件数目(N)	I	8	F
			——文件地址(与信息代码位置有关）{每组信息重复 N 次}	I	N* 24	V
			——文件头		(56)	
			——应用描述	I	16	F
			——文件长度(包括文件头)	I	24	F
			——重复数据的长度	I	16	F
			——数据	I	V	V
10C	车辆数据报告（总广播长度≤64 Kbytes)	OUT	信息代码	I	16	F
			文件数目(N)	I	8	F
			——文件地址(与信息代码位置有关{每组信息重复N次})	I	N* 24	V
			——文件头		(56)	
			——应用描述	I	16	F
			——文件长度(包括文件头)	I	24	F
			——重复数据的长度	I	16	F
			——数据	I	V	V

表 3　通过本地型路径诱导系统规划路径的增值信息

项目编号	信　　息	数据流	数　据　字　段	字段类型	字段长度	字段格式
1V	救援请求	OUT	信息代码	I	16	F
			永久车辆 ID			
			——车辆牌照信息		(104)	
			——国家代码(四个字符)	A	32	F
			——省代码(二个字符)	A	16	F
			——牌照号(七个字符)	A	56	F
			——生产厂商及型号(八个字符)	A	64	F
			——车辆颜色	I	8	F
			车辆位置			
			——标准位置参考(1)	I	64	F
			——相对参照点的偏移量(精确到 20 m)	I	8	F
			信息时间戳(精确到秒)	I	17	F
			救援请求的类型代码(公安；医疗；机械；诊断等)	I	4	F

表 3（续）

项目编号	信　　息	数据流	数　据　字　段	字段类型	字段长度	字段格式
1V	救援请求	OUT	援助辅助的原因代码	I	4	F
			自定义文本的字数(N) 限制 N≤120	I	7	F
			文本(描述请求的特定信息)	A	N*8	V
2V	救援请求的取消	OUT	信息代码	I	16	F
			永久性正式车辆 ID(牌照信息)		(104)	
			——国家代码(四个字符)	A	32	F
			——省代码(二个字符)	A	16	F
			——牌照号(七个字符)	A	56	F
3V	确认救援请求是否已经被接收	OUT	信息代码	I	16	F
			永久性正式车辆 ID(牌照信息)		(104)	
			——国家代码(四个字符)	A	32	F
			——省代码(二个字符)	A	16	F
			——牌照号(七个字符)	A	56	F
4V	针对救援请求的响应确认	IN	信息代码	I	16	F
			永久性正式车辆 ID(牌照信息)		(104)	
			——国家代码(四个字符)	A	32	F
			——省代码(二个字符)	A	16	F
			——牌照号(七个字符)	A	56	F
			信息时间戳(精确到秒)	I	17	F
			救援请求的类型代码(公安;医疗;机械;诊断等)	I	4	F
			自定义文本的字数(N) 限制 N≤120	I	7	F
			文本(描述请求的特定信息)	A	N*8	V
5V	车载自动诊断系统状态的查询请求	IN	信息代码	I	16	F
			永久性正式车辆 ID(牌照信息)		(104)	
			——国家代码(四个字符)	A	32	F
			——省代码(两个字符)	A	16	F
			——牌照号(七个字符)	A	56	F
6V	车载自动诊断系统状态报告	OUT	信息代码	I	16	F
			排序 ID	I	24	F
			USE:标准“OBD-II”信息			F
7V	来自于电子收费及交通管理(ETTM)系统的请求	IN	信息代码	I	16	F
			ETTM 站 ID(用于定位)	I	14	F
			交易代码(每种交易类型有其各自的待定格式)	I	6	F

表 3（续）

项目编号	信　　息	数据流	数　据　字　段	字段类型	字段长度	字段格式
7V	来自于电子收费及交通管理(ETTM)系统的请求	IN	交易类型举例：			
			——收费	I		
			——车载路标信息	A		
			——拥堵收费信息	I		
			——商用车运营(CVO)相关活动			
8V	针对 ETTM 系统请求的响应	OUT	信息代码	I	16	F
			收费 ID	I	40	F
			交易代码	I	10	F
9V	合乘：TMC 向搭乘车辆发送的搭车请求	IN	信息代码	I	16	F
			信息序列号	I	11	F
			信息时间戳(精确到分)	I	11	F
			信息中报告的合乘组的数目(N) {每组信息重复 N 次}	I	5	F
			——合乘组 ID	I	5	F
			——上车地点的标准位置参考	I	64	F
			——搭车代码(用于特殊需求，如：轮椅)	I	6	F
			——请求上车的时间(精确到分)	I	11	F
			——在这一地点上车的人数	I	5	F
			——目的地标准位置参考(1)	I	64	F
10V	合乘：被请求车辆同意搭乘的确认	OUT	信息代码	I	16	F
			信息次序号	I	11	F
			合乘组 ID	I	5	F
			预计抵达上车地点的时刻(精确到分)	I	11	F
			本车能够运送的乘客数目	I	5	F
			永久性正式车辆 ID(牌照信息)		(104)	
			——国家代码(四个字符)	A	32	F
			——省代码(二个字符)	A	16	F
			——牌照号(七个字符)	A	56	F
11V	合乘：TMC 向搭乘车辆发送的搭车确认信息	IN	信息代码	I	16	F
			信息次序号	I	11	F
			合乘组 ID	I	5	F
			交易代码(确认或取消)	I	4	F
			永久性正式车辆 ID(牌照信息)		(104)	
			——国家代码(四个字符)	A	32	F
			——省代码(二个字符)	A	16	F
			——牌照号(七个字符)	A	56	F

表 3（续）

项目编号	信　息	数据流	数 据 字 段	字段类型	字段长度	字段格式
12V	合乘：搭乘车辆的确定(或取消)通知(向TMC)	OUT	信息代码	I	16	F
			信息次序号	I	11	F
			合乘组 ID	I	5	F
			交易代码(确认或取消)	I	4	F
			永久性正式车辆 ID(牌照信息)		(104)	
			——国家代码(四个字符)	A	32	F
			——省代码(二个字符)	A	16	F
			——牌照号(七个字符)	A	56	F

参 考 文 献

[1] SAE 推荐的行为 J2256,车载导航系统通讯设施信息集.

[2] CEN TC 278(文档编号):RDS TMC 信息集.

[3] CEN TC 278 SWG 7.3(文档编号),ISO TC 204 SWG 3.3 and JASE:参照位置工作.

[4] 日本车辆信息通讯系统(VICS),VICS 概况. VICS 中心,1996 年 4 月 9 号.

[5] 日本全局交通管理系统(UTMS),CDRG 交互说明书.

[6] 国家智能交通系统框架,美国交通部.

ICS 03.220.20
R 16

中华人民共和国国家标准

GB/T 23435—2009

电喷汽车喷油嘴清洗液

Cleaning fluids for electronic fuel injection automobile nozzle

2009-03-31 发布　　2009-11-01 实施

中华人民共和国国家质量监督检验检疫总局
中国国家标准化管理委员会　发布

前言

本标准的附录 A、附录 B 和附录 C 为规范性附录。

本标准由全国汽车维修标准化技术委员会(SAC/TC 247)提出并归口。

本标准起草单位:交通部公路科学研究院、长城润滑油应用研究中心有限公司。

本标准主要起草人:刘莉、焦健、张旸、赵维鹏、章晶、王静。

电喷汽车喷油嘴清洗液

1 范围

本标准规定了电喷汽车喷油嘴清洗液的技术要求、试验方法、检验规则及标志、包装、运输和贮存等要求。

本标准适用于电喷汽车喷油嘴清洗液产品的生产和检验，以及作为维修企业选用电喷汽车喷油嘴清洗液产品的技术依据。

2 规范性引用文件

下列文件中的条款通过本标准的引用而成为本标准的条款。凡是注日期的引用文件，其随后所有的修改单(不包括勘误的内容)或修订版均不适用于本标准，然而，鼓励根据本标准达成协议的各方研究是否可使用这些文件的最新版本。凡是不注日期的引用文件，其最新版本适用于本标准。

GB/T 261 石油产品闪点测定法(闭口杯法)(GB/T 261—1983，neq ISO 2719:1973)

GB/T 265 石油产品运动黏度测定法和动力黏度计算法

GB/T 511 石油产品和添加剂机械杂质测定法(重量法)(GB/T 511—1988，neq ГОСТ 6370:1959)

GB/T 4756 石油液体手工取样法(GB/T 4756—1998，eqv ISO 3170:1988)

GB/T 5096 石油产品铜片腐蚀试验法(GB/T 5096—1985，eqv ASTM D130:1983)

GB/T 5231 加工铜及铜合金化学成分

GB/T 23436—2009 汽车风窗玻璃清洗液(JIS K 2398:2001，NEQ)

SH 0164 石油产品包装、贮运及交货验收规则

SH/T 0218 防锈油脂试验用试片制备法

3 术语和定义

下列术语和定义适用于本标准。

3.1

电喷汽车喷油嘴清洗液 cleaning fluids for electronic fuel injection automobile nozzle

由溶剂和其他功能添加剂组成，在汽车维修和维护过程中，用以去除电喷汽车喷油嘴上污物的清洗液体。

4 技术要求和试验方法

电喷汽车喷油嘴清洗液的技术要求和试验方法见表1。

表1 电喷汽车喷油嘴清洗液的技术要求和试验方法

项　　目	技术要求	试验方法
外观	无可见杂质，均质液体	GB/T 23436—2009 附录A
机械杂质(质量分数)/%	≤0.03	GB/T 511
闪点(闭口)/℃	≥40	GB/T 261

表 1（续）

项目			技术要求	试验方法
运动黏度(40 ℃)/(mm^2/s)			1～2	GB/T 265
清洗效率/%			≥85	附录 A
铜片腐蚀(40 ℃,3 h)/级			≤1	GB/T 5096
对橡胶的影响 (40 ℃±2 ℃,30 min)	外观	乙丙橡胶试片	无鼓泡、脱落等现象	附录 B
		氟橡胶试片		
对塑料的影响 (50 ℃±2 ℃,60 min)	外观	聚乙烯树脂试片	无严重变形	GB/T 23436—2009 附录 F
		ABS 树脂试片		
		聚甲醛树脂试片		
稳定性	热稳定性(40 ℃±2 ℃,24 h)		均匀、不分层、无沉淀物析出	附录 C
	低温稳定性(−18 ℃±2 ℃,24 h)			

5 检验规则

5.1 检验分类

本产品检验分为出厂检验和型式检验。

5.2 型式检验

5.2.1 型式检验是对产品质量的全面评价。一般情况下，每年应进行一次型式检验。

5.2.2 型式检验项目为表 1 规定全部检验项目。

5.2.3 有下列情况之一发生时，应进行型式检验：

——产品鉴定定型时；

——产品转产或转厂生产时；

——正式生产中，遇原料、生产工艺或操作规程作重大技术变动，可能影响产品结构、产品性能或产品内在质量时；

——产品长期停产后的复产；

——出厂检验的结果与上次型式检验结果有较大差异，无法确定造成差异的因素及对产品性能产生影响时；

——国家质量监督机构提出进行型式检验要求时；

——用户有特殊要求时。

5.3 出厂检验

产品交付分销商或交付用户前应按批次进行的检验。

出厂检验项目包括：

——外观

——机械杂质

——铜片腐蚀

——稳定性

5.4 组批

在原材料、工艺不变的条件下，每生产一釜或多釜混合均匀的产品为一个批次。

5.5 取样

取样按 GB/T 4756 进行，每批产品取样 4 L 或是从包装好的产品中随机抽取样品作为检验和留样用。

6 标志、包装、运输和贮存

产品的包装、标志、运输、贮存及交货验收按SH 0164进行，产品外包装上还应标明产品使用方法、安全注意事项等内容。

附　录　A
（规范性附录）
清洗液清洗效率测定法

A.1　范围

本方法适用于评定清洗液的清洗能力。

A.2　方法概要

将人工油污涂于试片上，再用摆洗器进行摆洗，通过计算试片摆洗前后质量的变化率来评定清洗液的清洗效率。

A.3　仪器、材料与试剂

A.3.1　摆洗器：摆洗频率(30±1)次/min(往返为一次)、摆洗距离 50 mm±2 mm，可同时挂上三个试片并具有六个 500 mL 摆洗槽，附有试验液恒温装置。

A.3.2　浸油提升器：符合 SH/T 0218 要求，提升速度 100 mm/min。

A.3.3　鼓风干燥箱：能控温至 240 ℃±2 ℃。

A.3.4　分析天平：分格值 0.1 mg。

A.3.5　金属试片：符合 GB/T 5231 中黄铜片(H62 精炼辊轧薄板)的要求，尺寸见图 A.1。

单位为毫米

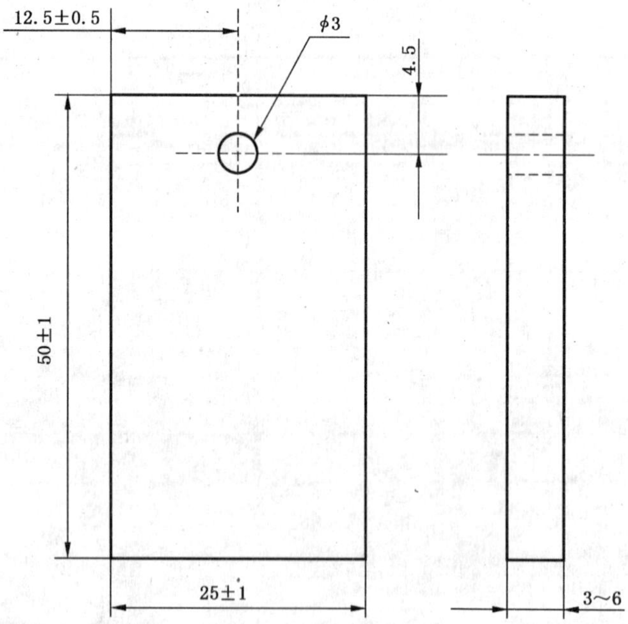

图 A.1　金属试片

A.3.6　SF 15W/40 汽油机油。

A.3.7　N660 碳黑。

A.3.8　无水乙醇：化学纯。

A.3.9　丙酮：化学纯。

A.3.10　砂纸(布)：180# 和 240#。

A.4 准备工作

A.4.1 金属试片的准备

先用180#砂纸(布)将试片的四边、角及孔打磨光亮，再用240#砂纸(布)沿与长边平行的方向干打磨试片各面。将打磨好的试片依次在溶剂汽油、无水乙醇、丙酮中擦洗干净，热风吹干后，放入干燥器内备用。

A.4.2 标准污垢的制备

将500 g SF 15 W/40汽油机油和50 g N660碳黑，在1 L的广口瓶中混合均匀，将其放于240 ℃±5 ℃的鼓风干燥箱中，同时插入一支玻璃管，以8.5 cm^3/s±0.5 cm^3/s的流量将空气引入混合物内，混合物在通气情况下，在240 ℃±5 ℃加热120 h，然后冷却到室温制成标准污垢待用。

A.5 试验步骤

A.5.1 将制备好的试片三片，分别用挂钩挂好，在天平上称重 m_1，精确到0.1 mg。

A.5.2 将称重后的试片三片浸入已预热至约120 ℃的标准污垢中，用提升器提出试片，挂于试片架上自由滴沥数分钟，揩去试片底部聚集的成滴污垢，然后在230 ℃±2 ℃下烘烤20 min，冷却到室温后称重，精确到0.1 mg。选用涂布标准污垢的重量变化不超过三片试片涂布标准污垢重量算术平均值的±5%的试片连同原挂钩一起称重 m_2，精确到0.1 mg。

A.5.3 将涂有标准污垢并称重后的试片用原挂钩固定在摆洗器上，使试片表面垂直于摆动方向，分别浸入三个盛有500 mL，80 ℃±2 ℃清洗液试样的摆洗槽内，立即开始记时，静浸3 min，摆洗3 min，提出试片，再在500 mL，80 ℃±2 ℃的蒸馏水中摆洗10次，取出试片立即在105 ℃±2 ℃的鼓风干燥箱中干燥30 min～40 min后取出，将试片冷却到室温后称重 m_3，精确到0.1 mg。

A.6 计算

A.6.1 清洗能力以清洗率 h 表示，并按下式计算：

$$h=\frac{m_2-m_3}{m_2-m_1}\times 100\% \quad \cdots\cdots\cdots\cdots\cdots (A.1)$$

A.6.2 三次重复测定的清洗率与其算术平均值的差应不超过算术平均值的±2%。

A.6.3 若三次重复测定的清洗率值中超差值多于一个，应按A.5重新进行试验。

A.7 报告

报告试样的清洗能力，取不少于两次重复测量结果的算术平均值作为测定结果。

附　录　B
（规范性附录）
清洗液对橡胶影响检验法

B.1　范围

本方法适用于评定清洗液对电喷汽车喷油嘴部分所用橡胶部件影响的检验。

B.2　方法概要

将一定数量的橡胶试样放入装有清洗液试样的玻璃瓶中，在一定温度下的恒温箱内放置一段时间，然后观测橡胶试样外观的变化。

B.3　主要仪器、材料与试剂

B.3.1　恒温箱：能控制至 40 ℃±2 ℃的恒温精度。

B.3.2　橡胶试片：乙丙橡胶试片、氟橡胶试片各两片，尺寸 20 mm×20 mm×2 mm。

B.3.3　玻璃瓶：带螺纹口的玻璃瓶，内径约 70 mm，高约 90 mm，容积约 350 mL，配有镀锡铁皮盖，盖子中央钻一个直径约 1 mm 的针孔。

B.3.4　95%乙醇：化学纯。

B.4　橡胶试片的准备

将乙丙橡胶试片、氟橡胶试片各两片，用 95%乙醇洗干净，备用。

B.5　试验步骤

B.5.1　分别在两个玻璃瓶中注入 75 mL 清洗液试样，将同一胶种的两片橡胶试片放在同一只瓶内，盖上盖子。

B.5.2　将装有橡胶试片的玻璃瓶放入已恒温到 40 ℃±2 ℃的恒温箱内保持 30 min。

B.5.3　取出橡胶试片后，立即用 95%乙醇清洗干净，晾干，观察表面是否有鼓泡、脱落等变质现象。若同一胶种的两片橡胶试片检验结果不一致，需按 B.5 重复试验。

B.6　报告

报告橡胶试样外观。

附　录　C
（规范性附录）
清洗液稳定性检测法

C.1　范围

本方法适用于评定清洗液在存放过程中耐热、耐寒的性能。

C.2　方法概要

将清洗液试样在规定的温度下保持一段时间，目视观察清洗液试样的外观变化。

C.3　仪器

C.3.1　恒温箱：能控制至 40 ℃±2 ℃恒温精度。

C.3.2　低温箱：能控制至−18 ℃±2 ℃恒温精度。

C.3.3　玻璃试管：容量 100 mL，具塞。

C.4　试验步骤

C.4.1　热稳定性

C.4.1.1　将 50 mL 清洗液试样放入玻璃试管中，盖紧塞子，放入已恒温到 40 ℃±2 ℃的恒温箱内，保持 24 h。

C.4.1.2　取出试管，待清洗液试样恢复到室温后，观察清洗液试样是否均匀，是否出现分层或有沉淀物析出等现象。

C.4.2　低温稳定性

C.4.2.1　将热稳定性试验后未出现不稳定现象的清洗液试样（出现不稳定现象的需重新取样）放入已恒温到−18 ℃±2 ℃的低温箱内，保持 24 h。

C.4.2.2　取出试管，待清洗液试样恢复到室温后，将试管水平倾倒五次，观察清洗液试样是否均匀，是否出现分层或有沉淀物析出等现象。

C.5　报告

C.5.1　报告热稳定性试验后试样外观。

C.5.2　报告低温稳定性试验后试样外观。

ICS 03.220.20
R 16

中华人民共和国国家标准

GB/T 23436—2009

汽车风窗玻璃清洗液

Cleaning fluids for automotive windshield

2009-03-31 发布　　　　2009-11-01 实施

中华人民共和国国家质量监督检验检疫总局
中国国家标准化管理委员会　发布

前　言

本标准对应于JIS K 2398:2001《汽车用风窗洗涤液》,与JIS K 2398:2001的一致性程度为非等效。

本标准与JIS K 2398的技术性差异为:

——增加了外观检验项目;

——为适应我国地域辽阔,气候条件复杂的特点,将JIS K 2398中水基型产品按冰点分为普通型和低温型;

——在附录A中用硅藻土替代了日本国专有的Kanto粉。

本标准的附录A、附录B、附录C、附录D、附录E、附录F、附录G、附录H和附录I均为规范性附录。

本标准由全国汽车维修标准化技术委员会(SAC/TC 247)提出并归口。

本标准起草单位:交通部公路科学研究院、张家港迪克汽车化学品有限公司、北京福润达化工有限责任公司。

本标准主要起草人:刘莉、焦健、杨东明、张旸、曹云龙、王静、陶佃彬。

汽车风窗玻璃清洗液

1 范围

本标准规定了水基型和疏水型汽车风窗玻璃清洗液的技术要求、检验规则及标志、包装、运输和贮存等要求。

本标准适用于汽车风窗玻璃清洗液产品的生产和检验。

2 规范性引用文件

下列文件中的条款通过本标准的引用而成为本标准的条款。凡是注日期的引用文件，其随后所有的修改单(不包括勘误的内容)或修订版均不适用于本标准，然而，鼓励根据本标准达成协议的各方研究是否可使用这些文件的最新版本。凡是不注日期的引用文件，其最新版本适用于本标准。

GB/T 699 优质碳素结构钢

GB/T 2520 冷轧电镀锡薄钢板(GB/T 2520—2000,eqv ISO 11949:1995)

GB/T 3190 变形铝及铝合金化学成分(GB/T 3190—1996,neq ISO 209:1991)

GB/T 4756 石油液体手工取样法(GB/T 4756—1998,eqv ISO 3170:1988)

GB/T 5231 加工铜及铜合金化学成分和产品形状

GB/T 6739 色漆和清漆 铅笔法测定漆膜硬度(GB/T 6739—2006,ISO 15184:1998,IDT)

GB 9656 汽车用安全玻璃(GB 9656—2003,ECE R43:2000,NEQ)

JB/T 8230.3 显微镜用载玻片

QC/T 44 汽车风窗玻璃电动刮水器技术条件

QC/T 246 汽车风窗玻璃电动洗涤器技术条件

SH/T 0069 发动机防冻剂、防锈剂和冷却液 pH 值测定法

SH/T 0084 冷却系统化学溶液对汽车上有机涂料影响的试验方法

SH/T 0090 发动机冷却液冰点测定法

SH/T 0164 石油产品包装、储运及货验规则

3 术语和定义

下列术语和定义适用于本标准。

3.1

汽车风窗玻璃清洗液 cleaning fluids for automotive windshield

与汽车刮水器共同使用以去除汽车风窗玻璃表面污物的液体。

3.2

原液 original fluids

直接从产品包装容器中取出的汽车风窗玻璃清洗液。

3.3

最低使用浓度 minimum concentration for use

包装容器上标注允许的最大加水量时浓度(体积比)。

3.4

水基型清洗液 non-water-repellent cleaning fluids

以醇类物质、水和表面活性剂为主要组分的清洗液。

3.5

疏水型清洗液 water-repellent cleaning fluids

以硅树脂类物质为主要组分的清洗液。

4 技术要求和试验方法

本标准按汽车风窗玻璃清洗液的主要组分分为水基型和疏水型，水基型汽车风窗玻璃清洗液按冰点分为普通型和低温型。汽车风窗玻璃清洗液的技术要求和试验方法见表1。

表1 汽车风窗玻璃清洗液的技术要求和试验方法

<table>
<tr><td colspan="3" rowspan="3">项　目</td><td colspan="3">技术要求</td><td rowspan="3">试验方法</td></tr>
<tr><td colspan="2">水基型</td><td rowspan="2">疏水型</td></tr>
<tr><td>普通型</td><td>低温型</td></tr>
<tr><td colspan="3">冰点/℃</td><td>≤0</td><td colspan="2">≤−20</td><td>SH/T 0090</td></tr>
<tr><td rowspan="2">pH值</td><td colspan="2">原液</td><td colspan="2" rowspan="2">6.5～10.0</td><td rowspan="2">4.0～10.0</td><td rowspan="2">SH/T 0069</td></tr>
<tr><td colspan="2">最低使用浓度溶液</td></tr>
<tr><td colspan="3">外观</td><td colspan="3">无分层、沉淀现象</td><td>附录A</td></tr>
<tr><td colspan="3">最低使用浓度下的洗净力</td><td colspan="3">试后玻璃的明净程度应与标准液相同或更佳</td><td>附录B</td></tr>
<tr><td colspan="3">相容性</td><td colspan="2">无分层、沉淀现象</td><td>—</td><td>附录C</td></tr>
<tr><td rowspan="4">金属腐蚀性
（最低使用浓度溶液）
（50 ℃±2 ℃，48 h）</td><td rowspan="3">金属试片
质量变化/
（mg/cm²）</td><td>铝片</td><td colspan="3">±0.30</td><td rowspan="4">附录D</td></tr>
<tr><td>黄铜片</td><td colspan="3">±0.15</td></tr>
<tr><td>镀锌钢板</td><td colspan="3">±0.80</td></tr>
<tr><td colspan="2">试验后金属试片外观</td><td colspan="3">除连接处外，无肉眼可见坑蚀或表面粗糙现象</td></tr>
<tr><td rowspan="5">对橡胶的影响
（原液）
（50 ℃±2 ℃，120 h）</td><td rowspan="2">质量变化/%</td><td>天然橡胶</td><td colspan="3">±1.5</td><td rowspan="5">附录E</td></tr>
<tr><td>氯丁橡胶</td><td colspan="3">±3.0</td></tr>
<tr><td rowspan="2">硬度变化/
IRHD</td><td>天然橡胶</td><td colspan="3">±5</td></tr>
<tr><td>氯丁橡胶</td><td colspan="3">±5</td></tr>
<tr><td colspan="2">试验后橡胶试片外观</td><td colspan="3">无发粘、鼓泡、碳黑析出现象</td></tr>
<tr><td rowspan="6">对塑料的影响
（原液）
（50 ℃±2 ℃，120 h）</td><td rowspan="5">塑料试片
质量变化/
（mg/cm²）</td><td>聚乙烯树脂</td><td colspan="3">±1.0</td><td rowspan="6">附录F</td></tr>
<tr><td>聚丙烯树脂</td><td colspan="3">±1.0</td></tr>
<tr><td>ABS树脂</td><td colspan="3">±4.0</td></tr>
<tr><td>软质聚氯乙烯树脂</td><td colspan="3">±3.0</td></tr>
<tr><td>聚甲醛树脂</td><td colspan="3">±3.0</td></tr>
<tr><td colspan="2">试验后塑料试片外观</td><td colspan="3">无严重变形</td></tr>
<tr><td rowspan="3">对汽车有机涂膜的
影响（原液）
（50 ℃±2 ℃，6 h）</td><td rowspan="2">涂膜硬度</td><td>丙烯酸树脂烤漆
（蓝色）</td><td colspan="3">≥HB</td><td rowspan="3">附录G</td></tr>
<tr><td>氨基醇树脂漆
（白色或黑色）</td><td colspan="3">≥HB</td></tr>
<tr><td colspan="2">试验后试验片的外观</td><td colspan="3">漆膜无软化或鼓泡，试验前后光泽颜色无变化</td></tr>
</table>

表 1（续）

项目			质量指标			试验方法
			水基型		疏水型	
			普通型	低温型		
热稳定性 (50 ℃±2 ℃,8 h)	pH 值	原液	6.5～10.0		4.0～10.0	附录 H
		最低使用浓度溶液				
	试验后试样外观		无结晶性沉淀物			
低温稳定性 (−30 ℃±2 ℃,8 h)	试验后试样外观	原液	无结晶性沉淀物			
		最低使用浓度溶液				
抗水性/°	原液		—		≥65	附录 I
	最低使用浓度溶液					

5 检验规则

5.1 检验分类

本产品检验分为型式检验和出厂检验。

5.2 型式检验

5.2.1 型式检验是对产品质量的全面评价。一般情况下，每年应进行一次型式检验。

5.2.2 型式检验项目为表 1 规定全部检验项目。

5.2.3 有下列情况之一发生时，应进行型式检验：

——产品鉴定定型时；

——产品转产或转厂生产时；

——正式生产中，遇原料、生产工艺或操作规程作重大技术变动，可能影响产品结构、产品性能或产品内在质量时；

——产品长期停产后的复产；

——出厂检验的结果与上次型式检验结果有较大差异，无法确定造成差异的因素及对产品性能产生影响时；

——国家质量监督机构提出进行型式检验要求时；

——用户有特殊要求时。

5.3 出厂检验

产品交付分销商或交付用户前应按批次进行的检验。

出厂检验项目：

——冰点；

——pH 值；

——外观；

——最低使用浓度下的洗净力；

——相容性。

5.4 组批

在原材料、工艺不变的条件下，每生产一釜或多釜混合均匀的产品为一个批次。

5.5 取样

按 GB/T 4756 取样 8 L,或是从包装好的产品中随机抽取样品作为检验和留样用。

6 标志、包装、运输和贮存

本产品标志、包装、运输、贮存执行 SH/T 0164,产品外包装上应标注产品类型、冰点、最低使用浓度、使用方法、安全注意事项等内容。

附 录 A
(规范性附录)
清洗液外观质量检验法

A.1 范围

本方法适用于评定清洗液的外观质量。

A.2 方法概要

在规定温度下将清洗液试样放置一段时间后,目视检查清洗液试样是否为均质液体。

A.3 仪器

具塞量筒:容量 100 mL。

A.4 试验步骤

A.4.1 将原包装容器内清洗液充分摇匀后,用具塞量筒量取清洗液试样 100 mL,盖上塞子。

A.4.2 将量筒在 15 ℃～35 ℃下放置 24 h 后,目视检查清洗液试样是否均匀,有无分层和沉淀等现象。

A.5 报告

报告试样的外观。

附 录 B
（规范性附录）
清洗液洗净力测定法

B.1 范围

本方法适用于评定清洗液的洗净能力。

B.2 方法概要

将汽车风窗刮水器及洗涤器模拟装置（或试验车辆）的玻璃上喷射一定量的标准污染物，在规定条件下分别用试验用试样和标准液进行刮洗，对比清洗效果。

B.3 仪器、材料与试剂

B.3.1 汽车风窗刮水器及洗涤器模拟装置（或试验车辆）

B.3.1.1 玻璃：符合 GB 9656 中的 A 或 A 级夹层玻璃。

B.3.1.2 刮水器：符合 QC/T 44 的要求，胶条长约 380 mm。

B.3.1.3 洗涤器：符合 QC/T 246 的要求，喷嘴直径约 1.0 mm，刮水器往复刮刷 10 次喷嘴的喷射量约 30 mL。

B.3.1.4 喷雾器：能将标准污染物以雾状均匀喷射在玻璃表面，喷射量精确到 1 mL。

B.3.2 调压电加热器：220 V。

B.3.3 电动搅拌装置：搅拌器转速不低于 25 r/min。

B.3.4 煤油：D40。

B.3.5 巴西棕榈蜡 1 号：工业级。

B.3.6 GM46 液压油：工业级。

B.3.7 聚二甲基硅氧烷：黏度为 350 $mm^2/s \pm 50\ mm^2/s$，化学纯。

B.3.8 油酸：化学纯。

B.3.9 活性炭：分析纯。

B.3.10 水：去离子水或蒸馏水，硬度低于 205 g/1 000 kg。

B.3.11 吗啉（四氢-1,4-恶嗪）：化学纯。

B.3.12 硅藻土：粒径 3 μm～4 μm。

B.3.13 乙醇：化学纯。

B.3.14 异丙醇：化学纯。

B.3.15 烷基酚聚氧乙烯醚：OP-10，化学纯。

B.3.16 二乙醇胺：化学纯。

B.3.17 氧化铝：粒径不大于 20 μm。

B.4 准备工作

B.4.1 标准污染物的配制

B.4.1.1 按表 B.1 中的比例分别称取标准污染物的各个组分。

表 B.1 标准污染物组分

试　剂	质量比/%
煤油	42.8
巴西棕榈蜡1号	2.0
GM46 液压油	2.0
聚二甲基硅氧烷	2.0
油酸	2.0
活性炭	0.2
水	44.5
吗啉	1.5
硅藻土	3.0
合计	100

B.4.1.2 将称好的煤油、巴西棕榈蜡1号、GM46 液压油、聚二甲基硅氧烷、油酸、活性炭一同加热至100 ℃±3 ℃，搅拌均匀。

B.4.1.3 将称好的水、吗啉、硅藻土一同加热至 90 ℃±5 ℃，在 2 min～6 min 内，边搅拌边缓缓加入B.4.1.2 配制的全部混合物，继续搅拌 3 min～5 min 后，冷却至室温备用。

B.4.1.4 在使用上述标准污染物前应再次进行充分搅拌。

B.4.2 标准液的配制

按表 B.2 中的比例分别用量筒量取标准液的各个组分，将其混合均匀后，再按 1∶1(体积比)的比例加水稀释备用。

表 B.2 标准液组分

试剂	体积比/%
乙醇	26.00
异丙醇	4.00
烷基酚聚氧乙烯醚	0.03
二乙醇胺	0.50
水	69.47
合计	100.00

B.4.3 试验用试样的配制

将试样原液按产品说明书规定的最低使用浓度加水配制成试验用试样。

B.5 试验步骤

B.5.1 将 200 mL 试验用试样注入洗涤器的贮液罐中。

B.5.2 玻璃表面的预处理

a) 1型试样，将 10 g 硅藻土和 2 g 水混合均匀作为抛光剂，用它去除风窗玻璃表面的污物，然后再用清水冲洗玻璃表面。若一次操作不能完全清除污物，可重复上述操作，直到玻璃表面的水膜均匀一致后，自然晾干玻璃。

b) 2型试样，用 10 g 氧化铝和 2 g 水混合均匀作为抛光剂，然后按 B.5.2.1 进行操作。

B.5.3 用喷雾器把 5 mL±1 mL 的标准污染物均匀喷射到刮水器有效刮刷面积内的洁净风窗玻璃面上，喷射距离约为 30 cm，然后自然干燥 10 min。

B.5.4 开启刮水器及洗涤器模拟装置(或试验车辆),控制刮刷频率约 20 次/min,使刮水器往复刮刷 10 次后停止,此间试验用试样的喷射量约为 30 mL,然后从距离玻璃 50 cm 处观察玻璃表面污染物的残留情况,即玻璃的明净程度。

B.5.5 重新按 B.5.2 的方法清洁玻璃表面后,用标准液取代试验用试样,按 B.5.1~B.5.3 进行操作。

B.5.6 比较试验用试样与标准液刮洗后玻璃的明净程度。

B.6 报告

报告试样在最低使用浓度下的洗净力。

附　录　C
（规范性附录）
清洗液相容性检验法

C.1　范围

本方法适用于评定清洗液相容性。

C.2　方法概要

将试样原液与标准液按规定比例混合，放置一定时间后，观察液体的相容情况。

C.3　仪器、材料与试剂

C.3.1　广口瓶：容量125 mL。
C.3.1　95%乙醇：分析纯。
C.3.2　异丙醇：分析纯。
C.3.3　乙二醇：分析纯。
C.3.4　去离子水。

C.4　标准液的配制

按表C.1中的比例分别量取标准液的各个组分，并将其混合均匀备用。

表C.1　相容性标准液的组分

试　　剂	体积比/%
乙醇	27.0
异丙醇	10.0
乙二醇	3.0
去离子水	60.0
合计	100.0

C.5　试验步骤

C.5.1　将50 mL标准液和50 mL试样原液在同一广口瓶中混合均匀，盖上瓶盖，在室温下静置24 h。
C.5.2　观察广口瓶中液体是否出现分层、沉淀等现象。

C.6　报告

报告试样的相容性。

附　录　D
（规范性附录）
清洗液金属腐蚀性检验法

D.1　范围

本方法适用于评定清洗液对金属的腐蚀性。

D.2　方法概要

将按标准规定准备好的三种金属试片按标准规定方式组装，浸没在试验用试样中，在 50 ℃±2 ℃ 的烘箱中保持 48 h，并按标准要求对试片外观和质量变化进行检验。

D.3　仪器、材料与试剂

D.3.1　烘箱：能控制 50 ℃±2 ℃。

D.3.2　试验瓶：带螺纹口的玻璃瓶，内径约 70 mm，高约 90 mm，容积约 350 mL，配有镀锡铁皮盖，盖子中央钻一个直径约 1 mm 的针孔。

D.3.3　天平：分格值 0.1 mg。

D.3.4　游标卡尺：分格值 0.02 mm。

D.3.5　砂纸：320A、420A 防水碳化硅砂纸。

D.3.6　95％乙醇：化学纯。

D.3.7　黄铜螺钉：尺寸为 M4×38 mm。

D.3.8　绝缘垫圈：聚四氟乙烯或聚乙烯材质，外径 8 mm～9 mm，内径 4 mm～5 mm，厚约 4.5 mm。

D.3.9　黄铜螺母：内径 M4。

D.3.10　金属试片：尺寸约为 80 mm×13 mm，距金属试片一端 6 mm 中心处钻一直径 4 mm～5 mm 的孔，材质为：

——铝片：GB/T 3190，LY12，厚度 2 mm～3 mm；

——黄铜片：GB/T 5231，H62，厚度 2 mm～3 mm；

——镀锡钢片：GB/T 2520，厚度约 0.35 mm～0.4 mm。

D.4　准备工作

D.4.1　金属试片的准备

D.4.1.1　用 320A 和 400A 号砂纸沿与长边平行的方向打磨铸铝和黄铜试片，除去擦伤、划痕、坑点等，同一张砂纸只能磨同一种金属，镀锡钢片不必打磨。

D.4.1.2　将磨好的试片用 95％乙醇清洗干净，用绸布擦干，放入 23 ℃±5 ℃ 的干燥器内保持至少 1 h。

D.4.2　试验用试样的配制

将试样原液按产品说明书规定的最低使用浓度加水配制成试验用试样。

D.5　试验步骤

D.5.1　分别在两个试验瓶中个注入 300 mL 试验用试样。

D.5.2　分别称量各试片的质量(注意不要将指纹留在试片上)，称准至 0.1 mg。

D.5.3　按图 D.1 组装试片，将试片组的自由端向上，分别放入两瓶试样中，盖上瓶盖。

1——螺栓；

2——垫片；

3——螺母；

4——铝片；

5——铜片；

6——镀锡钢片。

图 D.1 金属试片组装图

D.5.4 将两只试验瓶放入已恒温到 50 ℃±2 ℃的烘箱中，保持 48 h 。

D.5.5 取出试片，用软毛刷刷去腐蚀产物，再用 95%乙醇清洗，绸布擦干，观察试片表面(除垫圈接触部位)是否有坑蚀或表面变粗糙等现象，然后放入 23 ℃±5 ℃的干燥器内至少保持 1 h。

D.5.6 称量各试片的质量，称准至 0.1 mg，并用游标卡尺测量试片尺寸，测准至 0.02 mm，计算试片单位面积质量变化，取两次测量结果的算术平均值作为测定结果。

D.6 计算

金属试片的质量变化按式(D.1)计算：

$$M = \frac{(m_2 - m_1)}{s} \qquad \cdots\cdots\cdots\cdots (D.1)$$

式中：

M——金属试片的质量变化，单位为毫克每平方厘米(mg/cm^2)；

m_1——试前金属试片质量，单位为毫克(mg)；

m_2——试后金属试片质量，单位为毫克(mg)；

s——金属试片的表面积，单位为平方厘米(cm^2)。

D.7 报告

报告金属试片的试后外观和质量变化。

附 录 E
（规范性附录）
清洗液对橡胶影响检验法

E.1 范围

本方法适用于评定清洗液对汽车用橡胶的适应性。

E.2 方法概要

将按规定方法准备好的两种橡胶试片分别浸没在试样原液中，放入 50 ℃±2 ℃的烘箱内保持 120 h 后，按规定要求对其外观、质量变化及硬度变化进行检验。

E.3 仪器、材料与试剂

E.3.1 试验瓶：同 D.3.2。

E.3.2 烘箱：同 D.3.1。

E.3.3 橡胶邵尔 A 型硬度计：分格值 2 度。

E.3.4 天平：同 D.3.3。

E.3.5 95%乙醇：化学纯。

E.3.6 橡胶试片：天然橡胶和氯丁橡胶试件各三片，尺寸：20 mm×50 mm×2 mm。

E.4 试验步骤

E.4.1 用乙醇清洗橡胶试片，注意橡胶试片在乙醇中停留的时间不能超过 30 s，用滤纸将试片擦拭干净，放入 23 ℃±5 ℃干燥器中保持 24 h。

E.4.2 称量橡胶试片，称准至 0.1 mg，并测量试片硬度，测准至 2 度。

E.4.3 分别在两个试验瓶中注入 200 mL 试样原液，将同一胶种的三个试片浸没在同一试验瓶中，盖上瓶盖。

E.4.4 将两个试验瓶放入已恒温到 50 ℃±2 ℃的烘箱中，保持 120 h 。

E.4.5 取出后用滤纸吸干试片表面，观察有无脱落、发黏、鼓泡、变形、碳黑析出等现象，并测量试片硬度，测准至 2 度。

E.4.6 用乙醇清洗橡胶试片，注意橡胶试片在乙醇中停留的时间不能超过 30 s，用滤纸吸干试片表面后，再次放入 50 ℃±2 ℃烘箱中保持 6 h 后取出。

E.4.7 待试片冷却至室温后，放入 23 ℃±5 ℃的干燥器中，保持 24 h 后称量试片质量，称准至0.1 mg。

E.4.8 计算橡胶试片的质量变化和硬度变化，取同一胶种的三个测量结果的算术平均值作为测定结果。

E.5 计算

E.5.1 橡胶试片的质量变化按式(E.1)计算：

$$M = \frac{(m_2 - m_1)}{m_1} \times 100\% \qquad \cdots\cdots\cdots\cdots(E.1)$$

式中：

M——橡胶试片质量变化，%；

m_1——试前橡胶试片质量，单位为毫克(mg)；

m_2——试后橡胶试片质量，单位为毫克(mg)。

E.5.2 橡胶试片的硬度变化按式(E.2)计算：

$$H = H_1 - H_2 \qquad \text{(E.2)}$$

式中：

H——橡胶试片硬度变化，IRHD；

H_1——试前橡胶试片硬度，IRHD；

H_2——试后橡胶试片硬度，IRHD。

E.6 报告

报告橡胶试片的试后外观、质量变化及硬度变化。

附 录 F
（规范性附录）
清洗液对塑料影响检验法

F.1 范围

本方法适用于评定清洗液对汽车用塑料的适应性。

F.2 方法概要

将按标准规定方法准备好的五种塑料试片分别浸没在试样原液中，放入 50 ℃±2 ℃的烘箱内保持 120 h后，按标准要求对其外观和质量变化进行检验。

F.3 仪器与材料

F.3.1 烘箱：同 D.3.1。

F.3.2 试验瓶：同 D.3.2。

F.3.3 天平：同 D.3.3。

F.3.4 游标卡尺：同 D.3.4。

F.3.5 塑料试片：聚乙烯树脂、聚丙烯树脂、ABS 树脂、软质聚氯乙烯树脂、聚甲醛树脂塑料试片各两片，尺寸：20 mm×50 mm×2 mm。

F.4 试验步骤

F.4.1 将塑料试片在水中快速清洗干净，用棉纱布吸干或晾干，放入 23 ℃±5 ℃的干燥器保持 24 h后称量，称准至 0.1 mg，分别测量试片的表面积。

F.4.2 在五个试验瓶中分别注入 200 mL 试样原液，将同种材质的两片试片放入同一瓶内，并使试片浸没在试样中，盖上瓶盖，放入已恒温至 50 ℃±2 ℃的烘箱中，保持 120 h。

F.4.3 取出试片，在水中快速清洗干净，用棉纱布吸干，观察试片表面有无开裂、鼓泡、变形等现象。

F.4.4 待试片自然干燥 3 h 后称量，称准至 0.1 mg。计算试片的质量变化，取同一材质两个试片的测量结果的算术平均值作为测定结果。

F.5 计算

塑料试片的质量变化按式(F.1)计算：

$$M = \frac{m_2 - m_1}{s} \qquad \cdots\cdots\cdots\cdots(\text{F.1})$$

式中：

M——塑料试片的质量变化，单位为毫克每平方厘米(mg /cm²)；

m_1——塑料试片的试前质量，单位为毫克(mg)；

m_2——塑料试片的试后质量，单位为毫克(mg)；

s——塑料试片的表面积，单位为平方厘米(cm²)。

F.6 报告

报告塑料试片的试后外观和质量变化。

附 录 G
(规范性附录)
清洗液对汽车有机涂膜影响检验法

G.1 范围

本方法适用于评定清洗液对汽车表面有机涂膜的影响程度。

G.2 方法概要

将一定量的试样原液滴在标准规定的两种试验片上，按规定条件在50 ℃±2 ℃的烘箱中，保持6 h后，按规定方法对试验片的外观和涂膜硬度进行检验。

G.3 仪器与试剂

G.3.1 刮擦试验用铅笔：符合GB/T 6739中要求。
G.3.2 铅笔刮擦检测器：符合GB/T 6739中要求。
G.3.3 滴定管：容量10 mL，分格值0.01mL。
G.3.4 观测玻璃板：直径ϕ50 mm～ϕ80 mm。
G.3.5 烘箱：同D.3.1。
G.3.6 石油醚：60 ℃～90 ℃，分析纯。

G.4 试片的准备

G.4.1 金属板材：符合GB/T 699中10号冷轧钢板技术要求，尺寸约为150 mm×70 mm，厚度约0.7 mm。
G.4.2 有机涂料的涂覆：采用蓝色丙烯酸金属烤漆、白色或黑色氨基醇酸树脂漆，按SH/T 0084规定的方法进行涂覆，涂膜厚度为20 μm～30 μm。

G.5 试验步骤

G.5.1 用石油醚去除丙烯酸树脂烤漆试片和氨基醇树脂漆试片上的油脂，用纱布轻轻将试片擦拭干净，常温下干燥后，放入23 ℃±5 ℃的干燥器中保持1 h。
G.5.2 用滴定管分别在两种试片上各滴三滴试样原液(约0.3 mL)。
G.5.3 用观测玻璃板盖住试样，放入50 ℃±2 ℃的烘箱中，保持6 h。取出后移去观测玻璃板，用雾状水轻轻冲洗试片后常温放置1 h，观察检测点涂膜有无软化或起泡现象，对比试验前后涂膜光泽和颜色有无变化(试样自身的颜色可以忽略不计)。
G.5.4 在检测点的涂膜上按GB/T 6739中的A法测定涂膜硬度。

G.6 报告

报告试验后试验片的外观和涂膜硬度。

附 录 H
（规范性附录）
清洗液稳定性检验法

H.1 范围

本方法适用于评定清洗液的稳定性。

H.2 方法概要

分别将试样原液和最低浓度溶液在 50 ℃±2 ℃及−15 ℃±2 ℃温度下保持 8 h，再在室温下保持 16 h 后，按规定要求对其热稳定性和低温稳定性进行检验。

H.3 仪器

H.3.1 烘箱：同 D.3.1。
H.3.2 pH 计：分格值 0.1。
H.3.3 低温箱：能控制在−15 ℃±2 ℃。
H.3.4 具塞广口瓶：容量 125 mL。

H.4 试验步骤

H.4.1 热稳定性

H.4.1.1 将 50 mL 试样原液注入广口瓶，盖上塞子，在 50 ℃±2 ℃的烘箱中保持 8 h，取出后在室温下保持 16 h，观察试样中有无结晶性沉淀物，并测量试样的 pH 值，测准至 0.1。

H.4.1.2 将 50 mL 试样的最低浓度溶液注入广口瓶，盖上塞子，在 50 ℃±2 ℃的烘箱中保持 8 h，取出后在室温下保持 16 h，观察试样中有无结晶性沉淀物，并测量试样的 pH 值，测准至 0.1。

H.4.2 低温稳定性

H.4.2.1 将 50 mL 试样原液注入广口瓶，盖上塞子，在−15 ℃±2 ℃的低温浴中保持 8 h，取出后在室温下保持 16 h，观察试样中有无结晶性沉淀物。

H.4.2.2 将 50 mL 试样的最低浓度溶液注入广口瓶，盖上塞子，在−15 ℃±2 ℃的低温浴中保持 8 h，取出后在室温下保持 16 h，观察试样中有无结晶性沉淀物。

H.5 报告

报告试样的热稳定性和低温稳定性。

附 录 I
（规范性附录）
疏水型汽车风窗玻璃清洗液抗水性检验法

I.1 范围

本方法适用于评定疏水型清洗液的抗水性。

I.2 方法概要

用标定好的接触角测量仪对浸过试样的标准玻璃片进行接触角测量。

I.3 仪器

I.3.1 接触角测量仪：量程 0°～180°。

I.3.2 标准玻璃片：符合 JB/T 8230.3 的显微镜用载玻片玻璃。

I.3.3 法兰绒。

I.3.4 三角烧瓶：250 mL。

I.3.5 抛光剂：同 B.5.2 的 b)。

I.4 准备工作

I.4.1 标准玻璃片的准备

用法兰绒沾抛光剂将标准玻璃片进行抛光后，用清水洗净，自然干燥 30 min 备用。

I.4.2 最低使用浓度试样的准备

将试样原液按产品使用说明规定比例配制成最低使用浓度的液体备用。

I.5 试验步骤

I.5.1 仪器的标定

用标准液对接触角测量仪进行标定，因为液滴容易蒸发，所以应尽量加快测量速度。

I.5.2 将足够浸泡整个标准玻璃片的原液注入三角烧瓶中，然后放入一片标准玻璃片，1 min 后取出，用滤纸吸去标准玻璃片下端的液滴，静置 10 min～15 min。

I.5.3 在标准玻璃片表面任意选择三点用接触角测量仪测量接触角，测准至 0.1°，取三个测量结果的算术平均值作为测定结果。

I.5.3 用最低使用浓度试样代替原液，重复 I.5.2～I.5.3 操作。

I.6 报告

报告试样的抗水性。

ICS 03.220.20
R 16

GB

中华人民共和国国家标准

GB/T 23437—2009

汽车上光蜡

Polish for automobiles

2009-03-31 发布　　2009-11-01 实施

中华人民共和国国家质量监督检验检疫总局
中国国家标准化管理委员会　发布

前　言

本标准对应于 JIS K 2236:1997《汽车上光蜡》,与 JIS K 2236:1997 的一致性程度为非等效。

本标准与 JIS K 2236 的技术性差异为:

——根据我国国情,取消了 JIS K 2236 中挥发性、防水性和耐候性的技术要求。

本标准的附录 A、附录 B、附录 C、附录 D、附录 E、附录 F、附录 G、附录 H、附录 I、附录 J 和附录 K 均为规范性附录。

本标准由全国汽车维修标准化技术委员会(SAC/TC 247)提出并归口。

本标准起草单位:交通部公路科学研究院、深圳市平驰实业有限公司、安徽交通职业技术学院。

本标准主要起草人:刘莉、焦健、张旸、刘胜生、王静、胡正云。

汽 车 上 光 蜡

1 范围

本标准规定了汽车上光蜡的技术要求、试验方法、检验规则及标志、包装、运输和贮存。

本标准适用于汽车车身涂层表面使用的上光蜡的生产和检验，但不适用于“非防水性上光蜡”、车身涂层修补蜡以及涂层抛光剂。

2 规范性引用文件

下列文件中的条款通过本标准的引用而成为本标准的条款。凡是标注日期的引用文件，其随后所有的修改单(不包括勘误的内容)或修订版均不适用于本标准，然而，鼓励根据本标准达成协议的各方研究是否可使用这些文件的最新版本。凡是不注日期的引用文件，其最新版本适用于本标准。

GB/T 531 橡胶袖珍硬度计压入硬度试验方法(GB/T 531—1999，idt ISO 7619:1986)

GB/T 699 优质炭素结构钢

GB/T 4985 石油蜡针入度测定法(GB/T 4985—1998，idt ASTM D1321:1995)

GB/T 9724 化学试剂 pH 值测定通则(GB/T 9724—2007，ISO 6353-1:1982，NEQ)

GB 13042 包装容器 气雾罐(GB 13042—1998，neq DIN 55500)

GB/T 23436—2009 汽车风窗玻璃清洗液(JIS K 2398:2001，NEQ)

SH/T 0084 冷却系统化学溶液对汽车上有机涂料影响的试验方法

SH 0164 石油产品包装、储运及货验规则

3 术语和定义

下列术语和定义适用于本标准。

3.1

汽车上光蜡 polish for automobiles

由蜡、表面活性剂、溶剂等组成的化合物，易于附着在汽车涂层表面，能增加汽车涂层的光泽度及耐磨性。

4 分类

按汽车上光蜡外观形态的不同可将其分为三类，见表 1。

表 1 汽车上光蜡种类和状态

种 类	状 态	说 明
1# 蜡(WH)	固体	常温时表面不易变形，按 GB/T 4985 测其针入度不大于 120 个单位的蜡
2# 蜡(WS)	膏状	胶状或糊状的黏稠体蜡
3# 蜡(WL)	液体	能从福特黏度杯中流出的蜡。气雾剂产品按 3# 蜡评价

5 技术要求和试验方法

汽车上光蜡的技术要求和试验方法见表 2。本标准的试验要求试验室环境温度为 20 ℃±15 ℃、湿度为 65%±20%，试验用试样按附录 A 的方法制备。

表 2 汽车上光蜡的技术要求和试验方法

<table>
<tr><th colspan="3" rowspan="2">项　目</th><th colspan="3">技术要求</th><th rowspan="2">试验方法</th></tr>
<tr><th>1# 蜡(WH)</th><th>2# 蜡(WS)</th><th>3# 蜡(WL)</th></tr>
<tr><td colspan="3">密度(20 ℃)/(g/cm³)</td><td colspan="3">≥0.7</td><td>附录 B</td></tr>
<tr><td colspan="3">pH 值</td><td colspan="3">5.0～10.0</td><td>附录 C</td></tr>
<tr><td colspan="3">光泽度增加值/Gs</td><td>≥10</td><td colspan="2">≥15</td><td>附录 D</td></tr>
<tr><td rowspan="2">稳定性</td><td colspan="2">高温稳定性：
1#、2#(50 ℃±2 ℃,4 h±0.5 h)
3#(50 ℃±2 ℃,1 h±0.5 h)</td><td>无分层现象,水平放置试管无流出现象</td><td>无分层现象</td><td>无分层现象</td><td rowspan="2">附录 E</td></tr>
<tr><td colspan="2">低温稳定性
(−12 ℃±2 ℃,4 h±0.5 h)</td><td>无分层现象</td><td>无分层现象</td><td>无分层现象</td></tr>
<tr><td rowspan="3">对金属的腐蚀性(50 ℃±2 ℃,48 h±2 h)</td><td colspan="2">铸铝</td><td colspan="3" rowspan="3">无肉眼可见坑蚀和表面粗糙不平,无明显变色现象</td><td rowspan="3">附录 F</td></tr>
<tr><td colspan="2">黄铜</td></tr>
<tr><td colspan="2">镀锡铁皮</td></tr>
<tr><td rowspan="3">对橡胶的影响(50 ℃±2 ℃,120 h±2 h)</td><td rowspan="2">硬度变化/IRHD</td><td>天然橡胶</td><td colspan="3">±5</td><td rowspan="3">附录 G</td></tr>
<tr><td>氯丁橡胶</td><td colspan="3">±3</td></tr>
<tr><td colspan="2">试片外观</td><td colspan="3">表面不发黏、无炭黑析出、无裂缝</td></tr>
<tr><td rowspan="2">对汽车表面涂膜的影响(50 ℃±2 ℃,6 h)</td><td colspan="2">丙烯酸金属烤漆(蓝色)</td><td colspan="3" rowspan="2">涂膜无剥落、无褶皱、无膨胀、无褪色</td><td rowspan="2">附录 H</td></tr>
<tr><td colspan="2">氨基醇酸漆(白色或黑色)</td></tr>
<tr><td rowspan="2">对塑料的影响(50 ℃±2 ℃,120 h)</td><td colspan="2">聚乙烯树脂</td><td colspan="3" rowspan="2">表面无开裂,无显著变形,无褪色</td><td rowspan="2">附录 I</td></tr>
<tr><td colspan="2">ABS 树脂</td></tr>
<tr><td colspan="3">涂布展开容易度/g</td><td>≤0.2</td><td>≤0.3</td><td>≤0.3</td><td>附录 J</td></tr>
<tr><td colspan="3">擦拭容易度/次</td><td>≤10</td><td>≤10</td><td>≤8</td><td>附录 K</td></tr>
</table>

6 检验规则

6.1 检验分类

本产品检验分为型式检验和出厂检验。

6.2 型式检验

6.2.1 型式检验是对产品质量的全面评价,一般情况下,每年应进行一次型式检验。

6.2.2 型式检验项目为表 2 规定全部检验项目。

6.2.3 有下列情况之一发生时,应进行型式检验:

——产品鉴定定型时;

——产品转产或转厂生产时;

——正式生产中,遇原料、生产工艺或操作规程作重大技术变动,可能影响产品结构、产品性能或产品内在质量时;

——产品长期停产后的复产;

——出厂检验的结果与上次型式检验结果有较大差异,无法确定造成差异的因素及对产品性能产生影响时;

——国家质量监督机构提出进行型式检验要求时;

——用户有特殊要求时。

6.3 出厂检验

产品交付分销商或交付用户前应按批次进行的检验。

出厂检验项目：

——密度；

——pH 值；

——光泽增加值；

——稳定性；

——涂布展开容易度；

——擦拭容易度。

6.4 组批

在原材料、工艺不变的条件下，每生产一釜或多釜混合均匀的产品为一个批次。

6.5 取样

从生产工艺相同，生产批次相同且质量相同的产品中随机抽取小包装产品，抽样数量见表 3。

表 3 汽车上光蜡的取样数量

单位为个

小包装数量	取样数量
1～300	1
301～600	2
601～1 000	3
1 001～5 000	4
5 001～10 000	5
10 001 以上	6
注：取样数量也可以视生产能力确定。	

7 标志、包装、运输和贮存

固体、膏状和液体三种类型产品均采用铁桶或塑料桶包装，其包装、标志、运输、贮存按 SH 0164 执行，产品外包装上应标注产品类型、使用方法、安全注意事项等内容。对于气雾罐包装的液体上光蜡，气雾罐的质量、包装、标志、运输、贮存应符合 GB 13042 的要求。

附 录 A
（规范性附录）
上光蜡试样的制备方法

A.1 范围

本方法适用于上光蜡试样的制备。

A.2 仪器、材料与试剂

A.2.1 烧杯：容量 1 000 mL 和 2 000 mL。

A.2.2 具塞广口瓶：容量 1 000 mL。

A.2.3 刮板。

A.2.4 福特黏度杯：4 号。

A.2.5 恒温箱：能控制在 50 ℃±5 ℃。

A.2.6 冷凝管：长约 380 mm。

A.2.7 锥形瓶：200 mL 或 300 mL。

A.2.8 温度计：量程 0 ℃～100 ℃，最小分格值 2 ℃。

A.3 试样的制备方法

A.3.1 固体蜡试样的制备方法

A.3.1.1 用玻璃棒均匀地将蜡试样取出置于烧杯中，在 50 ℃下保温 2 h。

A.3.1.2 当蜡试样冷却至室温后，按 GB/T 4985 测其针入度，当针入度在 120 个单位以下时，即可作为试验用试样。

A.3.2 膏状蜡试样的制备方法

用刮板将蜡试样取出一定量置于烧杯中，用玻璃棒搅拌均匀，在室温(20 ℃±5 ℃)下放置 2 h 后，即可作为试验用试样。

A.3.3 液体蜡试样的制备方法

取出一定量蜡试样置于烧杯或具塞广口瓶中，用玻璃棒搅拌均匀，在室温(20 ℃±5 ℃)下放置 2 h 后，能从福特黏度杯中流出的，即可作为试验用试样。

A.3.4 气雾剂试样的制备方法

在气雾罐上开一个合适小孔，将其中一定量蜡溶液倒入烧杯中，混合均匀后转移至一个 200 mL 或 300 mL 的锥形瓶中，在 50 ℃±5 ℃的恒温浴中加热，试验装置见图 A.1。

A.3.4.1 将加热到 50 ℃左右的样品在锥形瓶内搅拌 30 min，使样品内的挥发性组分充分排出。

A.3.4.2 将锥形瓶中试样冷却至室温，注入广口瓶中，加盖，放于低温阴暗处保存。使用时需先将其搅拌均匀再用。

A.3.4.3 如经过 A.3.4.1 和 A.3.4.2 步骤后，样品中仍存在气泡，可重复上述步骤直到气泡完全消失。

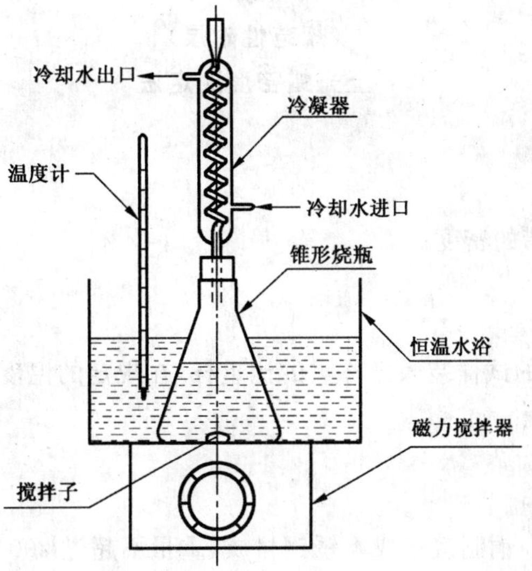

注 1：为了保证取样的安全性，试验前可先将气雾罐冷却，然后再在罐体表面开孔，孔的大小以能将液体样品倒出为宜。

注 2：气雾剂产品中推进剂的种类和用量各不相同，如果单独使用液化气体如：二氧化碳、液化石油气、二甲醚或其他混合气体等作为推进剂的产品，可以省略 A.3.4.1 的操作。

注 3：对于使用低沸点溶剂作为推进剂的产品，可能沸点高于 50 ℃，因此可以在保证安全的情况下适当提高加热温度。

图 A.1　气雾剂产品中推进剂气体的排除装置

附 录 B
（规范性附录）
上光蜡密度测定法

B.1 范围

本方法适用于测定上光蜡的密度。

B.2 方法概要

将一定量按附录A制备的试样装入已称重的比重杯，在规定的温度下恒温静置后称重。

B.3 仪器与设备

B.3.1 天平：分格值0.01 g。

B.3.2 比重杯：容积100 mL，铜制镀铬或不锈钢材质，重量不超过200 g，形状和技术参数见图B.1。

单位为毫米

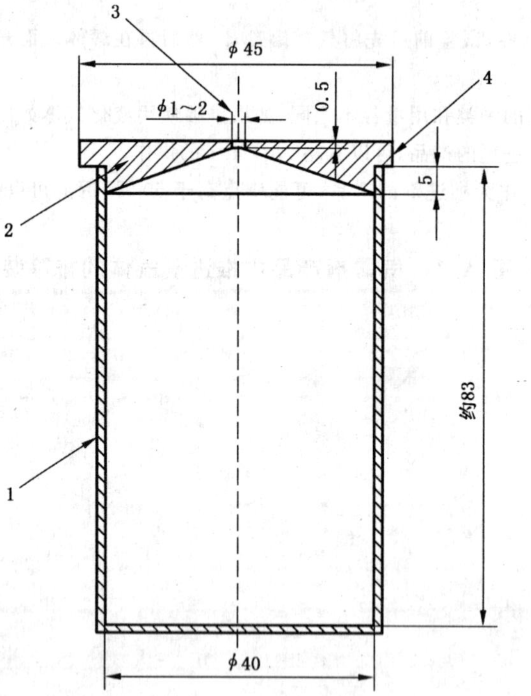

1——杯；
2——盖；
3——溢流孔；
4——滚花。

图 B.1 比重杯技术参数

B.3.3 恒温浴：能控制到20 ℃±0.5 ℃的恒温精度。

B.4 试验步骤

B.4.1 比重杯容积的测定

B.4.1.1 用蒸发后无残余物的溶剂清洗，将比重杯内外表面清洗干净，并将其干燥后冷却至室温。在室温下称重，精确至0.01 g。

B.4.1.2 将温度为 20 ℃的蒸馏水注满比重杯，盖上杯盖，始终保持溢流孔敞开，严格防止操作过程中在杯中产生气泡。

B.4.1.3 将比重杯放在 20 ℃±0.5 ℃的恒温水浴中约 1 h 取出，迅速用滤纸擦干溢流孔周围的溢出物及比重杯的外部，不允许再擦去此后的溢出物。立刻称量盛满水的比重杯，精确至 0.01 g。应尽量加快称量速度，以使溢流孔处及溢出的水分蒸发引起的质量损失减少到最低限度。注意操作比重杯时，应带上洁净、干燥的绵制手套，避免手直接接触使比重杯升温引起水的溢出。

B.4.2 1# 蜡密度的测定

将蜡试样在 50 ℃±2 ℃加热至熔化，分 2 次～3 次加入比重杯至容积的 80%～90%，充分振动，使试样内不产生气泡或孔洞。按 B.4.1.3 的步骤称重后，迅速用温度为 20 ℃±0.5 ℃的蒸馏水将比重杯注满，再次称重。再重复测量两次。

B.4.3 2# 蜡密度的测定

将蜡试样在 50 ℃±2 ℃加热至熔化，注满比重杯，充分振动，使试样不产生气泡或孔洞。室温下冷却比重杯，在试样未凝固前盖上杯盖，擦去溢出的蜡试样，按 B.4.1.3 的步骤称重。再重复测量两次。

B.4.4 3# 蜡密度的测定

在不高于 20 ℃的温度下将蜡试样注满比重杯，严禁试样中产生气泡。盖上杯盖，擦去溢出的试样，按 B.4.1.3 的步骤称重。再重复测量两次。

B.5 计算

B.5.1 比重杯的容积 V_0 按式(B.1)计算。

$$V_0 = \frac{(M_1 - M_0)}{d} \qquad \text{(B.1)}$$

式中：

V_0——比重杯的容积，单位为立方厘米(cm^3)；

M_0——比重杯的质量，单位为克(g)；

M_1——注满水后比重杯的质量，单位为克(g)；

d——20 ℃水的密度，0.998 20 g/cm^3。

B.5.2 1# 蜡的密度 d_{WH} 按式(B.2)计算。

$$d_{WH} = \frac{(M_1 - M_0)}{(V_0 - V_1)} \qquad \text{(B.2)}$$

$$\left[V_1 = \frac{(M_2 - M_1)}{d}\right]$$

式中：

d_{WH}——1# 蜡密度(20 ℃)，单位为克每立方厘米(g/cm^3)；

M_1——比重杯加入试样时的质量，单位为克(g)；

M_0——比重杯的质量，单位为克(g)；

M_2——比重杯加入水后，试样、水、比重杯的总质量，单位为克(g)；

V_0——比重杯的容积，单位为立方厘米(cm^3)；

V_1——比重杯中水的体积，单位为立方厘米(cm^3)；

d——20 ℃水的密度，0.998 20 g/cm^3。

B.5.3 2# 蜡的密度 d_{WS} 按式(B.3)计算。

$$d = \frac{(M - M_0)}{V_0} \qquad \text{(B.3)}$$

式中：

d——2# 或 3# 蜡密度(d_{WS} 或 d_{WL})(20 ℃)，单位为克每立方厘米(g/cm^3)；

M——比重杯中加入试样时的质量，单位为克(g)；

M_0——比重杯的质量，单位为克(g)；

V_0——比重杯的容积，单位为立方厘米(cm^3)。

B.5.4 3# 蜡的密度 d_{WL} 按式(B.3)计算。

B.6 报告

报告试样密度。取两次重复测量结果的算术平均值作为测定结果，精确到 0.01 g/cm^3。

附　录　C
（规范性附录）
上光蜡 pH 值测定法

C.1　范围

本方法适用于测定上光蜡的酸碱性。

C.2　方法概要

将按附录 A 制备的试样按成分的不同，分别混合在水或乙醇-水混合液中，测定 pH 值。

C.3　仪器、材料与试剂

C.3.1　pH 计：分格值 0.1。

C.3.2　混合磷酸盐标准溶液：25 ℃，pH＝6.86。

C.3.3　硼砂标准溶液：25 ℃，pH＝9.18。

C.3.4　无水乙醇：分析纯。

C.3.5　氢氧化钠：分析纯。

C.3.6　乙醇-水混合液：将无水乙醇和去离子水按 8∶2 的体积比混合，再用 0.1 mol/L 的氢氧化钠水溶液调节 pH 值至 7.0±0.1，如果每 1 升混合液使用的 0.1 mol/L 的氢氧化钠水溶液的量超过 4 mL，应重新配制混合液。

C.4　试验步骤

C.4.1　仪器校正

按 GB/T 9724 规定的方法，用混合磷酸盐标准溶液和硼砂标准溶液校准电极。

C.4.2　水溶性蜡 pH 值的测定

将 2 g 左右的试样与 100 mL 水在烧杯中混合 5 min，待试样与水充分混合后，调整溶液温度到 25 ℃ 时，按 GB/T 9724 规定的方法测其 pH 值（测量时溶液温度应保持在 25 ℃±1 ℃），需重复测量两次。

C.4.3　非水溶性蜡或固态蜡 pH 值的测定

将 2 g 左右的试样与 100 mL 乙醇混合液在烧杯中充分混合后（1# 蜡可用水浴加热后再称样），按 GB/T 9724 规定的方法测其 pH 值。需重复测量两次。

C.5　报告

报告试样 pH 值。当两次重复测量结果之差不大于 0.2 时，取其算术平均值作为测定结果，精确到 0.01。

附 录 D
（规范性附录）
上光蜡光泽度增加值测定法

D.1 范围

本方法适用于上光蜡对汽车涂层光泽度增加值的测定。

D.2 方法概要

用一定量按附录 A 制备的试样在固定好的试片上往复摩擦后，利用光泽度计，测定试片中央部位任意 5 点的光泽度。

D.3 仪器与材料

D.3.1 无水乙醇：分析纯。

D.3.2 镜面光泽度仪（反射角为 60°）：精度 1%。

D.3.3 打磨装置：装置由固定台板和磨板组成。

——磨板：由长约 80 mm，宽约 70 mm，厚约 15 mm 的木板，下方贴有长、宽与木板相同，厚约5 mm 的软橡胶，木板上方用螺钉连接长、宽与木板相同的金属配重物，通过调整金属配重物的厚度使磨板总重量控制在 450 g±5 g。

沿长轴方向的最大位移在 22 cm 以上，1 min 能往复运动 50 次±15 次。往复运动所施加的力尽可能不对磨板产生影响。固定台板中央放置试片，在长轴方向前后并列放置同样厚度、同样宽度、长度 100 mm 的板以固定试片。

D.3.4 水磨砂纸：2000 号

D.3.5 硅藻土：粒度为 3 μm～4 μm。

D.3.6 95%乙醇：化学纯。

D.4 试片的准备

D.4.1 金属板材：符合 GB/T 699 中 10 号冷轧钢板技术要求，尺寸约为 150 mm×70 mm，厚度约0.7 mm。

D.4.2 有机涂料的涂覆：按 SH/T 0084 进行，要求涂装面的 60°镜面光泽度在中央部位任意 5 点测定值均大于 90 Gs。

D.4.3 试片的处理

将上述试片放平，用水磨砂纸轻轻研磨后，将水和硅藻土按重量比 3∶1（吸油量较大时，水和硅藻土可按重量比 4∶1 混合。）充分混合均匀后，涂布在试片上，轻轻地均匀研磨，然后，分别用水和 95%乙醇洗净干燥，测试并调整试片中央部位任意 5 点的 60°镜面光泽度须为 60 Gs±5 Gs。

D.5 试验步骤

D.5.1 将试片固定在打磨装置上。

D.5.2 将折成三折后的尺寸为 70 mm×100 mm 法兰绒用图钉固定在磨板上。

D.5.3 取试样约 4 g 或 4 mL 涂于法兰绒上进行抛光，在试片上往复磨擦 100 次后，再加上约 2 g 或 2 mL 试样继续往复磨擦 100 次。

D.5.4 将试片放置约 20 min～40 min，再用折成四折后的尺寸为 100 mm×100 mm 的法兰绒彻底擦试片至反光。

D.5.5 以60°镜面角重复测量三块试片中央部位任意五点的光泽度。

D.6 计算

试片光泽度增加值由下式计算：

$$\Delta G = G_A - G_B \qquad \cdots\cdots(D.1)$$

式中：

ΔG——光泽度增加值，(Gs)；

G_A——试前试片60°镜面光泽度的平均值，(Gs)；

G_B——试后试片60°镜面光泽度的平均值，(Gs)。

D.7 报告

报告光泽度增加值，取三次重复测量结果中两个较为接近值的算术平均值作为测定结果。

附　录　E
（规范性附录）
上光蜡稳定性检验法

E.1　范围

本方法适用于评定上光蜡的高低温稳定性。

E.2　方法概要

将一定量按附录 A 制备的试样在规定温度下，放置规定时间后，观察试样有无明显分层现象。

E.3　仪器与设备

E.3.1　恒温箱：能控制到 50 ℃±2 ℃的恒温精度。

E.3.2　低温浴：能控制到－12 ℃±2 ℃的恒温精度。

E.3.3　平底玻璃试管：内径约 20 mm，高约 120 mm，具塞。

E.4　试验步骤

E.4.1　高温稳定性

E.4.1.1　1#蜡及 2#蜡的高温稳定性

将适量蜡试样放入平底玻璃试管中，盖上塞子，放入温度恒定在 50 ℃±2 ℃的恒温箱中，保持 4.0 h±0.5 h 后取出，在常温下放置 2 h，打开盖子，观察试样表面有无明显分层现象。将装有 1#蜡试样的试管水平放置，观察试样有无流出现象。

E.4.1.2　3#蜡的高温稳定性

将适量蜡试样注入平底玻璃试管中，试样高度约 100 mm，盖上塞子，放入温度恒定在 50 ℃±2 ℃恒温箱中保持 1 h 后取出，室温下放置 1 h。重复上述操作三次后，轻轻震荡，观察试样有无明显分层现象。

E.4.2　低温稳定性

E.4.2.1　1#蜡及 2#蜡的低温稳定性

将适量蜡试样放入平底玻璃试管中，盖上塞子，放入温度恒定在－12 ℃±2 ℃的低温浴中，保持 4.0 h±0.5 h 后取出，室温下放置 2 h，观察试样表面有无明显分层现象。

E.4.2.2　3#蜡的低温稳定性

将适量蜡试样注入平底玻璃试管中，试样高度约 100 mm，盖上塞子，放入温度恒定在－12 ℃±2 ℃低温浴中保持 1 h 取出，室温下放置 1 h。重复上述操作三次后，轻轻震荡，观察试样有无明显分层现象。

E.5　报告

分别报告试样在高、低温稳定性试验后试样的外观变化。

附 录 F
（规范性附录）
上光蜡金属腐蚀性检验法

F.1 范围

本方法适用于评定上光蜡对金属的腐蚀性。

F.2 方法概要

将涂有按附录A制备试样的金属片在50 ℃±2 ℃下保持48 h后，观察试片表面的腐蚀状况。

F.3 仪器、材料与试剂

F.3.1 恒温箱：同E.3.1。

F.3.2 具塞广口瓶：容量500 mL，三只。

F.3.3 干燥器：内径250 mm的玻璃干燥器，放少量干燥剂，干燥器盖带有放气玻璃阀。

F.3.4 砂纸：AA或CC320防水砂纸。

F.3.5 金属试片：同GB/T 23436—2009的D.3.10。

F.3.6 丙酮：化学纯。

F.4 金属试验片的准备

用砂纸打磨铝片和黄铜片表面，除去划痕和坑点，打磨过程中同时用流水冲洗，同一张砂纸只能打磨同种试片。打磨完的试片先用水冲洗，然后再用丙酮清洗，待试片干燥后，放入干燥器（不少于1 h）备用。镀锡钢片不需要打磨，直接按上述步骤清洗、干燥、并存放备用。

F.5 试验步骤

F.5.1 每种试片准备两片，取蜡试样0.1 g或0.1 mL，用法兰绒均匀涂在每个试片上。

F.5.2 将两片同种试片放入同一广口瓶中，注意不要相互接触，盖上盖子。

F.5.3 将三个装有试片的广口瓶放入温度恒定在50 ℃±2 ℃的恒温箱中保持48 h，再在室温下放置2 h后取出试片。

F.5.4 用浸有丙酮的法兰绒将附着的蜡试样擦净，试片自然干燥后，观察试片表面的腐蚀状态（在600 lx～650 lx的亮度环境下观察）。

F.6 报告

报告试验后金属试片的外观变化。

附 录 G
（规范性附录）
上光蜡对橡胶影响检验法

G.1 范围

本方法适用于评定上光蜡对橡胶的影响。

G.2 方法概要

将一定量按附录A制备的试样涂布在橡胶试片上，在50 ℃±2 ℃下恒温120 h，观测试片外观及硬度的变化。

G.3 仪器、材料与试剂

G.3.1 橡胶邵尔A型硬度计：分格值2度。
G.3.2 恒温箱：同附录E.3.1。
G.3.3 具塞广口瓶：两个，容量500 mL。
G.3.4 橡胶试片：天然橡胶和氯丁橡胶试件各三片，尺寸：20 mm×50 mm×2 mm。
G.3.5 试片固定器：见图G.1。

单位为毫米

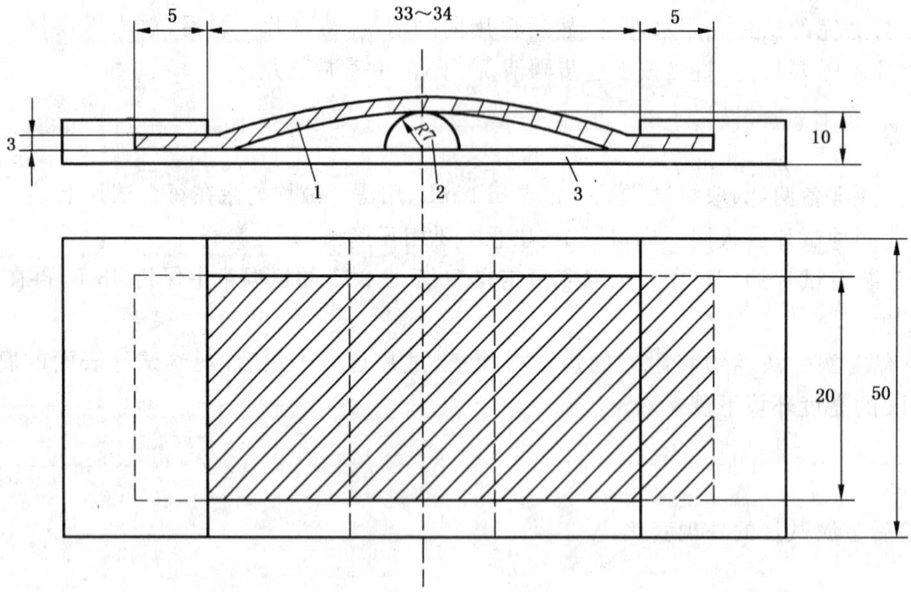

1——橡胶试片；
2——高度调节凸台；
3——试片固定器。

图 G.1 试片固定器

G.4 试验片的准备

将试片用浸湿了的干净纱布擦洗后，在干燥器中放置24 h备用。

G.5 试验步骤

G.5.1 按 GB/T 531 规定的方法分别测量各试片上任意五点的硬度，取五个测量结果的算术平均值作为试验前试片的硬度。

G.5.2 用法兰绒将约 0.1 g 或 0.1 mL 试样均匀涂布在各试片测量过硬度的橡胶表面上。将试片的涂布面朝上，放在试片固定器上，再放入广口瓶中，盖上盖子。

G.5.3 将装有试片的广口瓶放入温度恒定在 50 ℃±2 ℃恒温箱中，保持 120 h。

G.5.4 取出试片，将试片固定器松开，取下试验片，在常温下冷却后，观察表面有无碳黑析出及开裂现象。

G.5.5 用纱布将试片表面擦拭干净，再测量各试片任意五点的硬度，取五个测量结果的算术平均值作为试验后试片的硬度。

G.6 计算

硬度变化 ΔH 按下式计算。

$$\Delta H = H_2 - H_1 \qquad \text{(G.1)}$$

式中：

H_1——试验前试片的硬度，IRHD；

H_2——试验后试片的硬度，IRHD。

G.7 报告

报告橡胶试片硬度变化。取三个试片重复测量结果的算术平均值作为测定结果。

附 录 H
（规范性附录）
上光蜡对汽车表面涂层影响检验法

H.1 范围

本方法适用于评定上光蜡对汽车表面涂层的影响。

H.2 方法概要

将一定量按附录A制备的试样均匀涂布在试片上，在50 ℃±2 ℃恒温干燥箱内保持6 h，观察试片的外观变化。

H.3 仪器、材料与试剂

H.3.1 恒温箱：同E.3.1。

H.3.2 干燥器：同F.3.3。

H.3.3 95%乙醇：化学纯。

H.4 试片的准备

H.4.1 金属板材：同D.4.1。

H.4.2 有机涂料的涂覆：采用蓝色丙烯酸金属烤漆、白色或黑色氨基醇酸树脂漆，按SH/T 0084规定的方法进行涂覆，涂膜厚度为20 μm～30 μm。

H.5 试验步骤

H.5.1 用法兰绒将试片表面擦净，在干燥器中放置1 h。

H.5.2 用法兰绒将约2 g或2 mL蜡试样在试片上均匀涂布开。

H.5.3 将试片放入已恒温到50 ℃±2 ℃恒温箱中，保持6 h取出，在23 ℃±5 ℃环境中放置1 h。

H.5.4 用浸有95%乙醇的法兰绒将试验板表面擦拭干净，观察涂层有无软化、膨胀、失去光泽、变色等现象。

H.6 报告

报告试验后试片表面涂层的外观。

附 录 I
（规范性附录）
上光蜡对塑料影响检验法

I.1 范围

本方法适用于评定上光蜡对汽车表面用塑料的影响。

I.2 方法概要

将一定量按附录 A 制备的试样均匀涂在塑料试片上，放入 50 ℃±2 ℃恒温箱，保持 120 h 后，观察塑料试片表面的变化。

I.3 仪器、材料与试剂

I.3.1 恒温箱：同 E.3.1。
I.3.2 干燥器：同 F.3.3。
I.3.3 广口瓶：同 F.3.2。
I.3.4 95%乙醇：化学纯。
I.3.5 异丙醇：分析纯。
I.3.6 塑料试片：聚乙烯树脂和 ABS 树脂塑料片各两片，尺寸：20 mm×50 mm×2 mm。

I.4 试验步骤

I.4.1 用法兰绒将试片擦拭干净，室温自然干燥，在干燥器中放置 24 h。
I.4.2 用法兰绒将 1 g 或 1 mL 试样均匀涂布在每片试片的一个面上。将两片同种材料的试片放在同一广口瓶中，注意试片间不要互相接触，盖上瓶盖。
I.4.3 将装有试片的两只广口瓶放入温度恒定在 50 ℃±2 ℃恒温箱中，保持 120 h。
I.4.4 取出广口瓶，在常温下冷却后，取出试片，用干燥的纱布将试片上的蜡试样擦去，再用浸有异丙醇或 95%乙醇的法兰绒将试片的表面擦拭干净，观察试片表面有无开裂、显著变形及变色现象。

I.5 报告

报告试后塑料试片外观。

附 录 J
(规范性附录)
上光蜡的涂布展开容易度测定法

J.1 范围

本方法适用于评定上光蜡在汽车表面涂布展开的容易程度。

J.2 方法概要

将带有一定量按附录A制备试样的法兰绒置于称量皿称重,再用法兰绒将蜡试样涂附于试片上,涂附后再次称量法兰绒,根据涂附前后法兰绒的质量变化,计算涂布容易度。

J.3 仪器、材料与试剂

J.3.1 天平:同B.3.1。
J.3.2 称量瓶:ϕ40 mm×20 mm。
J.3.3 溶剂汽油。
J.3.4 95%乙醇:化学纯。

J.4 试片的准备

J.4.1 金属板材:同D.4.1,尺寸约为200 mm×200 mm,厚度约为0.7 mm。
J.4.2 有机涂料的涂覆:按SH/T 0084进行,涂膜厚度为20 μm~30 μm。

J.5 试验步骤

J.5.1 用浸有溶剂汽油的法兰绒将试片表面擦净,再分别用水和95%乙醇洗净后干燥。
J.5.2 将法兰绒折成两折,尺寸为30 mm×30 mm,取约0.5 g蜡试样涂于法兰绒上,置于称量皿中,盖上皿盖,称重,精确至0.01 g。
J.5.3 取出涂有蜡试样的法兰绒,立即从试片中央开始全面涂附,涂附开后,将附有试样的法兰绒置于称量皿中,盖上皿盖,称重,精确至0.01g。重复测量两次。

J.6 计算

涂布展开容易度用下式计算:

$$S = G_A - G_B \qquad \text{(J.1)}$$

式中:

S——涂布展开容易度,单位为克(g);
G_A——试前称量皿、法兰绒及试样的质量,单位为克(g);
G_B——试后称量皿、法兰绒及试样的质量,单位为克(g)。

J.7 报告

报告试样的涂布展开容易度。取两次重复测量结果的算术平均值为测定结果,精确至0.01。

附 录 K
（规范性附录）
上光蜡擦拭容易度测定法

K.1 范围

本方法适用于评定上光蜡在汽车表面擦拭的容易程度。

K.2 方法概要

将法兰绒上放置质量为 1 kg 的重物，从已涂有按附录 A 制备试样的试片中心以十字交叉方式纵横交错擦拭，直至交叉部分无固体残余物，无晕影，无聚集为止，交错次数为擦拭容易度。

K.3 仪器、材料

重物：材质为铜，尺寸约 80 mm×55 mm×45 mm，质量约 1 kg。

K.4 试片的准备

K.4.1 金属板材：同 D.4.1。

K.4.2 有机涂料的涂覆：按 SH/T 0084 进行，涂膜厚度为 20 μm～30 μm。

K.5 试验步骤

K.5.1 将试片在常温下放置 30 min 干燥后备用。

K.5.2 将重物放于折成四折，尺寸约为 100 mm×100 mm 的法兰绒上。

K.5.3 双手各自握紧绒布两端，以试片中心为交叉点，沿相互垂直的两个方向交替擦拭，每擦拭纵、横两方向交错一回计为擦拭一次。

K.5.4 反复两个方向的交替擦拭，直至交叉部分无固体残余物、无晕影、无聚集为止，记录擦拭次数作为试样的擦拭容易度。重复测量两次。

K.6 报告

报告试样的擦拭容易度。取两次重复测量结果的算术平均值为测定结果。

ICS 03.220.40;47.020
R 30

中华人民共和国国家标准

GB/T 23438—2009

船舶维修保养体系检验导则

Guideline of maintenance system survey for ship

2009-03-31 发布　　　　2009-11-01 实施

中华人民共和国国家质量监督检验检疫总局
中国国家标准化管理委员会　发布

前　言

本标准的附录 A 是规范性附录。

本标准由中华人民共和国交通运输部提出。

本标准由中华人民共和国交通运输部海事局归口。

本标准起草单位：中国远洋运输（集团）总公司、中国船级社、上海海事大学、交通运输部科学研究院。

本标准主要起草人：莫鉴辉、蒋国仁、蒋永根、王慧芳、蔡玉良、郑士君。

船舶维修保养体系检验导则

1 范围

本标准规定了船舶机械计划性维修制度在船舶与海上设施上实施的条件、程序和有关细则。

本标准适用于实施船舶维修保养体系(CWBT)并具有中国船级社(CCS)船级船舶机械保养系统(PMS)附加标志的或拟申请该附加标志的船舶与海上设施。其他船舶与舰船可参照采用。

2 规范性引用文件

下列文件中的条款通过本标准的引用而成为本标准的条款。凡是注日期的引用文件,其随后所有的修改单(不包括勘误的内容)或修订版均不适用于本标准,然而,鼓励根据本标准达成协议的各方研究是否可使用这些文件的最新版本。凡是不注日期的引用文件,其最新版本适用于本标准。

GB/T 16558(所有部分) 船舶维修保养体系

《钢质海船入级规范》(中国船级社)

3 术语和定义

GB/T 16558 中确立的以及下列术语和定义适用于本标准。

3.1

计划保养系统 planned maintenance system (PMS)

对船舶设备采用周期性维修保养的计划管理,即船舶设备根据《钢质海船入级规范》等有关要求和设备制造厂说明书的规定,由船东制定一套详细的周期维修保养计划,通过该计划在船上的贯彻和实施,使船舶设备始终保持在良好和有效的技术状态。CWBT 就是属于 PMS 范畴。

3.2

状态监控设备 condition monitoring equipment

利用状态监测技术来分析判别运行状态的设备,是计划保养系统的技术支持部分。利用状态监测技术,如振动信号、滑油分析、冲击脉冲分析、温度测量及气缸内部探测等方法,对设备的运行状态进行定期监测,监测的周期按设备制造厂说明书的规定,由监测得到的数据用来分析确定设备是否需要进行保养。

3.3

船舶机械计划保养系统检验 planned maintenance system survey for marine

一种由船东申请,经 CCS 批准的以船舶机械计划保养系统来替代船舶机械(包括电气设备)的循环检验或特别检验的制度。

3.4

PMS 确认性检查 verification inspection

轮机入级符号中的 PMS 附加标志的有效性进行确认。在 PMS 检验时,应每年进行一次。检查合格后,CCS 验船师在船级证书的签证栏内进行相应的签署。

3.5

实施检验 implementation survey

对申请 PMS 检验的船舶在其运行期一年后进行首次 PMS 确认性检验。

4 申请与批准

4.1 对船东的要求

对船东要求如下：

a) 申请实施 PMS 检验的公司应设立主管 PMS 的专门机构，应有专人负责；

b) 该机构负责 PMS 各项文件的制定和 PMS 日常管理。

4.2 PMS 申请

凡拟实行 PMS 的船舶，船东应向 CCS 提出书面申请。

4.3 申请资料

4.3.1 申请资料中的设备分类、设备代码、维修等级、维修计划、管理信息系统应按照 GB/T 16558 与 CCS《钢质海船入级规范》的要求执行。

4.3.2 船东在提交申请时应同时提交下述书面资料：

a) 公司相关岗位(职责)结构框图；

b) PMS 文件编写程序；

c) PMS 的设备清单；

d) PMS 设备标识程序(编码体系)；

e) 每个 PMS 设备的预防性维修程序；

f) 状态监控设备的清单和规格(如有时)；

g) 状态监控设备的基准数据(如有时)；

h) PMS 设备维修保养计划(对采取定时检验的设备，应在计划中注明检修周期的小时数)；

i) PMS 计算机管理程序及软件。

4.4 船上应保存的资料

船上应保存如下资料：

a) 上述 4.3 的全部最新资料；

b) 上年度/到期审核以来轮机长的更换情况；

c) 设备制造厂和船厂的维修保养说明书；

d) 自上次拆检以来状态监控设备的所有监测数据，包括设备原始基准数据(如有时)；

e) 参考文件(趋势分析程序等)；

f) 设备维修保养记录(包括修理和更换)。

4.5 PMS 实施的批准

在收到船东的申请及提交的资料后，CCS 应及时对上述资料进行审查。审查合格后，将安排对船公司主管部门(机务部或 PMS 主管机构)按照 4.1～4.4 有关要求进行审核。对于公司审核合格，可批准船方实施 PMS。

4.6 附加标志的授予

4.6.1 经批准实施 PMS 的船舶，应申请一次轮机附加检验。按 4.3 的要求提交申请和完整的材料，经 CCS 审查，确认船舶实施的计划保养系统(PMS)已覆盖特别检验的轮机全部项目，授予 PMS 的附加标志。

4.6.2 当被批准的船舶船东改变时，应向 CCS 重新提出申请和认可。

4.6.3 PMS 检验到期时，如船东对该船要继续保持 PMS 轮机附加标志则应向 CCS 申请换证前的特别检验。

5 检验要求

5.1 实施检验

5.1.1 开始执行 PMS 的船舶，应进行一年的试运行阶段。试运行结束后，船东应向 CCS 申请进行实施检验，同时提交一份年度执行情况报告。

5.1.2 PMS 检验内容

PMS 检验内容中所涉及维修的设备和各设备应检查的项目要求详见附录 A。

5.1.3 验船师应确认：

a) PMS 已按照 CCS 批准的文件实施，且船上的 PMS 计算机管理系统适应于船舶设备和系统；

b) 计算机管理系统能提供 PMS 年度审核和保持船级的检验和试验所需要的文件与记录；

c) 岸基人员应熟悉 PMS 计算机管理系统，系统运行正常，数据库记录保存完整。

5.2 计算机管理系统确认

计算机管理系统应确认如下内容：

a) PMS 应采用计算机管理系统，该系统应经 CCS 批准认可。PMS 计算机管理系统与数据库应包括可进行常规更新的数据备份。

b) 只有经轮机长或其他授权人员许可，才能对 PMS 计算机管理系统的保养文件和计划进行更新，对于重大修改需报 CCS 认可。

c) 对于计算机管理系统的重大业务流程修改应送交 CCS 予以重新认可。

5.3 年度审核

5.3.1 实行 PMS 的船舶应在每年年度/中间检验时进行一次确认性审核，且最好结合轮机年度/中间检验同时进行。

5.3.2 在年度确认性审核时，船东应向 CCS 执行检验单位提交 PMS 执行情况的年度报告，报告应至少包括 4.3.2a)～4.3.2f)的最新变动部分的内容，以及：

a) 自上次年度审核以来所完成的 PMS 设备保养清单；

b) 自上次年度审核以来所有机械设备的总体运行情况；

c) 机械故障/失效的详细说明情况和原因分析；

d) 修理记录和备件更换情况，换下的部件或设备应保存以便验船师检查。

5.3.3 在年度审核时，验船师在审查船东(船方)提交的年度报告的同时，还应对下列项目进行检查：

a) PMS 是否正确地实施，机械设备自前一次检查后工作情况是否正常，同时对有关各项工作卡、计划进行总体检查；

b) 机械设备的性能和维修保养记录，以证实自上次检查后，或因机械设备的工作参数超过许用值而采取措施后，机械设备的运行应保持在正常状态，拆检间隔期满足规范、制造厂要求；

c) 机械设备故障的详细记录；

d) 机械设备的修理记录，应尽可能将损坏的而用备件替换的机械零部件保存在船上以备检查，必要时轮机长应拍摄照片供验船师检查；

e) 当使用状态监控设备时，应根据验船师要求，尽实际可能对使用中的状态监控设备作运行试验和抽查有关数据，对被监控设备进行效用试验或确认检查；

f) 验船师检查设备维修记录时，对于测量数据不准确或测量数据已超过允许极限而未更换，以及对机械故障的处理认为不正确时可要求轮机长打开该设备作进一步检查；

g) 根据检查结果，验船师签发相应的报告。

5.4 船级特别检验时的 PMS 审核

5.4.1 当船级特别检验到期时，船东应向 CCS 执行检验单位申请轮机年度检验和 PMS 年度审核。

5.4.2 船东向 CCS 提交的报告和验船师的检验要求同 5.3.2，5.3.3。

5.4.3 验船师应按照 5.3 要求执行 PMS 年度审核，同时应注意检查本次特别检验间隔期内 PMS 执行的总体情况，在完成轮机年度检验和 PMS 年度审核合格后，可认为轮机入级证书换证检验，并在轮机入级证书上签证栏中进行签署。

5.4.4 如船级特别检验到期时船东由于其他原因无法完成特别检验，可向 CCS 申请延期，如状况合格，船级特别检验、PMS年度审核可以给予不超过三个月的展期。

5.5 损坏和修理检验

5.5.1 PMS设备(包括部件)的损坏应向CCS报告，对这种损坏设备的修理，应得到验船师确认合格。

5.5.2 对PMS的设备进行的任何修理和纠正措施，应记录在PMS航海日志中，并在年度审核时，由验船师对修理项目予以确认。

5.5.3 出现过期的遗留项目或存在未经修理的设备损坏记录，将影响到PMS的开展。应将这些相关的检验项目排除在PMS检验项目之外。

5.6 计划的变更

5.6.1 PMS项目的保养间隔期，应按照GB/T 16558与CCS《钢质海船入级规范》的规定执行。

5.6.2 岸基管理人员或船舶主管人员可以根据设备的保养、船舶营运等情况，适当调整保养计划，但PMS项目的两次保养间隔期，最长不应超过CCS《钢质海船入级规范》规定的保养期限。

5.6.3 如船舶主管人员提前完成某项目的保养，则其完成日期距下次检修的时间间隔，仍应满足CCS《钢质海船入级规范》规定的期限。

附　录　A
（规范性附录）
PMS 检验项目表

PMS 检验项目表见表 A.1。

表 A.1　PMS 检验项目表

PMS 编号	CWBT 代码	项目名称	工作内容
1	MD-100-000-000	柴油机	
1.1	MD-101-000-000	柴油机	F1. 总体检查
1.1.1	MD-101-000-000 GD-101-000-000	气缸盖	H： 1. 检查缸盖，阀孔周围各连接凸缘有无裂纹、烧蚀、凸凹不平等缺陷； 2. 检查冷却水腔积垢及腐蚀情况； 3. 修理后或必要时对冷却水腔进行 0.7 MPa 的水压试验
1.1.2	MD-102-010-000 GD-102-010-000	活塞	筒式活塞 H： 1. 检查活塞头部、吊环孔、活塞环槽、活塞销孔周围、裙部等处有无裂纹、烧蚀，严重时应修理或更换； 2. 测量并记录。 十字头式发动机活塞 H： 1. 检查活塞头部、吊环孔、活塞环槽、耐磨环有无裂纹、烧蚀、过度磨损、松脱等； 2. 必要时检查清除冷却腔积垢，水压试验； 3. 测量并记录
1.1.3	MD-102-018-000 GD-102-018-000	连杆	H： 1. 检查连杆有无裂纹； 2. 检查螺栓有无裂纹、变形、松动、滑丝现象，必要时探伤或换新
1.1.4	MD-102-011-000 MD-102-014-000	活塞杆 填料函	H： 1. 清洁、检查、测量并记录； 2. 必要时校正中心及存气间隙； 3. 填料函拆开、清洁、检查，必要时更换填料
1.1.5	MD-103-009-000 GD-103-009-000	气缸套	H： 1. 检查气缸套有无裂纹，擦伤和过度磨损等； 2. 按说明书规定周期拉出缸套清洁、检查、更换密封圈； 3. 测量并记录
1.1.6	MD. GD-101-002-000 MD. GD-101-003-000 MD. GD-101-005-000 MD. GD-101-006-000 MD. GD-101-007-000	进气阀 排气阀 安全阀 示功阀 起动阀	H： 1. 检查各阀的阀体、阀芯及弹簧有无裂纹、阀与阀座工作面是否正常，对于阀杆必要时进行探伤； 2. 安全阀校验，开启压力不超过 1.4 倍最高燃烧压力

表 A.1（续）

PMS编号	CWBT代码	项目名称	工作内容
1.1.7	MD-102-015-000 MD-102-016-000	十字头销及轴承 导板与滑块	H： 1.检查十字头销有无裂纹、擦伤，必要时进行探伤； 2.检查十字头销轴承、导板白合金有无裂纹、过热、擦伤、脱壳，接触是否正常，检查连接螺栓； 3.测量十字头销并记录； 4.测量轴承及滑块与导板间隙并记录； 5.必要时修正、调节
1.1.8	MD-102-018-000	连杆轴承	H： 1.检查轴承有无裂纹、脱壳、过热、擦伤、脱落及其接触、磨损情况； 2.测量曲柄销并记录； 3.测量轴承间隙并记录
1.1.9	MD-106-000-000 GD-105-000-000	进气阀传动机构 排气阀传动机构	H： 1.检查测量滚轮间隙； 2.检查推杆及推杆座
1.1.10	MD-103-055-000 GD-103-057-000	机架与机座	H： 1.外观检查有否裂纹、变形、损伤、腐蚀等； 2.检查机架、机座、缸体连接情况； 3.锤击检查螺栓、铆钉有无损伤、断裂和螺栓的牢固性
1.1.11	MD-103-056-000 GD-103-056-000	曲柄箱门及 安全装置	H： 1.外观检查； 2.防爆门弹簧无断裂、阀活络
1.1.12	MD-103-059-000 GD-103-055-000	底脚螺栓与 垫块	H： 1.外观检查； 2.检查底脚螺栓有无松动或断裂； 3.检查垫片与螺栓的紧固性
1.1.13	MD-104-020-000 GD-104-020-000	主轴承及轴颈	H： 1.检查轴承有无裂纹、脱壳、过热、擦伤及其接触、磨损情况； 2.检查轴颈有无擦伤，蚀坑，必要时探伤； 3.桥规测量曲轴下沉量，必要时测跳动量并记录； 4.测量轴承轴瓦厚度及轴承间隙并记录； 5.曲轴吊起时，测量轴颈并记录
1.1.14	MD-104-069-000 GD-104-168-000	曲轴传动机构	H： 1.齿轮传动机构：检查齿轮有无裂纹，剥蚀、崩缺、过度磨损、齿轮啮合及润滑情况。测量齿轮侧隙记录； 2.链传动机构：检查链节及滚柱有无裂纹、剥蚀及磨损情况，滚柱是否灵活，必要时探伤和校准链条预紧度

表 A.1（续）

PMS 编号	CWBT 代码	项目名称	工作内容
1.1.15	MD-105-000-000 GD-105-000-000	凸轮轴 凸轮轴轴承	H： 1.检查凸轮在轴上的紧固情况； 2.检查凸轮表面有无裂纹、蚀坑、擦伤、过度磨损； 3.以前使用正常、外观好、未修理，轴承可不打开； 4.拆检修理，测量轴颈尺寸及跳动量和轴承间隙并记录
1.1.16	MD-106-314-100	扫气鼓风机	H： 1.检查联轴器和叶轮； 2.检查自动控制装置，并效用试验
1.1.17	MD-106-314-200	应急空气鼓风机	H： 1.检查联轴器和叶轮； 2.检查自动、手动控制装置，并效用试验
1.1.18	MD-106-079-000	扫气泵	H： 1.活塞式扫气泵：检查活塞、活塞杆、缸套、进、排气阀有无裂纹、擦伤及过度磨损。测量活塞、活塞环、缸套、轴承间隙等并记录； 2.旋转式扫气泵：检查泵壳、叶轮或齿轮、轴、轴承及其传动装置的部件有无裂纹、变形、过度磨损等
1.1.19	MD-107-029-000 GD-106-029-000	高压油泵	H： 1.拆检油泵壳体、弹簧有无裂纹、变形等缺陷； 2.检查柱塞、进、出油阀有无裂纹、磨痕、擦伤、蚀点、毛刺等缺陷； 3.定时校验
1.1.20	MD-109-051-000 GD-109-051-000	废气涡轮增压器	H： 1.检查壳体有无裂纹、冷却水腔结垢及腐蚀情况必要时测厚，壳体冷却腔以1.5倍工作压力液压试验(不少于0.4 MPa)； 2.吊出检查转子、叶片、导叶轮、扩散器有无裂纹，弯曲、变形、崩缺、腐蚀等缺陷。必要时做动平衡试验，提交报告； 3.检查轴承有无缺陷，按说明书更新轴承
1.1.21	MD-109-052-000 GD-109-052-000	空气冷却器	H： 1.检查管子、管板有无变形、损坏、积垢、腐蚀等情况； 2.清洗气腔及水腔； 3.换新防腐锌块； 4.冷却水侧以1.5倍工作压力液压试验
1.1.22		备件和备品	H1.检查船舶备件最低保有量
1.1.23	MD-103-058-000 GD-103-058-000	贯穿螺栓	H1.按说明书规定校核贯穿螺栓的预紧度

表 A.1（续）

PMS 编号	CWBT 代码	项目名称	工作内容
1.1.24	MD-104-021-000 GD-104-021-000	振动阻尼器 或减振器	H： 1.柔性底座，检查减振橡皮及弹簧是否损坏； 2.平衡块减振器，检查平衡块紧固性及螺栓； 3.液压弹簧式减振器，打开减振器两侧盖板，检查弹簧组件、定位限止销及油孔是否完好和畅通，并检查油质
1.1.25	MD-106-000-000	扫气箱和 安全装置	H： 1.打开扫气箱、清洁总管及箱体内部； 2.检查内部阀件，必要时修理或换备件； 3.检查应急灭火装置喷头的畅通性； 4.检查扫气箱防爆门和阀件的可靠性
1.1.26	MD-01-10-025-000	换向装置	H： 1.检查换向凸轮、换向阀、换向伺服器等部件； 2.按说明书规定的周期拆检有关部件和阀件等设备； 3.效用试验
1.1.27	MD-109-061-000	转车装置（盘车机）	H： 1.检查蜗轮、蜗杆的磨损情况； 2.检查转车机与连锁阀的可靠性； 3.检查电动机与转车机的联轴器； 4.效用试验
1.1.28	MD-110-000-000 GD-108-152-000	机带空气压缩机	机带泵为往复泵 H： 1.检查机带传动机构的可靠性； 2.检查往复泵的活塞、活塞杆、缸套、进气和排气（水、油）阀及弹簧有无裂纹、擦伤及过度磨损； 3.吊出活塞、连杆，测量轴承间隙并记录； 4.效用试验，并校验安全阀。 机带泵为旋转泵 H： 1.检查机带传动机构的可靠性； 2.检查外壳、叶轮或齿轮或蜗杆、轴承、轴、轴封及其部件有无裂纹、变形、过度磨损，必要时换新； 3.效用试验
1.1.29	MD-110-000-000	机带舱底水泵	
1.1.30	MD-110-000-000 GD-106-141-000	机带柴油增压泵	
1.1.31	MD-110-000-000 GD-106-141-000	机带燃油增压泵	
1.1.32	MD-110-000-000 GD-106-141-000	机带柴油输送泵	
1.1.33	MD-110-000-000 GD-106-141-000	机带燃油输送泵	
1.1.34	MD-110-000-000 GD-107-142-000	机带淡水泵	
1.1.35	MD-110-000-000 GD-107-142-000	机带淡水冷却泵	机带空气压缩机 H： 1.检查内容见 5.1
1.1.36	MD-110-000-000 GD-106-142-000	机带油头冷却泵	
1.1.37	MD-110-000-000	机带滑油泵	
1.1.38	MD-110-000-000	机带减速装置滑油泵	
1.1.39	MD-110-000-000	机带海水循环泵	
1.1.40	MD-110-000-000	机带海水冷却泵	

表 A.1(续)

PMS 编号	CWBT 代码	项目名称	工作内容
1.1.41	MD-110-000-000	机带淡水冷却器	H: 1. 清洁海水腔,更换防腐锌块,检查端盖垫片; 2. 清洗淡水腔; 3. 水压试验
1.1.42	MD-110-000-000	机带滑油冷却器	H: 1. 清洁海水腔,更换防腐锌块,检查端盖垫片; 2. 化学清洗油腔部分; 3. 水压试验
1.2	MD-110-000-200 GD-108-148-000	起动空气系统的部分管路	H: 1. 外观检查,无腐蚀、损坏、泄漏痕迹,必要时液压试验或测厚; 2. 拆卸起动空气系统部分阀件和管路作内部检验; 3. 校核起动空气总管安全阀(如有时),开启压力不超过1.1倍工作压力; 4. 检查密封性
1.3	MD-104-019-000 GD-104-019-000	曲轴	H: 1. 检查曲轴颈有无擦伤、蚀坑、机械损伤和磨损情况,圆角及油孔处有无裂纹; 2. 检查曲轴缸套或压力配合处有无松弛或位移; 3. 分段式曲轴检查法兰连接处及组装式曲轴平衡重块的紧固性是否可靠; 4. 测量曲轴轴颈并记录; 5. 测量曲轴臂距差并记录
2	MT-000-000-000	涡轮机	
2.1	MT-000-000-000	汽轮机	F1. 总体检查
2.1.1	MT-101-000-000	汽缸体及缸盖	H: 1. 拆开缸体、机座,检查其有无裂纹及其他缺陷; 2. 检查缸体与机座的连接紧密程度,螺栓有无断裂; 3. 检查汽缸接合面有无机械损伤、泄漏痕迹; 4. 检查上、下缸连接螺栓有无损伤或裂纹; 5. 测量汽缸隔板防止热膨胀的轴向间隙,并记录; 6. 检查隔板有无腐蚀、松脱、裂纹; 7. 检查汽封有无磨损、变形或泄漏
2.1.2	MT-103-310-000 MT-103-310-200 MT-103-310-300	转子、叶片	H: 1. 检查转子有无变形、松动及裂纹; 2. 检查工作轴颈,测量并记录; 3. 检查叶片有无裂纹或磨损等缺陷,酌情探伤; 4. 检查叶片有无松动、末叶片和锁块、拉筋、围带和叶片的紧固程度; 5. 检查转子安装情况,测量转子与隔板的轴向、径向间隙并记录

表 A.1(续)

PMS 编号	CWBT 代码	项目名称	工作内容
2.1.3	MT-103-171-000 MT-103-171-200 MT-103-171-300	弹性联轴器	H: 1. 检查连接情况,螺栓有无缺陷; 2. 对中情况; 3. 检查弹性元件有无裂纹、损伤
2.1.4	MT-107-000-000	冷凝器及抽气装置	H: 1. 检查管板、管口及端盖有无泄漏和腐蚀; 2. 在工作运转中检查效用情况
2.1.5	MT-102-000-000	主轴承、推力块及油封	H: 1. 检查轴承白合金及推力面; 2. 检查轴向和径向间隙,测量并记录; 3. 用桥规测量轴颈下沉量并记录; 4. 检查磨损、变形或泄漏
2.1.6[a]		蒸汽再热器	H: 1. 检查管板,管口、端盖有无泄漏和腐蚀; 2. 在工作运转中检查运转效用情况
2.1.7[a]	TS-105-153-000	蒸汽过热器	
2.1.8[a]		减热器	
2.1.9	MT-108-073-300	轴向位移保护	H: 1. 检查有无缺陷; 2. 效用试验,并记录
2.1.10	MT-108-073-000	超速保护	H1. 同 2.1.9
2.1.11	MT-108-070-200 MT-108-070-300	正、倒车操纵机构及主控制阀	H: 1. 检查连接情况及有无缺陷; 2. 效用试验并记录
2.1.12	MT-107-148-000	锅炉至汽轮机之间的主蒸汽管	H: 1. 检查部分管子内部腐蚀情况; 2. 对有怀疑管子测量壁厚并记录,或 2 倍工作压力的水压试验
2.2	MG-100-000-000	燃气轮机	F1. 总体检查
2.2.1	MG-101-000-000	轮子、叶轮和叶片	H1. 参见 2.1.2 有关内容
2.2.2	MG-102-000-000	空气压缩机机壳	H1. 参见 2.1.1 有关内容
2.2.3	MG-103-000-000	燃烧室	H1. 检查有无裂纹、腐蚀、结碳等缺陷

表 A.1（续）

PMS 编号	CWBT 代码	项目名称	工作内容
2.2.4	MG-104-000-000	燃烧器	H： 1. 检查有无裂纹、腐蚀等缺陷； 2. 检查喷嘴、喷油孔的情况
2.2.5	MG-105-000-000	中间冷却器	H1. 参见 2.1.4 有关内容
2.2.6	MG-106-000-000	热交换器	H1. 参见 2.1.6 有关内容
2.2.7	MG-107-000-000	起动和换向装置	H1. 参见 2.1.11 有关内容
3	PM-100-000-000	轴系	
3.1	PM-101-000-000	中间轴及轴承	F1. 轴系及轴承座外观总体检查，有无裂纹，紧固情况等。 H： 1. 打开上盖，检查轴颈磨损情况； 2. 测量轴颈的跳动量并记录； 3. 检查连接法兰螺栓的紧固情况； 4. 检查冷却水管的畅通情况； 5. 如经检查确认轴系对中情况良好，轴承下瓦可不盘出检查
3.2	PM-105-000-000	推力轴及轴承	F： 1. 检查轴承壳、密封及有无裂纹等情况； 2. 检查推力块白合金情况，有无磨损及松脱； 3. 检查滑油系统工作情况； 4. 检查冷却水工作情况； H1. 测量推力轴承间隙并记录
4	PM-000-000-000	推进操纵系统	
4.1	PM-104-000-000	减速、增速齿轮	F1. 齿轮箱整体外观检查，有无泄漏、裂纹及紧固情况； H： 1. 检查齿轮轴磨损情况，轴颈有无拉痕，测量轴颈跳动量并记录； 2. 检查各组大、小齿轮的啮合情况，齿根部有无裂纹； 3. 检查齿面磨损情况，测量间隙并记录； 4. 检查润滑油系统情况

表 A.1（续）

PMS 编号	CWBT 代码	项目名称	工作内容
4.2	PM-103-000-000	离合器	F1.检查外部情况，有无泄漏，底脚螺栓紧固等； H： 1.检查项目按说明书要求进行； 2.进行效用试验
5		重要辅助机械	
5.1	AS-102-000-000 AS-103-000-000 AS-203-000-000	主空压机 副空压机 附属安全装置	F1.整体外观检查，有无泄漏及运转情况； H： 1.拆卸缸头，检查阀孔、水孔的情况； 2.检查冷却水腔结垢及锈蚀情况； 3.检查曲轴颈及轴承的磨损情况，测量并记录； 4.测量各级缸套并记录； 5.润滑情况及安全阀效用试验； 6.中间冷却器端盖打开，检查冷却管路及密封情况
5.2	SE-508-000-000	应急空压机及气瓶	F1.检查外观锈蚀等情况； H： 1.应急空压机效用试验； 2.应急小气瓶出口阀及泄水阀气密试验； 3.安全阀校验
5.3		重要的泵及电动机	各种泵均应按说明书要求解体检查
5.3.1	BW-102-142-000 BW-102-301-000	主海水泵及电动机	F1.检查泵组的外观整体及法兰联接情况，底座牢固情况； H： 1.检查泵轴轴封处的磨损情况及泄漏； 2.检查叶轮的腐蚀及动平衡情况； 3.测量叶轮与泵壳的间隙并记录； 4.检查叶片、齿面的磨损及测量间隙并记录； 5.检查轴封装置磨损情况； 6.检查轴承的磨损情况； 7.组装后进行实效试验。 按泵不同类型重点检查： 离心泵 H： 1.检查吸入管路锈蚀情况及自吸能力； 2.检查叶轮、叶片的空泡腐蚀情况
5.3.2	BW-104-142-000 BW-104-301-000	停泊海水泵及电动机	
5.3.3	FW-203-000-000	主机淡水泵及电动机	
5.3.4	FW-207-000-000	停泊淡水泵及电动机	
5.3.5	TS-605-000-000	锅炉给水泵及电动机	
5.3.6	TS-306-000-000	锅炉循环水泵及电动机	
5.3.7	TS-404-000-000	废气锅炉循环水泵及电动机	
5.3.8	OS-502-000-000	锅炉燃油泵及电动机	
5.3.9	OS-302-000-000	主机燃油泵及电动机	

表 A.1（续）

PMS 编号	CWBT 代码	项目名称	工作内容
5.3.10	OS-303-302-000	主机燃油增压泵及电动机	齿轮泵 H： 1. 测量齿轮平面与泵壳端盖的间隙并记录。 往复泵 H： 1. 检查活塞环的磨损及环的开口； 2. 测量泵缸的尺寸并记录。 螺杆泵 H： 1. 注意运转时的噪声及平稳性； 2. 检查旁通—安全阀可靠性。 滑板泵(滑片泵)H： 1. 测量滑片在滑槽中的间隙并记录； 2. 测量滑片的端面间隙并记录。 对各种泵的驱动电动机应检查 H： 1. 测量电动机绝缘电阻并记录； 2. 视情况及检修周期，对球轴承或滚珠子轴承调换并记录； 3. 组装后进行实效试验。 对各种喷射泵 H： 1. 检查喷嘴孔的磨损； 2. 检查扩压管的冲刷及腐蚀情况； 3. 进行实效试验。 对左述 36 种泵和电动机每年均应进行外观整体检查
5.3.11	LO-302-000-000	主机滑油泵及电动机	
5.3.12	LO-304-000-000	主机凸轮轴油泵及电动机	
5.3.13	SE-101-000-000	消防泵及电动机	
5.3.14	SE-05-01-000-000	应急消防泵及驱动设备	
5.3.15	BW-202-000-000	压载泵及电动机	
5.3.16	KP-102-142-000 KP-102-301-000	舱底泵及电动机	
5.3.17	BW-203-000-000	平衡泵及电动机	
5.3.18	BW-204-000-000	通用泵及电动机	
5.3.19	FW-402-000-000	造水机海水泵及电动机	
5.3.20	FW-405-000-000	造水机凝水泵及电动机	
5.3.21	OS-102-141-000 OS-102-301-000	燃油驳运泵及电动机	
5.3.22	OS-104-141-000	柴油驳运泵及电动机	
5.3.23	KP-104-141-000 KP-104-301-000	渣油泵及电动机	
5.3.24	FW-302-000-000	日用淡水泵及电动机	
5.3.25	FW-303-000-000	热水循环泵及电动机	
5.3.26	BW-402-000-000	卫生水泵及电动机	
5.3.27	FW-502-000-000	饮用水泵及电动机	
5.3.28	FW-205-142-000 FW-205-301-000	主机油头水泵及电动机	
5.3.29	FW-204-142-100 FW-204-301-100	主机活塞水泵及电动机	
5.3.30	FW-302-142-000 FW-302-301-000	淡水驳运泵及电动机	
5.3.31	FW-403-000-000	造水机真空泵组	
5.3.32	FW-404-000-000	造水机盐水泵及电动机	
5.3.33		空气抽逐器	
5.3.34		给水喷射泵	
5.3.35	BS-202-146-000	舱底水喷射泵	
5.3.36		其他各种机带泵	

表 A.1（续）

PMS 编号	CWBT 代码	项目名称	工作内容
5.3.37	DO-202-619-000 DO-202-313-000	燃料油分油机及电动机	H： 1.分油机解体，检查各部件； 2.检查立轴有无弯曲及磨损情况； 3.检查轴承磨损情况及间隙； 4.检查涡轮、蜗杆的啮合情况及齿的磨损情况； 5.测量电动机绝缘电阻、酌情调换球轴承和滚子轴承并记录； 6.组装后进行效用试验
5.3.38	OS-204-151-000 OS-204-301-000	柴油分油机及电动机	
5.3.39	LO-202-000-000	滑油分油机及电动机	
6		空气瓶及各种压力容器和附件	
6.1	AS-104-155-000 AS-104-156-000 AS-105-156-000 AS-104-078-000 AS-105-078-000	主、辅空气瓶、工作空气瓶及其安全阀等附件	F1.进行外观整体检查。 H： 1.打开大、小人孔门进行内部清洁； 2.检查气瓶内部锈蚀情况； 3.检查各种阀件的气密情况； 4.检查安全阀； 5.对空气瓶有疑问时可进行1.3倍的工作压力液压试验
6.2	FW-300-000-000 BW-401-147-000 FW-500-000-000	淡水压力柜 卫生水柜(海水压力柜) 饮水压力柜	F1.外观整体检查。 H： 1.打开人孔进行内部清洗； 2.检查内部锈蚀情况，必要时水压试验； 3.实效试验自动控制设备
7	PM-400-000-000	主、辅操舵装置及其附属设备和控制系统	F1.总体外观检查，效用试验。 H： 1.检查主操舵装置的各部分实效动作是否灵活、可靠； 2.检查辅操舵装置动作是否灵活、可靠； 3.各种形式的主操舵系统转换是否正确灵活。主、辅操舵转换是否迅速； 4.检查操舵控制系统各设备动作是否灵活、可靠； 5.反馈装置、舵角提示器等是否准确； 6.驾驶室、舵机室之间通信联系是否顺畅； 7.控制系统各种报警装置是否完好； 8.测量电动机绝缘电阻，酌情调换球轴承和滚子轴承并记录； 9.检查舵机各部件实际运转情况
8	DO-201-000-000	锚机	

表 A.1（续）

PMS 编号	CWBT 代码	项目名称	工作内容
8.1	DO-201-313-000 DO-201-628-000 DO-201-304-000 DO-201-070-000 DO-201-608-000	锚机原动机部分 驱动部分 控制设备 操纵设备 制动装置	F1. 外观检查锚机并作效用试验。 H： 1. 检查锚机齿轮、链轮、轴承、刹车带（片）等情况； 2. 检查液压缸、转子、叶片、轴承及密封装置等； 3. 检查锚机底座紧固情况； 4. 蒸汽锚机：检查汽缸、活塞及活塞环、曲轴、轴承等情况，并记录； 5. 检查各管路阀件及安全阀等； 6. 测量电动机绝缘电阻，检查球轴承和滚子轴承情况
9	KP-101-000-000	舱底污水管子、滤器、污水井吸口、污油管子	F： 1. 效用试验； 2. 污水井外观检查。 H： 1. 效用试验； 2. 检查吸口滤网和泥箱的清洁情况； 3. 机舱应急舱底水吸口操纵阀动作试验
10	BW-201-000-000 BW-205-313-000	压载水管子、阀件及压载水操纵系统	F1. 效用试验。 H： 1. 效用试验； 2. 遥控阀操纵试验
11	OS-301-150-000 OS-401-150-000 LO-301-150-000 LO-401-150-000 等	燃油、滑油、冷却水、锅炉水的压力滤器、加热器、冷却器、各式滤器	H： 1. 解体，清洗，检查滤网、密封及管路等； 2. 管式加热器或冷却器：打开端盖清洗内部，冷却器外都可采用化学清洗。检查管板铆接处水密封情况及管内冲蚀情况； 3. 板式加热器或冷却器，打开压板，刷洗板片，检查腐蚀情况及密封边条情况； 4. 组装后，外观检查及效用试验
12	MD-100-000-000	主机试车	F1. 在工作状态下，进行操纵试验，包括正车、倒车、换向试验，记录主机主要运行参数。 H1. 在工作状态下，进行操纵试验，包括正车、倒车、换向试验，记录主机各运行参数及热工参数；并应进行启动失败后的重复启动试验；三次启动失败及错向（如设有时），应能发出声光报警，并阻塞启动功能
13		其他	
13.1	HS-600-000-000	与舱体结构分离的燃油舱柜	H： 1. 检查内部结构； 2. 检查加热管情况； 3. 检修后水压试验

表 A.1（续）

PMS 编号	CWBT 代码	项目名称	工作内容
13.2	SE-102-000-000 SE-103-000-000 SE-104-000-000 SE-200-000-000	固定式灭火系统（泡沫灭火、CO_2、卤化物、干粉）	F： 1. 检查管路系统、控制系统、标志和操作说明； 2. 检查站室通风、照明、通信、仪表等； 3. 外观检查灭火剂容器及阀件等； 4. 测量灭火剂存量，管路顺通性试验，每 2 年作 1 次； 5. 对油舱柜速闭阀进行动作试验
13.3	HS-400-000-000	机、炉舱脱险通道	F： 1. 检查脱险通道畅通性，特别是出口处不能加锁； 2. 检查机、炉舱出口处自闭装置是否有效
13.4	TS-200-172-000	蒸汽锅炉、热油加热器、受压容器，包括它们的安全装置	F： 1. 进行外部检验； 2. 校验安全阀
14		油船附加要求	
14.1	CG-700-000-000	泵舱内的货油泵：舱底泵、扫舱泵、专用压载泵	F： 1. 货油泵、舱底泵、扫舱泵、专用压载泵进行总体检查； 2. 检查货油泵、舱底泵、扫舱泵、专用压载泵的底座，检查垫片、紧固螺栓的可靠性，座板的腐蚀，定位销的情况
14.1.1	CG-702-141-000 CG-703-141-000 CG-704-141-000	货油泵	H： 1. 拆检货油泵及其原动机，检查各部件有无明显腐蚀、变形、磨损，测量各部件间隙并记录； 2. 检查轴封情况，有无泄漏； 3. 校中轴系中心线，并记录； 4. 原动机自控系统及报警系统功能试验及各参数记录； 5. 应急切断、遥控切断动作试验
14.1.2	CG-702-141-000 CG-703-141-000 CG-704-141-000	扫舱泵	H： 1. 拆检扫舱泵及原动机，检查各部件工作情况，测量间隙并记录； 2. 检查轴封情况，有无泄漏； 3. 应急切断，遥控切断动作试验
14.1.3	BW-202-000-000	专用压载泵	H1. 拆检专用压载泵，检查各部件工作情况，测量间隙并记录
14.1.4	KP-102-000-000	舱底泵	H1. 拆检舱底泵，检查各部件工作情况，测量间隙并记录。应急切断、遥控切断动作试验
14.1.5	CG-705-014-000	泵传动密封装置	H1. 拆检贯穿舱壁的泵轴传动密封装置，并试验
14.1.6	CG-701-000-000	管系、附件	H1. 拆检货油泵管系及管系附件、压载泵管系及管系附件，液压试验并记录

表 A.1（续）

PMS 编号	CWBT 代码	项目名称	工作内容
14.2	HS-302-000-000	货油舱透气系统	F1.货油舱、污油水舱的透气系统(包括呼吸阀)进行总体检查。 H: 1.拆检部分货油舱透气管; 2.拆检货油舱呼吸阀,压力校验,检查防火网; 3.拆检没有 IGS 的货油舱高速透气阀、压力校验、检查防火网
14.3	CG-708-506-000	原油洗舱机 洗舱加热器	F: 1.原油洗舱系统进行外部检查; 2.洗舱加热系统进行外部检查
14.3.1	CG-708-506-000	原油洗舱机	H1.拆检原油洗舱机及动作试验
14.3.2	CG-708-153-000	洗舱加热器	H: 1.拆检洗舱加热器,检查管板腐蚀程度,检查锌板,管子及液压试验; 2.拆检试验洗舱加热器安全阀,温度自控系统试验,水位自控系统试验; 3.检查隔离加热器与原油洗舱管系的阀或其他机构
14.4	CG-701-153-000	货油加热系统	H: 1.检查货油加热系统及附件(管路安全阀、减压阀、压力自动调节阀及调节器等); 2.部分货油加热管作内部检查、测厚、液压试验并记录; 3.检查货油舱内加热管固定情况
14.5	CG-706-560-000	货油泵舱通风系统	F1.货油泵舱通风系统进行总体检查。 H: 1.拆检货油泵舱通风机; 2.拆检货油泵舱通风机贯穿舱壁的轴传动密封装置并试验; 3.通风机应急切断及应急风口做实效试验; 4.通风风筒外观检查,检查风筒固定情况; 5.检查风机与泵舱照明联锁装置
14.6	CG-708-000-000	货油控制站有关仪表	F1.货油、压载控制站及有关设备进行总体检查。 H: 1.对货油、压载控制站有关仪表用比对法进行校核:如汽轮机进口蒸汽压力表,货油泵转速表,货油出口压力表,货油出口温度表;洗舱加热器海水出口温度表,压载泵出口压力表,液压泵站液压油出口压力表,控制站电压表、电流表、控制空气压力表等; 2.检查货油系统遥控阀及阀位指示器的液压油有无泄漏及阀位指示器是否准确; 3.作泵舱舱底水高位报警装置试验; 4.作可燃气体浓度的报警实效试验

表 A.1(续)

PMS 编号	CWBT 代码	项目名称	工作内容
14.7	SE-701-000-000	惰性气体系统	
14.7.1	SE-701-000-000	惰性气体系统	检查惰性气体系统 F: 1. 管路、部件作总体检查,如发现有较严重腐蚀、漏水、漏气等应作处理; 2. 对遥控操作,自动控制、吹灰器等尽可能作动作试验; 3. 对惰性气体系统重要报警点用模拟方法进行报警试验; 4. 校核氧量表
14.7.1.1	SE-702-315-000	惰性气体系统的监控装置	H: 1. 用标准 N_2 检查氧量表精度; 2. 检查声光报警器、主控制板及区域控制板的工作情况; 3. 检查主要报警点参数及安全装置: a. 惰性气体总管内气体含氧量过高; b. 惰性气体总管内气体压力过低; c. 甲板水封供水压力过低; d. 惰性气体总管内气体温度过高; e. 洗涤塔供水压力过低; f. 校核可携式氧分仪的精度; g. 检查与货油泵出口压力参数的连锁功能
14.7.1.2	SE-702-307-000	惰性气体系统的自动控制	H: 1. 在不同报警等级下,检查自动控制调节阀的动作及延时时间,并记录; 2. 检查系统自动控制质量性能参数(惰性气体出口压力给定值、测量值)、反应灵敏度、准确性
14.7.1.3	SE-701-709-000 SE-701-710-000 SE-701-711-000	惰性气体发生器、洗涤塔、风机、甲板水封	H: 1. 拆检惰性气体发生器、作实效试验; 2. 拆检洗涤塔,检查喷头、滤网、壳体、防护层、泄放水管; 3. 拆检风机,检查叶轮、轴、外壳,检查风机轴封,与备用风机作转换试验; 4. 拆检甲板水封,检查内部涂料、壳体、挡板、泄放水管畅通性以及舷外排出阀工作状态; 5. 拆检压力真空破断器,检查内部腐蚀情况
14.7.1.4	SE-701-142-000	冷却水泵	H: 1. 拆检洗涤塔冷却泵,测量间隙并记录,与备用泵作转换试验; 2. 拆检甲板水封泵,测量间隙并记录,与备用泵作转换试验
15	ES-000-000-000	电气部分	

表 A.1（续）

PMS编号	CWBT代码	项目名称	工作内容
15.1	SE-000-000-000	应急设备	
15.1.1	SE-305-305-000 SE-304-000-000	通用报警系统 灭火剂施放报警系统	F1.进行效用试验,检查每只开关、按钮、警铃的工况 H1.进行效用试验,检查每只开关、按钮、警铃的工况,对试验、修理、更换等详细情况作记录
15.1.2	SE-301-000-000	探火及失火报警系统	F1.对居住区、机舱等探火及失火报警系统,货舱烟气探测系统及可燃气体监测系统(如设有时)进行效用试验。 H1.对探火及失火报警系统进行模拟试验;抽试的火灾探测器数量应不小于总量的5%,其中应包括锅炉处所、分油机处所及集控室中的火灾探测器,记录各处试验情况,对修理、更换部件等作详细记录
15.1.3	SE-101-166-000	灭火自动喷水装置(如设有时)	F1.进行控制系统效用试验。 H1.系统进行效用试验,记录试验情况,对修理、更换部件等作详细记录
15.1.4	SE-507-000-000	风机和油泵应急切断装置	F1.按实际可行进行效用试验。 H1.各应急切断装置进行效用试验,并作试验、修理等记录
15.2	SE-502-000-000	应急电网	
15.2.1	SE-502-000-000	应急发电机组、应急蓄电池组	F: 1.应急发电机组:进行手动和自动(如设有时)启动及自动合闸供电试验,记录自动启动和自动合闸供电时间;如设有第二启动能源者,作3次手动启动试验; 2.应急蓄电池组:模拟主电源断电后,自动投入的放电试验。 H: 1.经拆检或修理的发电机组,在工作负荷状态下作运行试验,并作详细拆修记录及试验记录; 2.应急蓄电池组在额定工况下进行充放电试验,并作试验记录
15.2.2	SE-504-000-000	应急配电板及应急充放电板	F1.在运行状态下进行工况检查。 H: 1.测量各分路绝缘电阻; 2.进行配、供电实效试验,记录各仪表指示值及工况; 3.试验与主配电板和岸电开关之间的连锁功能(如设有时)
15.2.3	SE-502-325-000	应急照明、临时应急照明、附加应急照明(如设有时)	F: 1.测量各分路绝缘电阻; 2.效用试验:每灯能正常工作,并有清晰应急灯标志
15.3	ES-300-000-000	主电网	

表 A.1（续）

PMS 编号	CWBT 代码	项目名称	工作内容
15.3.1	ES-101-000-000	主发电机（主机驱动发电机组）	H： 1.发电机在工作负荷下作运行试验，检查其工况； 2.测量并记录各发电机定、转子间隙或拆检轴承，测量轴承下沉量； 3.对经过拆检或修理的发电机，在工作负荷下作单机和并机运行试验，检查原动机调速器及发电机负荷分配功能，并作详细试验记录
15.3.2	ES-300-000-000	主配电板及附件	H： 1.测量各分路绝缘电阻； 2.在运行状态下进行工况检查，记录各仪表指示值及工况； 3.试验岸电开关与各发电机主开关的联锁功能； 4.主要仪表按计量要求送检定
15.3.3	ES-303-000-000 SE-503-000-000	主电站保护系统 应急电站保护系统	H1.每台发电机的过载及延时保护、欠压保护、逆功率保护（或逆电流保护）、自动卸载保护等进行校验；保护整定值及延时时间作详细记录
15.3.4	GD-109-073-000	副柴油机的安全保护装置	H1.柴油机滑油进机压力过低、冷却淡水出口温度过高等保护功能进行检测并详细记录各保护动作值
15.4	SE-500-000-000	分电箱、电缆及其他	
15.4.1	ES-508-000-000	全船动力系统绝缘电阻	F1.检测各发电机、电动机等电气设备的绝缘电阻值处并记录。 对下列设备进行热态绝缘电阻测量并记录 H： 1.每台发电机、电动机、主照明变压器及应急照明变压器（如设有时）； 2.主配电板、应急配电板、应急蓄电池充放电板、动力分电箱； 3.上述第 2 项中各供电分路开关及其分路电缆； 4.各类电加热器
15.4.2	ES-504-000-000 至 ES-507-000-000	全船照明系统绝缘电阻	F1.检测各照明系统绝缘电阻并记录。 对下列设备进行热态绝缘电阻测量并记录 H： 1.各照明分电箱及供电分路开关及其分路电缆； 2.各航行灯、信号灯及防爆灯
15.4.3	ES-50X-335-000	电缆	F1.检查各处电缆有无损坏。 H1.对更换、新增电缆应符合现行规范要求，应提供电缆规格、载流量等详细数据
15.4.4	ES-50X-302-000	分电箱及附件	F1.检查各分电箱是否处于正常工况。 H1.检查各分路开关、内部接线、安全接地等，损坏、修理应作记录

表 A.1（续）

PMS 编号	CWBT 代码	项目名称	工作内容
15.4.5	NC-802-374-200 NC-801-374-100	航行灯、信号灯	F1. 航行灯及两路供电故障的报警进行实效试验并记录
15.4.6		各重要设备之电动机 （见机械部分各泵组）	F： 1. 各电动机应在正常工况下进行检查； 2. 舵机装置进行运转试验。 H1. 经拆检或修理的电动机在工作状态下作运行试验，并作详细的试验记录
15.4.7	NC-300-000-000	内部通信设施 （车钟、声力电话）	F： 1. 试验驾驶室与机舱或集控室之间所有通信设施（包括声力电话和车钟）； 2. 试验驾驶室至舵机舱之间的通信设施
15.4.8	PM-402-301-000 PM-403-301-000 PM-402-302-000 PM-403-302-000 PM-402-304-000 PM-403-304-000 PM-405-000-000 PM-406-331-000	舵机操舵装置 （电气） 主、副电动机 主、副电动机控制器 主、副电动机自动控设备 操纵部分 舵角指示器	F： 1. 主、辅操舵装置进行操舵试验并记录各参数（操舵时间、最大舵角等）； 2. 用实际舵角校核舵角指示器； 3. 应急操舵进行效用试验； 4. 两路电源供电作效用试验
15.4.9	RA-502-000-000 RA-404-000-400 TS-104-314-200 TS-204-314-200 TS-304-314-200 RA-406-000-600 RA-405-000-500	通风机组 货舱通风机 机舱通风机（包括辅机舱风机、分油机室风机） 锅炉强制通风机 泵舱风机 CO_2 室风机	F： 1. 各通风机组进行效用试验； 2. 通风机组应急切断作效用试验。 H1. 长期运转的风机其电动机在拆检、更换轴承及修理后应作运行试验，并有维修及运行参数记录
15.5	UA-000-000-000	具有 AUT-0、AUT-1、MCC 及 BRC 附加标志的船舶应增加的检验项目	
15.5.1	UA-100-000-000	主机遥控系统	F1. 主机遥控系统进行控制位置转换试验。 H： 1. 在驾驶室控制台，试验独立于自动化系统的主机应急停车按钮及主机越控按钮（如设有时）的功能； 2. 试验机舱集控台上的主机应急停车按钮及主机越控按钮（如设有时）的功能； 3. 进行驾驶室、机舱集控室、机旁操纵台之间的主机控制位置转换试验，并检查其声光报警及车钟传讯功能； 4. 试验主机遥控系统的动力源中断时，主机转速和转向能否保持在原来的工况

表 A.1（续）

PMS 编号	CWBT 代码	项目名称	工作内容
15.5.2	UA-200-000-000	电站自动控制系统	F1.电站自动控制系统进行效用试验。 H： 1.模拟运行中的发电机产生故障停车，检查处于备用状态的发电机组能否在规定的时间内自动起动和自动合闸供电； 2.恢复供电后，检查为主机及辅机服务的主要各泵、能否依次自动启动； 3.当有两台或两台以上发电机并联运行时，模拟其中1台发电机组产生故障停车，检查自动卸载装置的动作及处于备用状态的发电机组，能否在规定时间内自动起动、自动并车合闸及自动分配负载，上述各项试验均作试验记录
15.5.3	UA-300-000-000	锅炉自动控制系统	F1.锅炉自动控制系统进行效用试验。 H： 1.试验锅炉极限低水位、火焰故障、蒸汽压力过高等自动停炉的保护功能，并检查声光报警，记录试验经过及数据； 2.试验锅炉自动控制程序，特别是前扫气工况； 3.试验集控室内锅炉应急停炉按钮的功能
15.5.4	UA-501-000-000	主机安全保护装置	F1.模拟主机自动停车、自动减速工况，检查安全系统的保护功能。 H： 1.切断安全系统主电源，检查安全系统，应能自动转换至该系统独立的备用蓄电池组供电，并发出声光报警； 2.模拟试验主机滑油进口压力过低、冷却水温度过高，曲轴箱油雾浓度高等主机自动减速、自动停车功能，校核各传感器整定值，并作详细记录
15.5.5	UA-500-000-000	机舱警报系统	F1.警报系统进行效用试验，各声、光报警单元应能正常工作，在主机、发电机组、锅炉、主要辅助机械、机舱污水井高位、机舱火警等主要警报发生时，在故障打印记录装置上(如设有时)能正确打印、记录。 H： 1.切断报警系统主电源，检查警报系统能否自动转接至该系统独立的备用蓄电池组供电，并发出声光报警； 2.至少试验下列报警项目(可用模拟试验)： a.主机启动空气压力过低及主机第三次自动启动失败； b.主机滑油进机压力低及辅机滑油进机压力低； c.锅炉低水位故障； d.舵机失电、舵机交流断相等故障报警； e.机舱污水井高位及舱底水泵长期运转(或频繁起动)。 3.检查报警系统的延伸报警功能(如设有时)及报警在设定时间内未作回答，能否自动触发轮机员呼叫装置，并检查该报警能否在轮机员居住舱室清晰地听到

表 A.1（续）

PMS 编号	CWBT 代码	项目名称	工作内容
15.5.6	UA-703-000-000	状态监控设备 （如设有时）	F1. 状态监控设备进行效用试验。 H： 1. 船上保存状态监控设备的基准数据及各次测量数据； 2. 在设备拆检时，用基准数据来校核状态监控设备的测量数据，保证设备的可靠性； 3. 在状态监测技术的正确、可靠条件下受其监控的机电设备，其拆检、维修才可根据状态监控设备说明书的要求进行
15.5.7	LO-302-304-000 OS-302-304-000 OS-303-304-000 FW-202-304-100 FW-203-304-000 BW-102-304-000 FW-204-304-000 LO-303-304-000 FW-205-304-000 TS-605-304-000 OS-502-304-000	主要泵组自动切换 主机滑油泵 主机燃油泵 淡水冷却泵 海水冷却泵 活塞冷却泵 （单独设置时） 喷油器冷却泵 （单独设置时） 锅炉给水泵 锅炉燃油泵等	F1. 对主要泵组自动切换功能进行效用试验，记录各泵自动切换的整定值及调整、维修情况

注 1：F——每年确认检查项目。

注 2：MD——主柴油机发动机（主机）。

注 3：GD——为柴油机发电机组的原动机（副机）。

注 4：H——每个 PMS 检验周期内至少拆检一次的项目及部分系统的试验。

[a] 指不属于锅炉部分的热交换器。

ICS 91.100.30
Q 12

GB

中华人民共和国国家标准

GB 23439—2009

混凝土膨胀剂

Expansive agents for concrete

2009-03-28 发布　　　　2010-03-01 实施

中华人民共和国国家质量监督检验检疫总局
中国国家标准化管理委员会　发布

前　言

本标准表1中的限制膨胀率为强制性的，其余为推荐性的。

本标准的附录A为规范性附录，附录B、附录C和附录D为资料性附录。

本标准由中国建筑材料联合会提出。

本标准由全国水泥制品标准化技术委员会(SAC/TC197)归口。

本标准负责起草单位：中国建筑材料科学研究总院。

本标准参加起草单位：北京中岩特种材料公司、天津豹鸣股份有限公司、江苏博特新材料有限公司、山东省建筑科学研究院、深圳市陆基建材技术有限公司、重庆市江北特种建材有限公司、武汉三源特种建材有限责任公司、江门市中建科技开发有限公司、浙江合力新型建材有限公司、杭州力盾混凝土外加剂有限公司、山东省寿光市利飞混凝土外加剂有限公司。

本标准主要起草人：赵顺增、刘立、游宝坤、刘福全、刘加平、王勇威、董同刚、李光明、苑立东、徐奇威、丁小富、蔡九德、冯心礼。

本标准为首次发布。

本标准自实施之日起，原建材行业标准JC 476—2001《混凝土膨胀剂》同时废止。

混 凝 土 膨 胀 剂

1 范围

本标准规定了混凝土膨胀剂的术语和定义、分类、要求、试验方法、检验规则及包装、标志、运输和贮存。

本标准适用于硫铝酸钙类、氧化钙类与硫铝酸钙-氧化钙类粉状混凝土膨胀剂。

2 规范性引用文件

下列文件中的条款通过本标准的引用而成为本标准的条款。凡是注日期的引用文件,其随后所有的修改单(不包括勘误的内容)或修订版均不适用于本标准,然而,鼓励根据本标准达成协议的各方研究是否可使用这些文件的最新版本。凡是不注日期的引用文件,其最新版本适用于本标准。

GB/T 176 水泥化学分析方法

GB/T 700 碳素结构钢

GB/T 1345 水泥细度检验方法 筛析法

GB/T 1346 水泥标准稠度用水量、凝结时间、安定性检验方法

GB 1499.2 钢筋混凝土用钢 第2部分:热轧带肋钢筋

GB/T 4357 碳素弹簧钢丝

GB/T 6003.1 金属丝编织网试验筛

GB/T 8074 水泥比表面积测定方法 勃氏法

GB 8076 混凝土外加剂

GB/T 12573 水泥取样方法

GB/T 17671 水泥胶砂强度检验方法(ISO法)

GB/T 50081—2002 普通混凝土力学性能试验方法标准

JGJ 63 混凝土用水标准

3 术语和定义

下列术语和定义适用于本标准。

3.1

混凝土膨胀剂 expansive agents for concrete

与水泥、水拌和后经水化反应生成钙矾石、氢氧化钙或钙矾石和氢氧化钙,使混凝土产生体积膨胀的外加剂。

3.2

硫铝酸钙类混凝土膨胀剂 calcium sulphoaluminate hydrate expansive agent for concrete

与水泥、水拌和后经水化反应生成钙矾石的混凝土膨胀剂。

3.3

氧化钙类混凝土膨胀剂 calcium hydroxide expansive agent for concrete

与水泥、水拌和后经水化反应生成氢氧化钙的混凝土膨胀剂。

3.4

硫铝酸钙-氧化钙类混凝土膨胀剂 calcium sulphoaluminate hydrate-calcium hydroxide expansive agent for concrete

与水泥、水拌和后经水化反应生成钙矾石和氢氧化钙的混凝土膨胀剂。

4 分类

4.1 分类

4.1.1 混凝土膨胀剂按水化产物分为:硫铝酸钙类混凝土膨胀剂(代号 A)、氧化钙类混凝土膨胀剂(代号 C)和硫铝酸钙-氧化钙类混凝土膨胀剂(代号 AC)三类。

4.1.2 混凝土膨胀剂按限制膨胀率分为Ⅰ型和Ⅱ型。

4.2 标记

本标准涉及的所有混凝土膨胀剂产品名称标注为 EA,按下列顺序进行标记:产品名称、代号、型号、标准号。

示例:

Ⅰ型硫铝酸钙类混凝土膨胀剂的标记:EA A Ⅰ GB 23439—2009。

Ⅱ型氧化钙类混凝土膨胀剂:EA C Ⅱ GB 23439—2009。

Ⅱ型硫铝酸钙-氧化钙类混凝土膨胀剂:EA AC Ⅱ GB 23439—2009。

5 要求

5.1 化学成分

5.1.1 氧化镁

混凝土膨胀剂中的氧化镁含量应不大于 5%。

5.1.2 碱含量(选择性指标)

混凝土膨胀剂中的碱含量按 $Na_2O+0.658K_2O$ 计算值表示。若使用活性骨料,用户要求提供低碱混凝土膨胀剂时,混凝土膨胀剂中的碱含量应不大于 0.75%,或由供需双方协商确定。

5.2 物理性能

混凝土膨胀剂的物理性能指标应符合表 1 规定。

表 1 混凝土膨胀剂性能指标

项目			指标值	
			Ⅰ型	Ⅱ型
细度	比表面积/(m^2/kg)	≥	200	
	1.18 mm 筛筛余/%	≤	0.5	
凝结时间	初凝/min	≥	45	
	终凝/min	≤	600	
限制膨胀率/%	水中 7 d	≥	0.025	0.050
	空气中 21 d	≥	−0.020	−0.010
抗压强度/MPa	7 d	≥	20.0	
	28 d	≥	40.0	
注:本表中的限制膨胀率为强制性的,其余为推荐性的。				

6 试验方法

6.1 化学成分

氧化镁、碱含量按 GB/T 176 进行。

6.2 物理性能

6.2.1 试验材料

6.2.1.1 水泥

采用 GB 8076 规定的基准水泥。因故得不到基准水泥时，允许采用由熟料与二水石膏共同粉磨而成的强度等级为 42.5 MPa 的硅酸盐水泥，且熟料中 C_3A 含量 6%～8%，C_3S 含量 55%～60%，游离氧化钙含量不超过 1.2%，碱($Na_2O+0.658K_2O$)含量不超过 0.7%，水泥的比表面积(350±10)m^2/kg。

6.2.1.2 标准砂

符合 GB/T 17671 要求。

6.2.1.3 水

符合 JGJ 63 要求。

6.2.2 细度

比表面积测定按 GB/T 8074 的规定进行。1.18 mm 筛筛余测定采用 GB/T 6003.1 规定的金属筛，参照 GB/T 1345 中手工干筛法进行。

6.2.3 凝结时间

按 GB/T 1346 进行，膨胀剂内掺 10%。

6.2.4 限制膨胀率

按本标准附录 A 进行。

注 1：掺混凝土膨胀剂的混凝土单向限制膨胀性能试验方法参见附录 B。

注 2：掺混凝土膨胀剂的水泥浆体或混凝土膨胀性能快速试验方法参见附录 C。

6.2.5 抗压强度

按 GB/T 17671 进行。

注：掺膨胀剂的混凝土限制状态下的抗压强度试验方法参见附录 D。

每成型 3 条试体需称量的材料及用量如表 2。

表 2 抗压强度材料用量表

材 料	代 号	材料质量
水泥/g	C	405.0±2.0
膨胀剂/g	E	45.0±0.1
标准砂/g	S	1 350.0±5.0
拌和水/g	W	225.0±1.0
注：$\frac{E}{C+E}=0.10$；$\frac{S}{C+E}=3.00$；$\frac{W}{C+E}=0.50$。		

7 检验规则

7.1 检验分类

7.1.1 出厂检验

出厂检验项目为：细度、凝结时间、水中 7 d 的限制膨胀率、抗压强度。

7.1.2 型式检验

型式检验项目包括第 5 章规定的全部项目。有下列情况之一者，应进行型式检验：

a) 正常生产时，每半年至少进行一次检验；

b) 新产品或老产品转厂生产的试制定型鉴定；

c) 正式生产后，如材料、工艺有较大改变，可能影响产品性能时；

d) 产品长期停产后，恢复生产时；

e) 出厂检验结果与上次型式检验有较大差异时。

7.2 编号及取样

膨胀剂按同类型编号和取样。袋装和散装膨胀剂应分别进行编号和取样。膨胀剂出厂编号按生产能力规定：日产量超过 200 t 时，以不超过 200 t 为一编号；不足 200 t 时，以日产量为一编号。

每一编号为一取样单位，取样方法按 GB/T 12573 进行。取样应具有代表性，可连续取，也可从 20 个以上不同部位取等量样品，总量不小于 10 kg。

每一编号取得的试样应充分混匀，分为两等份：一份为检验样，一份为封存样，密封保存 180 d。

7.3 判定规则

试验结果符合第五章全部要求时，判该批产品合格；否则为不合格，不合格品不得出厂。

7.4 出厂检验报告

检验报告内容应包括出厂检验项目以及合同约定的其他技术要求。

生产者应在产品发出之日起 12 d 内寄发除 28 d 抗压强度检验结果以外的各项检验结果，32 d 内补报 28 d 强度检验结果。

8 包装、标志、运输与贮存

8.1 包装

产品可以袋装或散装。袋装时须用防潮的包装袋。袋装产品每袋净含量 50 kg，且不得少于标志含量的 98%。随机抽取 20 袋，产品总净含量不得少于 1 000 kg。其他包装形式由供需方协商确定。

8.2 标志

包装袋上应清楚标明：产品名称、商标、标记、出厂编号、包装日期、净含量、生产者名称及严防受潮等字样。

散装时应提交与袋装标志相同内容的卡片。

8.3 运输与贮存

产品在运输与贮存时，不得受潮和混入杂物，不同类型的产品应分别贮存，不得混杂。

产品自包装日期起计算，在符合标准的包装、运输、贮存的条件下贮存期为 180 d，过期应重新进行物理性能检验。

附 录 A
（规范性附录）
限制膨胀率试验方法

A.1 仪器

A.1.1 搅拌机、振动台、试模、及下料漏斗

按 GB/T 17671 规定。

A.1.2 测量仪

测量仪由千分表、支架和标准杆组成(图 A.1)，千分表的分辨率为 0.001 mm。

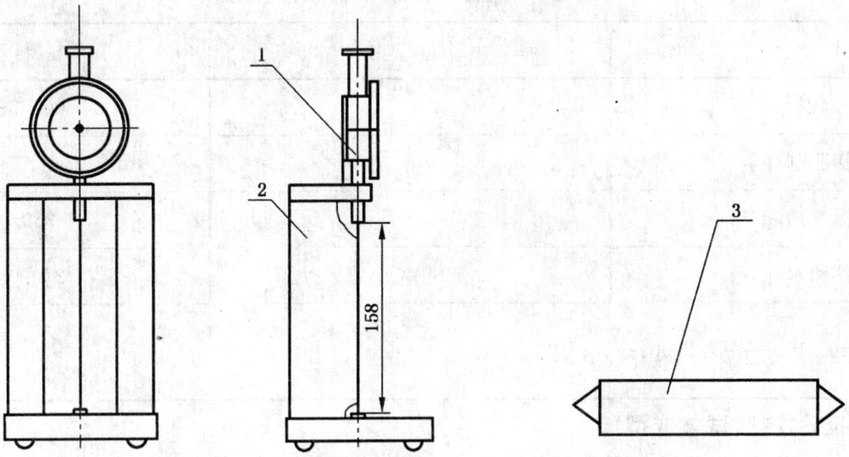

1——电子千分表；
2——支架；
3——标准杆。

图 A.1 测量仪

A.1.3 纵向限制器

A.1.3.1 纵向限制器由纵向钢丝与钢板焊接制成(图 A.2)。

A.1.3.2 钢丝采用 GB/T 4357 规定的 D 级弹簧钢丝，铜焊处拉脱强度不低于 785 MPa。

A.1.3.3 纵向限制器不应变形，生产检验使用次数不应超过 5 次，仲裁检验不应超过 1 次。

单位为毫米

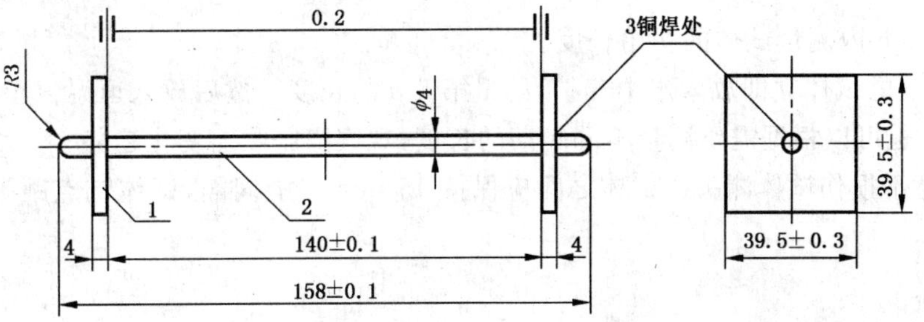

1——钢板；
2——钢丝；
3——铜焊处。

图 A.2 纵向限制器

A.2 试验室温度、湿度

A.2.1 试验室、养护箱、养护水的温度、湿度应符合 GB/T 17671 的规定。

A.2.2 恒温恒湿(箱)室温度为(20±2)℃,湿度为(60±5)%。

A.2.3 每日应检查、记录温度、湿度变化情况。

A.3 试体制备

A.3.1 试验材料

见本标准 7.2.1。

A.3.2 水泥胶砂配合比

每成型 3 条试体需称量的材料和用量如表 A.1。

表 A.1 限制膨胀率材料用量表

材　　料	代　　号	材料质量
水泥/g	C	607.5±2.0
膨胀剂/g	E	67.5±0.2
标准砂/g	S	1 350.0±5.0
拌和水/g	W	270.0±1.0
注:$\frac{E}{C+E}=0.10$;$\frac{S}{C+E}=2.00$;$\frac{W}{C+E}=0.40$。		

A.3.3 水泥胶砂搅拌、试体成型

按 GB/T 17671 规定进行。同一条件有 3 条试体供测长用,试体全长 158 mm,其中胶砂部分尺寸为 40 mm×40 mm×140 mm。

A.3.4 试体脱模

脱模时间以 A.3.2 规定配比试体的抗压强度达到(10±2)MPa 时的时间确定。

A.4 试体测长

测量前 3 h,将测量仪、标准杆放在标准试验室内,用标准杆校正测量仪并调整千分表零点。测量前,将试体及测量仪测头擦净。每次测量时,试体记有标志的一面与测量仪的相对位置必须一致,纵向限制器测头与测量仪测头应正确接触,读数应精确至 0.001 mm。不同龄期的试体应在规定时间±1 h 内测量。

试体脱模后在 1 h 内测量试体的初始长度。

测量完初始长度的试体立即放入水中养护,测量第 7 d 的长度。然后放入恒温恒湿(箱)室养护,测量第 21 d 的长度。也可以根据需要测量不同龄期的长度,观察膨胀收缩变化趋势。

养护时,应注意不损伤试体测头。试体之间应保持 15 mm 以上间隔,试体支点距限制钢板两端约 30 mm。

A.5 结果计算

各龄期限制膨胀率按式(A.1)计算:

$$\varepsilon = \frac{L_1 - L}{L_0} \times 100 \qquad \cdots\cdots(\text{A.1})$$

式中：

ε——所测龄期的限制膨胀率，%；

L_1——所测龄期的试体长度测量值，单位为毫米(mm)；

L——试体的初始长度测量值，单位为毫米(mm)；

L_0——试体的基准长度，140 mm。

取相近的2个试件测定值的平均值作为限制膨胀率的测量结果，计算值精确至0.001%。

附 录 B
（资料性附录）
掺膨胀剂的混凝土限制膨胀和收缩试验方法

B.1 本方法适用于测定掺膨胀剂混凝土的限制膨胀率及限制干缩率。

B.2 仪器

B.2.1 测量仪

测量仪由千分表、支架和标准杆组成(图 B.1)，千分表分辨率为 0.001 mm。

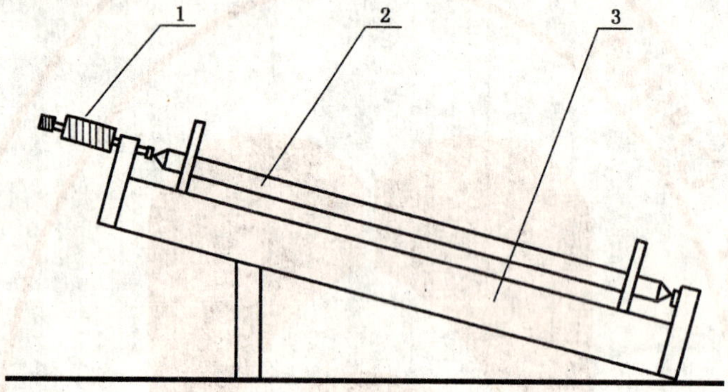

1——电子千分表；
2——标准杆；
3——支架。

图 B.1 测量仪

B.2.2 纵向限制器

a) 纵向限制器由纵向限制钢筋与钢板焊接制成(图 B.2)。

单位为毫米

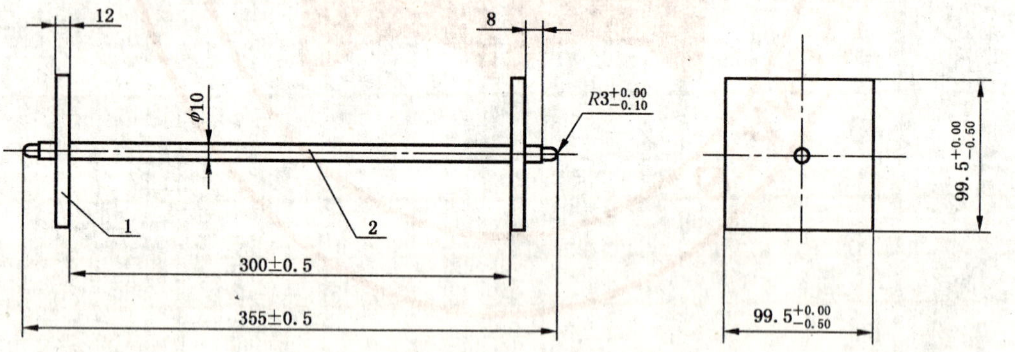

1——端板；
2——钢筋。

图 B.2 纵向限制器

b) 纵向限制钢筋采用 GB 1499.2 中规定的钢筋，直径 10 mm，横截面面积 78.54 mm^2。钢筋两侧焊 12 mm 厚的钢板，材质符合 GB/T 700 技术要求，钢筋两端点各 7.5 mm 范围内为黄铜或不锈钢，测头呈球面状，半径为 3 mm。钢板与钢筋焊接处的焊接强度，不应低于 260 MPa。

c) 纵向限制器不应变形，一般检验可重复使用 3 次。

d) 该纵向限制器的配筋率为 0.79%。

B.3 试验室温度

B.3.1 用于混凝土试体成型和测量的试验室的温度为(20±2)℃。

B.3.2 用于养护混凝土试体的恒温水槽的温度为(20±2)℃。恒温恒湿室温度为(20±2)℃,湿度为(60±5)%。

B.3.3 每日应检查、记录温度变化情况。

B.4 试体制作

用于成型试体的模型宽度和高度均为 100 mm,长度大于 360 mm。

同一条件有 3 条试体供测长用,试体全长 355 mm,其中混凝土部分尺寸为 100 mm×100 mm×300 mm。

首先把纵向限制器具放入试模中,然后将混凝土 1 次装入试模,把试模放在振动台上振动至表面呈现水泥浆,不泛气泡为止,刮去多余的混凝土并抹平;然后把试件置于温度为(20±2)℃的标准养护室内养护,试件表面用塑料布或湿布覆盖,防止水分蒸发。

当混凝土抗压强度达到(3～5)MPa 时拆模(一般为成型后 12 h～16 h)。

B.5 试体测长和养护

B.5.1 试体测长

测长前的准备和操作方法按照 A.5.1 进行,测量完初始长度的试体立即放入恒温水槽中养护,在规定龄期进行测长。测长的龄期从成型日算起,一般测量 3 d、7 d 和 14 d 的长度变化。14 d 后,将试体移入恒温恒湿室中养护,分别测量空气中 28 d、42 d 的长度变化。也可根据需要安排测量龄期。

B.5.2 试体养护

养护时,应注意不损伤试体测头。试体之间应保持 25 mm 以上间隔,试体支点距限制钢板两端约 70 mm。

B.6 结果计算

长度变化率按式(B.1)计算:

$$\varepsilon = \frac{L_1 - L}{L_0} \times 100 \qquad \cdots\cdots\cdots\cdots(B.1)$$

式中:

ε——所测龄期的长度变化率,%;

L_1——所测龄期的试体长度测量值,单位为毫米(mm);

L——初始长度测量值,单位为毫米(mm);

L_0——试体的基准长度,300 mm。

取相近的 2 个试件测定值的平均值作为长度变化率的测量结果,计算值精确至 0.001%。

导入混凝土中的膨胀或收缩应力按式(B.2)计算:

$$\sigma = \mu \cdot E \cdot \varepsilon \qquad \cdots\cdots\cdots\cdots(B.2)$$

式中:

σ——膨胀或收缩应力,单位为兆帕(MPa);

μ——配筋率,%;

E——限制钢筋的弹性模量,取 2.0×10^5 MPa;

ε——所测龄期的长度变化率,%。

计算值精确至 0.01 MPa。

附 录 C
（资料性附录）
混凝土膨胀剂和掺膨胀剂的混凝土膨胀性能快速试验方法

C.1 本附录规定了在测定限制膨胀率之前，判断膨胀剂或混凝土是否有膨胀性能的快速简易试验方法，结果供用户参考。

C.2 本试验方法适用于定性判别混凝土膨胀剂或掺混凝土膨胀剂的混凝土的膨胀性能。

C.3 混凝土膨胀剂的膨胀性能快速试验方法

称取强度等级为 42.5 MPa 的普通硅酸盐水泥（1 350±5）g，受检混凝土膨胀剂（150±1）g，水（675±1）g，手工搅拌均匀。将搅拌好的水泥浆体用漏斗注满容积为 600 mL 的玻璃啤酒瓶，并盖好瓶口，观察玻璃瓶出现裂缝的时间。

C.4 掺混凝土膨胀剂的混凝土的膨胀性能快速试验方法

在现场取搅拌好的掺混凝土膨胀剂的混凝土，将约 400 mL 的混凝土装入容积为 500 mL 的玻璃烧杯中，用竹筷轻轻插捣密实，并用塑料薄膜封好烧杯口。待混凝土终凝后，揭开塑料薄膜，向烧杯中注满清水，再用塑料薄膜密封烧杯，观察玻璃烧杯出现裂缝的时间。

附 录 D
（资料性附录）
限制养护的膨胀混凝土的抗压强度试验方法

D.1 本附录规定了在近于三向模板限制状态下养护的膨胀混凝土的抗压强度检验方法。

D.2 试体尺寸及制作按照 GB/T 50081—2002 第 3 章、第 5 章进行，必须用钢制模型，装入混凝土之前，确认模型的挡块不松动。

D.3 养护和脱模应符合下列规定：

D.3.1 试体制作和养护的标准温度为(20±2)℃。如果在非标准温度条件下制作，应记录制作和养护温度。

D.3.2 试体带模在湿润状态下养护龄期不少于 7 d，为保持湿润状态，将试体置于水槽中，或置于空气中、在其表面覆盖湿布等，7 d 后可拆模进行标准养护，拆模时，模型破损或接缝处张开的试体，不能用于检验。

D.4 抗压强度检验按照 GB/T 50081—2002 第 6 章进行。

ICS 91.120.30
Q 17

中华人民共和国国家标准

GB 23440—2009

无机防水堵漏材料

Inorganic waterproof and leakage-preventing materials

2009-03-28 发布

2010-03-01 实施

中华人民共和国国家质量监督检验检疫总局
中国国家标准化管理委员会 发布

前 言

本标准第 5.2 条为强制性的，其余为推荐性的。

本标准由中国建筑材料联合会提出。

本标准由全国水泥制品标准化技术委员会(SAC/TC 197)归口。

本标准负责起草单位：苏州非金属矿工业设计研究院、建筑材料工业技术监督研究中心、中国建筑材料科学研究总院、苏州二建建筑集团有限公司。

本标准参加起草单位：北京市建筑材料科学研究总院、池州恒生科技发展有限公司、浙江兰溪新力顿建材有限公司、北京市霍尼防水科技集团、苏州市建筑科学研究院有限公司、深圳市新黑豹建材有限公司、北京金汤建筑防水材料有限公司、北京东海防腐防水工程技术开发有限责任公司、山东松山防水保温材料有限公司、大连细扬防水工程集团有限公司、长春邦嘉建材有限公司、杭州益生宜居建材科技有限公司、浙江科威建材有限公司、苏州特艺奥立克建材科技有限公司。

本标准主要起草人：沈春林、杨斌、褚建军、刘天存、干兆和、檀春丽、汪良美、卢坚、刘立、王惠明、王荣柱、朱炳光、高德才、李青云、樊细杨、鲍明立、俞锡贤、方兴中、邱钰明。

本标准为首次发布。

本标准实施之日起，JC 900—2002《无机防水堵漏材料》废止。

无机防水堵漏材料

1 范围

本标准规定了无机防水堵漏材料的术语和定义、分类、要求、试验方法、检验规则、包装、标志、运输与贮存。

本标准适用于建筑工程及土木工程防水、抗渗、堵漏用无机防水堵漏材料。

2 规范性引用文件

下列文件中的条款通过本标准的引用而成为本标准的条款。凡是注日期的引用文件，其随后所有的修改单(不包括勘误的内容)或修订版均不适用于本标准，然而，鼓励根据本标准达成协议的各方研究是否可使用这些文件的最新版本。凡是不注日期的引用文件，其最新版本适用于本标准。

GB 175—2007 通用硅酸盐水泥

GB/T 1346 水泥标准稠度用水量、凝结时间、安定性检验方法

GB/T 17671 水泥胶砂强度检验方法(ISO法)

GBJ 82 普通混凝土长期性能和耐久性能试验方法

JC/T 985—2005 地面用水泥基自流平砂浆

3 术语和定义

下列术语和定义适用于本标准。

无机防水堵漏材料 inorganic waterproof and leakage-preventing materials

以水泥为主要组分，掺入添加剂经一定工艺加工制成的用于防水、抗渗、堵漏用粉状无机材料。代号为FD。

4 分类

4.1 分类

产品根据凝结时间和用途分为缓凝型(Ⅰ型)和速凝型(Ⅱ型)：

a) 缓凝型(Ⅰ型)主要用于潮湿基层上的防水抗渗；

b) 速凝型(Ⅱ型)主要用于渗漏或涌水基体上的防水堵漏。

4.2 标记

产品按下列顺序标记：代号、类别、标准号。

示例：缓凝型无机防水堵漏材料标记为：FD Ⅰ GB 23440—2009

5 要求

5.1 外观

产品外观为色泽均匀、无杂质、无结块的粉末。

5.2 物理力学性能

产品物理力学性能应符合表1的要求。

表 1 物理力学性能

序号	项目		缓凝型(Ⅰ型)	速凝型(Ⅱ型)
1	凝结时间	初凝/min	≥10	≤5
		终凝/min	≤360	≤10
2	抗压强度/MPa	1 h	—	≥4.5
		3 d	≥13.0	≥15.0
3	抗折强度/MPa	1 h	—	≥1.5
		3 d	≥3.0	≥4.0
4	涂层抗渗压力/MPa(7 d)		≥0.4	—
	试件抗渗压力/MPa(7 d)		≥1.5	
5	粘结强度/MPa(7 d)		≥0.6	
6	耐热性(100 ℃,5 h)		无开裂、起皮、脱落	
7	冻融循环(20 次)		无开裂、起皮、脱落	

6 试验方法

6.1 试验条件

6.1.1 试验室试验条件为:温度(20±5)℃,相对湿度不低于(50±5)%。

6.1.2 养护条件为:温度(20±3)℃,相对湿度大于 90%。

6.1.3 养护水池条件为:温度(20±2)℃。

6.1.4 试验前样品及所用器具应按 6.1.1 条件下至少放置 24 h。

6.2 外观检查

目测。

6.3 凝结时间

按 GB/T 1346 进行,试样采用被检验的无机防水堵漏材料取代 GB/T 1346 中检验的水泥,同时采用生产厂推荐的加水量,速凝型材料搅拌时间为 20 s,缓凝型材料搅拌时间为 3 min。

6.4 抗压强度与抗折强度

按 GB/T 17671 规定的方法成型,缓凝型产品成型时称取样品 2 000 g,按生产厂推荐的加水量加水,每次成型 40 mm×40 mm×160 mm 试件一组三条。速凝型产品每次称取样品 1 000 g,按生产厂推荐的加水量加水,每次成型 40 mm×40 mm×160 mm 二组试件共六条。脱模时间Ⅰ型成型(24±2)h 后脱模,Ⅱ型成型后 1 h 内脱模。脱模后按 6.1.2 养护,测定相应龄期的抗压与抗折强度。试验结果的评定按照 GB/T 17671 进行。

6.5 抗渗压力

6.5.1 涂层抗渗压力

6.5.1.1 基准砂浆试块的制备

用标准砂和符合 GB 175—2007 的 42.5 级普通硅酸盐水泥配料,称取水泥 350 g、标准砂 1 350 g 搅匀后加入水 350 mL,将上述物料在水泥砂浆搅拌机中搅拌 3 min 后装入上口直径为 70 mm,下口径为 80 mm,高为 30 mm 的截头圆锥带底金属抗渗试模成型,振动台上振动 20 s,5 min 后用刮刀刮去多余的料浆、抹平。成型试件数量为 12 个(其中六个成型时采用加垫层或刮平的方法在相应的迎水面或背水面使试块厚度减少 2 mm 左右)。先按 6.1.2 养护(24±2)h 后脱模,再按 6.1.3 养护。如产品用于迎水面或背水面不明确时,按迎水面和背水面各成三个试件;否则按背水面或迎水面成型六个试件。

6.5.1.2 基准砂浆试件抗渗压力

取按6.5.1.1制备的六个已养护至14 d基准砂浆试件。取出待表面干燥后，用密封材料密封装入渗透仪中进行透水试验。水压从0.2 MPa开始，恒压2 h，增至0.3 MPa，以后每隔1 h增加水压0.1 MPa。当六个试件中有三个试件端面呈现渗水现象时，即可停止试验，记下当时的水压值。当六个试件中四个未出现渗水的最大压力值，为基准砂浆试件抗渗压力(P_0)。若加压至0.5 MPa，恒压1 h还未透水，应停止试验，须调整水泥或调整水灰比，使透水压力在0.5 MPa内。

6.5.1.3 涂层试件的制备

取按6.5.1.1制备的另六个已养护至7 d基准砂浆试块。然后称取样品1 000 g，按生产厂推荐的加水量加水，用净浆搅拌机搅拌3 min，用刮板分别在三个试件的迎水面和三个试件的背水面上，分两层刮压料浆，刮压每层料的操作时间不应超过5 min。刮料时要稍用力并来回几次使其密实，不产生气泡，同时注意搭接，第二层须待第一层硬化后(手指轻压不留指纹)再涂刮，第二层涂刮前涂层要保持湿润，涂层总厚度约2 mm，先按6.1.2保湿养护(24±2)h，再按6.1.3养护至规定龄期。

6.5.1.4 涂层加基准砂浆试件抗渗压力

按6.5.1.3制备的试件养护至7 d龄期，取出，将涂层冲洗干净，风干表面，按6.5.1.2的方法进行抗渗试验。

若加压至1.5 MPa，恒压1 h还未透水，应停止升压。涂层加基准砂浆试件抗渗压力为每组六个试件中四个未出现渗水时的最大水压力。

6.5.1.5 涂层抗渗压力计算

涂层抗渗压力按式(1)计算，计算结果精确到0.1 MPa。

$$P = P_1 - P_0 \qquad \cdots\cdots(1)$$

式中：

P——涂层抗渗压力，单位为兆帕(MPa)；

P_0——基准砂浆试件的抗渗压力，单位为兆帕(MPa)；

P_1——涂层加基准砂浆试件的抗渗压力，单位为兆帕(MPa)。

6.5.2 试件抗渗压力

6.5.2.1 试件制备

按6.4配料，拌匀后一次装满抗渗试模，在振动台上振动成型，缓凝型振动2 min，速凝型振动20 s，刮掉多余的浆料，抹平。制备试件六个。先按6.1.2保湿养护(24±2)h，再按6.1.3养护至规定龄期。

6.5.2.2 试验步骤

试件养护至龄期7 d龄期，按6.5.1.2、6.5.1.4的进行试验，以每组六个试件中四个未出现渗水的最大压力值为试件抗渗压力。

6.6 粘结强度

采用符合JC/T 985—2005中6.3规定的混凝土板、6.4.5规定的拉伸粘结强度成型框。混凝土板按6.1.3条件浸水24 h取出，擦去表面水渍后按JC/T 985—2005的6.8进行试验。

6.7 耐热性

6.7.1 试件制备

用标准砂和符合GB 175—2007的42.5级的普通硅酸盐水泥，按质量比为水泥：砂：水=1：2：0.4配料，按GB/T 17671规定的砂浆搅拌机，搅拌3 min后装入40 mm×160 mm×10 mm试模中，成型试件三个，先按6.1.2养护24 h后脱膜，再按6.1.3养护至规定龄期。将养护至7 d的试件取出。称取样品1 000 g，按生产厂推荐的加水量加水，按GB/T 17671规定的净浆搅拌机搅拌，缓凝型搅拌3 min，速凝型搅拌20 s。用刮板分两层将料浆刮压在试件基面上，刮料时要稍用力来回几次使其密实，同时注意搭接，第二层涂刮时第一层要保持湿润，涂层总厚度约2 mm，在养护室中保湿养护24 h，置于标准温度水中养护至规定龄期。

6.7.2 试验步骤

将 6.7.1 制备的试件养护至 7 d 龄期，取出三个，置沸水煮 5 h，取出试件观察三个试件涂层有无开裂、起皮、脱落等现象。

6.7.3 结果判定

三个试件涂层均无开裂、起皮、脱落为合格。

6.8 冻融循环性能

6.8.1 试验步骤

将 6.7.1 制备的试件养护至 7 d 龄期，取出三个。按 GBJ 82 规定的方法进行试验，－15 ℃冻 4 h，20 ℃水融 4 h，20 次。

6.8.2 结果判定

三个试件涂层均无开裂、起皮、脱落为合格。

7 检验规则

7.1 检验分类

按检验类型分出厂检验和型式检验。

7.1.1 出厂检验

出厂检验项目包括：外观、凝结时间、涂层和试件抗渗压力、粘结强度。

7.1.2 型式检验

型式检验项目包括：本标准第 5 章中规定的全部项目。有下列情况之一时，需进行型式检验：

a) 正常生产时，每年检验一次；

b) 新产品的试制定型鉴定；

c) 停产半年以上恢复生产时；

d) 配方、生产工艺或原材料有较大改变；

e) 出厂检验与上次型式检验有较大差异。

7.2 组批

连续生产同一类别产品，30 t 为一批，不足 30 t 也按一批计。

7.3 抽样

在每批产品中随机抽取。5 kg(含)以上包装的，不少于三个包装中抽取样品；少于 5 kg 包装的，不少于十个包装中抽取样品。将所取样品充分混合均匀。样品总质量 10 kg。将样品分为二份，一份为检验样品，一份为备用样品。

7.4 判定规则

7.4.1 外观

试样符合外观要求，判为外观合格。若试样不符合外观要求，则判该批产品不合格。

7.4.2 物理力学性能

在外观检验合格的基础上，进行物理力学性能试验。若所有试验结果均符合本标准第 5 章要求时，则判该批产品合格。仅有一项试验结果不符合标准要求，允许采用备用样对所检项目全部复检，若试验结果符合标准要求，则判定该批为合格。复检若仍有项目不符合标准要求，则判定该批产品为不合格。

8 包装、标志、运输与贮存

8.1 包装

产品用塑料桶或塑料袋包装，净质量误差不大于 1%。每个包装中应附产品合格证和使用说明。产品使用说明应写明配比、推荐用水量、施工注意事项等内容。

8.2 标志

包装物上应有标志标明产品名称、标记、商标、型号、净质量、生产日期、生产批号、生产单位及地址、防潮标记、贮存期。

8.3 运输与贮存

8.3.1 产品按一般运输方式运输，运输途中要防止雨淋、包装损坏。贮存时严格防潮。

8.3.2 在正常贮存、运输条件下，产品贮存期自生产日起6个月。

ICS 91.120.30
Q 17

中华人民共和国国家标准

GB 23441—2009

自粘聚合物改性沥青防水卷材

Self-adhering polymer modified bituminous waterproof sheet

2009-03-28 发布 2010-03-01 实施

中华人民共和国国家质量监督检验检疫总局
中国国家标准化管理委员会 发布

前　言

本标准的4.3条为强制性的，其余为推荐性的。

本标准对应于ASTM D1970—2001《用于坡屋面垫层防冰坝的自粘聚合物改性沥青防水卷材》，本标准与ASTM D1970—2001的一致性程度为非等效。

本标准由中国建筑材料联合会提出。

本标准由全国轻质与装饰装修建筑材料标准化技术委员会(SAC/TC 195)归口。

本标准负责起草单位：建筑材料工业技术监督研究中心、中国化学建筑材料公司苏州防水材料研究设计所、中国建筑防水材料工业协会。

本标准参加起草单位：上海湿克威建筑防水材料有限公司、上海北蔡防水材料有限公司、武汉美利信新型建材有限公司、格雷斯中国有限公司、盘锦禹王防水建材集团有限公司、北京东方雨虹防水技术股份有限公司、广东科顺化工实业有限公司、深圳市卓宝科技股份有限公司、日本田岛绿福株式会社、苏州市姑苏新型建材有限公司、索普瑞玛(上海)建材贸易有限公司、山东汇源建材集团有限公司、北京市建国伟业防水材料有限公司、温州市长城防水材料厂、徐州卧牛山新型防水材料有限公司、盘锦市大禹防水建材有限公司、北京中建友建筑材料有限公司、北京世纪洪雨防水技术有限责任公司、盘锦六合防水材料有限公司、上海台安工程实业有限公司、潍坊市宏源防水材料有限公司、潍坊市宇虹防水材料(集团)有限公司、成都赛特防水材料有限责任公司、杰斯曼(上海)无纺布有限公司、广西金雨伞防水装饰有限公司、山东鑫达鲁鑫防水材料有限公司、山东金禹王防水材料有限公司、唐山德生防水材料有限公司、潍坊市泽源防水材料有限公司、潍坊正大防水材料有限公司、潍坊市正泰防水材料有限公司、寿光市兴腾防水材料有限公司、沈阳星辰化工有限公司、兰溪市天信新型建材有限公司、宁波市成隆装饰防水材料有限公司。

本标准主要起草人：杨斌、朱志远、朱冬青、邹先华、陈伟忠、李鑫全、李坤全、詹福民、丁红梅、于年旭、段文锋、陈斌、郑家玉、徐秋生。

本标准为首次发布。

本标准自实施之日起，JC 840—1999《自粘橡胶沥青防水卷材》、JC 898—2002《自粘聚合物改性沥青聚酯胎防水卷材》废止。

自粘聚合物改性沥青防水卷材

1 范围

本标准规定了自粘聚合物改性沥青防水卷材(简称自粘卷材)的分类、要求、试验方法、检验规则、标志、包装、运输与贮存。

本标准适用于以自粘聚合物改性沥青为基料,非外露使用的无胎基或采用聚酯胎基增强的本体自粘防水卷材。

本标准不适用于仅表面覆以自粘层的聚合物改性沥青防水卷材。

2 规范性引用文件

下列文件中的条款通过本标准的引用而成为本标准的条款。凡是注日期的引用文件,其随后所有的修改单(不包括勘误的内容)或修订版均不适用于本标准,然而,鼓励根据本标准达成协议的各方研究是否可使用这些文件的最新版本。凡是不注日期的引用文件,其最新版本适用于本标准。

GB/T 328.2—2007　建筑防水卷材试验方法　第2部分:沥青防水卷材　外观

GB/T 328.8—2007　建筑防水卷材试验方法　第8部分:沥青防水卷材　拉伸性能

GB/T 328.9—2007　建筑防水卷材试验方法　第9部分:高分子防水卷材　拉伸性能

GB/T 328.10—2007　建筑防水卷材试验方法　第10部分:沥青和高分子防水卷材　不透水性

GB/T 328.11—2007　建筑防水卷材试验方法　第11部分:沥青防水卷材　耐热性

GB/T 328.14—2007　建筑防水卷材试验方法　第14部分:沥青防水卷材　低温柔性

GB/T 328.18—2007　建筑防水卷材试验方法　第18部分:沥青防水卷材　撕裂性能(钉杆法)

GB/T 328.20—2007　建筑防水卷材试验方法　第20部分:沥青防水卷材　接缝剥离强度

GB/T 328.26—2007　建筑防水卷材试验方法　第26部分:沥青防水卷材　可溶物含量(浸涂材料含量)

3 分类

3.1 类型

产品按有无胎基增强分为无胎基(N类)、聚酯胎基(PY类)。

N类按上表面材料分为聚乙烯膜(PE)、聚酯膜(PET)、无膜双面自粘(D)。

PY类按上表面材料分为聚乙烯膜(PE)、细砂(S)、无膜双面自粘(D)。

产品按性能分为Ⅰ型和Ⅱ型,卷材厚度为2.0 mm的PY类只有Ⅰ型。

3.2 规格

3.2.1 卷材公称宽度为1 000 mm、2 000 mm。

3.2.2 卷材公称面积为10 m^2、15 m^2、20 m^2、30 m^2。

3.2.3 卷材的厚度为:

—— N类:1.2 mm、1.5 mm、2.0 mm;

—— PY类:2.0 mm、3.0 mm、4.0 mm。

3.2.4 其他规格可由供需双方商定。

3.3 标记

按产品名称、类、型、上表面材料、厚度、面积、本标准编号顺序标记。

示例:20 m^2、2.0 mm聚乙烯膜面Ⅰ型N类　自粘聚合物改性沥青防水卷材标记为:

自粘卷材 N Ⅰ PE 2.0 20 GB 23441—2009。

4 要求

4.1 面积、单位面积质量、厚度

4.1.1 面积不小于产品面积标记值的99%。

4.1.2 N类单位面积质量、厚度应符合表1规定。

4.1.3 PY类单位面积质量、厚度应符合表2规定。

4.1.4 由供需双方商定的规格，厚度N类不得小于1.2 mm，PY类不得小于2.0 mm。

表1 N类单位面积质量、厚度

厚度规格/mm		1.2	1.5	2.0
上表面材料		PE、PET、D	PE、PET、D	PE、PET、D
单位面积质量/(kg/m²) ≥		1.2	1.5	2.0
厚度/mm	平均值 ≥	1.2	1.5	2.0
	最小单值	1.0	1.3	1.7

表2 PY类单位面积质量、厚度

厚度规格/mm		2.0		3.0		4.0	
上表面材料		PE、D	S	PE、D	S	PE、D	S
单位面积质量/(kg/m²) ≥		2.1	2.2	3.1	3.2	4.1	4.2
厚度/mm	平均值 ≥	2.0		3.0		4.0	
	最小单值	1.8		2.7		3.7	

4.2 外观

4.2.1 成卷卷材应卷紧卷齐，端面里进外出不得超过20 mm。

4.2.2 成卷卷材在4 ℃～45 ℃任一产品温度下展开，在距卷芯1 000 mm长度外不应有裂纹或长度10 mm以上的粘结。

4.2.3 PY类产品，其胎基应浸透，不应有未被浸渍的浅色条纹。

4.2.4 卷材表面应平整，不允许有孔洞、结块、气泡、缺边和裂口，上表面为细砂的，细砂应均匀一致并紧密地粘附于卷材表面。

4.2.5 每卷卷材接头不应超过一个，较短的一段长度不应少于1 000 mm，接头应剪切整齐，并加长150 mm。

4.3 物理力学性能

4.3.1 N类卷材物理力学性能应符合表3规定。

4.3.2 PY类卷材物理力学性能应符合表4规定。

表3 N类卷材物理力学性能

序号	项目		指标				
			PE		PET		D
			Ⅰ	Ⅱ	Ⅰ	Ⅱ	
1	拉伸性能	拉力/(N/50 mm) ≥	150	200	150	200	—
		最大拉力时延伸率/% ≥	200		30		—
		沥青断裂延伸率/% ≥	250		150		450
		拉伸时现象	拉伸过程中，在膜断裂前无沥青涂盖层与膜分离现象				—

表 3（续）

序号	项目		指标				
			PE		PET		D
			Ⅰ	Ⅱ	Ⅰ	Ⅱ	
2	钉杆撕裂强度/N ≥		60	110	30	40	—
3	耐热性		70 ℃滑动不超过 2 mm				
4	低温柔性/℃		−20	−30	−20	−30	−20
			无裂纹				
5	不透水性		0.2 MPa，120 min 不透水				—
6	剥离强度/(N/mm) ≥	卷材与卷材	1.0				
		卷材与铝板	1.5				
7	钉杆水密性		通过				
8	渗油性/张数 ≤		2				
9	持粘性/min ≥		20				
10	热老化	拉力保持率/% ≥	80				
		最大拉力时延伸率/% ≥	200		30		400(沥青层断裂延伸率)
		低温柔性/℃	−18	−28	−18	−28	−18
			无裂纹				
		剥离强度卷材与铝板/(N/mm) ≥	1.5				
11	热稳定性	外观	无起鼓、皱褶、滑动、流淌				
		尺寸变化/% ≤	2				

表 4 PY 类卷材物理力学性能

序号	项目			指标	
				Ⅰ	Ⅱ
1	可溶物含量/(g/m²) ≥		2.0 mm	1 300	—
			3.0 mm	2 100	
			4.0 mm	2 900	
2	拉伸性能	拉力/(N/50 mm) ≥	2.0 mm	350	—
			3.0 mm	450	600
			4.0 mm	450	800
		最大拉力时延伸率/% ≥		30	40
3	耐热性			70 ℃无滑动、流淌、滴落	
4	低温柔性/℃			−20	−30
				无裂纹	
5	不透水性			0.3 MPa，120 min 不透水	

表 4（续）

序号	项目			指标	
				Ⅰ	Ⅱ
6	剥离强度/(N/mm) ≥	卷材与卷材		1.0	
		卷材与铝板		1.5	
7	钉杆水密性			通过	
8	渗油性/张数		≤	2	
9	持粘性/min		≥	15	
10	热老化	最大拉力时延伸率/%	≥	30	40
		低温柔性/℃		−18	−28
				无裂纹	
		剥离强度 卷材与铝板/(N/mm)	≥	1.5	
		尺寸稳定性/%	≤	1.5	1.0
11	自粘沥青再剥离强度/(N/mm)		≥	1.5	

5 试验方法

5.1 试件制备

试样在(23±2)℃放置 24 h 后进行裁取，每组试件在卷材宽度方向均匀分布裁样，避开卷材边缘 100 mm 以上。

N 类卷材试件尺寸与数量见表 5，PY 类卷材试件尺寸与数量见表 6。

表 5 N 类卷材试件尺寸与数量

序号	项目		尺寸(纵向×横向)/mm	数量/个
1	拉伸性能		100×25	纵横向各 5
2	钉杆撕裂强度		100×200	横向 5
3	耐热性		100×50	3
4	低温柔性		150×25	10
5	不透水性		150×150	3
6	剥离强度	卷材与卷材	50×150	10(5 个试件)
		卷材与铝板	250×50	5
7	钉杆水密性		300×300	2
8	渗油性		50×50	3
9	持粘性		150×50	5
10	热老化		250×250	3
11	热稳定性		300×300	1

表 6 PY 类卷材试件尺寸与数量

序号	项目		尺寸(纵向×横向)/mm	数量/个
1	可溶物含量		100×100	3
2	拉伸性能		(250～300)×50	纵横向各 5
3	耐热性		125×100	3
4	低温柔性		150×25	10
5	不透水性		150×150	3
6	剥离强度	卷材与卷材	50×150	10(5 个试件)
		卷材与铝板	250×50	5
7	钉杆水密性		300×300	2
8	渗油性		50×50	3
9	持粘性		150×50	5
10	热老化	延伸率	(250～300)×50	纵横向各 5
		低温柔性	150×25	10
		剥离强度　卷材与铝板	250×50	5
		尺寸稳定性	(250～300)×50	纵向 5
11	自粘沥青再剥离强度		250×50	5

5.2 面积

用最小分度值为 1 mm 的卷尺在卷材两端边缘约 100 mm 处和中部三处测量宽度和长度，面积以宽度平均值乘以长度平均值得到。若有接头，以量出的两段长度之和减去 150 mm 计算。

5.3 单位面积质量

用最小分度值为 0.2 kg 的磅秤称量每卷卷材的质量，称量不包括卷芯及防粘材料。根据 5.2 得到的面积，计算单位面积质量。

5.4 厚度

厚度用分度值为 0.01 mm、压力为(20±5)kPa、接触面直径为 10 mm 的厚度计测量，轻轻落下立即读数，测量时应保证卷材平整。将卷材沿宽度方向裁取 30 mm 宽的一条，在距卷材两端边缘 100 mm 外，向内沿卷材宽度方向均匀测量五点，以五点的平均值作为卷材的厚度，扣除防粘材料的厚度。S 类卷材应刷除表面的细砂后进行测量。

5.5 外观

按 GB/T 328.2—2007 进行目测观察。

5.6 可溶物含量

按 GB/T 328.26—2007 进行。

5.7 拉伸性能

5.7.1 N 类卷材

按 GB/T 328.9—2007 的 A 法进行试验，夹具间距 50 mm，记录最大拉力(N)与最大拉力时延伸率。沥青断裂延伸率为试件沥青层出现孔洞、裂口时的断裂延伸率(%)，观察并记录拉伸过程中膜断裂前有无沥青涂盖层与膜分离现象。取五个试件的平均值，拉力单位为 N/50 mm。

5.7.2 PY 类卷材

按 GB/T 328.8—2007 进行试验。

5.8 钉杆撕裂强度

按 GB/T 328.18—2007 进行试验。

5.9 耐热性

5.9.1 N 类卷材

耐热性试件粘在表面干净光洁的胶合板(三合板)上,用质量为 2 kg、宽度(50～60)mm 的压辊反复滚压三次,沿卷材下端在胶合板上做好标记,将试件纵向垂直悬挂在(70±2)℃的烘箱中 2 h,取出用精度不小于 0.5 mm 的量具测量试件下滑的距离。胶合板不应重复使用。

5.9.2 PY 类卷材

按 GB/T 328.11—2007 中 A 法进行,试验温度(70±2)℃。

5.10 低温柔性

按 GB/T 328.14—2007 进行试验。N 类产品弯曲轴直径为 20 mm;PY 类产品厚度为 2.0 mm、3.0 mm的弯曲轴直径为 30 mm;产品厚度为 4.0 mm 的弯曲轴直径为 50 mm。取纵向 10 个试件,五个试件上表面,五个试件下表面分别试验。每面五个试件中至少四个试件目测无裂纹为该面通过,上下两面都通过认为符合低温柔性要求。

5.11 不透水性

按 GB/T 328.10—2007 中 B 法进行试验。N 类卷材采用十字开缝板,PY 类采用七孔板,试验时间为 2 h,将防粘材料揭去,覆盖滤纸以防粘结。

5.12 剥离强度

5.12.1 卷材与卷材

在(23±2)℃条件下,按 GB/T 328.20—2007 进行试验。一个试件的下表面与另一个试件的上表面粘结,粘合面为 50 mm×75 mm,用质量为 2 kg、宽度(50～60)mm 的压辊反复滚压三次,粘合后放置 24 h。用最大力计算剥离强度,单位 N/mm,取五个试件结果的算术平均值作为试验结果。

细砂面卷材在留边处取样试验。

对于 N 类双面自粘卷材,一面采用聚酯膜增强后,进行试验。

5.12.2 卷材与铝板

在(23±2)℃条件下,参照 GB/T 328.20 将卷材试件粘在已用溶剂清洁的光滑铝板表面,粘合面为 50 mm×75 mm,用质量为 2 kg、宽度(50～60)mm 的压辊反复滚压三次,粘合后放置 24 h。铝板一端夹入夹具,将同一端的卷材弯折 180°夹入另一夹具进行试验。用最大力计算剥离强度,单位 N/mm,取五个试件结果的算术平均值作为试验结果。双面自粘产品两面分别进行试验。

对于 N 类双面自粘卷材,一面采用聚酯膜增强后,进行试验。

5.13 钉杆水密性

5.13.1 试件制备

在(23±2)℃条件下,去除试件的防粘材料,将卷材轻放在与卷材同样尺寸的胶合板(五合板)上,用质量为 2 kg、宽度(50～60)mm 的压辊反复滚压三次,使其与胶合板粘合。胶合板不应重复使用。

在胶合板下放两个木块作支撑,以便于将钉子钉入。将长(30±4)mm,直径(3.5～4)mm 的无翼镀锌无螺纹钉,从卷材表面钉入胶合板,钉入两颗钉子,位置在试件的中心附近,钉子之间相距(25～50)mm,将钉子钉入到钉帽与卷材表面平齐,然后从背面轻敲钉头使钉子升起,使钉帽与卷材表面距离 6 mm。

共制备两块试件。

5.13.2 试验步骤

将一直径(150～250)mm,高不小于 150 mm 的圆管居中放在水平放置的试件卷材表面上,然后用密封胶沿外边一圈密封在卷材上,放置 2 h 后,在沿内边一圈密封,然后在室温养护 24 h。

将其放在一个无盖且与圆管直径相近的干燥容器上,然后向上面的圆管中加蒸馏水,水位高度为

(130±3)mm，再将其移入(4±2)℃的冰箱中，放置 3 d。

5.13.3 **结果评定**

取出试件，观察下面的容器内、胶合板底部及钉子末梢有无水迹。倒掉圆管中的水并拭干，揭下卷材，观察卷材背面有无水迹。

两块试件都没有观察到水迹，认为试验通过，报告无渗水。

5.14 **渗油性**

将用于试验的试件下表面防粘材料去除，分别放在 5 层直径大于试件的中速定性滤纸上，滤纸下垫釉面砖，试件上面压 1 kg 的重物，然后将试件放入已调节到耐热性规定温度的烘箱中，水平放置 5 h±15 min，取出在(23±2)℃放置 1 h，检查渗油张数。

凡有污染痕迹的滤纸都算作渗出，以三个试件中最多的渗出张数作为结果。

5.15 **持粘性**

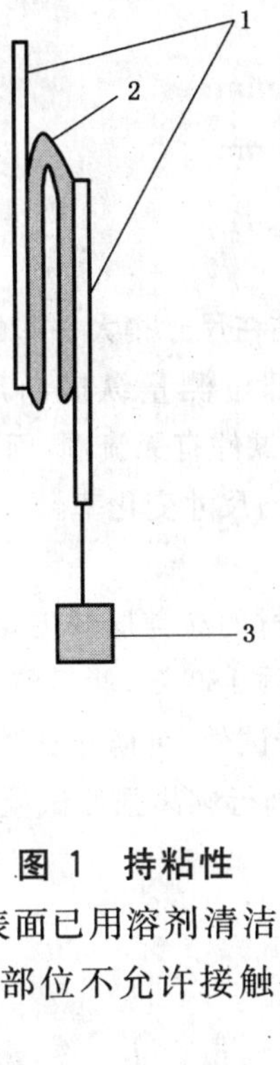

1——不锈钢板；

2——试件；

3——重物。

图 1 持粘性

在(23±2)℃条件下，将试件粘在两块表面已用溶剂清洁干净光滑的镜面不锈钢板上，上板的不锈钢板上的粘结面积(50×50)mm，试件粘贴部位不允许接触手和其它物体，然后用质量为 2 kg、宽度(50～60)mm的压辊反复滚压三次。

在(23±2)℃，将粘结好的试件放置 24 h 后，如图 1 所示方向垂直悬挂，在下板下端挂 1 kg 的重物(包括下板质量)，开始记录时间，记录试件从上板完全剥下所需时间，单位 min。取五个试件试验结果的平均值。若大于 60 min 未剥落，记录为大于 60 min。

对于 N 类双面自粘卷材，一面采用聚酯膜或聚酯胎基增强后，进行试验。双面自粘产品两面分别进行试验。

5.16 **热老化**

5.16.1 **N 类卷材**

将试件水平放入(70±2)℃烘箱中 7 d±2 h，取出在(23±2)℃放置 24 h 裁取试件。

拉伸性能按 5.7.1 测定，按式(1)计算拉力保持率。

$$R_t = (T_1/T) \times 100 \quad \cdots\cdots(1)$$

式中：

R_t——样品处理后拉力保持率，%；

T——样品处理前拉力平均值，单位为牛顿每 50 毫米(N/50 mm)；

T_1——样品处理后拉力平均值,单位为牛顿每 50 毫米(N/50 mm)。

低温柔性按 5.10 测定。

卷材与铝板的剥离强度按 5.12.2 测定。

5.16.2 **PY 类卷材**

将试件水平放入(70±2)℃烘箱中 7 d±2 h,取出在(23±2)℃放置 24 h。

拉伸性能按 5.7.2 测定。

低温柔性按 5.10 测定。

卷材与铝板的剥离强度按 5.12.2 测定。

量取尺寸稳定性试件加热前后的尺寸,按式(2)计算尺寸稳定性。

$$D = | L_2/L_1 - 1 | \times 100 \quad \cdots\cdots(2)$$

式中:

D——试件处理后尺寸变化率,%;

L_1——试件处理前长度,单位为毫米(mm);

L_2——试件处理后长度,单位为毫米(mm)。

试验结果取五个试件的算术平均值。

5.17 热稳定性

去除试件下表面的防粘材料,将试件粘在尺寸稍大一些的胶合板上,用质量为 2 kg、宽度(50～60)mm 的压辊反复滚压三次,在试件两端中间部位测量纵横向尺寸,然后将试件与水平面成 30 度角放入(70±2)℃烘箱中 24 h 后取出,观察并记录试件有无流淌、面膜滑动、中间起鼓现象,边缘的翘曲不计。测量试件纵向、横向尺寸,分别计算纵向和横向尺寸变化率。

5.18 自粘沥青再剥离强度

取一块自粘防水卷材,用热刮刀将卷材的涂盖层铲下,放入坩埚中,保证坩埚中的沥青有约 100 g,将坩埚放在电炉上加热至沥青融化,温度约 180 ℃,然后将沥青倒在防粘纸上刮平,厚度约 1.5 mm,立即用聚酯膜或聚酯胎基增强。共制备五个试件,为防止试件粘结可用硅油纸隔离。

在(23±2)℃放置 4 h 后,按 5.12.2 进行剥离强度试验。

6 检验规则

6.1 检验分类

按检验类型分为出厂检验和型式检验。

6.1.1 出厂检验

出厂检验项目包括:单位面积质量、厚度、面积、外观、拉力、最大拉力时延伸率、沥青断裂延伸率(N 类)、钉杆撕裂强度(N 类)、低温柔性、耐热性、卷材与铝板剥离强度、持粘性、自粘沥青再剥离强度(PY 类)。

6.1.2 型式检验

型式检验项目包括第 4 章要求的所有项目。在下列情况下进行型式检验:

a) 新产品投产或产品定型鉴定时;

b) 正常生产时,每年进行一次;

c) 原材料、工艺等发生较大变化,可能影响产品质量时;

d) 出厂检验结果与上次型式检验结果有较大差异时;

e) 产品停产 6 个月以上恢复生产时。

6.2 组批

以同一类型、同一规格 10 000 m^2 为一批,不足 10 000 m^2 亦作为一批。

6.3 抽样

在每批产品中随机抽取五卷进行面积、厚度、外观、单位面积质量检查。

在上述检查合格后，从中随机抽取一卷取至少 1.5 m^2 的试样进行物理力学性能检测。

6.4 判定规则

6.4.1 面积、单位面积质量、厚度、外观

面积、单位面积质量、厚度、外观均符合 4.1、4.2 规定时，判其面积、单位面积质量、厚度、外观合格。若其中有一项不符合规定，允许从该批产品中再随机抽取五卷样品，对不合格项进行复查。如全部达到标准规定时则判为合格；否则，判该批产品不合格。

6.4.2 物理力学性能

试验结果符合 4.3 规定，判该批产品物理力学性能合格。若其中仅有一项不符合标准规定，允许在该批产品中随机另抽一卷进行单项复测。若该项目符合标准规定，则判该批产品物理力学性能合格；否则，判该批产品不合格。

6.4.3 总判定

试验结果符合标准第 4 章全部要求时判该批产品合格。

7 标志、包装、运输与贮存

7.1 标志

产品外包装上应包括：

a) 产品名称；

b) 生产厂名、地址；

c) 商标；

d) 产品标记；

e) 生产日期或批号；

f) 检验合格标识；

g) 生产认可证号及其标志；

h) 运输与贮存注意事项。

7.2 包装

采用适于产品运输与贮存的方式包装。

7.3 运输与贮存

运输与贮存时，不同类型、规格的产品应分别堆放，不应混杂。避免日晒雨淋，注意通风。贮存温度不应高于 45 ℃，卷材平放贮存时码放高度不超过五层，立放贮存时单层堆放。

运输时防止倾斜或侧压，必要时加盖苫布。

在正常运输、贮存条件下，产品贮存期自生产之日起至少为一年。

ICS 83.120
Q 23

中华人民共和国国家标准

GB/T 23442—2009

聚丙烯腈基碳纤维原丝结构和形态的测定

Determination of structure and morphology for the precursors of polyacrylonitrile-based carbon fibers

2009-03-28 发布　　2010-01-01 实施

中华人民共和国国家质量监督检验检疫总局
中国国家标准化管理委员会　发布

前 言

本标准由中国建筑材料联合会提出。

本标准由全国纤维增强塑料标准化技术委员会(SAC/TC 39)归口。

本标准起草单位:中国科学院化学研究所、吉林大学、中国科技大学。

本标准起草人:唐亚林、徐坚、金熹高、刘芬、陈岗、闫寿科、李林、鲁非、沈德言、王春忠、黄祖飞。

本标准首次发布。

聚丙烯腈基碳纤维原丝结构和形态的测定

1 范围

本标准规定了聚丙烯腈(PAN)基碳纤维原丝结构和形态的测定。

本标准适用于测定聚丙烯腈(PAN)基碳纤维原丝(以下简称原丝)的平均分子量及分子量分布、共聚组成、立构规整性、晶区取向函数、表面元素组成、表面形貌及表面粗糙度、微孔洞缺陷、玻璃化转变温度、预氧化热效应和热失重。也适用于测定聚丙烯腈基碳纤维表面元素组成、表面形貌及表面粗糙度和微孔洞缺陷。

2 聚丙烯腈基碳纤维原丝分子量及分子量分布宽度指数的测定 凝胶渗透色谱法

2.1 方法概述

根据分子的尺寸大小,在色谱柱中的保留时间的长短,用示差折光检测器测出其淋出液的浓度,得到被测物质分子量从大到小分布的凝胶渗透色谱曲线。

根据已知分子量标样的淋出体积 V_e 与分子量 M 之间关系式及各参数的定义式分别计算出数均分子量、重均分子量以及分子量分布宽度指数等数值。

2.2 试剂和材料

2.2.1 N,N-二甲基甲酰胺(DMF),分析纯;

2.2.2 溴化锂(LiBr),分析纯;

2.2.3 有机溶剂过滤膜,孔径为 0.45 μm。

2.3 仪器和设备

2.3.1 凝胶渗透色谱仪:主要包括色谱柱、柱温箱、输液泵、进样装置、示差折光检测器测、计算机及相应数据处理软件;

2.3.2 分析天平:感量 0.1 mg;

2.3.3 样品瓶:玻璃材质,1 mL;

2.3.4 超声波清洗器;

2.3.5 注射器:不小于 1 μL。

2.4 试样制备

将溴化锂与 N,N-二甲基甲酰胺配制成 0.05 mol/L 的混合溶剂,用有机溶剂过滤膜在室温下过滤后备用。取原丝样品 3 mg～7 mg 放入上述溶剂中,配制成质量分数为 0.3%～0.7%的样品液,在 40 ℃～50 ℃下充分溶解样品,再用有机溶剂过滤膜过滤样品液置于样品瓶中。

2.5 操作步骤

2.5.1 将按 2.4 配制好的溶剂经超声脱泡处理后,倒入凝胶渗透色谱仪储剂瓶中,该溶剂流经色谱柱时的流速为 1.0 mL/min.,色谱柱的柱温为 50 ℃±5 ℃。

2.5.2 选用不少于 3 个已知重均分子量(分子量范围在 10^3～10^6 之间),窄分布(不大于 3)的聚丙烯腈样品作为标样,分别通过示差折光检测器得到其淋出体积浓度变化曲线,根据公式(1)及渐进拟合获得聚丙烯腈的标定曲线。用该标定曲线计算聚丙烯腈碳纤维原丝试样的分子量及分子量分布宽度指数。

$$\lg M = A - BV_e \qquad \cdots\cdots (1)$$

式中:

M——分子量;取整数;

V_e——淋出体积,单位为毫升(mL);

A——关系式中的截据值；

B——关系式中的斜率值。

2.5.3 用注射器取 20 μL～80 μL 过滤后的试样溶液注入凝胶渗透色谱仪进样口，用示差折光检测仪检测该样液淋出体积与各组分浓度的变化曲线，然后根据标定曲线和各计算公式对所测结果进行数据处理。

2.6 结果及计算

按公式(2)计算重均分子量$\overline{M}_w$，按公式(3)计算数均分子量$\overline{M}_n$，按公式(4)计算分子量分布宽度指数 D。

$$\overline{M}_w=\frac{\sum_i N_iM_i^2}{\sum_i N_iM_i}=\frac{\sum_i h_iM_i^2}{\sum_i h_i} \qquad (2)$$

$$\overline{M}_n=\frac{\sum_i N_iM_i}{\sum_i N_i}=\frac{\sum_i h_i}{\sum_i h_i/M_i} \qquad (3)$$

$$D=\frac{\overline{M}_w}{\overline{M}_n} \qquad (4)$$

式中：

$\overline{M}_w$——重均分子量，取整数；

$\overline{M}_n$——数均分子量，取整数；

D——分子量分布宽度指数；

N_i——N_i 个分子量；

M_i——N_i 个分子量为 M_i 的分子；

h_i——凝胶色谱曲线高度。

3 聚丙烯腈基碳纤维原丝的共聚组成的测定 红外光谱、质子-核磁共振法

3.1 方法原理

3.1.1 红外光谱法(IR)

以红外光谱上 2 243 cm^{-1} 聚丙烯腈的腈基伸缩振动为参照，各种共聚单体的特征红外吸收谱带如表 1 所示。根据这些谱带，可判断是否存在第二单体及单体的组成，并定量测定第二单体含量。

表 1 原丝共聚单体的特征吸收谱带

波数/cm^{-1}	IR 特征峰归属(基团/振动)
1 680	$CONH_2$(丙烯酰胺单元的伯酰胺伸缩振动)
1 740	$COOCH_3$(丙烯酸甲酯单元的羰基伸缩振动)
1 265,1 169	CO(丙烯甲酯单元的 CO 伸缩振动)
2 243	CN (丙烯腈的 CN 伸缩振动)

注：当谱图中存在 1 680 cm^{-1} 吸收时，注意判断此峰是否由残留溶剂 DMF 所致，如有，可反复用乙醇沉淀除去 DMF。

3.1.2 质子-核磁共振法(^{1}H-NMR)

由丙烯腈/丙烯酸甲酯(AN/MA)共聚物的^{1}H-NMR 谱中 CH_2-CH、OCH_3 共振峰确定共聚组成，并由峰强度之比计算 MA 含量。AN/MA 共聚物^{1}H-NMR 谱中各基团的化学位移见表 2。

表 2　AN/MA 共聚物[1]H-NMR 谱中各基团的化学位移

化学位移 ppm	归　属	质 子 数	积 分 值
2.10～2.12	$—CH_2$	2H	A
3.11～3.12	—CH	1H	B
3.75	$—OCH_3$	3H	C
注：ppm 为核磁共振化学位移单位；2.4 ppm，3.3 ppm 分别为 DMSO 和水的吸收峰。			

3.2　试剂和材料

3.2.1　甲苯，分析纯；

3.2.2　二甲基亚砜(DMSO)，分析纯；

3.2.3　氘代二甲基亚砜(DMSO-D6)，分析纯；

3.2.4　二次蒸馏水；

3.2.5　乙醇，分析纯。

3.3　仪器和设备

3.3.1　红外光谱仪：频率范围 400 cm^{-1}～4 000 cm^{-1}，分辨 4 cm^{-1}；

3.3.2　核磁共振仪：300 MHz 以上，质子探头；

3.3.3　核磁样品管：直径 5 mm；

3.3.4　分析天平：感量 0.1 mg；

3.3.5　脂肪抽提器：玻璃材质，50 mL；

3.3.6　红外灯：300 W；

3.3.7　真空干燥箱：室温～100 ℃，±2 ℃，真空度小于 100 Pa；

3.3.8　电热水浴：室温～100 ℃，控温精度±2 ℃；

3.3.9　锥形瓶：50 mL；

3.3.10　载玻片。

3.4　试样制备

3.4.1　样品纯化

取 5 g 原丝在脂肪抽提器中用甲苯萃取 12 h，以除去表面油剂；取出后用红外灯加热使甲苯挥发，再放入 60 ℃～80 ℃真空干燥箱中干燥 6 h，以除尽残余溶剂和水分备用。

3.4.2　红外光谱(IR)样品制备

取 5 mg 已除去油剂的原丝，放入锥形瓶，加少量二甲基亚砜(DMSO)，在 60 ℃～70 ℃电热水浴中加热，直至完全溶解。将此溶液滴在载玻片上，用红外灯加热干燥成膜，然后连同载玻片浸入蒸馏水中脱膜，并用水、乙醇多次洗涤样品膜，除去 DMSO，再次加热干燥，除尽溶剂。

3.4.3　质子-核磁共振法(^{1}H-NMR)样品制备

取少量已除去油剂的原丝溶于氘代二甲基亚砜(DMSO-D6)中，配制成质量分数为 5% 的溶液，加热使其完全溶解后，移入核磁样品管。

3.5　操作步骤

将按 3.4 准备的样品分别进行 IR 和[1]H-NMR 扫描，记录其谱图。

3.6　结果及计算

3.6.1　按表 1 的特征谱带，从 IR 谱判断是否存在丙烯酸甲酯(MA)或丙烯酰胺(AAm)第二单体。

3.6.2 按下述方法计算 MA 或 AAm 含量：

3.6.2.1 取(4～5)个不同比例 AN/AAm(或 AN/MA)共聚物标样制成厚度 3 μm～5 μm 的薄膜。在 400 cm^{-1}～4 000 cm^{-1} 范围内记录 IR 图，并测量特征谱带的吸光度 A。以 $A_{1\,680\,cm^{-1}}/A_{2\,243\,cm^{-1}}$（或 $A_{1\,740\,cm^{-1}}/A_{2\,243\,cm^{-1}}$）对 AAm%（或 MA%）作校正曲线，以此为标准即可求出未知样品中 AAm(或 MA)含量。

3.6.2.2 按酯甲基的化学位移(3.75 ppm)从 NMR 谱判断是否存在 MA 第二单体，并按公式(5)计算 MA 含量。

$$X_{MA}=\frac{C/3}{C/3+(A-2C/3)/2}\times 100\% \qquad \cdots\cdots(5)$$

式中：

X_{MA}——丙烯酸甲酯的摩尔分数，%；

A、C——积分值(见表 2)。

4 聚丙烯腈基碳纤维原丝中丙烯腈单元的立构规整度的测定 碳 13-核磁共振法

4.1 方法原理

4.1.1 三单元组序列分布

聚丙烯腈(PAN)及其共聚物分子链中，不同立构丙烯腈(AN)单元的连接方式，若以三单元组统计，有 mm(全同立构)，mr(杂同立构)和 rr(间同立构)三种序列。它们分别对应于碳 13 核磁共振(^{13}C-NMR)谱图上 27 ppm～28.5 ppm 主链叔碳原子三个分裂的共振峰。分别统计三个峰的积分值 I_i，三种序列相对量之和 $\sum I_{1\text{-}3}$。然后按归一化方法计算不同序列的相对含量。

4.1.2 五单元组序列分布

m 和 r 立构以五单元序列统计，可以有 mmmm，mmmr，rmmr，mmrm，mmrr ＋ rmrm，rmrr，mrrm，mrrr，rrrr 9 种，它们分别对应于^{13}C-NMR 谱上 119 ppm～121 ppm 腈基碳原子的 9 个分裂的共振峰，用 9 个峰的积分值归一化(9 种立构序列相对量之和为 1)，可计算它们的相对量。

4.2 试剂和材料

4.2.1 丙酮，分析纯；

4.2.2 甲醇，分析纯；

4.2.3 氘代二甲基亚砜(DMSO-D6)，分析纯。

4.3 仪器和设备

4.3.1 仪器

4.3.1.1 傅立叶数字化核磁共振谱仪：推荐使用 400 MHz 以上谱仪；

4.3.1.2 分析天平：感量 0.1 mg；

4.3.1.3 脂肪抽提器：玻璃材质，50 mL；

4.3.1.4 真空干燥箱：室温～100 ℃，±2 ℃，真空度小于 100 Pa。

4.3.2 仪器配件

4.3.2.1 ϕ10 mm BBO 宽带碳 13 探头，氮气保护系统的压力范围 0.4 MPa～0.8 MPa；

4.3.2.2 真空脱氧、氩气置换系统装置；

4.3.2.3 玻璃核磁样品管：10 mm。

4.4 试样制备

取少量原丝在丙酮中浸泡 24 h，然后在脂肪抽提器中用甲醇抽提 12 h。再放入 60 ℃真空干燥箱中干燥 24 h。称取 150 mg～250 mg 上述原丝置于 10 mm NMR 样品管中，注入 2.5 mL DMSO-d_6。管口拉成细颈，接在真空脱气装置上，经低温脱气和氩气置换，室温溶解反复操作 3 次以上，然后在真空下封管待用。

4.5 操作步骤

将4.4制备的样品放入核磁共振谱仪,温度设定120 ℃～150 ℃,谱宽200 ppm,^{1}H噪声全去耦,脉冲延迟时间8秒,累加次数10 000次～20 000次。待状态达到平稳后开始累加实验,随时监测FID信号及谱图,待S/N比达到要求后记录共振谱图,对各峰积分。

4.6 结果及计算

4.6.1 三单元组序列分布

分别统计主链叔碳原子27.2 ppm(mm)、27.8 ppm(mr)和28.3 ppm(rr)的3个共振峰面积I_i,其和记为$\sum I_{1\text{-}3}$,按公式(6)、公式(7)和公式(8)分别计算mm,mr,rr的相对含量(mol分数)。

$$[mm]=I_{mm}/\sum I_{1\text{-}3} \quad \cdots\cdots(6)$$

$$[mr]=I_{mr}/\sum I_{1\text{-}3} \quad \cdots\cdots(7)$$

$$[rr]=I_{rr}/\sum I_{1\text{-}3} \quad \cdots\cdots(8)$$

以上三项的加和为1。

4.6.2 五单元组序列分布

分别统计腈基碳原子在119 ppm～121 ppm的9个共振峰面积I_i,其和记为$\sum I_{1\text{-}9}$,按公式(9)至公式(17)分别计算每一种序列的相对含量(mol分数)。

$$[mmmm]=I_{mmmm}/\sum I_{1\text{-}9} \quad \cdots\cdots(9)$$

$$[mmmr]=I_{mmmr}/\sum I_{1\text{-}9} \quad \cdots\cdots(10)$$

$$[rmmr]=I_{rmmr}/\sum I_{1\text{-}9} \quad \cdots\cdots(11)$$

$$[mmrm]=I_{mmrm}/\sum I_{1\text{-}9} \quad \cdots\cdots(12)$$

$$[mmrr]+[rmrm]=I_{mmrr+rmrm}/\sum I_{1\text{-}9} \quad \cdots\cdots(13)$$

$$[rmrr]=I_{rmrr}/\sum I_{1\text{-}9} \quad \cdots\cdots(14)$$

$$[mrrm]=I_{mrrm}/\sum I_{1\text{-}9} \quad \cdots\cdots(15)$$

$$[mrrr]=I_{mrrr}/\sum I_{1\text{-}9} \quad \cdots\cdots(16)$$

$$[rrrr]=I_{rrrr}/\sum I_{1\text{-}9} \quad \cdots\cdots(17)$$

以上九项的加和为1。

5 聚丙烯腈基碳纤维原丝晶区取向函数的测定 X射线衍射法

5.1 方法原理

原丝子午线方向不存在可以观察到的衍射峰,而在赤道线上存在两个明显的衍射($2\theta=16.8°$和29.5°)。这是由于PAN晶体是一种蕴晶("横向有序"晶体),PAN"分子棒"6方有序堆积,但在链轴c方向上无序。$2\theta=16.8°$衍射比较强,归属为PAN的100晶面衍射。所以可以利用相位角扫描得到其100晶面法线方向与纤维取向方向夹角关系,进而求得取向方向与晶胞c轴夹角关系以确定其晶区取向。首先对纤维进行赤道线扫描得到100晶面的2θ准确值,利用该晶面的相位角扫描数据可以得到$\overline{\cos^2\beta_{100}}$。由于PAN的"晶胞"可认为属于六方晶系,利用公式可以将$\overline{\cos^2\beta_{100}}$变换成$\overline{\cos^2\sigma_c}$,最终求得晶区取向函数$f_c$。

5.2 试剂和材料

5.2.1 乙醇,分析纯;

5.2.2 胶带。

5.3 仪器和设备

5.3.1 X射线衍射仪:CuK_α靶,发射波长$\lambda=0.154\ 1$ nm;

5.3.2 纤维样品台:如图1所示;

5.3.3 纤维样品框架:如图2所示。

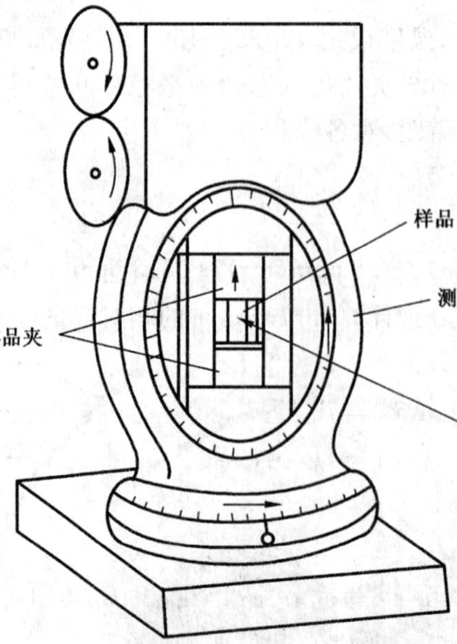

图1　纤维样品台

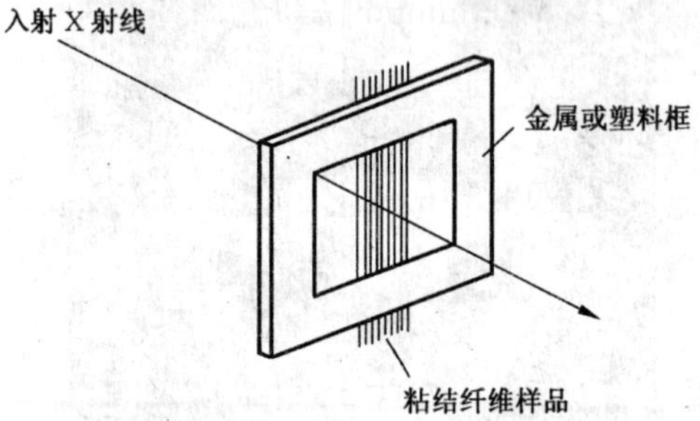

图2　纤维样品框架

5.4　试样制备

取原丝样品约1 m,在样品框上平行排布(如图2所示),用胶带固定。保持原丝样品平行排列,避免杂丝和断丝(在整理原丝样品的过程中可使用特制的小梳梳理),并用乙醇浸润,消除静电。

5.5　操作步骤

5.5.1　将X射线衍射仪的几何安排设定为对称透射模式。

5.5.2　将纤维样品框架安装到纤维样品台上,纤维轴方向与子午线方向平行。

5.5.3　对样品进行赤道线方向的扫描,扫描速度4°/min,扫描范围5°～30°。从样品的赤道线扫描X射线衍射曲线上,得到该样品的2θ约为16.8°衍射峰(100面)的精确位置$2\theta*$。

5.5.4　将X射线计数器,样品的位置预先设置到赤道线$2\theta*$处。进行相位角扫描,扫描速度8°/min,扫描范围ϕ为0°～180°。

5.6　结果及计算

5.6.1　利用作图软件对原始的数据进行基线的校正。

5.6.2　对实验数据进行非线性拟合(Pearson Ⅶ),得到拟合曲线。

5.6.3　利用拟合曲线数据,分别得到$I(\varphi)\cos^2\varphi\sin\varphi-\varphi$和$I(\varphi)\sin\varphi-\varphi$两条曲线。求这两条曲线的线下积分面积,分别得到$\int_0^\pi I(\varphi)\cos^2\varphi\sin\varphi d\varphi$和$\int_0^\pi I(\varphi)\sin\varphi d\varphi$。

5.6.4　按公式(18)计算晶区取向函数f_c:

$$f_c=\frac{1}{2}[3(1-2\overline{\cos^2\beta_{100}})-1] \qquad (18)$$

式中：

f_c——晶区取向函数；

$$\overline{\cos^2\beta_{100}} = \frac{\int_0^{\pi} I(\varphi)\cos^2\varphi\sin\varphi d\varphi}{\int_0^{\pi} I(\varphi)\sin\varphi d\varphi}。$$

6 聚丙烯腈基碳纤维原丝取向函数的测定 红外光谱法

6.1 方法概述

利用红外偏振光通过取向样品时某个基团红外吸收的二向色性测定原丝的取向度，是基于聚丙烯腈基碳纤维原丝 C≡N 的伸缩振动谱带 2 243 cm^{-1}，测定并计算出其二向色性比 R，吸收谱带跃迁矩和分子链轴所成的角度 α 为 73°，将 R 和 α 代入相应公式即可计算出取向函数 f。

6.2 仪器和设备

6.2.1 红外光谱仪：400 cm^{-1}～4 000 cm^{-1}，分辨率 4 cm^{-1}；

6.2.2 线栅偏振器。

6.3 试样制备

取原丝约 1 m，用胶带固定于纸制带孔的样品框上（框尺寸约 3 cm×2 cm，孔尺寸约 1 cm×0.5 cm），纤维完全覆盖住孔，保持平行单层排列，不透光。

6.4 操作步骤

6.4.1 将固定有待测原丝的样品框及偏振器放入红外光谱仪中。

6.4.2 调整偏振器的偏振角度，使红外偏振辐射分别平行和垂直于纤维排列方向，测定使用 DTGS 检测器，扫描次数 32 次。测定谱带在两个方向上的吸光度值 A_1 和 A_2。

6.5 结果及计算

6.5.1 按公式(19)计算二向色性比 R：

$$R = \frac{A_1}{A_2} \qquad \cdots\cdots(19)$$

式中：

R——二向色性比；

A_1——入射光与纤维平行时的吸光度；

A_2——入射光与纤维垂直时的吸光度。

6.5.2 按公式(20)计算取向函数 f：

$$f = \frac{R-1}{R+2} \times \frac{2}{3\cos^2\alpha - 1} \qquad \cdots\cdots(20)$$

式中：

f——取向函数；

R——二向色性比；

α——为 73°。

7 聚丙烯腈基碳纤维原丝表面元素组成的测定 X 射线光电子能谱法

7.1 方法概述

用 X 射线光电子能谱仪记录聚丙烯腈基碳纤维原丝表面的各元素的特征谱峰。根据这些谱峰的峰位（电子结合能）、峰形和峰强度（峰面积或峰高），给出表面元素成分的定性分析。根据元素相对灵敏度因子法给出样品表面元素组成的相对定量分析。

7.2 试剂和材料

7.2.1 丙酮,分析纯;

7.2.2 银片或铜片,约 10 cm×20 cm×1 mm。

7.3 仪器和设备

7.3.1 X射线光电子能谱仪:本底真空应优于 10^{-7} Pa;

注:推荐使用双阳极 AlK_{α} 或 MgK_{α} X射线源,其工作功率为 150 W～300 W。若使用单色化的X射线源建议使用束斑较大的工作条件。通常选择窄扫描宽度 20 eV,扫描步长 0.05 eV,通过能 25 eV。以内标或以污染 Cls 定标的方法进行样品的荷电校正。污染 C1s 结合能取 284.8 eV。纤维中的 C-H 类内标碳峰位一般与污染碳重叠。

7.3.2 超声波清洗器;

7.3.3 红外灯:300 W。

7.4 试样制备

原丝应成束、整齐,表面清洁无污染。对污染的原丝,放在丙酮中在 30 ℃左右用超声波清洗器清洗 5 min～10 min,然后取出,晾干或用红外灯烘干。

剪取一段长度 20 cm 以上原丝,将原丝平行排列并固定在样品台上,或者将原丝平行缠绕在清洁的银片或铜片上。保持原丝紧密排列,使之完全覆盖银片或铜片。制得的样品应表面平整,避免纤维上翘。

7.5 操作步骤

7.5.1 将待测样品固定在样品台上,送进X射线光电子能谱仪。

7.5.2 待真空度达到 10^{-6} Pa～10^{-7} Pa 时,按照推荐的实验条件记录各元素的最强光电子谱峰,如:C1s、O1s、N1s 和 Si2p。对于浓度较大的C元素,记录谱图时重复扫描 2 次以上;对于表面浓度较小的其他元素,应增加重复扫描次数,以累加信号改善信噪比。

7.5.3 用X射线光电子能谱仪配置的数据软件处理数据,获得各元素最强光电子峰的结合能和元素相对定量结果。

7.6 数据处理

7.6.1 根据光电子谱峰的峰位(电子结合能)确定原丝表面所含的元素。

7.6.2 计算光电子谱峰的峰面积,通常采用 Shirley 法扣除本底,计算谱峰面积和扣本底时两个端点选在距峰位 6 eV～8 eV 处。用相对元素灵敏度因子法对所含各元素做相对定量分析,给出各元素的相对原子百分比。

8 聚丙烯腈基碳纤维原丝表面形貌及粗糙度分析　原子力显微镜法

8.1 方法原理

在原子力显微镜(AFM)的轻敲模式下,探针在样品表面上随表面起伏运动,检测信号通过模数转换,获取样品表面相关的三维信息,进而获得样品表面形貌,通过软件分析表面粗糙度。

8.2 试剂和材料

8.2.1 无水乙醇,分析纯;

8.2.2 双面胶。

8.3 仪器和设备

8.3.1 原子力显微镜:具备轻敲模式,扫描分辨率 0.1 nm;

8.3.2 单晶硅原子力显微镜探针;

8.3.3 基片:铁片,直径 10 mm,厚度 2 mm。

8.4 试样制备

在测试之前,用无水乙醇浸泡原丝,以消除静电。在整理和固定原丝过程中,避免手或其他工具接触测试区域,使油脂或污物附着在原丝表面。

取 20 根左右原丝，保持每根原丝都呈平行排列，通过双面胶固定在基片上，固定时拉紧原丝并粘牢，避免样品在测试过程中滑动。

8.5 操作步骤

将粘有原丝的样品基片放置在原子力显微镜的样品台上，原丝的轴向与扫描方向平行。对样品基片中部的原丝进行扫描。在轻敲模式下，扫描速度 0.8 Hz～1 Hz，扫描范围 3 μm×3 μm，分辨率 512 线，扫描角度 0°，数据采集通道分别为高度和相位；对原丝表面进行两次扫描，采集第二次所得图像。

8.6 数据处理及分析

将原始数据在操作软件下利用平滑命令(Flatten)对其进行一次平滑处理，以消除实验过程中的环境噪音，得到反映样品表面形貌的高度图和相位图。

在操作软件选择高度图，使用粗糙度分析命令(Roughness)对整个图形区域进行表面粗糙度分析，得到样品的表面粗糙度 Ra。

9 聚丙烯腈基碳纤维及原丝中微孔洞缺陷的测定 小角 X 射线散射法

9.1 方法概述

将微孔洞的形状简化为横截面半径为 R、轴截面长度为 L、取向角(微孔洞轴向与试样轴向之间的夹角)为 ψ 的圆柱。通过测量试样在其轴向与接收狭缝呈不同夹角 Φ 时的散射强度 $I_{\Phi}(s)$，计算表征微孔洞缺陷的特性参数，包括取向角 Φ、相对体积含量 v_{rel}、横截面半径 R、轴截面长度 L 与长径比 ω 等。

9.2 仪器和设备

9.2.1 四长狭缝准直 X 射线衍射仪：Cu K_{α} 辐射，Ni 滤片，发射波长 0.154 18 nm；

9.2.2 试样架：圆环状试样架(以中空部分能完全透过入射 X 射线束为准、内径大于第三狭缝高度)，从 0°开始以 10°为间隔在其表面依次标好刻度。

9.3 试样制备

将原丝或碳纤维拉直、压平，使纤维轴与 0°刻度线平行，并用粘结剂将其两端固定在圆环状试样架上，保持纤维平行、紧凑且均匀地遮挡圆孔，厚度不超过 0.5 mm。

9.4 操作步骤

9.4.1 主要仪器参数设置如下：

9.4.1.1 功率为 55 kV×180 mA；

9.4.1.2 四狭缝宽度依次为 0.08 mm、0.06 mm、0.25 mm 与 0.2 mm；

9.4.1.3 步进扫描，步宽 0.01°，停留时间 10 s；

9.4.1.4 测量范围(2θ)：原丝为 0.10°～2.00°，碳纤维为 0.10°～2.50°。

9.4.2 依次测量试样的轴向与衍射仪的狭缝方向夹角 Φ 为 0°、10°、20°、30°、40°、50°、60°、70°、80°和 90°时的散射强度。

9.4.3 将试样置于第三狭缝，在相同条件下测量得到背底散射强度。

9.4.4 将测量得到背底散射强度按 9.5 进行数据处理，计算出表征微孔洞缺陷的特性参数，包括取向角 ψ、相对体积含量 v_{rel}、横截面半径 R、轴截面长度 L 与长径比 ω 等。

9.5 数据处理及计算

9.5.1 散射强度 $I_{\Phi}(s)$

将测得的散射强度减去背底散射强度，得到散射强度 $I_{\Phi}(2\theta)$，再进一步转化为散射强度 $I_{\Phi}(s)$，其中 s 为散射矢量，$s=2\sin\theta/\lambda$。

9.5.2 取向角 ψ

依据散射强度 $I_{\Phi}(s)$，绘制散射强度在低 s 值时与不同夹角值的 I-Φ 关系图，再进行 Gaussian 或 Lorentzian 曲线拟合，峰位数值即为微孔洞缺陷的取向角 ψ，取 5 个不同 s 值下的取向角的平均值作为最终结果。

碳纤维的 s 区间对应 $2\theta=0.40°\sim1.40°$；原丝的 s 区间对应 $2\theta=0.10°\sim0.30°$。

9.5.3 相对体积含量 v_{rel}

微孔洞缺陷的体积含量 v 按公式(21)计算，对一组试样，通过比较不同试样的积分不变量 Q 的大小即得到微孔洞缺陷的相对体积含量 v_{rel}。

$$v=Q/(I_e\rho^2At) \qquad (21)$$

式中：

ρ——样品的电子密度；

A——样品被照射的面积；

t——样品的厚度；

I_e——单个电子的散射强度，按公式(22)计算；

Q——试样的积分不变量，按公式(23)计算。

$$I_e=\frac{e^4I_0}{m^2c^4L^2} \qquad (22)$$

式中：

m——电子质量；

c——光速；

e——单位电子电荷；

L——样品到探测器的距离；

I_0——入射 X 射线的强度。

$$Q=\int_0^{s_{min}}I(s)s\mathrm{d}s+\int_{s_{min}}^{s_{max}}I(s)s\mathrm{d}s+\int_{s_{max}}^{\infty}I(s)s\mathrm{d}s=Q_1+Q_2+Q_3 \qquad (23)$$

式中：

s_{min}——$\ln[I(s)]$-s^2 曲线在低 s 值区间呈直线(Guinier 图)时的最大 s 值；

s_{max}——$s^3I(s)$-s^3 曲线在高值 s 区间呈直线(Porod 图)时的最小 s 值；

Q_1——样品在 s 区间为$[0,s_{min}]$时的积分不变量，按公式(24)计算；

Q_2——样品在 s 区间为$[s_{min},s_{max}]$时的积分不变量，由 $sI(s)$-s 图在区间$[s_{min},s_{max}]$上的积分值 $\int_{s_{min}}^{s_{max}}I(s)s\mathrm{d}s$ 给出；

Q_3——样品在 s 区间为$[s_{max},\infty]$时的积分不变量，按公式(25)计算。

$$Q_1=\int_0^{s_{min}}I(s)s\mathrm{d}s=\frac{e^b(e^{as_{min}^2}-1)}{2a} \qquad (24)$$

式中：

b——Guinier 图中的截距值；

a——Guinier 图中的斜率值。

$$Q_3=\int_{s_{max}}^{\infty}I(s)s\mathrm{d}s=\int_{s_{max}}^{\infty}\frac{I(s)s^3}{s^2}\mathrm{d}s=\int_{s_{max}}^{\infty}\frac{K_P}{s^2}\mathrm{d}s=K_P/s_{max} \qquad (25)$$

式中：

K_P——Porod 常数，由 Porod 图中的截距值给出；

s_{max}——同公式(23)。

9.5.4 横截面半径 R

横截面半径 R 按公式(26)计算：

$$R=L_x/(\pi^{1/2}\cos\psi) \qquad (26)$$

式中：

L_x——微孔洞在入射 X 射线方向上的平均长度，按公式(27)计算。

$$L_x = \frac{1}{\pi} \times \frac{\int_0^{\infty} I_0(s)\mathrm{d}s}{\int_0^{\infty} I_0(s)s\mathrm{d}s} = I/(\pi Q) \quad \cdots\cdots (27)$$

式中：

$I_0(s)$——赤道散射强度，即试样轴向与衍射仪狭缝方向的夹角为0°时的散射强度；

s——散射矢量；

Q——同公式(23)；

I——总赤道散射强度，由赤道散射强度 $I_0(s)$按公式(28)分成 I_1、I_2 和 I_3 三部分分别进行计算。

$$I = \int_0^{\infty} I(s)\mathrm{d}s = \int_0^{s_{\min}} I(s)\mathrm{d}s + \int_{s_{\min}}^{s_{\max}} I(s)\mathrm{d}s + \int_{s_{\max}}^{\infty} I(s)\mathrm{d}s = I_1 + I_2 + I_3 \quad \cdots\cdots (28)$$

式中：

$$I_1 = \int_0^{s_{\min}} I(s)\mathrm{d}s = \int_0^{s_{\min}} \exp(as^2 + b)\mathrm{d}s = \mathrm{e}^b \int_0^{s_{\min}} \exp(as^2)\mathrm{d}s$$

注：先绘制出曲线 $I=\exp(as^2)$，再直接在$[0,s_{\min}]$区间上积分。

$$I_2 = \int_{s_{\min}}^{s_{\max}} I(s)\mathrm{d}s$$

$$I_3 = \int_{s_{\max}}^{\infty} I(s)\mathrm{d}s = \int_{s_{\max}}^{\infty} \frac{I(s)s^3}{s^3}\mathrm{d}s = \int_{s_{\max}}^{\infty} \frac{K_P}{s^3}\mathrm{d}s = K_P/2s_{\max}^2$$

9.5.5 轴截面长度 L

微孔洞的轴截面长度 L 由公式(29)给出：

$$L = L_z/\cos\psi \quad \cdots\cdots (29)$$

式中：

L——轴截面长度；

ψ——取向角；

L_z——微孔洞投影在试样轴截面上的平均长度，根据 Glatter 和 Kratky 理论按公式(30)计算。

$$R_{g90}{}^2 = (L_x^2 + L_z^2)/12 \quad \cdots\cdots (30)$$

式中：

R_{g90}——微孔洞投影在试样轴截面上的平均回转半径，按公式(31)计算。

$$R_{g90}{}^2 = -\frac{1}{2\pi^2} \times \lim_{s\to 0} \frac{\mathrm{d}[\ln I_{90}(s)]}{\mathrm{d}s^2} \quad \cdots\cdots (31)$$

式中：

$I_{90}(s)$——径向散射强度，即试样轴向与衍射仪狭缝方向的夹角为90°时的散射强度。

9.5.6 长径比 ω

微孔洞的长径比 ω 按公式(32)计算，ω 很大时说明微孔洞为长棒状或者针状；ω 较小时说明微孔洞为椭球状；ω 接近1时为球状。

$$\omega = L/2R \quad \cdots\cdots (32)$$

式中：

ω——长径比；

R——同公式(26)；

L——同公式(29)。

10 聚丙烯腈基碳纤维原丝的玻璃化转变温度的测定 示差扫描量热法

10.1 方法原理

非晶高分子在玻璃态(低温区)和高弹态(高温区)的热流不随温度变化，即显示平直的热流轨迹，而两态之间热容发生突变，呈现台阶式跃迁，即样品的玻璃化转变过程。非晶高分子的驰豫谱较宽，因此玻璃化转变温度（T_g）不是一个尖锐的转变点，而是有一定宽度的转变温度区。在示差扫描量热仪(DSC)曲线上，T_g 测量值还依赖于升（或降）温速度，所以测定时必需用聚丙烯腈均聚物在相同条件下的 DSC 曲线对照。

10.2 **试剂和材料**

10.2.1 甲苯，分析纯；

10.2.2 高纯铟，铟含量为 99.99%；

10.2.3 氮气。

10.3 **仪器和设备**

10.3.1 示差扫描量热仪：室温～200 ℃；

10.3.2 分析天平：感量 0.1 mg；

10.3.3 氮气瓶；

10.3.4 铝质样品池；

10.3.5 脂肪抽提器：玻璃材质，50 mL；

10.3.6 真空干燥箱：室温～100 ℃，±2 ℃，真空度小于 100 Pa。

10.4 **试样制备**

10.4.1 **样品纯化**

取少许原丝在脂肪抽提器中用甲苯萃取 12 h，以除去表面油剂；萃取后用红外灯加热使甲苯挥发，再放入 60 ℃～80 ℃真空干燥箱中干燥 6 h，以除尽残余溶剂和水分备用。

10.4.2 **制样**

将纯化后的原丝剪碎，称取剪碎的原丝 1 mg～5 mg，均匀放入铝质样品池中并加盖压紧；参比侧放入相同的空样品池。

10.5 **操作步骤**

将样品池放入示差扫描量热仪中，将测量温度范围设定为 30 ℃～150 ℃，升温速度 10 ℃/min，氮气流量 30 mL/min。仪器事先经基线校正，并用铟（熔点 429.78 K）标定温度坐标。按上述设定参数扫描，样品第一次升温扫描至 150 ℃后，恒温处理 5 min，然后降温到 30 ℃，待温度平衡后，再次扫描，记录第二次升温扫描 DSC 曲线。

10.6 **结果及计算**

非晶高分子 T_g 的表示方式通常有两种，即玻璃化转变起始温度 $T_{g,onset}$（国际热分析协会推荐方法）和玻璃化转变中点温度 $T_{g,mid}$。以 T_g 转变前后直线部分作延长线，与突变曲线的切线相交，低温侧交点所对应的温度即为 $T_{g,onset}$，突变曲线之切线的中点所对应的温度即 $T_{g,mid}$。

如果红外光谱和 H^1-核磁共振分析已确定原丝存在确定的共聚单元，按公式(33)估算不同单元的质量分数 W_1 和 W_2。

$$\frac{1}{T_g}=\frac{W_1}{T_{g_1}}+\frac{W_2}{T_{g_2}} \qquad \cdots\cdots(33)$$

式中：

W_1、W_2——分别为聚丙烯腈和另一共聚组分均聚物的质量分数，$W_1+W_2=1$；

T_g——玻璃化转变温度；

T_{g1}、T_{g2}——分别为聚丙烯腈和另一共聚组分均聚物的 T_g。

11 聚丙烯腈基碳纤维原丝的预氧化热效应的测定　示差扫描量热法

11.1 **方法原理**

聚丙烯腈基碳纤维原丝在含氧气氛中，当温度高于 180 ℃时，经历由有机到无机纤维转化过程复杂的热氧化反应，表现为在DSC热流基线上较大温度范围内的宽放热峰，并可能呈现多个放热峰值。可用示差扫描量热方法测量预氧化的热效应。

11.2 试剂和材料

11.2.1 甲苯，分析纯；

11.2.2 高纯铟，99.99%。

11.3 仪器和设备

11.3.1 示差扫描量热仪，室温～450 ℃；

11.3.2 分析天平：感量0.1 mg；

11.3.3 铝质标准样品皿；

11.3.4 空气瓶；

11.3.5 脂肪抽提器：玻璃材质，50 mL；

11.3.6 真空干燥箱，室温～100 ℃，±2 ℃，真空度小于100 Pa。

11.4 试样制备

11.4.1 样品纯化

取少许原丝在脂肪抽提器中用甲苯萃取12 h，以除去表面油剂；萃取后用红外灯加热使甲苯挥发，再放入60 ℃～80 ℃真空干燥箱中干燥6 h，以除尽残余溶剂和水分备用。

11.4.2 制样

将纯化后的原丝剪碎，称取剪碎的原丝1 mg～5 mg，均匀放入铝质样品池中并加盖压紧；参比侧放入相同的空样品池。

11.5 操作步骤

将样品池放入示差扫描量热仪中，将测量温度范围设定为200 ℃～450 ℃，升温速率10 ℃/min，空气流量30 mL/min。仪器事先经基线校正，并用铟(熔点429.78 K，熔融热焓28.45 J/mol)标定温度坐标和热焓值。按上述设定参数扫描，记录热流-温度曲线。

11.6 结果及计算

以低、高温区热流轨迹平直处作基线，测量放热(反应)起始温度 T_i，终止温度 T_f，放热峰值温度 T_p(如有一个以上，标为 T_{p1}，T_{p2} 等)；放热温度范围 $\Delta T = T_f \sim T_i$，放热时间 $\Delta t = \Delta T/\beta$($\beta$ 为DSC升温速率)；以基线为准对峰面积积分，得到单位质量样品的总反应热 ΔH，并计算放热速率 $\Delta H/\Delta t$。

12 聚丙烯腈基碳纤维原丝的热失重测定 动态热重法

12.1 方法原理

样品温度低于其分解(包括热氧化分解)温度时，TG曲线上显示无质量损失的平直轨迹，出现失重的温度为起始分解温度 T_i；一个样品在不同温度区间可能呈现多个失重台阶，反映样品经历多种热分解历程。

12.2 试剂和材料

12.2.1 甲苯，分析纯；

12.2.2 氮气。

12.3 仪器和设备

12.3.1 热重分析仪，室温～800 ℃；

12.3.2 分析天平：感量0.1 mg；

12.3.3 氮气和空气钢瓶；

12.3.4 脂肪抽提器：玻璃材质，50 mL；

12.3.5 真空干燥箱,室温~100 ℃,±2 ℃,真空度小于 100 Pa。

12.4 试样制备

12.4.1 样品纯化

取少许原丝在脂肪抽提器中用甲苯萃取 12 h,以除去表面油剂;萃取后用红外灯加热使甲苯挥发,再放入 60 ℃~80 ℃真空干燥箱中干燥 6 h,以除尽残余溶剂和水分备用。

12.4.2 制样

将纯化后的原丝剪碎,称取剪碎的原丝 2 mg~5 mg 放入样品池中。

12.5 操作步骤

将样品池放入热重分析仪,设定测量温度范围 50 ℃~800 ℃,升温速率 10 ℃/min,氮气流量 30 mL/min,空气流量 30 mL/min。按上述参数设定后,记录质量-温度曲线。

12.6 结果及计算

以每个台阶基线基本不变部分延长作直线,失重台阶的切线点对应的温度为起始分解温度 T_i;失重曲线最大曲率对应的温度为 T_p,热重曲线最终质量平衡值即残重。分别给出在氮气和空气中的热重曲线。

13 试验报告

试验报告一般包括如下内容:

a) 试验项目名称;

b) 本标准的编号;

c) 样品来源、样品名称;

d) 试验环境;

e) 试验中的信息,异常情况;

f) 试验日期、试验人员;

g) 其他。

ICS 91.060
Q 73

中华人民共和国国家标准

GB/T 23443—2009

建筑装饰用铝单板

Aluminium panels for building decoration

2009-03-28 发布　　2010-01-01 实施

中华人民共和国国家质量监督检验检疫总局
中国国家标准化管理委员会　发布

前　言

本标准与美国建筑制造业协会标准 AAMA 2603—2002《铝挤压材、板材的有机聚合物涂层的性能要求与试验方法》、AAMA 2604—2005《铝挤压材、板材的高性能有机聚合物涂层的性能要求与试验方法》和 AAMA 2605—2005《铝挤压材、板材的超高性能有机聚合物涂层的性能要求与试验方法》的一致性程度为非等效。

本标准的附录 B 和附录 C 为规范性附录，附录 A 和附录 D 为资料性附录。

本标准由中国建筑材料联合会提出。

本标准由全国轻质与装饰装修建筑材料标准化技术委员会(SAC/TC 195)归口。

本标准负责起草单位：中国建筑材料检验认证中心、国家建筑材料测试中心。

本标准参加起草单位：东阿蓝天七色建材有限公司、江阴利泰装饰材料有限公司、香港成功国际(集团)有限公司、佛山市中茂金属建材有限公司、方大新材料(江西)有限公司、浙江墙煌建材有限公司、浙江列高铝业有限公司、苏威(上海)有限公司、PPG 涂料(天津)有限公司、常州通用铝板材料制造有限公司、东莞方中五金喷涂有限公司、东莞华尔泰装饰材料有限公司、广东泛铝远东铝业有限公司、佛山市三英铝业有限公司、佛山市顺德区高士达建筑装饰材料有限公司、上海阿鲁考装饰材料有限公司、吉祥集团有限公司、江苏美亚新型饰材有限公司、常州新刚高丽化工有限公司、天津金邦建材有限公司、金筑铝业(北京)有限公司、辉旭微粉技术(上海)有限公司、立邦涂料(天津)有限公司、上海金力泰化工股份公司、无锡万博涂料化工有限公司、肇庆金三力机械建材有限公司、北京富邦装饰铝板有限公司、常州西莱秘克板业有限公司。

本标准主要起草人：蒋荃、刘婷婷、徐晓鹏、刘翼、刘玉军、赵春芝、马丽萍。

本标准为首次发布。

建筑装饰用铝单板

1 范围

本标准规定了建筑装饰用铝单板的术语和定义、分类、代号及标记、原材料、要求、试验方法、检验规则、标志、包装、运输、贮存及随行文件等内容。

本标准适用于建筑装饰用铝单板。其他用途的铝单板也可参照本标准。

2 规范性引用文件

下列文件中的条款通过本标准的引用而成为本标准的条款。凡是注日期的引用文件，其随后所有的修改单(不包括勘误的内容)或修订版均不适用于本标准，然而，鼓励根据本标准达成协议的各方研究是否可使用这些文件的最新版本。凡是不注日期的引用文件，其最新版本适用于本标准。

GB/T 191 包装储运图示标志(GB/T 191—2008,ISO 780:1997,MOD)

GB/T 1732 漆膜耐冲击性测定法

GB/T 1740 漆膜耐湿热测定法

GB/T 1766 色漆和清漆 涂层老化的评级方法(GB/T 1766—2008,ISO 4628-1:2003,NEQ)

GB/T 3190 变形铝及铝合金化学成分

GB/T 3880.2 一般工业用铝及铝合金板、带材 第2部分:力学性能

GB/T 3880.3 一般工业用铝及铝合金板、带材 第3部分:尺寸偏差

GB/T 4957 非磁性基体金属上非导电覆盖层 覆盖层厚度测量 涡流法(GB/T 4957—2003,ISO 2360:1982,IDT)

GB/T 6388 运输包装收发货标志

GB/T 6461 金属基体上金属和其他无机覆盖层 经腐蚀试验后的试样和试件的评级(GB/T 6461—2002,ISO 10289:1999,IDT)

GB/T 6739 色漆和清漆 铅笔法测定漆膜硬度(GB/T 6739—2006,ISO 15184:1998 ,IDT)

GB/T 8753.2 铝及铝合金阳极氧化 氧化膜封孔质量的评定方法 第2部分:硝酸预浸的磷铬酸法

GB/T 9286 色漆和清漆 漆膜的划格试验(GB/T 9286—1998,eqv ISO 2409:1992)

GB/T 9754 色漆和清漆 不含金属颜料的色漆漆膜的20°、60°和85°镜面光泽的测定(GB/T 9754—2007,ISO 2813:1994,IDT)

GB/T 9761 色漆和清漆 色漆的目视比色(GB/T 9761—2008,ISO 3668:1998,IDT)

GB/T 10125 人造气氛腐蚀试验 盐雾试验(GB/T 10125—1997,eqv ISO 9227:1990)

GB/T 11186.2 漆膜颜色的测量方法 第二部分:颜色测量(GB/T 11186.2—1989,eqv ISO 7724.2:1984)

GB/T 11186.3 漆膜颜色的测量方法 第三部分:色差计算(GB/T 11186.3—1989,eqv ISO 7724.3:1984)

GB/T 16259—2008 建筑材料人工气候加速老化试验方法

GB/T 16474 变形铝及铝合金牌号表示方法

JC/T 480 建筑生石灰粉

3 术语和定义

下列术语和定义适用于本标准。

3.1

铝单板 aluminium panel

以铝或铝合金板(带)为基材,经加工成型且装饰表面具有保护性和装饰性涂层或阳极氧化膜的建筑装饰用单层板。

注:本标准中将涂层与阳极氧化膜通称为膜。

3.2

氟碳涂层 fluorocarbon coating

以氟碳树脂为主的液体或粉末涂料在金属表面经固化而成的涂层。

3.3

聚酯涂层 polyester coating

以聚酯树脂为主的液体或粉末涂料在金属表面经固化而成的涂层。

3.4

丙烯酸涂层 acrylic coating

以丙烯酸树脂为主的涂料在金属表面经固化而成的涂层。

3.5

陶瓷涂层 ceramic coating

由颜料化的无机树脂经烘烤形成的涂层,其无机树脂是由金属氧化物的溶胶与水解性金属醇盐经化学反应形成。

3.6

阳极氧化膜 anodized film

通过阳极氧化处理在铝及铝合金表面形成的氧化物保护膜。

3.7

装饰面 exposed surface

指铝单板完成安装后,仍可看得见的表面。

3.8

局部膜厚 local film thickness

在铝单板装饰面上某个面积不大于 1 cm^2 的考察面内作若干次(不少于三次)膜厚测量所得的测量值的算术平均值。

3.9

平均膜厚 average film thickness

在铝单板装饰面上测出的若干个(不少于五处)局部膜厚值的算术平均值。

3.10

最小局部膜厚 min film thickness

在铝单板装饰面上测出的若干个局部膜厚值中的最小值。

3.11

自然气候曝露 exposure to natural weathering

铝单板置于自然环境中经受各种气候因素综合作用,观测其性能随时间而发生变化的试验。

3.12

开放式曝露 open style exposure

铝单板置于通风的大气中,充分经受大气因素作用的一种曝露形式。

4 分类、代号及标记

4.1 分类、代号

4.1.1 按膜的材质分

a) 氟碳涂层:代号为 FC;

b） 聚酯涂层：代号为 PET；

c） 丙烯酸涂层：代号为 AC；

d） 陶瓷涂层：代号为 CC；

e） 阳极氧化膜：代号为 AF。

4.1.2 按成膜工艺分

a） 辊涂：代号为 GT；

b） 液体喷涂：代号为 YPT；

c） 粉末喷涂：代号为 FPT；

d） 阳极氧化：代号为 YH。

4.1.3 按使用环境分

a） 室外用：代号为 W；

b） 室内用：代号为 N。

4.2 标记

4.2.1 标记方法

按铝单板的产品名称、使用环境、膜材质、成膜工艺、基材厚度和铝材牌号以及执行标准编号顺序进行标记。其中铝材牌号标记按 GB/T 16474 的规定进行。

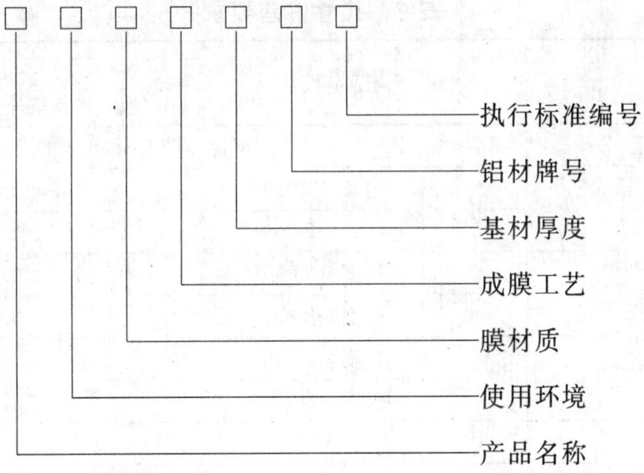

4.2.2 标记示例

示例：表面氟碳辊涂，厚为 3.0 mm，铝材牌号为 3003 的室外建筑装饰用铝单板，其标记为：

建筑装饰用铝单板 W FC GT 3.0 3003 GB/T 23443—2009

5 原材料

5.1 基材

5.1.1 化学成分及力学性能

铝单板所用铝及铝合金的化学成分应符合 GB/T 3190 的要求，力学性能应符合 GB/T 3880.2 的要求。室外用铝单板宜采用 3××× 系列或 5××× 系列铝合金。

5.1.2 铝板基材厚度

室外用铝单板基材公称厚度（不包括涂层）宜不小于 2.0 mm，室内用铝单板基材公称厚度（不包括涂层）由供需双方商定。

5.2 室外用铝单板表面

室外用铝单板表面宜采用耐候性能优异的氟碳涂层。当采用聚偏二氟乙烯氟碳树脂（PVDF）时，PVDF 树脂占树脂原料的质量比不应低于 70%，其检测方法参见附录 A。

6 要求

6.1 外观质量

板材边部应切齐，无毛刺、裂边。板材不允许有开焊等。外观应整洁，图案清晰、色泽基本一致，无明显划伤。装饰面不得有明显压痕、印痕和凹凸等残迹。无明显色差，仲裁时 ΔE 不大于 2.0。装饰面外观质量还应符合表 1 的要求。

表 1 装饰面外观质量要求

分 类	要 求
辊涂	不得有漏涂、波纹、鼓泡或穿透涂层的损伤。
液体喷涂	涂层应无流痕、裂纹、气泡、夹杂物或其他表面缺陷。
粉末喷涂	涂层应平滑、均匀，不允许有皱纹、流痕、鼓泡、裂纹、发粘。
陶瓷	表面无裂纹，颗粒和缩孔≤2 个/m^2。
阳极氧化	不允许有电灼伤、氧化膜脱落及开裂等影响使用的缺陷。

6.2 尺寸偏差

铝单板的尺寸允许偏差应符合表 2 的要求。有特殊规定时，偏差由供需双方商定。

表 2 尺寸偏差要求

项 目	基本尺寸	允许偏差	
		室外用	室内用
基材厚度/mm	符合 GB/T 3880.3 的要求		
边长/mm	边长≤2 000	±2.0	−1.5～0
	边长＞2 000	±2.5	−2.0～0
对角线/mm	长度≤2 000	≤2.5	≤2.0
	长度＞2 000	≤3.0	≤2.5
对边尺寸/mm	长度≤2 000	≤2.5	≤1.5
	长度＞2 000	≤3.0	≤2.5
面板平整度/(mm/m)	—	≤2	
折边角度/(°)	—	±1	
折边高度/mm	—	≤1.0	
注：以上规定适用于外形为矩形的铝单板，外形为其他形状时，由供需双方商定。			

6.3 膜厚

铝单板膜厚应符合表 3 的要求。

表 3 膜厚要求

单位为微米

表面种类		膜厚要求	
辊涂	氟碳	二涂	平均膜厚≥25，最小局部膜厚≥23
		三涂	平均膜厚≥32，最小局部膜厚≥30
	聚酯、丙烯酸	平均膜厚≥16，最小局部膜厚≥14	
液体喷涂	氟碳	二涂	平均膜厚≥30，最小局部膜厚≥25
		三涂	平均膜厚≥40，最小局部膜厚≥34
		四涂	平均膜厚≥65，最小局部膜厚≥55
	聚酯、丙烯酸	平均膜厚≥25，最小局部膜厚≥20	

表 3（续） 单位为微米

表面种类		膜厚要求
粉末喷涂	氟碳	最小局部膜厚≥30
	聚酯	最小局部膜厚≥40
陶瓷		25～40
阳极氧化 室内用	AA5[a]	平均膜厚≥5，最小局部膜厚≥4
	AA10	平均膜厚≥10，最小局部膜厚≥8
阳极氧化 室外用	AA15	平均膜厚≥15，最小局部膜厚≥12
	AA20	平均膜厚≥20，最小局部膜厚≥16
	AA25	平均膜厚≥25，最小局部膜厚≥20

[a] AA 为阳极氧化膜厚度级别的代号。

6.4 膜性能

铝单板膜性能应符合表 4 的要求。

表 4 膜性能要求

项目			膜性能要求 氟碳	聚酯、丙烯酸	陶瓷	阳极氧化
光泽度偏差	光泽度<30		±5			—
	30≤光泽度<70		±7			
	光泽度≥70		±10			
附着力	干式		划格法 0 级			
	湿式		划格法 0 级			
	沸水煮		划格法 0 级			
铅笔硬度			≥1H		≥4H	
耐化学腐蚀性	耐酸性	耐盐酸	无变化			
		耐硝酸	无起泡等变化，ΔE≤5.0			
	耐砂浆性		无变化			—
	耐溶剂性[a]		丁酮，无漏底	二甲苯，擦拭法无漏底或静置法涂层无发暗，划痕试验应无明显划痕	丁酮，无漏底	—
封孔质量			—			≤30 mg/dm^2
耐磨性			≥5 L/μm	—	≥5 L/μm	≥300 g/μm

[a] 聚酯粉末涂层采用静置法，其他涂层均采用擦拭法。

6.5 耐冲击性

经 50 kg·cm 冲击后，正反面铝材应无裂纹，涂层应无脱落，氟碳、聚酯和丙烯酸涂层应无开裂，陶瓷涂层允许有轻微开裂，阳极氧化膜不做要求。

6.6 耐候性

6.6.1 加速耐候性

用于建筑外装饰的铝单板的加速耐候性能应符合表 5 的要求。

表 5　加速耐候性能要求

项　目			试验时间	性能要求
耐盐雾性	铜加速盐雾(CASS)试验[a]	AA15	24 h	≥9 级
		AA20	48 h	
		AA25	48 h	
	中性盐雾[b]		4 000 h	不次于 1 级
耐人工候加速老化			4 000 h	色差≤3.0
				光泽保持率≥70%
				其他老化性能不次于 0 级
耐湿热性			4 000 h	不次于 1 级

[a] 适用于阳极氧化铝单板。

[b] 适用于除阳极氧化外的其他涂层铝单板。

6.6.2　自然气候耐候性

需方如有自然气候曝露等特殊耐候性要求，应符合表 6 的要求。

表 6　自然气候曝露性能要求

级　别	试验时间	性能要求
Ⅰ级	10 年	色差≤5.0
		光泽保持率≥50%
		粉化不次于 4 级，其中白色不次于 3 级
		涂层无开裂和剥落
Ⅱ级	5 年	色差≤5.0
		光泽保持率≥30%
		粉化不次于 4 级
		涂层无开裂和剥落
Ⅲ级	1 年	涂层无变色、开裂和剥落，仅有轻微粉化、失光和褪色

6.7　焊钉连接

焊接应牢固，无虚焊。

7　试验方法

7.1　试样的制备

试样的制取位置应在距产品边部大于 50 mm 的区域内，试样的尺寸及数量见表 7。

表 7　试样尺寸及数量

试验项目	试样尺寸/mm	试样数量/块
外观质量	整板	至少 2(总面积不小于 1 m^2)
尺寸偏差	整板	3
膜厚		
光泽度偏差		

表 7（续）

试验项目		试样尺寸/mm	试样数量/块
附着力		50×75	3
漆膜硬度		50×75	3
耐化学腐蚀性	耐酸性	100×100	6
	耐砂浆性	100×100	3
	耐溶剂性	100×430	3
封孔质量		200×200	3
耐磨性		100×150	3
耐冲击性		75×150	3
加速耐候性	耐盐雾性	100×150	4
	耐人工候加速老化	100×150	4
	耐湿热性	150×100	4
焊钉连接		整板	3

7.2 外观质量

按照 GB/T 9761 的规定，在非阳光直射的自然光条件下进行试验。随机取同一批至少两个试样(总面积不小于 1 m^2)按同一生产方向并排侧立拼成一面，距拼成的板面中心 3 m 处垂直目测。试验中应保持试样生产方向的一致性。抽取和摆放试样者不参与目测试验。

单色产品按 GB/T 11186.2 和 GB/T 11186.3 的规定进行色差评价，金属漆和阳极氧化膜以目视观察为准。

7.3 尺寸偏差

7.3.1 基材厚度

基材厚度的测量应至少在整件试样的四角和中心五个位置。用最小分度值为 0.001 mm 的厚度测量器具测量某点的总厚度，然后按照 GB/T 4957 的规定测量该点的局部膜厚，以总厚度与局部膜厚的差值为该点的基材厚度。以全部测量值与标称值之间的极限偏差作为试验结果。

7.3.2 长度、宽度

用最小分度值为 1 mm 的钢卷尺在距离端部 100 mm 的位置测量，每件试样上至少测量三个位置，以长度(宽度)的测量值与标称值之间的极限偏差作为试验结果。

7.3.3 对角线

用最小分度值为 1 mm 的钢卷尺测量并计算同一试样上两对角线长度之差值。以三件试样中测得的最大差值作为试验结果。

7.3.4 对边尺寸

用最小分度值为 1 mm 的钢卷尺测量并计算同一试样上两条对边长度之差值。以三件试样中测量的最大差值作为试验结果。

7.3.5 面板平整度

将试样垂直放于水平台上，用 1 000 mm 长的钢直尺垂直靠于板面上，钢直尺面与板面垂直，用塞尺测量钢直尺与板面之间的最大缝隙。以全部测量值中的最大值作为试验结果。

7.3.6 折边角度

用万能角度尺在距离端部至少 100 mm 的位置测量，每条边上至少测量三个位置。以全部测量值与标称值之间的极限偏差作为试验结果。

7.3.7 折边高度

用最小分度值为 0.02 mm 游标卡尺在距离端部至少 100 mm 的位置测量,每条边上至少测量三个位置。以全部测量值的差值作为试验结果。

7.4 膜厚

按照 GB/T 4957 的规定进行测量,每件试样上至少要测量四角和中心五个位置的局部膜厚。

7.5 光泽度

按照 GB/T 9754 规定,采用 60°入射角进行测量,每件试样上至少要测量四角和中心五个位置。试验中应保持试样生产方向的一致性。以全部试验值与标称值的极限偏差作为试验结果。

7.6 涂层附着力

7.6.1 干式附着力

按 GB/T 9286 的规定进行划格法试验,其中陶瓷涂层划格间距 2 mm,其他涂层划格间距按 GB/T 9286 的要求。

将宽度 25 mm,粘结力(10±1)N/25 mm 的胶带覆盖在划格的涂层上,赶去胶带下的空气,迅速垂直拉开胶带,按 GB/T 9286 评级,以全部试验值中的最差值作为试验结果。

7.6.2 湿式附着力

按 7.6.1 在试板上划好格,把试样在 38 ℃±5 ℃的蒸馏水中浸泡 24 h 后取出并擦干试样,即刻在 5 min 内按 7.6.1 试验、评级。以全部试验值中的最差值作为试验结果。

7.6.3 沸水煮附着力

按 7.6.1 在试板上划好格,把试样放在≥95 ℃的蒸馏水或去离子水中煮 20 min(试验期间保持水沸腾),立即取出试样擦干,在 5 min 内按 7.6.1 试验、评级。以全部试验值中的最差值作为试验结果。

7.7 铅笔硬度

按照 GB/T 6739 的规定进行。取全部铅笔硬度(划破)中的最差值作为试验结果。

7.8 耐化学腐蚀性

7.8.1 耐酸性

7.8.1.1 耐盐酸

将内径不小于 50 mm 的玻璃管的一端用凡士林粘接在试验涂层面的中心部位,使接触密封良好,倒入体积分数为 2%(室内用)或 5%(室外用)的盐酸(HCl)溶液,使液面高度为 20 mm±2 mm,用玻璃片将管盖严,静置 24 h 后取下试样,洗净擦干,目测试验处有无起泡、变色、剥落等异常现象,以三块试样中性能最差者为试验结果。

7.8.1.2 耐硝酸

把 100 mL 质量分数为 60%～68%的分析纯硝酸倒入容量为 200 mL～250 mL 的大口瓶中,把试样盖在瓶口,涂层朝下保持 30 min 后,冲洗干净并擦干,放置 1 h 后立即观察颜色变化,对比酸暴露和未暴露表面层颜色,用色差仪测量。

7.8.2 耐砂浆性

用 75 g 符合 JC/T 480 的建筑生石灰粉和细砂按 1∶3 比例混合后,用孔径为 0.84 mm 的过滤网过滤,加上适当水配成灰浆,涂在漆膜表面。涂成 50 mm×25 mm 大小,约 13 mm 厚,把试样放在38 ℃±3 ℃、相对湿度 95%±5%环境中 24 h 后,去掉灰浆,并用湿布擦去残灰。去不掉的残灰可用 10%盐酸溶液去掉,干燥后目视检查外观。

7.8.3 耐溶剂性

7.8.3.1 擦拭法

用一柔性擦头裹四层医用纱布,吸饱溶剂后立即在试样涂层表面同一地方以 1 000 g±100 g 的力来回擦洗 100 次,目测擦洗处是否有显露内层现象。擦洗行程约 100 mm,频率约为 100 次/min。擦头与试样接触面积为 2 cm^2。试验过程中应使纱布保持浸润。以三块试样中性能最差者为试验结果。

7.8.3.2 静置法

将一药棉条加于二甲苯溶液中，使其饱和后，置于试样上，并保持 30 s，然后取掉棉条，将试样用自来水冲洗干净、抹干，在室温下放置 2 h 后，用手指甲作划痕试验。

7.9 封孔质量

按照 GB/T 8753.2 规定的方法进行试验，取三块试样试验值的算术平均值作为试验结果。

7.10 耐磨性

采用落砂法，试验方法见附录 B。

7.11 耐冲击性

按 GB/T 1732 的规定进行试验，冲击锤的重量为 1 000 g±1 g，冲头直径为 15.9 mm±0.3 mm，试样装饰面朝上，冲击高度为 500 mm，冲击后观察试样表面。取全部试样中的最差试验值作为试验结果。

7.12 耐候性

7.12.1 耐盐雾性

按照 GB/T 10125 的规定进行试验。

铜加速盐雾试验(CASS)按照 GB/T 6461 评级，中性盐雾试验按照 GB/T 1740 评级。

三块试样中有两块通过即为合格。

7.12.2 耐人工候加速老化

采用氙灯老化试验，黑板温度为 65 ℃±3 ℃，相对湿度为 65%±5%。其余按 GB/T 16259—2008 的中 A 法的规定进行。到达规定的时间后，按 GB/T 9754 评定光泽保持率，按 GB/T 1766 评定粉化程度和变色程度，三块试样中有两块通过即为合格。

7.12.3 耐湿热性

按照 GB/T 1740 的规定进行试验和评级，三块试样中有两块通过即为合格。

7.12.4 自然气候曝晒

自然气候曝晒试验方法见附录 C。

注：中国大气腐蚀试验站中，大气条件与国际标准规定的地点佛罗里达比较接近的是海南省琼海大气腐蚀试验站。

7.13 焊钉连接

目测有无虚焊，用橡胶锤轻敲焊钉观察其有无脱落。

8 检验规则

产品检验分出厂检验和型式检验两种。

8.1 出厂检验

每批产品均应进行出厂检验。

8.1.1 检验项目

出厂检验项目包括：外观质量、尺寸偏差、膜厚、光泽度偏差、附着力、耐酸性、耐砂浆性、耐溶剂性、封孔质量、耐冲击性、焊钉连接。

8.1.2 组批规则

出厂检验以同一品种、同一颜色、同一生产批次(连续生产)、实际交货量每 3 000 m^2 组成一个检验批。交货量不足 3 000 m^2 时，仍按一个检验批计算。

8.1.3 抽样方案

a) 外观质量、焊钉连接应逐件检查；

b) 尺寸偏差、膜厚、光泽度偏差检验的取样按表 8 的规定进行；

表 8 检验样品随机抽取取样数量表

单位为件

批量范围	随机取样数	不合格品上限
1～10	全部	0
11～200	10	1
201～300	15	1
301～500	20	2
501～800	30	3
800 以上	40	4

c) 附着力、耐酸性、耐砂浆性、耐溶剂性、封孔质量、耐冲击性性能检验每批抽取 2 件产品进行检验。其中破坏性检验项目，根据需要按表 7 规定的试样规格随炉进行小样制备。

8.1.4 判定与复验规则

a) 外观质量不合格时为单件不合格。

b) 尺寸偏差、膜厚、光泽度偏差检验超过表 8 中规定的不合格品上限时，判定该批不合格。但允许供方逐块检验，合格者交货。

c) 其他性能检验结果有某一项或一项以上性能不合格时，应从该批中加倍抽样进行复检，复检结果仍有试样某一项或一项以上性能不合格，则判定该批不合格。

8.2 型式检验

当遇到下列情况之一时，应进行型式检验：

a) 新产品或老产品转厂生产的实验定型鉴定；

b) 正式生产后，如结构、材料、工艺有较大改变，可能影响产品性能时；

c) 产品停产半年以上，恢复生产时；

d) 正常生产每年检验一次，其中耐中性盐雾、耐人工候加速老化和耐湿热性每两年检验一次；

e) 出厂检验结果与上次型式检验有较大差异时。

8.2.1 检验项目

型式检验项目应包括第 6 章除 6.6.2 外的全部项目。

8.2.2 组批规则

型式检验以同一品种、同一颜色、同一生产批次（连续生产）、实际交货量每 3 000 m^2 组成一个检验批。交货量不足 3 000 m^2 时，仍按一个检验批计算。

8.2.3 抽样方案

性能检验的抽样按表 7 的规定。

8.2.4 判定与复验规则

型式检验检验结果中耐酸性、耐砂浆性有一项不合格，则判定该批产品不合格。其他项目如有一项不合格，可对不合格品加倍抽样复检。复检结果全部达到标准要求时判定该批产品合格，否则判定该批产品不合格。

9 标志、包装、运输、贮存及随行文件

9.1 标志

每个包装单元产品，其包装标志应符合 GB/T 191 及 GB/T 6388 的规定，应有如下标志：

a) 公司名称；

b) 产品标记；

c) 生产批号或生产日期；

d) 颜色；

e) 商标；

f) 有方向要求的应注明生产或安装方向；

g) 数量；

h) 质量检验合格标志。

9.2 包装

9.2.1 产品应单独包装。每块板的装饰面应覆有保护膜，保护膜的要求及检测方法可参见附录D。

9.2.2 包装箱应有足够的强度，以保证运输、搬运及堆垛过程中不会损坏，产品在箱中应无窜动。

9.2.3 包装箱内应有产品合格证及装箱单。

——合格证上应有如下内容：

a) 公司名称；

b) 生产批号；

c) 检验结果；

d) 检验部门或人员代号；

e) 检验日期。

——装箱单应有如下内容：

a) 公司名称；

b) 产品名称、颜色、工程名称；

c) 产品标记；

d) 生产批号；

e) 产品数量；

f) 包装日期。

9.3 运输

运输和搬运时应轻拿轻放，严禁摔扔，防止产品损伤。

9.4 贮存

产品应贮存在干燥通风处，避免高温及日晒雨淋，应按品种、规格、颜色分别堆放，并防止表面损伤。

9.5 随行文件

随行文件宜包括：应用指南。

附 录 A
（资料性附录）
氟碳涂层树脂中 PVDF 含量检测方法

A.1 范围

本方法适用于热熔型氟碳涂层树脂中 PVDF 含量的测定。

A.2 方法提要

热熔型氟碳涂层体系熔点随 PVDF 含量减少而下降。基于该原理，对不同已知 PVDF 含量的涂层进行 DSC 测试，确定其熔点，得到熔点下降—PVDF 含量标准曲线。通过测定样品（热熔型氟碳涂层）的熔点，就可在标准曲线上得出相应的 PVDF 含量。

A.3 药品试剂

a) 涂料用 PVDF 树脂。

b) 丙烯酸树脂（推荐用 B44）。

c) 异佛尔酮：95%。

d) 分散液配方：树脂（PVDF+B44）/异佛尔酮=7/10（质量比）；
PVDF 与 B44 的质量比分别为 5/5，6/4，7/3，8/2，9/1。

A.4 仪器设备

a) 叶轮搅拌机：0～3 000 r/min。

b) 线棒：规格 44 μm。

c) 鼓风烘箱：≥255 ℃。

d) 示差扫描量热仪（DSC）。

e) 分析天平：精确到 0.01 mg。

f) 温度计：0～100 ℃

A.5 试验步骤

A.5.1 制备分散液

a) 按配方称取好药品。

b) 将异佛尔酮置于容器中，安装好搅拌设备，开启搅拌，转速 1 500 r/min。

c) 缓缓加入 B44，搅拌 24 h，使之完全溶解。

d) 将转速升至 2 000 r/min，缓缓加入 PVDF，加料完毕后搅拌 30 min，此过程中控制分散液温度≤37 ℃。

A.5.2 制备涂层

a) 将表面洁净的薄铝板用夹子固定在平台上，线棒搁置在薄铝板的一端，与铝板的纵向正交。

b) 烘箱升温至 245 ℃。

c) 用一次性滴管吸取足量分散液，均匀滴加在线棒刮下方向一侧与薄铝板的间隙处，双手各持线棒的一端，迅速刮下形成厚度均匀的液膜。

d) 将薄铝板放入烘箱中烘 12 min，取出迅速在常温去离子水中淬火。

A.5.3 DSC测试

用单面刀片小心的将涂层刮下，严禁带入铝屑。称取约5 mg样品进行测试。

从室温按10 ℃/min升至220 ℃，恒温5 min，然后按10 ℃/min降至40 ℃，恒温5 min，再按10 ℃/min升至220 ℃。对PVDF纯样及各不同配比试样进行测试，每种测五次平行样，以五次平行样的算术平均值作为各个配比试样的熔点，要求误差不超过0.2 ℃。

A.5.4 绘制标准曲线

以PVDF占树脂质量为横坐标，各配比熔点与PVDF纯样熔点之差为纵坐标作图，得到熔点下降—PVDF含量标准曲线。

A.5.5 样品检测

a) 用单面刀片小心的将样品涂层的面漆刮下，严禁带入底漆。按上述DSC测试方法测试熔点。

b) 求得试样与纯PVDF树脂熔点之差，在熔点下降—PVDF含量标准曲线上得出相应的PVDF含量。

附 录 B
（规范性附录）
落砂试验方法

B.1 范围

本附录规定了采用落砂试验测定氟碳涂层、陶瓷涂层和阳极氧化膜耐磨性的方法。

B.2 方法提要

用规定的磨料在一定高度自由落下，冲刷试样表面的膜，直至磨穿膜层并露出规定大小尺寸的铝材为止，用落下磨料的体积或质量评定耐磨性能。

B.3 试验用磨料及仪器

B.3.1 试验用磨料

对于氟碳涂层和陶瓷涂层采用 SiO_2 含量大于 96%，烧失量不超过 0.40%，含泥量不超过 0.20%，粒度 0.65 mm 筛余量小于 3%，粒度 0.40 mm 筛余量 40%±5%，粒度 0.25 mm 筛余量大于 94%的标准砂。

阳极氧化膜采用符合 GB/T 2480 标准规定的 80 号黑碳化硅（每次使用之前应在 105 ℃温度下烘干）。

B.3.2 试验用仪器

氟碳涂层和陶瓷涂层耐磨耗性试验仪器如图 B.1 所示，落砂流量为 7 L/min±0.5 L/min。

阳极氧化膜耐磨耗性试验仪器如图 B.2 所示，落砂流量为 320 g/min。

单位为毫米

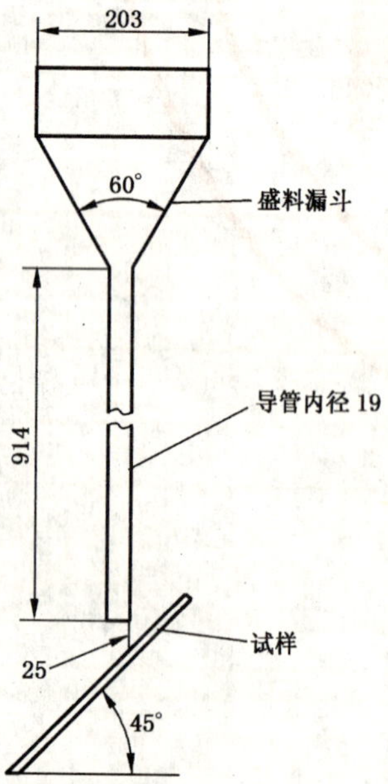

图 B.1 氟碳涂层和陶瓷涂层落砂试验仪器结构示意图

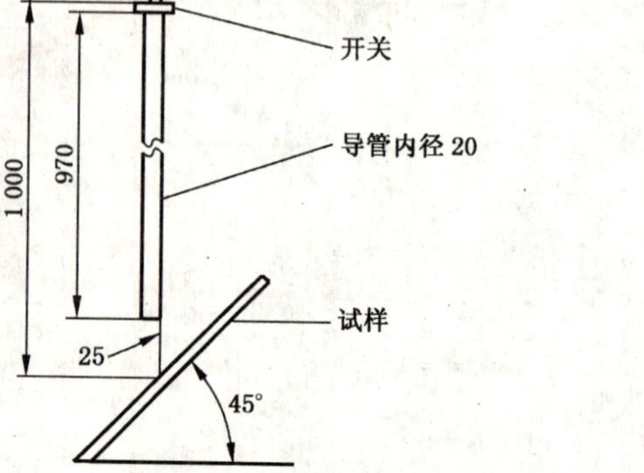

图 B.2 阳极氧化膜落砂试验仪器结构示意图

B.4 试样准备

试样在铝单板的装饰面上截取。试样的尺寸为 150 mm×200 mm。

B.5 试验环境

试验应在相对湿度不大于 80%的环境下进行。

B.6 试验步骤

在每个试样表面划出 3 个直径 25 mm 的圆形区域作为待试验部位，按照 GB/T 4957 在每个区域内多次(至少三次)测量膜厚并求出算术平均值 T 作为该区域的膜厚值。

将试样安放到仪器上，使其中一个圆形区域的中心正好位于导管的正下方。在漏斗中不断加入试验用砂，通过导管中的落砂连续冲刷试样表面。

氟碳涂层和陶瓷涂层磨到露出直径为 4 mm 圆点的铝材为止时计算总的用砂量；

阳极氧化膜试样受检面上出现一个小黑点，并逐渐扩大至 2 mm 左右时计算总的用砂量。

B.7 试验结果计算

氟碳涂层和陶瓷涂层耐磨性按(B.1)式计算：

$$A=\frac{V}{T} \qquad \cdots\cdots\text{(B.1)}$$

式中：

A——耐磨性，单位为升每微米(L/μm)；

V——总的用砂量，单位为升(L)；

T——圆形区域内的膜厚，单位为微米(μm)。

阳极氧化膜耐磨性按(B.2)式计算：

$$f=\frac{m}{T} \qquad \cdots\cdots\text{(B.2)}$$

式中：

f——耐磨性，单位为克每微米(g/μm)；

m——所消耗磨料的质量，单位为克(g)；

T——圆形区域内的膜厚，单位为微米(μm)。

取全部耐磨耗性试验值的平均值作为试验结果。

附 录 C
（规范性附录）
铝单板自然气候曝露试验方法

C.1 范围

本附录规定了铝单板自然气候曝露试验方法的曝露场地、试验架、试验样板及试验步骤。

本附录适用于开放式自然气候曝露试验，用于评价铝单板在室外自然条件下的曝露时的耐候性。

C.2 曝露试验场

曝露试验场应符合下列要求：

a） 曝露试验场应选在能代表气候类型的典型地区或在受试产品实际使用环境条件下建立。

b） 曝露场地应平坦、空旷、不集水、草高不超过 0.3 m。

c） 曝露场附近应无工厂烟筒和能散发大量腐蚀性气体的设施，避免局部严重污染的影响。

d） 曝露试验场内要设置气象观测仪器，位于气象站附近的曝露场，可以直接利用该站观测资料。气象资料主要包括：气温、湿度、日照时数、太阳辐射量、降雨量、风速、风向等。

C.3 曝露试验架

曝露架应符合下列要求：

a） 曝露架是摆设在曝露场内用于曝露试样的支架，应由不影响试验结果的惰性材料，如木材、钢筋混凝土、铝合金或经涂刷防腐涂料的钢材制成。结构力求坚固，经得起当地最大风力的吹刮。

b） 曝露架内的样板应与金属绝缘，并尽可能不与木材或多孔材料接触。推荐使用瓷绝缘子来固定样板。

c） 曝露架的摆放应保证架子间自由通风，避免互相遮挡阳光和便于工作，行距一般不小于 1 m。

d） 曝露架的底端离地面不小于 0.5 m。

e） 曝露架面向赤道，并与地平线成 45°角曝露样板。为使样板表面接受最大的太阳辐射量，宜把曝露架面与地平线成当地纬度角摆放。

C.4 试验样板

自然气候曝露试验的试样尺寸规定为 300 mm×300 mm，同时制备三块曝露样板和一块对照用标准样板，切取时距板边距离不得少于 50 mm。标准样板保存在室内通风、干燥、不受光照的地方。

C.5 试验步骤

试验步骤如下：

a） 观测涂膜外观，如光泽、颜色，并作好原始记录，主要包括：试样生产厂家名称、原始光泽、膜厚、表面状态以及投试日期等。

b） 曝露试验的结果会随投试季节的不同而改变，但这种影响会随曝露时间的延长而减少。曝露投试季节一般规定在每年春末夏初。

c） 以年和月作为曝露试验的时间单位。如无特殊规定，投试一年内，每月检查一次；超过一年后，每三个月检查一次。也可使用样板表面接受太阳辐射量作为曝露周期。当天气骤变时，应随时检查，如有异常现象应做记录或拍照。

d) 样板曝露到规定时间后按 GB/T 9754、GB/T 11186.2 和 GB/T 11186.3 测量光泽和颜色，按 GB/T 1766 评价涂膜的其他老化性能。

C.6 试验报告

试验报告应包括下列内容：

a) 受试产品的名称；

b) 曝露场地及曝露角度；

c) 曝露起始和终止时间；

d) 试验结果。

附 录 D
（资料性附录）
保 护 膜

D.1 技术要求

保护膜的性能由表 D.1 所示：

表 D.1 保护膜性能

项 目	技术要求
厚度	≥0.05 mm 或由供需双方商定
剥离强度/(N/mm)	0.15～0.50
拉伸强度/MPa	≥10
直角撕裂强度/(N/mm)	≥35
遗胶性/%	≤5
耐老化性[a]	外观无异常 色差 $\Delta E \leq 2$ 剥离强度 0.15 N/mm～0.50 N/mm 遗胶性≤5%
耐低温性/%	外观无异常 剥离强度 0.15 N/mm～0.50 N/mm 遗胶性≤5%
耐高温性/%	外观无异常 剥离强度 0.15 N/mm～0.50 N/mm 遗胶性≤5%

[a] 仅针对有老化要求铝单板所用的保护膜。

D.2 试验方法

D.2.1 厚度

按 GB/T 6672 的规定进行。

D.2.2 剥离强度

取一块尺寸为 300 mm×300 mm（规格尺寸小于 300 mm 的按实际尺寸选取）的实际要保护的铝单板，用丙酮洗净，加热到(80±5)℃，以 10 N/cm 的压力用橡胶辊将一块同样尺寸的保护膜碾压贴到铝单板表面，自然冷却到室温，然后按 GB/T 2790 的规定进行 180°剥离强度的试验，剥离中保护膜应无断裂。

D.2.3 拉伸强度

按 GB/T 1040.3 的规定进行。

D.2.4 直角撕裂强度

按 GB/T 11999 的规定进行。

D.2.5 遗胶性

取四块尺寸为 100 mm×200 mm 的实际要保护的铝单板，一块留作参照板，其余三块按 D.2.2 粘贴好保护膜后自然冷却到室温，撕去保护膜，对比参照板按 GB/T 9780 的规定进行贴保护膜前后铝单板的耐沾污性的对比，按公式(D.1)计算遗胶性。

$$R = 100 \times \frac{f_0 - f_1}{f_0} \qquad \cdots\cdots\cdots\cdots (D.1)$$

式中：

R——遗胶性，%；

f_0——未贴保护膜部分的反射系数；

f_1——贴过保护膜部分的反射系数。

取三块试样测试值的算术平均值作为试验结果。

D.2.6 耐老化性

取四块尺寸为 100 mm×100 mm 的实际要保护的铝单板，一块留作参照板，其余三块按 D.2.2 的方法粘贴好保护膜进行老化试验。将贴保护膜的一面朝向光源，按 7.12.2 的方法进行 168 h 的老化试验。取出自然放置到室温，观察距离板边 10 mm 以里的保护膜有无鼓泡、剥落、脱落等异常；按 GB/T 2790 的规定测量剥离强度，剥离中保护膜应无断裂；撕去保护膜后对比参照板测量经老化试验前后铝单板的色差及遗胶性，色差测量按 GB/T 11186.2、GB/T 11186.3 进行；遗胶性测量按 D.2.5 的方法进行。

D.2.7 耐低温性

取四块尺寸为 300 mm×300 mm(规格尺寸小于 300 mm 的按实际尺寸选取)的实际要保护的铝单板，一块留作参照板，其余三块按 D.2.2 的方法粘贴好保护膜，放置在(−35±2)℃下恒温 168 h。取出自然放置到室温，观察距离板边 10 mm 以里的保护膜有无鼓泡、剥落、脱落等异常；按 GB/T 2790 的规定测量剥离强度，剥离中保护膜应无断裂；撕去保护膜后按 D.2.5 的方法测量遗胶性。

D.2.8 耐高温性

取四块尺寸为 300 mm×300 mm(规格尺寸小于 300 mm 的按实际尺寸选取)的实际要保护的铝单板，一块留作参照板，其余三块按 D.2.2 的方法粘贴好保护膜，放置在(70±2)℃下恒温 168 h，取出自然放置到室温。观察距离板边 10 mm 以里的保护膜有无鼓泡、剥落、脱落等异常；按 GB/T 2790 的规定测量剥离强度，剥离中保护膜应无断裂；撕去保护膜后按 D.2.5 的方法测量遗胶性。

参 考 文 献

[1] GB/T 1040.3—2006 塑料 拉伸性能的测定 第3部分:薄膜和薄片的试验条件
[2] GB/T 2480—2008 普通磨料 碳化硅
[3] GB/T 2790—1995 胶粘剂180°剥离强度试验方法 挠性材料对刚性材料
[4] GB/T 6672—2001 塑料薄膜和薄片厚度测定 机械测量法
[5] GB/T 6673—2001 塑料薄膜和薄片长度和宽度的测定
[6] GB/T 11999—1989 塑料薄膜和薄片耐撕裂性能试验方法 埃莱门多夫法

ICS 91.060
Q 73

中华人民共和国国家标准

GB/T 23444—2009

金属及金属复合材料吊顶板

Metal and metal-composite ceilings

2009-03-28 发布　　2010-01-01 实施

中华人民共和国国家质量监督检验检疫总局
中国国家标准化管理委员会　发布

前　言

本标准与 EN 13964:2004《吊顶——要求和测试方法》和欧洲金属吊顶板工业技术协会标准 TAIM e. V. November 2003《金属吊顶技术手册》的一致性程度为非等效。

本标准的附录 A 为规范性附录,附录 B 为资料性附录。

本标准由中国建筑材料联合会提出。

本标准由全国轻质与装饰装修建筑材料标准化技术委员会(SAC/TC 195)归口。

本标准负责起草单位:中国建筑材料检验认证中心、国家建筑材料测试中心。

本标准参加起草单位:亨特道格拉斯工业(中国)有限公司、香港成功国际(集团)有限公司、佛山市中茂金属建材有限公司、广州荔湾区金霸装饰材料厂、上海阿鲁考装饰材料有限公司、林德纳新型建筑材料(太仓)有限公司、佛山市顺德区红岛实业有限公司、佛山市南海华狮龙金属装饰制品有限公司、佛山市顺德区高士达建筑装饰材料有限公司、广州帝森建材有限公司、天津金邦建材有限公司、金筑铝业(北京)有限公司、广州康普顿至高建材有限公司、浙江帝龙新材料股份有限公司、无锡万博涂料化工有限公司、肇庆金三力机械建材有限公司、沈阳紫薇机电设备有限公司、西安西飞天澳金属建材有限公司、广州迪高建材有限公司、广东广弘铝业有限公司、中盛建材有限公司。

本标准主要起草人:蒋荃、刘婷婷、刘翼、徐晓鹏、刘玉军、赵春芝、马丽萍。

本标准为首次发布。

金属及金属复合材料吊顶板

1 范围

本标准规定了金属及金属复合材料吊顶板(以下简称吊顶板)的术语和定义、分类代号、分级及标记、原材料、要求、试验方法、检验规则、标志、包装、运输、贮存及随行文件。

本标准适用于建筑装饰装修用吊顶板。

2 规范性引用文件

下列文件中的条款通过本标准的引用而成为本标准的条款。凡是注日期的引用文件,其随后所有的修改单(不包括勘误的内容)或修订版均不适用于本标准,然而,鼓励根据本标准达成协议的各方研究是否可使用这些文件的最新版本。凡是不注日期的引用文件,其最新版本适用于本标准。

GB/T 191 包装储运图示标志(GB/T 191—2008,ISO 780:1997,MOD)

GB/T 1452 夹层结构平拉强度试验方法

GB/T 1732 漆膜耐冲击性测定法

GB/T 1740 漆膜耐湿热测定法

GB/T 1766 色漆和清漆 涂层老化的评级方法(GB/T 1766—2008,ISO 4628-1:2003,NEQ)

GB/T 2918 塑料试样状态调节和试验的标准环境

GB/T 3190 变形铝及铝合金化学成分

GB/T 3880.2 一般工业用铝及铝合金板、带材 第2部分:力学性能

GB/T 3880.3 一般工业用铝及铝合金板、带材 第3部分:尺寸偏差

GB/T 4956 磁性基体上非磁性覆盖层 覆盖层厚度测量 磁性法(GB/T 4956—2003,ISO 2178:1982,IDT)

GB/T 4957 非磁性基体金属上非导电覆盖层 覆盖层厚度测量 涡流法(GB/T 4957—2003,ISO 2360:1982,IDT)

GB/T 6388 运输包装收发货标志

GB/T 6461 金属基体上金属和其他无机覆盖层 经腐蚀试验后的试样和试件的评级(GB/T 6461—2002,ISO 10289:1999,IDT)

GB/T 6739 色漆和清漆 铅笔法测定漆膜硬度(GB/T 6739—2006,ISO 15184:1998,IDT)

GB 8624 建筑材料及制品燃烧性能分级

GB/T 8753.2 铝及铝合金阳极氧化 氧化膜封孔质量的评定方法 第2部分:硝酸预浸的磷铬酸法

GB/T 9286 色漆和清漆 漆膜的划格试验(GB/T 9286—1998,EQV ISO 2409:1992)

GB/T 9754 色漆和清漆 不含金属颜料的色漆漆膜的20°、60°和85°镜面光泽的测定(GB/T 9754—2007,ISO 2813:1994,IDT)

GB/T 9761 色漆和清漆 色漆的目视比色(GB/T 9761—2008,ISO 3668:1998,IDT)

GB/T 10125 人造气氛腐蚀试验 盐雾试验(GB/T 10125—1997,eqv ISO 9227:1990)

GB/T 11186.2 漆膜颜色的测量方法 第二部分 颜色测量(GB/T 11186.2—1989,eqv ISO 7724.2:1984)

GB/T 11186.3 漆膜颜色的测量方法 第三部分 色差计算(GB/T 11186.3—1989,eqv ISO 7724.3:1984)

GB/T 12754 彩色涂层钢板及钢带

GB/T 16259—2008 建筑材料人工气候加速老化试验方法

GB/T 20247 声学 混响室吸声测量(GB/T 20247—2006,ISO 354:2003,IDT)

3 术语和定义

下列术语和定义适用于本标准。

3.1

金属吊顶板 metal ceiling

将单层金属材料加工成型后用作吊顶的表面有保护性和装饰性涂层、氧化膜或塑料薄膜的装饰板。

注:本标准中将涂层、氧化膜与塑料薄膜通称为膜。

3.2

金属复合材料吊顶板 metal composite ceiling

将金属装饰面与其他金属或非金属材料复合并加工后用作吊顶的表面有保护性和装饰性膜的装饰板。

3.3

条板 linear ceiling

连续辊轧成型的金属及金属复合材料吊顶板。

3.4

块板 tile and plank

平面的矩形金属及金属复合材料吊顶板。

3.5

异形板 special-shaped ceiling

不规则形状金属及金属复合材料吊顶板。

3.6

格栅 grid

由组条构成的单元组块组合成吊挂网架从而形成一个连续的通透式装饰板块。

3.7

覆膜 film

涂上粘合剂经加热、加压后粘在金属表面的塑料薄膜。

3.8

阳极氧化膜 anodized film

通过阳极氧化处理在铝及铝合金表面形成的氧化物保护膜。

3.9

装饰面 exposed surface

吊顶板完成安装后,仍可看得见的表面。

3.10

局部膜厚 local film thickness

在吊顶板装饰面上某个面积不大于 1 cm^2 的考察面内作若干次(不少于三次)膜厚测量所得的测量值的平均值。

3.11

平均膜厚 average film thickness

在吊顶板装饰面上测出的若干个(不少于五处)局部膜厚值的算术平均值。

3.12

最小局部膜厚　min film thickness

在吊顶板装饰面上测出的若干个局部膜厚值中的最小值。

4　分类、代号、分级及标记

4.1　分类、代号

4.1.1　按表面处理工艺分

a）辊涂代号为 GT；

b）喷涂：

粉末喷涂代号为 FPT；

液体喷涂代号为 YPT；

c）覆膜代号为 FM；

d）阳极氧化代号为 YH。

4.1.2　按材料分

a）金属吊顶板代号为 JS(铝及铝合金基材、钢板基材、不锈钢基材、铜基材等)；

b）金属复合材料吊顶板代号为 JF(例如蜂窝板)。

4.1.3　按形状分

a）条板代号为 T；

b）块板代号为 K；

c）格栅代号为 G；

d）异形板代号为 Y。

4.1.4　按功能分

a）有吸声孔代号为 YK；

b）无吸声孔代号为 WK。

4.2　分级

按照吊顶板的尺寸偏差分为优等品和合格品。

4.3　标记

4.3.1　标记方法

按吊顶板产品名称、表面处理工艺、材料、形状、功能、尺寸、基材厚度(不包括涂层厚度但钢基材包括镀层)以及标准编号顺序进行标记。

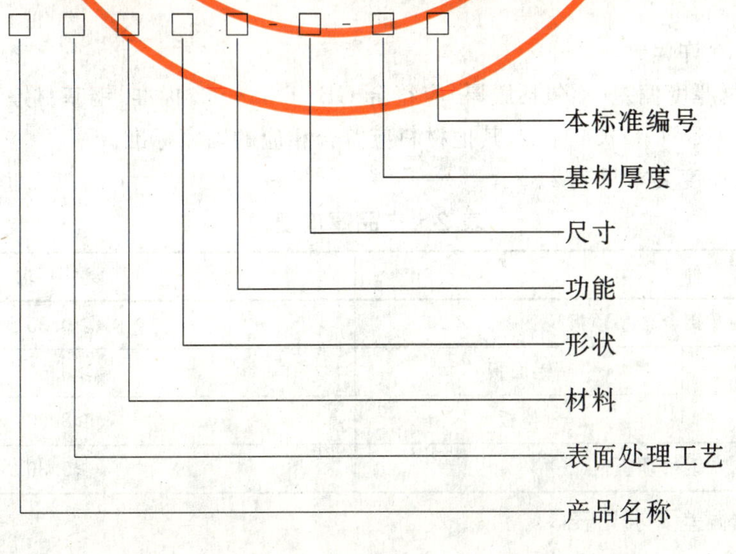

4.3.2 标记示例

示例1：长6 000 mm，宽80 mm，折边高度12 mm，基材厚度0.8 mm，表面辊涂的无孔金属条板，其标记为：金属吊顶板 GT JS T WK-6000×80×12-0.8 GB/T 23444—2009

示例2：长6 000 mm，宽80 mm，折边高度12 mm，面板基材厚度1.0 mm，芯子厚度10 mm，表面辊涂的无孔铝蜂窝块板，其标记为：铝蜂窝吊顶板 GT JF K WK-6000×80×12-(1.0-10) GB/T 23444—2009

5 原材料

5.1 基材化学成分

吊顶板所用铝材的化学成分应符合GB/T 3190要求。所用钢材的化学成分应符合GB/T 12754要求。其他材料应符合相应的国家标准。

5.2 基材力学性能

吊顶板所用铝材的力学性能应符合GB/T 3880.2要求。所用钢材的力学性能应符合GB/T 12754要求。其他材料应符合相应的国家标准。

6 要求

6.1 外观质量

板材边部应切齐，无毛刺、裂边。板材不允许有开焊等。外观应整洁，图案清晰、色泽基本一致，无明显擦伤和毛刺；装饰面不得有明显压痕、印痕和凹凸等痕迹；目视无明显色差，仲裁时白色 $\Delta E \leqslant 1.0$，其他颜色 $\Delta E \leqslant 1.5$。

装饰面其他外观质量见表1。

表1 其他外观质量要求

分类	外观质量要求
辊涂	不得有漏涂、波纹、鼓泡或穿透涂层的损伤。
液体喷涂	涂层应无流痕、裂纹、气泡、夹杂物或其他表面缺陷。
粉末喷涂	涂层应平滑、均匀，不允许有皱纹、流痕、鼓泡、裂纹、发粘。
覆膜	无针孔、鱼眼、鼓泡、折痕、杂质印、气泡、毛刺、水纹、分层、剥离、面膜皱褶和面膜划伤等，花纹无差异。
阳极氧化	不允许有电灼伤、氧化膜脱落及开裂等缺陷。

6.2 尺寸偏差

6.2.1 基材厚度及允许偏差

铝及铝合金基材厚度偏差(不包括膜厚)应符合GB/T 3880.3标准，钢基材厚度偏差(不包括膜厚但包括镀层)应符合GB/T 12754标准，其他材料应符合相应的国家标准。

6.2.2 吊顶板产品厚度要求见表2。

表2 产品厚度要求

单位为毫米

种类		要求
铝及铝合金吊顶板		≥0.35
铝蜂窝吊顶板	铝面板	≥0.50
	整板	≥8.00
钢吊顶板		≥0.30

6.2.3 条板形尺寸偏差要求见表3。

表 3　条板形尺寸偏差要求

单位为毫米

项　目		要　求	
		优等品	合格品
长度 l	850＜l≤3 000	±1.25	±2
	3 000＜l≤6 000	—	±2
宽度 b		—	±0.75
折边高度 h		—	±0.5

6.2.4　块板尺寸偏差要求见表 4。

表 4　块板尺寸偏差要求

项　目		要　求	
		优等品	合格品
长度 l	l≥1 000, mm/m	−0.4～0	−1～0
	l＜1 000, mm	−0.3～0	−1～0
宽度 b/mm		−0.3～0	−1～0
折边高度 h/mm		—	±0.3

6.2.5　格栅高度偏差应不超过±1.0 mm。

6.2.6　产品棱边应平直，最大弯曲不大于 2‰。

6.2.7　条板挠度要求见表 5 和图 1，格栅挠度要求参照条板挠度的要求。

表 5　条板挠度要求

单位为毫米

位置	宽度 b≤100	100＜宽度 b≤200	200＜宽度 b≤300	300＜宽度 b≤400
A	−1.0～+1.5	−1.25～+2.0	−1.5～+2.5	−1.75～+2.7
B	−1.5～+1.5	−2.5～+2.0	−3.5～+2.5	−4.0～+2.7

单位为毫米

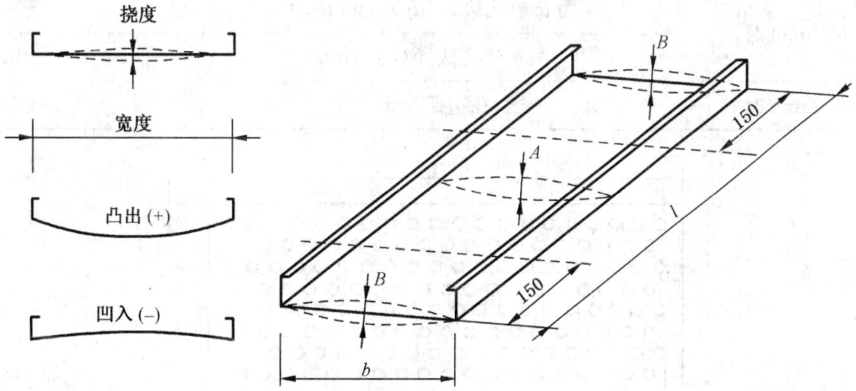

l——样品长度；

b——样品宽度；

A——中部挠度；

B——端部挠度。

图 1　条板挠度示意图

6.2.8　块板挠度要求见表 6 和图 2。

表 6　块板挠度要求

单位为毫米

宽度 b	长度 $l \leqslant 1\,000$		$1\,000 < $ 长度 $l \leqslant 2\,000$		$2\,000 < $ 长度 $l \leqslant 3\,000$	
	边部 C	中间 D	边部 C	中间 D	边部 C	中间 D
$b \leqslant 400$	−0.5～+0.5	−0.2～+3.0	−0.5～+1.5	−0.2～+4.0	−0.5～+3.0	−0.2～+6.0
$400 < b \leqslant 500$		0～+4.0		0～+5.0	−0.5～+3.5	0～+7.0
$500 < b \leqslant 625$		0～+6.0		0～+7.0	−0.5～+4.0	0～+9.0
$625 < b \leqslant 1\,250$		0～+10.0		0～+13.0	合同约定	

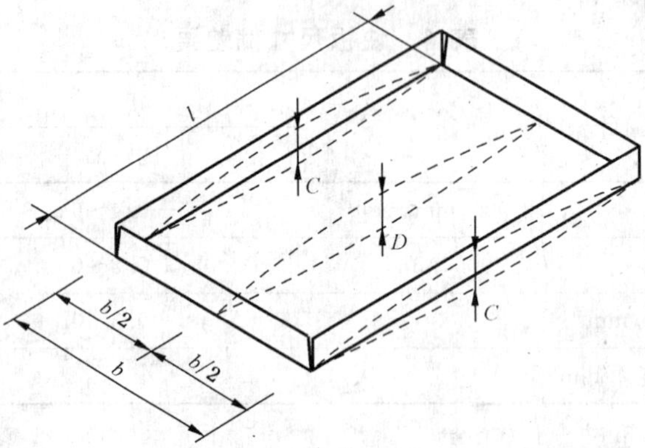

l——样品长度；

b——样品宽度；

C——边部挠度；

D——中间挠度。

图 2　块板挠度示意图

6.2.9　穿孔板孔边距要求见表 7。

注：其孔的排列方式有很多种，图 3 所示是其中一种。

表 7　有孔天花板微孔尺寸要求

项　目		允　差
长度大于 1 000 mm 时	距长边孔边距(d_1)/(mm/m)	±0.90
	距短边孔边距(d_2)/mm	±0.50
长度小于 1 000 mm 时	孔边距/mm	±0.50

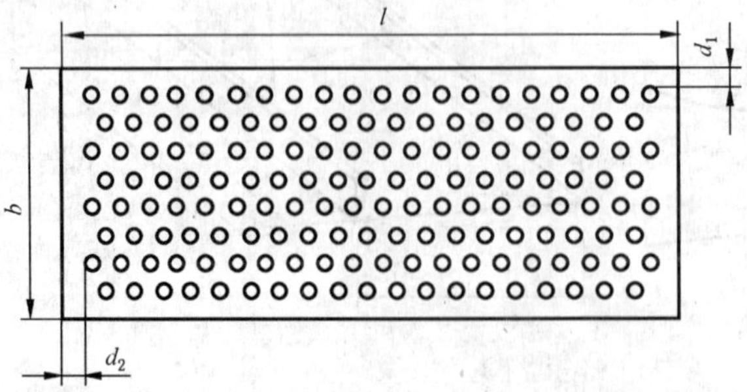

l——样品长度；

b——样品宽度；

d_1——距长边孔边距；

d_2——距短边孔边距。

图 3　有孔天花板微孔尺寸示意图

6.2.10 异形板的尺寸偏差可由供需双方商定。

6.3 膜厚

表 8 膜厚要求

单位为微米

表面种类			膜厚要求	
辊涂		氟碳	二涂	平均膜厚≥25,最小局部膜厚≥23
			三涂	平均膜厚≥32,最小局部膜厚≥30
		聚酯、丙烯酸	平均膜厚≥16,最小局部膜厚≥14	
喷涂	液体	氟碳	二涂	平均膜厚≥30,最小局部膜厚≥25
			三涂	平均膜厚≥40,最小局部膜厚≥34
			四涂	平均膜厚≥65,最小局部膜厚≥55
		聚酯、丙烯酸	平均膜厚≥25,最小局部膜厚≥20	
	粉末	聚酯	最小局部膜厚≥40	
覆膜			150～180	
阳极氧化		AA5[a]	平均膜厚≥5,最小局部膜厚≥4	
		AA10	平均膜厚≥10,最小局部膜厚≥8	
		AA15	平均膜厚≥15,最小局部膜厚≥12	
		AA20	平均膜厚≥20,最小局部膜厚≥16	
		AA25	平均膜厚≥25,最小局部膜厚≥20	

[a] AA 为阳极氧化膜厚度级别的代号。

6.4 性能

表 9 性能要求

项　目			要　求
光泽度偏差		光泽度<30	±4
		30≤光泽度<70	±5
		光泽度≥70	±6
附着力[a]		铝及铝合金基材	0 级
		钢基材	≤5T
漆膜硬度[a]			≥HB
耐冲击性[a]/(N·m)		铝及铝合金基材	≥4
		钢基材	≥6
耐酸性[a]			无变化
耐碱性[a]			无变化
耐油性			无变化
封孔质量[b]/(mg/dm^2)			失重≤30
涂层耐久性[c]	耐盐雾性[d]	阳极氧化(铜加速乙酸盐雾试验)	≥9 级
		其他涂层(中性盐雾试验)	不次于 1 级
	耐湿热性		不次于 1 级

表 9（续）

<table>
<tr><td colspan="3">项　目</td><td>要　求</td></tr>
<tr><td rowspan="4">涂层耐久性[c]</td><td rowspan="4">耐人工候加速老化性[d]</td><td>色差</td><td>$\Delta E \leqslant 3.0$</td></tr>
<tr><td>光泽保持率</td><td>≥70%</td></tr>
<tr><td>粉化</td><td>不次于 0 级</td></tr>
<tr><td>其他老化性能</td><td>不次于 0 级</td></tr>
<tr><td colspan="3">耐沸水性[e]</td><td>无变化</td></tr>
<tr><td colspan="3">平面拉伸粘结强度[f]/MPa</td><td>≥0.6</td></tr>
<tr><td colspan="4">a 此项不适用于阳极氧化吊顶板；
b 此项仅适用于阳极氧化吊顶板；
c 如果有额外要求，由双方协商规定试验时间；
d 此项仅适用于室外、半室外用及其他有耐久性要求的吊顶板；
e 此项仅适用于金属复合材料和覆膜吊顶板；
f 此项仅适用于金属复合材料吊顶板。</td></tr>
</table>

6.5　吊顶风荷载试验

当有特殊要求时，应进行风荷载试验。在试验风荷载条件下，吊顶板与吊顶系统应连接牢固，无损坏和脱落，板面最大残余变形量不超过 2 mm。

6.6　吸声或防火要求

当有吸声或防火要求时，其指标由供需双方商定。

7　试验方法

7.1　试验环境

试验前，试样应在 GB/T 2918 规定的标准环境即温度 23 ℃±2 ℃、相对湿度 60%±15%的条件下放置 24 h，除特殊规定外，试验也应该在该条件下进行。

7.2　试样制备

试样的制取位置应在距产品边部大于 50 mm 的区域内，试样的尺寸及数量见表 10。

表 10　试样尺寸及数量

<table>
<tr><td>试验项目</td><td>试样尺寸/mm</td><td>试样数量/块</td></tr>
<tr><td>外观质量</td><td>整板</td><td>至少 2（总面积不小于 1 m²）</td></tr>
<tr><td>尺寸偏差</td><td rowspan="3">整张板</td><td rowspan="3">3</td></tr>
<tr><td>膜厚</td></tr>
<tr><td>光泽度偏差</td></tr>
<tr><td>附着力</td><td>50×75</td><td>3</td></tr>
<tr><td>漆膜硬度</td><td>50×75</td><td>3</td></tr>
<tr><td>耐冲击性</td><td>75×150</td><td>3</td></tr>
<tr><td>耐酸性</td><td>100×100</td><td>3</td></tr>
</table>

表 10（续）

试验项目	试样尺寸/mm	试样数量/块
耐碱性	100×100	3
耐油性	100×100	3
封孔质量	200×200	3
耐盐雾性	100×150	4
耐湿热性	100×150	4
耐人工候加速老化	100×150	4
耐沸水性	150×150	3
平面拉伸粘结强度	50×50	6

7.3 外观质量

按照 GB/T 9761 的规定，在非阳光直射的自然光条件下进行试验。将板并排侧立拼成一面，距拼成的板面中心 3 m 处垂直目测，试验中应保持试样生产方向的一致性。抽取和摆放试样者不参与目测试验。

色差仲裁试验时，单色产品按 GB/T 11186.2 和 GB/T 11186.3 的规定进行色差评价，金属漆和阳极氧化膜以目视观察为准。

7.4 尺寸偏差

7.4.1 产品厚度

用最小分度值为 0.001 mm 的厚度测量器具测量试样的厚度，每件试样上至少测量四角和中心五个位置。以全部测量值的算术平均值作为试验结果。

7.4.2 基材厚度

基材厚度的测量应至少在整张板的四角和中心五个位置取点。先按 7.4.1 测量试样某个点的总厚度，然后按照 GB/T 4957 的规定测量该点的局部膜厚，以总厚度与局部膜厚的差值为该点的基材厚度。以全部测量值与标称值之间的极限偏差作为试验结果。

7.4.3 长度、宽度

用最小分度值为 1 mm 的钢卷尺和最小分度值为 0.01 mm 游标卡尺测量。其中条形板宽度在距离端部 150 mm 以上的位置测量，每件样品上至少测量三点。以全部测量值与标称值之间的极限偏差作为试验结果。

7.4.4 折边高度

在距离端部 150 mm 以上的位置用最小分度值为 0.01 mm 游标卡尺测量，每条棱边应至少测两头和中间三个位置。以全部测量值与标称值之间的极限偏差作为试验结果。

7.4.5 棱边最大弯曲

用钢直尺或平板配合塞尺使用。以全部测量值中的最大值作为试验结果。

7.4.6 挠度

7.4.6.1 条板挠度

用最小分度值为 0.001 mm 的测量器具测量，其中挠度 A 的测量至少距端部 150 mm。以全部测量值中的最大值作为试验结果。

7.4.6.2 块板挠度

如图 4 所示，块板挠度用平台和最小分度值为 0.001 mm 的百分表测量。以全部测量值中的最大值作为试验结果。

单位为毫米

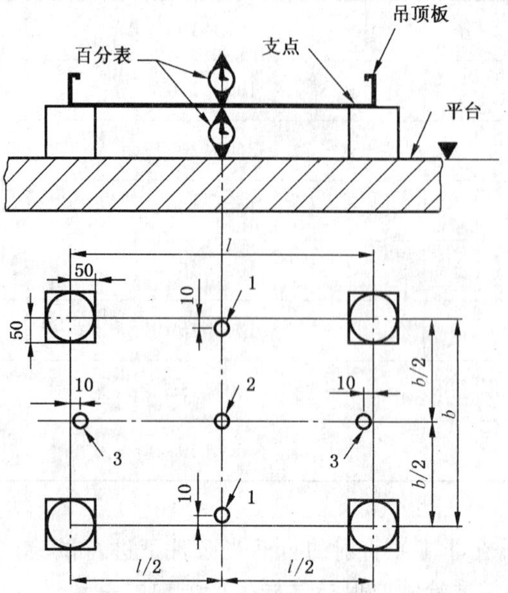

l——样品长度；

b——样品宽度；

1——边部挠度 C；

2——中间挠度 D；

3——边长相等时的边部挠度 C。

图 4 块板挠度试验示意图

7.4.7 穿孔板孔边距

微孔距边界距离用最小分度值为 0.02 mm 游标卡尺测量，每边应至少测两头和中间三个位置。以全部测量值与标称值之间的最大差值作为试验结果。

7.5 膜厚

按照 GB/T 4956 或 GB/T 4957 的规定进行测量，每件试样上至少要测量四角和中心五个位置的局部膜厚。

7.6 光泽度

按照 GB/T 9754 中规定的 60°入射角进行试验，每件试样上至少要测量四角和中心五个位置。试验中应保持试样生产方向的一致性。以全部测量值中极大值和极小值与标称值之差值作为试验结果。

7.7 涂层附着力

7.7.1 铝及铝合金基材吊顶板涂层附着力

铝及铝合金基材吊顶板涂层附着力测量按照 GB/T 9286 的规定进行，取三块试样中的最差值为试验结果。

7.7.2 钢基材吊顶板涂层附着力

钢基材吊顶板涂层附着力按下述弯曲试验方法进行：

弯曲试验如图 5 所示是指把涂层钢板的涂层面朝外绕自身紧贴裹卷进行 180°弯曲，测定涂层无开裂或脱落等破坏现象时的最小裹卷次数。

将从试件上取下的涂层钢材作为试样，一端留出 13 mm～20 mm 的距离便于夹持，使试样涂层面朝外绕自身紧贴裹卷进行 180°弯曲。首先弯曲超过 90°，再用带有光滑钳口套的夹具夹紧成 180°，中间不留空隙，称为 0T。用宽 25 mm，粘着力(10±1)N/25 mm 的胶带剥离后，检查涂层(可用 5 倍～10 倍的低倍放大镜)有无开裂或脱落,距试样边部5 mm以内的涂层脱落不计,如有,再继续紧贴试样前次所裹卷部分再裹卷弯曲180°,中间不留空隙,称为1T,重复0T的步骤检查涂层。如此进行2T、3T……,直到涂层首次不产生开裂或脱落为止。取三块试样中最大值为试验结果。

单位为毫米

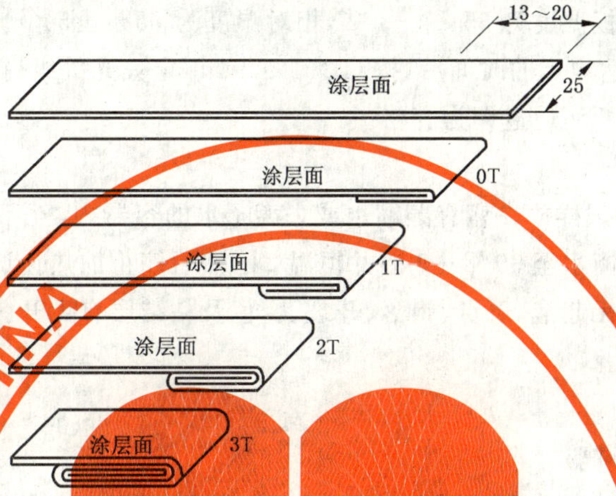

图5 弯曲试验示意图

7.8 漆膜硬度

按照GB/T 6739的规定进行。取全部漆膜硬度(划破)值中的最差值作为试验结果。

7.9 耐冲击性

7.9.1 铝及铝合金基材吊顶板耐冲击性

按照GB/T 1732的规定使用1 000 g冲击锤,冲头直径为15.9 mm±0.3 mm的冲头进行试验,铝及铝合金基材吊顶板试样装饰面朝上,冲击后试样涂层应该无开裂或脱落且正反面基材无明显裂纹。以三块试样中性能最差结果为试验结果。

7.9.2 钢基材吊顶板涂层耐冲击性

按照7.9.1进行试验,试样装饰面朝下,冲击后试样涂层应该无开裂或脱落且正反面基材无明显裂纹。以三块试样中性能最差结果为试验结果。

7.10 耐酸性、耐碱性、耐油性

7.10.1 耐酸性

将内径不小于50 mm玻璃管的一端用不被化学试剂侵蚀的密封材料粘接在试样表面的中心部位,使接触密封良好,倒入体积分数为2%的盐酸(HCl)溶液,液面高度为20 mm±2 mm,用玻璃片将管盖严,静置24 h后取下试样,洗净擦干,目测试验处有无起泡、变色、剥落等异常现象,以三块试样中性能最差结果为试验结果。

7.10.2 耐碱性

采用饱和氢氧化钙[$Ca(OH)_2$]试剂,按7.10.1进行试验。

7.10.3 耐油性

采用25#机油,按7.10.1进行试验。

7.11 封孔质量

按照GB/T 8753.2进行,取三组试样试验值的算术平均值作为试验结果。

7.12 涂层耐久性

7.12.1 耐盐雾性

按照GB/T 10125的规定进行,其中阳极氧化膜采用铜加速乙酸盐雾试验进行24 h,按照GB/T 6461评级;其他涂层采用中性盐雾试验进行3 000 h,按照GB/T 1740评级,三块试样中有两块通过即为合格。

7.12.2　**耐湿热性**

按照 GB/T 1740 的规定进行试验和评级，三块试样中有两块通过即为合格。

7.12.3　**耐人工候加速老化性**

采用氙灯老化试验，黑板温度为 65 ℃±3 ℃，相对湿度为 65%±5%。其余按 GB/T 16259—2008 的中 A 法的规定进行。到达规定的时间后，按 GB/T 9754 评定失光等级，按 GB/T 1766 评定粉化程度和变色程度，三块试样中有两块通过即为合格。

7.13　**耐沸水性**

将 70 mm×100 mm 的试样放在盛有蒸馏水或去离子水的容器内，互不接触，试验过程中应保持水面高出试样 50 mm，加热蒸馏水至 99 ℃±1 ℃并恒温 2 h，然后停止加热让试样在原蒸馏水中自然冷却，取出擦干试样，观察涂层有无起泡、斑点、剥落、开裂、变色及粘结层有无开胶等破坏现象，以三块试样中性能最差结果为试验结果。

7.14　**平面拉伸粘结强度**

按照 GB/T 1452 进行试验。

7.15　**风荷载试验**

风荷载试验方法见附录 A。

7.16　**防火性能**

按照 GB 8624 进行试验。

7.17　**吸声性能**

按照 GB/T 20247 进行试验。

8　检验规则

8.1　检验分类及检验项目

产品检验分出厂检验和型式检验两种。

8.1.1　**出厂检验**

出厂检验项目包括：尺寸偏差、外观质量、涂层厚度、光泽度偏差、涂层硬度、涂层附着力、耐冲击性、耐酸性、耐碱性、耐沸水性。

8.1.2　**型式检验**

型式检验包括第 6.1～6.4 的全部要求项目。

当遇到下列情况之一时，应进行型式检验：

a)　新产品或老产品转厂生产的试验定型鉴定；

b)　如结构、材料、工艺有较大改变，可能影响产品性能时；

c)　产品停产半年以上，恢复生产时；

d)　正常生产一年时；

e)　出厂检验结果与上次型式检验有较大差异时。

8.2　组批与抽样规则

8.2.1　**组批**

8.2.1.1　**出厂检验**

应以连续生产的同一规格品种、同一颜色的产品为一批。

8.2.1.2　**型式检验**

样本以出厂检验合格的同一品种、同一规格、同一颜色的产品 3 000 m^2 为一批，不足 3 000 m^2 的按一批计算。

8.2.2 抽样

8.2.2.1 出厂检验

外观质量的检验可以在生产线上连续进行，尺寸偏差的检验从同一检验批中随机抽取三张板进行，其余出厂检验项目按所检验项目的尺寸和数量要求随机抽取。

8.2.2.2 型式检验

从同一检验批中随机抽取三张板进行外观质量和尺寸偏差的检验，其余按各项目要求的尺寸和数量随机裁取。

8.3 判定规则

检验结果全部符合标准的优等品指标要求时，判该批产品为优等品，检验结果全部符合标准的合格品指标要求时，判该批产品为合格品。若有不符合项，可再从该批产品中抽取双倍样品对不符合的项目进行一次复查，复查结果全部达到标准要求时判定该批产品符合该等级，否则判定该批产品降级或不合格。

9 标志、包装、运输、贮存及随行文件

9.1 标志

每个包装单元产品，其包装标志应符合 GB/T 191 及 GB/T 6388 的规定，应有如下标志：

a) 公司名称；

b) 产品标记；

c) 颜色；

d) 基材牌号

e) 商标；

f) 生产日期；

g) 有方向要求的应注明生产或安装方向；

h) 数量；

i) 质量检验合格标志。

9.2 包装

9.2.1 吊顶板应单独包装。每块板的装饰面应覆有保护膜，保护膜的要求及检测方法参见附录 B。

9.2.2 包装箱应有足够的强度，以保证运输、搬运及堆垛过程中不会损坏，产品在箱中应无窜动。

9.2.3 包装箱内应有产品合格证及装箱单。

合格证上应有如下内容：

a) 公司名称；

b) 生产批号；

c) 检验结果；

d) 检验部门或人员代号；

e) 检验日期。

装箱单应有如下内容：

a) 公司名称；

b) 产品名称、颜色；

c) 产品标记；

d) 生产批号；

e) 产品数量；

f) 包装日期。

9.3 运输

运输和搬运时应轻拿轻放，严禁摔扔，防止产品损伤。

9.4 贮存

产品应贮存在干燥通风处，避免高温及日晒雨淋，应按品种、规格、颜色分别堆放，并防止表面损伤。

9.5 随行文件

随行文件宜包括应用指南。

附　录　A
（规范性附录）
风荷载试验方法

A.1　范围

本附录规定了采用风荷载试验测定吊顶系统板面最大残余变形量的试验方法。

A.2　方法提要

吊顶板系统经一定风荷载作用一定时间后，测定板面最大残余变形量，以此来评定吊顶板的系统变形性。

A.3　试验用仪器

a）　动载荷：可产生满足试验要求的风速；
b）　变形量测量装置：位移传感器，最小分度值为 0.001 mm；
c）　试件车：具有可升降装置，用以调整吊顶与试验机测试口的位置；
d）　测试口：尺寸为 1 000 mm×1 000 mm。

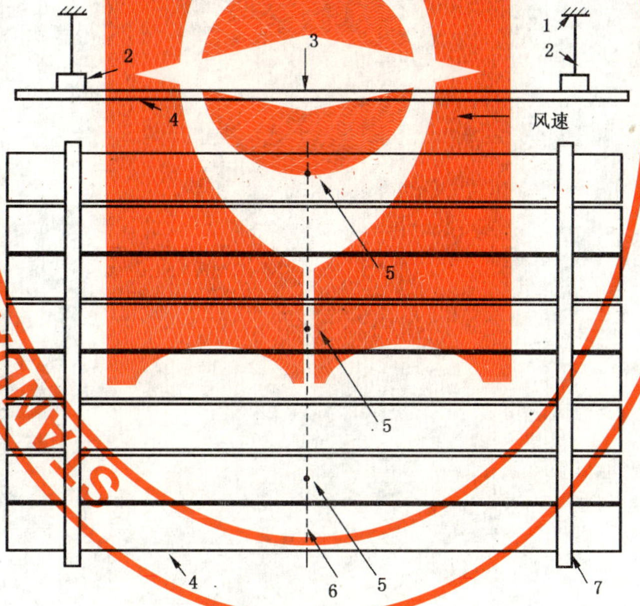

1——悬挂点；
2——固定点；
3——位移传感器；
4——吊顶板；
5——测点；
6——测量线；
7——龙骨。

图 A.1　风荷载试验示例图

A.4　试验步骤

a）　安装吊顶板系统，面积不小于 1 m²（1 000 mm×1 000 mm）；

b） 加载部位的选择：选择整个系统最薄弱的部位从底部予以加载；

c） 测量点的选择：选择整个系统最薄弱的部位，一般选择三个点，如图 A.1 所示；

d） 对每套系统，先预加载 1 m/s 风速，消除自重变形及安装带来的影响并稳定系统，卸载后开始试验。加载到风速 16 m/s 后停止，60 s 以后观察系统有无破坏，测量各测点上的残余变形量，取最大值为试验结果。

附 录 B
（资料性附录）
保 护 膜

B.1 技术要求

保护膜的性能由表B.1所示：

表B.1 保护膜性能

项　目	技术要求
厚度	≥0.05 mm 或由供需双方商定
剥离强度/(N/mm)	0.15～0.50
拉伸强度/MPa	≥10
直角撕裂强度/(N/mm)	≥35
遗胶性/%	≤5
耐老化性[a]	外观无异常 色差 $\Delta E \leqslant 2$ 剥离强度 0.15 N/mm～0.50 N/mm 遗胶性≤5%
耐低温性/%	外观无异常 剥离强度 0.15 N/mm～0.50 N/mm 遗胶性≤5%
耐高温性/%	外观无异常 剥离强度 0.15 N/mm～0.50 N/mm 遗胶性≤5%

[a] 仅针对半室外、室外及有老化要求吊顶板所用的保护膜。

B.2 试验方法

B.2.1 厚度

按GB/T 6672的规定进行。

B.2.2 剥离强度

取一块尺寸为300 mm×300 mm(规格尺寸小于300 mm的按实际尺寸选取)的实际要保护的吊顶板，用丙酮洗净，加热到(80±5)℃，以10 N/cm的压力用橡胶辊将一块同样尺寸的保护膜碾压贴到吊顶板表面，自然冷却到室温，然后按GB/T 2790的规定进行180°剥离强度的试验，剥离中保护膜应无断裂。

B.2.3 拉伸强度

按GB/T 1040.3的规定进行。

B.2.4 直角撕裂强度

按GB/T 11999的规定进行。

B.2.5 遗胶性

取四块尺寸为100 mm×200 mm的实际要保护的吊顶板，一块留作参照板，其余三块按B.2.2粘贴好保护膜后自然冷却到室温，撕去保护膜，对比参照板按 GB/T 9780 的规定进行贴保护膜前后吊顶板的耐沾污性的对比，按公式 B.1 计算遗胶性。

$$R = 100 \times \frac{f_0 - f_1}{f_0} \quad \cdots\cdots(\text{B.1})$$

式中：

R——遗胶性，%；

f_0——未贴保护膜部分的反射系数；

f_1——贴过保护膜部分的反射系数。

取 3 块试样测试值的算术平均值作为试验结果。

B.2.6 耐老化性

取四块尺寸为 100 mm×100 mm 的实际要保护的吊顶板，一块留作参照板，其余三块按 B.2.2 的方法粘贴好保护膜进行老化试验。将贴保护膜的一面朝向光源，按 7.12.3 的方法进行 168 h 的老化试验。取出自然放置到室温，观察距离板边 10 mm 以里的保护膜有无鼓泡、剥落、脱落等异常；按 GB/T 2790 的规定测量剥离强度，剥离中保护膜应无断裂；撕去保护膜后对比参照板测量经老化试验前后吊顶板的色差及遗胶性，色差测量按 GB/T 11942 进行；遗胶性测量按 B.2.5 的方法进行。

B.2.7 耐低温性

取四块尺寸为 300 mm×300 mm(规格尺寸小于 300 mm 的按实际尺寸选取)的实际要保护的吊顶板，一块留作参照板，其余三块按 B.2.2 的方法粘贴好保护膜，放置在(−35±2)℃下恒温 168 h。取出自然放置到室温，观察距离板边 10 mm 以里的保护膜有无鼓泡、剥落、脱落等异常；按 GB/T 2790 的规定测量剥离强度，剥离中保护膜应无断裂；撕去保护膜后按 B.2.5 的方法测量遗胶性。

B.2.8 耐高温性

取四块尺寸为 300 mm×300 mm(规格尺寸小于 300 mm 的按实际尺寸选取)的实际要保护的吊顶板，一块留作参照板，其余三块按 B.2.2 的方法粘贴好保护膜，放置在(70±2)℃下恒温 168 h，取出自然放置到室温。观察距离板边 10 mm 以里的保护膜有无鼓泡、剥落、脱落等异常；按 GB/T 2790 的规定测量剥离强度，剥离中保护膜应无断裂；撕去保护膜后按 B.2.5 的方法测量遗胶性。

参 考 文 献

[1] GB/T 1040.3—2006 塑料 拉伸性能的测定 第3部分:薄膜和薄片的试验条件

[2] GB/T 2790—1995 胶粘剂180°剥离强度试验方法 挠性材料对刚性材料

[3] GB/T 6672—2001 塑料薄膜和薄片厚度测定 机械测量法

[4] GB/T 6673—2001 塑料薄膜和薄片长度和宽度的测定

[5] GB/T 11999—1989 塑料薄膜和薄片耐撕裂性能试验方法 埃莱门多夫法

ICS 91.120.30
Q 17

中华人民共和国国家标准

GB/T 23445—2009

聚合物水泥防水涂料

Polymer-modified cement compounds for waterproofing membrane

2009-03-28 发布　　2010-01-01 实施

中华人民共和国国家质量监督检验检疫总局
中国国家标准化管理委员会　发布

前　言

本标准对应于日本标准 JIS A 6021—2000《建筑用防水涂料》，本标准与 JIS A 6021—2000 的一致性程度为非等效。本标准还参考了日本建筑学会标准《聚合物水泥系涂膜防水工程施工指南(草案)》(2006)的有关内容。

本标准的附录 A 和附录 B 为规范性附录。

本标准由中国建筑材料联合会提出。

本标准由全国轻质与装饰装修建筑材料标准化技术委员会(SAC/TC 195)归口。

本标准负责起草单位：河南建筑材料研究设计院有限责任公司、北京金汤建筑防水技术开发有限公司。

本标准参加起草单位：北京金泥建筑防水技术开发有限公司、巴斯夫(中国)有限公司、北京中核北研科技发展有限公司、深圳市新黑豹建材有限公司、杭州蓝天建筑防水有限公司、胜利油田大明新型建筑防水材料有限责任公司、大连细扬防水工程集团有限公司、大关化学(上海)有限公司、国民淀粉(上海)有限公司、德高(广州)建材有限公司、浙江鲁班建筑防水有限公司、上海惠邦特种涂料有限公司、福建驰铭防水装饰工程有限公司、福建创益实业有限公司、成都能高共建新型环保建材有限公司、河南同力水泥股份有限公司。

本标准主要起草人：邓超、李谷云、王治、朱炳光、张进、朱艳芳、彭新志、王荣柱、刘又民、杜奎义、樊细杨、余金妹、赵守佳、吴海明。

本标准为首次发布。

本标准自实施之日起，JC/T 894—2001《聚合物水泥防水涂料》废止。

聚合物水泥防水涂料

1 范围

本标准规定了聚合物水泥防水涂料(简称JS防水涂料)的术语和定义、分类和标记、一般要求、技术要求、试验方法、检验规则、标志、包装、运输和贮存。

本标准适用于房屋建筑及土木工程涂膜防水用聚合物水泥防水涂料。

2 规范性引用文件

下列文件中的条款通过本标准的引用而成为本标准的条款。凡是注日期的引用文件,其随后所有的修改单(不包括勘误的内容)或修订版均不适用于本标准,然而,鼓励根据本标准达成协议的各方研究是否可使用这些文件的最新版本。凡是不注日期的引用文件,其最新版本适用于本标准。

GB/T 528—1998 硫化橡胶或热塑性橡胶拉伸应力应变性能的测定(eqv ISO 37:1994)

GB/T 2419—2005 水泥胶砂流动度测定方法

GB/T 3186 色漆、清漆和色漆与清漆涂料用原材料 取样

GB/T 12573—2008 水泥取样方法

GB/T 16777—2008 建筑防水涂料试验方法

GB/T 17671—1999 水泥胶砂强度试验方法(ISO 法)

JC 1066—2008 建筑防水涂料中有害物质限量

3 术语和定义

下列术语和定义适用于本标准。

3.1

聚合物水泥防水涂料 polymer-modified cement compounds for waterproofing membrane

以丙烯酸酯、乙烯-乙酸乙烯酯等聚合物乳液和水泥为主要原料,加入填料及其他助剂配制而成,经水分挥发和水泥水化反应固化成膜的双组分水性防水涂料。

3.2

自闭性 self-closing

防水涂膜在水的作用下,经物理和化学反应使涂膜裂缝自行愈合、封闭的性能。以规定条件下涂膜裂缝自封闭的时间表示。

4 分类和标记

4.1 类型

产品按物理力学性能分为Ⅰ型、Ⅱ型和Ⅲ型。

Ⅰ型适用于活动量较大的基层,Ⅱ型和Ⅲ型适用于活动量较小基层。

4.2 标记

产品按下列顺序标记:产品名称、类型、标准号。

示例:Ⅰ型聚合物水泥防水涂料标记为:JS防水涂料Ⅰ GB/T 23445—2009

5 一般要求

产品不应对人体与环境造成有害的影响,所涉及与使用有关的安全和环保要求应符合相关国家标

准和规范的规定。产品中有害物质含量应符合 JC 1066—2008 4.1 中 A 级的要求。

6 技术要求

6.1 外观

产品的两组分经分别搅拌后,其液体组分应为无杂质、无凝胶的均匀乳液;固体组分应为无杂质、无结块的粉末。

6.2 物理力学性能

产品物理力学性能应符合表 1 的要求。

表 1 物理力学性能

序号	试验项目			技术指标		
				Ⅰ型	Ⅱ型	Ⅲ型
1	固体含量/%		≥	70	70	70
2	拉伸强度	无处理/MPa	≥	1.2	1.8	1.8
		加热处理后保持率/%	≥	80	80	80
		碱处理后保持率/%	≥	60	70	70
		浸水处理后保持率/%	≥	60	70	70
		紫外线处理后保持率/%	≥	80	—	—
3	断裂伸长率	无处理/%	≥	200	80	30
		加热处理/%	≥	150	65	20
		碱处理/%	≥	150	65	20
		浸水处理/%	≥	150	65	20
		紫外线处理/%	≥	150	—	—
4	低温柔性(φ10 mm 棒)			−10 ℃ 无裂纹	—	—
5	粘结强度	无处理/MPa	≥	0.5	0.7	1.0
		潮湿基层,MPa	≥	0.5	0.7	1.0
		碱处理/MPa	≥	0.5	0.7	1.0
		浸水处理/MPa	≥	0.5	0.7	1.0
6	不透水性(0.3 MPa,30 min)			不透水	不透水	不透水
7	抗渗性(砂浆背水面)/MPa		≥	—	0.6	0.8

6.3 自闭性

产品的自闭性为可选项目,指标由供需双方商定。

7 试验方法

7.1 一般要求

7.1.1 标准试验条件

试验室标准试验条件为:温度(23±2)℃,相对湿度(50±10)%。

7.1.2 试验准备

试验前样品及所用器具应在标准试验条件下至少放置 24 h。

7.2 外观

用玻璃棒将液体组分和固体组分分别搅拌后目测。

7.3 固体含量

将样品按生产厂指定的比例(不包括稀释剂)混合均匀后,按 GB/T 16777—2008 第 5 章的规定测定。干燥温度为(105±2)℃。

7.4 拉伸性能

7.4.1 试验器具

同 GB/T 16777—2008 的 4.1 和 9.1。

7.4.2 试样和试件制备

将在标准试验条件下放置后的样品按生产厂指定的比例分别称取适量液体和固体组分,混合后机械搅拌 5 min,静置(1~3)min,以减少气泡,然后倒入 7.4.1 规定的模具中涂覆。为方便脱模,模具表面可用脱模剂进行处理。试样制备时分二次或三次涂覆,后道涂覆应在前道涂层实干后进行,两道间隔时间为(12~24)h,使试样厚度达到(1.5±0.2)mm。将最后一道涂覆试样的表面刮平后,于标准条件下静置 96 h,然后脱模。将脱模后的试样反面向上在(40±2)℃干燥箱中处理 48 h,取出后置于干燥器中冷却至室温。用切片机将试样冲切成试件,拉伸试验所需试件数量和形状见表 2。

表 2 拉伸试验试件数量

试验项目		试件形状	试件数量/个
拉伸强度和断裂伸长率	无处理	GB/T 528—1998 中规定的 Ⅰ 型哑铃形试件	6
	加热处理		6
	紫外线处理		6
	碱处理	(120×25)mm	6
	浸水处理	(120×25)mm	6
注:每组试件试验五个,一个备用。			

7.4.3 无处理拉伸性能

按 GB/T 16777—2008 中 9.2.1 的规定进行试验,拉伸速度为 200 mm/min。

7.4.4 热处理后拉伸性能

按 GB/T 16777—2008 中 9.2.2 的规定处理试件,热处理温度为(80±2)℃,时间(168±1)h。取出后置于干燥器中冷却至室温,按 7.4.3 规定测定拉伸性能。

7.4.5 碱处理后拉伸性能

按 GB/T 16777—2008 中 9.2.3 的规定处理试件,浸碱时间(168±1)h。取出后用水充分冲洗,擦干后放入(60±2)℃的干燥箱中烘 18 h,取出后置于干燥器中冷却至室温,用切片机冲切成哑铃形试件,按 7.4.3 规定测定拉伸性能。

7.4.6 浸水处理后拉伸性能

将按 7.4.2 制备的试件浸入(23±2)℃的水中,浸水时间(168±1)h。然后放入(60±2)℃的干燥箱中 18 h,取出后置于干燥器中冷却至室温,用切片机冲切成哑铃形试件,按 7.4.3 规定测定拉伸性能。

7.4.7 紫外线处理后拉伸性能

按 GB/T 16777—2008 中 9.2.5 的规定处理试件。灯管与试件的距离为(470~500)mm,距试件表面 50 mm 左右的空间温度为(45±2)℃,照射时间 240 h。取出后置于干燥器中冷却至室温,按7.4.3 测定拉伸性能。

7.4.8 试验结果计算

拉伸强度、断裂伸长率和拉伸强度保持率的试验结果计算按 GB/T 16777—2008 中 9.3 的规定。

拉伸强度试验结果精确至 0.1 MPa。

7.5 低温柔性

按 7.4.2 的规定制备涂膜试样，养护后切取 100 mm×25 mm 的试件三块。按 GB/T 16777—2008 中 13.2.1 的规定进行试验，圆棒直径 10 mm。

7.6 粘结强度

7.6.1 试验器具

a) 拉力试验机：量程 (0～5 000)N，示值精度不低于 1%，拉伸速度可调至(5±1)mm/min。

b) 拉伸试验用夹具：由上夹具、下夹具和垫板组成，形状与尺寸同 GB/T 16777—2008 图 2、图 3 和图 4。

c) 水泥标准养护箱(室)：控温范围(20±1)℃，相对湿度不小于 90%。

7.6.2 试件制备

7.6.2.1 水泥砂浆基板的制备

按 GB/T 17671—1999 的规定配制水泥砂浆，用内部尺寸(70×70×20)mm 的金属模具成型基板，在水泥标准养护箱(室)中静置 24 h 后脱模，然后将基板在(20±2)℃的水中养护 6 d，再用 6 0 号碳化硅砂轮或类似的磨具湿磨基板成型时的下表面，除去浮浆。然后在标准状态下静置 7 d 备用。

7.6.2.2 无处理、碱处理和浸水处理试件的制备

按照 7.4.2 的规定配制试料，分次涂覆在水泥砂浆基板的研磨面上，使涂层厚度为 1.5 mm，然后用刮刀修平表面。于标准试验条件下养护 96 h，然后在(40±2)℃干燥箱中放置 48 h，取出后，在标准试验条件下至少放置 4 h。每种试验条件分别制备五个试件。

7.6.2.3 潮湿基层试件的制备

将基板在(23±2)℃的清水中浸泡 24 h，立即用清洁干布拭去基板粘结面的附着水，按上述方法直接在粘结面上涂覆试料，并按 7.6.2.2 养护。

7.6.2.4 碱处理和浸水处理试件的封边

碱处理和浸水处理的试件应在按 7.6.2.2 养护后，在试件的四个侧面以及涂布面的边缘约 5 mm 部分涂覆环氧树脂(见图 1)。

7.6.3 试验步骤

7.6.3.1 无处理粘结强度

将按 7.6.2.2 制备的试件水平放置，在涂膜面上均匀涂覆高强度胶粘剂，按 GB/T 16777—2008 图 5 所示，将拉伸用上夹具小心放置其上，轻轻滑动，使粘结密实，在上面放置质量为 1 kg 的重物，除去周边溢出的胶粘剂。在标准试验条件下放置 24 h。

沿试件上粘结的上夹具周边用刀切割涂膜至基板，然后按 GB/T 16777—2008 图 6 所示，用下夹具和垫板将试件安装在拉伸试验机上，进行拉伸试验，拉伸速度为(5±1)mm/min，测定最大拉伸荷载 F。

按式(1)计算粘结强度 σ：

$$\sigma = F/1\ 600 \qquad \cdots\cdots(1)$$

式中：

σ——粘结强度，单位为兆帕(MPa)；

F——最大拉伸荷载，单位为牛顿(N)。

试验结果取五个试件的平均值，精确至 0.1 MPa。

7.6.3.2 潮湿基层粘结强度

将 7.6.2.3 制备的试件按 7.6.3.1 的规定测定粘结强度。

7.6.3.3 碱处理粘结强度

将 7.6.2.4 制备的试件于 GB/T 16777—2008 9.2.3 规定的碱溶液中浸泡 7 d。取出后用水充分冲洗，擦干后放入(60±2)℃的干燥箱中烘 18 h，取出后在标准试验条件下至少放置 2 h。然后按 7.6.3.1 的规定测定粘结强度。

7.6.3.4 浸水处理粘结强度

将按 7.6.2.4 制备的试件水平放置在图 2 所示水槽的砂(标准砂或石英砂)上,加入(23±2)℃的水,至水面距试件基板上表面约 5 mm,静置 7 d 后取出试件,以试件的侧面朝下,在(60±2)℃的恒温箱中干燥 18 h,取出后在标准试验条件下至少放置 2 h。然后按 7.6.3.1 的规定测定粘结强度。

单位为毫米

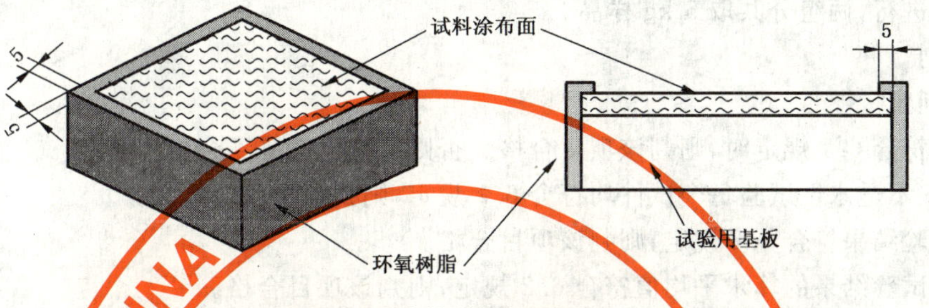

图 1 试件涂覆示意图

单位为毫米

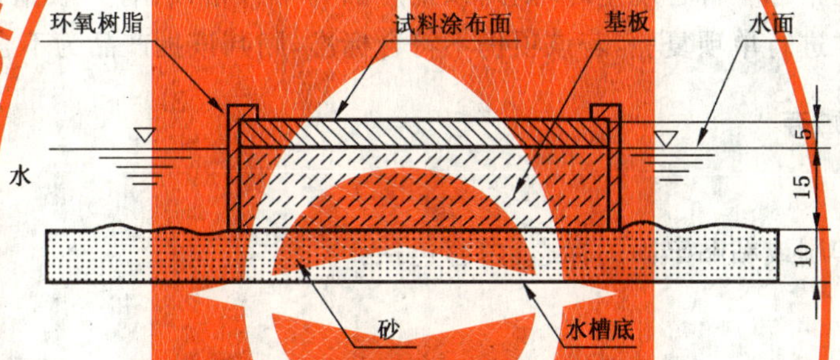

图 2 试件浸水示意图

7.7 不透水性

按 7.4.2 的规定制备涂膜试样,养护后切取 150 mm×150 mm 的试件三块。按 GB/T 16777—2008 第 15 章的规定进行试验。试验压力 0.3 MPa,保持压力 30 min。

7.8 抗渗性

按附录 A 的规定进行试验。

7.9 自闭性

按附录 B 的规定进行试验。

8 检验规则

8.1 检验分类

8.1.1 出厂检验

出厂检验项目为外观、固体含量、拉伸强度(无处理)、断裂伸长率(无处理)、粘结强度(无处理)、低温柔性、不透水性(Ⅰ型)、抗渗性(Ⅱ型、Ⅲ型)、自闭性(需要时)。

8.1.2 型式检验

型式检验项目包括 6.1 和 6.2 的全部要求。有下列情况之一时,须进行型式检验:

a) 新产品试制或老产品转厂生产的试制定型鉴定;

b) 正常生产时,每年至少进行一次;

c) 产品的原料、配方、工艺及生产装备有较大改变,可能影响产品质量时;

d) 产品停产一年以上,恢复生产时;

e) 出厂检验结果与上次型式检验有较大差异时。

8.2 组批与抽样规则

8.2.1 组批

以同一类型的10 t产品为一批，不足10 t也作为一批。

8.2.2 抽样

产品的液体组分抽样按GB/T 3186的规定进行，配套固体组分的抽样按GB/T 12573—2008中袋装水泥的规定进行，两组分共取5 kg样品。

8.3 判定规则

8.3.1 单项判定

外观质量符合6.1规定时，则判该项目合格。否则判该批产品不合格。

低温柔性、不透水性试验每个试件均符合6.2规定，则判该项目合格。

抗渗性试验结果符合6.2规定，则判该项目合格。

其余项目试验结果的算术平均值符合6.2规定，则判该项目合格。

8.3.2 综合判定

在出厂检验和型式检验中所有项目的检验结果均符合6.1和6.2全部要求时，则判该批产品合格。

有两项或两项以上指标不符合规定时，则判该批产品为不合格；若有一项指标不符合标准时，允许在同批产品中加倍抽样进行单项复验，若该项仍不符合标准，则判该批产品为不合格。

9 标志、包装、运输和贮存

9.1 标志

产品包装上应有印刷或粘贴牢固的标志，内容包括：

a) 产品名称；

b) 产品标记；

c) 双组分配比；

d) 生产厂名，厂址；

e) 生产日期，批号和贮存期；

f) 净含量；

g) 商标；

h) 运输与贮存注意事项。

9.2 包装

9.2.1 产品的液体组分应用密闭的容器包装。固体组分包装应密封防潮。

9.2.2 产品包装中应附有产品合格证和使用说明书。

9.3 运输

本产品为非易燃易爆材料，可按一般货物运输。运输时应防止雨淋、曝晒、受冻，避免挤压、碰撞，保持包装完好无损。

9.4 贮存

产品应在干燥、通风、阴凉的场所贮存，液体组分贮存温度不应低于5 ℃。

产品自生产之日起，在正常运输、贮存条件下贮存期应不少于六个月。

附 录 A
（规范性附录）
抗渗性试验方法

A.1 试验器具

试验器具包括：

a) 砂浆渗透试验仪：SS_{15}型；

b) 水泥标准养护箱(室)：同 7.6.1c)；

c) 金属试模：截锥带底圆模，上口直径 70 mm，下口直径 80 mm，高 30 mm；

d) 捣棒：直径 10 mm，长 350 mm，端部磨圆；

e) 抹刀。

A.2 试件制备

A.2.1 砂浆试件

按照 GB/T 2419—2005 第 4 章的规定确定砂浆的配比和用量，并以砂浆试件在(0.3～0.4)MPa 压力下透水为准，确定水灰比。脱模后放入(20±2)℃的水中养护 7 d。取出待表面干燥后，用密封材料密封装入渗透仪中进行砂浆试件的抗渗试验。水压从 0.2 MPa 开始，恒压 2 h 后增至 0.3 MPa，以后每隔 1 h 增加 0.1 MPa，直至试件透水。每组选取三个在(0.3～0.4)MPa 压力下透水的试件。

A.2.2 涂膜抗渗试件

从渗透仪上取下已透水的砂浆试件，擦干试件上口表面水渍，并清除试件上口和下口表面密封材料的污染。将待测涂料样品按生产厂指定的比例分别称取适量液体和固体组分，混合后机械搅拌 5 min。在三个试件的上口表面(背水面)均匀涂抹混合好的试样，第一道(0.5～0.6)mm 厚。待涂膜表面干燥后再涂第二道，使涂膜总厚度为(1.0～1.2)mm。待第二道涂膜表干后，将制备好的抗渗试件放入水泥标准养护箱(室)中放置 168 h，养护条件为：温度(20±1)℃，相对湿度不小于 90%。

A.3 试验步骤

将抗渗试件从养护箱中取出，在标准条件下放置 2 h，待表面干燥后装入渗透仪，按 A.2.1 所述加压程序进行涂膜抗渗试件的抗渗试验。当三个抗渗试件中有两个试件上表面出现透水现象时，即可停止该组试验，记录当时水压(MPa)。当抗渗试件加压至 1.5 MPa、恒压 1 h 还未透水，应停止试验。

A.4 试验结果

涂膜抗渗性试验结果应报告三个试件中二个未出现透水时的最大水压力(MPa)。

附 录 B
（规范性附录）
自闭性试验方法

B.1 范围

本附录规定了防水涂膜在水的作用下，经物理和化学反应使涂膜裂缝自行愈合、封闭的性能试验方法。

本附录适用于聚合物水泥防水涂料自闭性的测试。

B.2 原理

在规定试验条件下，用规定的方法使聚合物水泥防水涂膜产生裂缝，使试件裂缝处承受规定的水压，报告自试件裂缝处发生渗水至渗水停止的时间。

注：本附录的试验方法给出的试验结果并非实际工程渗水自闭的时间。

B.3 试验器具

试验器具包括：

a) 90°连通管：用硬质塑料或不锈金属制成，直径 110 mm，两端各具一个压板，其中一个压板中心开有直径 30 mm 的观察孔，另一个压板开直径 50 mm 孔，与玻璃管连接（见图 B.1）；

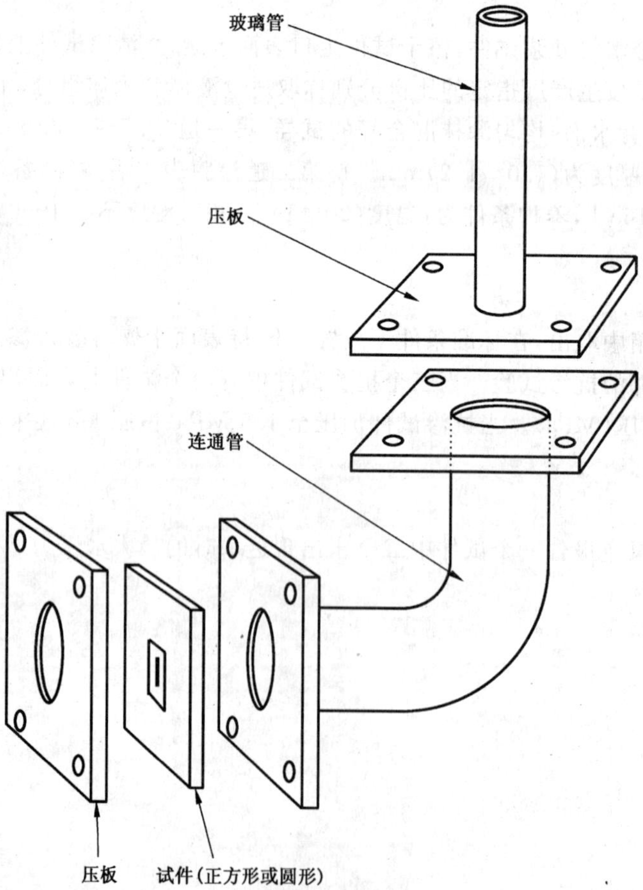

图 B.1 自闭性试验装置示意图

b) 玻璃管,直径 50 mm,长约 300 mm;

c) 聚丙烯(PP)膜片,厚度约 0.6 mm;

d) 密封胶。

B.4 试验条件

试验室试验条件为:温度(23±2)℃。

试验前样品及所用器具应在该温度下至少放置 24 h。

B.5 试验步骤

B.5.1 将 PP 膜片切割成直径 106 mm 的试片,在其中心用刀片切割出 10 mm×4 mm 的 U 形口,再用一小片胶带固定。在 PP 膜片的另一面上分次涂覆按指定配比混合后的聚合物水泥防水涂料试料,使涂层厚度为 1.5～2.0 mm。按 7.4.2 规定的方法养护、干燥。

B.5.2 除去试件背面的固定用胶带,小心揭去事先切割的 10 mm×4 mm PP 膜片,使涂膜暴露。用 0.5 mm 厚壁纸刀在暴露的涂膜中心切割出长 5 mm 的裂缝。

B.5.3 将连通管固定在试验架上。其垂直方向的压板中心连接垂直安装的玻璃管,压板与连通管端部连接处,以及压板与玻璃管端部的连接处均用密封胶密封。在连通管水平方向的压板(具观察孔)与连通管端部间装入养护好的试件,涂层面朝迎水方向,用压板压紧并在连接处用密封胶密封。

B.5.4 在玻璃管中注入(23±2)℃的清洁水,使液面至试件中心的高度为 300 mm,在试验过程中使液面保持同样高度。观察试件裂缝处的渗水情况。记录从注水到试件裂缝处不渗水的时间(h)。

B.5.5 将 B.3.3.4 试验后的试件在标准试验条件下放置 24 h,观察试件裂缝处是否封闭。若裂缝封闭,则试验通过。

B.6 试验结果

B.6.1 进行两次平行试验,报告两次试验结果及平均值,精确至 1 h。

B.6.2 若出现下列情况,则试验无效,应重新试验:

a) 试验开始时,涂膜裂缝处未形成滴渗,出现喷水;

b) 从试验开始到试件裂缝处不渗水的时间小于 2 h。

ICS 91.120.30
Q 17

中华人民共和国国家标准

GB/T 23446—2009

喷涂聚脲防水涂料

Spray polyurea waterproofing coating

2009-03-28 发布　　2010-01-01 实施

中华人民共和国国家质量监督检验检疫总局
中国国家标准化管理委员会　发布

前　言

本标准由中国建筑材料联合会提出。

本标准由全国轻质与装饰装修建筑材料标准化技术委员会(SAC/TC 195)归口。

本标准负责起草单位:苏州非金属矿工业设计研究院、建筑材料工业技术监督研究中心、苏州二建建筑集团有限公司。

本标准参加起草单位：中国化学建筑材料公司苏州防水材料研究设计所、北京市建筑材料科学研究总院、青岛佳联化工新材料有限公司、青岛理工大学、中国铁道科学研究院、中国建筑科学研究院、中国建筑材料检验认证中心、北京森聚柯高分子材料有限公司、上海润庭建筑防水工程技术有限公司、上海汇城建筑装饰有限公司、广州秀珀化工有限公司、北京瑞迪明新型建筑材料有限公司、爱蒲聚氨酯(安徽)有限公司、北京大禹王防水工程集团、大连细扬防水工程集团、北京金鲁蒙科技开发有限公司、固瑞克流体设备(上海)有限公司、北京深思融信科技有限公司、北京中通新型建筑材料有限公司、北京东方雨虹防水材料股份有限公司、厦门市富晟防水保温技术开发有限公司、江苏久久防水保温隔热工程有限公司。

本标准主要起草人:沈春林、杨斌、褚建军、干兆和、朱志远、刘凤玫、王宝柱、黄微波、余建平、朱强、傅若梁、颜再荣、史立彤、陈廼昌、郁维铭。

本标准为首次发布。

喷涂聚脲防水涂料

1 范围

本标准规定了喷涂聚脲防水涂料的术语和定义、分类和标记、一般要求、技术要求、试验方法、检验规则、标志、包装、运输与贮存。

本标准适用于建设工程、基础设施防水用喷涂聚脲涂料。

2 规范性引用文件

下列文件中的条款通过本标准的引用而成为本标准的条款。凡是注日期的引用文件，其随后所有的修改单(不包括勘误的内容)或修订版均不适用于本标准，然而，鼓励根据本标准达成协议的各方研究是否可使用这些文件的最新版本。凡是不注日期的引用文件，其最新版本适用于本标准。

GB/T 528 硫化橡胶或热塑性橡胶拉伸应力应变性能的测定(GB/T 528—1998,eqv ISO 37:1994)

GB/T 529—2008 硫化橡胶或热塑性橡胶撕裂强度的测定(裤形、直角形和新月形试样)(ISO 34-1:1994,MOD)

GB/T 531.1—2008 硫化橡胶或热塑性橡胶 压入硬度试验方法 第1部分:邵氏硬度计法(邵尔硬度)

GB/T 1768—2006 色漆和清漆 耐磨性的测定 旋转橡胶砂轮法

GB/T 3186 色漆、清漆和色漆与清漆用原材料 取样

GB/T 16777—2008 建筑防水涂料试验方法

GB/T 18244—2000 建筑防水材料老化试验方法

GB/T 20624.2—2006 色漆和清漆 快速变形(耐冲击性)试验 第2部分:落锤试验(小面积冲头)

JC 1066—2008 建筑防水涂料中有害物质限量

3 术语和定义

下列术语和定义适用于本标准。

喷涂聚脲防水涂料 spray polyurea waterproofing coating

以异氰酸酯类化合物为甲组分、胺类化合物为乙组分，采用喷涂施工工艺使两组分混合、反应生成的弹性体防水涂料。

注1：甲组分是异氰酸酯单体、聚合体、衍生物、预聚物或半预聚物。预聚物或半预聚物是由端氨基或端羟基化合物与异氰酸酯反应制得。异氰酸酯既可以是芳香族的，也可以是脂肪族的。

注2：乙组分是由端氨基树脂和氨基扩链剂等组成的胺类化合物时，通常称为喷涂(纯)聚脲防水涂料；乙组分是由端羟基树脂和氨基扩链剂等组成的含有胺类的化合物时，通常称为喷涂聚氨酯(脲)防水涂料。

4 分类和标记

4.1 分类

4.1.1 产品按组成分为喷涂(纯)聚脲防水涂料(代号 JNC)、喷涂聚氨酯(脲)防水涂料(代号 JNJ)。

4.1.2 产品按物理力学性能分为Ⅰ型、Ⅱ型。

4.2 标记

按产品代号、类别和标准编号顺序标记。

示例：Ⅰ型喷涂聚氨酯(脲)防水涂料标记为:JNJ 防水涂料 Ⅰ GB/T 23446—2009

5 一般要求

产品不应对人体、生物与环境造成有害的影响,所涉及与使用有关的安全与环保要求,应符合我国的相关国家标准和规范的规定。

6 技术要求

6.1 外观

产品各组分为均匀粘稠体,无凝胶、结块。

6.2 物理力学性能

6.2.1 喷涂聚脲防水涂料的基本性能应符合表1的规定。

表1 基本性能

序号	项目			技术指标	
				Ⅰ型	Ⅱ型
1	固体含量/%		≥	96	98
2	凝胶时间/s		≤	45	
3	表干时间/s		≤	120	
4	拉伸强度/MPa		≥	10.0	16.0
5	断裂伸长率/%		≥	300	450
6	撕裂强度/(N/mm)		≥	40	50
7	低温弯折性/℃		≤	−35	−40
8	不透水性			0.4 MPa,2 h 不透水	
9	加热伸缩率/%	伸长	≤	1.0	
		收缩	≤	1.0	
10	粘结强度/MPa		≥	2.0	2.5
11	吸水率/%		≤	5.0	

6.2.2 喷涂聚脲防水涂料的耐久性能应符合表2的规定。

表2 耐久性能

序号	项目			技术指标	
				Ⅰ型	Ⅱ型
1	定伸时老化	加热老化		无裂纹及变形	
		人工气候老化		无裂纹及变形	
2	热处理	拉伸强度保持率/%		80～150	
		断裂伸长率/%	≥	250	400
		低温弯折性/℃	≤	−30	−35
3	碱处理	拉伸强度保持率/%		80～150	
		断裂伸长率/%	≥	250	400
		低温弯折性/℃	≤	−30	−35

表 2（续）

序　号	项　　目			技术指标	
				Ⅰ型	Ⅱ型
4	酸处理	拉伸强度保持率/%		80～150	
		断裂伸长率/%	≥	250	400
		低温弯折性/℃	≤	−30	−35
5	盐处理	拉伸强度保持率/%		80～150	
		断裂伸长率/%	≥	250	400
		低温弯折性/℃	≤	−30	−35
6	人工气候老化	拉伸强度保持率/%		80～150	
		断裂伸长率/%	≥	250	400
		低温弯折性/℃	≤	−30	−35

6.2.3　喷涂聚脲防水涂料的特殊性能应符合表 3 的规定。特殊性能根据产品特殊用途需要时或供需双方商定需要时测定，指标也可由供需双方另行商定。

表 3　特殊性能

序　号	项　　目		技术指标	
			Ⅰ型	Ⅱ型
1	硬度(邵 A)	≥	70	80
2	耐磨性/[(750 g/500 r)/mg]	≤	40	30
3	耐冲击性/(kg·m)	≥	0.6	1.0

6.3　有害物质含量

产品中有害物质含量应符合 JC 1066—2008 中反应型防水涂料 A 型要求。

7　试验方法

7.1　标准试验条件

标准试验条件为：温度(23±2)℃，相对湿度(60±15)%。

7.2　试验设备

7.2.1　拉力试验机：测量值在量程的(15～85)%。示值精度不低于 1%，伸长范围大于 500 mm。

7.2.2　低温冰柜：能达到−40 ℃，精度±2 ℃。

7.2.3　电热鼓风干燥箱：控温精度±2 ℃。

7.2.4　冲片机，符合 GB/T 528 要求的哑铃Ⅰ型裁刀和符合 GB/T 529—2008 中 5.1.2 要求的直角撕裂裁刀。

7.2.5　不透水仪：压力(0～0.6)MPa，三个 7 孔透水盘，内径 92 mm。

7.2.6　厚度仪：接触面直径 6 mm，单位面积压力 0.02 MPa，分度值 0.01 mm。

7.2.7　半导体温度计：量程(−50～30)℃，分度值 0.1 ℃。

7.2.8　定伸保持器：能使试件标线间距离拉伸 100%以上。

7.2.9　氙弧灯老化试验箱：符合 GB/T 18244—2000 要求的氙弧灯老化试验箱。

7.2.10　游标卡尺：精度±0.02 mm。

7.2.11　秒表：精度 0.01 s。

7.2.12　天平：精度为 0.1 mg。

7.2.13　耐磨仪：符合 GB/T 1768—2006 旋转橡胶砂轮法要求。

7.2.14　邵 A 硬度计：精度 1 级。

7.2.15　耐冲击仪：符合 GB/T 20624.2—2006 要求。

7.3　涂膜制备

7.3.1　按产品生产厂要求的配合比和环境条件，采用专用喷涂设备，将样品喷涂于模板上。专用喷涂设备的温度与动态压力按产品生产厂规定的要求，若无规定则设定温度应不小于 65 ℃，动态压力应大于 13.8 MPa(2 000 psi)。模板平整不得翘曲且表面干净、平滑。为便于脱模，喷涂前可用脱模剂处理。涂膜按生产厂的要求一次或多次成型(最多三次，每次间隔时间以前一道表干为准)，成型时应均匀成膜，使涂膜厚度为(1.5±0.2)mm。在标准试验条件下养护 24 h，然后脱模，脱模以后继续在标准试验条件下养护(144±4)h 后进行物理力学性能试验。试件尺寸及数量按表 4 裁剪。

7.3.2　试件尺寸及数量见表 4。

表 4　试件尺寸及数量

<table>
<tr><th colspan="2">项　目</th><th>试件尺寸</th><th>数量/个</th></tr>
<tr><td colspan="2">拉伸性能</td><td>符合 GB/T 528 规定的Ⅰ型哑铃状试件</td><td>6</td></tr>
<tr><td colspan="2">撕裂强度</td><td>符合 GB/T 529—2008 中 5.1.2 规定的无割口直角形</td><td>6</td></tr>
<tr><td colspan="2">低温弯折性</td><td>100 mm×25 mm</td><td>3</td></tr>
<tr><td colspan="2">不透水性</td><td>150 mm×150 mm</td><td>3</td></tr>
<tr><td colspan="2">加热伸缩率</td><td>300 mm×30 mm</td><td>3</td></tr>
<tr><td rowspan="2">定伸时老化</td><td>热处理</td><td rowspan="2">符合 GB/T 528 规定的Ⅰ型哑铃状试件</td><td>3</td></tr>
<tr><td>人工气候老化</td><td>3</td></tr>
<tr><td rowspan="2">热处理</td><td>拉伸性能</td><td>处理前 120 mm×25 mm，处理后裁取符合 GB/T 528 规定的Ⅰ型哑铃状试件</td><td>6</td></tr>
<tr><td>低温弯折性</td><td>100 mm×25 mm</td><td>3</td></tr>
<tr><td rowspan="2">碱处理</td><td>拉伸性能</td><td>处理前 120 mm×25 mm，处理后裁取符合 GB/T 528 规定的Ⅰ型哑铃状试件</td><td>6</td></tr>
<tr><td>低温弯折性</td><td>100 mm×25 mm</td><td>3</td></tr>
<tr><td rowspan="2">盐处理</td><td>拉伸性能</td><td>处理前 120 mm×25 mm，处理后裁取符合 GB/T 528 规定的Ⅰ型哑铃状试件</td><td>6</td></tr>
<tr><td>低温弯折性</td><td>100 mm×25 mm</td><td>3</td></tr>
<tr><td rowspan="2">酸处理</td><td>拉伸性能</td><td>处理前 120 mm×25 mm，处理后裁取符合 GB/T 528 规定的Ⅰ型哑铃状试件</td><td>6</td></tr>
<tr><td>低温弯折性</td><td>处理前 120 mm×25 mm，处理后裁取符合 GB/T 528 规定的Ⅰ型哑铃状试件</td><td>3</td></tr>
<tr><td rowspan="2">人工气候老化</td><td>拉伸性能</td><td>处理前 120 mm×25 mm，处理后裁取符合 GB/T 528 规定的Ⅰ型哑铃状试件</td><td>6</td></tr>
<tr><td>低温弯折性</td><td>100 mm×25 mm</td><td>3</td></tr>
<tr><td colspan="2">硬度</td><td>100 mm×25 mm</td><td>3</td></tr>
<tr><td colspan="2">耐磨性</td><td>ϕ100 mm</td><td>3</td></tr>
<tr><td colspan="2">耐冲击性</td><td>120 mm×50 mm</td><td>3</td></tr>
<tr><td colspan="2">吸水率</td><td>50 mm×50 mm</td><td>3</td></tr>
</table>

7.4 外观

涂料各组分分别搅拌后目测检查。

7.5 固体含量

7.5.1 试验步骤

按生产厂提供的配比,将总质量约 6 g 试样称于已干燥的直径为(65±5)mm 已称量的培养皿(m_0)中,快速混合均匀,立即称量(m_1)。然后在标准试验条件下放置 24 h。再放入到(120±2)℃烘箱中,恒温 3 h±15 min,取出后放入干燥器中,在标准试验条件下冷却 2 h±10 min,然后称量(m_2)。

7.5.2 结果计算

固体含量按式(1)计算:

$$X=(m_2-m_0)/(m_1-m_0)\times 100 \quad\cdots\cdots\cdots\cdots\cdots\cdots(1)$$

式中:

X——固体含量(质量分数),%;

m_0——培养皿质量,单位为克(g);

m_1——干燥前试样和培养皿质量,单位为克(g);

m_2——干燥后试样和培养皿质量,单位为克(g)。

试验结果取两次平行试验的平均值。

7.6 凝胶时间

在标准条件下,按生产厂提供的配比称取总质量约 6 g 试样,快速混合均匀,记录从混合到试样不流动的时间,即为凝胶时间。

7.7 表干时间

按 7.6 方法,采用指触法。记录从试样混合到涂膜表面不粘手的时间,即为表干时间。

7.8 拉伸性能

按 GB/T 16777—2008 中 9.2.1 进行试验,拉伸速度为(500±50)mm/min。

7.9 撕裂强度

按 GB/T 529—2008 中 5.1.2 直角形试件进行试验,无割口,拉伸速度为(500±50)mm/min。

7.10 低温弯折性

按 GB/T 16777—2008 中第 14 章进行试验。

7.11 不透水性

按 GB/T 16777—2008 中第 15 章进行试验,试验压力和持续时间为 0.4 MPa×2 h,金属网孔径(0.5±0.1)mm。

7.12 加热伸缩率

按 GB/T 16777—2008 中第 12 章进行试验。

7.13 粘结强度

按 GB/T 16777—2008 中第 7 章 A 法进行试验。水泥砂浆块采用强度等级 42.5 的普通硅酸盐水泥,水泥和中砂的质量配比为 1∶1。

制备试件前,应按生产厂要求在砂浆块的成型面[(70×70)mm]上进行基层处理(涂刷基层处理剂)。随后喷涂聚脲防水涂料,涂膜一次喷涂到(0.5~1.0)mm 厚度。

去除高强度胶粘剂与涂膜界面未被粘住面积超过 20%的试件,粘结强度以剩下的不少于三个试件的算术平均值表示,不足三个试件应重新试验。若最终试验结果全部是砂浆块破坏,在报告结果数值时同时报告基材破坏。

7.14 吸水率

7.14.1 试验步骤

将试件放入温度为(50±2)℃烘箱内干燥 4 h±15 min,然后在干燥器内冷却至室温,称量每个试样

(m_1)，精确至 1 mg，将试样放入盛有蒸馏水的容器中，水温控制在(23±2)℃。浸泡 7 d 后，取出试样，用滤纸迅速擦去表面的水，称量每个试样(m_2)。试样从水中取出到称量完毕应在 1 min 内完成。

7.14.2 结果计算

吸水率按式(2)计算：

$$W_m = (m_2 - m_1)/m_1 \times 100 \quad \cdots\cdots(2)$$

式中：

W_m——吸水率，%；

m_1——浸泡前试样的质量，单位为克(g)；

m_2——浸泡后试样的质量，单位为克(g)。

试验结果取三个试件的算术平均值。

7.15 定伸时老化

7.15.1 试验步骤

7.15.1.1 加热老化

按 GB/T 16777—2008 中 14.2.1 进行试验，试验温度为(80±2)℃。

7.15.1.2 人工气候老化

按 GB/T 16777—2008 中 14.2.2 进行试验。

7.15.2 结果处理

分别记录每个试件有无变形、裂纹。

7.16 热处理

拉伸性能按 GB/T 16777—2008 中 9.2.2 进行试验，结果处理按 GB/T 16777—2008 中 9.3 进行。低温弯折性按 GB/T 16777—2008 中 14.2.2 进行试验。

7.17 碱处理

拉伸性能按 GB/T 16777—2008 中 9.2.3 进行试验，结果处理按 GB/T 16777—2008 中 9.3 进行。低温弯折性按 GB/T 16777—2008 中 14.2.3 进行试验。

7.18 酸处理

拉伸性能按 GB/T 16777—2008 中 9.2.4 进行试验，结果处理按 GB/T 16777—2008 中 9.3 进行。低温弯折性按 GB/T 16777—2008 中 14.2.4 进行试验。

7.19 盐处理

7.19.1 试件处理

在温度为(23±2)℃下，用化学纯氯化钠(NaCl)配制成 3%的水溶液，将六个试件浸入溶液中，液面应高出试件表面 10 mm 以上，连续浸泡 168 h 后取出，充分用水冲洗，用干布擦干，并在标准条件下放置 4 h 以上。

7.19.2 试验步骤

拉伸性能按 7.8 进行试验。结果处理按 GB/T 16777—2008 中 9.3 进行。

低温弯折性按 7.10 进行试验。

7.20 人工气候老化

拉伸性能按 GB/T 16777—2008 中 9.2.6 进行试验，结果处理按 GB/T 16777—2008 中 9.3 进行。低温弯折性按 GB/T 16777—2008 中 14.2.6 进行试验。

非外露用产品试验累计辐照能量为 1 500 MJ/m²(约 720 h)。外露用产品试验时累计辐照能量为 3 150 MJ/m²(约 1 512 h)。

7.21 硬度(邵 A)

按 GB/T 531.1—2008 规定进行试验。采用 7.3 中三层涂膜试件叠加平整后，用邵 A 橡胶硬度计测定。

7.22 耐磨性

按 GB/T 1768—2006 规定进行试验。采用 7.3 中的涂膜试件，用型号为 CS-10 橡胶砂轮测定。

7.23 耐冲击性

按 GB/T 20624.2—2006 规定进行试验。采用 7.3 中的涂膜试件，用 12.7 mm 的球形冲头，(1～1.2)m 长的导管，1 kg 的重锤。调整重锤降落高度，如超过量程，可加载(0.1～0.9)kg 的副锤，记录试样冲击破坏的终点，试验结果以 kg·m 表示。

7.24 有害物质含量

按 JC 1066—2008 中反应型防水涂料 A 型进行试验。

8 检验规则

8.1 检验分类

按检验类型分为出厂检验和型式检验。

8.1.1 出厂检验

出厂检验项目包括：外观、固体含量、凝胶时间、表干时间、拉伸强度、断裂伸长率、撕裂强度、不透水性。

8.1.2 型式检验

型式检验项目包括第 6 章(表 3 根据产品特殊用途需要时或供需双方商定需要时)中所有规定，在下列情况下进行型式检验：

a) 新产品投产或产品定型鉴定时；

b) 正常生产时，每年进行一次。其中人工气候老化，每两年进行一次；

c) 原材料、工艺等发生较大变化，可能影响产品质量时；

d) 出厂检验结果与上次型式检验结果有较大差异时；

e) 产品停产 6 个月以上恢复生产时。

8.2 组批

以同一类型 15 t 为一批，不足 15 t 也作为一批。

8.3 抽样

在每批产品中按 GB/T 3186 规定取样，按配比总共取不少于 40 kg 样品。分为二组，放入不与涂料发生反应的干燥密闭容器中，密封贮存。

8.4 判定规则

8.4.1 单项判定

8.4.1.1 外观

抽取的样品外观符合标准规定时，判该项合格。

8.4.1.2 有害物质含量

有害物质含量符合 JC 1066—2008 反应型防水涂料 A 型要求时，判该项合格。

8.4.1.3 物理力学性能

8.4.1.3.1 拉伸强度、断裂伸长率、撕裂强度、固体含量、加热伸缩率、吸水率、粘结强度、处理后拉伸强度保持率、处理后断裂伸长率、硬度(邵 A)、耐磨性、耐冲击性以其算术平均值达到标准规定的指标判为该项合格。

8.4.1.3.2 不透水性、低温弯折性、定伸时老化以三个试件分别达到标准规定时判为该项合格。

8.4.1.3.3 凝胶时间、表干时间达到标准规定时判为该项合格。

8.4.1.3.4 各项试验结果均符合 6.2 规定，则判该批产品物理力学性能合格。

8.4.1.3.5 若有两项或两项以上不符合标准规定，则判该批产品物理力学性能不合格。

8.4.1.3.6 若仅有一项指标不符合标准规定，允许在该批产品中再抽同样数量的样品，对不合格项进行单项双倍复验。达到标准规定时，则判该批产品物理力学性能合格，否则判为不合格。

8.4.2 **总判定**

试验结果符合标准第6章(表3根据产品特殊用途需要时或供需双方商定需要时)相关类型规定的全部要求时，则判该批产品合格。

9 标志、包装、运输与贮存

9.1 标志

产品外包装上应包括：

a) 产品名称；

b) 生产厂名、地址；

c) 商标；

d) 产品标记；

e) 产品使用配比与产品净质量；

f) 产品用途(外露或非外露)；

g) 使用说明以及安全使用事项；

h) 生产日期或批号；

i) 运输与贮存注意事项；

j) 贮存期。

9.2 包装

产品用带盖的铁桶或塑料桶密闭包装，不同组分的包装应有明显区别。

9.3 运输与贮存

运输与贮存时，不同类型、规格的产品应分别堆放，不应混杂。避免日晒雨淋，禁止接近火源，防止碰撞，注意通风。贮存温度宜为10 ℃～40 ℃。

在正常贮存、运输条件下，贮存期自生产日起不少于六个月。

ICS 91.140.70
Q 31

GB

中华人民共和国国家标准

GB/T 23447—2009

卫生洁具 淋浴用花洒

Shower outlets for bathing

2009-03-28 发布　　　　2010-01-01 实施

中华人民共和国国家质量监督检验检疫总局
中国国家标准化管理委员会　发布

前 言

本标准与 EN 1112:1997《卫生洁具淋浴花洒(PN10)》和 AS/NZS 3662:2005《花洒的性能要求》的一致性程度为非等效。

本标准的附录 A、附录 B 为规范性附录。

本标准由中国建筑材料联合会提出。

本标准由全国建筑卫生陶瓷标准化技术委员会(SAC/TC 249)归口。

本标准负责起草单位:咸阳陶瓷研究设计院、国家建筑卫生陶瓷质量监督检验中心。

本标准参加起草单位:九牧集团有限公司。

本标准主要起草人:段先湖、刘幼红、林声雁、邓小清、李直、谢晓军。

本标准为首次发布。

卫生洁具　淋浴用花洒

1　范围

本标准规定了淋浴用花洒(以下简称花洒)的术语和定义、材料、技术要求、试验方法、检验规则、标志、包装、运输和贮存。

本标准适用于使用时动压力为0.05 MPa～0.5 MPa、水温不超过70 ℃的花洒。

2　规范性引用文件

下列文件中的条款通过本标准的引用而成为本标准的条款。凡是注日期的引用文件,其随后所有的修改单(不包括勘误的内容)或修订版均不适用于本标准,然而,鼓励根据本标准达成协议的各方研究是否可使用这些文件的最新版本。凡是不注日期的引用文件,其最新版本适用于本标准。

GB/T 2828.1—2003　计数抽样检验程序第1部分:按接收质量限(AQL)检索的逐批检验抽样计划

GB/T 2829—2002　周期检验计数抽样程序及表(适用于对过程稳定性的检验)

GB/T 6461—2002　金属基体上金属和其他无机覆盖层　经腐蚀试验后的试样和试件的评级

GB/T 7307　55°非密封管螺纹

GB/T 10125—1997　人造气氛腐蚀试验　盐雾试验

3　术语和定义

下列术语和定义适用于本标准。

3.1

花洒　shower

一种以淋浴为目的的能使水以小水滴或喷射状发散流出的装置。

注:可包含一个喷头、一个固定的或可转动的手柄或软管、流量控制装置等其他部件。一般可分为手持式花洒和固定式花洒两种。

3.2

花洒喷头　shower outlet

花洒中能使水以小水滴或喷射状发散流出的部件。

3.3

喷射盘　spray plate

一种通过出水孔使水形成发散状的可确定的喷射或小水滴的部件。

3.4

花洒臂　shower arm

用来连接花洒喷头和供水管路的起支撑作用的部件。

3.5

手持式花洒　hand-held shower

一种安装在固定或可移动的支架上,由软管连接并且在一定空间范围内可以由淋浴者自由移动或掌握的花洒。

3.6

手持式花洒防虹吸装置　backflow prevention devices for hand-held shower

一种为手持式花洒起回流保护作用的、具有防虹吸功能的装置或组件。

3.7

固定式花洒 head shower

固定在使用者顶部或者侧面,直接从上方或从侧面喷淋使用者的花洒。

4 材料

产品所使用的材料不应对水质造成污染,不允许使用易腐蚀的材料。产品经受 90 ℃热水不超过 1 min,水的气味不发生变化。

5 技术要求

5.1 外观质量

5.1.1 铜铸件外表面不得有缩孔、砂眼、裂纹和气孔等缺陷,内腔不得粘附型砂。

5.1.2 塑料件外表面不应有明显的波纹、擦划伤、修饰损伤等缺陷。

5.1.3 所有在使用中人体可触及的表面不应有尖锐棱角等可能使人体产生伤害的隐患存在。

5.1.4 安装后电镀外观表面不得有未镀到的地方,表面应光亮、均匀,不允许有起皮、剥落、起泡等现象。

5.2 管螺纹精度

花洒外联接的管螺纹精度应符合 GB/T 7307 中 B 级精度的要求。特殊螺纹按合同要求。

5.3 安全性能

5.3.1 按 6.3.1 进行试验,其水流喷射方式应不发生变化。

5.3.2 按 6.3.2 进行试验,其水流喷射方式应不发生变化。

5.4 表面涂、镀层质量

5.4.1 耐急冷急热性能

按 6.4.1 规定进行试验,表面涂层应无损坏。

5.4.2 耐腐蚀性能

按 6.4.2 规定进行盐雾试验,电镀表面外观等级应达到 GB/T 6461—2002 中 9 级的要求。

5.5 密封性能

按 6.5 规定进行试验,各部件连接部位应无漏水现象。

5.6 机械强度

按 6.6 规定进行试验,应无裂纹、可见永久性变形或其他损坏。

5.7 耐冷热疲劳性能

按 6.7 规定进行试验,应无漏水、裂纹、变形和功能故障。

5.8 流量

按 6.8 规定进行试验,花洒的最大流量应符合表 1 的要求。

表 1 流量要求

动压力/MPa	流量/(L/s)
0.10	$Q_1 \leqslant 0.15$
0.30	$Q_2 \leqslant 0.20$

5.9 整体抗拉性能

花洒软管和花洒连接后,按 6.9 规定进行试验,花洒软管接头、花洒软管、花洒软管和花洒的连接部位、花洒不应有明显损坏和任何渗漏现象。

5.10 温降

按 6.10 规定进行试验,温降应不大于 3 ℃。

5.11 **旋转连接性能**

对带有旋转连接接头的产品按 6.11 规定进行试验，花洒发生旋转时的扭矩应不超过 0.1 N·m。

5.12 **花洒功能转换寿命**

对于具有两个或两个以上水流喷射方式的花洒，应进行该项试验。按 6.12 规定进行 10 000 次循环后，应满足 5.5 的要求。

5.13 **手持式花洒防虹吸性能**

手持式花洒应有防虹吸功能，防虹吸性能按 6.13 规定进行试验，水位上升高度应不大于 13 mm。

5.14 **球形连接摇摆性能**

对于带有球形连接的可活动的固定式花洒或花洒喷头，应进行该项试验，按 6.14 规定进行 10 000 次循环后，球形连接部位应无渗漏。

5.15 **平均喷射角**

按 6.15 规定进行试验，平均喷射角应为：$0° \leqslant \alpha \leqslant 8°$。

注：该项目仅适用于有合同要求时进行。

5.16 **喷洒均匀度**

按 6.16 规定进行试验，在直径 120 mm 范围内，接受的水量不大于总水量的 70% 且不小于 40%，在直径 420 mm 范围内，接受的水量不小于总水量的 95%。

注：该项目仅适用于有合同要求时进行。

6 试验方法

6.1 **外观质量**

在距离 600 mm±50 mm 处，光照 300 lx±20 lx 条件下目测。

6.2 **螺纹精度**

花洒外连接部位的管螺精度用相应精度的螺纹量规测定。

6.3 **安全性能试验**

6.3.1 将花洒安装成使用状态，在水温为 42 ℃±3 ℃，分别在动压 0.10 MPa±0.02 MPa 和动压 0.30 MPa±0.02 MPa 下，稳定使用 10 min±10 s 后，凭手感检验花洒的各部件是否灵活；检查花洒的各水流喷射方式是否发生变化。

6.3.2 将花洒安装成使用状态，在水温为 70 ℃±3 ℃，分别在动压 0.05 MPa±0.02 MPa 和动压 0.50 MPa±0.02 MPa 下，稳定使用 10 min±10 s 后，凭手感检验花洒的各部件是否灵活；检查花洒是否有明显变形，花洒的各水流喷射方式是否发生变化。

6.4 **表面涂、镀层质量**

6.4.1 **耐急冷急热性能试验**

塑料件表面涂、镀层质量要求在以下条件下进行循环试验后，距样品 300 mm±20 mm 处，在 700 lx～1 000 lx 强度的散射光源下目测样品表面涂、镀层是否损坏。

步骤 1：将试样置于温度已加热至 70 ℃±2 ℃的烘箱中，保持 30 min；

步骤 2：再将试样立刻置于 15 ℃～20 ℃的温度下，保持 15 min；

步骤 3：再将试样立刻置于－30 ℃～－25 ℃的温度下，保持 30 min；

步骤 4：再将试样立刻置于 15 ℃～20 ℃的温度下，保持 15 min；

步骤 1、步骤 2、步骤 3、步骤 4 为的一次急冷急热试验循环，依此进行试验，共进行 5 次循环。

6.4.2 **耐腐蚀性能试验**

按 GB/T 10125—1997 进行 24 h±10 min 酸性盐雾试验后，按 GB/T 6461—2002 评价电镀表面外观等级。

6.5　密封性能试验

将样品和供水管路相连，供水温度不大于 30 ℃，分别在试验动压为 0.05 MPa±0.02 MPa 和 0.50 MPa±0.02 MPa 下保持 5 min±10 s，检查各部件连接部位是否有渗水现象。

对于具有两个或两个以上水流喷射方式的花洒，应在每个喷射状态下进行一次该项试验。

6.6　机械强度试验

如图 1 所示安装一个可以固定花洒臂的装置(也可用得到相同效果的固定装置)，并且有可以与花洒螺纹相配套的固定用螺纹。

将花洒按图 1 所示安装，并在花洒轴向和垂直方向分别施加力 F=60 N±2 N，保持 5 min±10 s。试验完毕，检查是否有裂纹或可见永久性变形。

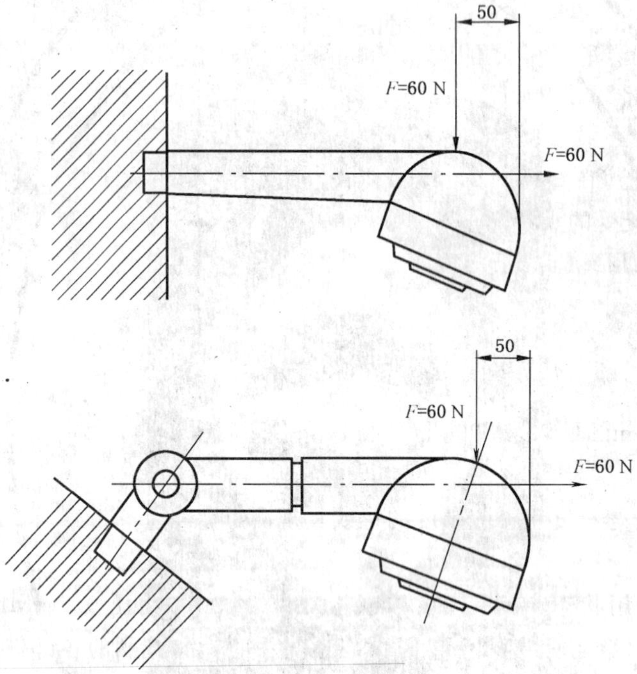

图 1　机械强度试验示意图

6.7　耐冷热疲劳试验

6.7.1　试验装置

试验装置应符合图 2 规定。

6.7.2　试验方法

在热水端供水温度为 70 ℃±3 ℃，冷水端供水温度为 20 ℃±2 ℃，供水动压为 0.30 MPa±0.02 MPa，流量为 0.10 L/s±0.02 L/s，转换速度不超过 2 s 的条件下进行试验时，先供给 2 min 冷水，然后供给 2 min 热水，为一次循环，进行 300 次循环试验。

试验后检查样品是否有漏水、裂纹、变形和功能故障。

6.8　流量试验

6.8.1　试验装置

连接试验装置应符合图 3 规定：

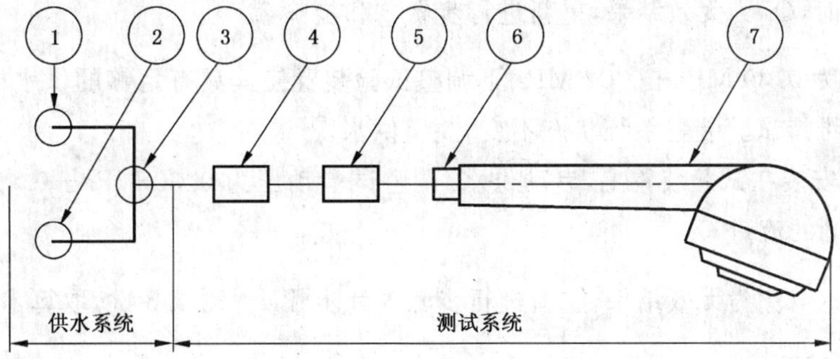

1——热水供水管路；

2——冷水供水管路；

3——冷热水转换装置；

4——压力表，测量精度为±1%；

5——温度计；

6——软管连接；

7——样品。

图 2　冷热循环试验示意图

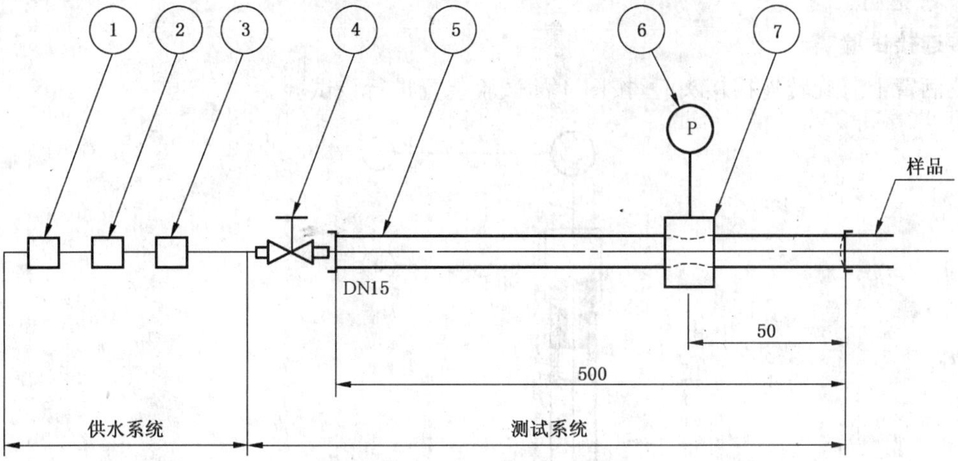

1——供水系统；

2——管路系统；

3——流量计，测量精度为±2%；

4——截止阀；

5——直管；

6——压力表，测量精确为±1%；

7——接压力表的三通。

图 3　流量试验装置示意图

6.8.2　试验方法

试验供水温度 $T \leqslant 30$ ℃。

步骤 1：在动压为 0.10 MPa±0.02 MPa 下调整试验装置使其具有足够的供水能力，记录试验装置稳定后的流量 q_1。维持试验装置系统状态不变，关闭供水。

步骤 2：将样品安装在试验装置上，开启供水，调整试验动压为 0.10 MPa±0.02 MPa，测试并记录试验装置稳定后花洒的流量 Q_1；测试 3 次，取算术平均值。

当$\frac{q_1}{Q_1}$小于1.5时，Q_1为无效结果，重新进行步骤1和步骤2。

步骤3：在动压为0.30 MPa±0.02 MPa下调整试验装置使其具有足够的供水能力，记录试验装置稳定后的流量q_2。维持试验装置系统状态不变，关闭供水。

步骤4：将样品安装在试验装置上，启动供水，调整试验动压为0.30 MPa±0.02 MPa，测试并记录试验装置稳定后花洒的流量Q_2；

当$\frac{q_2}{Q_2}$小于1.5时，Q_2为无效结果，重新进行步骤3和步骤4。测试3次，取算术平均值。

6.9 整体抗拉性能试验

将配套的花洒软管和花洒按照使用状态进行安装，将花洒软管的一端固定，在花洒头部位施加500 N±10 N的拉力，保持15 s±5 s。检查花洒软管接头、花洒软管、花洒软管和花洒的连接部位、花洒手柄、花洒喷头等是否有明显损坏。

将花洒软管的固定端拆下并和供水管路相连，在供水温度不高于30 ℃，动压为0.50 MPa±0.02 MPa的条件下保持5 min±5 s，检查花洒软管接头、花洒软管、花洒软管和花洒的连接部位、花洒是否有渗漏现象。

6.10 温降试验

按附录A进行。

6.11 旋转连接试验

如果花洒臂上有旋转连接接头时，按图4的试验装置进行该试验。

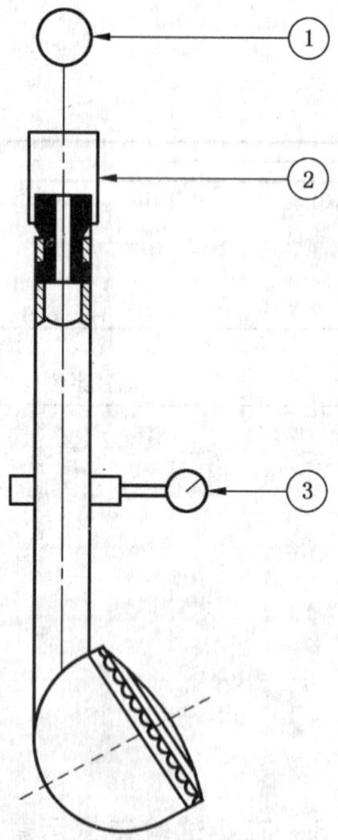

1——供水管路，供水压力0.30 MPa±0.02 MPa；

2——刚性供水连接接头，能够与样品通过螺纹连接，并使样品保持垂直悬挂状态；

3——测定花洒发生旋转时的扭矩的装置。

图4 扭矩试验示意图

按照上述装置进行连接，试验水温$T \leqslant 30$ ℃，动压0.30 MPa±0.02 MPa，用扭矩扳手或其他等效装置或仪器测定花洒发生旋转时的扭矩。

6.12 花洒功能转换寿命试验

在图3所示的管路上按使用状态进行安装样品，在水温 $T \leqslant 30$ ℃、动压为 0.25 MPa±0.02 MPa 的条件下，使花洒在各种水流喷射方式下进行转换并复原为一次循环，进行 10 000 次循环后，按 6.5 规定进行试验。

6.13 手持式花洒防虹吸试验

如图5所示，将防虹吸装置的出水口安装一根 1 000 mm±20 mm 的软管，软管的另一端连接一根内径为 13 mm±0.5 mm 的透明观察管，在防虹吸装置进水口处施加真空度为 17.0 kPa 压力，保持30 s；将进水口处真空度分别依次增加到 34.0 kPa、51.0 kPa、68 kPa、85.0 kPa，并各保持 30 s；然后将真空度逐渐从 85.0 kPa 降至 0 kPa。以上步骤为一次循环，测量并记录观察管内的水位上升的最大高度。共进行5次循环，取最大值。

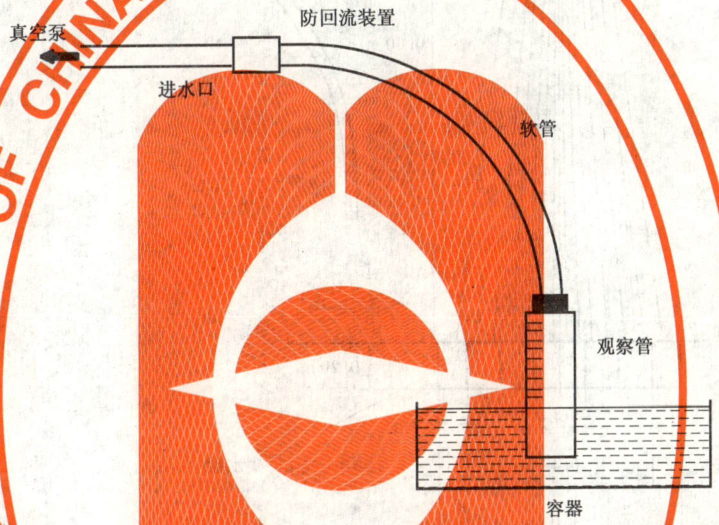

图5 防虹吸试验示意图

6.14 球形连接摇摆性能试验

对于带有球形连接的可活动的固定式花洒或花洒喷头，在图3所示的管路上按使用状态进行安装，在供水温度 $T \leqslant 30$ ℃且花洒流速为 1 L/min～2 L/min 的条件下进行试验，使花洒在一个可活动平面范围内摆动并回复原位为一次循环，每分钟摆动 10～12 次循环，进行 10 000 次循环后，调节试验动压分别为 0.05 MPa±0.02 MPa 和 0.5 MPa±0.02 MPa，并在各压力下保持 5 min±10 s，检查球形连接部位是否有渗水现象。

6.15 平均喷射角试验

按附录B进行。

6.16 喷洒均匀度试验

a) 将花洒按图6所示固定，在联接口前调节动压至 0.15 MPa±0.02 MPa，稳定 10 s 后，将水花调到最大喷水状态，并把水花中心调节到集水盘中心；

b) 在联接口前调节动压至 0.15 MPa±0.02 MPa，稳定 10 s 后，维持进水控制阀门不动，关闭供水阀门；

c) 然后清净集水盘；打开供水阀门，观察动压是否为 0.15 MPa±0.02 MPa，如果不是，则重复 b)；如果是，则维持 60 s 后，关闭供水；

d) 收集集水盘内的水，计算各区域的收集水量并计算；

e) 重复 c)和 d)三次，取算术平均值。

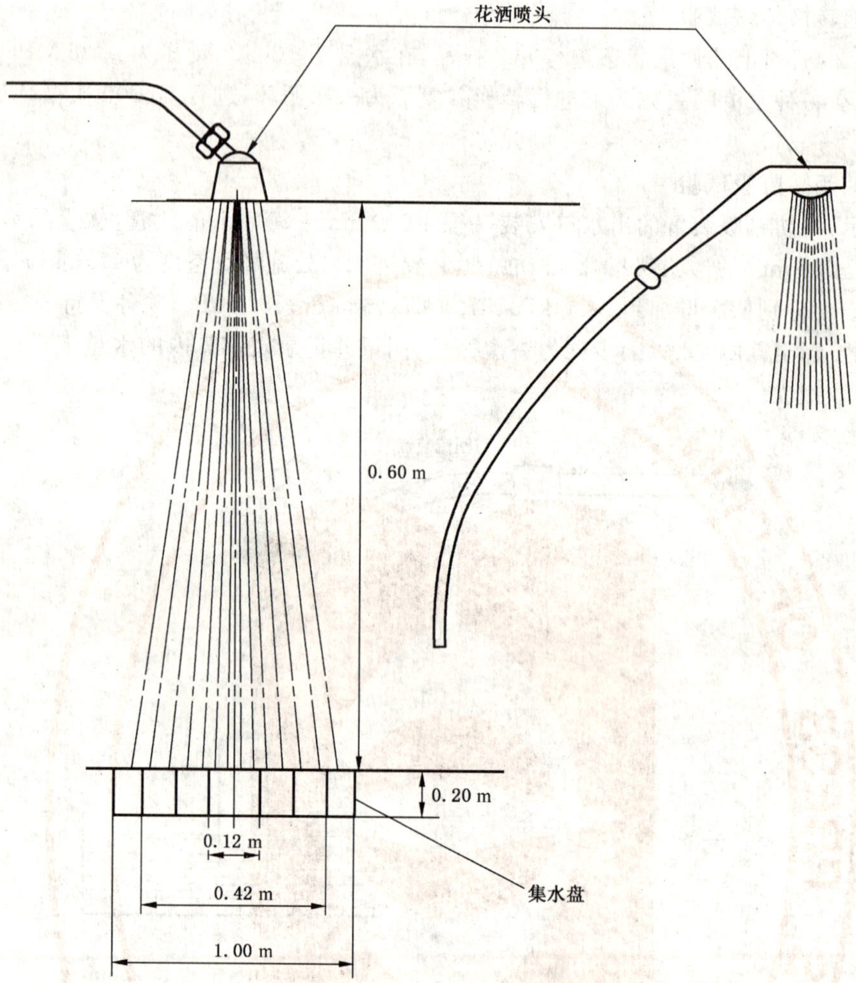

图6 喷洒均匀度试验示意图

7 检验规则

7.1 检验分类

产品检验分为出厂检验和型式检验。

7.2 出厂检验

7.2.1 检验项目

出厂检验项目按表2规定进行。

7.2.2 抽样方案与抽样方法

7.2.2.1 对出厂检验项目按GB/T 2828.1—2003的规定采用一般检验水平Ⅱ，正常检查一次抽样方案。

7.2.2.2 样品从提供的产品批中随机抽取。

表2 出厂检验项目表

序号	检验项目	要求	试验方法
1	外观质量	5.1	6.1
2	管螺纹精度	5.2	6.2
3	安全性能	5.3	6.3

表 2（续）

序　号	检 验 项 目	要　　求	试 验 方 法
4	表面涂、镀层质量	5.4	6.4
5	密封性能	5.5	6.5
6	流量	5.8	6.8
7	旋转连接性能	5.11	6.11
8	手持式花洒防虹吸性能	5.13	6.13

7.2.3　**判定规则**

7.2.3.1　出厂检验项目的接收质量限(AQL)为 1.5。

7.2.3.2　经检验所要求项目均合格，则该批产品为合格，凡有一项或一项以上不合格，则判定该批产品不合格。

7.3　**型式检验**

7.3.1　**检验项目**

型式检验包括本标准第 5 章技术要求中除 5.15、5.16 外的全部项目。

7.3.2　**检验条件**

有下列条件之一时，应进行型式检验：

a)　新产品试制、定型、鉴定时；

b)　正式生产后，结构、材料、工艺有较大变化，可能影响产品质量时；

c)　产品停产半年以上，恢复生产时；

d)　出厂检验结果与上次型式检验结果有较大差异时；

e)　正常情况下，每年至少进行一次。

7.3.3　**抽样方案、抽样方法与判定规则**

7.3.3.1　**抽样方案**

以同品种的产品每 500 件为一批，不足 500 件以一批计。按 GB/T 2829—2002 的规定进行，采用判别水平Ⅰ的一次抽样方案。

7.3.3.2　**抽样方法**

样品从提交的合格批中随机抽取。

7.3.3.3　**判定规则**

型式检验的检验项目、不合格类别、不合格质量水平(RQL)见表 3。有合同要求时，可由合同双方协商确定。

表 3　型式检验项目表

不合格类别	检 验 项 目	要求	试验方法	RQL
A	流量	5.8	6.8	20
	手持式花洒防虹吸性能	5.13	6.13	
B	管螺纹精度	5.2	6.2	30
	安全性能	5.3	6.3	
	密封性能	5.5	6.5	
	机械强度	5.6	6.6	
	耐冷热疲劳性能	5.7	6.7	
	整体抗拉性能	5.9	6.9	

表 3（续）

不合格类别	检验项目	要求	试验方法	RQL
C	外观质量	5.1	6.1	50
	表面涂、镀层质量	5.4	6.4	
	温降	5.10	6.10	
	旋转连接性能	5.11	6.11	
	花洒功能转换寿命	5.12	6.12	
	球形连接摇摆性能	5.14	6.14	

经检验所要求项目均合格，则该批产品为合格，凡有一项或一项以上不合格，则判定该批产品不合格。

8 标识、包装、运输和贮存

8.1 产品上应有注册商标的永久性标识。

8.2 产品单件包装应标明生产厂名、产品名称、产品型号、注册商标、执行标准号、生产日期等标识（客户特殊要求除外）。

8.3 产品应附有出厂检验合格证和安装使用说明书。

8.4 每套产品应分别包装并保证产品各部件之间不发生破坏性碰撞。

8.5 产品在运输中应防止雨淋、受潮和磕碰，托运时应轻放。

8.6 产品应贮存在通风良好、干燥的室内，不得与酸、碱或有腐蚀的物品共贮。

附　录　A
（规范性附录）
花洒温降试验方法

A.1　范围

本附录适用于测定经花洒流出的水流的温降。

A.2　原理

在动压为 0.25 MPa±0.02 MPa 下，热水经花洒流出后，在花洒面盘下方 150 mm±10 mm 和 750 mm±10 mm 处测得的水温的差值。

A.3　设备与环境要求

需要使用以下设备，也可使用其他具有相同效果的设备。

a）　如图 3 所示的供水系统和管道系统，供水系统应可提供水温稳定的热水；

b）　一个如图 A.1 所示的温度表；

c）　精度为 1 mm 的直尺；

d）　环境：周围空气温度为 20 ℃±3 ℃，不应有明显的空气流动。

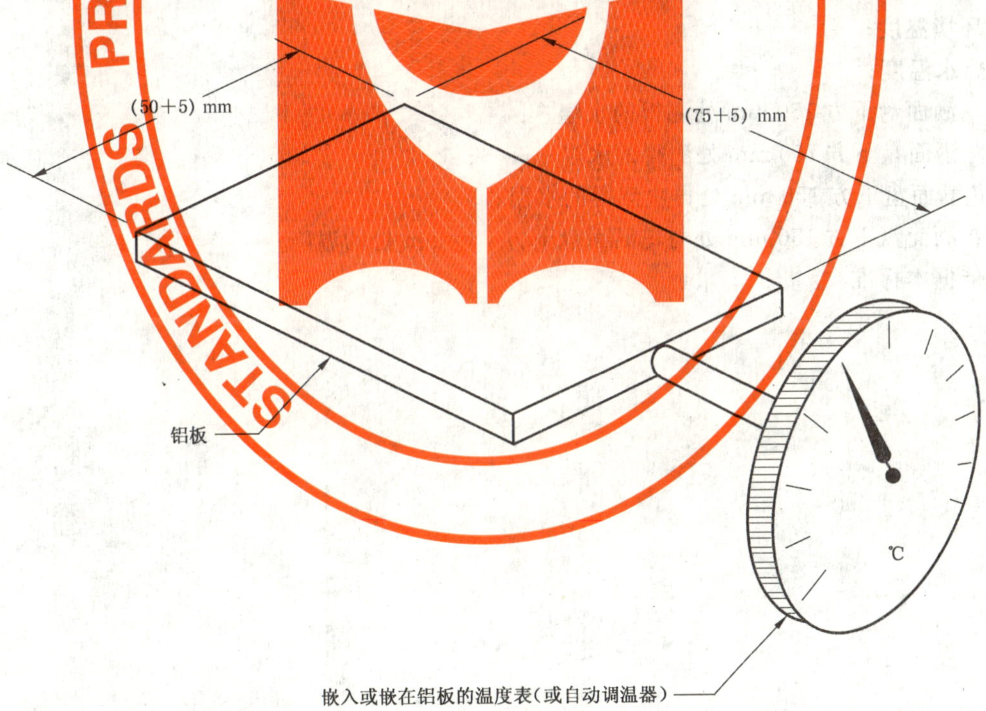

图 A.1　温度测试装置示意图

A.4　测试步骤

按照以下步骤进行测试：

a）　将花洒安装成使用状态，若需要与手柄、软管、限流器或防回流装置等其他配件一起安装时，应按照制造商的说明书来进行；

b） 对于两个以上功能的花洒，应把花洒设在流量最大的功能上进行；

c） 将花洒安装在测试设备中并与供水系统相连接；

d） 将测温装置置于花洒面盘正下方 150 mm±10 mm 处；

e） 测定周围环境温度；

f） 调节供水系统的温度，使供水温度高于环境温度 20 ℃±3 ℃；

g） 打开供水系统，让热水流经花洒，调节供水动压为 0.25 MPa±0.01 MPa 并保持稳定不少于 1 min；

h） 记录温度表稳定后的温度值；

i） 把测温装置水平放在花洒面盘下方 750 mm±10 mm 处，选择合适的位置，使温度达到最大值，记录温度表稳定后的温度值；

j） 把测温装置置于步骤 d)的位置，记录温度表稳定后的温度值；

k） 若在花洒面盘正下方 150 mm±10 mm 处两次测得的温度值之差大于 0.5 ℃，则重复步骤g)～步骤 j)；

l） 若在花洒面盘正下方 150 mm±10 mm 处两次测得的温度值之差不大于 0.5 ℃，则计算步骤 h)和步骤 i) 的温度差，即为所测温降。

A.5 测试报告

需报告以下内容：

a） 花洒的品名、型号；

b） 环境温度；

c） 热水温度；

d） 花洒面盘下方 150 mm 处测得的水温；

e） 花洒面盘下方 750 mm 处测得的水温；

f） 花洒面盘下方 150 mm 处再次测得的水温；

g） 花洒面盘下方 150 mm 处与花洒面盘下方 750 mm 处的温降；

h） 依据本标准。

附　录　B
（规范性附录）
花洒平均喷射角测试方法

B.1　范围

本附录规定了花洒喷射角度的测试过程和计算方法。

本附录适用于花洒喷射角度的测试。

B.2　原理

将花洒安装在测试设备中，将动压为 0.25 MPa±0.02 MPa、水温 $T \leqslant 30$ ℃的水通过花洒喷射到环状的接收器中，测量喷出的水的质量和角度，计算出平均喷射角。

B.3　设备

需要使用以下设备，其他具有相同效果的设备也可使用。

a)　如图 3 所示的供水和管道系统；

b)　一个环形的接收器，如图 B.1 所示；

c)　量筒；

d)　秒表。

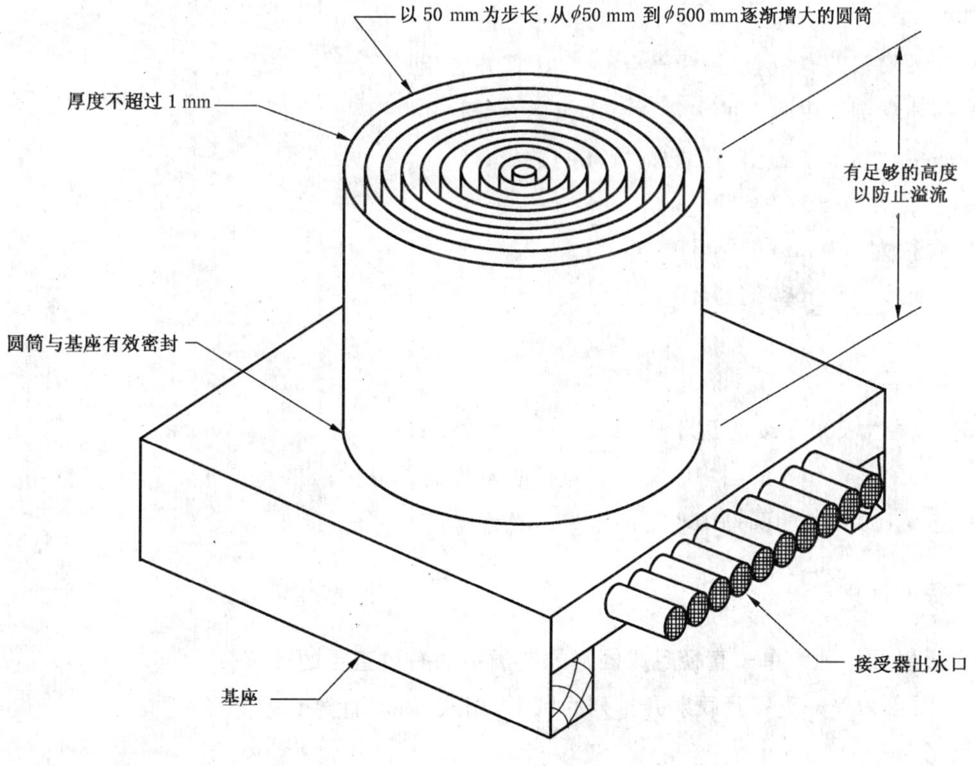

图 B.1　典型的环形接收器示意图

B.4　测试步骤

按照以下步骤进行测试：

a)　将花洒安装成使用状态，若需要与手柄、软管、限流器或防回流装置等其他配件一起安装时，应按照制造商的说明书来进行；

b)　对于两个以上功能的花洒，应把花洒设在流量最大的功能上进行；

c)　将花洒安装在测试设备中并与供水系统相连接；

d)　将环形接收器置于喷头面盘的中轴线，与接收器的中轴线重合；

e)　花洒面盆与接收器顶端的垂直距离为 400 mm±20 mm；

f)　将接收器有效覆盖，使花洒的水流不喷入接收器，调节供水系统，使供水动压保持在 0.25 MPa±0.02 MPa；移开覆盖物，使花洒的水流全部喷入接收器至少 60 s；

g)　记录接收时间和流量计上的水流量；

h)　收集并记录接收器中每个圆环中接收的水量，计算接收器接收的总水量；

i)　如果接收器接收到的总水量与流量计上测定的总水量相差大于±5%，则重复步骤 f)～h)；

j)　计算出接收器中每个圆环接收到的水与接收器接收到的总水量的百分比；

k)　计算花洒的有效直径；

l)　按式(B.1)计算花洒的喷射角 α；

$$\alpha = \mathrm{ctg}\left\{\frac{\sum_{1}^{N}[X_N(2N-1)]-4D_E}{3\,200}\right\} \qquad \text{(B.1)}$$

式中：

D_E——花洒喷头的有效直径，精确至 mm，计算方法相见 B.5；

X_N——各独立圆环中收集的水量占总水量的百分比；

N——从接收器由中心往外计数的圆环的数量；

=1(例，直径为 50 mm 的圆)

=2(例，直径为 100 mm 的圆环)

=3(例，直径为 150 mm 的圆环)

=……

=……

=10(例，直径为 500 mm 的圆环)

即：X_1=直径为 50 mm 的圆中收集的水量占总水量的百分比；

X_2=直径为 100 mm 的圆环中收集的水量占总水量的百分比。

B.5　有效直径的计算方法

B.5.1　例 1 喷射孔排列为单一直径且成圆形的花洒头的有效直径的计算

若花洒头面盘为单一直径且喷射孔排列为圆形，用式(B.2)计算有效直径：

$$D_E = D \qquad \text{(B.2)}$$

式中：

D——喷射孔排列圆的投影直径，见图 B.2。

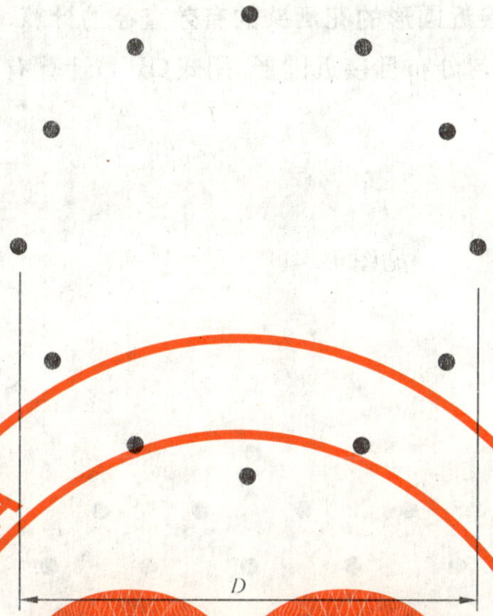

图 B.2　喷射孔排列为单一直径且成圆形的花洒头

B.5.2　例 2 喷射孔排列为多个直径且成圆形的花洒头的有效直径的计算

若花洒头面盘喷射孔排列为多个直径且成圆形，用式(B.3)计算有效直径：

$$D_{\mathrm{E}}=\frac{[(H_1\times D_1)+(H_2\times D_2)+(H_3\times D_3)+(\cdots\cdots)]}{H_1+H_2+H_3+\cdots\cdots}\qquad\cdots\cdots\cdots\cdots\cdots(\mathrm{B}.3)$$

式中：

D_1——最靠中心部位的喷射孔排列圆的投影直径；

D_2——靠中心部位第 2 个喷射孔排列圆的投影直径；

D_3——靠中心部位第 3 个喷射孔排列圆的投影直径；

依此类推；

H_1——最靠中心部位的喷射孔排列圆上的喷射孔的数量；

H_2——靠中心部位第 2 个喷射孔排列圆上的喷射孔的数量；

H_3——靠中心部位第 3 个喷射孔排列圆上的喷射孔的数量；

依此类推。见图 B.3。

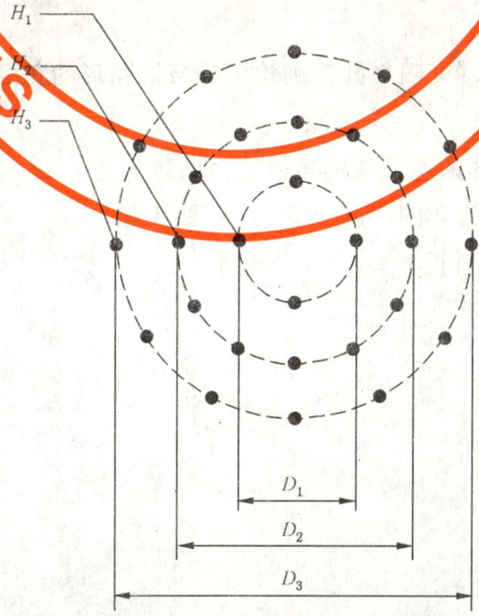

图 B.3　喷射孔排列为多个直径且成圆形的花洒头

B.5.3　例3喷射孔排列均匀且接近圆形的花洒头的有效直径的计算

若花洒头面盘喷射孔排列均匀分布且接近圆形，用式(B.4)计算有效直径：

$$D_E = \frac{D}{\sqrt{2}} \quad \cdots\cdots (B.4)$$

式中：

D——两个喷射孔间的最大距离。见图B.4。

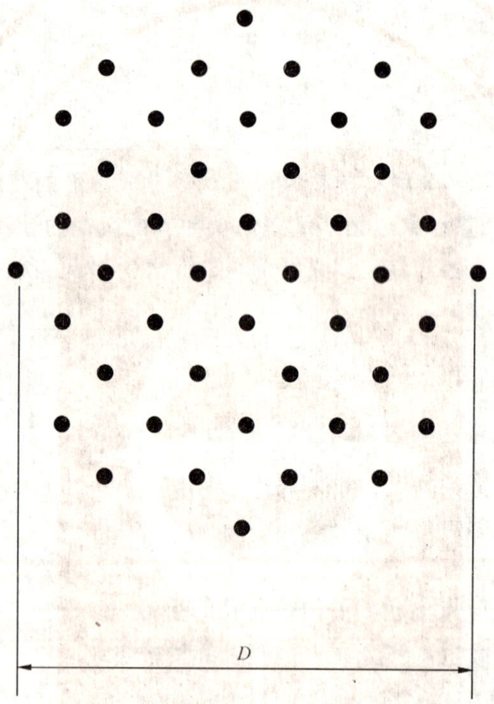

图B.4　喷射孔排列均匀且接近圆形的花洒头

B.5.4　例4喷射孔排列为非圆形的花洒头的有效直径的计算

对于花洒头面盘喷射孔排列为非圆形的花洒头，见图B.5。

方法一：用式(B.5)计算有效直径

$$D_E = \sqrt{\left\{\frac{(W \times B \times 4)}{\pi}\right\}} \quad \cdots\cdots (B.5)$$

式中：

W——喷射孔排列的宽度；

B——喷射孔排列的长度。

方法二：喷射孔排列成矩形或其他形状(参考多圆形喷射孔)可用式(B.3)计算有效直径。

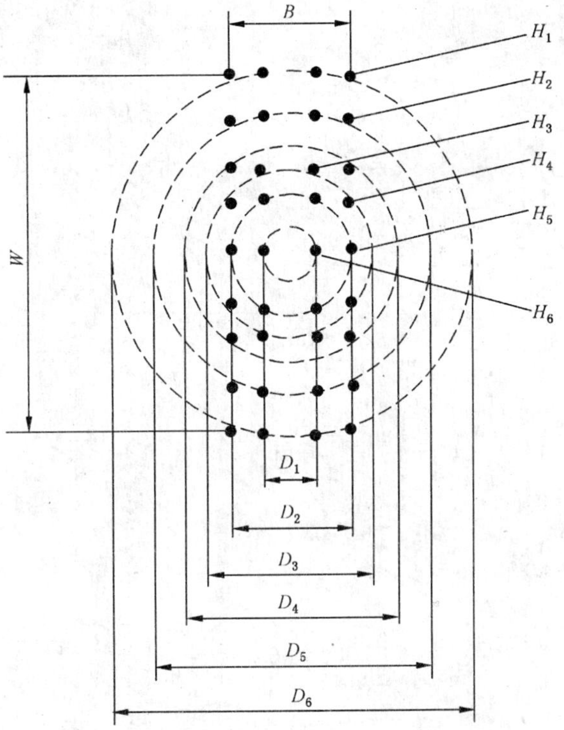

图 B.5 喷射孔排列为非圆形的花洒头

B.6 测试报告

需报告以下内容：

a) 花洒的品名、型号；

b) 接收器接收的总水量；

c) 接收器中每个圆环部分接收到的水量占总水量的百分比；

d) 花洒的平均喷射角 α；

e) 依据本标准。

ICS 91.140.70
Q 31

中华人民共和国国家标准

GB/T 23448—2009

卫生洁具 软管

Flexible hose for sanitary tapware

2009-03-28 发布　　2010-01-01 实施

中华人民共和国国家质量监督检验检疫总局
中国国家标准化管理委员会　发布

前　言

本标准与 AS/NZS 3499—2006《给水软管》、EN 1113：1997《浴用水嘴用花洒软管(PN10)》和 ASME A112.18.1—2005/CSA B125.1-05《管道供水装置》的一致性程度为非等效。

本标准由中国建筑材料联合会提出。

本标准由全国建筑卫生陶瓷标准化技术委员会(SAC/TC 249)归口。

本标准负责起草单位：咸阳陶瓷研究设计院、九牧集团有限公司。

本标准参加起草单位：国家建筑材料工业建筑五金水暖产品质量监督检验中心、国家建筑卫生陶瓷质量监督检验中心。

本标准主要起草人：刘幼红、李直、段先湖、林声雁、丁清峰、王巍、谢晓军。

本标准为首次发布。

本标准自实施之日起，JC 886—2001《卫生设备用软管》和 JC/T 1044—2007《金属波纹联接水管》废止。

卫生洁具　软管

1　范围

本标准规定了卫生洁具用软管的术语和定义、分类与代号、材料、技术要求、试验方法、检验规则、标志和标识及包装、运输和贮存。

本标准适用于工作压力不大于1.0 MPa，供水温度不大于90 ℃的连接供水管路与用水卫生洁具或用水卫生洁具之间相互连接的柔性软管。

2　规范性引用文件

下列文件中的条款通过本标准的引用而成为本标准的条款。凡是注日期的引用文件，其随后所有的修改单(不包括勘误的内容)或修订版均不适用于本标准，然而，鼓励根据本标准达成协议的各方研究是否可使用这些文件的最新版本。凡是不注日期的引用文件，其最新版本适用于本标准。

GB/T 2828.1　计数抽样检验程序　第1部分：按接收质量限(AQL)检索的逐批检验抽样计划

GB/T 6461—2002　金属基体上金属和其他无机覆盖层　经腐蚀试验后的试样和试件的评级

GB/T 7307　55°非密封管螺纹

GB/T 7759—1996　硫化橡胶、热塑性橡胶　常温、高温和低温下压缩永久变形测定

GB/T 10125—1997　人造气氛腐蚀试验　盐雾试验

GB/T 16662　建筑给水排水设备器材术语

GB/T 17219　生活饮用水输配水设备及防护材料的安全性评价标准

3　术语和定义

GB/T 16662确立的以及下列术语和定义适用于本标准。

3.1

卫生洁具用软管　flexible hose for sanitary tapware

用于冷、热水给水管道与用水卫生洁具之间或卫生洁具与卫生洁具之间相互连接，便于移动或者能弯曲的柔性管。

3.2

连接软管　flexible link hose for water

用于连接给水管路与用水器具(如便器、热水器、水嘴、洗衣机等)的软管。

3.3

淋浴软管　flexible hose for shower

用于连接给水管路或水嘴与淋浴花洒的软管。

3.4

洗涤软管　flexible hose for washing

用于连接给水管路与洗涤喷头的软管。

3.5

冷水软管　flexible hose for cool water

适用水温不高于50 ℃的软管。

3.6

热水软管　flexible hose for hot water

适用水温高于50 ℃的软管。

3.7

软管长度 flexible hose length

软管两接头外端面之间的距离。

4 分类与代号

产品的分类方法与代号见表1。

表1 卫生洁具用软管分类与代号

按用途分类	代号	按卫生标准分类	代号	按使用水温分类	代号
连接软管	L	饮用水软管	D	冷水软管	C
淋浴软管	S	非饮用水软管	N	热水软管	H
洗涤软管	W				

5 材料

5.1 饮用水软管使用的所有与饮用水直接接触的材料，应符合GB/T 17219的要求。

5.2 不锈钢材料在环境温度为23 ℃±2 ℃下，在质量浓度为10%的稀盐酸中密封浸泡4 h，表面应无腐蚀。

5.3 橡胶密封圈材质按GB/T 7759—1996检验时，压缩永久变形应不超过20%。

6 技术要求

6.1 外观

6.1.1 金属外管表面不应有剥层、气泡、氧化皮、锈斑、裂纹、油污、明显划伤、压痕、尖锐折叠等缺陷。非金属外管表面不应有明显波纹、熔接痕、擦划伤、修饰损伤等。

6.1.2 软管接头的内外表面不应有裂纹、凹凸等明显缺陷；螺纹表面不应有断牙、凹痕等缺陷。

6.1.3 按GB/T 10125—1997进行6 h铜加速乙酸盐雾试验(CASS)后，涂镀层外观等级应达到GB/T 6461—2002中9级的要求。

6.2 尺寸

6.2.1 产品标称尺寸由制造商确定，产品长度允许偏差应符合表2的规定。

表2 产品长度允许偏差

单位为毫米

产品长度 L	$L\leqslant500$	$500<L\leqslant1\,000$	$1\,000<L\leqslant2\,000$	$L>2\,000$
允许上偏差 ΔL	+10	+20	+30	+40
允许下偏差 ΔL	0	0	0	0

6.2.2 软管内径最小处应不小于5 mm。对特殊产品，允许采用合同规定的规格。

6.3 螺纹连接

6.3.1 软管接头管螺纹精度应符合GB/T 7307的要求，其中外螺纹精度等级应不低于B级。软管有效连接螺纹牙数应不少于3牙。对特殊产品，允许采用合同规定的规格。

6.3.2 软管连接螺纹应能承受不小于20 N·m的扭矩，经扭矩试验后螺纹应无裂纹、损坏。

注：淋浴软管与花洒连接端螺纹不适用于本条款。

6.4 密封性

按本标准7.4规定方法进行试验时，软管各部位应无破裂、渗漏或其他缺陷出现。

6.5 耐压性

按本标准7.5规定方法进行试验时，软管各部位应无破裂、渗漏或其他缺陷出现。

6.6 抗拉伸性

淋浴软管和洗涤软管按本标准 7.6 规定方法进行试验时，接头应不脱落，软管各部位应无破裂或其他缺陷出现。

6.7 抗脉冲性

连接软管和洗涤软管按本标准 7.7 部分规定进行试验后，各部位应无功能性损坏或其他缺陷出现。

6.8 抗弯曲性

6.8.1 淋浴软管和洗涤软管

按本标准 7.8.1 规定方法进行试验后，应无破裂、损坏或其他缺陷出现。

6.8.2 连接软管

除金属波纹管外，其他连接软管按本标准 7.8.2 规定方法进行试验时，椭圆度≤15%；

金属波纹连接软管按本标准 7.8.3 规定方法进行试验后，应满足标准 6.4、6.5 的要求。

6.9 耐冷热循环性

淋浴软管按本标准 7.9 规定方法进行试验时，软管应无破裂、渗漏或其他缺陷出现。

6.10 耐老化性

按本标准 7.10 规定方法进行试验后，软管各部位应无破裂、渗漏或其他缺陷出现。

7 试验方法

7.1 外观

外观质量缺陷检验采用目测法。目测距离为 500 mm，照度不低于 300 lx，不得借助任何放大仪器。

7.2 尺寸

软管长度用精度为 1 mm 的直尺或钢卷尺测定，测量时软管应处于自然放置状态，不应用力拉伸软管。软管内径用游标卡尺测定。

7.3 螺纹连接

7.3.1 螺纹精度用相应级别的螺纹量规测定。

7.3.2 螺纹扭矩用扭矩扳手进行测试。测试时将软管连接螺纹（含密封胶垫）套在相应的夹具上，逐渐施加扭力至规定的扭矩值。用同样方式对软管的另一端螺纹进行扭矩测试。

7.4 密封性能

将软管一端连接到加压设备上，另一端连接一个流量调节阀。向软管通入 70 ℃±2 ℃的热水，调节流量调节阀，使水以 0.1 L/s 的流速流经软管 5 min。然后调整动压至 0.5 MPa±0.02 MPa，保持 5 min±10 s。

7.5 耐压性能

将软管一端连接到加压设备上，另一端连接一个带有排气阀的堵头。向软管中缓慢加入温度不大于 30 ℃的室温水，待排净管内空气后关闭排气阀。

连接软管和洗涤软管：

缓慢加压至 1.4 MPa±0.02 MPa，保持 1 h±5 min，然后加压至 3.5 MPa±0.02 MPa，保持 1 min±10 s；

淋浴软管：

缓慢加压至 0.7 MPa±0.02 MPa，保持 1 h±5 min，然后加压至 2.0 MPa±0.02 MPa，保持 1 min±10 s。

7.6 抗拉伸性

步骤 1：将软管一端固定在拉伸设备上，另一端逐渐增加拉力至 67 N，往复拉伸 10 000 次。

步骤 2：另一端逐渐增加拉力至 500 N，保持 15 s±5 s，此时软管接头不应脱落。

步骤 3:将软管在一个直径为 50 mm 的圆柱物上缠绕一圈,并在软管的两端逐渐施加拉力至 67 N,直到软管完全贴紧圆柱物为止。观察软管各部位有无破裂或其他缺陷出现。

步骤 4:将软管一端连接到加压设备上,另一端连接一个带有排气阀的堵头。通入不大于 30 ℃的室温水,对软管施加 0.3 MPa±0.02 MPa 的静压力,保持 2 min±10 s,观察软管各部位有无破裂或其他缺陷出现。

7.7 抗脉冲性

将软管安装在一个能产生脉冲压力的装置上,该装置能产生从 0.5 MPa 至 1.2 MPa 的梯形脉冲压力,脉冲频率为 15 次/min。对冷水软管:试验水温为 60 ℃±3 ℃;对热水软管:试验水温为 90 ℃±3 ℃。

对连接软管施以 250 000 个脉冲冲击后,观察软管各部位有无破裂或其他缺陷出现。

对洗涤软管施以 10 000 个脉冲冲击后,观察软管各部位有无破裂或其他缺陷出现。

7.8 抗弯曲性

7.8.1 180°弯曲性试验

步骤 1:如图 1 所示,将软管进水端与弯曲测试仪器上的水平旋转管连接,旋转管外径为 50 mm±5 mm。另一端用堵头密封并承受 5 N 的拉力。再通过旋转管向软管中充入 0.1 MPa±0.02 MPa 的气压,以每分钟 20 次的频率作 180°旋转 5 000 次。

注:旋转"一次"是指位置 1→位置 2→位置 1。

步骤 2:将软管一端连接到加压设备上,另一端连接一个带有排气阀的堵头。通入不大于 30 ℃的室温水,对软管施加 0.3 MPa±0.02 MPa 的静压力,保持 2 min±10 s,观察软管各部位有无破裂或其他缺陷出现。

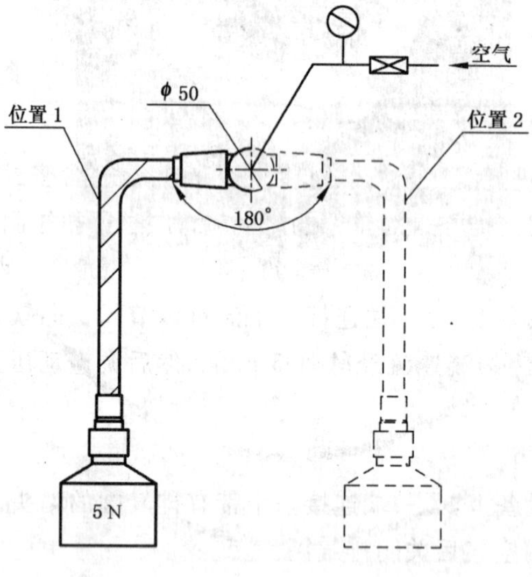

图 1 180°弯曲试验示意图

7.8.2 360°弯曲性试验

步骤 1:根据软管的公称直径和长度,在表 3 中选择实验用的圆柱体半径和所需的拉力值。

表 3 360°弯曲性试验参数对应值表

软管公称直径 DN/mm	圆柱体半径 R/mm	软管最短长度/mm	拉力/N
DN 6	25	400	15
DN 8	30	450	15
DN 10	35	500	20

表 3（续）

软管公称直径 DN/mm	圆柱体半径 R/mm	软管最短长度/mm	拉力/N
DN 13	45	600	30
DN 15	60	700	35
DN 20	80	900	50
注：产品长度若小于表中最短长度时，则不要求此项检验。			

步骤 2：在环境温度为 23 ℃±2 ℃的条件下，如图 2 所示将软管中心部位围绕一个刚性圆柱体缠绕一周，在图示的 A 区范围内应使软管紧贴圆柱体，软管的一端固定，另一端施以表 3 规定的拉力值，测量 B 区范围内形成的最小外径。

步骤 3：根据下式计算椭圆度：

$$O=(D_a-D_e)/D_a\times 100$$

式中：

O——椭圆度，%；

D_a——弯曲前的软管外径，单位为毫米(mm)；

D_e——弯曲时形成的软管最小外径，单位为毫米(mm)。

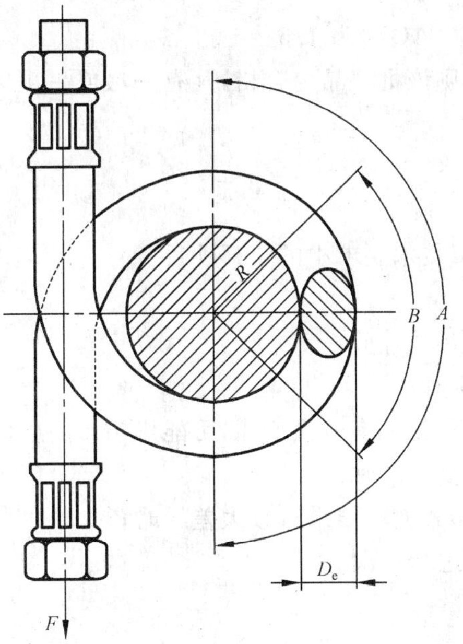

图 2　360°弯曲性试验示意图

7.8.3　金属波纹连接软管抗弯曲性试验

步骤 1：将软管中心部位紧贴一个直径为 80 mm 的刚性圆柱体弯曲，使弯曲后两边形成的夹角为 90°。然后将软管弯曲回直线状。重复此步骤共 2 次；

步骤 2：接下来在原弯曲处仍沿直径为 80 mm 的刚性圆柱体向与步骤 1 相反的方向弯曲，使弯曲后两边形成的夹角为 90°。然后将软管弯曲回直线状。重复此步骤共 2 次；

步骤 3：将软管按本标准 7.4、7.5 部分进行试验。

7.9　耐冷热循环性

将软管安装在冷热循环试验装置上，调整动压为 0.3 MPa±0.02 MPa，同时使流量保持在 0.1 L/s；向软管通入 70 ℃±2 ℃的热水，维持 2 min，然后向软管通入 20 ℃±2 ℃的冷水，维持 2 min，切换时间不大于 2 s。重复 300 次循环试验。

7.10 耐老化性

将软管安装在老化实验设备中，向软管施加 1.2 MPa±0.02 MPa 的水压，在整个老化过程中保持这个压力；

热水软管在 90 ℃±3 ℃的水温环境下保持 168 h；冷水软管在 60 ℃±3 ℃的水温环境下保持 168 h；观察试验过程中各部位是否有破裂、渗漏或其他缺陷出现。

注：淋浴软管在本条中按冷水软管进行试验。

8 检验规则

8.1 检验分类

产品检验分为出厂检验和型式检验。

8.2 出厂检验

8.2.1 检验项目

出厂检验项目包括 6.1、6.2、6.3、6.4、6.5、6.6、6.8。

8.2.2 组批规则和抽样方案

以同类别同品种同型号产品进行组批。按 GB/T 2828.1 的规定进行，采用一般检验水平Ⅱ，正常检查一次抽样方案。出厂检验所需的样本从组批中随机抽取。

8.2.3 判定规则

出厂检验项目的接收质量限(AQL)为 1.5。

经检验所要求项目均合格，则该批产品为合格，凡有一项或一项以上不合格，则判定该批产品为不合格。

8.3 型式检验

8.3.1 检验项目

型式检验包括本标准第 6 章技术要求中的全部项目。

8.3.2 检验条件

有下列条件之一时，应进行型式检验：

a) 新产品试制、定型、鉴定时；

b) 正式生产后，结构、材料、工艺有较大变化，可能影响产品质量时；

c) 产品停产半年以上，恢复生产时；

d) 出厂检验结果与上次型式检验结果有较大差异时；

e) 正常情况下，每年至少进行一次。

8.3.3 组批规则和抽样方案

8.3.3.1 组批

以同类别同品种同型号产品进行组批，每 200～1 000 根为一批，不足 200 根仍以一批计。

8.3.3.2 抽样方案

a) 由提交的合格批中随机抽取 15 根样本。

b) 型式检验项目中耐老化性采用二次抽样方案，其他项目均采用一次抽样方案。具体列于表 4。

表 4 型式检验抽样方案

检验项目	章 条	样本量	接收数，Ac	拒收数，Re
外观	6.1	3	0	1
尺寸	6.2		0	1
螺纹连接	6.3		0	1
密封性	6.4	1	0	1

表 4（续）

检验项目	章　条	样本量		接收数，Ac		拒收数，Re	
耐压性	6.5	1		0		1	
抗拉伸性	6.6	1		0		1	
抗脉冲性	6.7	1		0		1	
抗弯曲性	6.8	1		0		1	
耐冷热循环性	6.9	1		0		1	
耐老化性	6.10	第一次	第二次	Ac_1	Re_1	Ac_2	Re_2
		6	6	0	2	1	2

8.3.4　检验流程

步骤 1：由所抽取样本中取 3 根进行尺寸、螺纹连接检验后，进行外观检验。

步骤 2：由所抽取样本中取 6 根进行耐老化性试验。

步骤 3：耐老化性通过后进行其他功能项目检验。

用通过老化性试验的连接软管进行密封性、耐压性、抗脉冲性和抗弯曲性试验。若最终通过耐老化性试验的样本量少于 4，试验终止。

用通过老化试验的洗涤软管进行密封性、耐压性、抗拉伸性、抗脉冲性和抗弯曲性试验；若最终通过耐老化性试验的样本量少于 5，试验终止。

用通过老化试验的淋浴软管进行密封性、耐压性、抗拉伸性、抗弯曲性和耐冷热循环性试验；若最终通过耐老化性试验的样本量少于 5，试验终止。

8.3.5　判定规则

对所要求项目进行检验，经检验所有项目均合格，则判定该批产品为合格；凡有一项或一项以上不合格，则判定该批产品不合格；对于因耐老化试验通过的样本量不足而使试验终止的情况，判定该批产品不合格。

9　标志和标识

9.1　永久性标志

产品的明显位置应刻印商标。

9.2　产品标识

产品或包装上至少应标明产品名称、分类代号、执行标准、生产日期、制造商名称、商标、产地。

9.3　合格证和说明书

产品最小包装应附有合格证，每批产品应提供安装使用说明。特殊情况按合同要求处理。

10　包装、运输和贮存

10.1　每套产品应分别包装、并保证产品之间不发生碰撞。用全封闭纸箱或木箱作外包装。

10.2　产品在运输中应防止挤压和磕碰。

10.3　产品应贮存在通风良好处，不得与酸、碱及有腐蚀性的物品共贮。

ICS 91.060.10
Q 15

中华人民共和国国家标准

GB/T 23449—2009

灰渣混凝土空心隔墙板

Hollow concrete panel contained solid wastes for partition wall

2009-03-28 发布　　2010-01-01 实施

中华人民共和国国家质量监督检验检疫总局
中国国家标准化管理委员会　发布

前　言

本标准由中国建筑材料联合会提出。

本标准由全国墙体屋面及道路用建筑材料标准化技术委员会(SAC/TC 285)归口。

本标准负责起草单位:国家建筑材料工业墙体屋面材料质量监督检验测试中心、国家住宅与居住环境工程技术研究中心。

本标准参加起草单位:深圳阿科太新型建材有限公司、广东绿发再生资源技术有限公司、上海新宇墙体材料有限公司、四川什邡华联新型建材有限公司、湖北华仁窑炉有限责任公司、广州市建筑材料工业研究所有限公司。

本标准主要起草人:林玲、高宝林、吕光明、黄国祥、何正明、赖洪美、常豪、朱毅、刘运江、周炫。

本标准为首次发布。

灰渣混凝土空心隔墙板

1 范围

本标准规定了灰渣混凝土空心隔墙板的术语和定义、分类、要求、试验方法、检验规则和产品的标志、运输和贮存。

本标准适用于在工业与民用建筑中用做非承重内隔墙的，以粉煤灰、经煅烧或自燃的煤矸石、炉渣、矿渣、房屋建筑工程、道路工程、市政工程施工废弃物等废渣为集料制成的灰渣混凝土空心隔墙板。

以粉煤灰陶粒和陶砂、页岩陶粒和陶砂、天然浮石等为集料制成的混凝土空心隔墙墙板可以参照本标准执行。

2 规范性引用文件

下列文件中的条款通过本标准的引用而成为本标准的条款。凡是注日期的引用文件，其随后所有的修改单(不包括勘误的内容)或修订版均不适用于本标准，然而，鼓励根据本标准达成协议的各方研究是否可使用这些文件的最新版本。凡是不注日期的引用文件，其最新版本适用于本标准。

GB 6566　建筑材料放射性核素限量

GB/T 9978.1　建筑构件耐火试验方法　第1部分：通用要求

GB/T 19889.3　声学　建筑和建筑构件隔声测量　第3部分：建筑构件空气声隔声的实验室测量

3 术语和定义

下列术语和定义适用于本标准。

3.1

灰渣混凝土空心隔墙板　hollow concrete panels contained solid wastes for partition wall

灰渣混凝土空心隔墙板是用于工业与民用建筑中的非承重内隔墙条板，以水泥为胶凝材料，以灰渣为集料，以纤维或钢筋为增强材料，其构造断面为多孔空心式，长宽比不小于2.5，且灰渣总掺量在40%以上(重量比)。

3.2

企口　rabbet joint

设置于墙板两侧面的榫头、榫槽及接缝槽的总称。

4 分类

4.1 分类和代号

灰渣混凝土空心隔墙板按板的构件类型，分为普通板、门窗框板、异型板。灰渣混凝土空心板产品分类和代号见表1。

表1　灰渣混凝土空心隔墙板分类及代号

分　类	名　称	代　号
构件类型	普通板	PB
	门框板	MB
	窗框板	CB
	异型板	YB

4.2 **产品型式**

灰渣混凝土空心隔墙板可采用不同企口和开孔形式，但均应满足第 5 章的规定。图 1 为隔墙板外形示意图。

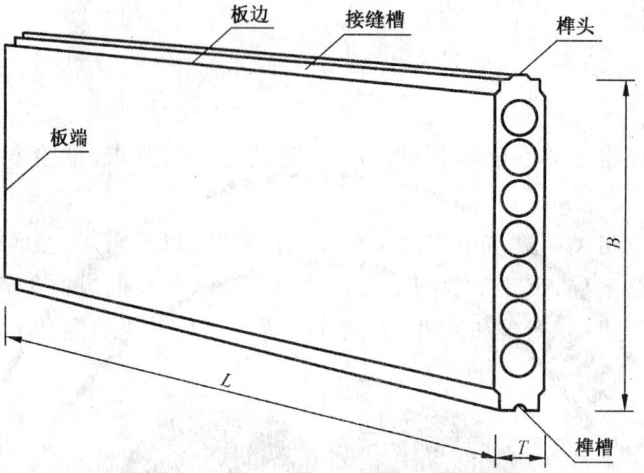

注：此图仅为表达几何尺寸和解释名词用。

图 1　墙板外形示意图

4.3 **产品规格**

4.3.1　长度尺寸 L 宜不大于 3.3 m，为层高减去楼板顶部结构件（如梁、楼板）厚度及技术处理空间尺寸，应符合设计要求，由供需双方协商确定。

4.3.2　宽度尺寸 B，主规格为 600 mm。

4.3.3　厚度尺寸 T，主规格为 90 mm、120 mm、150 mm。

4.3.4　其他规格尺寸可由供需双方协商确定，其相关技术指标应符合相近规格产品的要求。

4.4 **产品标记**

4.4.1 **标记方法**

灰渣混凝土空心隔墙板产品型号按以下图示标记。

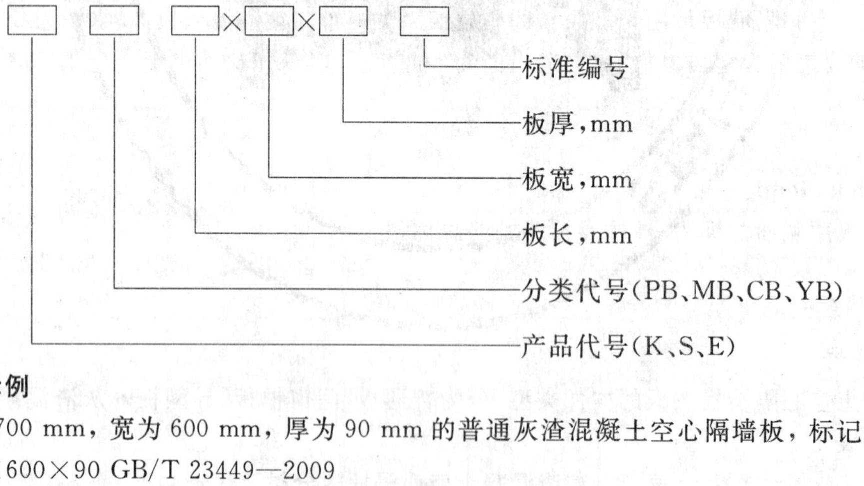

4.4.2 **标记示例**

板长为 2 700 mm，宽为 600 mm，厚为 90 mm 的普通灰渣混凝土空心隔墙板，标记为：

PB 2700×600×90 GB/T 23449—2009

5 要求

5.1 **原材料**

生产企业选用的所有骨料、胶凝材料、增强材料均应符合相应国家标准、行业标准的有关规定，应使用性能稳定、对人体无害及对环境无污染的原材料生产墙板。

5.2 外观质量

外观质量应符合表2的规定。

表2 外观质量

序号	项目	指标
1	板面外露筋纤;板的横向、纵向、厚度方向贯通裂缝,每块	无
2	板面裂缝,长度50 mm~100 mm,宽度0.5 mm~1.0 mm,每块	≤2处
3	蜂窝气孔,长径5 mm~30 mm,每块	≤3处
4	缺棱掉角,宽度(mm)×长度(mm)10×25~20×30,每块	≤2处
5	壁厚/mm	≥12
注:序号3、4、5项中低于下限值的缺陷忽略不计,高于上限值的缺陷为不合格。		

5.3 尺寸允许偏差

尺寸允许偏差应符合表3的规定。

表3 尺寸允许偏差

单位为毫米

项目	允许偏差
长度	±5
宽度	±2
厚度	±2
板面平整度	≤2
对角线差	≤6
侧向弯曲	≤L/1 000

5.4 物理性能

5.4.1 物理性能应符合表4的有关规定。

表4 物理性能指标

序号	项目	指标		
		板厚90 mm	板厚120 mm	板厚150 mm
1	抗冲击性能	经5次抗冲击试验后,板面无裂纹		
2	面密度/(kg/m^2)	≤120	≤140	≤160
3	抗弯承载/(板自重倍数)	≥1		
4	抗压强度/MPa	≥5		
5	空气隔声量/dB	≥40	≥45	≥50
6	含水率/%	≤12		
7	干燥收缩值/(mm/m)	≤0.6		
8	吊挂力	荷载1 000 N静置24 h,板面无宽度超过0.5 mm的裂缝		
9	耐火极限/h	≥1.0		
10	软化系数	≥0.80		
11	抗冻性[a]	不应出现可见的裂纹或表面无变化		

[a] 夏热冬暖地区不检此项。

5.4.2 放射性核素限量应符合表5的规定。

表5 放射性核素限量

项　　目	指　　标
制品中镭-226、钍-232、钾-40放射性核素限量	空心板(空心率大于25%)
I_{Ra}(内照射指数) I_{γ}(外照射指数)	≤1.0 ≤1.3

6 试验方法

6.1 试验环境及试验条件

试验应在常温常湿条件下进行。所有送检板都应达到养护龄期。

6.2 外观质量

6.2.1 量具

钢直尺,精度0.5 mm。

6.2.2 测量方法

对受测板,视距0.5 m左右,目测有无外露筋纤、贯通裂缝;用钢直尺量测板面裂缝、蜂窝气孔、缺棱掉角数据,并记录缺陷数量。

6.3 尺寸允许偏差

6.3.1 量具

钢卷尺精度1 mm;游标卡尺0～150 mm;钢直尺精度0.5 mm;内外卡钳、塞尺0～10 mm;靠尺2 m。

6.3.2 测量方法

6.3.2.1 长度

共量测三处。板边测两处:各距两板边100 mm,平行于该板边;板中测一处:过两板端中点,沿板纵向中心线。用钢卷尺拉测,取最大值和最小值为检测结果。

6.3.2.2 宽度

共量测三处。板端两处:各距两板端100 mm,平行于该板端;板中测一处:过两板边中点,沿板横向中心线。用钢卷尺配合钢直尺拉测,取最大值和最小值为检测结果。

6.3.2.3 厚度

共量测六处。在距板两端板边100 mm各测两处距板两边100 mm;板横向中线处测两处;用钢直尺或用外卡钳和游标卡尺配合测量,读数精确至0.1 mm,记录测量数据。取六处测量数据的最大值和最小值为检验结果,修约至1 mm。

6.3.2.4 对角线差

用钢卷尺量测两条对角线的长度,读数精确至1 mm,取其差值为检测结果。

6.3.2.5 侧向弯曲

通过板边端点沿板面拉直测线,用钢直尺量测板侧向弯曲处,取最大值为检测结果。修约至0.5 mm。

6.3.2.6 壁厚

在受检空心板端部用壁厚卡尺测量三处,分别测量板的上下壁厚及孔间壁厚的薄弱处,读数精确至0.1 mm,如目测空心板中间的上下壁厚有明显差别,可沿板宽截开测其壁厚,取最小值为检验结果。修约至1 mm。

6.3.2.7 板面平整度

受检板两板面各量测三处,共六处。第一处:使靠尺中点位于板面中心,靠尺尺身重合于板面一条对角线;另二处:靠尺位置关于板面中心对称,靠尺一端位于板面另一条对角线端点,靠尺另一端交于对边板边,如图2所示,墙板另一面测量位置与图示位置关于墙板中心对称。用2 m靠尺和楔形塞尺测量。记录每处靠尺与板面最大间隙的读数,读数精确至0.1 mm。取六处测量数据的最大值为检测结果,修约至1 mm。

图2 板面平整度测量位置

6.4 物理性能

6.4.1 抗冲击性能

6.4.1.1 试验墙板的长度尺寸不应小于2 m。

6.4.1.2 取墙板三块为一组样本,按图3所示组装并固定,上下钢管中心间距为板长减去100 mm,即(L—100)mm。板缝用水泥水玻璃砂浆粘结,其中砂子粒径不大于1 mm,板与板之间挤紧,接缝处用玻璃纤维布搭接,并用水泥水玻璃砂浆刮平。

单位为毫米

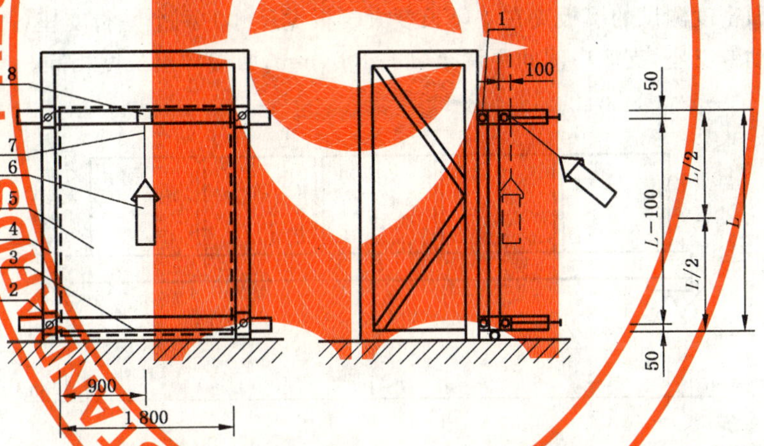

1——钢管(ϕ50 mm);

2——横梁紧固装置;

3——固定横梁(10# 热轧等边角钢);

4——固定架;

5——墙板拼装的隔墙试件;

6——标准砂袋如图4所示;

7——吊绳(直径10 mm左右);

8——吊环(内径52 mm)。

图3 抗冲击性能试验装置

6.4.1.3 24 h后将装有30 kg重,粒径2 mm以下细砂的标准砂袋(图4)(直径200 mm、长700 mm)用直径10 mm左右的绳子固定在其中心距板面100 mm的钢环上,使砂袋垂悬状态时的重心位于$L/2$高度处。

单位为毫米

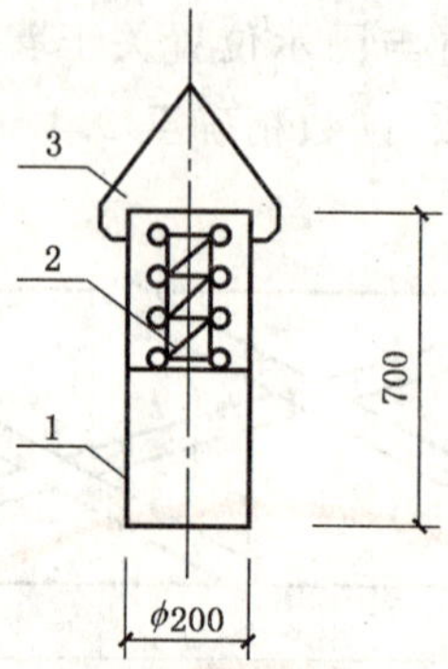

1——帆布；

2——注砂口；

3——皮革(厚 6 mm、宽 40 mm、长 70 mm)。

图4　标准砂袋

6.4.1.4　以绳长为半径沿圆弧将砂袋在与板面垂直的平面内拉开，使重心提高 500 mm(标尺测量)，然后自由摆动下落，冲击设定位置，反复 5 次。

6.4.1.5　目测板面有无贯通裂缝，记录试验结果。

6.4.1.6　试验结果仅适用于所测墙板长度尺寸以内的墙板。

6.4.2　抗弯承载

6.4.2.1　试验墙板的长度尺寸不应小于 2 m。

6.4.2.2　将完成面密度测试的墙板支在支座长度大于板宽尺寸的两个平行支座(图 5)上，其一为固定铰支座，另一为滚动铰支座，支座中间间距调至(L—100)mm，两端伸出长度相等。

单位为毫米

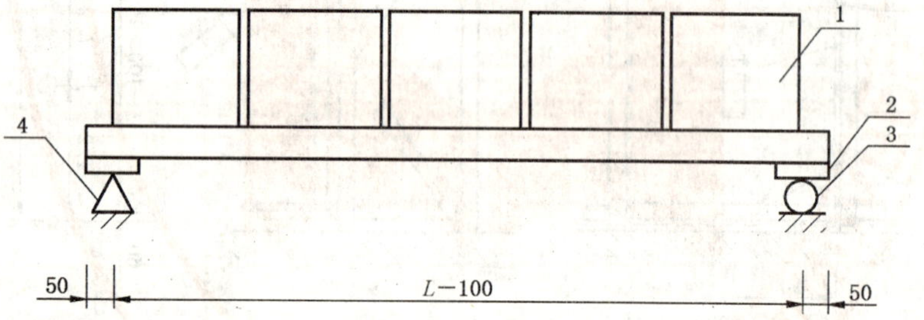

1——加载砝码；

2——承压板(宽 100 mm，厚 6 mm～15 mm 钢板)；

3——滚动铰支座(ϕ60 mm 钢柱)；

4——固定铰支座。

图5　均布荷载法测试抗弯承载装置

6.4.2.3　空载静置 2 min，按照不少于五级施加荷载，每级荷载不大于板自重的 30%。

6.4.2.4　用堆荷方式从两端向中间均匀加荷，堆长相等，间隙均匀，堆宽与板宽相同。

6.4.2.5　前四级每级加荷后静置 2 min，第五级加荷至板自重的一倍，静置 2 min。此后，如继续施加荷载，按此分级加荷方式循环加荷直至断裂破坏。

6.4.2.6　记取第一级荷载至第五级加荷荷载(或断裂破坏前一级荷载)总和作为试验结果。

6.4.2.7　试验结果仅适用于所测墙板长度尺寸以内的墙板。

6.4.3　抗压强度

6.4.3.1　抽取试验墙板，沿墙板的板宽方向依次截取厚度为板厚尺寸、高度为 100 mm、长度包括一个完整孔及两条完整孔间肋的单元体试件，共截取三块。三个试件为一组样本。

6.4.3.2 处理试件的上表面和下表面,使之成为相互平行且与试件孔洞圆柱轴线垂直的平面。必要时可调制水泥砂浆处理上表面和下表面,并用水平尺调至水平。

6.4.3.3 表面经处理的试样,置于不低于10 ℃的不通风室内养护72 h,用钢直尺分别测量试件受压面长度、宽度尺寸各2个,取其平均值,修约至1 mm。

6.4.3.4 将试件置于试验机承压板上,以0.3 MPa/s～0.5 MPa/s的速度加荷,直至试件破坏。记录最大破坏荷载P。

6.4.3.5 每个试件的抗压强度按式(1)计算,修约至0.01 MPa。

$$R = \frac{P}{LB} \qquad \cdots\cdots (1)$$

式中:

R——试件的抗压强度,单位为兆帕(MPa);

P——破坏荷载,单位为牛顿(N);

L——试件受压面的长度,单位为毫米(mm);

B——试件受压面的宽度,单位为毫米(mm)。

6.4.3.6 墙板的抗压强度按3块试件抗压强度的算术平均值计算,修约至0.1 MPa。如果其中一个试件的抗压强度(R_i)与3个试件抗压强度平均值(R)之差超过20%R,则抗压强度值按另两个试件的抗压强度的算术平均值计算;如有两个试件与R之差超过规定,则试验结果无效,重新取样进行试验。

6.4.4 软化系数

6.4.4.1 抽取试验墙板,沿墙板的板宽方向依次截取厚度为板厚尺寸、高度为100 mm、长度包括一个完整孔及两条完整孔间肋的单元体试件,共截取六块分为二组样本,每组三块。

6.4.4.2 处理试件的上表面和下表面,使之成为相互平行且与试件孔洞圆柱轴线垂直的平面。必要时可调制水泥砂浆处理上表面和下表面,并用水平尺调至水平。

6.4.4.3 试件处理后,在105 ℃±5 ℃的烘箱内烘制至恒重,然后将其中一组3块泡入20 ℃±2 ℃的水中,48 h后取出,表面用湿毛巾抹干。然后同另一组未泡水的试块一起在压力机上按6.4.3的规定做抗压强度试验。

6.4.4.4 软化系数按式(2)计算,修约至0.01。

$$I = R_1/R_0 \qquad \cdots\cdots (2)$$

式中:

I——软化系数;

R_1——饱和含水状态下试件的抗压强度平均值,单位为兆帕(MPa);

R_0——绝干状态下试件的抗压强度平均值,单位为兆帕(MPa)。

6.4.5 面密度

6.4.5.1 取墙板三块为一组样本进行试验,当墙板的含水率达到表4的指标要求时,用量程不小于150 kg,精度不低于0.5 kg的磅秤称取试验墙板质量m,读数精确至0.5 kg。

6.4.5.2 每块试验墙板的面密度按式(3)计算,修约至0.1 kg/m²。

$$\rho = \frac{m}{L \times B} \qquad \cdots\cdots (3)$$

式中:

ρ——试验墙板的面密度,单位为千克每平方米(kg/m²);

m——试验墙板的质量,单位为千克(kg);

L——试验墙板的长度尺寸,单位为米(m);

B——试验墙板的宽度尺寸,单位为米(m)。

6.4.5.3 墙板的面密度以三块试验墙板面密度的算术平均值表示,修约至1 kg/m²。

6.4.6 含水率

6.4.6.1 从墙板上沿板长方向截取试件三件为一组样本，试件高度为 100 mm，长度与墙板宽度尺寸相同、厚度与墙板厚度尺寸相同。试件试验地点如远离取样处，则在取样后应立即用塑料袋将试件包装密封。

6.4.6.2 试件取样后立即称取其取样质量 m_1，精确至 0.01 kg，如试件为用塑料袋密封运至者，则在开封前先将试件连同包装袋一起称量；然后称量包装袋的质量，称前应观察袋内是否出现由试件析出的水珠，如有水珠，应将水珠擦干。计算两次称量所得质量的差值，作为试件取样时质量，精确至 0.01 kg。

6.4.6.3 将试件送入电热鼓风干燥箱内，在 105 ℃±5 ℃温度条件下，干燥 24 h。此后每隔 2 h 称量一次，直至前后两次称量值之差不超过后一次称量值的 0.2%为止。

6.4.6.4 试件在电热鼓风干燥箱内冷却至与室温之差不超过 20 ℃时取出，称量其绝干质量 m_0，精确至 0.01 kg。

6.4.6.5 每个试件的含水率按式(4)计算，修约至 0.1%。

$$W_1 = \frac{m_1 - m_0}{m_0} \times 100 \qquad \cdots\cdots(4)$$

式中：

W_1——试件的含水率，%；

m_1——试件的取样质量，单位为千克(kg)；

m_0——试件的绝干质量，单位为千克(kg)。

6.4.6.6 墙板的含水率 W_1 以三个试件含水率的算术平均值表示，修约至 1%。

6.4.7 干燥收缩

6.4.7.1 沿试验墙板板长方向截取试件，即高度为 100 mm、长度为板宽、厚度为板厚的试件，三件为一组样本。试件表面不应有可见裂纹、气孔、蜂窝等缺陷。

6.4.7.2 在每件试件两个端面中心各钻一个直径 8 mm～10 mm、深度 14 mm～16 mm 的孔洞(如试件端面为凹槽，可做切平处理，之后钻孔)，在孔洞内灌入水玻璃调合的水泥浆或其他刚性胶粘剂，采用精度 0.01 mm 的千分尺测量两个收缩头的长度 η_1 和 η_2，然后在孔洞内埋置如图 6 所示的收缩头，使每个收缩头的中心线均与试件的中心线重合，且使收缩头露在试件外的那部分测头的长度均在 4 mm～6 mm 之间。

单位为毫米

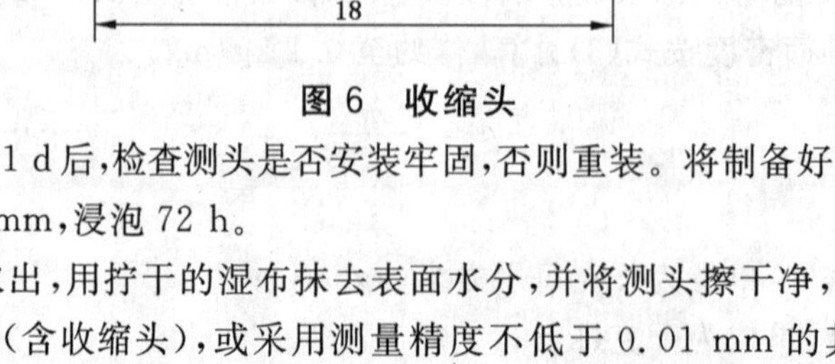

图 6 收缩头

6.4.7.3 试件制备好放置 1 d 后，检查测头是否安装牢固，否则重装。将制备好的试件浸没在 20 ℃±2 ℃的水中，水面高出试件 20 mm，浸泡 72 h。

6.4.7.4 将试件从水中取出，用拧干的湿布抹去表面水分，并将测头擦干净，立刻采用精度为0.01 mm 的千分尺测定初始长度 L_1(含收缩头)，或采用测量精度不低于 0.01 mm 的其他测量仪器，如：采用配有百分表的比长仪测量试件长度的变化量。

6.4.7.5 将试件放入温度 20 ℃±2 ℃，相对湿度 50%±5%的恒温恒湿箱内，进行收缩值测量，每天测量一次，直至达到干缩平衡，即连续 3 d 内任意 2 d 的测长读数波动值小于 0.01 mm，量出试件干燥后

的长度 L_2(含收缩头)。

6.4.7.6 试件干缩值按式(5)计算:

$$S=\frac{L_1-L_2}{L_1-(\eta_1+\eta_2)}\times 1\ 000 \qquad \cdots\cdots(5)$$

式中:

S——干燥收缩值,单位为毫米每米(mm/m);

L_1——试件初始长度,单位为毫米(mm);

L_2——试件干燥后长度,单位为毫米(mm);

$(\eta_1+\eta_2)$——两个收缩头长度之和,单位为毫米(mm)。

6.4.7.7 取三块试件干燥收缩值的算术平均值为试验结果,修约至 0.01 mm/m。

6.4.8 吊挂力

6.4.8.1 取试验墙板一块,在板中高 1 800 mm 处,切深乘以高乘以宽为 50 mm×40 mm×90 mm 的孔洞,清残灰后,用水泥水玻璃浆(或其他粘结剂)粘结如图 7 所示的钢板吊挂件。吊挂件孔与板面间距为 100 mm。24 h 后,检查吊挂件安装是否牢固,否则重装。

单位为毫米

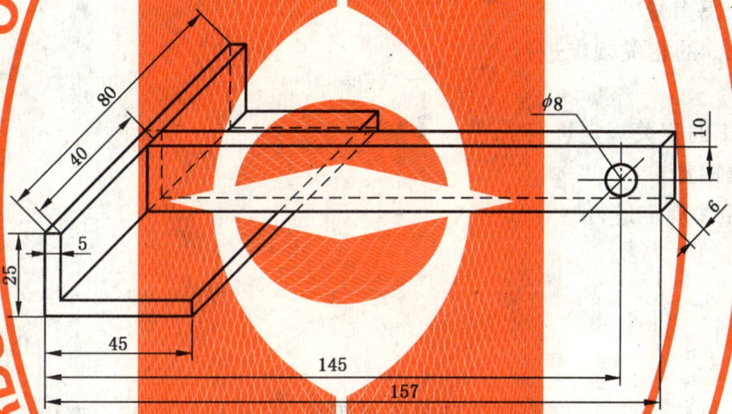

注:吊挂件的长板(长杆)厚度为 6.0 mm;水平板和立板的厚度为 5.0 mm。

图 7 钢板吊挂件

6.4.8.2 将试验墙板如图 8 所示固定,上下管间距(L—100)mm。

单位为毫米

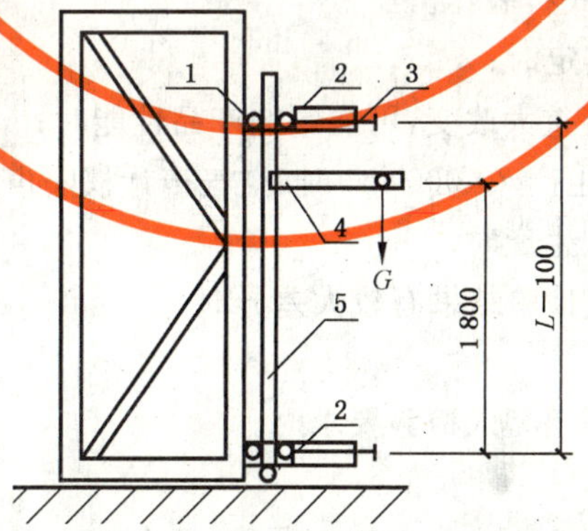

1——钢管(ϕ50 mm);

2——固定横梁;

3——坚固螺栓;

4——钢板吊挂件;

5——试验用墙板。

图 8 吊挂力试验装置

6.4.8.3 通过钢板吊挂件圆孔,分二级施加荷载,第一级加荷 500 N,静置 5 min。第二级再加荷 500 N。静置 24 h。观察吊挂区周围板面有无宽度超过 0.5 mm 以上的裂缝。记录试验结果。

6.4.9 **抗冻性**

6.4.9.1 **设备**

低温试验箱或冷库,温度可降至−20 ℃;水箱或水池。

6.4.9.2 **试样**

试样数量为 3 块;试样尺寸为 300 mm×板宽×板厚。

6.4.9.3 **试验步骤**

将试样放入常温水池中浸泡 48 h,水面高于试件 100 mm,试件间隔 50 mm,取出后用拧干的湿毛巾擦去表面附着水,将试样侧立放入低温试验箱内。试样之间、试样与低温试验箱侧壁之间的距离不应小于 20 mm。待低温试验箱温度重新降到−15 ℃开始计时,并在−15 ℃～−20 ℃范围内保持 4 h,然后取出试样,再放入长度不小于 1 000 mm、宽度不小于 500 mm、深度不小于 500 mm 的常温水池中,水面高于试件 100 mm,试件间隔 50 mm,融 2 h。如此为一个循环,共进行 15 次冻融循环。

6.4.9.4 **试验结果**

15 次冻融循环后,取出试样,擦去表面水,检查并记录试样可见裂纹及表面变化。

6.4.10 **空气声计权隔声量**

按 GB/T 19889.3 的相关规定进行。

6.4.11 **耐火极限**

按 GB/T 9978.1 的相关规定进行。

6.4.12 **放射性核素限量**

按 GB 6566 的相关规定进行。

7 检验规则

7.1 检验分类

7.1.1 **出厂检验**

产品出厂应进行出厂检验,出厂检验项目为外观质量、尺寸允许偏差全部规定项目以及面密度、抗弯承载、含水率三项性能指标,产品经检验合格后方可出厂。

7.1.2 **型式检验**

7.1.2.1 **型式检验条件**

有下列情况之一时,应进行型式检验:

a) 试制的新产品进行投产鉴定时;

b) 产品的材料、配方、工艺有重大改变,可能影响产品性能时;

c) 连续生产的产品,每年或生产 70 000 m^2 时(空气声计权隔声量、耐火极限每三年检测一次);

d) 产品停产半年以上再投入生产时;

e) 出厂检验结果与上次型式检验结果有较大差异时;

f) 用户有特殊要求时;

g) 国家质量监督检验机构提出型式检验要求时。

7.1.2.2 **型式检验项目**

产品型式检验项目为 5.2、5.3、5.4 中全部规定项目(见表 6)。

表 6 出厂检验项目和型式检验项目

检验分类	检 验 项 目
出厂检验	5.2 和 5.3 中全部规定、以及 5.4 表 4 中序号第 2、3、6 项的规定。
型式检验	5.2、5.3 中全部规定,以及 5.4 表 4 和表 5 的全部规定。

7.2 组批规则

同类别、同规格的条板为一检验批，不足151块，按151～280块的批量算，详见表7。

7.3 出厂检验及型式检验抽样方法

7.3.1 出厂检验抽样

产品出厂检验外观质量和尺寸允许偏差项目样本按表7进行抽样。

表7 外观质量和尺寸允许偏差项目检验抽样方案

批量范围 N	样本	样本大小		合格判定数		不合格判定数	
		n_1	n_2	Ac_1	Ac_2	Re_1	Re_2
151～280	1	8		0		2	
	2		8		1		2
281～500	1	13		0		3	
	2		13		3		4
501～1 200	1	20		1		3	
	2		20		4		5
1 201～3 200	1	32		2		5	
	2		32		6		7
3 201～10 000	1	80		5		9	
	2		80		12		13

出厂检验面密度、抗弯承载、含水率项目样本从上述外观质量和尺寸允许偏差项目检验合格的产品中随机抽取，抽样方案按表7相应项目进行。

7.3.2 型式检验抽样

产品进行型式检验时，外观质量和尺寸允许偏差项目样本按表7进行抽样，物理力学性能项目样本从外观质量和尺寸允许偏差项目检验合格的产品中随机抽取，抽样方案见表8。

表8 物理力学性能项目检验抽样方案

序号	项目	第一样本	第二样本
1	抗冲击性能，组	1	2
2	抗弯承载，块	1	2
3	抗压强度，组	1	2
4	软化系数，组	1	2
5	面密度，组	1	2
6	含水率，组	1	2
7	干燥收缩值，组	1	2
8	吊挂力，块	1	2
9	抗冻性，块	1	2
10	空气声计权隔声量，件	6	2×6
11	耐火极限，件	7	2×7
12	放射性核素限量，组	1	2

7.4 判定规则

7.4.1 外观质量与尺寸允许偏差项目检验判定规则

7.4.1.1 根据样本检验结果，若受检板的外观质量、尺寸允许偏差项目均符合5.2和5.3中相应规定时，则判该板是合格板；若受检板外观质量、尺寸允许偏差项目中有一项或一项以上不符合5.2和5.3中相应规定时，则判该板是不合格板。

7.4.1.2 根据样本检验结果，若在第一样本(n_1)中发现不合格板数(d_1)小于或等于第一合格判定数(Ac_1)，则判该批产品外观质量与尺寸允许偏差项目合格；若在第一样本(n_1)中发现的不合格板数(d_1)大于或等于第一不合格判定数(Re_1)，则判定该批外观质量与尺寸允许偏差项目不合格。

若在第一样本(n_1)中发现的不合格板数(d_1)大于第一合格判定数(Ac_1)，同时又小于第一不合格判定数(Re_1)，则抽第二样本(n_2)进行检验。根据第一样本和第二样本的检验结果，若在第一和第二样本中发现的不合格板数总和(d_1+d_2)小于或等于第二合格判定数(Ac_2)，则判该批外观质量与尺寸允许偏差项目合格。若在第一和第二样本中发现的不合格板数总和(d_1+d_2)大于或等于第二不合格判定数(Re_2)，则判该批外观质量与尺寸允许偏差项目不合格。判定结果见表9。

表9 判定结果

$d_1 \leqslant Ac_1$	合格
$d_1 \geqslant Re_1$	不合格
$Ac_1 < d_1 < Re_1$	抽第二样本进行检验
$(d_1+d_2) \leqslant Ac_2$	合　格
$(d_1+d_2) \geqslant Re_2$	不合格

7.4.2 物理性能检验判定规则

7.4.2.1 出厂检验物理性能和放射性核素限量检验项目判定规则

7.4.2.1.1 根据试验结果，若抗冲击性能、抗弯承载两个项目均符合5.4中相应规定时，则判该批产品为合格批；若此两项检验均不符合本标准5.4中相应规定，则判该批产品为批不合格。

7.4.2.1.2 若在此两个项目检验中发现有一个项目不合格，则按表7对该不合格项目抽第二样本进行检验。第二样本检验，若无任一结果不合格，则判该批产品为合格批；若仍有一个结果不合格则判该批产品为批不合格。

7.4.2.2 型式检验物理性能和放射性核素限量项目判定规则

7.4.2.2.1 根据样本检验结果，若在第一样本全部项目中发现的不合格项目数为0，则判该型式检验合格；若在第一样本全部项目中发现的不合格项目数大于或等于2，则判该型式检验不合格。

7.4.2.2.2 若在第一样本全部项目中发现的不合格项目数为1，则抽第二样本对该不合格项目进行检验。第二样本检验，若无不合格，则判该型式检验合格；若仍有一个结果不合格，则判该型式检验不合格。

8 标志、运输和贮存

8.1 标志

出厂产品应有质量合格证书和警示语标志。

8.1.1 合格证书应具下列内容：

a) 产品名称、产品标准编号、商标和产品标记；

b) 生产厂名称、详细地址、产品产地；

c) 主要技术参数；

d) 生产日期、生产批号、出厂日期或编号；

e) 产品检验报告单，其中应有检验人员代号、检验部门印章；

f) 产品说明书和出厂合格证。

8.1.2 警示语标志应按8.2和8.3要求编写,并应包括“侧立搬运、禁止平抬、避免雨淋”等内容。

8.2 运输

8.2.1 运输方式

产品应侧立搬运,禁止平抬。墙板短距离可用推车运输;长距离可使用车船等货运方式运输。

8.2.2 运输条件

长距离运输应打捆,每捆不应多于8块,轻吊轻落。运输过程中应侧立贴实,用绳索绞紧,支撑合理,防止撞击,避免破损和变形,必要时应有篷布,防止雨淋。

8.3 贮存

8.3.1 贮存场所

墙板产品可库存,亦可露天存放,存放场地应坚实平整、搬抬方便,露天存放时,应备有防雨雪措施。

8.3.2 贮存条件

可在常温常湿条件下贮存。环境条件应保持干燥通风,并应采取措施,防止浸蚀介质和雨水浸害。产品成型后,在工厂内存放时间不应少于28 d。

8.3.3 贮存方式

产品应按型号、规格分类贮存。贮存应采用侧立方式,下部用方木或砖垫高,板面与铅垂面夹角不应大于15°;堆长不超过4 m;堆层两层。

8.3.4 贮存期限

产品贮存超过半年,应翻换板面朝向和侧边位置;贮存期超过一年,产品在出厂或使用前应按本标准进行抽检。

ICS 91.060.10
Q 15

中华人民共和国国家标准

GB/T 23450—2009

建筑隔墙用保温条板

Heat insulation panels for partition wall used in buildings

2009-03-28 发布　　　　2010-01-01 实施

中华人民共和国国家质量监督检验检疫总局
中国国家标准化管理委员会　发布

前　言

本标准由中国建筑材料联合会提出。

本标准由全国墙体屋面及道路用建筑材料标准化技术委员会(SAC/TC 285)归口。

本标准主要起草单位:国家建筑材料工业墙体屋面材料质量监督检验测试中心、西安天洋建材企业集团公司和国家住宅与居住环境工程技术研究中心。

本标准参加起草单位:深圳市富斯特建材有限公司、广州新绿环阻燃装饰材料有限公司、广州市建筑材料工业研究所有限公司。

本标准主要起草人:林玲、高宝林、薛天牢、李会强、李巍、付志洪、罗云峰、周炫。

本标准为首次发布。

建筑隔墙用保温条板

1 范围

本标准规定了建筑隔墙用保温条板(以下简称条板)产品的术语和定义、分类、要求、试验方法、检验规则和产品的标志、运输、贮存。

本标准适用于工业与民用建筑的非承重用保温隔墙板。

2 规范性引用文件

下列文件中的条款通过本标准的引用而成为本标准的条款。凡是注日期的引用文件,其随后所有的修改单(不包括勘误的内容)或修订版均不适用于本标准,然而,鼓励根据本标准达成协议的各方研究是否可使用这些文件的最新版本。凡是不注日期的引用文件,其最新版本适用于本标准。

GB/T 2828.1 计数抽样检验程序 第1部分:按接收质量限(AQL)检索的逐批检验抽样计划

GB 6566 建筑材料放射性核素限量

GB 8624 建筑材料及制品燃烧性能分级

GB/T 9978.1 建筑构件耐火试验方法 第1部分:通用要求

GB/T 13475 绝热 稳态传热性质的测定 标定和防护热箱法

GB/T 19889.3 声学 建筑和建筑构件隔声测量 第3部分:建筑构件空气声隔声的实验室测量

3 术语和定义

下列术语和定义适用于本标准。

建筑隔墙用保温条板 heat preservation panels for partition wall used in buildings

以纤维为增强材料,以水泥(或硅酸钙、石膏)为胶凝材料,两种或两种以上不同功能材料复合而成的具有保温性能的隔墙条板。

4 分类

4.1 规格尺寸

规格尺寸见表1。

表1 条板的规格尺寸

单位为毫米

长度 L	宽度 B	厚度 H
≤3 000	600	90,120,150
注:其他规格尺寸由供需双方协商确定。		

4.2 产品标记

4.2.1 标记方法

建筑隔墙用保温条板产品型号按图1所示标记。

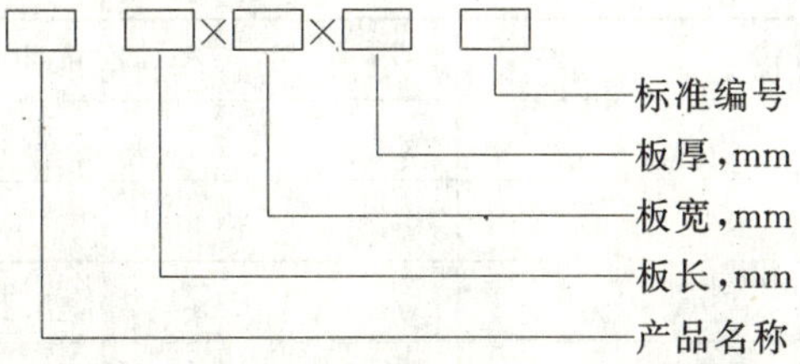

图1

4.2.2 标记示例

板长为 2 500 mm，宽为 600 mm，厚为 90 mm 的建筑隔墙用保温条板，标记为：

建筑隔墙用保温条板 2500×600×90 GB/T 23450—2009

5 要求

5.1 原材料一般要求

应使用性能稳定的原材料生产条板。条板生产企业应逐批验收进厂原材料，并对主要原材料的性能复检。用于生产隔墙用保温条板的所有胶凝材料、骨料、增强材料、水、外加剂、掺合料等均应符合相应国家标准、行业标准的有关规定。

5.2 外观质量

条板的外观质量应符合表 2 的规定。

表 2 外观质量

序号	项目	指标
1	面层和夹芯层处裂缝	不允许
2	板的横向、纵向、侧向方向贯通裂缝	不允许
3	板面外露筋纤；飞边毛刺	不允许
4	板面裂缝，长度 50 mm～100 mm，宽度 0.5 mm～1.0 mm	≤2 处/板
5	缺棱掉角蜂窝，宽度×长度 10 mm×25 mm～20 mm×30 mm	≤2 处/板
注：序号 4、5 项中低于下限值的缺陷忽略不计，高于上限值的缺陷为不合格。		

5.3 尺寸允许偏差

条板尺寸允许偏差应符合表 3 的规定。

表 3 尺寸允许偏差

单位为毫米

序号	项目	允许偏差
1	长度	±5
2	宽度	±2
3	厚度	±1
4	板面平整度	≤2
5	对角线差	≤6
6	侧向弯曲	≤L/1 000

5.4 物理性能

物理性能应符合表 4 的规定。

表 4 物理性能指标

序号	项目	指标		
		90 mm	120 mm	150 mm
1	抗冲击性能	经 5 次抗冲击试验后，板面无裂纹		
2	抗弯承载/(板自重倍数)	≥1.5		
3	抗压强度/MPa	≥3.5		
4	软化系数[a]	≥0.80		
5	面密度/(kg/m²)	≤85	≤100	≤110

表 4（续）

序号	项　　目	指　　标		
		90 mm	120 mm	150 mm
6	含水率/%	≤8		
7	干燥收缩值/(mm/m)	≤0.6		
8	空气声计权隔声量/dB	≥35	≥40	≥45
9	吊挂力/N	荷载 1 000 N 静置 24 h，板面无宽度超过 0.5 mm 的裂缝		
10	抗冻性[b]	不应出现可见的裂纹且表面无变化		
11	耐火极限/h	≥1		
12	燃烧性能	A_1 或 A_2 级		
13	传热系数/[W/(m² · K)]	≤2.0		

a 石膏条板软化系数≥0.60。

b 夏热冬暖地区和石膏条板不检此项。

5.5 放射性核素限量

放射性核素限量应符合表 5 的规定。

表 5 放射性核素限量

项　　目	指　　标
制品中镭-226、钍-232、钾-40 放射性核素限量	实心板
I_{Ra}（内照射指数） I_{γ}（外照射指数）	≤1.0 ≤1.0

6 试验方法

6.1 试验环境及试验条件

试验应在常温常湿条件下进行。

6.2 外观质量

6.2.1 量具

钢直尺，精度 0.5 mm。

6.2.2 测量方法

对受测板，视距 0.5 m 左右，目测面层和夹芯层接口处有无裂缝；是否外露筋纤、是否有飞边毛刺；用钢直尺量测板面裂缝的长度，缺棱掉角、蜂窝的大小等数据，并做记录。

6.3 尺寸允许偏差

6.3.1 量具

钢卷尺精度为 1 mm；游标卡尺 0～150 mm；钢直尺精度 0.5 mm；内外卡钳，塞尺 0～10 mm；靠尺 2 m。

6.3.2 测量方法

6.3.2.1 长度

测量三处：

——板边两处：靠近两板边 100 mm 范围内，平行于该板边；

——板中一处：过两板端中点，如图 2 所示。

单位为毫米

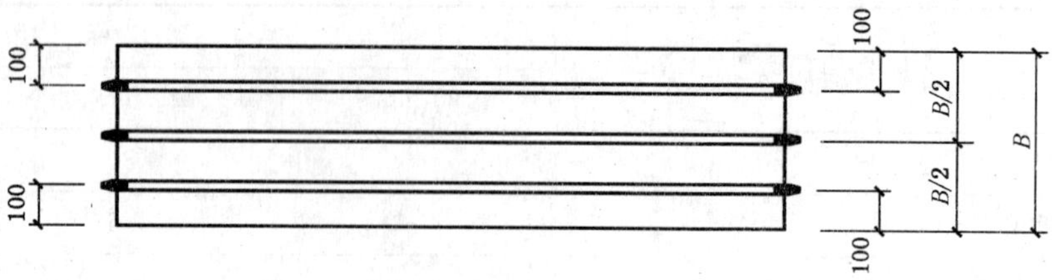

图2 长度测量位置

用钢卷尺拉测,读数精确至1 mm,取三处测量数据的最大值或最小值为实测值(取最大值和最小值与公称尺寸之差的绝对值大的,以下同)。

6.3.2.2 **宽度**

测量三处:

——板端两处:靠近两板端的100 mm范围内,平行于该板边;

——板中一处:过两板边中点,如图3所示。

单位为毫米

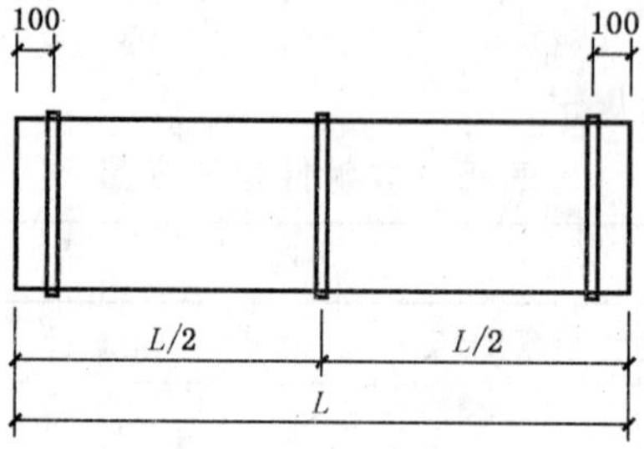

图3 宽度测量位置

用钢卷尺配合直角尺拉测,读数精确至1 mm,取三处测量数据的最大值或最小值为实测值。

6.3.2.3 **厚度**

6.3.2.3.1 在各距板两端100 mm,两边100 mm及横向中线处布置测点,如图4所示共量测六处。

单位为毫米

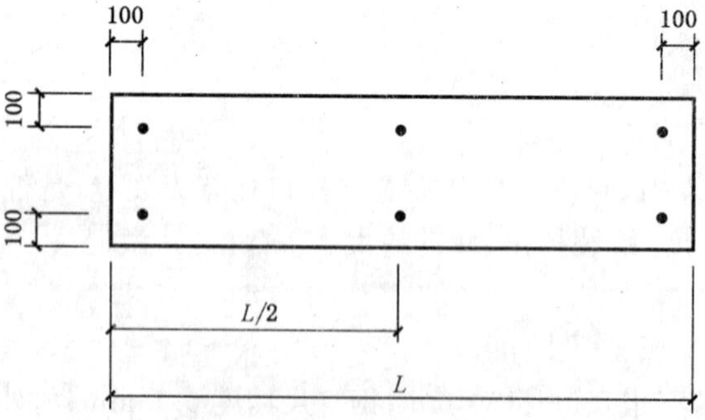

图4 厚度测量位置

6.3.2.3.2 用钢直尺、外卡钳和游标卡尺配合测量,读数精确至0.5 mm,记录测量数据。

6.3.2.3.3 取六处测量数据的最大值或最小值为检验结果,修约至1 mm。

6.3.2.4 **板面平整度**

6.3.2.4.1 受检板两板面各测量三处,共六处。第一处:使靠尺中点位于板面中心,靠尺尺身重合于板面一条对角线;另二处:靠尺位置关于板面中心对称,靠尺一端位于板面另一条对角线端点,靠尺另一端交于对边板,如图5所示,条板另一面测量位置与图示位置关于条板中心对称。

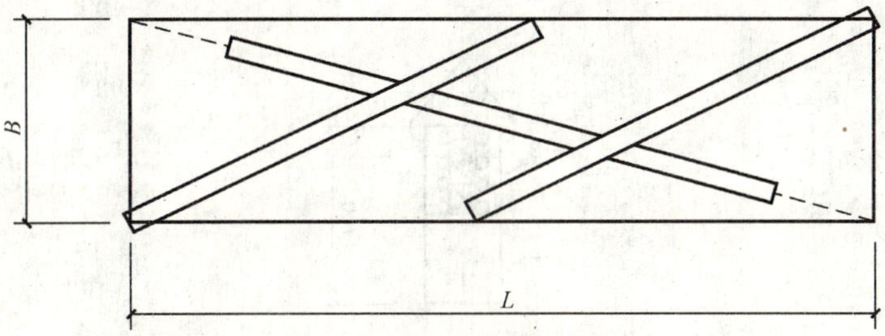

图 5 板面平整度测量位置

6.3.2.4.2 用 2 m 靠尺和塞尺测量。记录每处靠尺与板面最大间隙的读数，读数精确至 1 mm。取六处测量数据的最大值为检测结果，修约至 1 mm。

6.3.2.5 **对角线差**

用钢卷尺测量两条对角线的长度，读数精确至 1 mm，取两个测量数据的差值为检测结果。

6.3.2.6 **侧向弯曲**

将被测条板平放，沿板边拉直线，用塞尺或游标卡尺测量板边与直线的最大偏离值。取两条边测得值的最大值为检测结果，修约至 0.5 mm。

6.4 **物理性能**

6.4.1 **抗冲击性能**

6.4.1.1 试验条板的长度尺寸不应小于 2 m。

6.4.1.2 取三块为一组，按图 6 所示组装并固定，上下钢管中心间距为板长减去 100 mm，即(L—100) mm。板缝用与板材材质相符的专用砂浆粘结，板与板之间挤紧，接缝处用玻璃纤维布搭接，并用砂浆压实、刮平。

单位为毫米

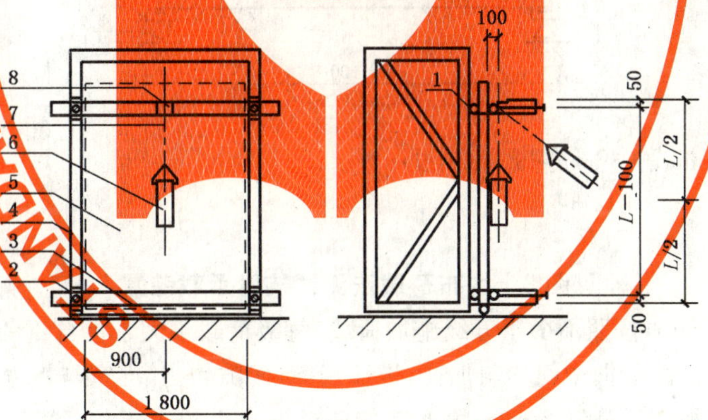

1——钢管(ϕ50 mm)；
2——横梁紧固装置；
3——固定横梁(10# 热轧等边角钢)；
4——固定架；
5——条板拼装的隔墙试件；
6——标准砂袋(如图 7 所示)；
7——吊绳(直径 10 mm 左右)；
8——吊环。

图 6 抗冲击性能试验装置

6.4.1.3 24 h 后将装有 30 kg 重，粒径 2 mm 以下细砂的标准砂袋(如图 7 所示)用直径 10 mm 左右的绳子固定在其中心距板面 100 mm 的钢环上，使砂袋垂悬状态时的重心位于 $L/2$ 高度处(如图 6 所示)。

单位为毫米

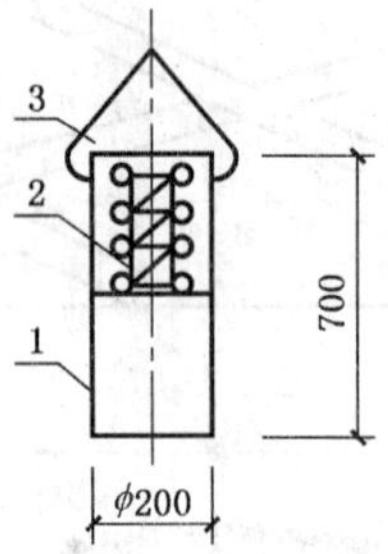

1——帆布；

2——注砂口；

3——砂袋吊带(厚 6 mm、宽 40 mm、长 70 mm)。

图 7　标准砂袋

6.4.1.4　以绳长为半径沿圆弧将砂袋在与板面垂直的平面内拉开，使重心提高 500 mm(标尺测量)，然后自由摆动下落，冲击设定位置，反复 5 次。

6.4.1.5　目测板面有无裂缝，记录试验结果。

6.4.1.6　试验结果仅适用于所测条板长度尺寸以内的条板。

6.4.2　抗弯承载

6.4.2.1　试验条板的长度尺寸不应小于 2 m。

6.4.2.2　将完成面密度测试的条板支在支座长度大于板宽尺寸的两个平行支座(如图 8 所示)上，其一为固定铰支座，另一为滚动铰支座，支座中间间距调至$(L-100)$mm，两端伸出长度相等。

单位为毫米

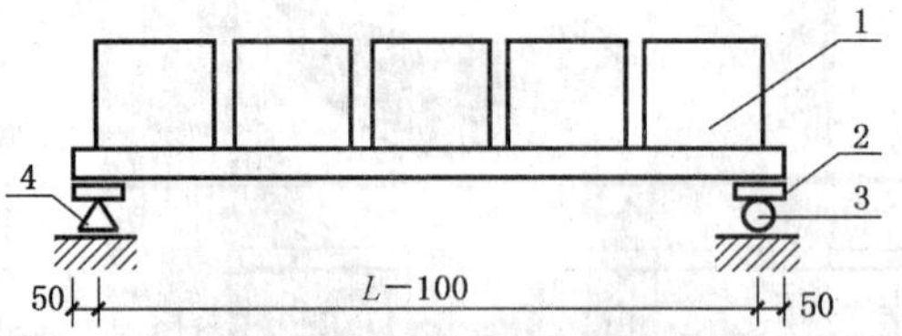

1——加载砝码；

2——承压板(宽 100 mm，厚 6 mm～15 mm 钢板)；

3——滚动铰支座(ϕ60 mm 钢柱)；

4——固定铰支座。

图 8　均布荷载法测试抗弯承载装置

6.4.2.3　空载静置 2 min，按照不少于五级施加荷载，每级荷载不大于板自重的 30%。

6.4.2.4　用堆荷方式从两端向中间均匀加荷，堆长相等，间隙均匀，堆宽与板宽相同。

6.4.2.5　前四级每级加荷后静置 2 min，第五级加荷至板自重的 1.5 倍后，静置 5 min。此后，如继续施加荷载，按此分级加荷方式循环直至断裂破坏。若加载过程中条板折断或产生明显裂缝，则拿掉最后摆放的那块荷载块，停止加载。

6.4.2.6　记取第一级荷载至第五级加荷(或断裂破坏前一级荷载)荷载总合作为试验结果。

6.4.2.7　试验结果仅适用于所测条板长度尺寸以内的条板。

6.4.3　抗压强度

6.4.3.1　沿条板的板宽方向依次截取宽度为条板厚度尺寸、高度为 100 mm、长度为 100 mm 的单元体试件，三块为一组样本。

6.4.3.2　处理试件的上表面和下表面，使之成为相互平行的平面。可调制水泥砂浆处理上表面和下表面，并用水平尺调至水平。

6.4.3.3　表面经处理的试样，置于不低于 10 ℃的不通风室内养护 72 h，用钢直尺分别测量试件受压面长度、宽度尺寸各 2 个，取其平均值，修约至 1 mm。

6.4.3.4 将试件置于试验机承压板上，使试件的中心轴线与试验机压板的压力中心重合，以 0.05 MPa/s～0.10 MPa/s 的速度加荷，直至试件破坏。记录最大破坏荷载 P。

6.4.3.5 每个试件的抗压强度按式(1)计算，修约至 0.01 MPa。

$$R = \frac{P}{L \times B} \quad \cdots\cdots(1)$$

式中：

R——试件的抗压强度，单位为兆帕(MPa)；

P——破坏荷载，单位为牛顿(N)；

L——试件受压面的长度，单位为毫米(mm)；

B——试件受压面的宽度，单位为毫米(mm)。

6.4.3.6 条板的抗压强度按 3 块试件抗压强度的算术平均值计算，修约至 0.1 MPa。如果其中一个试件的抗压强度(R_i)与 3 个试件抗压强度平均值(R)之差超过 20%R，则抗压强度值按另两个试件的抗压强度的算术平均值计算；如有两个试件与 R 之差超过规定，则试验结果无效，重新取样进行试验。

6.4.4 软化系数

6.4.4.1 取试验条板一块，沿板长方向截取试件，即厚度为条板厚度尺寸、宽度为 100 mm、长度为 100 mm 的试件，共六块，分为二组样本，每组三块。

6.4.4.2 处理试件的上表面和下表面，使之成为相互平行的平面。必要时可调制水泥砂浆处理上表面和下表面，并用水平尺调至水平。

6.4.4.3 试件处理后，在 60 ℃±2 ℃烘箱内烘干至恒重，然后将其中一组 3 块浸入 20 ℃±2 ℃的水中，试件完全被浸没。48 h 后取出，表面用湿毛巾抹干。然后同另一组未浸水的试块一起在压力机上按 6.4.3 的规定做抗压强度试验。

$$I = \frac{R_1}{R_0} \quad \cdots\cdots(2)$$

式中：

I——软化系数；

R_1——饱和含水状态下试件的抗压强度平均值，单位为兆帕(MPa)；

R_0——绝干状态下试件的抗压强度平均值，单位为兆帕(MPa)。

6.4.5 含水率

6.4.5.1 从条板上沿板长方向截取试件三块为一组，试件宽度为 100 mm，长度与条板宽度尺寸相同、厚度与条板厚度尺寸相同。试件试验地点如远离取样处，则在取样后应立即用塑料袋将试件包装密封。

6.4.5.2 试件取样后立即称取其质量 m_1，精确至 0.1 kg，如试件为用塑料袋密封运至者，则在开封前先将试件连同包装袋一起称量；然后称量包装袋的质量，称前应观察袋内是否出现由试件析出的水珠，如有水珠，应将水珠擦干。计算两次称量所得质量的差值，作为试件取样时质量，修约至 0.1 kg。

6.4.5.3 将试件送入电热鼓风干燥箱内，烘干温度为 60 ℃±2 ℃，干燥 24 h。此后每隔 2 h 称量一次，直至前后两次称量值之差不超过后一次称量值的 0.2%为止。

6.4.5.4 试件在电热鼓风干燥箱内冷却至与室温之差不超过 20 ℃时取出，立即称量其绝干质量 m_0，精确至 0.1 kg。

6.4.5.5 试验数据计算与结果取值

每个试件的含水率按式(3)计算，修约至 0.1%。

$$W_1 = \frac{m_1 - m_0}{m_0} \times 100 \quad \cdots\cdots(3)$$

式中：

W_1——试件的含水率，%；

m_1——试件的取样质量，单位为千克(kg)；

m_0——试件的绝干质量,单位为千克(kg)。

6.4.5.6 条板的含水率 W_1 以三个试件含水率的算术平均值表示,修约至1%。

6.4.6 **面密度**

6.4.6.1 取条板三块为一组进行试验,当条板的含水率达到表4的指标要求时,用磅秤对条板称量。

6.4.6.2 按照6.3的规定测量条板的长度和宽度,结果以平均值表示,修约至1 mm。

6.4.6.3 每块试验条板的面密度按式(4)计算,修约至0.1 kg/m²。

$$\rho=\frac{m}{L\times B} \qquad \cdots\cdots(4)$$

式中:

ρ——试验条板的面密度,单位为千克每平方米(kg/m²);

m——试验条板的质量,单位为千克(kg);

L——试验条板的长度尺寸,单位为米(m);

B——试验条板的宽度尺寸,单位为米(m)。

6.4.6.4 条板的面密度 ρ 以三个试件的算术平均值表示,修约至1 kg/m²。

6.4.7 **干燥收缩**

6.4.7.1 沿条板板长方向截取试件,即宽度为100 mm、长度为板宽、厚度为板厚的试件三件为一组,试件侧表面不应有可见裂纹、气孔、蜂窝等缺陷。

6.4.7.2 在每件试件两个端面中心各钻一个直径6 mm~10 mm、深度14 mm~16 mm的孔洞(如试件端面为凹槽,可做切平处理,之后钻孔),在孔洞内灌入水玻璃调合的水泥浆或其他刚性胶粘剂,采用精度0.01 mm的千分尺测量两个收缩头的长度 η_1 和 η_2,然后在孔洞内埋置如图9所示的收缩头,使每个收缩头的中心线均与试件的中心线重合,且使收缩头露在试件外的那部分测头的长度在4 mm~6 mm之间。

单位为毫米

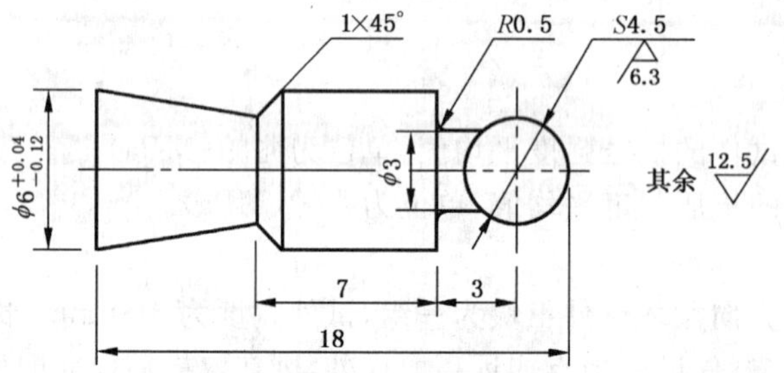

图9 收缩头

6.4.7.3 试件制备好放置1 d之后,检查测头是否安装牢固,否则重新安装。将制备好的试件浸没在20 ℃±2 ℃的水中,水面高出试件20 mm,浸泡72 h。

6.4.7.4 将试件从水中取出,用拧干的湿布抹去表面水分,并将测头擦干净,立刻用精度为0.01 mm的千分尺测定初始长度 L_1(含收缩头),或采用测量精度不低于0.01 mm的其他测量仪器,如:采用配有百分表的比长仪测量试件长度的变化量。

6.4.7.5 将试件放入温度20 ℃±1 ℃,相对湿度(50±5)%的恒温恒湿室内,进行收缩值测量,每天测量一次,直至达到干缩平衡,即连续3 d内任意2 d的测长读数波动值小于0.01 mm为止,量出试件干燥后的长度 L_2(含收缩头)。

6.4.7.6 试件干缩值按式(5)计算:

$$S=\frac{L_1-L_2}{L_1-(\eta_1+\eta_2)}\times 1\,000 \qquad \cdots\cdots(5)$$

式中:

S——干燥收缩值,单位为毫米每米(mm/m);

L_1——试件初始长度，单位为毫米(mm)；

L_2—试件干燥后长度，单位为毫米(mm)；

$(\eta_1+\eta_2)$——两个收缩头长度之和，单位为毫米(mm)。

6.4.7.7 取三块试件干燥收缩值的算术平均值为检测结果，修约至0.01 mm/m。

6.4.8 吊挂力

6.4.8.1 取试验条板一块，在板高1 800 mm处，切深乘以高乘以宽为50 mm×40 mm×90 mm的孔洞，清残灰后，用水泥水玻璃浆(或其他粘结剂)粘结如图10所示的钢板吊挂件。吊挂件孔与板面间距为100 mm。24 h后，检查吊挂件安装是否牢固，否则重新安装。

单位为毫米

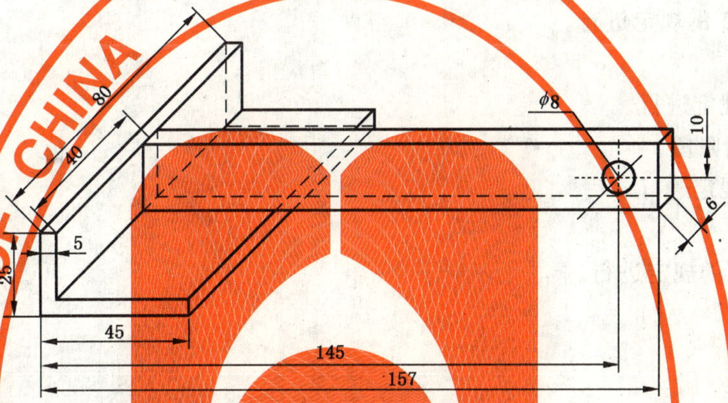

注：吊挂件的长板(长杆)厚度为6.0 mm；水平板和立板的厚度为5.0 mm。

图10 钢板吊挂件

6.4.8.2 将试验条板如图11所示固定，上下管间距$(L-100)$mm。

单位为毫米

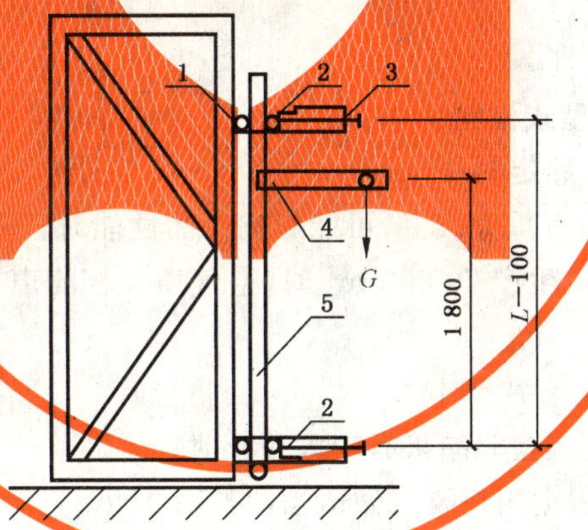

1——钢管(ϕ50 mm)；

2——固定横梁；

3——紧固螺栓；

4——钢板吊挂件；

5——试验用条板。

图11 吊挂力试验装置

6.4.8.3 通过钢板吊挂件的圆孔，分二级施加荷载，第一级加荷500 N，静置5 min。第二级再加荷500 N。静置24 h。观察吊挂区周围板面有无宽度超过0.5 mm以上的裂缝。

6.4.9 抗冻性

6.4.9.1 设备：低温试验箱或冷库，温度可降至−20 ℃；水箱或水池。

6.4.9.2 试样：试样数量为3块；试样尺寸为300 mm×板宽×板厚。

6.4.9.3 试验步骤：将试样放入常温水池中浸泡48 h，水面高于试件100 mm，试件间隔50 mm，取出后用拧干的湿毛巾擦去表面附着水，将试样侧立放入低温试验箱内。试样之间、试样与低温试验箱侧壁之间的距离不应小于 20 mm。待低温试验箱温度重新降到 −15 ℃开始计时，并在 −15 ℃～−20 ℃范围内保持 4 h，然后取出试样，再放入长度不小于 1 000 mm、宽度不小于 500 mm、深度不小于 500 mm 的常温水池中，水面高于试件 100 mm，试件间隔 50 mm，融 2 h。如此为一个循环，共进行 15 次冻融循环。

6.4.9.4 15 次冻融循环后，取出试样，擦去表面水，检查并记录试样可见裂纹及表面变化。

6.4.10 空气声计权隔声量

按 GB/T 19889.3 的规定进行。

6.4.11 耐火极限

按 GB/T 9978.1 的规定进行。

6.4.12 燃烧性能

按 GB 8624 的规定进行。

6.4.13 放射性核素限量

按 GB 6566 的规定进行。

6.4.14 传热系数

按 GB/T 13475 的规定进行。

7 检验规则

7.1 检验分类

7.1.1 出厂检验

产品出厂应进行出厂检验，出厂检验项目为 5.2 外观质量、5.3 尺寸允许偏差规定的全部内容以及 5.4 中面密度、抗弯承载和含水率三项指标，产品经检验合格后方可出厂。

7.1.2 型式检验

7.1.2.1 型式检验条件

有下列情况之一时，应进行型式检验：

a) 试制的新产品进行投产鉴定时；

b) 产品的材料、配方、工艺有重大改变，可能影响产品性能时；

c) 连续生产的产品，每年或生产 70 000 m^2 时(空气声计权隔声量，耐火极限、燃烧性能试验每三年检测一次)；

d) 产品停产半年以上再投入生产时；

e) 出厂检验结果与上次型式检验结果有较大差异时；

f) 用户有特殊要求时(可根据用户要求做适当调整)；

g) 国家质量监督检验机构提出型式检验要求时。

7.1.2.2 型式检验项目

产品型式检验项目为 5.2、5.3 和 5.4 中全部规定项目(见表 6)。

表 6 出厂检验项目和型式检验项目

检验分类	检验项目
出厂检验	5.2 和 5.3 中全部规定、5.4 表 4 中序号 2、5、6 三项规定
型式检验	5.2、5.3、5.4、5.5 规定的全部项目

7.2 组批规则

同类别、同规格的条板为一检验批，不足 151 块，按 151～280 块的批量算，详见表 7。

表 7 外观质量和尺寸允许偏差项目检验抽样方案

批量范围 N	样 本	样本大小		合格判定数		不合格判定数	
		n_1	n_2	Ac_1	Ac_2	Re_1	Re_2
151～280	1	8		0		2	
	2		8		1		2
281～500	1	13		0		3	
	2		13		3		4
501～1 200	1	20		1		3	
	2		20		4		5
1 201～3 200	1	32		2		5	
	2		32		6		7
3 201～10 000	1	50		3		6	
	2		50		9		10
10 001～35 000	1	80		5		9	
	2		80		12		13

7.3 出厂检验及型式检验抽样方法

7.3.1 出厂检验抽样

产品出厂检验外观质量和尺寸允许偏差检验按 GB/T 2828.1 中正常二次抽样方案进行，项目样本按表 7 进行抽样。

面密度、抗弯承载、含水率的样本从外观质量和尺寸允许偏差项目检验合格的产品中随机抽取，抽样方案按表 8 相应项目进行。

表 8 物理性能项目和放射性核素限量检验抽样方案

序 号	项 目	第一样本	第二样本
1	抗冲击性能/组	1	2
2	抗弯承载/块	1	2
3	抗压强度/组	1	2
4	软化系数/组	1	2
5	面密度/组	1	2
6	含水率/组	1	2
7	干燥收缩值/组	1	2
8	燃烧性能/块	1	2
9	空气声计权隔声量/件	6	2×6
10	吊挂力/块	1	2
11	耐火极限/件	7	2×7
12	传热系数/件	1	2
13	放射性核素限量/组	1	2

7.3.2 型式检验抽样

产品进行型式检验时，外观质量和尺寸允许偏差项目样本按表 7 进行抽样，物理性能项目及放射性核素限量项目样本从外观质量和尺寸允许偏差项目检验合格的产品中随机抽取，抽样方案见表 8。

7.4 判定规则

7.4.1 外观质量与尺寸允许偏差项目检验判定规则

7.4.1.1 根据样本检验结果，若受检板的外观质量、尺寸允许偏差项目均符合 5.2 和 5.3 中相应规定时，则判该板是合格板；若受检板外观质量、尺寸允许偏差项目中有一项或一项以上不符合 5.2 和 5.3 中相应规定时，则判该板是不合格板。

7.4.1.2 根据样本检验结果，若在第一样本(n_1)中不合格数(d_1)小于或等于表 9 第一合格判定数(Ac_1)，则判该批外观质量与尺寸允许偏差项目是合格批；若在第一样本(n_1)中不合格数(d_1)大于或等于表 9 第一不合格判定数(Re_1)，则判该批外观质量与尺寸允许偏差项目是不合格批。

若在第一样本(n_1)中不合格数(d_1)大于第一合格判定数(Ac_1)，同时又小于第一不合格判定数(Re_1)，则抽第二样本(n_2)进行检验。

根据第一样本和第二样本的检验结果，若在第一和第二样本中不合格数总和(d_1+d_2)小于或等于第二合格判定数(Ac_2)，则判该批外观质量与尺寸允许偏差项目是合格批。若在第一和第二样本中不合格数总和(d_1+d_2)大于或等于第二不合格判定数(Re_2)，则判该批外观质量与尺寸允许偏差项目是不合格批。判定规则见表 9。

表 9 判定规则

$d_1 \leqslant Ac_1$	合格
$d_1 \geqslant Re_1$	不合格
$Ac_1 < d_1 < Re_1$	抽第二样本进行检验
$(d_1+d_2) \leqslant Ac_2$	合格
$(d_1+d_2) \geqslant Re_2$	不合格

7.4.2 物理性能及放射性核素限量检验判定规则

7.4.2.1 出厂检验物理性能检验项目判定规则

7.4.2.1.1 根据试验结果，若面密度、抗弯承载和出厂含水率项目均符合 5.4 中相应规定时，则判该批产品为合格批；若两项以上检验均不符合 5.4 中相应规定，则判该批产品为批不合格。

7.4.2.1.2 若在此三个项目检验中发现有一个项目不合格，则按表 7 对该不合格项目抽第二样本进行检验。第二样本检验，若无不合格，则判该批产品为合格批；若仍不合格，则判该批产品为批不合格。

7.4.2.2 型式检验物理性能项目及放射性核素限量判定规则

7.4.2.2.1 根据样本检验结果，若在第一样本全部项目中发现的不合格项目数为 0，则判该型式检验合格；若在第一样本全部项目中发现的不合格项目数大于或等于 2，则判该型式检验不合格。

7.4.2.2.2 若在第一样本全部项目中发现的不合格项目数为 1，则抽第二样本对该不合格项目进行检验。

7.4.2.2.3 第二样本检验，若无不合格，则判该型式检验合格；若仍有不合格，则判该型式检验不合格。

8 标志、运输和贮存

8.1 标志

应在出厂的条板板面上标明产品名称、生产厂名、生产日期。出厂产品应带有质量合格证书和警示语标志。

8.1.1 合格证书应具下列内容：

a) 产品名称、产品标记、商标、生产日期；

b) 生产厂名、详细地址；

c) 主要技术参数；

d） 产品检验报告单中应有检验人员代号、检验部门印章；

e） 产品说明书和出厂合格证。

8.1.2 警示语标志应按8.2、8.3要求编写。

8.2 运输

条板短距离可用推车或叉车运输；长距离可使用车船等货运方式运输。长距离运输应打捆，每捆厚度大约1 m，轻吊轻落。运输过程中用绳索绞紧，支撑合理，防止撞击，避免破损和变形，对石膏条板必要时应有篷布遮盖，防止雨淋。

8.3 贮存

8.3.1 贮存场所及贮存条件

条板产品在常温条件下贮存，环境条件应保持干燥通风。存放场地应坚实平整、搬抬方便。可库房存放，不宜露天存放。若露天贮存应采取措施，防止浸蚀介质和雨水浸害。条板产品成型后，水泥基条板在工厂内存放时间不应少于28 d，石膏基不应少于30 d，蒸压制品不应少于7 d。

8.3.2 贮存方式

条板产品应按型号、规格分类贮存。存放场地应平整，下部用方木或砖垫高。侧立堆放的条板，板面与铅垂直夹角不应大于15°；堆长不超过4 m，堆层两层，水平堆放的条板，堆高不超过2 m。

8.3.3 贮存期限

条板产品贮存超过6个月，应翻换板面朝向和侧边位置；贮存期限超过12个月，产品在出厂或使用前应按本标准进行抽检。

ICS 91.060.10
Q 15

中华人民共和国国家标准

GB/T 23451—2009

建筑用轻质隔墙条板

Light weight panels for partition wall used in buildings

2009-03-28 发布 2010-01-01 实施

中华人民共和国国家质量监督检验检疫总局
中国国家标准化管理委员会 发布

前　言

本标准由中国建筑材料联合会提出。

本标准由全国墙体屋面及道路用建筑材料标准化技术委员会(SAC/TC 285)归口。

本标准负责起草单位:国家住宅与居住环境工程技术研究中心、广州工程总承包集团有限公司、国家建筑材料工业墙体屋面材料质量监督检验测试中心。

本标准参加起草单位:深圳市建筑科学研究院有限公司、山东省建筑科学研究院、广州市房屋开发建设有限公司、廊坊市建宁墙业科技开发有限公司、广州新绿环阻燃装饰材料有限公司、北京华丽联合高科技有限公司、广州协安建设工程有限公司、广州市建筑材料工业研究所有限公司。

本标准主要起草人:高宝林、林玲、李中庆、梁湖清、罗刚、夏高翔、区础华、付志洪、陈炳军、朱恒杰、余建民、王博、刘正捷、周炫。

本标准为首次发布。

建筑用轻质隔墙条板

1 范围

本标准规定了建筑用轻质隔墙条板(以下简称轻质条板)产品的术语和定义、分类、要求、试验方法、检验规则和产品的标志、运输和贮存。

本标准适用于工业与民用建筑的非承重内隔墙用轻质条板。

2 规范性引用文件

下列文件中的条款通过本标准的引用而成为本标准的条款。凡是注日期的引用文件,其随后所有的修改单(不包括勘误的内容)或修订版均不适用于本标准,然而,鼓励根据本标准达成协议的各方研究是否可使用这些文件的最新版本。凡是不注日期的引用文件,其最新版本适用于本标准。

GB/T 2828.1 计数抽样检验程序 第1部分:按接收质量限(AQL)检索的逐批检验抽样计划

GB 6566 建筑材料放射性核素限量

GB 8624 建筑材料及制品燃烧性能分级

GB/T 9978.1 建筑构件耐火试验方法 第1部分:通用要求

GB/T 19889.3 声学 建筑和建筑构件隔声测量 第3部分:建筑构件空气声隔声的实验室测量

3 术语和定义

下列术语和定义适用于本标准。

3.1

条板 panel

长宽比不小于2.5的预制板。

3.2

轻质条板 light weight panel

采用轻质材料或轻型构造制作,面密度不大于本标准规定数值的预制条板。

3.3

空心条板 hollow panel

沿板材长度方向留有若干贯通孔洞的预制条板。

3.4

实心条板 solid panel

用同类材料制作的无孔洞预制条板。

3.5

复合条板 composite panel

由两种或两种以上不同功能材料复合制成的预制条板。

3.6

企口 rabbet joint

设置于条板两侧面的榫头、榫槽及接缝槽的总称。

4 分类

4.1 轻质条板按断面构造分为空心条板、实心条板和复合条板三种类别,按板的构件类型分为普通板、门窗框板、异型板。轻质条板产品分类及代号见表1。

表1 轻质条板产品分类及代号

分类方法	名称	代号
按断面构造分类	空心条板	K
	实心条板	S
	复合条板	F
按构件类型分类	普通板	PB
	门窗框板	MCB
	异型板	YB

4.2 轻质条板可采用不同企口和开口形式，但均应满足3.1和第5章的规定。图1为一种空心条板外形示意图。

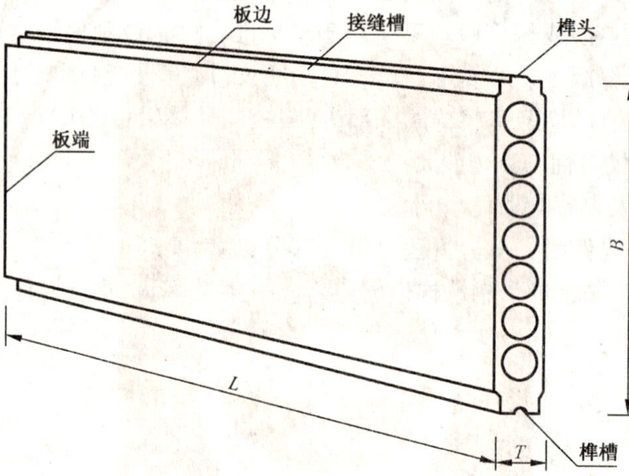

注：此图仅为表达几何尺寸和解释名词用。

图1 条板外形示意图

4.3 规格尺寸

4.3.1 长度尺寸 L 宜不大于3.3 m，为层高减去楼板顶部结构件(如梁、楼板)厚度及技术处理空间尺寸，应符合设计要求，由供需双方协商确定。

4.3.2 宽度尺寸 B，主规格为600 mm。

4.3.3 厚度尺寸 T，主规格为90 mm、120 mm。

4.3.4 其他规格尺寸可由供需双方协商确定，其相关技术指标应符合相近规格产品的要求。

4.4 产品标记

4.4.1 **标记方法**

轻质条板产品型号按以下图示标记。

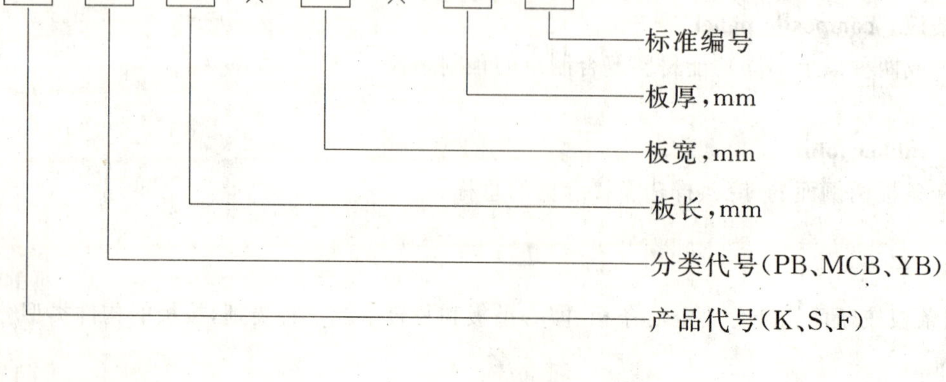

4.4.2 标记示例

板长为 2 540 mm，宽为 600 mm，厚为 90 mm 的空心条板门窗框板，标记为：

KMCB 2 540×600×90 GB/T 23451—2009

5 要求

5.1 原材料

5.1.1 应使用性能稳定的原材料生产条板。条板生产企业应逐批验收进厂原材料的合格证，并对主要原材料的性能定期复检。用于生产轻质条板的所有胶凝材料、骨料、增强材料、水、外加剂、掺合料等均应符合相应国家标准、行业标准的有关规定。

5.1.2 条板应有配筋或增强材料。

5.2 外观质量

外观质量应符合表 2 的规定。

表 2 外观质量

序 号	项 目	指 标
1	板面外露筋、纤；飞边毛刺；板面泛霜；板的横向、纵向、厚度方向贯通裂缝	无
2	复合条板面层脱落[a]	无
3	板面裂缝，长度 50 mm～100 mm，宽度 0.5 mm～1.0 mm	≤2 处/板
4	蜂窝气孔，长径 5 mm～30 mm	≤3 处/板
5	缺棱掉角，宽度×长度 10 mm×25 mm～20 mm×30 mm	≤2 处/板
6	壁厚[b]/mm	≥12
注：序号 3、4、5 项中低于下限值的缺陷忽略不计，高于上限值的缺陷为不合格。		
a 复合条板检测此项。 b 空心条板应测壁厚。		

5.3 尺寸允许偏差

尺寸允许偏差应符合表 3 的规定。

表 3 尺寸允许偏差 单位为毫米

序 号	项 目	允许偏差
1	长度	±5
2	宽度	±2
3	厚度	±1.5
4	板面平整度	≤2
5	对角线差	≤6
6	侧向弯曲	≤L/1 000

5.4 放射性核素限量

放射性核素限量应符合表 4 的规定。

表 4 放射性核素限量

项 目	指 标	
制品中镭-226、钍-232、钾-40 放射性核素限量	实心板	空心板(空心率大于 25%)
I_{Ra}(内照射指数) I_{γ}(外照射指数)	≤1.0 ≤1.0	≤1.0 ≤1.3

5.5 物理性能

物理性能应符合表5的规定。

表5 物理性能指标

序号	项目	指标	
		板厚90 mm	板厚120 mm
1	抗冲击性能	经5次抗冲击试验后，板面无裂纹	
2	抗弯承载(板自重倍数)	≥1.5	
3	抗压强度/MPa	≥3.5	
4	软化系数[a]	≥0.80	
5	面密度/(kg/m²)	≤90	≤110
6	含水率/%	≤12	
7	干燥收缩值/(mm/m)	≤0.6	
8	吊挂力	荷载1 000 N静置24 h，板面无宽度超过0.5 mm的裂缝	
9	抗冻性[b]	不应出现可见的裂纹且表面无变化	
10	空气声隔声量/dB	≥35	≥40
11	耐火极限/h	≥1	
12	燃烧性能	A_1或A_2级	

a 防水石膏条板的软化系数为≥0.60，普通石膏条板的软化系数为≥0.40。

b 夏热冬暖地区和石膏条板不检此项。

6 试验方法

6.1 试验环境及试验条件

试验应在常温常湿条件下进行。

6.2 外观质量

6.2.1 量具

钢直尺，精度0.5 mm。

6.2.2 测量方法

对受测板，视距0.5 m左右，目测有无外露增强筋或纤维、贯通裂缝、泛霜；用钢直尺量测板面裂缝的长度、蜂窝气孔、缺棱掉角数据，读数精确至1 mm，用刻度放大镜量测裂缝的宽度，并记录缺陷数量。

6.3 尺寸允许偏差

6.3.1 量具

钢卷尺精度1 mm；游标卡尺0～150 mm；钢直尺精度0.5 mm；内外卡钳、塞尺0～10 mm；靠尺2 m。

6.3.2 测量方法

6.3.2.1 长度

量测三处：

——板边两处：靠近两板边100 mm范围内，平行于该板边；

——板中一处：过两板端中点，如图2所示。

单位为毫米

图2　长度测量位置

用钢卷尺拉测，读数精确至 1 mm，取三处测量数据的最大值和最小值为检测结果。

6.3.2.2　**宽度**

量测三处：

——板端两处：靠近两板端的 100 mm 范围内，平行于该板边；

——板中一处：过两板边中点，如图 3 所示。

单位为毫米

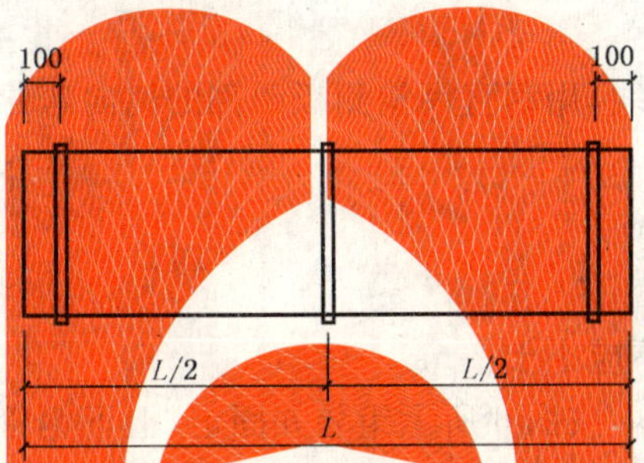

图3　宽度测量位置

用钢卷尺配合直角尺拉测，读数读至 1 mm，取三处测量数据的最大值和最小值为检测结果。

6.3.2.3　**厚度**

在各距板两端 100 mm，两边 100 mm 及横向中线处布置测点，如图 4 所示共量测六处。用钢直尺、外卡钳和游标卡尺配合测量，读数精确至 0.01 mm，记录测量数据。取六处测量数据的最大值和最小值为检验结果，修约至 0.5 mm。

单位为毫米

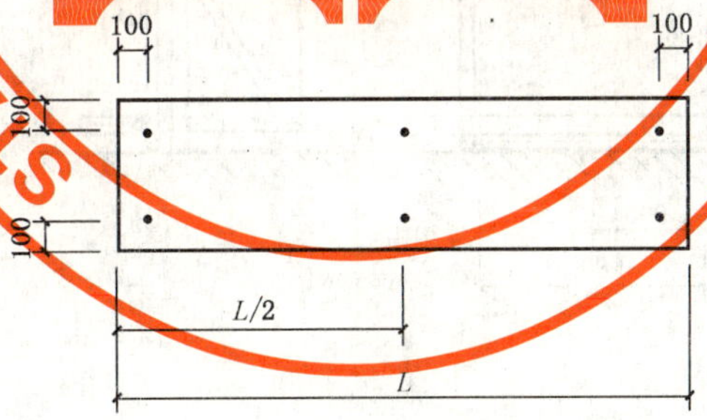

图4　厚度测量位置

6.3.2.4　**壁厚**

在受检空心板端部用壁厚卡尺测量三处，分别测量板的上下壁厚及孔间壁厚的薄弱处，读数精确至 0.1 mm，如目测空心板中间的上下壁厚有明显差别，可沿板宽截开测其壁厚，取最小值为检验结果，修约至 1 mm。

6.3.2.5　**板面平整度**

6.3.2.5.1　受检板两板面各量测三处，共六处。第一处：使靠尺中点位于板面中心，靠尺尺身重合于板面一条对角线；另二处：靠尺位置关于板面中心对称，靠尺一端位于板面另一条对角线端点，靠尺另一端交于对边板边，如图5所示，条板另一面测量位置与图示位置关于条板中心对称。

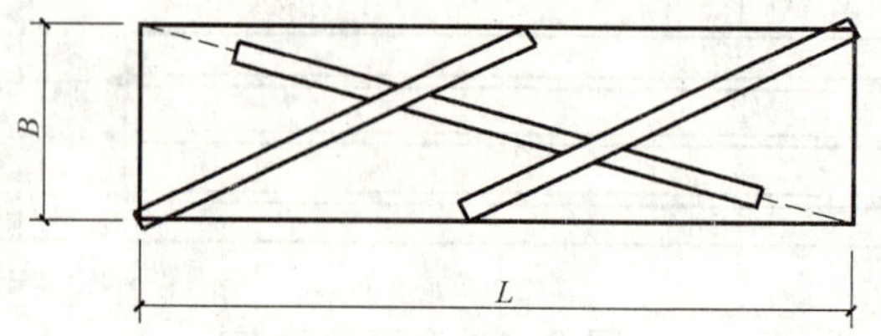

图5　板面平整度测量位置

6.3.2.5.2　用2 m靠尺和楔形塞尺测量。记录每处靠尺与板面最大间隙的读数，读数精确至0.5 mm。取六处测量数据的最大值为检测结果，修约至1 mm。

6.3.2.6　**对角线差**

用钢卷尺量测两条对角线的长度，读数精确至1 mm，取两个测量数据的差值为检测结果，修约至1 mm。

6.3.2.7　**侧向弯曲**

通过板边端点沿板面拉直测线，用钢直尺量测板两侧的侧向弯曲处，取最大值为检测结果。修约至0.5 mm。

6.4　**物理性能**

6.4.1　**抗冲击性能**

6.4.1.1　试验条板的长度尺寸不应小于2 m。

6.4.1.2　取条板三块为一组样本，按图6所示组装并固定，上下钢管中心间距为板长减去100 mm，即(L−100)mm。板缝用与板材材质相符的专用砂浆粘结，板与板之间挤紧，接缝处用玻璃纤维布搭接，并用砂浆压实、刮平。

单位为毫米

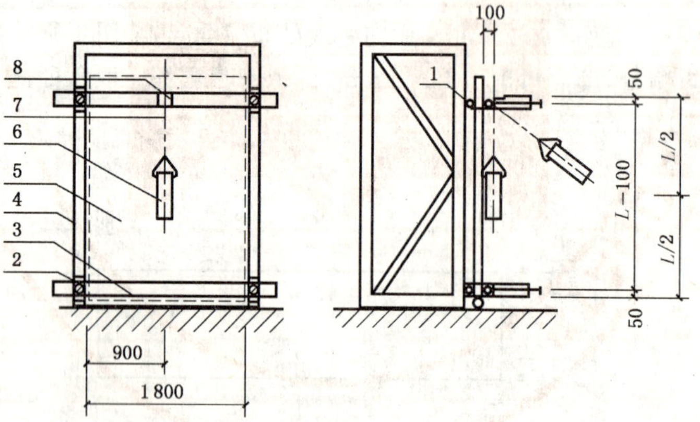

1——钢管(ϕ50 mm)；

2——横梁紧固装置；

3——固定横梁(10# 热轧等边角钢)；

4——固定架；

5——条板拼装的隔墙试件；

6——标准砂袋如图7所示；

7——吊绳(直径10 mm左右)；

8——吊环。

图6　抗冲击性能试验装置

6.4.1.3　24 h后将装有30 kg重，粒径2 mm以下细砂的标准砂袋(如图7所示)用直径10 mm左右的绳子固定在其中心距板面100 mm的钢环上，使砂袋垂悬状态时的重心位于L/2高度处。

单位为毫米

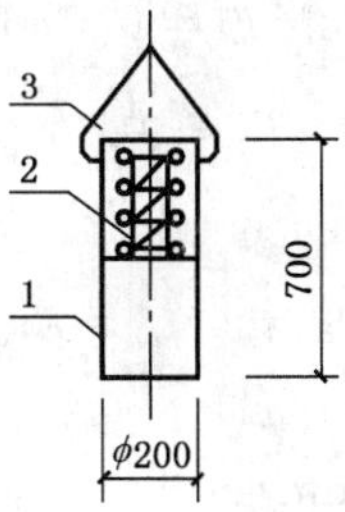

1——帆布；

2——注砂口；

3——砂袋吊带(厚 6 mm、宽 40 mm、长 70 mm)。

图 7　标准砂袋

6.4.1.4　以绳长为半径沿圆弧将砂袋在与板面垂直的平面内拉开，使重心提高 500 mm(标尺测量)，然后自由摆动下落，冲击设定位置，反复 5 次。

6.4.1.5　目测板两面有无贯通裂缝，记录试验结果。

6.4.1.6　试验结果仅适用于所测条板长度尺寸以内的条板。

6.4.2　抗弯承载

6.4.2.1　试验条板的长度尺寸不应小于 2 m。

6.4.2.2　将完成面密度测试的条板支在支座长度大于板宽尺寸的两个平行支座(图 8)上，其一为固定铰支座，另一为滚动铰支座，支座中间间距调至($L-100$)mm，两端伸出长度相等。

单位为毫米

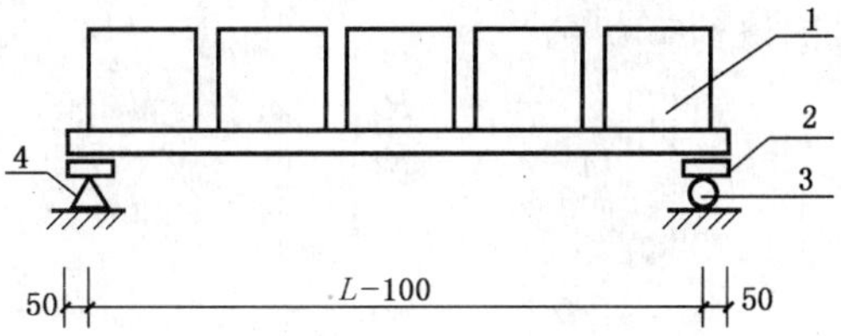

1——加载砝码；

2——承压板(宽 100 mm，厚 6 mm～15 mm 钢板)；

3——滚动铰支座(ϕ60 mm 钢柱)；

4——固定铰支座。

图 8　均布荷载法测试抗弯承载装置

6.4.2.3　空载静置 2 min，按照不少于五级施加荷载，每级荷载不大于板自重的 30%。

6.4.2.4　用堆荷方式从两端向中间均匀加荷，堆长相等，间隙均匀，堆宽与板宽相同。

6.4.2.5　前四级每级加荷后静置 2 min，第五级加荷至板自重的 1.5 倍，静置 5 min。此后，如继续施加荷载，按此分级加荷方式循环直至断裂破坏。

6.4.2.6　记取第一级荷载至第五级加荷(或断裂破坏前一级荷载)荷载总和作为试验结果。

6.4.2.7　试验结果仅适用于所测条板长度尺寸以内的条板。

6.4.3　抗压强度

6.4.3.1　沿条板的板宽方向依次截取厚度为条板厚度尺寸、高度为 100 mm、长度为 100 mm 的单元体试件(对于空心条板，长度包括一个完整孔及两条完整孔间肋的单元体试件)，三块为一组样本。

6.4.3.2　处理试件的上表面和下表面，使之成为相互平行且与试件孔洞圆柱轴线垂直的平面。可调制水泥砂浆处理上表面和下表面，并用水平尺调至水平。

6.4.3.3　表面经处理的试样，置于不低于 10 ℃的不通风室内养护 72 h，用钢直尺分别测量试件受压面长度、宽度尺寸各 2 个，取其平均值，修约至 1 mm。

6.4.3.4　将试件置于试验机承压板上，使试件的轴线与试验机压板的压力中心重合，以 0.05 MPa/s～

0.10 MPa/s 的速度加荷,直至试件破坏。记录最大破坏荷载 P。

6.4.3.5 每个试件的抗压强度按式(1)计算,修约至 0.01 MPa。

$$R=\frac{P}{LB} \qquad \cdots\cdots(1)$$

式中:

R——试件的抗压强度,单位为兆帕(MPa);

P——破坏荷载,单位为牛顿(N);

L——试件受压面的长度,单位为毫米(mm);

B——试件受压面的宽度,单位为毫米(mm)。

6.4.3.6 条板的抗压强度按3块试件抗压强度的算术平均值计算,修约至 0.1 MPa。如果其中一个试件的抗压强度(R_i)与3个试件抗压强度平均值(R)之差超过 20%R,则抗压强度值按另两个试件的抗压强度的算术平均值计算;如有两个试件与 R 之差超过规定,则试验结果无效,重新取样进行试验。

6.4.4 软化系数

6.4.4.1 取试验条板一块,沿板长方向截取试件,即厚度为条板厚度、高度为 100 mm、长度为 100 mm 的试件,共六块,分为二组样本,每组三块(对于空心条板,长度包括一个完整孔及两条完整孔间肋的单元体试件)。

6.4.4.2 处理试件的上表面和下表面,使之成为相互平行且与试件孔洞圆柱轴线垂直的平面。必要时可调制水泥砂浆处理上表面和下表面,并用水平尺调至水平。

6.4.4.3 试件处理后,在烘箱内烘干至恒重(不同材料条板的烘干温度参照表6),然后将其中一组3块泡入 20 ℃±2 ℃的水中,48 h 后取出,表面用湿毛巾抹干。然后同另一组未泡水的试块一起在压力机上按 6.4.3 的规定做抗压强度试验。

6.4.4.4 软化系数按式(2)计算,修约至 0.01。

$$I=\frac{R_1}{R_0} \qquad \cdots\cdots(2)$$

式中:

I——软化系数;

R_1——饱和含水状态下试件的抗压强度平均值,单位为兆帕(MPa);

R_0——绝干状态下试件的抗压强度平均值,单位为兆帕(MPa)。

6.4.5 面密度

6.4.5.1 取条板三块为一组样本进行试验,当条板的含水率达到表5的指标要求时,用精度不低于 0.5 kg,量程不小于 500 kg 的磅秤称取试验条板质量 m,读数精确至 0.5 kg。

6.4.5.2 按照 6.3 的规定测量条板的长度和宽度,结果以平均值表示,修约至 1 mm。

6.4.5.3 每块试验条板的面密度按式(3)计算,修约至 0.1 kg/m²。

$$\rho=\frac{m}{L\times B} \qquad \cdots\cdots(3)$$

式中:

ρ——试验条板的面密度,单位为千克每平方米(kg/m²);

m——试验条板的质量,单位为千克(kg);

L——试验条板的长度尺寸,单位为米(m);

B——试验条板的宽度尺寸,单位为米(m)。

6.4.5.4 条板的面密度 ρ 以三个试件的算术平均值表示,修约至 1 kg/m²。

6.4.6 含水率

6.4.6.1 从条板上沿板长方向截取试件三件为一组样本,试件高度为 100 mm,长度与条板宽度尺寸相同、厚度与条板厚度尺寸相同。试件试验地点如远离取样处,则在取样后应立即用塑料袋将试件包装密封。

6.4.6.2 试件取样后立即称其取样质量 m_1,精确至 0.01 kg,如试件为用塑料袋密封运至者,则在开封前先将试件连同包装袋一起称量；然后称量包装袋的质量，称前应观察袋内是否出现由试件析出的水珠，如有水珠，应将水珠擦干。计算两次称量所得质量的差值，作为试件取样时质量，修约至 0.01 kg。

6.4.6.3 将试件送入电热鼓风干燥箱内(试件烘干温度见表 6)干燥 24 h。此后每隔 2 h 称量一次，直至前后两次称量值之差不超过后一次称量值的 0.2%为止。

表 6 不同材料条板的烘干温度

单位为摄氏度

条板名称	烘干温度
水泥条板	105
石膏条板	50
复合条板	60

6.4.6.4 试件在电热鼓风干燥箱内冷却至与室温之差不超过 20 ℃时取出，立即称量其绝干质量 m_0，精确至 0.01 kg。

6.4.6.5 每个试件的含水率按式(4)计算，修约至 0.1%。

$$W_1 = \frac{m_1 - m_0}{m_0} \times 100 \qquad \cdots\cdots\cdots\cdots (4)$$

式中：

W_1——试件的含水率，%；

m_1——试件的取样质量，单位为千克(kg)；

m_0——试件的绝干质量，单位为千克(kg)。

6.4.6.6 条板的含水率 W_1 以三个试件含水率的算术平均值表示，修约至 1%。

6.4.7 干燥收缩

6.4.7.1 沿条板板长方向截取试件，即高度为 100 mm、长度为板宽、厚度为板厚的试件 3 件为一组样本，试件表面不应有可见裂纹、气孔、蜂窝等缺陷。

6.4.7.2 在每件试件两个端面中心各钻一个直径 8 mm～10 mm、深度 14 mm～16 mm 的孔洞(如试件端面为凹槽，可做切平处理，之后钻孔)，在孔洞内灌人水玻璃调合的水泥浆或其他刚性胶粘剂，采用精度 0.01 mm 的千分尺测量两个收缩头的长度 η_1 和 η_2，然后在孔洞内埋置如图 9 所示的收缩头，使每个收缩头的中心线均与试件的中心线重合，且使收缩头露在试件外的那部分测头的长度均在 4 mm～6 mm之间。

单位为毫米

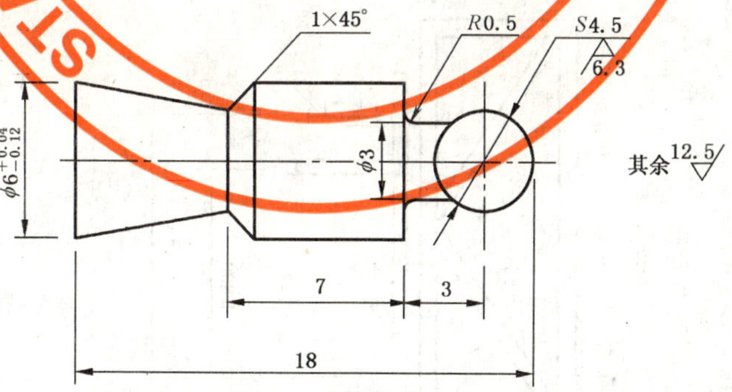

图 9 收缩头

6.4.7.3 试件制备好放置 1 d 之后，检查测头是否安装牢固，否则重新安装。将制备好的试件浸没在 20 ℃±2 ℃的水中，水面高出试件 20 mm，浸泡 72 h。

6.4.7.4 将试件从水中取出，用拧干的湿布抹去表面水分，并将测头擦干净，立刻采用精度为0.01 mm的千分尺测定初始长度 L_1(含收缩头)，或采用测量精度不低于 0.01 mm 的其他测量仪器，如：采用配有百分表的比长仪测量试件长度的变化量。

6.4.7.5 将试件放入温度20 ℃±1 ℃，相对湿度50%±5%的恒温恒湿室内，进行收缩值测量，每天测量一次，直至达到干缩平衡，即连续3 d内任意3 d的测长读数波动值小于0.01 mm，量出试件干燥后的长度L_2（含收缩头）。

6.4.7.6 试件干缩值按式(5)计算：

$$S=\frac{L_1-L_2}{L_1-(\eta_1+\eta_2)}\times 1\,000 \quad\cdots\cdots(5)$$

式中：

S——干燥收缩值，单位为毫米每米(mm/m)；

L_1——试件初始长度，单位为毫米(mm)；

L_2——试件干燥后长度，单位为毫米(mm)；

$(\eta_1+\eta_2)$——两个收缩头长度之和，单位为毫米(mm)。

6.4.7.7 取三块试件干燥收缩值的算术平均值为试验结果，修约至0.01 mm/m。

6.4.8 吊挂力

6.4.8.1 取试验条板一块，在板中高1 800 mm处，切深乘以高乘以宽为50 mm×40 mm×90 mm的孔洞，清残灰后，用水泥水玻璃浆(或其他粘结剂)粘结如图10所示的钢板吊挂件。吊挂件孔与板面间距为100 mm。24 h后，检查吊挂件安装是否牢固，否则重新安装。

单位为毫米

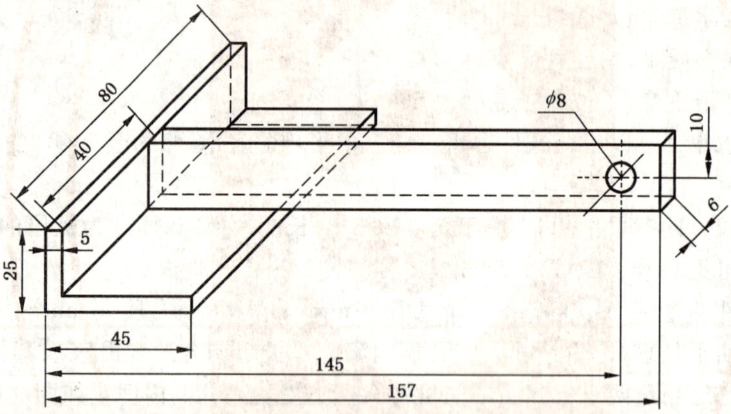

注：吊挂件的长板(长杆)厚度为6.0 mm；水平板和立板的厚度为5.0 mm。

图10 钢板吊挂件

6.4.8.2 将试验条板如图11所示固定，上下管间距(L—100)mm。

单位为毫米

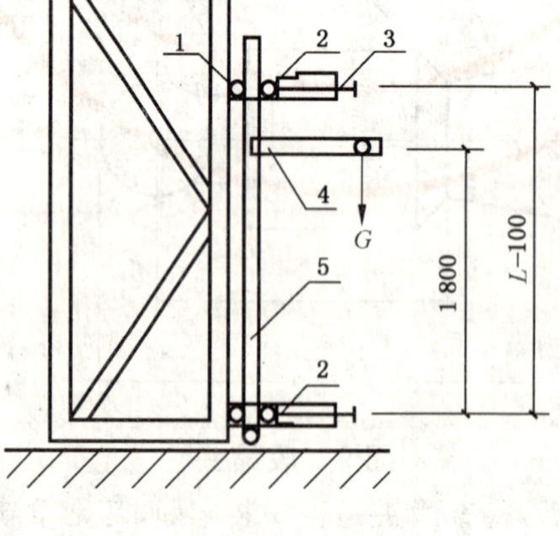

1——钢管(ϕ50 mm)；

2——固定横梁；

3——坚固螺栓；

4——钢板吊挂件；

5——试验用条板。

图11 吊挂力试验装置

6.4.8.3 通过钢板吊挂件的圆孔，分二级施加荷载，第一级加荷 500 N，静置 5 min。第二级再加荷 500 N。静置 24 h。观察吊挂区周围板面有无宽度超过 0.5 mm 以上的裂缝。记录试验结果。

6.4.9 抗冻性

6.4.9.1 设备

低温试验箱或冷库，温度可降至－20 ℃；水箱或水池。

6.4.9.2 试样

试样数量为 3 块；试样尺寸为 300 mm×板宽×板厚。

6.4.9.3 试验步骤

将试样放入常温水池中浸泡 48 h，水面高于试件 100 mm，试件间隔 50 mm，取出后用拧干的湿毛巾擦去表面附着水，将试样侧立放入低温试验箱内。试样之间、试样与低温试验箱侧壁之间的距离不应小于 20 mm。待低温试验箱温度重新降到－15 ℃开始计时，并在－15 ℃～－20 ℃范围内保持 4 h，然后取出试样，再放入长度不小于 1 000 mm、宽度不小于 500 mm、深度不小于 500 mm 的常温水池中，水面高于试件 100 mm，试件间隔 50 mm，融 2 h。如此为一个循环，共进行 15 次冻融循环。

6.4.9.4 15 次冻融循环后，取出试样擦去表面水，检查并记录试样可见裂纹及表面变化。

6.4.10 空气声计权隔声量

按 GB/T 19889.3 的规定进行。

6.4.11 耐火极限

按 GB/T 9978.1 的规定进行。

6.4.12 燃烧性能

按 GB 8624 的规定进行。

6.4.13 放射性核素限量

按 GB 6566 的规定进行。

7 检验规则

7.1 检验分类

7.1.1 出厂检验

产品出厂应进行出厂检验，出厂检验项目为外观质量、尺寸允许偏差全部规定项目以及面密度、抗弯承载、含水率三项性能指标，产品经检验合格后方可出厂。

7.1.2 型式检验

7.1.2.1 型式检验条件

有下列情况之一时，应进行型式检验：

a) 试制的新产品进行投产鉴定时；

b) 产品的材料、配方、工艺有重大改变，可能影响产品性能时；

c) 连续生产的产品，每年或生产 70 000 m^2 时（空气隔声、耐火极限、燃烧性能试验每三年检测一次）；

d) 产品停产半年以上再投入生产时；

e) 出厂检验结果与上次型式检验结果有较大差异时；

f) 用户有特殊要求时；

g) 国家质量监督检验机构提出型式检验要求时。

7.1.2.2 型式检验项目

产品型式检验项目为 5.2、5.3、5.4、5.5 中全部规定项目（见表 7）。

表 7 出厂检验项目和型式检验项目

检验分类	检验项目
出厂检验	5.2 和 5.3 中全部规定、5.5 表 5 中序号 2、5、6 三项规定
型式检验	5.2、5.3、5.4、5.5 全部规定

7.2 组批规则

同类别、同规格的条板为一检验批，不足 151 块，按 151～280 块的批量算，详见表 8。

7.3 出厂检验及型式检验抽样方法

7.3.1 出厂检验抽样

产品出厂检验外观质量和尺寸允许偏差检验按 GB/T 2828.1 中正常二次抽样进行，项目样本按表 8 进行抽样。

表 8 外观质量和尺寸允许偏差项目检验抽样方案

批量范围 N	样本	样本大小		合格判定数		不合格判定数	
		n_1	n_2	Ac_1	Ac_2	Re_1	Re_2
151～280	1	8		0		2	
	2		8		1		2
281～500	1	13		0		3	
	2		13		3		4
501～1 200	1	20		1		3	
	2		20		4		5
1 201～3 200	1	32		2		5	
	2		32		6		7
3 201～10 000	1	50		3		6	
	2		50		9		10
10 001～35 000	1	80		5		9	
	2		80		12		13

出厂检验项目的样本从上述外观质量和尺寸允许偏差项目检验合格的产品中随机抽取，抽样方案按表 9 相应项目进行。

7.3.2 型式检验抽样

产品进行型式检验时，外观质量和尺寸允许偏差项目样本按表 8 进行抽样，物理性能和放射性核素限量项目样本从外观质量和尺寸允许偏差项目检验合格的产品中随机抽取，抽样方案见表 9。

表 9 物理性能项目检验抽样方案

序号	项目	第一样本	第二样本
1	抗冲击性能/组	1	2
2	抗弯承载/块	1	2
3	抗压强度/组	1	2
4	软化系数/组	1	2
5	面密度/组	1	2
6	含水率/组	1	2

表 9(续)

序　号	项　目	第一样本	第二样本
7	干燥收缩值/组	1	2
8	吊挂力/块	1	2
9	抗冻性/块	1	2
10	空气声计权隔声量/件	6	2×6
11	耐火极限/件	7	2×7
12	燃烧性能/件	1	2
13	放射性比活度限值/组	1	2

7.4 判定规则

7.4.1 外观质量和尺寸允许偏差项目检验判定规则

7.4.1.1 根据样本检验结果，若受检板的外观质量、尺寸允许偏差项目均符合 5.2 和 5.3 中相应规定时，则判该板是合格板；若受检板外观质量、尺寸允许偏差项目中有一项或一项以上不符合 5.2 和 5.3 中相应规定时，则判该板是不合格板。

7.4.1.2 根据样本检验结果，若在第一样本(n_1)中发现不合格板数(d_1)小于或等于第一合格判定数(Ac_1)，则判该批外观质量与尺寸允许偏差项目合格；若在第一样本(n_1)中发现不合格板数(d_1)大于或等于第一不合格判定数(Re_1)，则判定该批外观质量与尺寸允许偏差项目不合格。

若在第一样本(n_1)中发现的不合格板数(d_1)大于第一合格判定数(Ac_1)，同时又小于第一不合格判定数(Re_1)，则抽第二样本(n_2)进行检验。

根据第一样本和第二样本的检验结果，若在第一和第二样本中发现的不合格板数总和(d_1+d_2)小于或等于第二合格判定数(Ac_2)，则判该批外观质量与尺寸允许偏差项目合格。若在第一和第二样本中发现的不合格板数总和(d_1+d_2)大于或等于第二不合格判定数(Re_2)，则判该批外观质量与尺寸允许偏差项目不合格，判定结果见表 10。

表 10 判定结果

$d_1 \leqslant Ac_1$	合格
$d_1 \geqslant Re_1$	不合格
$Ac_1 < d_1 < Re_1$	抽第二样本进行检验
$(d_1+d_2) \leqslant Ac_2$	合格
$(d_1+d_2) \geqslant Re_2$	不合格

7.4.2 物理性能和放射性核素限量检验判定规则

7.4.2.1 出厂检验物理性能和放射性核素限量检验项目判定规则

7.4.2.1.1 根据试验结果，若面密度、抗弯承载、出厂含水率项目均符合 5.4 中相应规定时，则判该批产品为合格批；若两项以上检验不符合 5.4 中相应规定，则判该批产品为批不合格。

7.4.2.1.2 若在此三个项目检验中发现有一个项目不合格，则按表 10 对该不合格项目抽第二样本进行检验。第二样本检验，若无任一结果不合格，则判该批产品为合格批；若仍有一个结果不合格则判该批产品为批不合格。

7.4.2.2 型式检验物理性能和放射性核素限量检验项目判定规则

7.4.2.2.1 根据样本试验结果，若在第一样本全部项目中发现的不合格项目数为 0，则判该型式检验合格；若在第一样本全部项目中发现的不合格项目数大于或等于 2，则判该型式检验不合格。

7.4.2.2.2 若在第一样本全部项目中发现的不合格项目数为 1，则抽第二样本对该不合格项目进行检验。

7.4.2.2.3　第二样本检验，若无不合格，则判该型式检验合格；若仍有一个结果不合格，则判该型式检验不合格。

8　标志、运输和贮存

8.1　标志

应在出厂的条板板面上标明产品名称、生产厂名称、生产日期。出厂产品应带有质量合格证书和警示语标志。

8.1.1　合格证书应具下列内容：

a)　产品名称、产品标准编号、商标、产品标记、生产日期；

b)　生产厂名称、详细地址；

c)　主要技术参数；

d)　产品检验报告单中应有检验人员代号、检验部门印章；

e)　产品说明书和出厂合格证。

8.1.2　警示语标志应按 8.2、8.3 要求编写，如“侧立搬运，避免雨淋”等内容。

8.2　运输

条板短距离可用推车运输；长距离可使用车船等货运方式运输。长距离运输应打捆，每捆不应多于 8 块，轻吊轻落。运输过程中应用绳索绞紧，支撑合理，防止撞击，避免破损和变形，必要时应有篷布遮盖，防止雨淋。

8.3　贮存

8.3.1　贮存场所及贮存条件

条板产品在常温常湿条件下贮存，环境条件应保持干燥通风。存放场地应坚实平整、搬抬方便。可库房存放，不宜露天存放。露天贮存应采取措施，防止浸蚀介质和雨水浸害。条板产品成型后，水泥基条板在工厂内存放时间不应少于 28 d，石膏基不应少于 30 d，蒸压制品不应少于 7 d。

8.3.2　贮存方式

产品应按型号、规格分类贮存。存放场地应平整，下部用方木或砖垫高。侧立堆放的条板，板面与铅垂面夹角不应大于 15°；堆长不超过 4 m，堆层两层。水平堆放的条板，堆高不超过 2 m。

8.3.3　贮存期限

产品贮存超过 6 个月，应翻换板面朝向和侧边位置；贮存期限超过 12 个月，产品在出厂或使用前应按本标准进行抽检。

ICS 91.100.30
Q 21

中华人民共和国国家标准

GB/T 23452—2009

天然砂岩建筑板材

Natural sandstone for building slab

2009-03-28 发布　　　　2010-01-01 实施

中华人民共和国国家质量监督检验检疫总局
中国国家标准化管理委员会　发布

前言

本标准与美国 ASTM C 616-03《砂岩标准规范》的一致性程度为非等效。

本标准由中国建筑材料联合会提出。

本标准由全国石材标准化技术委员会(SAC/TC 460)归口。

本标准负责起草单位:中材人工晶体研究院(国家石材质量监督检验中心)、北京中材人工晶体有限公司。

本标准参加起草单位:环球石材(东莞)有限公司。

本标准主要起草人:陈军营、周俊兴、钟文波、赵宏洁。

本标准为首次制定。

天然砂岩建筑板材

1 范围

本标准规定了天然砂岩建筑板材(以下简称板材)产品的术语和定义、分类、等级与标记、要求、试验方法、检验规则、标志、包装、运输与贮存等。

本标准适用于建筑装饰用天然砂岩板材。其他用途的天然砂岩板材也可参照采用。

2 规范性引用文件

下列文件中的条款通过本标准的引用而成为本标准的条款。凡是注日期的引用文件,其随后所有的修改单(不包括勘误的内容)或修订版均不适用于本标准,然而,鼓励根据本标准达成协议的各方研究是否可使用这些文件的最新版本。凡是不注日期的引用文件,其最新版本适用于本标准。

GB/T 191 包装储运图示标志

GB/T 1182 产品几何技术规范(GPS) 几何公差、形状、方向、位置和跳动公差标注

GB/T 1800.3 极限与配合基础 第3部分:标准公差和基本偏差数值表

GB/T 1801 极限与配合 公差带和配合的选择

GB/T 2828.1 计数抽样检验程序 第1部分:按接收质量限(AQL)检索的逐批检验抽样计划

GB/T 9966.1 天然饰面石材试验方法 第1部分:干燥、水饱和、冻融循环后压缩强度试验方法

GB/T 9966.2 天然饰面石材试验方法 第2部分:干燥、水饱和弯曲强度试验方法

GB/T 9966.3 天然饰面石材试验方法 第3部分:体积密度、真密度、真气孔率、吸水率试验方法

GB/T 13890 天然石材术语

GB/T 17670 天然石材统一编号

GB/T 18601—2009 天然花岗石建筑板材

GB/T 19766—2005 天然大理石建筑板材

3 术语和定义

GB/T 1182、GB/T 13890 确立的术语和定义适用于本标准。

4 产品分类

4.1 分类

4.1.1 按矿物组成种类分为:

a) 杂砂岩:石英含量 50%～90%;

b) 石英砂岩:石英含量大于 90%;

c) 石英岩:经变质的石英砂岩。

4.1.2 按形状分为:

a) 毛板(MB);

b) 普型板(PX);

c) 圆弧板(HM);

d) 异型板(YX)。

4.2 等级

按加工和外观质量分为:

a) 毛板按厚度偏差、平面度公差、外观质量等将板材分为优等品(A)、一等品(B)、合格品(C)三个等级;

b) 普型板按规格尺寸偏差、平面度公差、角度公差及外观质量将板材分为优等品(A)、一等品(B)、合格品(C)三个等级;

c) 圆弧板按规格尺寸偏差,直线度公差,线轮廓度公差及外观质量等将板材分为优等品(A)、一等品(B)、合格品(C)三个等级。

4.3 标记

4.3.1 名称:采用GB/T 17670规定的名称或编号。

4.3.2 标记顺序:名称、类别、规格尺寸、等级、标准编号。

4.3.3 示例:用四川红砂岩荒料加工的600 mm×600 mm×20 mm、普型、优等品板材示例如下:

标记:四川红砂岩(Q5193)PX 600×600×20 A GB/T 23452—2009

5 要求

5.1 一般要求

5.1.1 天然砂岩建筑板材的岩矿结构应符合商业砂岩的定义范畴。

5.1.2 规格板的尺寸系列见表1,圆弧板、异型板和特殊要求的普型板规格尺寸由供需双方协商确定。

表1

单位为毫米

边长系列	300[a]、305[a]、400、500[a]、600[a]、800、900、1 000、1 200、1 500、1 800
厚度系列	10[a]、12、15、18、20[a]、25、30、35、40、50
[a] 为常用规格。	

5.2 加工质量

5.2.1 毛板平度公差和厚度偏差应符合表2的规定。

5.2.2 普型板规格尺寸允许偏差应符合表3的规定。

表2

单位为毫米

项目		技术指标		
		优等品	一等品	合格品
平面度公差		1.50	1.80	2.00
厚度偏差	≤12	±0.5	±0.8	±1.0
	>12	±1.0	±1.5	±2.0

表3

单位为毫米

项目		允许偏差		
		优等品	一等品	合格品
长度、宽度		0 −1.0		0 −1.5
厚度	≤12	±0.5	±0.8	±1.0
	>12	±1.0	±1.5	±2.0

5.2.3 圆弧板壁厚最小值应不小于20 mm,规格尺寸允许偏差见表4。圆弧板各部位名称如图1所示。

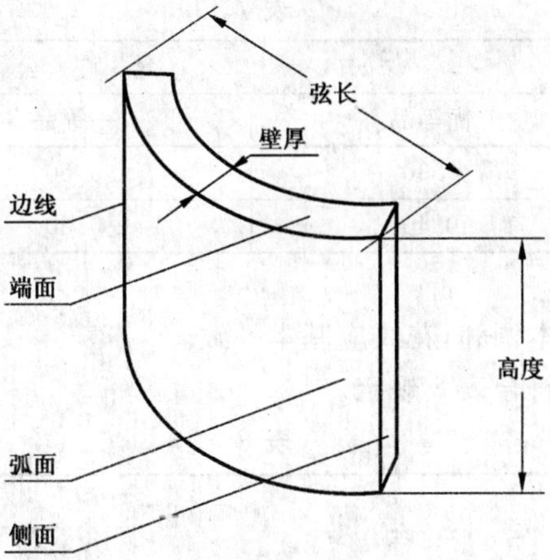

图1　圆弧板部位名称

表4

单位为毫米

<table>
<tr><th rowspan="2">项　目</th><th colspan="3">允 许 偏 差</th></tr>
<tr><th>优等品</th><th>一等品</th><th>合格品</th></tr>
<tr><td>弦长</td><td colspan="2">0
−1.0</td><td>0
−1.5</td></tr>
<tr><td>高度</td><td colspan="2">0
−1.0</td><td>0
−1.5</td></tr>
</table>

5.2.4　普型板平面度允许公差见表5。

5.2.5　圆弧板直线度与线轮廓度允许公差见表6。

5.2.6　普型板角度允许公差见表7。

5.2.7　圆弧板端面角度允许公差：优等品为0.40 mm，一等品为0.60 mm，合格品为0.80 mm。

5.2.8　普型板拼缝板材正面与侧面的夹角不得大于90°。

5.2.9　圆弧板侧面角 α(见图5)应不小于90°。

5.2.10　板材的表面加工处理由供需双方协商确定。

表5

单位为毫米

板材长度	允 许 公 差		
	优等品	一等品	合格品
≤400	0.60	0.80	1.00
>400～≤800	1.20	1.50	1.80
>800	1.50	1.80	2.00

表6

单位为毫米

<table>
<tr><th colspan="2" rowspan="2">项　目</th><th colspan="3">允 许 公 差</th></tr>
<tr><th>优等品</th><th>一等品</th><th>合格品</th></tr>
<tr><td rowspan="2">直线度
(按板材高度)</td><td>≤800</td><td>1.00</td><td>1.20</td><td>1.50</td></tr>
<tr><td>>800</td><td>1.50</td><td>1.50</td><td>2.00</td></tr>
<tr><td colspan="2">线轮廓度</td><td>1.00</td><td>1.50</td><td>2.00</td></tr>
</table>

表 7

单位为毫米

板材长度	允许公差		
	优等品	一等品	合格品
≤400	0.30	0.50	0.80
>400	0.40	0.60	1.00

5.3 外观质量

5.3.1 同一批板材的色调应基本调和，花纹应基本一致。

5.3.2 板材正面的外观缺陷应符合表 8 规定。

表 8

缺陷名称	规定内容	技术指标		
		优等品	一等品	合格品
裂纹	长度≥10 mm 的条数(条)	0		
缺棱[a]	长度≤8 mm，宽度≤1.5 mm(长度≤4 mm，宽度≤1 mm不计)，每米长允许个数(个)	0	1	2
缺角[a]	沿板材边长顺延方向，长度≤3 mm，宽度≤3 mm(长度≤2 mm，宽度≤2 mm 不计)，每块板允许个数(个)			
色斑	面积≤6 cm²(面积<2 cm² 不计)，每块板允许个数(个)			
砂眼	直径<2 mm		不明显	有，不影响装饰效果

[a] 对毛板不做要求。

5.3.3 板材允许粘接和修补，粘接和修补后应不影响板材的装饰效果，也不应降低物理性能。

5.4 物理性能

天然砂岩建筑板材的物理性能指标应符合表 9 的规定。工程对天然砂岩建筑板材物理性能及项目有特殊要求的，按工程要求执行。

表 9

项目		技术指标		
		杂砂岩	石英砂岩	石英岩
体积密度/(g/cm³)，≥		2.00	2.40	2.56
吸水率/%，≤		8	3	1
压缩强度/MPa，≥	干燥	12.6	68.9	137.9
	水饱和			
弯曲强度/MPa，≥	干燥	2.4	6.9	13.9
	水饱和			
耐磨性[a]/(1/cm³)≥		2	8	8

[a] 仅适用在地面、楼梯踏步、台面等易磨损部位的砂岩石材。

6 试验方法

6.1 岩矿

按 GB/T 18601—2009 中附录 A 的试验方法进行。

6.2 加工质量

6.2.1 毛板

6.2.1.1 平面度

将平面度公差为 0.1 mm 的 1 000 mm 钢平尺分别自然贴放在距板边 15 mm 处和被检平面的两条对角线上，用塞尺测量尺面与板面的间隙。当被检边长或对角线长度大于 1 000 mm 时，用钢平尺沿边长和对角线分段检测，重叠位置不小于钢平尺长度的三分之一。以最大间隙的测量值表示毛光板的平面度公差，测量值精确到 0.05 mm。

6.2.1.2 厚度

用游标卡尺或能满足精度要求的量器具测量毛光板的厚度，测量 4 条边的中点部位（见图 3）。分别用测量值与标称值之间偏差的最大值和最小值表示毛光板厚度的尺寸偏差，测量值精确到 0.1 mm。

6.2.2 普型板规格尺寸

用游标卡尺或能满足测量精度要求的量器具测量板材的长度、宽度、厚度。长度、宽度分别在板材的三个部位测量（见图 2）；厚度测量 4 条边的中点部位（见图 3）。分别用测量值与标称值之间偏差的最大值和最小值表示长度、宽度、厚度的尺寸偏差，测量值精确到 0.1 mm。

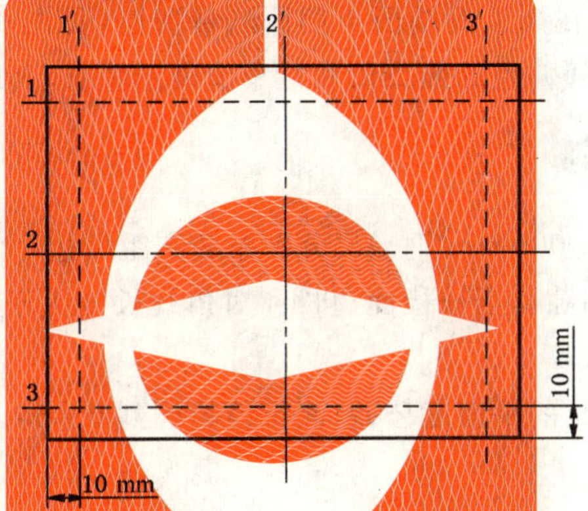

1,2,3——长度测量线；
1′,2′,3′——宽度测量线。

图 2 板材规格尺寸测量位置

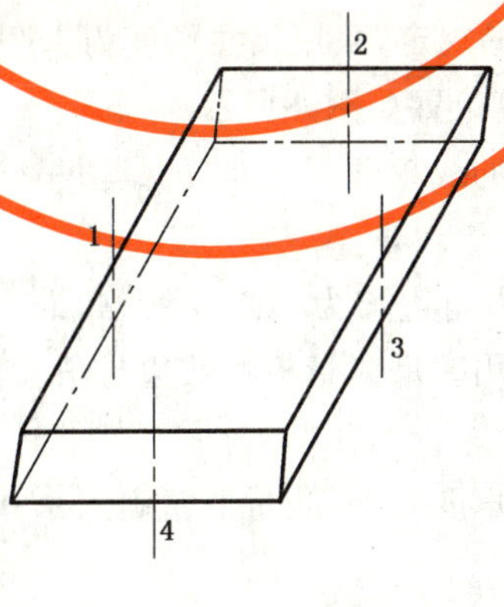

1,2,3,4——厚度测量线。

图 3 板材厚度测量位置

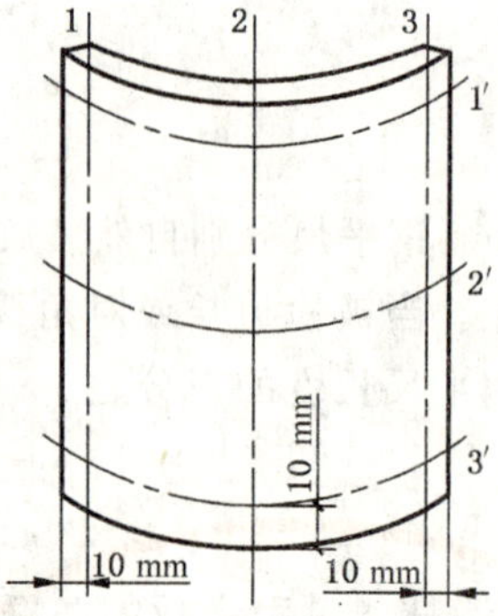

1,2,3——高度和直线度测量线;

1′,2′,3′——线轮廓度测量线。

图 4 圆弧板测量位置

6.2.3 圆弧板规格尺寸

用游标卡尺或能满足测量精度要求的量器具测量圆弧板的弦长、高度及最大与最小壁厚。在圆弧板的两端面处测量弦长(见图 1);在圆弧板端面与侧面测量壁厚(见图 1);圆弧板高度测量部位如图 4 所示。分别用测量值与标称值之间偏差的最大值和最小值表示弦长、高度及壁厚的尺寸偏差,测量值精确到 0.1 mm。

6.2.4 普型板平面度

将平面度公差为 0.1 mm 的 1 000 mm 钢平尺分别贴放在距板边 10 mm 处和被检平面的两条对角线上,用塞尺测量尺面与板面的间隙。当被检面边长和对角线长度大于 1 000 mm 时,用钢平尺沿周边和对角线分段检测。

以最大间隙的测量值表示板材的平面度公差,测量值精确到 0.05 mm。

6.2.5 圆弧板

6.2.5.1 圆弧板直线度

将平面度公差为 0.1 mm 的 1 000 mm 钢平尺沿圆弧板母线方向贴放在被检弧面上,用塞尺测量尺面与板面的间隙,测量位置如图 4 所示。当被检圆弧板高度大于 1 000 mm 时,用钢平尺沿被检测母线分段测量。

以最大间隙的测量值表示圆弧板的直线度公差,测量值精确到 0.05 mm。

6.2.5.2 圆弧板线轮廓度

按 GB/T 1800.3 和 GB/T 1801 的规定,采用尺寸精度为 JS7(js7)的圆弧靠模贴靠被检弧面,用塞尺测量靠模与圆弧面之间的间隙,测量位置如图 4 所示。

以最大间隙的测量值表示圆弧板的线轮廓度公差,测量值精确到 0.05 mm。

6.2.6 普型板角度

用内角垂直度公差为 0.13 mm,内角边长为 500 mm×400 mm 的 90°钢角尺检测。将角尺短边紧靠板材的短边,长边贴靠板材的长边,用塞尺测量板材长边与角尺长边之间的最大间隙。用上述方法测量板材的四个角。

以最大间隙的测量值表示板材的角度公差,测量值精确到 0.05 mm。

6.2.7 圆弧板端面角度

用内角垂直度公差为 0.13 mm,内角边长为 500 mm×400 mm 的 90°钢角尺检测。将角尺短边紧靠圆弧板端面,用角尺长边贴靠圆弧板的边线,用塞尺测量圆弧板边线与角尺长边之间的最大间隙。用上述方法测量圆弧板的四个角。

以最大间隙的测量值表示圆弧板的角度公差,测量值精确到 0.05 mm。

6.2.8 正面与侧面夹角

用内角垂直度公差为 0.13 mm，内角边长为 500 mm×400 mm 的 90°钢角尺，将角尺短边紧靠装饰面，用角尺长边贴靠侧面，观察间隙的位置确定夹角的大小。

6.2.9 圆弧板 α 角

将圆弧靠模贴靠圆弧板装饰面并使其上的径向刻度线延长线与圆弧板边线相交，将小平尺沿径向刻度线置于圆弧靠模上，测量圆弧板侧面与小平尺间的夹角(见图 5)。

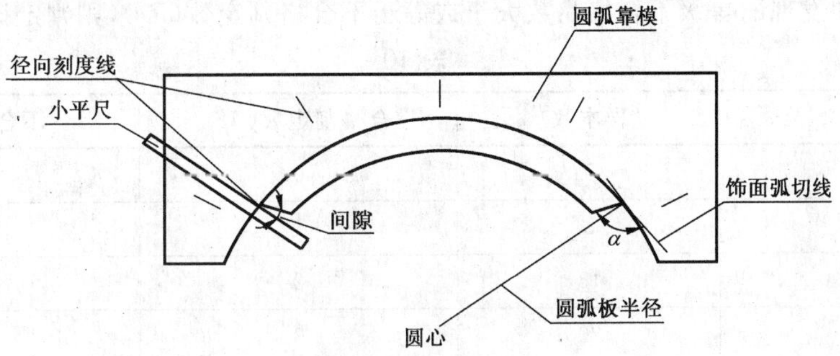

图 5 侧面角测量

6.3 外观质量

6.3.1 花纹色调

将协议板与被检板材并列平放在地上，距板材 1.5 m 处站立目测。

6.3.2 缺陷

用游标卡尺或能满足精度要求的量器具测量缺陷的长度、宽度，测量值精确到 0.1 mm。

6.4 物理性能

6.4.1 体积密度、吸水率

按 GB/T 9966.3 的规定试验；在无法满足 GB/T 9966.3 规定的试样尺寸时，应从具有代表性的板材产品上制取 50 mm×50 mm×板材厚度的试样，其余按 GB/T 9966.3 的规定进行。

6.4.2 压缩强度

按 GB/T 9966.1 的规定试验。

在无法满足 GB/T 9966.1 规定的试样尺寸时，采用叠加粘结的方法达到规定的试样尺寸。粘结面应磨平达到细面要求，采用环氧型胶粘剂，用加压的方式挤出多余的胶粘剂，固化后进行测试，沿叠加方向加载。采用该方法时应注明。

6.4.3 弯曲强度

按 GB/T 9966.2 的规定试验。

6.4.4 耐磨性

按 GB/T 19766—2005 附录 A 的规定试验。

7 检验规则

7.1 出厂检验

7.1.1 检验项目

毛板：厚度偏差、平面度公差、外观质量；

普型板：规格尺寸偏差、平面度公差、角度公差、外观质量；

圆弧板：规格尺寸偏差、角度公差、直线度公差、线轮廓度公差、外观质量。

7.1.2 组批

同一品种、类别、等级、同一供货批的板材为一批；或按连续安装部位的板材为一批。

7.1.3 抽样

采用GB/T 2828.1一次抽样正常检验方式，检查水平为Ⅱ，合格质量水平(AQL值)取为6.5；根据表10抽取样本。

7.1.4 判定

单块板材的所有检验结果均符合技术要求中相应等级时，则判定该块板材符合该等级。

根据样本检验结果，若样本中发现的等级不合格品数小于或等于合格判定数(Ac)，则判定该批符合该等级；若样本中发现的等级不合格品数大于或等于不合格判定数(Re)，则判定该批不符合该等级。

表10

单位为块

批量范围	样本数	合格判定数(Ac)	不合格判定数(Re)
≤25	5	0	1
26～50	8	1	2
51～90	13	2	3
91～150	20	3	4
151～280	32	5	6
281～500	50	7	8
501～1 200	80	10	11
1 201～3 200	125	14	15
≥3 201	200	21	22

7.2 型式检验

7.2.1 检验项目

第5章技术要求中的全部项目。

7.2.2 检验条件

有下列情况之一时，进行型式检验：

a) 新建厂投产；

b) 荒料、生产工艺有重大改变；

c) 正常生产时，每一年进行一次。

7.2.3 组批

同出厂检验。

7.2.4 抽样

规格尺寸偏差、平面度公差、角度公差、直线度公差、线轮廓度公差、外观质量的抽样同出厂检验；其余项目的试验样品可从检验批中随机抽取双倍数量样品。

7.2.5 判定

体积密度、吸水率、压缩强度、弯曲强度、耐磨性的试验结果，均符合5.4的要求时，则判定该批板材以上物理性能合格；若有两项及以上不符合5.4的要求时，则判定该批板材为不合格；有一项不符合5.4的要求时，用备样对该项进行复检，复检结果符合5.4的要求时，则判定该批板材以上物理性能合格，否则判定该批板材为不合格。其他项目检验结果的判定同出厂检验。

8 标志、包装、运输与贮存

8.1 标志

8.1.1 板材外包装箱上应注明企业名称、商标、标记；须有“向上”和“小心轻放”的标志并符合GB/T 191中的规定。

8.1.2　对安装顺序有要求的板材，应标明安装序号。

8.2　包装

8.2.1　按板材品种、类别、等级分别包装，并附产品合格证(包括产品名称、规格、等级、批号、检验员、出厂日期)。

8.2.2　包装应满足在正常条件下安全装卸、运输的要求。

8.3　运输

运输板材过程中应防碰撞、滚摔。

8.4　贮存

8.4.1　板材应在室内贮存，室外贮存应加遮盖。

8.4.2　按板材品种、类别、等级或工程安装部位分别码放。

ICS 91.100.30
Q 21

中华人民共和国国家标准

GB/T 23453—2009

天然石灰石建筑板材

Natural limestone for building slab

2009-03-28 发布 2010-01-01 实施

中华人民共和国国家质量监督检验检疫总局
中国国家标准化管理委员会 发布

前言

本标准与美国 ASTM C 568-03《石灰石技术规范》的一致性程度为非等效。

本标准由中国建筑材料联合会提出。

本标准由全国石材标准化技术委员会(SAC/TC 460)归口。

本标准负责起草单位:中材人工晶体研究院(国家石材质量监督检验中心)、北京中材人工晶体有限公司。

本标准参加起草单位:环球石材(东莞)有限公司。

本标准主要起草人:钟文波、周俊兴、陈军营、黄龙林。

本标准为首次制定。

天然石灰石建筑板材

1 范围

本标准规定了天然石灰石建筑板材(以下简称板材)产品的术语和定义、分类等级与标记、要求、试验方法、检验规则、标志、包装、运输与贮存等。

本标准适用于建筑装饰用天然石灰石和石灰华板材。其他用途的天然石灰石和石灰华板材也可参照采用。

2 规范性引用文件

下列文件中的条款通过本标准的引用而成为本标准的条款。凡是注日期的引用文件，其随后所有的修改单(不包括勘误的内容)或修订版均不适用于本标准，然而，鼓励根据本标准达成协议的各方研究是否可使用这些文件的最新版本。凡是不注日期的引用文件，其最新版本适用本标准。

GB/T 191 包装储运图示标志

GB/T 1182 产品几何技术规范(GPS) 几何公差 形状、方向、位置和跳动公差标注

GB/T 1800.3 极限与配合基础 第3部分:标准公差和基本偏差数值表

GB/T 1801 极限与配合 公差带和配合的选择

GB/T 2828.1 计数抽样检验程序 第1部分:按接收质量限(AQL)检索的逐批检验抽样计划

GB/T 9966.1 天然饰面石材试验方法 第1部分:干燥、水饱和、冻融循环后压缩强度试验方法

GB/T 9966.2 天然饰面石材试验方法 第2部分:干燥、水饱和弯曲强度试验方法

GB/T 9966.3 天然饰面石材试验方法 第3部分:体积密度、真密度、真气孔率、吸水率试验方法

GB/T 13890 天然石材术语

GB/T 13891 建筑饰面材料镜向光泽度测定方法

GB/T 17670 天然石材统一编号

GB/T 19766—2005 天然大理石建筑板材

3 术语和定义

GB/T 1182 和 GB/T 13890 确立的以及下列术语和定义适用于本标准。

石灰华 travertine

一种白色多孔的石灰岩。

4 产品分类等级与标记

4.1 分类

4.1.1 按密度分为:

a) 低密度石灰石:密度不小于 1.76 g/cm³ 且不大于 2.16 g/cm³;

b) 中密度石灰石:密度不小于 2.16 g/cm³ 且不大于 2.56 g/cm³;

c) 高密度石灰石:密度不小于 2.56 g/cm³。

4.1.2 按形状分为:

a) 毛光板(MG);

b) 普型板(PX);

c) 圆弧板(HM);

d) 异型板(YX)。

4.2 等级

按加工和外观质量分为:

a) 毛光板按厚度偏差、平面度公差、外观质量等将板材分为优等品(A)、一等品(B)、合格品(C)三个等级。

b) 普型板按规格尺寸偏差、平面度公差、角度公差及外观质量将板材分为优等品(A)、一等品(B)、合格品(C)三个等级。

c) 圆弧板按规格尺寸偏差,直线度公差,线轮廓度公差及外观质量等将板材分为优等品(A)、一等品(B)、合格品(C)三个等级。

4.3 标记

4.3.1 名称:采用 GB/T 17670 规定的名称或编号。

4.3.2 标记顺序:名称、类别、规格尺寸、等级、标准编号。

4.3.3 示例:用河南黑石灰石荒料加工的 600 mm×600 mm×20 mm、普型、优等品板材示例如下:

标记:河南黑石灰石(L4113)PX 600×600×20 A GB/T 23453—2009

5 要求

5.1 一般要求

规格板的尺寸系列见表 1,圆弧板、异型板和特殊要求的普型板规格尺寸由供需双方协商确定。

表 1

单位为毫米

长度系列	300[a]、305[a]、400、500[a]、600[a]、800、900、1 000、1 200、1 500、1 800
厚度系列	10[a]、12、15、18、20[a]、25、30、35、40、50
[a] 为常用规格。	

5.2 加工质量

5.2.1 毛光板平面度公差和厚度偏差应符合表 2 的规定。

表 2

单位为毫米

项目		技术指标		
		优等品	一等品	合格品
平面度公差		0.80	1.00	1.50
厚度偏差	≤12	±0.5	±0.8	±1.0
	>12	±1.0	±1.5	±2.0

5.2.2 普型板规格尺寸允许偏差应符合表 3 的规定。

表 3

单位为毫米

项目		允许偏差		
		优等品	一等品	合格品
长度、宽度		${}^{0}_{-1.0}$		${}^{0}_{-1.5}$
厚度	≤12	±0.5	±0.8	±1.0
	>12	±1.0	±1.5	±2.0

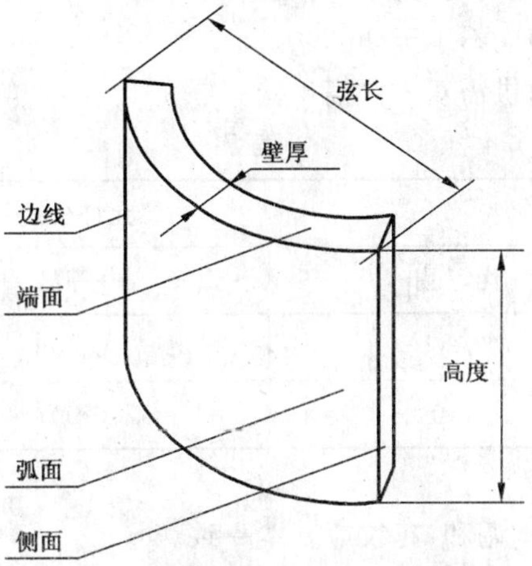

图 1 圆弧板部位名称

5.2.3 圆弧板壁厚最小值应不小于 20 mm,规格尺寸允许偏差见表 4。圆弧板各部位名称如图 1 所示。

表 4 单位为毫米

<table>
<tr><th rowspan="2">项 目</th><th colspan="3">允许偏差</th></tr>
<tr><th>优等品</th><th>一等品</th><th>合格品</th></tr>
<tr><td>弦长</td><td colspan="2">$^{0}_{-1.0}$</td><td>$^{0}_{-1.5}$</td></tr>
<tr><td>高度</td><td colspan="2">$^{0}_{-1.0}$</td><td>$^{0}_{-1.5}$</td></tr>
</table>

5.2.4 普型板平面度允许公差见表 5。

表 5 单位为毫米

板材长度	允许公差		
	优等品	一等品	合格品
≤400	0.20	0.30	0.50
>400~≤800	0.50	0.60	0.80
>800	0.70	0.80	1.00

5.2.5 圆弧板直线度与线轮廓度允许公差见表 6。

表 6 单位为毫米

<table>
<tr><th colspan="2" rowspan="2">项 目</th><th colspan="3">允许公差</th></tr>
<tr><th>优等品</th><th>一等品</th><th>合格品</th></tr>
<tr><td rowspan="2">直线度
(按板材高度)</td><td>≤800</td><td>0.60</td><td>0.80</td><td>1.00</td></tr>
<tr><td>>800</td><td>0.80</td><td>1.00</td><td>1.20</td></tr>
<tr><td colspan="2">线轮廓度</td><td>0.80</td><td>1.00</td><td>1.20</td></tr>
</table>

5.2.6 普型板角度允许公差见表 7。

5.2.7 圆弧板端面角度允许公差：优等品为 0.40 mm，一等品为 0.60 mm，合格品为 0.80 mm。

5.2.8 普型板拼缝板材正面与侧面的夹角不得大于 90°。

5.2.9 圆弧板侧面角 α（见图 5）应不小于 90°。

5.2.10 板材的镜向光泽度值由供需双方协商确定。

表 7

单位为毫米

<table>
<tr><th rowspan="2">板材长度</th><th colspan="3">允许公差</th></tr>
<tr><th>优等品</th><th>一等品</th><th>合格品</th></tr>
<tr><td>≤400</td><td>0.30</td><td>0.40</td><td>0.50</td></tr>
<tr><td>>400</td><td>0.40</td><td>0.50</td><td>0.70</td></tr>
</table>

5.3 外观质量

5.3.1 同一批板材的色调应基本调和，花纹应基本一致。

5.3.2 板材正面的外观缺陷应符合表 8 规定。

表 8

<table>
<tr><th rowspan="2">缺陷名称</th><th rowspan="2">规定内容</th><th colspan="3">技术指标</th></tr>
<tr><th>优等品</th><th>一等品</th><th>合格品</th></tr>
<tr><td>裂纹</td><td>长度≥10 mm 的不允许条数</td><td colspan="3">0</td></tr>
<tr><td>缺棱[a]</td><td>长度≤8 mm，宽度≤1.5 mm（长度≤4 mm，宽度≤1 mm 不计），每米长允许个数（个）</td><td rowspan="4">0</td><td rowspan="3">1</td><td rowspan="3">2</td></tr>
<tr><td>缺角[a]</td><td>沿板材边长顺延方向，长度≤3 mm，宽度≤3 mm（长度≤2 mm，宽度≤2 mm 不计），每块板允许个数（个）</td></tr>
<tr><td>色斑</td><td>面积≤6 cm^2（面积<2 cm^2 不计），每块板允许个数（个）</td></tr>
<tr><td>砂眼</td><td>直径<2 mm</td><td>不明显</td><td>有，不影响装饰效果</td></tr>
<tr><td colspan="5">a 对毛光板不做要求。</td></tr>
</table>

5.3.3 板材允许粘接和修补，粘接和修补后应不影响板材的装饰效果，也不应降低板材的物理性能。

5.4 物理性能

天然石灰石建筑板材的物理性能指标应符合表 9 的规定。工程对天然石灰石建筑板材物理性能及项目有特殊要求的，按工程要求执行。

表 9

<table>
<tr><th colspan="2" rowspan="2">项　目</th><th colspan="3">技术指标</th></tr>
<tr><th>低密度石灰石</th><th>中密度石灰石</th><th>高密度石灰石</th></tr>
<tr><td colspan="2">吸水率/%，≤</td><td>12.0</td><td>7.5</td><td>3.0</td></tr>
<tr><td rowspan="2">压缩强度/MPa，≥</td><td>干燥</td><td rowspan="2">12</td><td rowspan="2">28</td><td rowspan="2">55</td></tr>
<tr><td>水饱和</td></tr>
<tr><td rowspan="2">弯曲强度/MPa，≥</td><td>干燥</td><td rowspan="2">2.9</td><td rowspan="2">3.4</td><td rowspan="2">6.9</td></tr>
<tr><td>水饱和</td></tr>
<tr><td colspan="2">耐磨性[a]/（1/cm^3），≥</td><td>10</td><td>10</td><td>10</td></tr>
<tr><td colspan="5">a 仅适用在地面、楼梯踏步、台面等易磨损部位的石灰石石材。</td></tr>
</table>

6 试验方法

6.1 加工质量

6.1.1 毛光板

6.1.1.1 平面度

将平面度公差为 0.1 mm 的 1 000 mm 钢平尺分别自然贴放在距板边 15 mm 处和被检平面的两条对角线上，用塞尺测量尺面与板面的间隙。当被检边长或对角线长度大于 1 000 mm 时，用钢平尺沿边长和对角线分段检测，重叠位置不应小于钢平尺长度的三分之一。以最大间隙的测量值表示毛光板的平面度公差，测量值精确到 0.05 mm。

6.1.1.2 厚度

用游标卡尺或能满足精度要求的量器具测量毛光板的厚度，测量 4 条边的中点部位(见图 3)。分别用测量值与标称值之间偏差的最大值和最小值表示毛光板厚度的尺寸偏差，测量值精确到 0.1 mm。

6.1.2 普型板的规格尺寸

用游标卡尺或能满足测量精度要求的量器具测量板材的长度、宽度、厚度。长度、宽度分别在板材的三个部位测量(见图 2)；厚度测量 4 条边的中点部位(见图 3)。分别用测量值与标称值之间偏差的最大值和最小值表示长度、宽度、厚度的尺寸偏差，测量值精确到 0.1 mm。

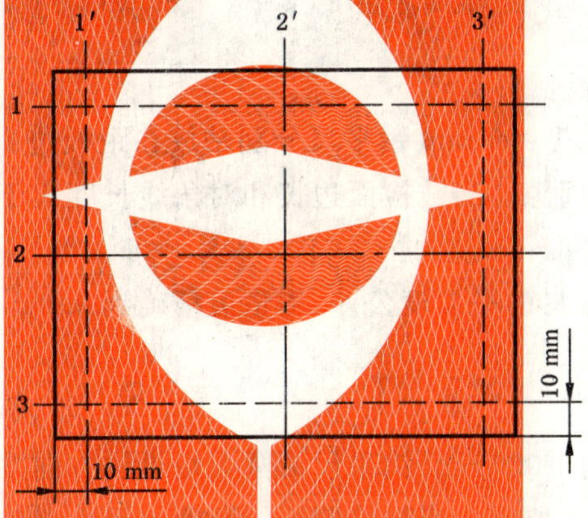

1,2,3——长度测量线；

1′,2′,3′——宽度测量线。

图 2 板材规格尺寸测量位置

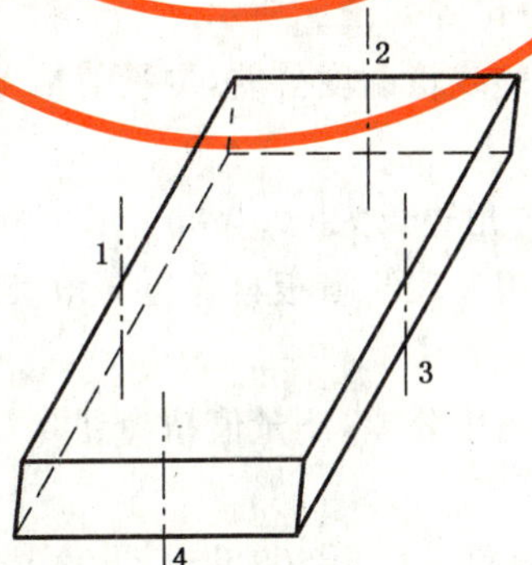

1,2,3,4——厚度测量线。

图 3 板材厚度测量位置

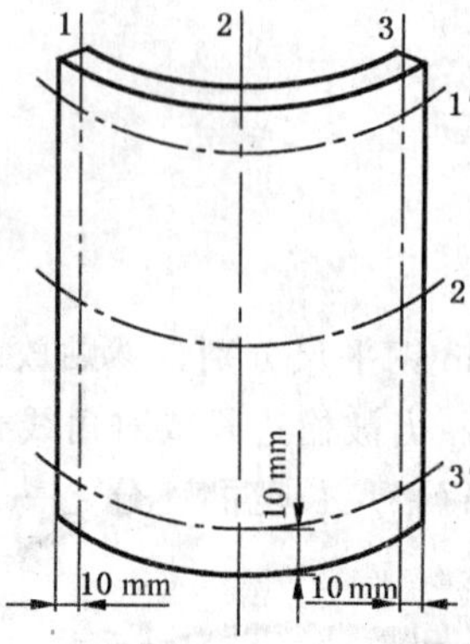

1,2,3——高度和直线度测量线；
1′,2′,3′——线轮廓度测量线。

图 4 圆弧板测量位置

6.1.3 圆弧板规格尺寸

用游标卡尺或能满足测量精度要求的量器具测量圆弧板的弦长、高度及最大与最小壁厚。在圆弧板的两端面处测量弦长(见图 1)；在圆弧板端面与侧面测量壁厚(见图 1)；圆弧板高度测量部位如图 4 所示。分别用测量值与标称值之间偏差的最大值和最小值表示弦长、高度及壁厚的尺寸偏差，测量值精确到 0.1 mm。

6.1.4 普型板平面度

将平面度公差为 0.1 mm 的 1 000 mm 钢平尺分别贴放在距板边 10 mm 处和被检平面的两条对角线上，用塞尺测量尺面与板面的间隙。当被检面边长和对角线长度大于 1 000 mm 时，用钢平尺沿周边和对角线分段检测。

以最大间隙的测量值表示板材的平面度公差，测量值精确到 0.05 mm。

6.1.5 圆弧板

6.1.5.1 圆弧板直线度

将平面度公差为 0.1 mm 的 1 000 mm 钢平尺沿圆弧板母线方向贴放在被检弧面上，用塞尺测量尺面与板面的间隙，测量位置如图 4 所示。当被检圆弧板高度大于 1 000 mm 时，用钢平尺沿被检测母线分段测量。

以最大间隙的测量值表示圆弧板的直线度公差，测量值精确到 0.05 mm。

6.1.5.2 圆弧板线轮廓度

按 GB/T 1800.3 和 GB/T 1801 的规定，采用尺寸精度为 JS7(js7)的圆弧靠模贴靠被检弧面，用塞尺测量靠模与圆弧面之间的间隙，测量位置如图 4 所示。

以最大间隙的测量值表示圆弧板的线轮廓度公差，测量值精确到 0.05 mm。

6.1.6 普型板角度

用内角垂直度公差为 0.13 mm，内角边长为 500 mm×400 mm 的 90°钢角尺检测。将角尺短边紧靠板材的短边，长边贴靠板材的长边，用塞尺测量板材长边与角尺长边之间的最大间隙。用上述方法测量板材的四个角。

以最大间隙的测量值表示板材的角度公差，测量值精确到 0.05 mm。

6.1.7 圆弧板端面角度

用内角垂直度公差为 0.13 mm，内角边长为 500 mm×400 mm 的 90°钢角尺检测。将角尺短边紧靠圆弧板端面，用角尺长边贴靠圆弧板的边线，用塞尺测量圆弧板边线与角尺长边之间的最大间隙。用上述方法测量圆弧板的四个角。

以最大间隙的测量值表示圆弧板的角度公差，测量值精确到 0.05 mm。

6.1.8 正面与侧面夹角

用内角垂直度公差为0.13 mm，内角边长为500 mm×400 mm的90°钢角尺，将角尺短边紧靠装饰面，用角尺长边贴靠侧面，观察间隙的位置确定夹角的大小。

6.1.9 圆弧板侧面角

将圆弧靠模贴靠圆弧板装饰面并使其上的径向刻度线延长线与圆弧板边线相交，将小平尺沿径向刻度线置于圆弧靠模上，测量圆弧板侧面与小平尺间的夹角（见图5）。

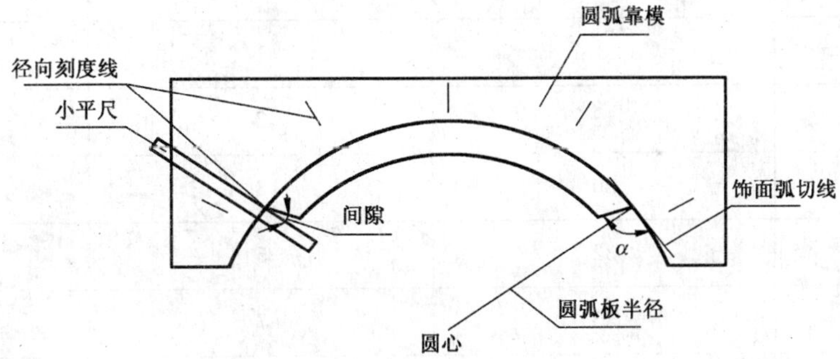

图5 侧面角测量

6.1.10 镜向光泽度

采用60°入射角、光孔直径不小于18 mm的光泽度仪，按GB/T 13891的规定试验。

6.2 外观质量

6.2.1 花纹色调

将协议板与被检板材并列平放在地上，距板材1.5 m处站立目测。

6.2.2 缺陷

用游标卡尺或其他可以满足精度要求的量器具测量缺陷的长度、宽度，测量值精确到0.1 mm。

6.3 物理性能

6.3.1 体积密度、吸水率

按GB/T 9966.3的规定试验；在无法满足GB/T 9966.3规定的试样尺寸时，应从具有代表性的板材产品上制取50 mm×50 mm×板材厚度的试样，其余按GB/T 9966.3的规定进行。

6.3.2 压缩强度

按GB/T 9966.1的规定试验；在无法满足GB/T 9966.1规定的试样尺寸时，采用叠加粘结的方法达到规定的试样尺寸。粘结面应磨平达到细面要求，采用环氧型胶粘剂，用加压的方式挤出多余的胶粘剂，固化后进行测试，沿叠加方向加载。采用该方法时应注明。

6.3.3 弯曲强度

按GB/T 9966.2的方法进行。

6.3.4 耐磨性

按GB/T 19766—2005附录A的规定试验。

7 检验规则

7.1 出厂检验

7.1.1 检验项目

毛光板：厚度偏差、平面度公差、镜向光泽度、外观质量。

普型板：规格尺寸偏差、平面度公差、角度公差、镜向光泽度、外观质量。

圆弧板：规格尺寸偏差、角度公差、直线度公差、线轮廓度公差、外观质量。

7.1.2 组批

同一品种、类别、等级、同一供货批的板材为一批；或按连续安装部位的板材为一批。

7.1.3　**抽样**

采用GB/T 2828.1一次抽样正常检验方式，检查水平为Ⅱ，合格质量水平(AQL值)取为6.5；根据表10抽取样本。

表10

单位为块

批量范围	样本数	合格判定数(*Ac*)	不合格判定数(*Re*)
≤25	5	0	1
26～50	8	1	2
51～90	13	2	3
91～150	20	3	4
151～280	32	5	6
281～500	50	7	8
501～1 200	80	10	11
1 201～3 200	125	14	15
≥3 201	200	21	22

7.1.4　**判定**

单块板材的所有检验结果均符合要求中相应等级时，则判定该块板材符合该等级。

根据样本检验结果，若样本中发现的等级不合格品数小于或等于合格判定数(*Ac*)，则判定该批符合该等级；若样本中发现的等级不合格品数大于或等于不合格判定数(*Re*)，则判定该批不符合该等级。

7.2　**型式检验**

7.2.1　**检验项目**

第5章要求中的全部项目。

7.2.2　**检验条件**

有下列情况之一时，进行型式检验：

a)　新建厂投产；

b)　荒料、生产工艺有重大改变；

c)　正常生产时，每一年进行一次。

7.2.3　**组批**

同出厂检验。

7.2.4　**抽样**

规格尺寸偏差、平面度公差、角度公差、直线度公差、线轮廓度公差、外观质量的抽样同出厂检验；其余项目的试验样品可从检验批中随机抽取双倍数量样品。

7.2.5　**判定**

体积密度、吸水率、压缩强度、弯曲强度、耐磨性的试验结果，均符合5.4的要求时，则判定该批板材以上物理性能合格；若有两项及以上不符合5.4的要求时，则判定该批板材为不合格；有一项不符合5.4的要求时，用备样对该项进行复检，复检结果符合5.4的要求时，则判定该批板材以上物理性能合格，否则判定该批板材为不合格。其他项目检验结果的判定同出厂检验。

8 标志、包装、运输与贮存

8.1 标志

8.1.1 板材的外包装箱上应注明企业名称、商标、标记；须有“向上”和“小心轻放”的标志并符合 GB/T 191 中的规定。

8.1.2 对安装顺序有要求的板材，应标明安装序号。

8.2 包装

8.2.1 按板材品种、类别、等级分别包装，并附产品合格证(包括产品名称、规格、等级、批号、检验员、出厂日期)。

8.2.2 包装应满足在正常条件下安全装卸、运输的要求。

8.3 运输

运输板材过程中应防碰撞、滚摔。

8.4 贮存

8.4.1 板材应在室内贮存，室外贮存应加遮盖。

8.4.2 按板材品种、类别、等级或工程安装部位分别码放。

ICS 91.100.30
Q 21

中华人民共和国国家标准

GB/T 23454—2009

卫生间用天然石材台面板

Natural stone vanity top

2009-03-28 发布

2010-01-01 实施

中华人民共和国国家质量监督检验检疫总局
中国国家标准化管理委员会
发布

前　言

本标准由中国建筑材料联合会提出。

本标准由全国石材标准化技术委员会(SAC/TC 460)归口。

本标准负责起草单位:中材人工晶体研究院(国家石材质量监督检验中心)。

本标准参加起草单位:晋江华宝石业有限公司。

本标准主要起草人:周俊兴、林树烟、林清洁。

本标准为首次制定。

卫生间用天然石材台面板

1 范围

本标准规定了卫生间用天然石材台面板产品的术语和定义、分类与命名标记、技术要求、试验方法、检验规则、标志、包装、运输、贮存等。

本标准适用于由天然石材加工成的卫生间用台面板，其他用途的天然石材台面板可参照采用。

2 规范性引用文件

下列文件中的条款通过本标准的引用而成为本标准的条款。凡是注日期的引用文件，其随后所有的修改单(不包括勘误的内容)或修订版均不适用于本标准，然而，鼓励根据本标准达成协议的各方研究是否可使用这些文件的最新版本。凡是不注日期的引用文件，其最新版本适用本标准。

GB/T 191 包装储运图示标志

GB/T 1182 产品几何技术规范(GPS) 几何公差、形状、方向、位置和跳动公差标注

GB 6566 建筑材料放射性核素限量

GB/T 9966.2 天然饰面石材试验方法 第2部分：干燥、水饱和弯曲强度试验方法

GB/T 9966.3 天然饰面石材试验方法 第3部分：体积密度、真密度、真气孔率、吸水率试验方法

GB/T 13890 天然石材术语

GB/T 13891 建筑饰面材料镜向光泽度测定方法

GB/T 17670 天然石材统一编号

3 术语和定义

GB/T 13890 和 GB/T 1182 确立的术语和定义适用于本标准。

4 产品分类与命名标记

4.1 产品分类

4.1.1 按材质分为：

a) 大理石台面板(M)；

b) 花岗石台面板(G)；

c) 石灰石台面板(L)。

4.1.2 按形状分为：

a) 普型台面板(P)；

b) 异型台面板(Y)。

4.1.3 按表面加工程度分为：

a) 镜面台面板 (J)；

b) 细面台面板(X)。

4.2 命名

4.2.1 命名：GB/T 17670 规定的石材名称+台面板。

4.2.2 标记：GB/T 17670 规定的编号、类别、规格尺寸、标准编号。

4.2.3 示例：

用福建石井锈石花岗石加工的规格尺寸为 790 mm×560 mm×20 mm、普形、镜面台面板，命名和

标记为：

命名：石井锈石台面板。

标记：G3582 PJ 790×560×20 GB/T 23454—2009。

5 技术要求

5.1 一般要求

台面板的规格和前边及侧边的加工由供需双方协商确定。每套台面板的组成及各部位名称见图1。

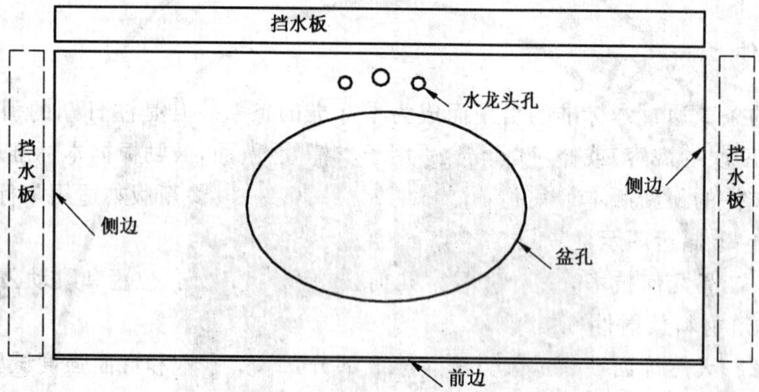

图1 普型台面板示意图及各部位名称

5.2 尺寸偏差

5.2.1 普型台面板尺寸允许偏差应符合表1的规定。

表1

单位为毫米

项目		技术要求
长度、宽度		±1.5
厚度		±1.5
水孔孔径		+1.5 −0.5
盆孔孔径	台上	±5.0
	台下	±3.0
水孔与盆孔的位置		±1.5

5.2.2 异型台面板的尺寸允许偏差由供需双方协商确定。

5.3 平面度公差

台面板平面度允许公差应符合表2规定。

表2

单位为毫米

台面板长度(L)	技术要求
≤800	0.35
>800～≤1 200	0.65
>1 200	0.85

5.4 角度公差

5.4.1 台面板角度允许公差为0.60 mm。

5.4.2 台面板盆孔和异型台面板的线轮廓度由供需双方协商确定。

5.5 外观质量

5.5.1 同一套台面板的色调应基本调和，花纹应基本一致。

5.5.2 台面板正面的外观缺陷应符合表3规定。

表3

缺陷名称	规定内容	技术要求
缺棱	长度≥2 mm，宽度≥1.0 mm（长度<2 mm，宽度<1.0 mm不计）	外露面不允许
缺角	沿台面板边长，长度≥2 mm，宽度≥2 mm（长度<2 mm，宽度<2 mm不计）	
色斑	面积≤15 mm×30 mm（面积小于10 mm×10 mm不计），每块板允许数（个）	2
色线	长度不超过两端顺延至板边总长度的1/10（长度<40 mm不计），每块板允许数（条）	
裂纹	长度<20 mm不计	不允许

5.5.3 加工的侧边效果应与大面基本一致。

5.5.4 加贴类型的台面板侧面不应存在明显的胶粘线，最大粘缝不大于0.4 mm，台面板的外露边棱角应光滑。

5.6 镜向光泽度

5.6.1 花岗石台面板的镜向光泽度应不低于80光泽单位或按供需双方协商确定。

5.6.2 大理石台面板的镜向光泽度应不低于70光泽单位或按供需双方协商确定。

5.6.3 石灰石台面板的镜向光泽度由供需双方协商确定。

5.7 物理性能

台面板的物理性能技术指标应符合表4的规定。

表4

项目		技术要求		
		花岗石台面板	大理石台面板	石灰石台面板
体积密度/(g/cm³)，≥		2.56	2.60	2.16
吸水率/%，≤		0.40	0.50	3.0
弯曲强度/MPa，≥	干燥	8.0	7.0	3.4
	水饱和			

5.8 放射性要求

花岗石台面板使用的石材放射性应符合GB 6566 A类的规定。

6 试验方法

6.1 尺寸

6.1.1 长度、宽度和厚度

用游标卡尺或能满足精度要求的量器具测量板的长度、宽度、厚度。长度、宽度分别在板的三个部位测量（见图2），厚度测量在盆孔的4个中点部位（见图3）。分别用测量值与标称值之间偏差的最大值和最小值表示长度、宽度、厚度的尺寸偏差。测量值精确到0.1 mm。

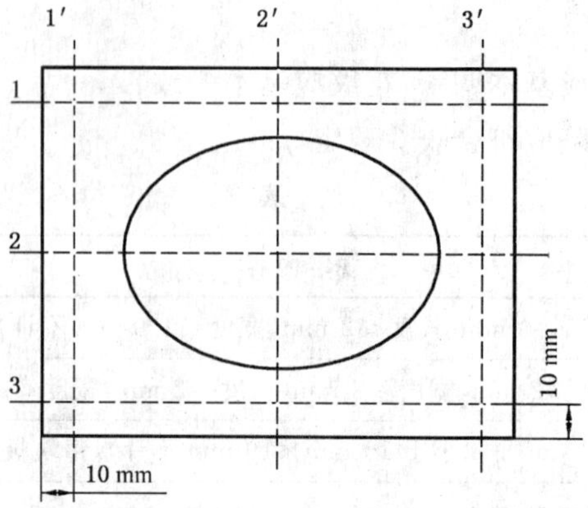

1,2,3——长度测量线；
1′,2′,3′——宽度测量线。

图 2 台面板规格尺寸测量示意图

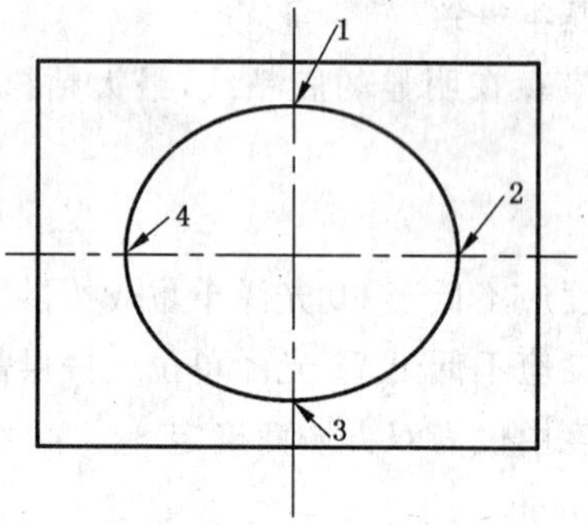

1,2,3,4——厚度测量点。

图 3 台面板厚度测量示意图

6.1.2 水孔直径

用游标卡尺或能满足精度要求的量器具在相互垂直的两条中线上测量孔的直径，分别用偏差的最大值和最小值表示水孔的尺寸偏差，测量值精确到 0.1 mm。

6.1.3 盆孔直径

用游标卡尺或能满足精度要求的量器具在两条轴线上测量孔的最大和最小直径，分别用偏差的最大值和最小值表示盆孔的尺寸偏差，测量值精确到 0.1 mm。

6.1.4 水孔与盆孔的位置

用游标卡尺或能满足精度要求的量器具测量水孔和盆孔距端边的最小距离，分别用与标称值的偏差表示，测量值精确到 0.1 mm。

6.2 平面度

将平面度公差为 0.1 mm 的 1 000 mm 钢平尺分别自然贴放在距板边 10 mm 处和被检平面的两条对角线上，用塞尺测量尺面与板面的间隙。当被检面边长和对角线长度大于 1 000 mm 时，用钢平尺沿边长和对角线分段检测。以最大间隙的测量值表示台面板的平面度公差，测量值精确到 0.05 mm。

6.3 角度

6.3.1 台面板角度

用内角垂直度公差为 0.13 mm，内角边长为 500 mm×400 mm 的 90 度钢角尺。将角尺短边紧靠板的短边，长边贴靠板的长边，用塞尺测量板长边与角尺长边之间的最大间隙。测量板的四个角，以最大间隙的测量值表示台面板的角度公差，测量值精确到 0.05 mm。

6.3.2 台面板线轮廓度

台面板盆孔和异型台面板线轮廓度用供需双方商议的靠模紧贴台面板的弧面，用塞尺测量弧面与靠模之间的最大间隙。以最大间隙的测量值表示台面板的线轮廓度公差，测量值精确到 0.05 mm。

6.4 外观质量

6.4.1 花纹色调

将协议板与被检板并列平放在地上，距板 1.5 m 处目测。

6.4.2 缺陷

目测，用游标卡尺或能满足精度要求的量器具测量缺陷的长度、宽度，测量值精确到 0.1 mm。

6.4.3 加工的侧边效果

目测。

6.4.5 加贴边胶粘线

目测，用游标卡尺或能满足精度要求的量器具测量最大粘缝宽度，测量值精确到 0.1 mm。

6.5 镜向光泽度

采用 60°入射角、光孔直径不小于 18 mm 的光泽度仪，在产品上测量，按 GB/T 13891 的规定试验；中心的测量点见图 4。

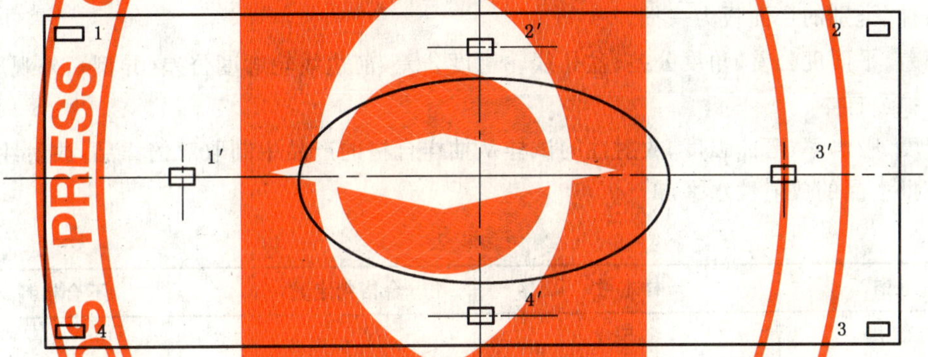

1、2、3、4——GB/T 13891 规定检测点；

1′、2′、3′、4′——中心检测点。

图 4 台面板镜向光泽度测量示意图

6.6 物理性能

6.6.1 体积密度、吸水率

试样尺寸为 50 mm×50 mm×20 mm，其余按 GB/T 9966.3 的规定试验，样品从同批板中制取。

6.6.2 弯曲强度

按 GB/T 9966.2 的规定试验，样品从同批板中制取。

6.7 放射性

按 GB 6566 的规定试验。

7 检验规则

7.1 出厂检验

7.1.1 检验项目

普型台面板：尺寸偏差、平面度公差、角度公差、盆孔线轮廓度、外观质量、镜向光泽度。

异型台面板：尺寸偏差、平面度公差、角度公差、盆孔和前边线轮廓度公差、外观质量、镜向光泽度。

7.1.2 组批

同一品种、类别的台面板为一批。

7.1.3 抽样

采用全数检验法。

7.1.4 判定

单套台面板的所有检验结果均符合技术要求时，则判定该套台面板合格。

每批中所有台面板均合格时，则判定该批台面板合格；每批中若发现有不合格的台面板，则判定该批台面板不合格。

7.2 型式检验

7.2.1 检验项目

第5章技术要求中全部项目。

7.2.2 检验条件

有下列情况之一时，进行型式检验：

a） 新建厂投产；

b） 荒料、生产工艺有重大改变；

c） 正常生产时，每一年进行一次。

7.2.3 组批与抽样

同一品种、类别的台面板为一批。

尺寸偏差、平面度公差、角度公差、盆孔线轮廓度公差、前边线轮廓度公差(异型)、外观质量、镜向光泽度按表5抽取样本。

体积密度、吸水率、弯曲强度、放射性的试样从抽样合格的产品中制取双倍样品，放射性试验的样品应能代表该批产品的放射性水平。

表5

批量范围	样本数	合格判定数(*Ac*)	不合格判定数(*Re*)
≤25	5	0	1
26～50	8	1	2
51～90	13	2	3
91～150	20	3	4
151～280	32	5	6
281～500	50	7	8
501～1 200	80	10	11
1 201～3 200	125	14	15
≥3 201	200	21	22

7.2.4 判定

单套台面板的所有检验结果均符合技术要求时，则判定该套台面板合格。

样本中发现的不合格数小于或等于合格判定数(*Ac*)，则判定该批台面板该项目合格；若样本中发现的不合格数大于或等于不合格判定数(*Re*)，则判定该批台面板不合格。

体积密度、吸水率、弯曲强度的试验结果，均符合5.7相应要求时，则判定该批台面板以上项目合格；有两项及以上不符合5.7相应要求时，则判定该批台面板不合格；有一项不符合5.7相应要求时，利用备样对该项目进行复检，复检结果合格时，则判定该批台面板以上项目合格；否则判定该批台面板不合格。

放射性水平不符合5.8的要求时，判定该批台面板不合格。

8 标志、包装、运输和贮存

8.1 标志

8.1.1 台面板应注明：企业名称、商标、标记；须有“向上”和“小心轻放”的标志并符合 GB 191 中的规定。

8.1.2 对安装顺序有要求的台面板，应在每块板材上标明安装序号。

8.2 包装

8.2.1 按台面板的品种、类别等分别包装，并附产品合格证（包括产品名称、规格、批号、检验员、出厂日期）；板面光面相对且加垫。

8.2.2 包装应满足在正常条件下安全装卸、运输的要求。

8.3 运输

台面板运输过程中应防止碰撞、滚摔。

8.4 贮存

8.4.1 台面板应在室内贮存，室外贮存应加遮盖。

8.4.2 按台面板的品种、规格、类别或供货批分别码放。

参 考 文 献

GB/T 1800.3—1998 极限与配合基础 第3部分:标准公差和基本偏差数值表(eqv ISO 286-1:1998)

GB/T 1801—1999 极限与配合 公差带和配合的选择(eqv ISO 1829:1975)

GB/T 2828.1—2003 计数抽样检验程序 第1部分:按接收质量限(AQL)检索的逐批检验抽样计划

ICS 91.100.10
Q 27

GB

中华人民共和国国家标准

GB/T 23455—2009

外墙柔性腻子

Flexible skin plaster for exterior wall

2009-03-28 发布 2010-01-01 实施

中华人民共和国国家质量监督检验检疫总局
中国国家标准化管理委员会 发布

前　言

本标准由中国建筑材料联合会提出。

本标准由全国轻质与装饰装修建筑材料标准化技术委员会(SAC/TC 195)归口。

本标准负责起草单位:中国建筑材料科学研究总院、新蒲建设集团。

本标准参加起草单位:广东自然涂化工有限公司、富思特制漆(北京)有限公司、阿克苏诺贝尔特种化学(上海)有限公司、能高共建(中国)新型环保建材有限公司。

本标准主要起草人:王志新、刘光华、于法典、刘铁、龙江、李伯贤、刘东华、刁桂芝、史淑兰、袁泽辉。

本标准为首次发布。

外 墙 柔 性 腻 子

1 范围

本标准规定了外墙柔性腻子的分类与标记、要求、试验方法、检验规则、标志、包装、运输与贮存。

本标准适用于建筑外墙找平用柔性抗裂腻子。

2 规范性引用文件

下列文件中的条款通过本标准的引用而成为本标准的条款。凡是注日期的引用文件，其随后所有的修改单(不包括勘误的内容)或修订版均不适用于本标准，然而，鼓励根据本标准达成协议的各方研究是否可使用这些文件的最新版本。凡是不注日期的引用文件，其最新版本适用于本标准。

GB/T 1728—1979　漆膜、腻子膜干燥时间测定法

GB/T 1748　腻子膜柔韧性测定法

GB/T 4100—2006　陶瓷砖

GB/T 9271　色漆和清漆　标准试板

GB/T 9779—2005　复层建筑涂料

JC/T 412.1—2006　纤维水泥平板　第1部分:无石棉纤维水泥平板

JC/T 985—2005　地面用水泥基自流平砂浆

3 分类与标记

3.1 类别

外墙柔性腻子按其组分分为单组分和双组分：

单组分(代号D):工厂预制，包括水泥、可再分散聚合物粉末、填料以及其他添加剂等搅拌而成的粉状产品，使用时按生产商提供的配比加水搅拌均匀后使用。

双组分(代号S):工厂预制，包括由水泥、填料以及其他添加剂组成的粉状组分和由聚合物乳液组成的液状组分，使用时按生产商提供的配比将两组分按配比搅拌均匀后使用。

3.2 型号

按适用的基面分为两种型号：

Ⅰ型:适用于水泥砂浆、混凝土、外墙外保温基面。

Ⅱ型:适用于外墙陶瓷砖基面。

3.3 标记

产品按下列顺序标记:产品名称、类别、型号和标准编号。

示例：用于陶瓷砖基面的双组分外墙柔性腻子标记为：

外墙柔性腻子 S　Ⅱ　GB/T 23455—2009

4 要求

外墙柔性腻子的要求应符合表1的规定。

表 1　外墙柔性腻子的要求

序　号	项　　目		技 术 指 标	
			Ⅰ型	Ⅱ型
1	混合后状态		均匀、无结块	
2	施工性		刮涂无障碍，无打卷，涂层平整	
3	干燥时间(表干)/h		≤4	
4	初期干燥抗裂性(6 h)		无裂纹	
5	打磨性(磨耗值)/g		≥0.20	—
6	与砂浆的拉伸粘结强度/MPa	标准状态	≥0.6	—
		碱处理	≥0.3	—
		冻融循环处理	≥0.3	—
7	与陶瓷砖的拉伸粘结强度/MPa	标准状态	—	≥0.5
		浸水处理	—	≥0.2
		冻融循环处理	—	≥0.2
8	柔韧性	标准状态	直径 50 mm，无裂纹	
		冷热循环 5 次	直径 100 mm，无裂纹	

5　试验方法

5.1　标准试验条件

本标准中规定的标准试验条件：环境温度 23 ℃±2 ℃，相对湿度 50%±10%。

5.2　试验前样品的处理

所有试验样品及基材应在标准试验条件下放置至少 24 h。

5.3　试验基材的制备

5.3.1　无石棉纤维水泥平板：符合 JC/T 412.1—2006 中 NAF H V 级的技术要求，厚度为 4 mm～6 mm，表面处理按 GB/T 9271 的规定进行。

5.3.2　砂浆块：符合 GB/T 9779—2005 中 5.2.3 的规定。

5.3.3　陶瓷砖：符合 GB/T 4100—2006 中吸水率不大于 6% 的有釉砖的要求。

5.3.4　各检验项目的试验基材尺寸、数量应符合表 2 的规定。

表 2　试验基材的尺寸及数量

试验项目		基　材	尺寸/mm	数　量
施工性		无石棉纤维水泥平板	200×150	1
干燥时间		无石棉纤维水泥平板	150×70	1
初期干燥抗裂性		无石棉纤维水泥平板	200×150	3
打磨性		无石棉纤维水泥平板	ϕ100	2
与砂浆的拉伸粘结强度	标准状态	砂浆块	70×70×20	6
	碱处理			6
	冻融循环处理			6

表 2（续）

试验项目		基　材	尺寸/mm	数　量
与陶瓷砖的拉伸粘结强度	标准状态	陶瓷砖	50×50	6
	浸水处理			6
	冻融循环处理			6
柔韧性	标准状态	马口铁板或镀锌铁板	50×120×(0.2～0.3)	3
	冷热循环		70×150×(0.2～0.3)	3

5.4　试样制备

将样品按生产商提供的配比及说明，采用机械搅拌制得试样，备用。

5.5　混合后状态

目测试样是否均匀、无结块。

5.6　施工性

将试板水平放置，用钢制刮板(刀头宽约 120 mm)刮涂约 1 mm 厚试样，检验刮涂作业是否有障碍，放置 4 h 后再用同样方法刮涂第二遍试样，刮涂厚度约 1 mm，再次检验刮涂作业是否有障碍，有无打卷，表面是否平整。

5.7　干燥时间

按 GB/T 1728—1979 中乙法的规定进行试验，每间隔 1 h 测试 1 次，试样的一次刮涂厚度约为 2 mm。

5.8　初期干燥抗裂性

按 GB/T 9779—2005 中 5.6 的方法进行试验，试样的一次刮涂厚度约为 1 mm。

5.9　打磨性

在 5.3.1 规定的试板上一次刮涂 1 mm 厚试样，试件在标准试验条件下放置 24 h 后，按 JC/T 985—2005 中 6.9 条规定进行耐磨性试验并磨耗值的计算，研磨轮使用 0 号干磨砂纸，每个砂磨轮上加载砝码 500 g，磨耗 30 r。

5.10　与砂浆的拉伸粘结强度

5.10.1　试验器具

硬聚氯乙烯或金属模框：内框尺寸为 40 mm×40 mm，厚 2 mm。

抗拉用钢质上夹具(俗称拉拔头)：符合 GB/T 9779—2005 中 5.7.1.2 的规定。

5.10.2　试件制备

将硬聚氯乙烯或金属模框置于 5.3.2 规定的砂浆块上，在模框内填满试样，用刮刀平整表面，放置 1 d 后，除去模框，即为试件，每组制备六个试件。试件在标准试验条件下养护 12 d 后，用适宜的高强度粘结剂(如环氧类粘结剂)在试样表面粘贴拉拔头，再放置 1 d。

5.10.3　标准状态的拉伸粘结强度

按 GB/T 9779—2005 中 5.7.2.2 规定的方法，测定试件的拉伸粘结强度，去掉两个极值，取中间四个值并计算算术平均值，各测试数据与平均值的最大相对偏差应不大于 20%，否则本次试验数据无效。

5.10.4　碱处理的拉伸粘结强度

将 5.10.2 制备的试件完全浸没于饱和氢氧化钙[$Ca(OH)_2$]溶液中，7d 后取出试件，擦干表面水渍，按 5.10.3 的方法测定拉伸粘结强度。

5.10.5　冻融循环处理的拉伸粘结强度

将 5.10.2 制备的试件完全浸没于 23 ℃±2 ℃的水中 1 d。将试件取出，按如下步骤进行 25 次冻融循环。

a)　将试件从水中取出，用布擦干表面水渍，在－20 ℃±3 ℃保持 2 h±20 min；

b） 将试件浸入 23 ℃±2 ℃的水中 2 h±20 min；

最后一次循环后将试件在标准试验条件下放置 24 h，按 5.10.3 的方法测定拉伸粘结强度。

5.11 与陶瓷砖的拉伸粘结强度

5.11.1 试件制备

在 5.3.2 规定的砂浆块上一次刮涂 2 mm 厚试样，然后在砂浆块的中部放置 5.3.3 中规定的有釉砖，釉面朝下与试样粘结，并在每块陶瓷砖上加载(2.00±0.015)kg 的压块并保持 30 s，取下压块，清除干净陶瓷砖附近的试样，每组制备六个试件。试件养护 13 d 后，用适宜的高强度粘结剂(如环氧类粘结剂)在陶瓷砖背面粘贴拉拔头。

5.11.2 标准状态的拉伸粘结强度

按 5.10.3 的方法测定拉伸粘结强度。

5.11.3 浸水处理的拉伸粘结强度

将 5.11.1 制备的试件完全浸没于 23 ℃±2 ℃的水中，7 d 后取出试件，在 50 ℃±2 ℃恒温箱内干燥 24 h，再置于标准试验条件下放置 4 h，然后按 5.10.3 的方法测定拉伸粘结强度。

5.11.4 冻融循环处理的拉伸粘结强度

将 5.11.1 制备的试件完全浸没于 23 ℃±2 ℃的水中 1 d。将试件取出，按 5.10.5 规定的步骤进行 10 次冻融循环，最后一次循环后将试件放在 50 ℃±2 ℃恒温箱内干燥 24 h，再置于标准试验条件下放置 4 h，然后按 5.10.3 的方法测定拉伸粘结强度。

5.12 柔韧性

5.12.1 试件的制备

在 5.3.4 规定的试板上刮涂约 1 mm 厚的试样，标准状态柔韧性的试样面积为 40 mm×110 mm，冷热循环后的柔韧性的试样面积为 50 mm×130 mm，24 h 后测定试样层的干膜厚度，用 0 号干磨砂纸将试样层的厚度打磨至 0.85 mm±0.05 mm 之间。

5.12.2 标准状态柔韧性

试件在标准试验条件下养护 7 d 后，按 GB/T 1748 中的规定进行试验。

5.12.3 冷热循环后的柔韧性

试件在标准试验条件下养护 1 d 后，用密封胶将试件边缘密封好，继续养护 6 d，然后浸入 23 ℃±2 ℃的水中 18 h，取出后置于－20 ℃±3 ℃冷冻 3 h，再置于 50 ℃±2℃烘箱中干燥 3 h，24 h 为一个循环。试件经 5 个循环后取出，继续在 50 ℃±2 ℃恒温箱内干燥 6 h，再于标准试验条件下放置 6 h，按 GB/T 1748 中的规定进行试验。

6 检验规则

6.1 检验分类

产品检验分出厂检验和型式检验。

6.1.1 出厂检验项目

表 1 中的 1～5 的要求为出厂检验项目。

6.1.2 型式检验

本标准所列的全部要求为型式检验项目。

有下列情况之一时，需进行型式检验：

a） 正常生产条件下，每一年至少进行一次；

b） 新产品投产或产品定型鉴定时；

c） 产品主要原料、配比或生产工艺有重大变更时；

d） 停产半年以上恢复生产时；

e） 出厂检验结果与上次型式检验有较大差异时。

6.2 组批

对同一类别产品，每 10 t 为一批，不足 10 t 亦可按一批计。

6.3 抽样

在每批产品中随机抽取，样品总质量不少于 10 kg。抽取样品分为两份：一份试验，一份备用。

6.4 判定规则

产品按照第 5 章进行试验，试验结果若均符合第 4 章的要求时，即判为合格。若有一项不符合标准规定，允许用备用样品，对不合格项进行复验。若复检符合标准规定，则判该批产品合格；若仍不符合标准规定，则该批产品判为不合格。

7 标志、包装、运输与贮存

7.1 标志

产品外包装上应包括：

a) 生产厂名、地址；

b) 商标；

c) 产品标记；

d) 组分(双组分)

e) 产品配比与产品净质量；

f) 使用说明；

g) 生产日期或批号；

h) 贮存与运输注意事项；

i) 贮存期。

7.2 包装

产品中的粉料宜采用复合包装袋包装，液料宜用罐装。双组分产品按组分分别包装，不同组分的包装应有明显区别。

7.3 运输与贮存

7.3.1 产品按一般运输方式运输，运输途中要防止雨淋、受潮、包装损坏。

7.3.2 产品贮存时应保证通风、干燥，防止阳光直接照射，液体组分冬季时应采取适当防冻措施。不同类型、规格的产品应分别堆放，避免混杂。产品应根据类型定出贮存期。

ICS 91.100.10
Q 62

中华人民共和国国家标准

GB/T 23456—2009

磷石膏

Phosphogypsum

2009-03-28 发布 2010-01-01 实施

中华人民共和国国家质量监督检验检疫总局
中国国家标准化管理委员会 发布

前　言

本标准附录A为规范性附录。

本标准由中国建筑材料联合会提出。

本标准由全国轻质与装饰装修建筑材料标准化技术委员会(SAC/TC 195)归口。

本标准负责起草单位:河南建筑材料研究设计院有限责任公司、泰安市产品质量监督检验所、云南云天化国际化工股份有限公司、瓮福(集团)有限责任公司。

本标准参加起草单位:湖北新洋丰肥业有限公司、江苏瑞和化肥有限公司、武汉理工大学、美巢集团股份公司、秦皇岛华瀛磷酸有限公司、四川宏达股份有限公司、湖北宜化肥业有限公司。

本标准主要起草人:郑建国、王德伦、袁运法、李英翔、沈有林、杨新亚、张应虎、姜庆泉、刘永川、郭圣涛、叶俊华、朱佳明、杨瑜、解艳俊、蒲中云、虞云峰。

本标准为首次发布。

磷　石　膏

1　范围

本标准规定了磷石膏的分类和标记、要求、试验方法、检验规则及包装、标志、运输和贮存。

本标准适用于以磷矿石为原料，湿法制取磷酸时所得的，主要成分为二水硫酸钙（$CaSO_4 \cdot 2H_2O$）的磷石膏。

2　规范性引用文件

下列文件中的条款通过本标准的引用而成为本标准的条款。凡是注日期的引用文件，其随后所有的修改单（不包括勘误的内容）或修订版均不适用于本标准，然而，鼓励根据本标准达成协议的各方研究是否可使用这些文件的最新版本。凡是不注日期的引用文件，其最新版本适用于本标准。

GB/T 5484—2000　石膏化学分析方法

GB 6566　建筑材料放射性核素限量

GB/T 6682　分析实验用水规格和试验方法

3　分类和标记

3.1　分类

按二水硫酸钙的含量分为一级、二级、三级三个级别。

3.2　标记

按产品名称、级别及标准编号的顺序标记。

示例：级别为一级的磷石膏标记如下：磷石膏 一级 GB/T 23456—2009

4　要求

4.1　基本要求

磷石膏的基本要求应符合表1的规定。

表1　基本要求

项　目	指　标		
	一级	二级	三级
附着水（H_2O）质量分数/%	≤25		
二水硫酸钙（$CaSO_4 \cdot 2H_2O$）质量分数/%	≥85	≥75	≥65
水溶性五氧化二磷[a]（P_2O_5）质量分数/%	≤0.80		
水溶性氟[a]（F）质量分数/%	≤0.50		

[a] 用作石膏建材时应测试该项目。

4.2　放射性核素限量

放射性核素限量应符合 GB 6566 的要求。

5　试验方法

5.1　附着水的测定

按 GB/T 5484—2000 第7章测定附着水。但烘干条件为：在（40±2）℃的恒温干燥箱内烘干，首次烘干时间为 2 h。

5.2 二水硫酸钙($CaSO_4 \cdot 2H_2O$)的测定

采用测定结晶水含量换算确定二水硫酸钙($CaSO_4 \cdot 2H_2O$)含量的方法进行。

5.2.1 结晶水含量测定

5.2.1.1 分析步骤

称取约 1 g 除去附着水的干基试样(m_1),精确至 0.000 1 g,放入已烘干至恒量的带磨口塞的称量瓶中,在(230±5) ℃的恒温干燥箱中加热 1 h(加热过程中称量瓶应敞开盖),用坩埚钳将称量瓶取出,盖上磨口塞(但不应盖得太紧),放入干燥器中冷却至室温。将磨口塞紧密盖好、称量。再将称量瓶敞开盖放入恒温干燥箱中,在同样温度下加热 30 min,如此反复加热、冷却、称量,直至恒量 m_2。

5.2.1.2 结果计算

结晶水含量按式(1)计算,计算结果精确至 0.01%。

$$H = \frac{m_1 - m_2}{m_1} \times 100 \qquad \cdots\cdots (1)$$

式中:

H——结晶水含量(质量分数),%;

m_1——加热前干基试料质量,单位为克(g);

m_2——加热后试料质量,单位为克(g)。

5.2.1.3 允许差

同一试验室允许差为 0.15%;不同试验室允许差为 0.20%。

5.2.2 二水硫酸钙($CaSO_4 \cdot 2H_2O$)含量计算

二水硫酸钙($CaSO_4 \cdot 2H_2O$)含量按式(2)计算,计算结果精确至 0.01%。

$$G = 4.7785 \times H \qquad \cdots\cdots (2)$$

式中:

G——二水硫酸钙($CaSO_4 \cdot 2H_2O$)含量(质量分数),%;

4.778 5——以结晶水含量换算为二水硫酸钙($CaSO_4 \cdot 2H_2O$)含量的系数;

H——结晶水含量(质量分数),%。

5.3 水溶性五氧化二磷(P_2O_5)及水溶性氟(F)的测定

按附录 A 进行测定。

5.4 放射性核素限量的测定

按 GB 6566 规定的方法测定。

6 检验规则

6.1 检验分类

产品检验分出厂检验与型式检验。

6.1.1 出厂检验

产品出厂前应进行出厂检验。出厂检验项目为 4.1 中的项目。

6.1.2 型式检验

型式检验项目为 4.1、4.2 中的项目。有下列情况之一时,应进行型式检验。

a) 原材料、工艺、设备有较大改变时;

b) 产品停产半年以上恢复生产时;

c) 正常生产满一年时。

6.2 批量和抽样

6.2.1 批量

对于年产量小于 90 万 t 的生产厂,以不超过 3 000 t 产品为一批;对于年产量等于或大于 90 万 t 的生产厂，以不超过 5 000 t 产品为一批。产品不足一批时以一批计。

6.2.2 抽样

从堆场抽样时，应将外层去除约 150 mm～200 mm，然后从 20 个以上不同部位抽取试样共约 10 kg，混合后用四分法进行缩分至 2 kg，密封并防止水分挥发，以供检验用。

6.3 判定

抽取做试验的试样分为三等份，以其中一份试样按第 5 章进行试验。检验结果若均符合第 4 章相应的要求时，则判为该批产品合格。若有一项以上指标不符合要求，即判该批产品不合格。若只有一项指标不合格，则可用其他两份试样对不合格指标进行重新检验。重新检验结果，若两份试样均合格，则判该批产品合格；如仍有一份试样不合格，则判该批产品不合格。

7 包装、标志、运输和贮存

7.1 包装

磷石膏一般采用散装供应。

7.2 标志

磷石膏出厂应附有产品检验合格证。合格证上应标明标记、生产厂名、厂址、批量编号、出厂日期。

7.3 运输

磷石膏在运输时不得与其他材料混装，运输工具应保持清洁，以免混入杂质。

7.4 贮存

磷石膏在露天贮存时，宜对堆放场地进行必要的防渗等技术处理。

附 录 A
（规范性附录）
磷石膏中水溶性五氧化二磷(P_2O_5)、水溶性氟(F)的测定

A.1 范围

本附录规定了磷石膏中水溶性五氧化二磷(P_2O_5)、水溶性氟(F)的测定方法。

A.2 仪器设备

A.2.1 天平：不应低于四级，感量为0.000 1 g。

A.2.2 分光光度计：可在400 nm～700 nm范围内测定溶液的吸光度，附有10 mm比色皿。

A.2.3 离子计或酸度计：附有氟离子选择性电极及饱和氯化钾甘汞电极。

A.2.4 磁力搅拌器：附有调速装置和塑料外壳的搅拌子。

A.2.5 恒温干燥箱：量程为室温～300 ℃，精度±1 ℃，附温度自动控制器。

A.2.6 玻璃砂芯坩埚：4号，滤板孔径(5～15) μm，容积30 mL。

A.3 试剂和材料

分析过程中用水应符合GB/T 6682要求；所用试剂应为分析纯或优级纯试剂；用于配制标准溶液的试剂，应为优级纯试剂或基准试剂。

在分析中，所用酸，凡未注浓度者均指市售的浓酸。用体积比表示试剂稀释程度，例如：硝酸(1+5)表示：1份体积的浓硝酸与5份体积的水相混合。

A.4 制样

从5.1测定附着水取样的磨口瓶中称取5 g试料(m_3)，精确0.000 1 g，放入研钵中，加水50 mL，在研钵中研磨15 min，将研磨后的试料全部转移至250 mL容量瓶中定容，静置30 min后，用中速定性滤纸进行干过滤，此溶液为A溶液，用于水溶性磷与水溶性氟的测定。当测定水溶性五氧化二磷的时间与测定附着水的时间间隔超过三天时，需重新进行附着水的测定。

A.5 水溶性五氧化二磷(P_2O_5)的测定

A.5.1 重量法

A.5.1.1 原理

在酸性介质中，正磷酸根与喹钼柠酮沉淀剂反应生成黄色磷钼酸喹啉沉淀，通过沉淀量换算出五氧化二磷(P_2O_5)的含量。

A.5.1.2 喹钼柠酮沉淀剂

溶液a——称取70 g钼酸钠于400 mL烧杯中，用100 mL水溶解；

溶液b——称取60 g柠檬酸于1 000 mL烧杯中，用100 mL水溶解，加入85 mL硝酸；

溶液c——将溶液a加到溶液b中，混匀；

溶液d——将35 mL硝酸和100 mL水在400 mL烧杯中混匀，加5 mL喹啉；

溶液e——将溶液d加到溶液c中，混匀。静置24 h，用玻璃砂芯坩埚或滤纸过滤，在滤液中加入280 mL丙酮，用水稀释至1 000 mL。

将该沉淀剂置于暗处，避光避热。

A.5.1.3 测试步骤

A.5.1.3.1 准确移取 50 mL 试料溶液 A，置于 300 mL 烧杯中，加入 10 mL(1+1)硝酸溶液，用水稀释至 100 mL。

A.5.1.3.2 盖上表面皿，于电炉上加热至沸，取下，用少量水冲洗表面皿和杯壁。在不断搅拌下，加入 30 mL 喹钼柠酮沉淀剂(A.5.1.2)，继续温和地加热微沸 1 min。取下烧杯，冷却过程中搅拌 3～4 次，静置沉降。

A.5.1.3.3 用预先在(180±2) ℃恒温干燥箱内干燥至恒重的玻璃砂芯坩埚(m_4)抽滤。先将上层清液滤完，然后以倾泻法洗涤沉淀 1～2 次(每次用水约 25 mL)，将沉淀全部转移至坩埚中，再用水洗涤 5～6次。将坩埚底部的水分用滤纸吸干后，置于(180±2) ℃恒温干燥箱内，干燥至恒重(45 min 以上)，置于干燥器中冷却 30 min，称量(m_5)。空白试验除不加试料溶液 A 外，其余方法同上。

注：分析完毕后，坩埚中沉淀先用水冲洗，再用 1+1 氨水溶液洗涤(氨水溶液可以保留再用)。

A.5.1.4 结果计算

五氧化二磷(P_2O_5)含量(X_1)以质量分数(%)表示，按式(A.1)计算：

$$X_1 = \frac{[(m_5 - m_4) - (m_7 - m_6)] \times 0.032\,07}{m_3(1 - X) \times 50/250} \times 100 \qquad \cdots\cdots(A.1)$$

式中：

m_3——试料质量，单位为克(g)；

m_4——坩埚的质量，单位为克(g)；

m_5——磷钼酸喹啉沉淀和坩埚的质量，单位为克(g)；

m_6——空白样坩埚的质量，单位为克(g)；

m_7——空白样沉淀和坩埚的质量，单位为克(g)；

X——同一样品所测附着水含量(质量分数)，%；

0.032 07——磷钼酸喹啉摩尔质量换算为五氧化二磷(P_2O_5)质量的系数。

测定的试验次数规定为两次。用两次试验平均值表示测定结果。计算结果精确至 0.01%。

A.5.1.5 允许差

在重复性条件下获得的两次独立测试结果的绝对差值不大于 0.05%，在再现性条件下获得的两次独立测试结果的绝对差值不大于 0.10%。

A.5.2 磷钒钼黄双波长光度法

A.5.2.1 显色剂

称取 7.8 g 分析纯偏钒酸铵于 640 mL(1+1)硝酸溶液中，用水稀释至 1 000 mL；再称取 102.6 g 分析纯钼酸铵于水中溶解后稀释至 1 000 mL，然后等体积混合均匀。

A.5.2.2 五氧化二磷(P_2O_5)标准溶液

准确称取于(105～110) ℃干燥至恒重的优级纯磷酸二氢钾(KH_2PO_4)1.917 5 g 于 1 000 mL 容量瓶中，加入适量的水溶解并加入浓硝酸(2～3) mL，混匀，再加水稀释至刻度，混匀，此溶液含五氧化二磷(P_2O_5)1.0 mg/mL。

A.5.2.3 标准曲线的绘制

用移液管移取 1.0 mL、2.0 mL、3.0 mL、5.0 mL、10 mL 的五氧化二磷(P_2O_5)标准溶液(A.5.2.2)，分别置于 100 mL 容量瓶中，加入 10 mL(1+1)硝酸及 40 mL 水，摇匀，加入 15 mL 显色剂(A.5.2.1)，用水稀释至刻度(相当于每 100 mL 溶液中含五氧化二磷(P_2O_5)1.0 mg、2.0 mg、3.0 mg、5.0 mg、10.0 mg)，空白试验除不加五氧化二磷(P_2O_5)标准溶液(A5.2.2)外，其余同上。用分光光度计，10 mm 比色皿，在波长480 nm、500 nm 分别进行测定，读取吸光度，精确至 0.001，计算两次吸光度差 ΔA_i。以五氧化二磷(P_2O_5)含量为横坐标，ΔA_i 为纵坐标，绘制标准曲线，或者将测定数据输入计算机回归处理，得吸光度差 ΔA_i 回归方程。

A.5.2.4 测定步骤

用移液管准确吸取50.00 mL试料溶液A于100 mL容量瓶中，加入10 mL(1+1)硝酸及20 mL水，摇匀，加入15 mL显色剂，用水稀释至刻度。空白试验除不加试料外，其余同上。用分光光度计，10 mm比色皿，在波长480 nm、500 nm分别进行测定，读取吸光度，精确至0.001。用两次吸光度差ΔA，在标准曲线上查得或由回归方程计算出五氧化二磷(P_2O_5)的量c_1，单位为毫克(mg)。

A.5.2.5 结果计算

五氧化二磷(P_2O_5)含量(X_2)以质量分数(%)表示，按式(A.2)计算：

$$X_2 = \frac{c_1 \times 10^{-3}}{m_3(1-X) \times 50/(250)} \times 100 = 0.5 \times \frac{c_1}{m_3(1-X)} \quad \cdots\cdots\cdots\cdots(A.2)$$

式中：

c_1——从曲线上查得或回归计算的五氧化二磷的量，单位为毫克(mg)；

m_3——试料质量，单位为克(g)；

X——同一样品所测游离水含量(质量分数)，%。

测定的试验次数规定为两次。用两次试验平均值表示测定结果。计算结果精确至0.01%。

A.5.2.6 允许差

在重复性条件下获得的两次独立测试结果的绝对差值不大于0.05%，在再现性条件下获得的两次独立测试结果的绝对差值不大于0.10%。

A.6 水溶性氟(F)的测定

A.6.1 原理

在离子强度配位缓冲溶液的存在下，以氟离子选择性电极作指示电极，饱和氯化钾甘汞电极作参比电极，用离子计或酸度计测量含氟溶液的电极电位。

A.6.2 试剂

A.6.2.1 盐酸：1+1。

A.6.2.2 硝酸：1+5。

A.6.2.3 氢氧化钠溶液(200 g/L)：将200 g氢氧化钠溶于水中，加水稀释至1 L，贮存于聚乙烯塑料瓶内。

A.6.2.4 溴甲酚绿指示剂溶液(1 g/L)：将0.1 g溴甲酚绿溶于20 mL无水乙醇中，用水稀释至100 mL。

A.6.2.5 柠檬酸-柠檬酸钠缓冲溶液(pH5.5～6.0)：称取24 g柠檬酸、270 g柠檬酸三钠溶于水中，并稀释至1 000 mL，混匀。

A.6.2.6 氟(F^-)标准溶液1.0 mg/mL

准确称取1.105 g预先在120 ℃干燥至恒重的优级纯氟化钠，精确至0.000 1 g，置于烧杯中，加水溶解后移入500 mL容量瓶中，加水稀释至标线，摇匀，贮存于聚乙烯塑料瓶中。此标准溶液每毫升含1.0 mg氟。

A.6.2.7 氟(F^-)标准溶液0.1 mg/mL

吸取1.0 mg/mL氟标准溶液(A.6.2.6)25 mL，置于250 mL容量瓶中，加水稀释至标线，摇匀，贮存于聚乙烯塑料瓶中。此标准溶液每毫升含0.1 mg氟。

A.6.3 工作曲线的绘制

准确量取1.0、2.0、3.0、5.0 mL氟标准溶液(A.6.2.7)分别置于一组50 mL容量瓶中，加入盐酸溶液1 mL(A.6.2.1)，加入五滴柠檬酸-柠檬酸钠缓冲溶液(A.6.2.5)和二滴溴甲酚绿指示剂溶液(A.6.2.4)，用氢氧化钠溶液(A.6.2.3)中和至溶液呈蓝色，再用硝酸溶液(A.6.2.2)调节溶液恰呈黄色，加入20 mL柠檬酸-柠檬酸钠缓冲溶液，用水稀释至刻度(相当于50 mL中含氟0.1、0.2、0.3、

0.5 mg)，摇匀，倾入干燥的 50 mL 烧杯中。插入氟离子选择性电极和饱和甘汞电极，打开磁力搅拌器恒速搅拌2 min，停搅 30 s，测量平衡时电位值，以电位值(mV)为纵坐标，相应的 50 mL 溶液中含氟量(mg)的对数为横坐标绘制工作曲线，计算回归方程。

A.6.4 测定步骤

A.6.4.1 准确移取 10 mL A 溶液(A.4)于 50 mL 容量瓶中，加入五滴柠檬酸-柠檬酸钠缓冲溶液(A.6.2.5)和二滴溴甲酚绿指示剂溶液(A.6.2.4)，用氢氧化钠溶液(A.6.2.3)中和至溶液呈蓝色，再用硝酸溶液(A.6.2.2)调节溶液恰呈黄色，加入 20 mL 柠檬酸-柠檬酸钠缓冲溶液，用水稀释至刻度，摇匀，倾入干燥的 50 mL 烧杯中。

A.6.4.2 插入氟离子选择性电极和饱和甘汞电极，打开磁力搅拌器恒速搅拌 2 min，停搅 30 s，测量平衡时电位值，在工作曲线上查出或由回归方程计算出氟量 c_2，单位为毫克(mg)。

A.6.4.3 结果计算

氟(F)的含量(X_3)以质量分数(%)表示，按公式(A.3)计算：

$$X_3 = \frac{c_2 \times 10^{-3}}{m_3(1-X) \times \frac{10}{250}} \times 100 = 2.5 \times \frac{c_2}{m_3(1-X)} \qquad \text{(A.3)}$$

式中：

c_2——从工作曲线上查得的或回归曲线上计算出的氟(F)量，单位为毫克(mg)；

m_3——试料的质量，单位为克(g)；

X——同一样品所测游离水含量(质量分数)，%。

测定的试验次数规定为两次。用两次试验平均值表示测定结果。计算结果精确至 0.01%。

A.6.5 允许差

在重复性条件下获得的两次独立测试结果的绝对差值不大于 0.05%，在再现性条件下获得的两次独立测试结果的绝对差值不大于 0.10%。

ICS 91.120.30
Q 17

中华人民共和国国家标准

GB/T 23457—2009

预铺/湿铺防水卷材

Pre-applied and wet installed waterproof sheets

2009-03-28 发布 2010-01-01 实施

中华人民共和国国家质量监督检验检疫总局
中国国家标准化管理委员会 发布

前　言

本标准由中国建筑材料联合会提出。

本标准由全国轻质与装饰装修建筑材料标准化技术委员会(SAC/TC 195)归口。

本标准负责起草单位:中国化学建筑材料公司苏州防水材料研究设计所、中国建筑防水材料工业协会、建筑材料工业技术监督研究中心。

本标准参加起草单位:深圳市卓宝科技股份有限公司、广东科顺化工实业有限公司、盘锦禹王防水建材集团有限公司、苏州市姑苏新型建材有限公司、格雷斯中国有限公司、北京东方雨虹防水技术股份有限公司、武汉美利信新型建材有限公司、武汉赛科宝防水科技有限公司、广西金雨伞防水装饰有限公司、上海台安工程实业有限公司、成都赛特防水材料有限责任公司、潍坊市宏源防水材料有限公司、山东汇源建材集团有限公司、潍坊市宇虹防水材料(集团)有限公司、北京世纪洪雨防水技术有限责任公司、山东鑫达鲁鑫防水材料有限公司、唐山德生防水材料有限公司、潍坊市坤岳防水材料有限公司、沈阳星辰化工有限公司、浙江省国强建筑防水科技有限公司、四川蜀羊防水材料有限公司、苏州市力星防水材料有限公司、兰溪市天信新型建材有限公司、盘锦市大禹防水建材有限公司、浙江东阳明星防水材料厂、沈阳蓝光科技发展有限公司。

本标准主要起草人:朱志远、朱冬青、杨斌、陈伟忠、邹先华、詹福民、王惠明、丁红梅、卢桂才、黄玉环、张歆炯、万惠娟。

本标准为首次发布。

预铺/湿铺防水卷材

1 范围

本标准规定了预铺/湿铺防水卷材的分类、要求、试验方法、检验规则、包装、标志、贮存与运输。

本标准适用于采用后浇混凝土或水泥砂浆拌合物粘结的防水卷材。

2 规范性引用文件

下列文件中的条款通过本标准的引用而成为本标准的条款。凡是注日期的引用文件，其随后所有的修改单(不包括勘误的内容)或修订版均不适用于本标准，然而，鼓励根据本标准达成协议的各方研究是否可使用这些文件的最新版本。凡是不注日期的引用文件，其最新版本适用于本标准。

GB/T 328.2—2007 建筑防水卷材试验方法 第2部分:沥青防水卷材 外观

GB/T 328.5—2007 建筑防水卷材试验方法 第5部分:高分子防水卷材 厚度、单位面积质量

GB/T 328.8—2007 建筑防水卷材试验方法 第8部分:沥青防水卷材 拉伸性能

GB/T 328.9—2007 建筑防水卷材试验方法 第9部分:高分子防水卷材 拉伸性能

GB/T 328.10—2007 建筑防水卷材试验方法 第10部分:沥青和高分子防水卷材 不透水性

GB/T 328.11—2007 建筑防水卷材试验方法 第11部分:沥青防水卷材 耐热性

GB/T 328.14—2007 建筑防水卷材试验方法 第14部分:沥青防水卷材 低温柔性

GB/T 328.15—2007 建筑防水卷材试验方法 第15部分:高分子防水卷材 低温弯折性

GB/T 328.18—2007 建筑防水卷材试验方法 第18部分:沥青防水卷材 撕裂性能(钉杆法)

GB/T 328.20—2007 建筑防水卷材试验方法 第20部分:沥青防水卷材 接缝剥离强度

GB/T 328.24—2007 建筑防水卷材试验方法 第24部分:沥青和高分子防水卷材 抗冲击性能

GB/T 328.25—2007 建筑防水卷材试验方法 第25部分:沥青和高分子防水卷材 抗静态荷载

GB/T 328.26—2007 建筑防水卷材试验方法 第26部分:沥青防水卷材 可溶物含量(浸涂材料含量)

GB/T 529—2008 硫化橡胶或热塑性橡胶撕裂强度的测定(裤形、直角形和新月形试样)(ISO 34-1:2004,MOD)

GB/T 16777—2008 建筑防水涂料试验方法

3 分类

3.1 类型

3.1.1 产品按施工方式分为预铺(Y)、湿铺(W)。

3.1.2 产品按主体材料分为高分子防水卷材(P类)、沥青基聚酯胎防水卷材(PY类)。

3.1.3 产品按粘结表面分为单面粘合(S)、双面粘合(D)，其中沥青基聚酯胎防水卷材(PY类)宜为双面粘合。

3.1.4 湿铺产品按性能分为Ⅰ型和Ⅱ型。

3.2 规格

3.2.1 预铺防水卷材产品的厚度：

P类:高分子主体材料厚度为:0.7 mm、1.2 mm、1.5 mm，对应的卷材全厚度为:1.2 mm、1.7 mm、2.0 mm。

PY类:4.0 mm。

3.2.2 湿铺防水卷材产品的厚度：

P 类(卷材全厚度)：1.2 mm、1.5 mm、2.0 mm。

PY 类：3.0 mm、4.0 mm。

3.3 标记

产品按施工方式、类型、粘结表面、主体材料厚度/全厚度、面积、本标准编号顺序标记。

示例：20 m² 3.0 mm 双面粘合Ⅰ型沥青基聚酯胎湿铺防水卷材标记为：

W PY I D 3.0 mm 20 m²-GB/T 23457—2009。

3.4 用途

预铺防水卷材用于地下防水等工程，直接与后浇结构混凝土拌合物粘结。

湿铺防水卷材用于非外露防水工程，采用水泥砂浆与基层粘结，卷材间宜采用自粘搭接。

4 要求

4.1 面积、单位面积质量、厚度

4.1.1 面积不小于产品面积标记值的 99%。

4.1.2 PY 类产品单位面积质量、厚度应符合表 1 规定。

表 1 PY 类产品单位面积质量、厚度

项目		规格	
		3.0 mm	4.0 mm
单位面积质量/(kg/m²) ≥		3.1	4.1
厚度/mm	平均值 ≥	3.0	4.0
	最小单值	2.7	3.7

4.1.3 P 类预铺产品高分子主体材料厚度、卷材全厚度平均值都应不小于规定值。P 类湿铺产品的卷材全厚度平均值不小于规定值。

4.1.4 其他规格可由供需双方商定，但预铺 P 类产品高分子主体材料厚度不得小于 0.7 mm、卷材全厚度不小于 1.2 mm，预铺 PY 类厚度不得小于 4.0 mm。湿铺 P 类产品全厚度不得小于 1.2 mm、PY 类产品厚度不得小于 3.0 mm。

4.2 外观

4.2.1 成卷卷材应卷紧卷齐，端面里进外出不得超过 20 mm。

4.2.2 成卷卷材在(4～45)℃任一产品温度下展开，在距卷芯 1 000 mm 长度外不应有裂纹或 10 mm 以上的粘结。

4.2.3 PY 类产品，其胎基应浸透，不应有未被浸渍的条纹。

4.2.4 卷材表面应平整，不允许有孔洞、结块、气泡、缺边和裂口。

4.2.5 每卷卷材接头处不应超过一个，较短的一段长度不应少于 1 000 mm，接头应剪切整齐，并加长 150 mm。

4.3 物理力学性能

4.3.1 预铺防水卷材物理力学性能应符合表 2 规定。

表 2 预铺防水卷材物理力学性能

序号	项目		指标	
			P	PY
1	可溶物含量/(g/m²) ≥		—	2 900
2	拉伸性能	拉力/(N/50 mm) ≥	500	800
		膜断裂伸长率，% ≥	400	—
		最大拉力时伸长率/% ≥	—	40

表 2（续）

序号	项目			指标 P	指标 PY
3	钉杆撕裂强度/N		≥	400	200
4	冲击性能			直径(10±0.1)mm,无渗漏	
5	静态荷载			20 kg,无渗漏	
6	耐热性			70 ℃,2 h无位移、流淌、滴落	
7	低温弯折性			−25 ℃,无裂纹	—
8	低温柔性			—	−25 ℃,无裂纹
9	渗油性/张数		≤	—	2
10	防窜水性			0.6 MPa,不窜水	
11	与后浇混凝土剥离强度/(N/mm)≥	无处理		2.0	
		水泥粉污染表面		1.5	
		泥沙污染表面		1.5	
		紫外线老化		1.5	
		热老化		1.5	
12	与后浇混凝土浸水后剥离强度/(N/mm)		≥	1.5	
13	热老化(70 ℃,168 h)	拉力保持率/%	≥	90	
		伸长率保持率/%	≥	80	
		低温弯折性		−23℃,无裂纹	—
		低温柔性		—	−23℃,无裂纹
14	热稳定性	外观		无起皱、滑动、流淌	
		尺寸变化/%	≤	2.0	

4.3.2 湿铺防水卷材物理力学性能应符合表3规定。

表3 湿铺防水卷材物理力学性能

序号	项目			指标 P Ⅰ	指标 P Ⅱ	指标 PY Ⅰ	指标 PY Ⅱ
1	可溶物含量/(g/m^2) ≥	3.0 mm		—		2 100	
		4.0 mm				2 900	
2	拉伸性能	拉力/(N/50 mm)	≥	150	200	400	600
		最大拉力时伸长率/%	≥	30	150	30	40
3	撕裂强度/N		≥	12	25	180	300
4	耐热性			70 ℃,2 h无位移、流淌、滴落			
5	低温柔性/℃			−15	−25	−15	−25
				无裂纹			
6	不透水性			0.3 MPa,120 min不透水			

表 3（续）

序号	项目		指标			
			P		PY	
			Ⅰ	Ⅱ	Ⅰ	Ⅱ
7	卷材与卷材剥离强度/(N/mm) ≥	无处理	1.0			
		热处理	1.0			
8	渗油性/张数 ≤		2			
9	持粘性/min ≥		15			
10	与水泥砂浆剥离强度/(N/mm) ≥	无处理	2.0			
		热老化	1.5			
11	与水泥砂浆浸水后剥离强度/(N/mm) ≥		1.5			
12	热老化(70 ℃,168 h)	拉力保持率/% ≥	90			
		伸长率保持率/% ≥	80			
		低温柔性/℃	−13	−23	−13	−23
			无裂纹			
13	热稳定性	外观	无起鼓、滑动、流淌			
		尺寸变化/% ≤	2.0			

5 试验方法

5.1 标准条件

标准养护条件为：温度(20±2)℃，相对湿度不小于90%。

5.2 试件制备

试件在(23±2)℃放置24 h后进行裁取，每组试件在卷材宽度方向均匀分布裁样，避开卷材边缘100 mm以上。

P类卷材试件尺寸与数量见表4，PY类卷材试件尺寸与数量见表5。

表4 P类卷材试件尺寸与数量

序号	项目	尺寸(纵向×横向)/mm	数量/个
1	拉伸性能	180×25	纵横向各5
2	撕裂强度	GB/T 529—2008无割口直角形试件	纵横向各5
3	钉杆撕裂强度	200×100	纵横向各5
4	冲击性能	300×300	5
5	静态荷载	300×300	3
6	耐热性	100×50	3
7	低温弯折性	100×50	4
	低温柔性	150×25	10
8	防窜水性	ϕ180	3
9	不透水性	150×150	3

表 4（续）

序号	项目		尺寸(纵向×横向)/mm	数量 /个
10	卷材与卷材剥离强度[a]	无处理	50×150	10
		热处理	处理时 300×200，处理后裁取 50×150	处理时 2，处理后 10
11	渗油性		50×50	3
12	持粘性		150×50	5
13	与后浇混凝土剥离强度/与水泥砂浆剥离强度	无处理	300×50	5
		水泥粉污染表面	300×50	5
		泥沙污染表面	300×50	5
		紫外线老化	处理时 300×300，处理后裁取 300×50	处理时 1，处理后 5
		热老化	处理时 300×300，处理后裁取 300×50	处理时 1，处理后 5
14	与后浇混凝土浸水后剥离强度/与水泥砂浆浸水后剥离强度		300×50	5
15	热老化	拉伸性能保持率	处理时 200×150，处理后裁取 180×25	处理时纵横向各 1，处理后纵横向各 5
		低温弯折性	处理时 100×250，处理后裁取 100×50	处理时 1，处理后 4
		低温柔性	处理时 150×150，处理后裁取 150×25	处理时 2，处理后 10
16	热稳定性		250×250	3

[a] 单面粘合卷材在留边处取样试验。

表 5　PY 类卷材试件尺寸与数量

序号	项目	尺寸(纵向×横向)/mm	数量/个
1	可溶物含量	100×100	3
2	拉伸性能	(250～300)×50	纵横向各 5
3	撕裂强度	200×75	纵横向各 5
4	钉杆撕裂强度	200×100	纵横向各 5
5	冲击性能	300×300	5
6	静态荷载	300×300	3
7	耐热性	100×50	3
8	低温柔性	150×25	10
9	防窜水性	180×180	3
10	不透水性	150×150	3

表 5（续）

序号	项　目		尺寸(纵向×横向)/mm	数量/个
11	卷材与卷材剥离强度[a]	无处理	50×150	5
		热处理	处理时 300×200， 处理后裁取 50×150	处理时 2， 处理后 10
12	渗油性		50×50	3
13	持粘性		150×50	5
14	与后浇混凝土剥离强度/与水泥砂浆剥离强度	无处理	300×50	5
		水泥粉污染表面	300×50	5
		泥沙污染表面	300×50	5
		紫外线老化	处理时 300×300， 处理后裁取 300×50	处理时 1， 处理后 5
		热老化	处理时 300×300， 处理后裁取 300×50	处理时 1， 处理后 5
15	与后浇混凝土浸水后剥离强度/与水泥砂浆浸水后剥离强度		300×50	5
16	热老化	拉伸性能保持率	处理时(250～300)×300， 处理后裁取(250～300)×50	处理时纵横向各 1， 处理后纵横向各 5
		低温柔性	处理时 150×150， 处理后裁取 150×25	处理时 2， 处理后 10
17	热稳定性		250×250	3

[a] 单面粘合卷材在留边处取样试验。

5.3 面积

用最小分度值为 1 mm 的尺测量，宽度取卷材两端和中间三处的平均值，同时在距卷材宽度方向边缘 100 mm 处测量长度，面积以宽度平均值乘以长度平均值得到，若有接头，以量出的两段长度之和减去 150 mm 计算。

5.4 单位面积质量

用最小分度值为 0.2 kg 的磅秤称量每卷卷材的质量，称量不包括卷芯，根据 5.3 得到的面积，计算单位面积质量。

5.5 厚度

厚度用分度值为 0.01 mm、压力为(20±5)kPa、接触面直径为 10 mm 的厚度计测量，轻轻落下立即读数，测量时应保证卷材平整。将卷材沿宽度方向裁取 30 mm 宽的一条，在距卷材边缘 100 mm 外，沿卷材宽度方向均匀测量五点，扣除防粘材料的厚度，以五点的平均值作为卷材的厚度。预铺 P 类卷材的主体材料厚度按 GB/T 328.5—2007 中光学法测量，每块试件测量两点，在相距 50 mm 处测量，取所有测量结果的平均值作为试验结果。

5.6 外观

按 GB/T 328.2—2007 进行。

5.7 可溶物含量

按 GB/T 328.26—2007 进行。

5.8 拉伸性能

5.8.1 P类卷材

按 GB/T 328.9—2007 方法 A 进行，夹具间距 120 mm，记录最大拉力(N)和最大拉力时的伸长率(%)，试件以膜断裂时的伸长率为膜断伸长率(%)，取五个试件的平均值，拉力单位为 N/50 mm。若拉伸试验机拉到极限试件仍不断裂，则改用夹具间距 50 mm 进行，用新试件重新试验。

5.8.2 PY类卷材

按 GB/T 328.8—2007 进行。

5.9 撕裂强度

5.9.1 P类卷材

按 GB/T 529—2008 进行，采用无割口直角形试件。

5.9.2 PY类卷材

将按表5切取的试件用切刀或割刀裁成如图1所示形状，然后在(23±2)℃下放置不少于24 h。校准试验机，拉伸速度 50 mm/min，夹具夹持宽度不小于 75 mm，将试件夹持在夹具中心，不得歪扭，上下夹具间距离为 130 mm。启动试验机，至试件拉断为止，记录最大拉力。

分别计算纵向或横向5个试件拉力的算术平均值作为卷材纵向或横向撕裂强度，单位为牛顿。

单位为毫米

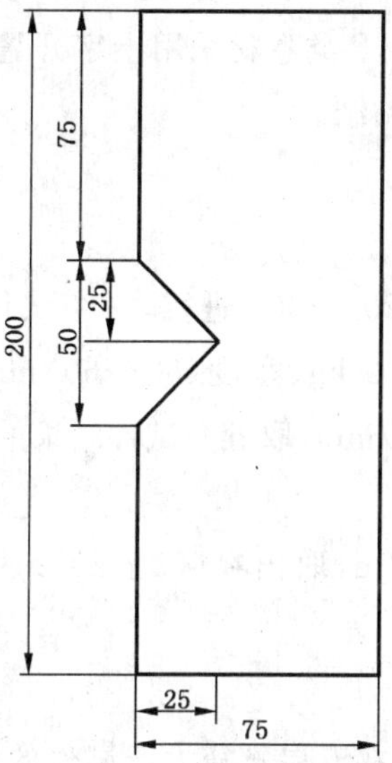

图1 撕裂试件

5.10 钉杆撕裂强度

按 GB/T 328.18—2007 进行。

5.11 冲击性能

按 GB/T 328.24—2007 进行，冲击头直径(10±0.1)mm。

5.12 静态荷载

按 GB/T 328.25—2007 进行，采用方法 B 的硬支撑，荷载 20 kg。

5.13 耐热性

按 GB/T 328.11—2007 中 B 法进行，试验温度(70±2)℃。对于P类卷材若易变形，用两个回形针并排悬挂进行。

5.14 低温弯折性

按 GB/T 328.15—2007 进行，全部采用纵向试件。

5.15 低温柔性

按 GB/T 328.14—2007 进行，湿铺 P 类产品弯曲轴直径为 20 mm，PY 类产品厚度为 3.0 mm 的弯曲轴直径为 30 mm，产品厚度为 4.0 mm 的弯曲轴直径为 50 mm。取纵向 10 个试件，五个试件上表面，五个试件下表面分别试验，每面五个试件中至少四个试件目测无裂纹为该面通过，上下两面都通过认为符合低温柔性要求。

5.16 防窜水性

5.16.1 试件制备

在卷材试件中间开一直径 10 mm 的孔，然后放入混凝土抗渗性模具中，将混凝土浇注在卷材试件的粘结面上，双面粘合的卷材采用上表面，混凝土配比满足抗渗压力 0.6 MPa，在(20±2)℃放置 24 h 脱模，再于标准养护条件养护 28 d。

5.16.2 试验步骤

将抗渗性试件装入混凝土抗渗仪，卷材面迎水，加压到 0.4 MPa，保持 24 h，以后每加压 0.1 MPa，保持 4 h，直至混凝土渗水，或达到规定的试验压力。

5.16.3 试验结果

试验结束将试件取下，揭去卷材，观察卷材粘结面有无明水渗出，无明水渗出为不窜水。

5.17 不透水性

按 GB/T 328.10—2007 方法 B 进行，P 类卷材采用十字开缝盘，PY 类卷材采用 7 孔盘，试验时间为 2 h。将防粘材料揭去，覆盖滤纸以防粘结。

5.18 卷材与卷材剥离强度

5.18.1 无处理

在(23±2)℃条件下，按 GB/T 328.20—2007 进行，一个试件的下表面与另一个试件的上表面粘结，粘合面为 50 mm×75 mm，用质量为 2 kg、宽度(50～60)mm 的压辊反复滚压三次，粘合后放置 24 h。以最大力值计算剥离强度，单位 N/mm，取五个试件结果的算术平均值作为试验结果。

5.18.2 热处理

将试件水平放入(70±2)℃烘箱中 7 d，取出在(23±2)℃放置 24 h 裁取处理后试件，按 5.18.1 进行。

5.19 渗油性

将试件下表面防粘材料去除，分别放在五层直径大于试件的中速定性滤纸上，滤纸下垫釉面砖，试件上面压 1 kg 的重物，重物接触面大于试件尺寸，然后将试件放入已调节到耐热性规定温度的烘箱中，水平放置 5 h±15 min，然后在(23±2)℃下放置 1 h，检查渗油张数。

凡有污染痕迹的滤纸都算作渗出，以三个试件中最多的渗出张数作为结果。

5.20 持粘性

在(23±2)℃条件下，将试件粘在两块表面已用溶剂清洁干净光滑的镜面不锈钢板上，上板的不锈钢板上的粘结面积(50×50)mm，试件粘贴部位不允许接触手和其他物体，然后用质量为 2 kg、宽度(50～60)mm 的压辊反复滚压三次。

在(23±2)℃，将粘结好的试件放置 24 h 后，如图 2 所示方向垂直悬挂，在下板下端挂 1 kg 的重物(包括下板质量)，开始记录时间，记录试件从上板完全剥下所需时间，单位 min。取五个试件试验结果的平均值。若大于 60 min 未剥落，记录为大于 60 min。

双面自粘产品两面分别进行。

1——不锈钢板；

2——试件；

3——重物。

图 2 持粘性

5.21 与后浇混凝土剥离强度/与水泥砂浆剥离强度

混凝土配合比为：强度等级 42.5 普通硅酸盐水泥：中砂：石子（5 mm～20 mm 碎石）：水＝1：1.3：2.5：0.5

水泥砂浆配合比为：强度等级 42.5 普通硅酸盐水泥：中砂：水＝1：2：0.4

5.21.1 无处理

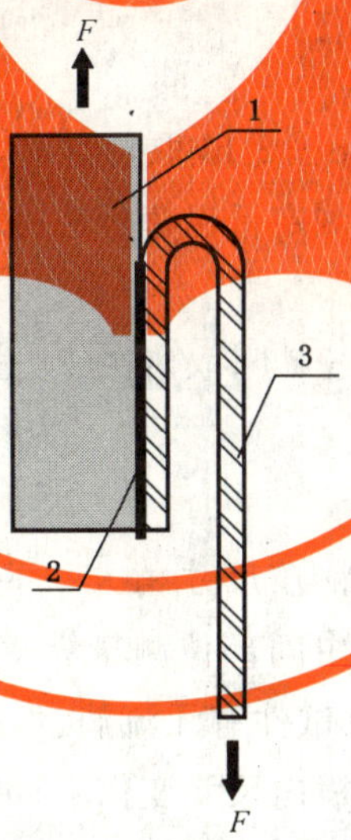

1——后浇混凝土/水泥砂浆；

2——粘结面（100×50）mm；

3——卷材。

图 3 与后浇混凝土/水泥砂浆剥离强度示意图

5.21.1.1 试件粘结面尺寸为（100×50）mm，将试件粘结面的防粘材料除去，将试件平放在模具的底部，粘结面朝上（双面粘合的，预铺卷材采用上表面，湿铺卷材采用下表面进行），然后将混凝土或水泥砂浆拌合物倒入模具，在振动台上振实，厚度约 50 mm（见图 3）。在（20±2）℃放置 24 h 脱模，在标准养护条件养护到 7 d。

5.21.1.2 试件在(23±2)℃下放置4 h,将混凝土或水泥砂浆板装在试验机一端的夹具上,将未粘接卷材一端翻转180°夹在试验机另一端的夹具中,使试件的纵向轴线与拉伸试验机及夹具的轴线重合,见图3。夹具间距离至少为100 mm,不承受预荷载。试验在(23±2)℃进行,拉伸速度(100±10)mm/min。连续记录拉力直至试件分离。

按GB/T 328.20—2007计算平均剥离强度,单位为N/mm。

5.21.2 水泥粉污染表面

将强度等级42.5的普通硅酸盐水泥粉满撒在平放的卷材粘结面上,保持7 d,然后用水冲洗表面的水泥粉,再按5.21.1进行。

5.21.3 泥沙污染表面

将粒径不超过0.20 mm的沙土撒在平放的卷材粘结面上,保持7 d,然后用水冲洗表面的沙土,再按5.21.1进行。

5.21.4 紫外线老化

将试件的粘合面朝向光源,揭除表面的防粘材料,放入GB/T 16777—2008中9.1.4要求的紫外线箱中采用300 W直形汞灯照射10 d,取出在(23±2)℃放置24 h,然后裁取(300×50)mm的五个试件,再按5.21.1进行。

5.21.5 热老化

将试件水平放入(70±2)℃烘箱中7 d±2 h,取出在(23±2)℃放置24 h,然后裁取(300×50)mm的五个试件,再按5.21.1进行。

5.22 与后浇混凝土浸水后剥离强度/与水泥砂浆浸水后剥离强度

按5.21.1.1养护制备试件,浸入(23±2)℃的水中28 d。然后按5.21.1.2进行。

5.23 热老化

5.23.1 P类卷材

将试件水平放入(70±2)℃烘箱中7 d±2 h,取出在(23±2)℃放置24 h裁取试件。将试件按5.8.1测定拉伸性能,计算保持率;按5.14测定低温弯折性;按5.15测定低温柔性。

5.23.2 PY类卷材

将试件水平放入(70±2)℃烘箱中7 d±2 h,取出在(23±2)℃放置24 h。按5.8.2测定拉伸性能,计算保持率;按5.15测定低温柔性。

5.24 热稳定性

去除试件下表面的防粘材料,将试件粘在尺寸稍大一些的胶合板上,用质量为2 kg、宽度(50~60)mm的压辊反复滚压三次,在试件两端中间部位测量纵横向尺寸,然后将试件与水平面成30°放入(70±2)℃烘箱中24 h后取出,观察并记录试件有无流淌、面膜滑动、中间起鼓现象,边缘的翘曲不计。测量试件纵向、横向尺寸,分别计算纵向和横向尺寸变化率。

6 检验规则

6.1 检验分类

按检验类型分为出厂检验和型式检验。

6.1.1 出厂检验

出厂检验项目见表6。

表 6 出厂检验项目

序号	项目	Y		W	
		P	PY	P	PY
1	面积、厚度	√	√	√	√
2	单位面积质量	—	√	—	√
3	外观	√	√	√	√
4	可溶物含量	—	√	—	√
5	拉力	√	√	√	√
6	膜断裂伸长率	√	—	—	—
7	最大拉力时的伸长率	—	√	√	√
8	撕裂强度	—	—	√	√
9	钉杆撕裂强度	√	√	—	—
10	低温弯折性	√	—	—	—
11	低温柔性	—	√	√	√
12	耐热性	√	√	√	√
13	渗油性	—	√	√	√
14	持粘性	—	—	√	√

6.1.2 型式检验

型式检验项目包括第 4 章要求中所有规定，在下列情况下进行型式检验：

a) 新产品投产或产品定型鉴定时；

b) 正常生产时，每年进行一次；

c) 原材料、工艺等发生较大变化，可能影响产品质量时；

d) 出厂检验结果与上次型式检验结果有较大差异时；

e) 产品停产 6 个月以上恢复生产时。

6.2 组批

以同一类型、同一规格 10 000 m^2 为一批，不足 10 000 m^2 亦作为一批。

6.3 抽样

在每批产品中随机抽取五卷进行面积、单位面积质量、厚度、外观检查。

在上述检查合格后，从中随机抽取一卷取至少 1.5 m^2 的试样进行物理力学性能检测。

6.4 判定规则

6.4.1 面积、单位面积质量、厚度、外观

面积、单位面积质量、厚度、外观均符合 4.1、4.2 规定时，判其单位面积质量、厚度、面积、外观合格。对不合格的项目，允许在该批产品中随机另抽五卷重新检验，全部达到标准规定即判其面积、单位面积质量、厚度、外观合格，若仍有不符合标准规定的即判该批产品不合格。

6.4.2 物理力学性能

试验结果符合 4.3 规定，判该批产品物理力学性能合格。若其中仅有一项不符合标准规定，允许在该批产品中随机另抽一卷进行单项复测，合格则判该批产品物理力学性能合格，否则判该批产品物理力学性能不合格。

6.4.3 总判定

试验结果符合标准第 4 章全部要求时判该批产品合格。

7 标志、包装、贮存与运输

7.1 标志

产品外包装上应包括：

a) 产品名称；

b) 生产商名、地址；

c) 商标；

d) 产品标记；

e) 生产日期或批号；

f) 贮存与运输注意事项；

g) 检验合格标识。

7.2 包装

产品采用适于贮存和运输的方式包装。

7.3 贮存与运输

贮存与运输时，不同类型、规格的产品应分别堆放，不应混杂。避免日晒雨淋，注意通风。贮存温度不应高于 45 ℃，卷材平放贮存时码放高度不超过五层，立放贮存时单层堆放。

运输时防止倾斜或侧压，必要时加盖苫布。

在正常运输、贮存条件下，贮存期自生产之日起至少为一年。

ICS 93.080.20
Q 31

GB

中华人民共和国国家标准

GB/T 23458—2009

广场用陶瓷砖

Ceramic tile for plaza

2009-03-28 发布　　2010-01-01 实施

中华人民共和国国家质量监督检验检疫总局
中国国家标准化管理委员会　发布

前　言

本标准与 JIS A 5209:2008《陶瓷砖》的一致性程度为非等效。

本标准由中国建筑材料联合会提出。

本标准由全国建筑卫生陶瓷标准化技术委员会(SAC/TC 249)归口。

本标准负责起草单位:咸阳陶瓷研究设计院、广东宏陶陶瓷有限公司、广东省佛山市技术监督标准与编码所。

本标准参加起草单位:国家建筑卫生陶瓷质量监督检验中心、广东宏宇陶瓷有限公司、广东宏威陶瓷实业有限公司。

本标准主要起草人:刘幼红、卢广坚、张卫星、欧家瑞、许春才、温伟明、杨继芳。

本标准为首次发布。

广场用陶瓷砖

1 范围

本标准规定了广场用陶瓷砖的术语和定义、技术要求、试验方法、检验规则、标志、使用说明书、包装、运输及贮存。

本标准适用于广场、步行街、社区园林等室外场所地面装饰铺贴的陶瓷制品。

2 规范性引用文件

下列文件中的条款通过本标准的引用而成为本标准的条款。凡是注日期的引用文件，其随后所有的修改单(不包括勘误的内容)或修订版均不适用于本标准，然而，鼓励根据本标准达成协议的各方研究是否可使用这些文件的最新版本。凡是不注日期的引用文件，其最新版本适用于本标准。

GB/T 2480—2008　普通磨料　碳化硅

GB/T 3810.1　陶瓷砖试验方法　第1部分:抽样和接收条件

GB/T 3810.2　陶瓷砖试验方法　第2部分:尺寸和表面质量的检验

GB/T 3810.3　陶瓷砖试验方法　第3部分:吸水率、显气孔率、表观相对密度和容重的测定

GB/T 3810.4　陶瓷砖试验方法　第4部分:断裂模数和破坏强度的测定

GB/T 3810.9　陶瓷砖试验方法　第9部分:抗热震性的测定

GB/T 3810.13　陶瓷砖试验方法　第13部分:耐化学腐蚀性的测定

GB/T 3810.14　陶瓷砖试验方法　第14部分:耐污染性的测定

GB 6566　建筑材料放射性核素限量

GB/T 9195　陶瓷砖和卫生陶瓷分类及术语

3 术语和定义

GB/T 9195中确立的及以下术语和定义适用于本标准。

3.1

广场用陶瓷砖　the ceramic tile for plaza

用无机非金属粉料、粒料混合压制成形，经高温烧制而成的用于广场、步行街、社区园林等室外场所地面装饰的陶瓷制品。

注：边长/厚度(L/d)不小于5。

4 技术要求

4.1 外观质量

4.1.1 表面缺陷

至少95%的砖其主要区域无明显缺陷。

4.1.2 色差

应无明显色差。

注：以装饰目的出现的不规则颜色变化、斑点、色斑等不认为是色差缺陷。

4.2 尺寸偏差

产品的厚度由制造商确定。产品的尺寸允许偏差应符合表1的规定。特殊要求的尺寸偏差可由供

需双方协商。

表 1 产品允许尺寸偏差

<table>
<tr><td colspan="2" rowspan="2">尺寸类别</td><td colspan="4">产品上表面积 S/cm^2</td></tr>
<tr><td>$S \leqslant 90$</td><td>$90 < S \leqslant 190$</td><td>$190 < S \leqslant 410$</td><td>$S > 410$</td></tr>
<tr><td rowspan="3">长度和宽度</td><td>每块砖(2 条或 4 条边)的平均尺寸相对于工作尺寸(W)的允许偏差/%</td><td>±1.5</td><td>±1.2</td><td>±0.75</td><td>±0.6</td></tr>
<tr><td>每块砖(2 条或 4 条边)的平均尺寸相对于 10 块砖(20 条或 40 条边)平均尺寸的允许偏差/%</td><td>±1.2</td><td>±1.0</td><td>±0.5</td><td>±0.5</td></tr>
<tr><td colspan="5">制造商应选用以下尺寸:
a) 模数砖名义尺寸连接宽度允许在(2~5)mm 之间;
b) 非模数砖工作尺寸与名义尺寸之间的偏差不大于±2%,最大 5 mm。</td></tr>
<tr><td>厚度</td><td>每块砖厚度的平均值相对于工作尺寸的允许偏差/%</td><td colspan="2">±10</td><td colspan="2">±7.5</td></tr>
<tr><td colspan="2">边直度[a](正面)
相对于工作尺寸的最大允许偏差/%</td><td>±0.75</td><td>±0.5</td><td>±0.5</td><td>±0.5</td></tr>
<tr><td colspan="2">直角度[a]
相对于工作尺寸的最大允许偏差/%</td><td>±1.0</td><td>±0.6</td><td>±0.6</td><td>±0.6</td></tr>
<tr><td rowspan="3">表面平整度[b]
最大允许
偏差/%</td><td>a) 相对于由工作尺寸计算的对角线的中心弯曲度</td><td>±1.0</td><td>±0.5</td><td>±0.5</td><td>±0.5</td></tr>
<tr><td>b) 相对于工作尺寸的边弯曲度</td><td>±1.0</td><td>±0.5</td><td>±0.5</td><td>±0.5</td></tr>
<tr><td>c) 相对于由工作尺寸计算的对角线的翘曲度</td><td>±1.0</td><td>±0.5</td><td>±0.5</td><td>±0.5</td></tr>
<tr><td colspan="6">a) 不适用于有弯曲形状的砖。
b) 不适用于砖的表面有意制造的不平整效果。</td></tr>
</table>

4.3 吸水率

吸水率平均值不大于 5.0%,单值不大于 5.5%。

4.4 破坏强度和断裂模数

4.4.1 破坏强度

破坏强度的平均值不小于 1 500 N。

4.4.2 断裂模数

断裂模数的平均值不小于 20 MPa;单值不小于 18 MPa。

4.5 耐磨性

经试验后磨损量不大于 0.1 g。

4.6 抗热震性

经试验后应无裂纹或破损。

4.7 抗冻性

用于冷冻环境下的产品,经抗冻试验后应无裂纹、剥落或破损,强度损失量不大于 20.0%。

4.8 化学性能

4.8.1 耐化学腐蚀性

4.8.1.1 耐低浓度酸和碱

经试验后应不低于 ULB 级。

4.8.1.2 耐高浓度酸和碱

若准备将产品在有可能受强腐蚀性的环境下使用时，应进行高浓度酸和碱的耐化学腐蚀性试验。经试验后应不低于 UHB 级。

4.8.2 耐污染性

制造商应报告耐污染级别；有特殊要求时，可由供需双方商定耐污染等级。

4.9 防滑性

防滑坡度不低于 12°。

4.10 放射性核素限量

应符合 GB 6566 的要求。

5 试验方法

用测量值或计算值判定本标准中的极限数值时，采用修约值比较法。

5.1 表面质量

5.1.1 表面缺陷

按照 GB/T 3810.1 的相关规定准备试验样品，将试样平铺成不小于 1 m^2 的正方形，用照度为 300 lx的灯光均匀照射在所检样品的正面表面，在垂直距离为 2 m 处目测，观察被检砖的表面缺陷。

5.1.2 色差

按照 GB/T 3810.1 的相关规定准备试验样品，将试样平铺成不小于 2 m^2 的正方形，用照度为 300 lx的灯光均匀照射在所检样品的正面表面，在垂直距离为 2 m 处用目测，观察被检砖组表面有无明显色差。

5.2 尺寸偏差

按 GB/T 3810.2 的规定进行。

5.3 吸水率

按 GB/T 3810.3 中真空法的规定进行。

5.4 破坏强度和断裂模数

按 GB/T 3810.4 的规定进行。

5.5 耐磨性

5.5.1 试验装置

图 1 所示的落砂耐磨试验装置。

单位为毫米

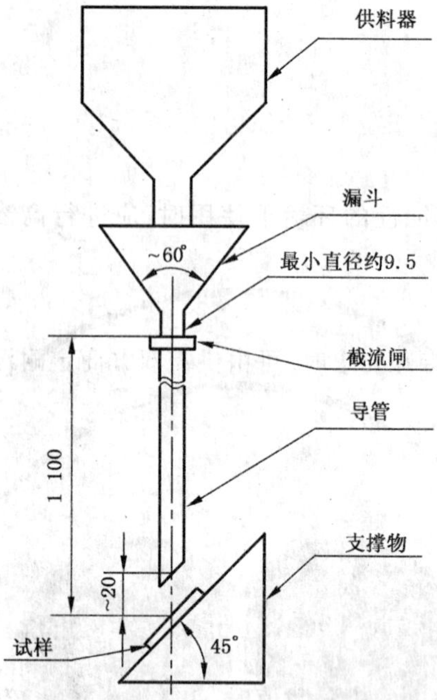

图1　落砂耐磨试验装置

5.5.2　试验磨料

应符合 GB/T 2480—2008 中规定的粒度为 F20 的碳化硅 C。

5.5.3　试验步骤

由三块产品上制取 40 mm×40 mm 的试样。称量试样的质量，精确到 0.01 g。将试验安装在试验装置上，使试样表面与水平面成 45°状态，在不少于 8 min 的时间内，将 10 kg 磨料从 1 100 mm 高处自由下落至试验表面。然后用软毛刷将附着在试样上的粉末清除干净，称量磨损后试样的质量，精确到 0.01 g。计算试验前后的质量差，这时样品所减少的质量为磨损量。

5.6　抗热震性

按 GB/T 3810.9 的规定进行。

5.7　抗冻性

5.7.1　样品

抽取 10 块整砖，其中 5 块进行冻融试验，5 块用作对比样品。

5.7.2　试验步骤

在试验前，应用永久性染色剂对缺陷做出标记，必要时应记录其缺陷情况。

将试样放入温度为 20 ℃±10 ℃的水中浸泡 24 h。浸泡时水面应高出试样约 20 mm。

从水中取出试样，用拧干的湿毛巾擦去表面附着水，即可放入预先降温至 $-15_{-5}^{\ 0}$℃的冷冻设备内，试样的间隔不小于 20 mm。由装样品至试验温度重新达到 −15 ℃时所需时间不应大于 2 h，此时开始计时，至 3 h 后，取出试样，立即放入 20 ℃±10 ℃的水中融解 2 h。该过程为一次冻融循环。依此法进行 25 次冻融循环。

完成 25 次冻融循环后，从水中取出试样，用拧干的湿毛巾擦去表面附着水，检查并记录试样表面剥落、分层、裂纹及裂纹延长的情况。

然后按本标准规定方法进行断裂模数试验。

5.7.3　结果计算

冻融试验后强度损失率按式(1)计算：

$$\Delta R = \frac{R - R_0}{R} \times 100 \qquad \cdots\cdots(1)$$

式中：

ΔR——冻融循环后的强度损失率，单位为百分数(%)；

R——对比样品断裂模数平均值，单位为兆帕(MPa)；

R_0——冻融试验后样品断裂模数平均值，单位为兆帕(MPa)。

5.8 化学性能

5.8.1 耐低浓度酸和碱

按 GB/T 3810.13 中无釉砖的规定进行。

5.8.2 耐高浓度酸和碱

按 GB/T 3810.13 中无釉砖的规定进行。

5.8.3 耐污染性

按 GB/T 3810.14 中无釉砖的规定进行。

5.9 防滑性

测试装置是一个光滑、抗变形的长 2 000 mm，宽 300 mm 平板，可在 0°～45° 间调节，并有安全防护装置。测试时将试样放置在平板上，在试样上连续流过浓度为 1g/L，流量为(6 L±1 L)/min 的中性润湿水溶液。测试者为赤足的成年人(质量在 80 kg±5 kg 范围内)，双脚保持湿润在试样上行走，步幅为半个脚掌，二人各四次进行测试，以能行走的极限平均值为最终结果。

5.10 放射性核素限量

按 GB 6566 的规定进行。

6 检验规则

6.1 检验分类

检验分出厂检验和型式检验。

6.1.1 出厂检验

出厂检验项目包括外观质量、尺寸偏差、吸水率、破坏强度和断裂模数。

6.1.2 型式检验

型式检验包括本标准技术要求的全部项目。

有下列情况之一时，应进行型式检验：

a) 新产品试制定型鉴定；

b) 生产工艺发生较大改变，可能影响产品性能时；

c) 正常生产时，每年至少进行一次；

d) 出厂检验结果与上次型式检验结果有较大差异时。

6.2 检验批

应按 GB/T 3810.1 的规定进行。

6.3 抽样和接收

放射性核素限量应按 GB 6566 的规定进行；

防滑性试验采用一次抽样方案，应由检验批中随机抽取不少于 1 m² 的产品进行试验，以本标准5.9 中最终结果按 4.9 规定进行判定。

其他各项检验的抽样样本量及接收应按 GB/T 3810.1 的规定进行。

7 标志、使用说明书

7.1 标志

7.1.1 产品应有清晰的商标，包装箱上应有企业名称和地址、产地、产品名称、执行标准编号、商标、规格(名义尺寸和工作尺寸)、数量、生产日期。

7.1.2 产品质量合格证。

产品出厂时,每箱产品应附有产品出厂合格证。

7.2 使用说明书

为方便使用,供货方应提供产品的铺贴安装说明书,合同有要求时应提供相关检验报告。

8 包装运输及贮存

8.1 包装

产品包装应保证产品在搬运过程中不破损,并符合相关包装标准的要求。特殊要求的包装可由供需双方协商。

8.2 运输

产品装、卸应轻拿轻放,严禁抛、掷。运输时应避免碰撞。包装后在室外存放时应有防雨措施。

8.3 贮存

产品贮存场地应平整、坚实。应按品种、规格分别堆放。

ICS 81.100
Q 30

中华人民共和国国家标准

GB/T 23459—2009

陶瓷工业窑炉热平衡、热效率测定与计算方法

Measurement and calculation method of heat balance and thermal efficiency for ceramic industrial kiln

2009-03-28 发布 2010-01-01 实施

中华人民共和国国家质量监督检验检疫总局
中国国家标准化管理委员会 发布

前　言

本标准的附录 A、附录 B、附录 C 为资料性附录。

本标准由中国建筑材料联合会提出。

本标准由全国建筑卫生陶瓷标准化技术委员会(SAC/TC 249)归口。

本标准负责起草单位:咸阳陶瓷研究设计院。

本标准参加起草单位:潮州市陶瓷行业协会。

本标准主要起草人:温伟明、蔡镇城、刘继武。

请注意本标准的某些内容有可能涉及专利。本标准的发布机构不应承担识别这些专利的责任。

本标准自实施之日起,JC/T 763—2005《陶瓷工业隧道窑热平衡热效率测定与计算方法》废止。

陶瓷工业窑炉热平衡、热效率测定与计算方法

1 范围

本标准规定了陶瓷工业窑炉的热平衡、热效率的测定与计算方法。

本标准适用于使用液体和气体燃料生产陶瓷产品的梭式窑、隧道窑热平衡、热效率的测定与计算。对于其他形式窑炉热平衡、热效率的测定与计算也可参照采用本标准。

2 规范性引用文件

下列文件中的条款通过本标准的引用而成为本标准的条款。凡是注日期的引用文件，其随后所有的修改单(不包括勘误的内容)或修订版均不适用于本标准，然而，鼓励根据本标准达成协议的各方研究是否可使用这些文件的最新版本。凡是不注日期的引用文件，其最新版本适用于本标准。

GB/T 384　石油产品热值测定法

GB/T 12206　城镇燃气热值和相对密度测定方法

3 体系划分、计算基准、测试时间、基准温度及方框图

3.1　窑炉热平衡体系，只取窑体本身。

3.2　以 1 t 出窑成品的热量消耗为计算基准。隧道窑在热稳定情况下进行测定计算，梭式窑则将一个周期划分为若干阶段分别测定，取其平均值计算。

注：本标准中 m^3 为标准立方米符号。

3.3　以车间环境温度为基准温度。

3.4　热平衡方框图

热平衡计算前，为防止热收、支项目的重复和遗漏，根据窑炉具体情况详细作出热平衡方框图，见图 1热平衡方框示意图。

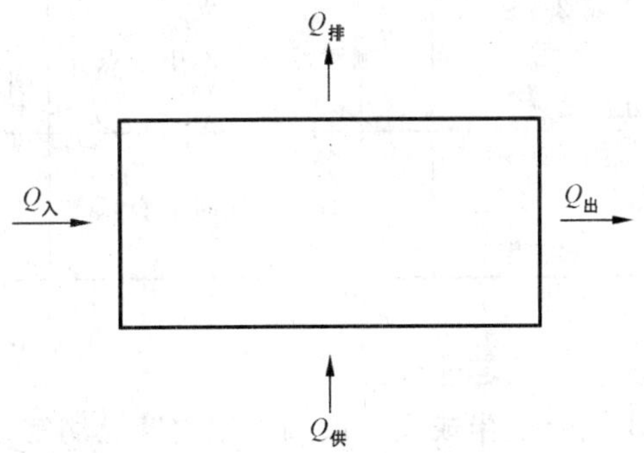

$Q_{入}$、$Q_{出}$——分别表示物料带入和带出的能量；

$Q_{供}$、$Q_{排}$——分别表示供入和排出体系的能量。

图 1　热平衡方框示意图

4 测定内容及测定方法

4.1　燃料

其测定内容和测定方法按表 1 的规定进行。

表 1　燃料测定内容及测定方法

测定内容	测定时间	测点位置	测定方法
组成/%	在测定周期内择时取样	入窑前利用旁路管道取样	液体燃烧作元素分析，气体燃料用气体分析仪或其他仪器作全分析
低位发热量/(kJ/kg 或 kJ/m³)	在测定周期内择时取样		按 GB/T 384 和 GB/T 12206 或其他方法实测
温度/℃	油、气燃料应全周期记录	入窑前管道上测定	用玻璃温度计、电阻温度计或其他仪器测量，取平均值
燃料消耗量/(kg/h 或 m³/h)	全测定周期	入窑前管道上测定	油用流量计或液位计测量，气用流量计测量。煤气流量也可用毕托管及其他仪器测量或通过对煤气发生炉作物料衡算求得，瓶装气用磅秤称量

4.2　助燃空气、冷却空气及烟气

其测定内容和测定方法按表 2 的规定进行，流量也可用其他方法直接测定。

表 2　助燃空气、冷却空气及烟气测定内容及测定方法

测定内容		测定时间	测点位置	测定方法
助燃及冷却空气	动压/Pa	隧道窑：每隔 2 h～4 h 测一次 梭式窑：分阶段测定	总管道直管部位(＞3*D*)按附录 C 确定测点数	用毕托管、微压计或用其他仪器测定
	温度/℃	隧道窑：每隔 2 h～4 h 测一次 梭式窑：分阶段测定	离窑 1 m～2 m 处管道截面中心点	用热电偶或 0 ℃～300 ℃水银温度计或用其他仪器测定
烟气	动压/Pa	隧道窑：每隔 2 h～4 h 测一次 梭式窑：分阶段测定	在汇总烟道直管部位(＞3*D*)可按附录 C 确定测点数	用毕托管、微压计或用其他仪器测定
	组成/%	隧道窑：每隔 2 h～4 h 测一次 梭式窑：分阶段测定	测动压的截面中心点	用气体分析仪或其他仪器测量
	温度/℃	隧道窑：每隔 2 h～4 h 测一次 梭式窑：分阶段测定	测动压的截面中心点	用热电偶或 0 ℃～300 ℃水银温度计或其他仪器测定
	湿度/%	隧道窑：每隔 2 h～4 h 测一次 梭式窑：分阶段测定	测动压的截面中心点	用湿含量测定仪测定

4.3　生坯(半成品)、成品

其测定内容和测定方法按表 3 的规定进行。

表 3　生坯(半成品)、成品测定内容及测定方法

测定内容		测定时间	测点位置	测定方法
生坯(半成品)	粘土含量/%			由配方得到。
	质量 对隧道窑/(kg/h) 对梭式窑/kg	隧道窑：全周期； 梭式窑：装窑时		隧道窑：根据各品种的单坯质量、数量抽取称量，按入(窑)车速度计算得出； 梭式窑：按各品种的质量、数量抽取称量并计算

表 3（续）

测定内容		测定时间	测点位置	测定方法
生坯（半成品）	入窑温度/℃	隧道窑：每隔 2 h～4 h 测一次； 梭式窑：装窑时	窑车最上层和中部或辊道左、中、右处的坯体	用表面温度计或点温计测定
	吸附水分/%	隧道窑：每隔 2 h～4 h 测一次； 梭式窑：装窑时		用精度为 0.01 g 的天平测定坯体并计算
	结晶水分/%	隧道窑：每隔 2 h～4 h 测一次； 梭式窑：装窑时		用化学分析测取
成品	出窑产品质量/(t/h)	隧道窑：每隔 2 h～4 h 测量； 梭式窑：出窑时	各类型成品各取 3 件(片)	隧道窑：分品种称，取平均值后再按总数和进车速度计算； 梭式窑：分品种按总数计算
	隧道窑出窑产品温度/℃	窑车出窑 5 min 内测定	窑车前、后、左、右及中部或辊道左、中、右处的成品	用表面温度计或点温计测定
	最高烧成温度/℃	隧道窑：全周期； 梭式窑：高温保温阶段	隧道窑：烧成带最高温度断面上； 梭式窑：窑门上部附近	用铂铑-铂热电偶、三角锥、测温环等测定

4.4 匣钵、窑具及窑车

其测定内容和测定方法按表 4 的规定进行。

表 4 匣钵、窑具及窑车测定内容及测定方法

测定内容		测定时间	测点位置	测定方法
匣钵和窑具	质量/kg	隧道窑：每隔 2 h～4 h 测一次； 梭式窑：装窑时	按品种各抽取 3 件	隧道窑：分品种称，取平均值后再按总数和进车速度计算； 梭式窑：分品种按总数计算
	匣钵窑具出入窑平均温度/℃	隧道窑：窑车出窑后及入窑前 5 min 内测定； 梭式窑：装窑时	窑车前、后、左、右、中部测量，取平均值	用表面温度计或点温计测定
窑车	金属及耐火材料质量/(kg/车)	进窑前		地磅上称量
	金属部分出入窑温度/℃	隧道窑：每隔 2 h～4 h 测一次，出入窑 5 min 内测量； 梭式窑：进窑前	测前、后及轮三个点，取平均值	用表面温度计或点温计测定
	耐火材料出入窑温度/℃	隧道窑：每隔 2 h～4 h 测一次，出入窑 5 min 内测量； 梭式窑：进窑前	测表面四个角和中心五个点取平均值为表面温度；四面衬砖内部中心四个点取平均值为内部温度，再取内外平均值	用表面温度计或点温计测定
	隧道窑：进车速度/(车/h)； 梭式窑：装车数/(车/窑)			

4.5 窑墙、窑顶

其测定内容和测定方法按表5的规定进行。

表5 窑墙、窑顶测定内容及测定方法

测定内容			测定时间	测点位置	测定方法
窑墙、窑顶	隧道窑	外表面温度/℃或热流/(W/m^2)	测试开始时进行	先用点温计或表面温度计找出表面温度变化相近的区域定为一测区，原则上测区长度不超过20 m，或温差不超过10 ℃。各测区选若干测点取平均值	用表面温度计、点温计测取表面温度平均值，或用热流计测取平均值
	梭式窑	内表面温度/℃	点火前	选有体表性若干测点	用表面温度计、点温计测取表面温度，取平均值
			高温及保温阶段	选有体表性若干测点	用制品表面温度作为内表面温度，或用热电偶分别测取各层不同材质温度
		外表面温度/℃	点火前	选有体表性若干测点	用表面温度计、点温计测取表面温度，取平均值
			高温及保温阶段	选有体表性若干测点	用表面温度计、点温计测取表面温度，取平均值
		质量/kg		按图纸计算或实测	由实测尺寸及密度(参见附录A的表A.2)计算质量
	周围空气温度/℃		每隔2 h～4 h测一次	隧道窑：每隔2 h～4 h； 梭式窑：全周期内各烧成阶段； 在距窑外1 m处若干有代表性的点测一次，测量后平均值	用玻璃温度计或其他仪器测定
	表面积/m^2		测试开始时进行		用米尺或其他仪器测定后计算

4.6 热平衡项目及热平衡表见表6。由于窑炉种类很多，燃料不一，工艺过程也有所不同，可根据具体情况对表6中的收、支项目进行增删。

表6 热平衡项目及热平衡表

热量收入[a] Q			热量支出 Q'			
项目	热量/kJ	%	项目		热量/kJ	%
燃料燃烧热 Q_1			隧道窑成品带出显热	Q'_1		
			梭式窑坯体加热到烧成温度所需热量			
燃料显热 Q_2			坯体水分蒸发和加热水蒸气耗热 Q'_2			
匣钵及窑具带入显热 Q_3			坯体烧成过程分解粘土耗热 Q'_3			

表 6（续）

热量收入[a] Q			热量支出 Q'		
项　　目	热量/kJ	%	项　　目	热量/kJ	%
窑车带入显热 Q_4			隧道窑冷却带抽出热风带出显热 Q'_4		
生坯带入显热 Q_5			隧道窑匣钵和窑具带出显热 梭式窑加热匣钵和窑具所需热量 Q'_5		
重油雾化用蒸汽或乳化用水带入显热 Q_6			隧道窑窑车带出显热 Q'_6		
用于气幕的回收热风带入显热 Q_7			烟气带出显热 Q'_7		
梭式窑升温前窑体蓄积热量 Q_8			化学不完全燃烧热损失 Q'_8		
			窑体表面散热损失 Q'_9		
			梭式窑烧成温度下窑体蓄积热量 Q'_{10}		
			其他散热损失 Q'_{11}		
合计		100	合计		100

[a] 以环境温度为基准，助燃空气、急冷冷风、窑尾冷风、不严密处漏入空气、车下渗入冷风等热收入项目为零，表中未列出。

5 热平衡计算方法

5.1 热收入

5.1.1 燃料燃烧热 Q_1(kJ)

$$Q_1 = m_r \times Q_{DW}^y \tag{1}$$

式中：

m_r——1 t 成品的燃料消耗量，kg 或 m^3；

Q_{DW}^y——应用基时燃料的低位发热量，kJ/kg 或 kJ/m^3，以实测为准。

5.1.2 燃料显热 Q_2(kJ)

$$Q_2 = m_r \times c_r \times (t_r - t) \tag{2}$$

式中：

c_r——燃料的比热容，kJ/(kg·℃)或 kJ/(m^3·℃)；

t_r——燃料入窑温度，℃；

t——基准温度，℃。

液体燃料的比热容按实测或按式(3)计算，气体燃料的比热容按实测或按式(4)计算。

$$c_r = 1.735 + 0.0025 \times t_r \tag{3}$$

$$c_r = 0.01\sum(\varphi_i \times c_i) \tag{4}$$

式中：

φ_i——各气体成分在燃料或烟气中的体积分数；

c_i——各气体成分的平均比热容，kJ/(m^3·℃)，参见附录 A 表 A.1。

5.1.3 匣钵及窑具带入显热 Q_3(kJ)

$$Q_3 = m_b \times c_b \times (t_b - t) \tag{5}$$

式中：

m_b——1 t 成品需要的匣钵及窑具质量，kg；

c_b——匣钵及窑具的比热容，kJ/(kg·℃)，参见附录 A 表 A.2；

t_b——匣钵及窑具入窑的温度，℃。

5.1.4 窑车带入显热 Q_4(kJ)

$$Q_4 = m_j \times c_j \times (t_j - t) + m_n \times c_n \times (t_n - t) \quad \cdots\cdots (6)$$

式中：

m_j、m_n——分别表示 1 t 成品的窑车金属、耐火材料的质量，kg；

c_j、c_n——分别表示窑车金属、耐火材料的比热容，kJ/(kg·℃)，参见附录 A 表 A.2；

t_j、t_n——分别表示窑车金属和耐火材料入窑的温度，℃。

5.1.5 生坯带入显热 Q_5(kJ)

$$Q_5 = m_{sp} \times c_{sp} \times (t_{sp} - t) \quad \cdots\cdots (7)$$

式中：

m_{sp}——1 t 成品的生坯质量，kg；

c_{sp}——生坯的平均比热容，kJ/(kg·℃)，参见附录 A 表 A.2；

t_{sp}——生坯入窑温度，℃。

5.1.6 重油雾化用蒸汽或乳化用水带入显热 Q_6(kJ)

$$Q_6 = m_r \times \frac{m_s}{m_z} \times c_s \times (t_s - t) \quad \cdots\cdots (8)$$

式中：

m_s——重油雾化用蒸汽或乳化用水量，kg/h；

m_z——1 h 的重油消耗量，kg/h；

c_s——水蒸气的比热容 1.93 kJ/(kg·℃)或水的比热容 4.181 6 kJ/(kg·℃)；

t_s——重油雾化用蒸汽或乳化用水温度，℃。

5.1.7 用于气幕的回收热风带入显热 Q_7(kJ)

$$Q_7 = V_q \times c_q \times (t_q - t) \quad \cdots\cdots (9)$$

式中：

V_q——1 t 成品的气幕热风量，m^3，其计算参见附录 C；

c_q——气幕热风的比热容，kJ/(m^3·℃)，参见附录 A 表 A.1 或按式(10)计算；

t_q——吸入热风温度，℃。

$$c_q = 1.284 + 0.000\,119\,9 \times t_q \quad \cdots\cdots (10)$$

5.1.8 梭式窑升温前窑体蓄积热量 Q_8(kJ)

$$Q_8 = \frac{\sum[m_p \times c_p \times (t_p - t)]}{m} \quad \cdots\cdots (11)$$

式中：

m_p——梭式窑窑体各部分(顶、墙、底)耐火材料的质量，kg；

c_p——梭式窑窑体各耐火材料的平均比热容，kJ/(kg·℃)，参见附录 A 表 A.2；

t_p——梭式窑窑体内、外表面的平均温度，℃；

m——成品的总质量，t。

5.2 **热支出**

5.2.1 隧道窑成品带出显热 Q'_1(kJ)

$$Q'_1 = 1\,000 \times c_c \times (t_c - t) \quad \cdots\cdots (12)$$

式中：

c_c——成品的平均比热容，kJ/(kg·℃)，参见附录A表A.2；

t_c——窑出口处成品的温度，℃。

梭式窑坯体加热到烧成温度所需热量Q'_1(kJ)

$$Q'_1 = 1\,000 \times c_c \times (t_{zg} - t_{sp}) \quad \cdots\cdots(13)$$

式中：

t_{zg}——产品的最高烧成温度，℃。

5.2.2 坯体水分蒸发和加热水蒸气耗热Q'_2(kJ)

$$Q'_2 = (m_x + m_j) \times [2\,490 + 1.93 \times (t_y - t)] \quad \cdots\cdots(14)$$

式中：

m_x——1 t成品入窑坯体中所含吸附水量，kg；

m_j——1 t成品入窑坯体中所含结晶水量，kg；

2 490——在0 ℃时，1 kg水蒸气汽化所需潜热，kJ/kg；

1.93——在烟气离窑温度范围内水蒸气的平均比热容，kJ/(kg·℃)；

t_y——离窑烟气的温度，℃。

5.2.3 坯体烧成过程分解黏土耗热Q'_3(kJ)

$$Q'_3 = m_t \times q_f \quad \cdots\cdots(15)$$

式中：

m_t——1 t成品生坯中的黏土量，kg；

q_f——分解1 kg黏土所需热，为1 088 kJ/kg。

5.2.4 隧道窑冷却带抽出热风带出显热Q'_4(kJ)

$$Q'_4 = V_c \times c_{cr} \times (t_{cr} - t) \quad \cdots\cdots(16)$$

式中：

V_c——1 t成品的抽出热风量，m^3，其计算参见附录C；

c_{cr}——t_{cr}下热风的比热容，kJ/(m^3·℃)，参见附录A表A.1或按式(10)计算；

t_{cr}——抽出热风温度，℃。

5.2.5 隧道窑匣钵和窑具带出显热Q'_5(kJ)

$$Q'_5 = m_b \times c_b \times (t_{bc} - t) \quad \cdots\cdots(17)$$

式中：

t_{bc}——匣钵及窑具窑出口处的温度，℃。

梭式窑加热匣钵和窑具所需热量Q'_5(kJ)

$$Q'_5 = m_b \times c_b \times (t_{zg} - t_b) \quad \cdots\cdots(18)$$

5.2.6 隧道窑窑车带出显热Q'_6(kJ)

$$Q'_6 = m_j \times c_j \times (t_{jc} - t) + m_n \times c_n \times (t_{nc} - t) \quad \cdots\cdots(19)$$

式中：

t_{jc}、t_{nc}——分别表示窑车金属和耐火材料窑出口处的温度，℃。

5.2.7 烟气带出显热Q'_7(梭式窑则分阶段合计)(kJ)

$$Q'_7 = Q'_g + Q'_s \quad \cdots\cdots(20)$$

式中：

Q'_g——干烟气带出显热，kJ；

Q'_s——烟气中水蒸气带出显热，kJ。

5.2.7.1 干烟气带出的显热Q'_g(kJ)

$$Q'_g = m_r \times V_g \times c_g \times (t_g - t) \quad \cdots\cdots(21)$$

式中：

V_g——1 kg 或 1 m^3 燃料燃烧后实际生成的干烟气量，m^3；V_g 的计算方法参见附录 B；

t_g——干烟气离窑温度，℃；

c_g——干烟气的比热容，kJ/(m^3·℃)，可近似取 1.384 kJ/(m^3·℃)或按式(4)求得。

5.2.7.2 烟气中水蒸气带出显热 Q'_s(kJ)

$$Q'_s = m_r \times \left[s_s \times c_s \times (t_g - t) + 2\,490 \times \frac{m_s}{m_z} \right] \quad \cdots\cdots (22)$$

式中：

s_s——每 1 kg 或每 1 m^3 燃料产生的烟气中的水蒸气量，kg；s_s 的计算参见附录 B。

5.2.8 化学不完全燃烧热损失 Q'_8(梭式窑则分阶段合计)(kJ)

$$Q'_8 = m_r \times V_g \times \varphi_{co} \times 12\,750 \quad \cdots\cdots (23)$$

式中：

φ_{co}——烟气中一氧化碳的体积分数，%；

12 750——一氧化碳的反应热，kJ/m^3。

5.2.9 窑体表面散热损失 Q'_9(kJ)

对隧道窑分段计算：

$$Q'_9 = \frac{3.6 \times \alpha \times (t_w - t_f) \times F}{M} \quad \cdots\cdots (24)$$

式中：

α——窑壁与空气间的对流辐射传热系数，W/(m^2·℃)，见式(25)；

t_w、t_f——分别表示窑壁外表面和周围环境温度，℃；

F——散热面积，m^2；

M——1 h 的成品质量，t/h。

$$\alpha = A_\omega \sqrt[4]{t_w - t_f} + 4.54 \times \frac{[(273 + t_w)/100]^4 - [(273 + t_f)/100]^4}{t_w - t_f} \quad \cdots\cdots (25)$$

式中：

A_ω——散热面位置系数，窑顶取 3.26，窑墙取 2.56；梭式窑窑底(窑车)取 2.1。

用热流计法计算时：

$$Q'_9 = \frac{3.6 \times q \times F}{M} \quad \cdots\cdots (26)$$

式中：

q——各个测区的平均热流密度，W/m^2。

对梭式窑按窑顶、窑墙、窑底按阶段分别计算后求和：

$$Q'_9 = \frac{3.6 \sum [\alpha \times (t_w - t_f) \times F \times \Delta H]}{m} \quad \cdots\cdots (27)$$

式中：

ΔH——烧成中各相应阶段的时间间隔，h。

用热流计法计算时：

$$Q'_9 = \frac{3.6 \times \sum (q + F)}{m} \quad \cdots\cdots (28)$$

5.2.10 梭式窑烧成温度下窑体蓄积热量 Q'_{10}(kJ)

$$Q'_{10} = \frac{\sum [m_n \times c_n \times (t_n - t)]}{m} \quad \cdots\cdots (29)$$

5.2.11 其他散热损失 Q'_{11}(kJ)

隧道窑：$Q'_{11} = (Q_1 + Q_2 + Q_3 + Q_4 + Q_5 + Q_6 + Q_7) - (Q'_1 + Q'_2 + Q'_3 + Q'_4 + Q'_5 + Q'_6 + Q'_7 + Q'_8 + Q'_9)$ ……(30)

梭式窑：$Q'_{11}=(Q_1+Q_2+Q_3+Q_4+Q_5+Q_6+Q_8)-(Q'_1+Q'_2+Q'_3+Q'_5+Q'_7+Q'_8+Q'_9+Q'_{10})$ ……………………(31)

6 热效率计算方法

6.1 烧成产品的有效热 Q_{yx}(kJ)

$$Q_{yx}=Q''_2+Q''_3+Q''_4 \qquad (32)$$

式中：

Q''_2——坯体吸附水分、结晶水分的蒸发及水蒸气加热所需要的热量，kJ。

$$Q''_2=m_x\times[(100-t_{sp})\times4.18+2\,260+(125-100)\times1.93]+m_j\times[(100-t_{sp})\times4.18+2\,260+(550-100)\times1.93] \qquad (33)$$

式中：

125——吸附水蒸发终温，℃；

550——结晶水蒸发终温，℃；

2 260——水在100 ℃的汽化潜热，kJ/kg；

Q''_3——坯体烧成过程分解黏土耗热，kJ；

$$Q''_3=Q'_3 \qquad (34)$$

Q''_4——焙烧至最高烧成温度时耗热，kJ。

$$Q''_4=1\,000\times c_c\times(t_{zg}-t_{sp}) \qquad (35)$$

6.2 包括匣钵和窑具在内的每吨成品的有效热 Q'_{yx}(kJ)

$$Q'_{yx}=Q_{yx}+Q'_{12} \qquad (36)$$

式中：

Q'_{12}——加热匣钵及窑具至烧成温度所需热量，kJ。

$$Q'_{12}=m_b\times c_b\times(t_{zg}-t_b) \qquad (37)$$

6.3 供给热 Q_{gj}(kJ)

$$Q_{gj}=Q_1 \qquad (38)$$

6.4 烧成产品的窑炉热效率 η_1(%)

$$\eta_1=\frac{Q_{yx}}{Q_{gj}}\times100 \qquad (39)$$

6.5 包括匣钵和窑具在内的窑炉热效率 η_2(%)

$$\eta_2=\frac{Q'_{yx}}{Q_{gj}}\times100 \qquad (40)$$

6.6 单位合格产品烧成燃耗 Q_{nh}(kgce/t)

$$Q_{nh}=\frac{Q_{gj}}{29\,307\times\eta} \qquad (41)$$

式中：

η——产品的烧成合格率，%；

29 307——1 kg标准煤(kgce)的低(位)发热量，kJ/kgce。

6.7 余热利用率 η_3(%)

$$\eta_3=\frac{Q'_4+Q'_{13}}{Q_{gj}}\times100 \qquad (42)$$

式中：

Q'_{13}——烟气中已利用的热，kJ。

$$Q'_{13}=V_{yj}\times[c_{yj}\times(t_{yj}-t)]-V_{yc}\times[c_{yc}\times(t_{yc}-t)] \qquad (43)$$

式中：

V_{yj}、V_{yc}——分别表示以1 t成品计的进、出余热装置烟气量，m^3，其计算参见附录C；

c_{yj}、c_{yc}——分别表示进、出余热装置烟气的平均比热容，kJ/(m^3·℃)，参见公式(4)；

t_{yj}、t_{yc}——分别表示进、出余热装置烟气的温度，℃。

6.8 窑炉综合热效率 η_4(%)

$$\eta_4=\frac{Q_{yx}+Q'_4+Q'_{13}}{Q_{gj}}\times 100 \quad \cdots\cdots(44)$$

附 录 A
（资料性附录）
各类数据表

表 A.1 各种气体的平均比热容 c_i kJ/(m³·℃)

温度/℃	H_2	N_2	CO	O_2	H_2O	CO_2	干空气	湿空气	CH_4	C_2H_4	C_2H_6	C_3H_8	C_4H_{10}	H_2S	SO_2	发生炉煤气	一般煤气
0	1.275	1.296	1.300	1.304	1.488	1.597	1.300	1.321	1.563	1.869	2.061	3.043	4.122	1.530	1.777	1.350	1.421
100	1.287	1.300	1.301	1.317	1.501	1.697	1.304	1.325	1.651	2.103	2.061	3.959	5.250	1.559	1.860	1.359	
200	1.296	1.301	1.308	1.333	1.513	1.793	1.308	1.333	1.764	2.324	2.278	4.828	6.358	1.593	1.935	1.367	1.438
300	1.300	1.304	1.317	1.354	1.534	1.877	1.317	1.342	1.889	2.525	2.491	5.568	7.286	1.626	2.011	1.371	
400	1.301	1.317	1.329	1.375	1.555	1.923	1.329	1.354	2.019	2.717	2.684	6.207	8.101	1.660	2.069	1.379	1.455
500	1.304	1.325	1.342	1.396	1.580	1.998	1.342	1.367	2.140	2.888	2.859	6.772	8.811	1.697	2.123	1.388	
600	1.308	1.338	1.359	1.414	1.605	2.052	1.354	1.384	2.266	3.043	3.022	7.261	9.434	1.739	2.169	1.396	1.488
700	1.313	1.354	1.372	1.434	1.630	2.098	1.371	1.396	2.378	3.185	3.164			1.777	2.207	1.405	
800	1.317	1.367	1.388	1.450	1.655	2.140	1.384	1.409	2.491	4.180	3.302			1.814	2.236	1.410	1.517
900	1.321	1.379	1.400	1.463	1.685	2.178	1.396	1.425	2.592	3.444	3.428					1.417	
1 000	1.325	1.392	1.413	1.476	1.710	2.215	1.409	1.438	2.692	3.561	3.541					1.425	1.542

表 A.2 材料的密度及其比热容经验计算公式

材料名称	密度×10³/(kg/m³)	在 t ℃时比热容/[kJ/(kg·℃)]
黏土砖	2.1～2.2	$0.84+2.6\times10^{-4}t$
高铝砖	2.2～2.75	$0.84+2.6\times10^{-4}t$
刚玉耐火材料	2.6～2.9	$t\leqslant800$ ℃时 $0.42+8.8\times10^{-4}t$ $t>800$ ℃时 $0.8+4.18\times10^{-4}t$
硅线石耐火材料	2.2～2.6	$0.67+1.67\times10^{-4}t$
莫来石砖	2.2～2.9	$0.67+1.26\times10^{-4}t$
建筑红砖	1.8～1.9	$0.84+2.6\times10^{-4}t$
硅砖	1.9	$0.8+3.3\times10^{-4}t$
镁砖	2.6～2.7	$0.94+2.5\times10^{-4}t$
铬镁砖	2.9～3	$0.75+1.5\times10^{-4}t$
热稳定性铬镁砖	3～3.3	$0.75+1.5\times10^{-4}t$
镁尖晶石砖	3	$0.77+3\times10^{-4}t$
镁橄榄石砖	3	$0.89+4.2\times10^{-4}t$
镁质耐火材料	3.3	$0.50+1.67\times10^{-4}t$

表 A.2(续)

材料名称	密度×10³/(kg/m³)	在 t ℃时比热容/[kJ/(kg·℃)]
锆英石质耐火材料	3.2～3.3	$0.63+1.26\times10^{-4}t$
不透明石英砖	2.2	t≤800 ℃时 $0.73+3.76\times10^{-4}t$
		t>800 ℃时 $0.9+1.67\times10^{-4}t$
碳化硅耐火材料	2～2.5	$0.96+1.5\times10^{-4}t$
炭砖	1.35～1.6	0.84～1.26
石墨砖	1.6～1.8	0.84～1.67
轻质硅砖	1.1	$0.8+3.34\times10^{-4}t$
轻质黏土砖	0.8～1.2	$0.84+2.6\times10^{-4}t$
轻质高铝砖	1.33	$0.84+2.6\times10^{-4}t$
轻质硅藻土砖	0.75～1.1	0.84～0.92
耐火黏土粉	1	0.84～5.25
矿渣棉	0.3	0.89
硅酸铝耐火纤维针刺毡	0.1～0.13	$0.8+2.93\times10^{-4}t$
硅藻土粉	0.5	
矾土水泥黏土质耐火混凝土	2.2	
轻质耐火混凝土(泡沫高岭土骨架)	1.3	
轻质高强耐火混凝土(高温陶粒骨料)	1.5	
矾土水泥珍珠岩制品	0.4	
水玻璃珍珠岩制品	0.3	
石绵水泥板	0.3～0.4	
蛭石	0.25	
钢材	7.7～7.9	0.46

表 A.3 各温度下饱和水蒸气的分压 P_s

温度/℃	P_s/Pa	温度/℃	P_s/Pa	温度/℃	P_s/Pa
−15	165.1	25	3 165.2	65	24 988
−10	259.7	30	4 240.2	70	31 136
−5	400.9	35	5 919.3	75	38 520
0	610.2	40	7 371.4	80	47 314
5	871.8	45	9 577.5	85	57 771
10	1 227.0	50	12 326	90	70 050
15	1 702.1	55	15 727	95	84 476
20	2 826.3	60	19 903	100	101 325

表 A.4 常用气体的密度

名　称	化 学 式	密度，ρ_0 kg/m³
干空气	—	1.293
氧	O_2	1.429
氮	N_2	1.251
氢	H_2	0.090
二氧化碳	CO_2	1.997
一氧化碳	CO	1.250
二氧化硫	SO_2	2.926
水蒸气	H_2O	0.804

表 A.5 燃料基准的换算系数

（适用于除水分以外的各种成分及高位发热量的换算）

已知的“基”	所要换算的基			
	应用基	分析基	干燥基	可燃基
应用基	1	$\frac{100-W^f}{100-W^y}$	$\frac{100}{100-W^y}$	$\frac{100}{100-(W^y+A^y)}$
分析基	$\frac{100-W^y}{100-W^f}$	1	$\frac{100}{100-W^f}$	$\frac{100}{100-(W^f+A^f)}$
干燥基	$\frac{100-W^y}{100}$	$\frac{100-W^f}{100}$	1	$\frac{100}{100-A^g}$
可燃基	$\frac{100-(W^y+A^y)}{100}$	$\frac{100-(W^f+A^f)}{100}$	$\frac{100-A^g}{100}$	1

附 录 B
（资料性附录）
燃料燃烧理论空气量与理论烟气量及燃烧生成干烟气量和生成水蒸气量的计算

B.1 液体和气体燃料燃烧理论空气量与理论烟气量的分析计算法

B.1.1 液体燃料燃烧理论空气量与理论烟气量的分析计算法

$$V_k^0 = 0.0889\varphi_{C^y} + 0.2667\left(\varphi_{H^y} - \frac{\varphi_{O^y}}{8}\right) + 0.0333\varphi_{S^y} \qquad \text{(B.1)}$$

$$V_y^0 = V_k^0 + 0.056\varphi_{H^y} + 0.007\varphi_{O^y} + 0.008\varphi_{N^y} + 0.0124\varphi_{W^y} \qquad \text{(B.2)}$$

式(B.1)和式(B.2)中：

V_k^0——液体燃料燃烧理论空气量，m^3/kg；

V_y^0——液体燃料燃烧理论烟气量，m^3/kg；

φ_{C^y}、φ_{H^y}、φ_{O^y}、φ_{S^y}、φ_{N^y}、φ_{W^y}——分别为燃料中各组分应用基百分数，基准换算系数参见附录A中表A.5。

B.1.2 气体燃料燃烧理论空气量与理论烟气量的分析计算法

$$V_k^0 = 0.0238(\varphi_{CO^s} + \varphi_{H_2^s}) + 0.0952\varphi_{CH_4^s} + 0.0476\left(m + \frac{n}{4}\right)\varphi_{C_mH_H^s} + 0.0714\varphi_{H_2S^s} - 0.0476\varphi_{O_2^s} \qquad \text{(B.3)}$$

$$V_y^0 = \left[\varphi_{CO^s} + \varphi_{H_2^s} + 3\varphi_{CH_4^s} + \left(m + \frac{n}{2}\right)\varphi_{C_mH_n^s} + \varphi_{N_2^s} + \varphi_{CO_2^s} + 2\varphi_{H_2S^s} + \varphi_{SO_2^s} + \varphi_{H_2O^s}\right] \times \frac{1}{100} + 0.79V_k^0 \qquad \text{(B.4)}$$

式(B.3)和式(B.4)中：

V_k^0——气体燃料燃烧理论空气量，m^3/m^3；

V_y^0——气体燃料燃烧理论烟气量，m^3/m^3；

φ_{CO^s}、$\varphi_{H_2^s}$、$\varphi_{CH_4^s}$、$\varphi_{C_mH_n^s}$、$\varphi_{H_2S^s}$、$\varphi_{O_2^s}$、$\varphi_{N_2^s}$、$\varphi_{CO_2^s}$、$\varphi_{SO_2^s}$、$\varphi_{H_2O^s}$——分别为燃料中以湿成分表示的各组分百分数。

B.2 液体和气体燃料燃烧理论空气量与理论烟气量的近似计算法

分别见表B.1和表B.2。

表B.1 液体燃料燃烧理论空气量与理论烟气量的近似计算法

类 别	Q_{DW}^y(kJ/kg)：37 620～46 000
V_k^0(m^3/kg)	$\frac{0.20Q_{DW}^y}{1\,000}+2.0$
V_y^0(m^3/kg)	$\frac{0.26Q_{DW}^y}{1\,000}$

表 B.2 气体燃料燃烧理论空气量与理论烟气量的近似计算法

类　别	煤　气		焦炉和高炉混合煤气	天　然　气	
Q_{DW}^{s}(kJ/kg)	<12 540	>12 540	—	<35 760	>35 760
V_{k}^{0}(m³/m³)	$\frac{0.209Q_{DW}^{s}}{1\,000}$	$\frac{0.26Q_{DW}^{s}}{1\,000}-0.25$	$\frac{0.24Q_{DW}^{s}}{1\,000}-0.2$	$\frac{0.265Q_{DW}^{s}}{1\,000}+0.05$	$\frac{0.265Q_{DW}^{s}}{1\,000}$
V_{y}^{0}(m³/m³)	$\frac{0.174Q_{DW}^{s}}{1\,000}+1.0$	$\frac{0.27Q_{DW}^{s}}{1\,000}+0.25$	$\frac{0.226Q_{DW}^{s}}{1\,000}+0.765$	$\frac{0.265Q_{DW}^{s}}{1\,000}+0.05$	$\frac{0.28Q_{DW}^{s}}{1\,000}+0.38$

B.3 空气过剩系数的计算

$$\alpha_y = \frac{V_k}{V_k^0} \qquad \text{(B.5)}$$

式中：

α_y——排出烟气中的空气过剩系数；

V_k——实际空气量，m³。

B.4 干烟气量的计算

B.4.1 对于液体燃料：

$\alpha_y>1$ 时：

$$V_g = (\alpha - 0.21)V_k^0 + 1.867 \times \frac{\varphi_{C^y}}{100} + 0.7 \times \frac{\varphi_{S^y}}{100} + 0.8 \times \frac{\varphi_{N^y}}{100} \qquad \text{(B.6)}$$

式中：

V_g——液体燃料的干烟气量，m³/kg。

$\alpha_y<1$ 时：

$$V_g = V_y^0 - (1-\alpha)V_k^0 \times \frac{79}{100} - \frac{22.4}{18} \times \left(\frac{\varphi_{W^y} + 9\varphi_{H^y}}{100}\right) \qquad \text{(B.7)}$$

α_y 以实测为准，无法实测时按式(B.8)和式(B.9)计算：

完全燃烧时：

$$\alpha_y = \frac{21}{21 - 79\varphi_{O_2}/[100-(\varphi_{RO_2}+\varphi_{O_2})]} \qquad \text{(B.8)}$$

不完全燃烧时：

$$\alpha_y = \frac{21}{21 - 79 \times (\varphi_{O_2} - 0.5\varphi_{CO} - 0.5\varphi_{H_2} - 2\varphi_{CH_4})/[100-(\varphi_{RO_2}+\varphi_{O_2}+\varphi_{CO}+\varphi_{H_2}+\varphi_{CH_4})]} \qquad \text{(B.9)}$$

式(B.8)和式(B.9)中：

φ_{O_2}、φ_{CO}、φ_{H_2}、φ_{CH_4}、φ_{RO_2}——分别为各相应成分的容积分数，%；

B.4.2 对于气体燃料

$$V_g = V_y^0 + (\alpha-1)V_K^0 - \left(\varphi_{H_2^s} + 2\varphi_{CH_4^s} + \frac{n}{2}\varphi_{C_mH_n^s} + \varphi_{H_2S^s} + \varphi_{H_2O^s}\right)\frac{1}{100} \qquad \text{(B.10)}$$

式中：

V_g——气体燃料的干烟气量，m³/m³。

α_y 以实测为准，无法实测时按下式计算：

$$\alpha_y = \frac{21}{21-79\times(\varphi_{O_2}-0.5\varphi_{CO}-0.5\varphi_{H_2}-2\varphi_{CH_4})/[100-(\varphi_{RO_2}+\varphi_{O_2}+\varphi_{CO}+\varphi_{CH_4})-\varphi_{N_2^g}]} \quad \cdots\cdots\text{(B.11)}$$

式中：

$\varphi_{N_2^g}$——气体燃料中以干成分表示的氮气容积分数，%。

B.5 烟气中水蒸气量的计算

B.5.1 对于液体燃料

$$s_s = 1.293\times V_k\times X+\frac{w_W+9w_H}{100} \quad \cdots\cdots\text{(B.12)}$$

式中：

s_s——液体燃料燃烧产生的水蒸气量，kg/kg。

对于重油：

$$s_s = 1.293\times V_k\times X+\frac{w_W+9w_H}{100}+\frac{m_s}{m_z} \quad \cdots\cdots\text{(B.13)}$$

式中：

1.293——标准状态下空气的容重；

X——空气的湿含量，kg 水汽/kg 干空气，见式(B.14)；

w_W——燃料中水的质量分数，%；

w_H——燃料中氢的质量分数，%。

$$X = 0.622\times\frac{\xi p_s}{p-\xi P_s}\text{kg 水汽 /kg 干空气} \quad \cdots\cdots\text{(B.14)}$$

式中：

ξ——空气的相对湿度；

p_s——同温同压下饱和水蒸气分压，kPa，参见附录 A 表 A.3；

p——当地的大气压强，kPa。

B.5.2 对于气体燃料

$$s_s = 1.293\times V_k\times X+\frac{18}{22.4}\times\left(\varphi_{H_2}+2\varphi_{CH_4}+\frac{n}{2}\varphi_{C_mH_n}+\varphi_{H_2S}+\varphi_{H_2O}\right)\times\frac{1}{100} \quad \cdots\text{(B.15)}$$

式中：

s_s——气体燃料燃烧产生的水蒸气量，kg/m³；

$\varphi_{C_mH_n}$、φ_{H_2S}、φ_{H_2O}——分别表示燃料中各相应组分的体积分数，%。

附 录 C
（资料性附录）
测定气体流量时测点的选择与计算方法

C.1 测点的选择

C.1.1 圆形截面的管道

圆形管道中流量的测量方法采用等面积同心圆环方法，即将内径为 D 的圆管分成若干个面积相等的同心圆环，如图 C.1 所示。再把每个圆环用同心圆等分为二，然后在等分圆与两根互相垂直的中心线的交点（每个圆上有四点）上测流速取平均值。

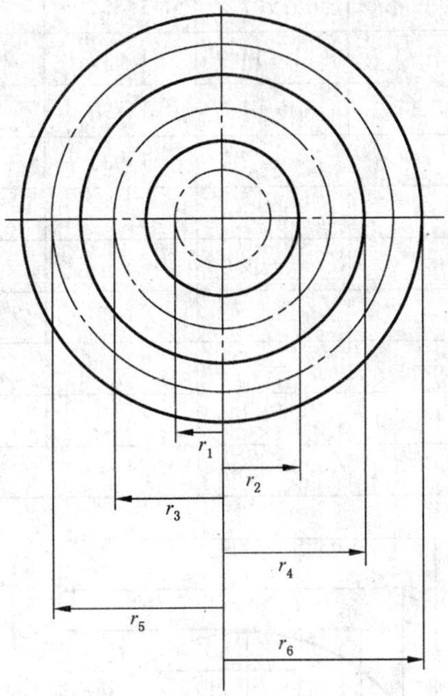

图 C.1 圆形截面测点分布图

从管中心到各测点的距离可用式(C.1)计算：

$$r_{2n-1} = \frac{D}{2} \cdot \sqrt{\frac{2n-1}{2N}} \qquad \text{(C.1)}$$

式中：

D——管道内径，mm；

n——从管道中心算起的等面积同心圆环的序号；

N——等面积圆环数；

r——测定点到管中心的距离，mm。

等面积圆环数与管道直径有关，一般可按表 C.1 确定。

表 C.1 圆环数与测点数的选择

管道内径 D/mm	300	400	600	800	1 000	1 200	1 400	1 600	1 800
等面积圆环数 N	3	4	5	6	7	8	9	10	11
测点总数	6	8	20	24	28	32	36	40	44

使用时按表 C.1 确定测点数，将表 C.2 中对应的数乘以管道半径，即为管壁至测点的距离，见图 C.2。根据这些计算的数据在毕托管上量好并做上记号，以便测量时一一对号。

表 C.2　测点位置计算表

测点编号	圆环数 N						
	1	2	3	4	5	6	7
0	1.000	1.000	1.000	1.000	1.000	1.000	1.000
1	0.293	0.134	0.086	0.064	0.051	0.043	0.036
2	1.707	0.500	0.293	0.210	0.164	0.134	0.114
3	—	1.500	0.591	0.388	0.293	0.236	0.198
4	—	1.866	1.409	0.646	0.457	0.354	0.293
5	—	—	1.707	1.354	0.684	0.500	0.402
6	—	—	1.914	1.612	1.316	0.710	0.537
7	—	—	—	1.790	1.543	1.290	0.733
8	—	—	—	1.936	1.707	1.500	1.267
9	—	—	—	—	1.836	1.646	1.463
10	—	—	—	—	1.949	1.764	1.598
11	—	—	—	—	—	1.866	1.642
12	—	—	—	—	—	1.957	1.707
13	—	—	—	—	—	—	1.886
14	—	—	—	—	—	—	1.964

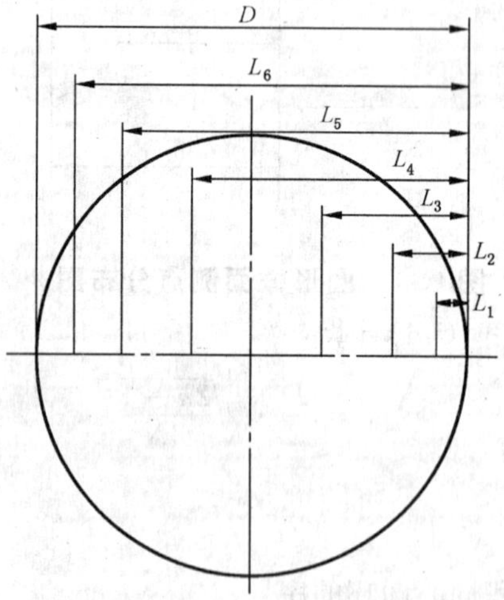

图 C.2　圆形管道各测点至管道壁距离

C.1.2　矩形截面的管道

矩形管道中流量的测量方法可采用等面积小矩形方法，即把它的截面划分为若干个等面积的小矩形，在每个小矩形对角线的交点上测流速取平均值。划分方法如图 C.3 所示。小矩形的数量取决于管道的边长，沿管道任一边长均匀分布的小矩形数量(测点排数)一般不应少于表 C.3 中所列的数值。

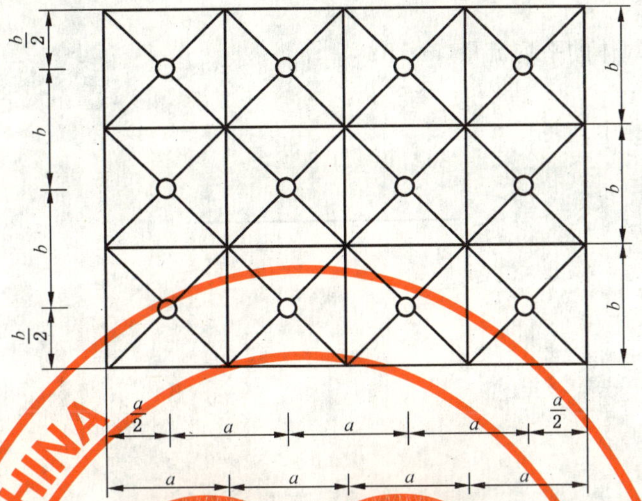

图 C.3 矩形截面测点分布图

表 C.3 矩形管道测点数的选择

矩形管道截面边长/mm	≤500	500～1 000	1 000～1 500	1 500～2 000	2 000～2 500	>2 500
测点排数 N	3	4	5	6	7	8

C.2 计算方法

C.2.1 气体的平均流速

用毕托管测得的截面上各点的动压头，就可以求出流体在各测点的流速 ω_1、ω_2、……ω_n，然后求得该截面流体的平均流速 ω。

$$\omega = \frac{\varepsilon}{n}\sqrt{\frac{2}{\rho_t}}(\sqrt{P_1}+\sqrt{P_2}+\cdots+\sqrt{P_n}) \quad \cdots\cdots(C.2)$$

式中：

n——测点数；

ε——毕托管校正系数，标准毕托管 $\varepsilon=1$，通常 $\varepsilon=0.98\sim1.0$；

P_1、P_2、……P_n——各测点的动压头，Pa；

ρ_t——工作状态下气体的密度，kg/m³；

$$\rho_t = \rho_0 \cdot \frac{273}{273+t_{cd}} \quad \cdots\cdots(C.3)$$

式中：

t_{cd}——管道中测点的温度，℃；

ρ_0——标准状态下气体的密度，kg/m³；按式(C.4)计算：

$$\rho_0 = 0.01\sum x_i \cdot \rho_{0i} \quad \cdots\cdots(C.4)$$

式中：

ρ_{0i}——各气体成分在标准状态下的密度，参见附录 A 表 A.4。

C.2.2 气体的平均流量

$$V_0 = 3\,600\times\frac{\pi}{4}\times D^2\times\omega\times\frac{273}{273+t_{cd}}\times\frac{p+p_j}{101.325}$$

$$\approx 3\,600\times\frac{\pi}{4}\times D^2\times\omega\times\frac{273}{273+t_{cd}} \quad \cdots\cdots(C.5)$$

式中：

V_0——标准状态下气体的平均流量，m^3/h；

D——管道内径，m；

p_j——管道内流体静压，kPa。

ICS 81.060.10
Q 31

中华人民共和国国家标准

GB/T 23460.1—2009

陶瓷釉料性能测试方法
第1部分:高温流动性测试　熔流法

Test methods of ceramic glazes—
Part 1:Determination of fluidity behaviour—Fusion flow test

(ISO 4534-1980(E),Vitreous and porcelain enamels—
Determination of fluidity behaviour—Fusion flow test,MOD)

2009-03-28 发布　　2010-01-01 实施

中华人民共和国国家质量监督检验检疫总局
中国国家标准化管理委员会　发布

前　言

GB/T 23460《陶瓷釉料性能测试方法》目前分为以下3个部分：

——第1部分：高温流动性测试　熔流法。

——第2部分：热膨胀系数测试。

——第3部分：彩烧性能测试。

本部分为GB/T 23460的第1部分。

本部分修改采用ISO 4534-1980(E)《瓷釉和搪瓷釉-流动性的测定-熔流试验》(英文版)。

本部分与ISO 4534-1980的主要差异如下：

——标准名称“瓷釉和搪瓷釉-流动性的测定-熔流试验”修改为“陶瓷釉料高温流动性测试　熔流法”；

——删除了国际标准的前言；

——将1中“本国际标准规定了……”修改为“GB/T ××××的本部分规定了陶瓷釉料高温流动性的测试方法　熔流法。……下具有可比性”；

——增加了“陶瓷釉料、参比釉和熔流”的定义；

——根据我国本行业实际应用与操作便利性，修改了样品制备方法和测试时样品的支撑架；

——根据实际操作经验，将测量釉料底部最大宽度修改为测量根部最大宽度，并依此计算宽度流动系数。

本部分由中国建筑材料联合会提出。

本部分由全国建筑卫生陶瓷标准化技术委员会(SAC/TC 249)归口。

本部分负责起草单位：广东三水大鸿制釉有限公司、广东省标准化研究院。

本部分参加起草单位：国家陶瓷及水暖卫浴产品质量监督检验中心、咸阳陶瓷研究设计院、广东万兴无机颜料股份有限公司。

本部分主要起草人：尹虹、林仁钧、李家铎、蔡瑞年、郑元耀、贺导艳、黄建平、曾锡恩、杨圆圆、梁以流、周占明、高尚谊。

本部分首次发布。

陶瓷釉料性能测试方法
第1部分:高温流动性测试 熔流法

1 范围

GB/T 23460的本部分规定了陶瓷釉料高温流动性测试方法 熔流法。

本部分适用于建筑卫生陶瓷及日用陶瓷釉料高温流动性的测试。

本部分是一个相对的方法,依据本部分所得的试验结果,只有在试验釉与参比釉各项条件相同的情况下测试才具有可比性。

2 术语和定义

下列术语和定义适用于GB/T 23460的本部分。

2.1

陶瓷釉料 ceramic glaze

经加工精制后,施在坯体表面经熔融后形成玻璃层或玻璃与晶体混合层的起遮盖或装饰作用的物料。

2.2

参比釉 reference glaze

经过相关方认可且与试验釉使用性质和熔融温度范围都相近的陶瓷釉料,具体根据试验目的来确定。

2.3

熔流 fusion flow

釉料在熔融过程中的粘性流动。

3 设备、仪器及材料

3.1 球磨罐,球磨机,电子称,标准筛。

3.2 钢环:高15 mm,内径15 mm。

3.3 素坯:尺寸不小于100 mm×100 mm,在试验温度下不变形。

3.4 烘箱:有热风循环,最高温度300 ℃。

3.5 箱式电炉:最高使用温度不低于1 300 ℃。

3.6 倾斜45°耐火材料支架(见图1):其a面和b面的尺寸不小于100 mm×100 mm,需耐1 400 ℃高温不变形。

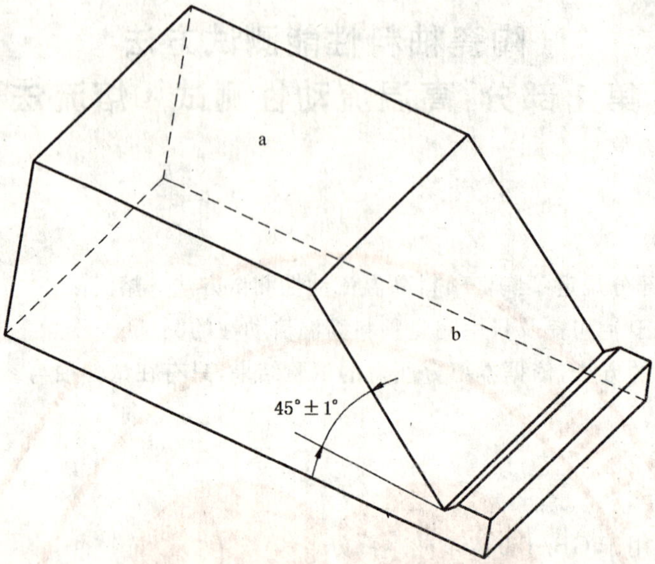

图 1 倾斜 45°耐火材料支架

3.7 游标卡尺:精度 0.02 mm。

4 试样制备

4.1 釉浆制备

将试验釉和参比釉依试验配比分别加等量的水在同样条件下球磨后制备成釉浆,用 0.147 mm(100 目)或 0.104 mm(150 目)标准筛过筛后待用。

试验釉和参比釉的釉浆细度控制在 0.043 mm(325 目)标准筛筛余为 3 g~5 g/100 mL,试验釉对参比釉的密度相对偏差控制在±5%。

4.2 试样制备

4.2.1 将素坯划上两条等高线标记 l_1 和 l_2(见图 2),两条平行线间距离为 50 mm。

单位为毫米

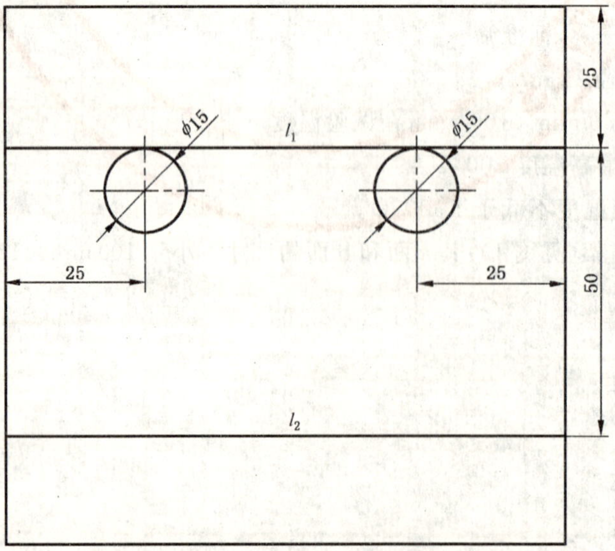

图 2 钢环在素坯上的放置位置

4.2.2 用凡士林涂敷钢环(3.2)内部,并将其固定于该素坯同条等高线 l_1 内侧,用凡士林密封与素坯的接触面。

4.2.3 将4.1制备好的试验釉和参比釉釉浆分别注满于钢环中,并在图2所示 l_1 线上方作出标注。

4.2.4 将4.2.3所述试样置于烘箱中以105 ℃～110 ℃烘干至恒重后取出,待冷却后将钢环剥离取出。

5 试验方法

5.1 将倾斜45°耐火材料支架(3.6)置于箱式电炉中部,并调节a面(见图1)处于水平位置。

5.2 将4.2制好的试样置于倾斜45°耐火材料支架的a面位置。

5.3 开启电炉以10 ℃/min～15 ℃/min的平均升温速率升温至参比釉的使用温度后保温并观察,待参比釉呈近似半球状时把4.2的试样移至于b面(见图1)上,待参比釉流动至 l_2 处停止加热,待温度降至300 ℃以下时从炉内取出试样,于室温中冷却。

5.4 在每次测试中,每一组试样至少要进行两次试验。在不同的试验中要互换试验釉和参比釉的位置。

5.5 测量试验釉及参比釉的流动长度和流动宽度,以毫米(mm)表示。

6 试验结果

按照下列公式计算流动长度系数和流动宽度系数 F_l 和 F_b(见图3)。

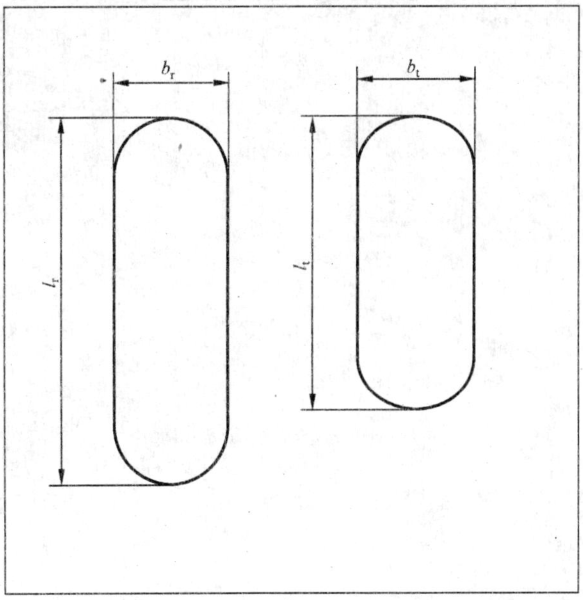

图3 釉熔流长度和宽度

a) 流动长度系数

$$F_l = \frac{l_t}{l_r} \quad \cdots\cdots (1)$$

式中:

F_l——流动长度系数;

l_t——试验釉的流动长度,单位为毫米(mm);

l_r——参比釉的流动长度,单位为毫米(mm)。

b） 流动宽度系数

$$F_b = \frac{b_t}{b_r} \qquad \cdots\cdots(2)$$

式中：

F_b——流动宽度系数；

b_t——试验釉的根部(l_1 处)最大流动宽度，单位为毫米(mm)；

b_r——参比釉的根部最大流动宽度，单位为毫米(mm)。

如果使用了几个测试样品，则计算中使用流动长度平均值、流动长度系数平均值和流动宽度平均值、流动宽度系数平均值。

7 试验报告

试验报告应包含以下内容：

a） 试验釉和参比釉的名称及制备条件。

b） 最高试验温度。

c） 试验中所用试验釉数目。

d） 试验次数。

e） 流动长度系数、流动宽度系数。

f） 试验日期。

ICS 13.180
A 25

中华人民共和国国家标准

GB/T 23461—2009

成年男性头型三维尺寸

3D dimensions of male adult headforms

2009-04-01 发布　　　　2009-12-01 实施

中华人民共和国国家质量监督检验检疫总局
中国国家标准化管理委员会　发布

前　言

本标准是在GJB 5477—2006《男军人头面型三维尺寸》研究的基础上，通过改进测量方法并扩大样本量而制定的，首次建立了成年男性头型的三维尺寸数据国家标准，与GB/T 2428《成年人头面部尺寸》共同提供工效学设计依据。

本标准与GB/T 2428《成年人头面部尺寸》相比，主要不同点在于：

——本标准提供头型的三维尺寸数据及其关系，突出头部三维造型数字化设计应用；而GB/T 2428仅提供一维尺寸数据和少量的二维尺寸数据关系，侧重于二维平面设计应用。

——本标准依据头宽长和头高长指数的二维分布把头部的三维形态分为七种类型，以体积缩放因子的分布情况作为三维头型分号的依据；而GB/T 2428直接将头面部一维特征尺寸的二维分布作为头面部号型设置的依据。

——本标准的测量样本为16～36岁的成年男性，而GB/T 2428的测量样本为18～60岁的成年人。

本标准的附录A为规范性附录，附录B为资料性附录。

本标准由国家安全生产监督管理总局提出。

本标准由全国个体防护装备标准化技术委员会归口。

本标准起草单位：中国人民解放军总后勤部军需装备研究所、北京航空航天大学。

本标准主要起草人：陈晓、周宏、王黎静、祖媛媛、郭奋飞、蒋毅、傅雅慧。

引　　言

人体头部尺寸是进行头盔、安全帽、呼吸防护用具、防护目镜、通讯-降噪耳机等一系列头部装置设计的依据。

目前，头盔等头部装置在具有传统防护功能外，更作为信息传递的控制中心。盔载模块的增加还会影响头盔的配戴稳定性，亟待采用数字化设计支持头部装置的系统集成，并实现统一分型分号。因此，有必要针对成年男性建立一个理论科学、数据可靠的三维基础数据平台。

本标准所给出的头型三维尺寸是由1261例成年男性的头部三维扫描数据结合数学模型运算获得。其中，1161例数据通过计算机断层扫描技术(computed tomography，CT)获得，另有100例数据通过磁共振(magnetic resonance，MR)获得。

成年男性头型三维尺寸

1 范围

本标准给出了成年男性头型三维尺寸，包括成年男性的标准头型及头型尺寸分布。

本标准适用于头部装置的设计及应用。

2 规范性引用文件

下列文件中的条款通过本标准的引用而成为本标准的条款。凡是注日期的引用文件，其随后所有的修改单(不包括勘误的内容)或修订版均不适用于本标准，然而，鼓励根据本标准达成协议的各方研究是否可使用这些文件的最新版本。凡是不注日期的引用文件，其最新版本适用于本标准。

GB/T 2428 成年人头面部尺寸

GB/T 5703 用于技术设计的人体测量基础项目

3 术语和定义

GB/T 2428 及 GB/T 5703 中确立的以及下列术语和定义适用于本标准。

3.1

颏上点 supramental point

正中矢状面上，唇下凹处最深点。

3.2

颏前点 pogonion

正中矢状面上，下颏凸处最突出的点。

3.3

周线 contour

构建三维头型的平行于法兰克福平面的头部二维横断轮廓线。

3.4

特征周线 characteristic contour

过面部正中矢状面上规定测点的周线。

3.5

头型体积 dummy head volume

过颏下点的周线所在平面以上的头型体积。

3.6

头宽长指数 head breadth-length index

头宽与头长的比值乘以 100。

3.7

头高长指数 head height-length index

头全高与头长的比值乘以 100。

3.8

标准头型 standard headform

对分组头型样本具有统计代表性的三维头型。

3.9

缩放因子　zoom factor

分组中某头型或某百分位头型与该分组标准头型的尺寸比例。

4　成年男性头型三维尺寸

4.1　成年男性的标准头型

4.1.1　标准头型的建立

标准头型以各层周线的位置参数 X_0、Z 和形状参数 a_n 按数学模型计算造型而建立。标准头型的数学模型及描述参数见附录 A。

4.1.2　标准头型的分型

各型标准头型由所覆盖的头型样本组通过归一化运算而得，头型样本的分组及覆盖率见表 10。头型样本以头宽长指数分布和头高长指数分布确定分组，按头顶俯视图分为中、圆、超圆三组；按侧面侧视图分为正、高、特高三组。若按俯视图形和侧视图形的二维分布，标准头型因此分为中正型、中高型、中特高型、圆正型、圆高型、圆特高型、超圆正型、超圆高型、超圆特高型九种头型。其中，中特高型、超圆正型样本覆盖率太小，不具有统计代表性，故不予考虑。

4.1.3　标准头型的测点坐标

4.1.3.1　概述

标准头型的测点按照 GB/T 5703 的定义在标准头型上进行定位，其位置见图 1 和附录 A 中图 A.2，测点定位时的直角坐标系见附录 A 中 A.1。

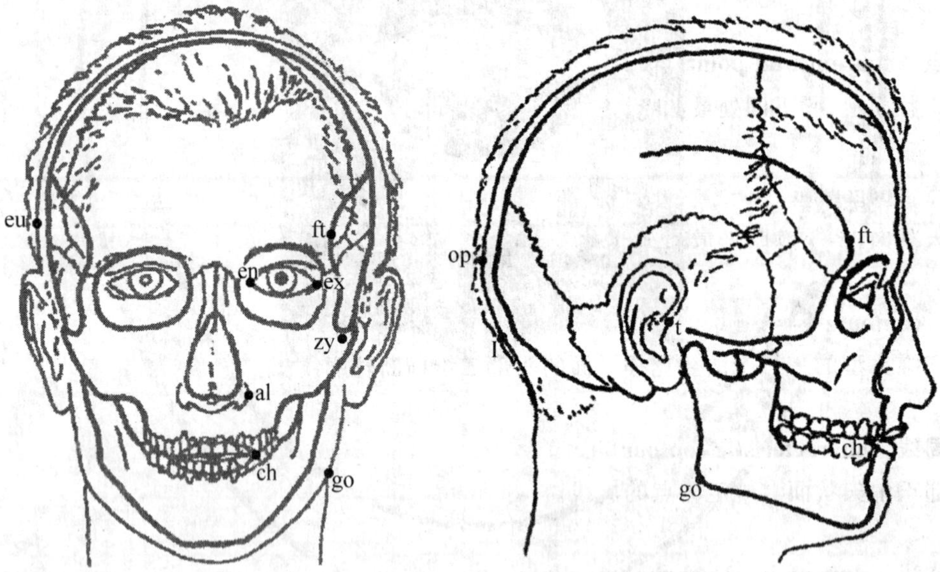

op——枕后点；
I——枕外隆突点；
eu——颅侧点；
ft——颞嵴点；
ex——眼外角点；
en——眼内角点；
t——耳屏点；
zy——颧点；
al——鼻翼点；
ch——口角点；
go——下颌角点。

图 1　部分测点位置

4.1.3.2　圆高标准头型的测点坐标

圆高标准头型的测点坐标参考值见表1。

表1　圆高标准头型的测点坐标参考值　　单位为毫米

测点名称	坐标			测点名称	坐标		
	X	Y	Z		X	Y	Z
头顶点	0.0	0.0	0.0	枕后点	−81.2	0.0	−95.5
眉间点	105.6	0.0	−95.5	枕外隆突点	−78.5	0.0	−124.1
鼻梁点	95.7	0.0	−124.1	颅侧点	24.3	±79.1	−95.5
鼻尖点	111.8	0.0	−162.6	颞嵴点	77.5	±58.5	−95.5
鼻下点	96.6	0.0	−172.3	眼外角点	83.1	±49.0	−126.5
上唇中点	97.0	0.0	−188.0	眼内角点	90.3	±18.8	−127.8
口裂点	89.6	0.0	−194.6	耳屏点	−6.3	±73.5	−136.6
下唇中点	92.0	0.0	−201.8	颧点	67.5	±65.2	−139.1
颏上点	81.5	0.0	−211.3	鼻翼点	93.3	±18.2	−163.0
颏前点	79.5	0.0	−220.6	口角点	78.7	±27.9	−194.6
颏下点	69.5	0.0	−232.7	下颌角点	22.3	±60.0	−198.4

4.1.3.3　圆正标准头型的测点坐标

圆正标准头型的测点坐标参考值见表2。

表2　圆正标准头型的测点坐标参考值　　单位为毫米

测点名称	坐标			测点名称	坐标		
	X	Y	Z		X	Y	Z
头顶点	0.0	0.0	0.0	枕后点	−85.1	0.0	−88.6
眉间点	104.5	0.0	−88.6	枕外隆突点	−83.1	0.0	−113.8
鼻梁点	96.9	0.0	−113.8	颅侧点	26.0	±78.5	−88.6
鼻尖点	114.7	0.0	−151.4	颞嵴点	76.8	±57.8	−88.6
鼻下点	100.5	0.0	−161.1	眼外角点	84.4	±48.6	−116.3
上唇中点	102.3	0.0	−176.6	眼内角点	91.3	±18.6	−116.5
口裂点	94.8	0.0	−183.6	耳屏点	−3.1	±75.2	−125.3
下唇中点	97.5	0.0	−190.7	颧点	68.8	±64.5	−129.4
颏上点	88.0	0.0	—200.7	鼻翼点	96.2	±18.7	−153.3
颏前点	86.6	0.0	−210.2	口角点	84.9	±27.5	−183.6
颏下点	77.9	0.0	−222.5	下颌角点	21.7	±62.1	−189.6

4.1.3.4　中正标准头型的测点坐标

中正标准头型的测点坐标参考值见表3。

表 3 中正标准头型的测点坐标参考值

单位为毫米

测点名称	坐标			测点名称	坐标		
	X	Y	Z		X	Y	Z
头顶点	0.0	0.0	0.0	枕后点	−87.8	0.0	−93.1
眉间点	107.9	0.0	−93.1	枕外隆突点	−84.4	0.0	−120.2
鼻梁点	89.5	0.0	−120.2	颅侧点	26.3	±75.9	−93.1
鼻尖点	115.1	0.0	−157.0	颞嵴点	83.2	±54.2	−93.1
鼻下点	100.6	0.0	−166.8	眼外角点	85.6	±48.2	−122.7
上唇中点	101.5	0.0	−182.7	眼内角点	92.2	±18.3	−123.0
口裂点	93.9	0.0	−189.3	耳屏点	−5.1	±72.4	−133.2
下唇中点	96.3	0.0	−196.3	颧点	75.5	±59.9	−135.8
颏上点	86.4	0.0	−206.4	鼻翼点	96.8	±18.7	−158.9
颏前点	84.5	0.0	−216.0	口角点	83.4	±27.1	−189.3
颏下点	75.7	0.0	−227.5	下颌角点	24.5	±59.0	−195.1

4.1.3.5 中高标准头型的测点坐标

中高标准头型的测点坐标参考值见表 4。

表 4 中高标准头型的测点坐标参考值

单位为毫米

测点名称	坐标			测点名称	坐标		
	X	Y	Z		X	Y	Z
头顶点	0.0	0.0	0.0	枕后点	−85.1	0.0	−96.7
眉间点	107.1	0.0	−96.7	枕外隆突点	−80.6	0.0	−128.5
鼻梁点	95.9	0.0	−128.5	颅侧点	23.9	±74.9	−96.7
鼻尖点	110.6	0.0	−166.1	颞嵴点	81.6	±54.1	−96.7
鼻下点	95.4	0.0	−175.8	眼外角点	83.5	±48.2	−129.6
上唇中点	94.8	0.0	−191.7	眼内角点	89.9	±18.4	−131.5
口裂点	87.3	0.0	−198.0	耳屏点	−2.9	±71.7	−137.4
下唇中点	89.6	0.0	−205.5	颧点	73.3	±58.8	−142.6
颏上点	78.0	0.0	−215.0	鼻翼点	91.2	±18.7	−166.9
颏前点	75.5	0.0	−223.6	口角点	76.2	±27.4	−198.0
颏下点	65.3	0.0	−235.7	下颌角点	21.1	±58.3	−198.8

4.1.3.6 圆特高标准头型的测点坐标

圆特高标准头型的测点坐标参考值见表 5。

表 5　圆特高标准头型的测点坐标参考值　　单位为毫米

测点名称	坐标			测点名称	坐标		
	X	Y	Z		X	Y	Z
头顶点	0.0	0.0	0.0	枕后点	−78.8	0.0	−100.2
眉间点	104.0	0.0	−100.2	枕外隆突点	−76.6	0.0	−131.3
鼻梁点	93.1	0.0	−131.3	颅侧点	22.8	±78.5	−100.2
鼻尖点	107.5	0.0	−169.7	颞嵴点	75.7	±58.3	−100.2
鼻下点	91.6	0.0	−179.6	眼外角点	80.5	±49.3	−132.5
上唇中点	92.3	0.0	−195.3	眼内角点	87.3	±18.9	−134.1
口裂点	84.6	0.0	−201.8	耳屏点	−6.1	±72.5	−142.8
下唇中点	86.9	0.0	−209.7	颧点	66.4	±63.1	−145.9
颏上点	75.7	0.0	−219.5	鼻翼点	88.6	±18.2	−171.4
颏前点	72.6	0.0	−228.9	口角点	74.1	±27.3	−201.8
颏下点	59.5	0.0	−242.2	下颌角点	20.4	±59.5	−202.5

4.1.3.7　**超圆高标准头型的测点坐标**

超圆高标准头型的测点坐标参考值见表 6。

表 6　超圆高标准头型的测点坐标参考值　　单位为毫米

测点名称	坐标			测点名称	坐标		
	X	Y	Z		X	Y	Z
头顶点	0.0	0.0	0.0	枕后点	−76.3	0.0	−90.4
眉间点	104.5	0.0	−90.4	枕外隆突点	−75.8	0.0	−118.3
鼻梁点	96.8	0.0	−118.3	颅侧点	26.4	±82.9	−90.4
鼻尖点	114.7	0.0	−156.8	颞嵴点	73.3	±62.7	−90.4
鼻下点	99.2	0.0	−167.2	眼外角点	83.2	±51.4	−120.3
上唇中点	99.7	0.0	−182.3	眼内角点	90.7	±20.3	−121.7
口裂点	92.6	0.0	−189.1	耳屏点	−0.2	±76.7	−134.5
下唇中点	94.9	0.0	−196.2	颧点	69.3	±66.5	−136.1
颏上点	85.5	0.0	−206.3	鼻翼点	95.2	±18.5	−158.9
颏前点	84.1	0.0	−215.6	口角点	82.4	±28.4	−189.1
颏下点	74.4	0.0	−227.7	下颌角点	21.9	±62.5	−194.6

4.1.3.8　**超圆特高标准头型的测点坐标**

超圆特高标准头型的测点坐标参考值见表 7。

表 7 超圆特高标准头型的测点坐标参考值

单位为毫米

测点名称	坐标			测点名称	坐标		
	X	Y	Z		X	Y	Z
头顶点	0.0	0.0	0.0	枕后点	−73.8	0.0	−95.1
眉间点	102.5	0.0	−95.1	枕外隆突点	−74.0	0.0	−128.2
鼻梁点	92.4	0.0	−128.2	颅侧点	22.6	±82.8	−95.1
鼻尖点	106.8	0.0	−166.3	颞嵴点	72.5	±61.4	−95.1
鼻下点	91.6	0.0	−175.9	眼外角点	80.5	±48.8	−129.7
上唇中点	92.9	0.0	−190.8	眼内角点	86.6	±18.7	−131.2
口裂点	85.4	0.0	−197.6	耳屏点	−4.8	±74.2	−137.7
下唇中点	87.7	0.0	−204.8	颧点	67.9	±62.3	−140.5
颏上点	76.8	0.0	−214.5	鼻翼点	88.4	±18.0	−167.6
颏前点	74.3	0.0	−222.3	口角点	74.8	±27.2	−197.6
颏下点	61.8	0.0	−235.5	下颌角点	19.9	±58.1	−201.2

4.1.4 标准头型的尺寸

各型标准头型的基本尺寸可参考 4.2.3.1 中各型头型样本同一项目尺寸的平均值，其他尺寸的计算参见附录 B 中 B.2。

4.1.5 标准头型的缩放

用于装置设计的参考头型可对标准头型参数进行缩放而建立。缩放因子计算方法见式(1)：

$$\lambda = \sqrt[3]{V/\hat{V}} \qquad \cdots\cdots(1)$$

式中：

λ——某头型或某百分位头型的缩放因子；

V——某头型或某百分位头型的体积，单位为立方厘米(cm^3)；

$\hat{V}$——该分组标准头型的体积，单位为立方厘米(cm^3)。

各型头型的缩放因子分布见 4.2.3.2，应用方法参见附录 B。

4.2 成年男性的头型尺寸分布

4.2.1 头型总样本的尺寸分布

头型总样本的尺寸分布见表 8。

表 8 头型总样本的尺寸

基本尺寸	平均值	标准差	最小值	最大值	百分位数						
					1	3	5	50	95	97	99
头长/mm	188.2	6.678	161.5	220.7	172.4	175.9	177.6	188.3	199.3	200.8	204.1
头宽/mm	156.8	6.123	136.2	181.0	143.1	146.1	147.2	156.6	167.6	169.1	172.3
头全高/mm	231.0	9.105	190.0	255.0	210.0	215.0	215.0	230.0	245.0	250.0	250.0
头宽长指数	83.37	4.248	68.24	100.67	73.99	75.54	76.58	83.30	90.48	91.27	93.13
头高长指数	122.81	5.477	97.41	140.86	110.40	112.68	113.96	122.59	132.03	133.02	135.81
体积/cm^3	4 234.7	315.744	3 342.2	5 461.8	3 585.1	3 691.7	3 763.9	4 214.9	4 776.7	4 895.1	5 085.3

4.2.2 头指数二维分布及头型样本分组

4.2.2.1 头指数二维分布

头宽长指数与头高长指数二维分布见表9。

表9 头指数二维分布

头宽长指数	头高长指数							
	≤109.99	≤114.99	≤119.99	≤124.99	≥125.00	≥130.00	≥135.00	≥140.00
≤74.99	0.238%	0.476%	1.031%	0.555%	—	—	—	—
≤79.99	0.397%	2.775%	6.899%	8.009%	0.952%	0.079%	—	—
≤84.99	0.159%	2.300%	11.499%	18.636%	9.199%	2.617%	—	—
≤89.99	0.079%	0.793%	3.569%	8.168%	10.230%	4.124%	0.872%	—
≥90.00	—	0.079%	0.238%	1.269%	2.062%	1.507%	0.476%	0.079%
≥95.00	—	—	—	0.079%	0.238%	0.238%	—	—
≥100.00	—	—	—	—	—	—	0.079%	—

4.2.2.2 头型样本的分组及覆盖率

头型样本的分组及覆盖率见表10。

表10 头型样本的分组及覆盖率

头宽长指数	头高长指数		
	≤119.99	≤129.99	≥130.00
≤79.99	11.816%(中正型)	9.516%(中高型)	0.079%(中特高型)
≤89.99	18.399%(圆正型)	46.233%(圆高型)	7.613%(圆特高型)
≥90.00	0.317%(超圆正型)	3.648%(超圆高型)	2.379%(超圆特高型)
注：覆盖率小于1%的头型分组不生成标准头型。			

4.2.3 分组头型样本的尺寸分布

4.2.3.1 各型头型的基本尺寸分布

各型头型的基本尺寸分布见表11。

表11 各型头型的基本尺寸

单位为毫米

各型	基本尺寸	平均值	标准差	最小值	最大值	百分位数						
						1	3	5	50	95	97	99
圆高	头长	187.2	5.356	170.3	206.2	175.2	177.6	178.5	187.1	196.4	198.6	200.8
	头宽	158.1	5.063	144.1	179.0	148.2	149.9	150.7	157.6	167.5	168.7	170.8
	头全高	233.0	7.028	210.0	255.0	215.0	220.0	220.0	235.0	240.0	245.0	250.0
圆正	头长	189.5	5.354	175.2	205.9	175.4	178.9	180.6	189.6	198.6	199.0	201.2
	头宽	157.6	4.721	146.4	173.0	147.1	148.9	150.0	157.2	165.8	166.5	169.2
	头全高	222.1	7.239	205.0	240.0	206.6	210.0	210.0	220.0	230.0	235.0	238.4
中正	头长	195.5	5.747	179.9	220.7	180.7	186.8	187.9	194.9	204.9	207.8	213.4
	头宽	151.4	4.518	140.4	163.9	140.4	142.2	144.5	151.1	158.8	159.9	161.7
	头全高	226.5	7.936	190.0	250.0	199.8	210.0	215.0	225.0	235.0	240.0	245.0

表 11（续） 单位为毫米

各型	基本尺寸	平均值	标准差	最小值	最大值	百分位数						
						1	3	5	50	95	97	99
中高	头长	192.2	5.035	181.5	205.9	181.6	183.0	184.4	191.7	200.9	202.8	203.4
	头宽	149.9	4.266	136.2	161.4	137.1	140.9	142.5	149.5	156.9	158.2	159.2
	头全高	235.7	6.714	220.0	255.0	220.0	223.0	225.0	235.0	245.0	250.0	250.0
圆特高	头长	183.0	4.493	172.6	191.9	—	174.3	175.4	182.4	190.7	191.1	191.5
	头宽	157.0	5.126	144.2	169.2	—	146.4	148.0	157.3	164.6	167.2	168.3
	头全高	242.2	6.028	225.0	255.0	—	230.0	234.3	240.0	250.0	250.6	255.0
超圆高	头长	181.2	6.107	169.5	195.8	—	169.8	170.7	179.8	191.3	192.9	194.8
	头宽	166.4	6.025	153.2	181.0	—	154.5	156.9	166.7	175.9	178.4	180.3
	头全高	228.3	7.762	210.0	250.0	—	211.9	215.0	230.0	240.0	243.1	247.7
超圆特高	头长	176.1	6.041	161.5	185.7	—	—	163.0	177.2	183.8	184.1	185.1
	头宽	162.3	5.712	148.7	176.0	—	—	149.5	161.8	170.0	172.3	174.8
	头全高	234.8	8.558	210.0	245.0	—	—	212.5	235.0	240.0	245.0	245.0
注："—"表示该头型的样本量不足以生成所对应的百分位数值。												

4.2.3.2 各型头型的缩放因子分布

各型头型的缩放因子分布见表 12。

表 12 各型头型的缩放因子

各型	平均值	标准差	最小值	最大值	百分位数						
					1	3	5	50	95	97	99
圆高	1.002 5	0.024 213	0.939 0	1.088 4	0.950 3	0.961 5	0.965 8	1.002 0	1.043 8	1.052 4	1.072 3
圆正	1.002 6	0.025 006	0.948 8	1.073 4	0.949 3	0.957 4	0.960 6	1.003 4	1.043 0	1.051 1	1.063 4
中正	1.002 6	0.024 204	0.934 6	1.062 3	0.935 5	0.963 7	0.969 8	0.997 5	1.049 1	1.052 5	1.060 2
中高	1.002 6	0.022 628	0.949 2	1.063 2	0.949 9	0.960 3	0.962 1	1.002 5	1.036 4	1.044 8	1.057 7
圆特高	1.002 8	0.022 027	0.953 6	1.056 2	—	0.962 7	0.966 0	1.001 5	1.036 8	1.041 1	1.056 2
超圆高	1.002 7	0.030 421	0.924 4	1.082 0	—	0.935 7	0.956 1	0.997 1	1.061 2	1.066 2	1.074 7
超圆特高	1.003 1	0.026 718	0.934 7	1.051 0	—	—	0.948 3	1.010 1	1.034 5	1.038 6	1.046 8
注："—"表示该头型的样本量不足以生成所对应的百分位数值。											

附 录 A
（规范性附录）
成年男性标准头型的数学模型及描述参数

A.1 标准头型示意

构建标准头型的各层周线与法兰克福平面平行并以特征周线分组，各组内周线等间距。头顶点设为总体直角坐标系原点 O，XOZ 面即为正中矢状面，Z 轴垂直于各层周线向上，见图 A.1a)。各层周线数据的局部坐标系为统一的面内极坐标系，见图 A.1b)，ox 轴同样位于正中矢状面上但极点 o 比 O 点更靠近面部，ρ 为极径，θ 为极角。

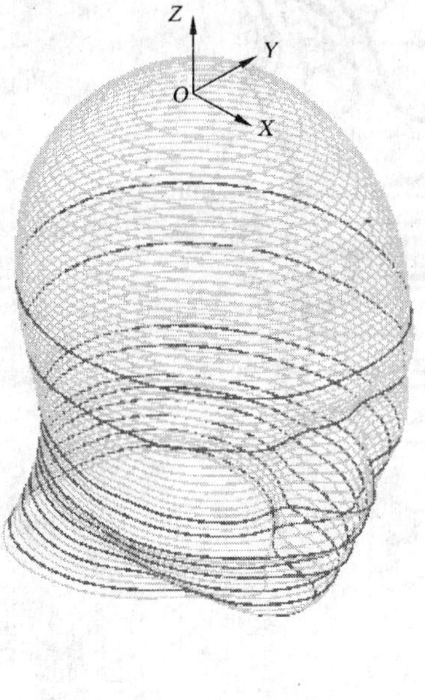

a) 标准头型逐层周线描述示意

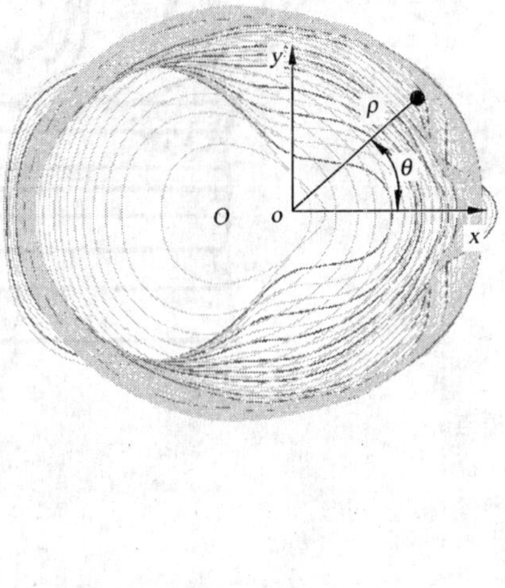

b) 各层周线数据的极坐标表示

图 A.1 标准头型示意图

A.2 标准头型数学模型

极坐标系下，各层周线形状（去除耳廓和头发）用 12 阶傅立叶级数表示为式(A.1)：

$$\rho_i(\theta) = a_{i,0}/2 + \sum_{n=1}^{12} a_{i,n}\cos n\theta \qquad \cdots\cdots (A.1)$$

式中：

i——周线层序号 id；

$a_{i,n}$——常系数，$n=0,1,\cdots,12$。

总体直角坐标系下，各层周线的极点坐标为$(X_O,0,Z_i)$。标准头型数据点 j 的坐标可由式(A.2)计算：

$$\begin{cases} X_{i,j} = \rho_{i,j}\cos\theta_j + X_O \\ Y_{i,j} = \rho_{i,j}\sin\theta_j, i > 0 \\ Z_{i,j} = Z_i \end{cases} \qquad \cdots\cdots (A.2)$$

因此，标准头型的描述参数包括各层周线的位置参数 X_O、Z 和形状参数 a_n，见 A.4。

A.3 标准头型的特征周线

A.3.1 特征周线的位置

特征周线过面部正中矢状面上的测点，见图 A.2。

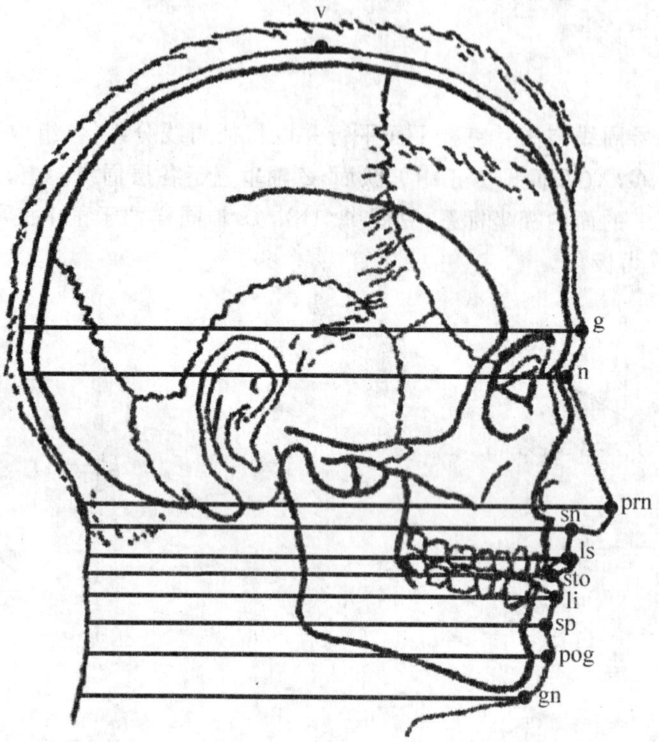

v——头顶点；
g——眉间点；
n——鼻梁点；
prn——鼻尖点；
sn——鼻下点；
ls——上唇中点；
sto——口裂点；
li——下唇中点；
sp——颏上点；
pog——颏前点；
gn——颏下点。

图 A.2 特征周线的位置

A.3.2 特征周线的层序号

标准头型的特征周线层序号见表 A.1。

表 A.1 标准头型的特征周线层序号

特征周线	头顶点层	眉间点层	鼻梁点层	鼻尖点层	鼻下点层	上唇中点层
周线层序号(id)	0	23	30	39	41	44
特征周线	口裂点层	下唇中点层	颏上点层	颏前点层	颏下点层	最底层
周线层序号(id)	46	48	50	52	55	56

A.4 标准头型的描述参数

A.4.1 圆高标准头型

圆高标准头型的描述参数见表 A.2。

表 A.2 圆高标准头型的描述参数(X_O=24.535)

单位为毫米

id	Z	a_0	a_1	a_2	a_3	a_4	a_5	a_6	a_7	a_8	a_9	a_{10}	a_{11}	a_{12}
1	−4.149	50.140	−18.320	5.878	−0.773	−0.623	0.621	−0.332	0.121	−0.038	0.020	−0.023	0.027	0.028
2	−8.297	75.632	−21.773	6.625	−0.216	−1.029	0.704	−0.295	0.060	−0.030	0.024	−0.028	0.022	−0.017
3	−12.446	91.812	−21.169	6.241	0.598	−1.236	0.605	−0.178	−0.008	−0.036	0.021	−0.021	0.005	−0.003
4	−16.594	104.678	−20.469	5.932	1.249	−1.258	0.458	−0.061	−0.030	−0.065	0.021	−0.018	−0.015	0.008
5	−20.743	115.334	−19.758	5.571	1.711	−1.173	0.313	0.038	0.000	−0.087	0.013	−0.012	−0.035	0.011
6	−24.891	124.439	−19.073	5.219	1.995	−1.037	0.177	0.094	0.054	−0.087	0.007	−0.002	−0.045	0.015
7	−29.040	132.271	−18.378	4.909	2.118	−0.876	0.062	0.091	0.101	−0.077	0.010	0.008	−0.043	0.020
8	−33.188	139.053	−17.706	4.678	2.096	−0.707	−0.014	0.045	0.115	−0.067	0.020	0.010	−0.034	0.029
9	−37.337	144.916	−17.048	4.547	1.945	−0.546	−0.050	−0.011	0.100	−0.073	0.042	0.012	−0.027	0.040
10	−41.485	149.970	−16.396	4.517	1.706	−0.404	−0.059	−0.059	0.067	−0.091	0.064	0.013	−0.022	0.045
11	−45.634	154.365	−15.770	4.583	1.425	−0.277	−0.056	−0.092	0.024	−0.123	0.081	0.010	−0.018	0.042
12	−49.782	158.154	−15.163	4.734	1.136	−0.164	−0.050	−0.110	−0.020	−0.165	0.086	0.005	−0.013	0.033
13	−53.931	161.417	−14.593	4.946	0.858	−0.062	−0.047	−0.117	−0.055	−0.208	0.080	−0.007	−0.010	0.021
14	−58.080	164.200	−14.088	5.192	0.594	0.021	−0.052	−0.116	−0.069	−0.244	0.067	−0.020	−0.008	0.006
15	−62.228	166.531	−13.651	5.444	0.351	0.081	−0.075	−0.111	−0.058	−0.268	0.052	−0.032	−0.008	−0.010
16	−66.377	168.430	−13.307	5.683	0.133	0.115	−0.117	−0.103	−0.024	−0.274	0.042	−0.035	−0.009	−0.025
17	−70.525	169.930	−13.057	5.903	−0.058	0.123	−0.179	−0.096	0.017	−0.266	0.041	−0.025	−0.007	−0.038
18	−74.674	171.094	−12.840	6.123	−0.201	0.113	−0.247	−0.096	0.042	−0.260	0.037	−0.008	−0.007	−0.046
19	−78.822	171.971	−12.635	6.377	−0.280	0.100	−0.308	−0.105	0.038	−0.266	0.021	−0.002	−0.015	−0.056
20	−82.971	172.636	−12.372	6.680	−0.298	0.084	−0.351	−0.126	0.002	−0.279	−0.005	−0.010	−0.031	−0.067
21	−87.119	173.120	−12.055	7.005	−0.296	0.050	−0.387	−0.158	−0.054	−0.283	−0.029	−0.016	−0.038	−0.074
22	−91.268	173.439	−11.710	7.299	−0.330	−0.031	−0.436	−0.204	−0.117	−0.268	−0.033	0.000	−0.016	−0.073
23	−95.416	173.571	−11.357	7.494	−0.467	−0.194	−0.519	−0.274	−0.176	−0.217	0.002	0.051	0.042	−0.062
24	−99.491	173.281	−11.281	7.469	−0.730	−0.408	−0.587	−0.296	−0.196	−0.134	0.067	0.119	0.095	−0.060
25	−103.566	172.724	−11.292	7.311	−1.052	−0.630	−0.636	−0.304	−0.204	−0.056	0.149	0.196	0.164	−0.043
26	−107.641	171.835	−11.458	6.976	−1.467	−0.870	−0.671	−0.309	−0.226	−0.001	0.247	0.289	0.265	0.023
27	−111.715	170.610	−11.796	6.467	−1.969	−1.114	−0.704	−0.338	−0.296	−0.002	0.333	0.391	0.393	0.138
28	−115.790	169.093	−12.285	5.834	−2.484	−1.291	−0.689	−0.353	−0.399	−0.053	0.382	0.469	0.529	0.297
29	−119.865	167.500	−12.764	5.209	−2.911	−1.310	−0.586	−0.291	−0.460	−0.111	0.382	0.506	0.646	0.461
30	−123.940	165.988	−13.125	4.676	−3.231	−1.146	−0.358	−0.079	−0.340	−0.051	0.381	0.519	0.716	0.561
31	−128.192	164.637	−13.229	4.265	−3.486	−0.865	0.043	0.400	0.117	0.313	0.543	0.567	0.734	0.520
32	−132.445	163.767	−12.852	4.171	−3.621	−0.577	0.336	0.794	0.566	0.660	0.662	0.575	0.691	0.425
33	−136.698	163.193	−12.184	4.282	−3.660	−0.276	0.543	1.110	0.983	0.975	0.743	0.577	0.651	0.336
34	−140.951	162.751	−11.408	4.506	−3.620	0.000	0.624	1.327	1.310	1.199	0.797	0.595	0.624	0.281
35	−145.203	162.238	−10.679	4.791	−3.536	0.261	0.647	1.453	1.540	1.352	0.840	0.650	0.644	0.283
36	−149.456	161.561	−10.096	5.131	−3.373	0.550	0.694	1.575	1.724	1.487	0.929	0.766	0.729	0.355
37	−153.709	160.744	−9.646	5.549	−3.101	0.912	0.817	1.742	1.908	1.642	1.087	0.943	0.847	0.450
38	−157.961	159.815	−9.309	6.095	−2.695	1.388	1.046	1.953	2.081	1.792	1.243	1.086	0.907	0.470
39	−162.214	158.747	−9.129	6.720	−2.197	1.920	1.318	2.140	2.135	1.813	1.286	1.066	0.793	0.332
40	−167.154	156.383	−10.060	6.679	−2.347	1.885	1.081	1.790	1.695	1.473	1.080	0.897	0.677	0.288
41	−172.094	153.188	−11.813	6.104	−3.144	1.188	0.232	0.815	0.674	0.617	0.453	0.381	0.324	0.088
42	−177.291	151.336	−12.188	7.140	−2.630	1.604	0.373	0.643	0.356	0.334	0.252	0.162	0.189	−0.005
43	−182.488	149.501	−12.515	8.508	−2.042	1.977	0.577	0.549	0.167	0.196	0.176	0.026	0.135	−0.036
44	−187.685	147.234	−13.183	9.884	−1.631	2.160	0.779	0.531	0.163	0.257	0.267	0.011	0.189	0.011
45	−191.051	144.738	−14.559	10.129	−2.019	1.714	0.565	0.304	0.065	0.263	0.330	0.024	0.246	0.065
46	−194.418	142.141	−16.012	10.437	−2.415	1.245	0.382	0.092	−0.028	0.262	0.379	0.009	0.269	0.082
47	−198.015	140.332	−16.576	11.865	−1.981	1.436	0.800	0.279	0.111	0.365	0.460	−0.030	0.247	0.059
48	−201.612	138.337	−17.283	13.284	−1.636	1.533	1.219	0.434	0.227	0.439	0.532	−0.057	0.245	0.071
49	−206.530	134.253	−19.602	14.269	−2.281	0.602	1.096	0.028	−0.113	0.141	0.351	−0.273	0.124	0.027
50	−211.448	130.467	−21.621	15.876	−2.683	−0.211	1.281	−0.122	−0.219	0.039	0.356	−0.355	0.091	0.058
51	−216.105	127.164	−23.203	18.087	−2.634	−0.907	1.610	−0.108	−0.184	0.033	0.461	−0.348	0.091	0.117
52	−220.762	123.532	−24.952	20.750	−2.216	−1.587	1.870	−0.178	−0.168	−0.008	0.537	−0.335	0.080	0.167
53	−224.841	119.666	−27.124	23.016	−1.696	−2.136	2.047	−0.389	−0.224	−0.101	0.541	−0.341	0.043	0.184
54	−228.920	114.731	−30.201	25.225	−0.854	−2.425	2.346	−0.649	−0.293	−0.253	0.454	−0.351	0.010	0.198
55	−232.999	108.107	−34.921	26.808	0.219	−2.169	3.131	−0.731	−0.217	−0.393	0.255	−0.418	−0.074	0.178
56	−237.388	93.010	−48.110	22.410	−1.464	−3.796	3.320	−0.901	0.135	−0.191	0.383	−0.226	−0.093	0.267

A.4.2 圆正标准头型

圆正标准头型的描述参数见表A.3。

表 A.3 圆正标准头型的描述参数(X_O=25.499) 单位为毫米

id	Z	a_0	a_1	a_2	a_3	a_4	a_5	a_6	a_7	a_8	a_9	a_{10}	a_{11}	a_{12}
1	−3.845	47.012	−17.038	6.422	−1.660	−0.040	0.394	−0.323	0.159	−0.063	0.030	−0.020	0.018	−0.023
2	−7.690	74.037	−22.004	8.302	−1.665	−0.376	0.606	−0.422	0.157	−0.055	0.025	−0.029	0.025	−0.026
3	−11.535	89.950	−21.765	8.173	−0.901	−0.778	0.729	−0.396	0.080	−0.039	0.018	−0.036	0.019	−0.017
4	−15.379	102.599	−21.559	7.977	−0.210	−1.004	0.748	−0.275	−0.005	−0.044	0.029	−0.040	0.006	−0.006
5	−19.224	113.155	−21.264	7.636	0.383	−1.140	0.654	−0.125	−0.036	−0.060	0.048	−0.041	−0.005	0.003
6	−23.069	122.240	−20.924	7.239	0.818	−1.197	0.503	−0.029	−0.037	−0.064	0.062	−0.035	−0.007	0.015
7	−26.914	130.133	−20.544	6.828	1.127	−1.184	0.344	0.012	−0.037	−0.073	0.076	−0.019	−0.006	0.025
8	−30.759	136.986	−20.092	6.460	1.304	−1.121	0.218	0.013	−0.036	−0.079	0.081	−0.003	−0.002	0.031
9	−34.604	142.980	−19.596	6.174	1.352	−1.018	0.124	−0.011	−0.042	−0.086	0.090	−0.002	0.003	0.038
10	−38.449	148.226	−19.068	6.003	1.305	−0.889	0.062	−0.045	−0.058	−0.095	0.096	−0.006	0.005	0.043
11	−42.293	152.799	−18.512	5.936	1.195	−0.751	0.025	−0.081	−0.085	−0.113	0.101	−0.013	0.004	0.039
12	−46.138	156.771	−17.984	5.951	1.040	−0.619	0.010	−0.112	−0.113	−0.137	0.100	−0.025	0.003	0.034
13	−49.983	160.198	−17.496	6.020	0.852	−0.500	0.003	−0.130	−0.134	−0.162	0.096	−0.037	0.000	0.026
14	−53.828	163.123	−17.064	6.122	0.633	−0.398	−0.006	−0.136	−0.142	−0.180	0.090	−0.046	−0.002	0.017
15	−57.673	165.598	−16.704	6.243	0.399	−0.316	−0.024	−0.132	−0.129	−0.189	0.082	−0.051	−0.003	0.006
16	−61.518	167.641	−16.426	6.384	0.162	−0.255	−0.060	−0.119	−0.093	−0.187	0.081	−0.051	−0.004	−0.007
17	−65.362	169.342	−16.180	6.559	−0.047	−0.202	−0.115	−0.113	−0.058	−0.191	0.077	−0.049	−0.005	−0.020
18	−69.207	170.763	−15.928	6.781	−0.206	−0.149	−0.176	−0.118	−0.038	−0.207	0.066	−0.050	−0.011	−0.034
19	−73.052	171.926	−15.672	7.064	−0.311	−0.091	−0.242	−0.132	−0.042	−0.241	0.047	−0.061	−0.028	−0.047
20	−76.897	172.910	−15.320	7.413	−0.357	−0.040	−0.307	−0.162	−0.066	−0.282	0.024	−0.071	−0.045	−0.057
21	−80.742	173.675	−14.968	7.761	−0.421	−0.040	−0.385	−0.210	−0.099	−0.306	0.021	−0.060	−0.043	−0.055
22	−84.587	174.245	−14.630	8.049	−0.542	−0.110	−0.477	−0.269	−0.128	−0.298	0.050	−0.018	−0.016	−0.044
23	−88.432	174.617	−14.309	8.228	−0.756	−0.266	−0.588	−0.332	−0.140	−0.248	0.116	0.060	0.037	−0.029
24	−91.854	174.504	−14.271	8.177	−1.075	−0.479	−0.671	−0.349	−0.116	−0.163	0.188	0.149	0.095	−0.019
25	−95.277	174.182	−14.283	8.033	−1.440	−0.706	−0.728	−0.353	−0.093	−0.072	0.268	0.241	0.160	0.003
26	−98.700	173.555	−14.424	7.735	−1.866	−0.938	−0.760	−0.364	−0.091	0.003	0.332	0.345	0.251	0.061
27	−102.123	172.646	−14.692	7.326	−2.336	−1.151	−0.760	−0.391	−0.135	0.037	0.376	0.445	0.358	0.155
28	−105.545	171.575	−15.002	6.862	−2.762	−1.289	−0.715	−0.417	−0.227	0.005	0.381	0.518	0.463	0.286
29	−108.968	170.436	−15.273	6.423	−3.075	−1.306	−0.602	−0.382	−0.299	−0.055	0.365	0.569	0.564	0.433
30	−112.391	169.292	−15.470	6.040	−3.327	−1.218	−0.399	−0.277	−0.290	−0.041	0.366	0.604	0.658	0.554
31	−116.645	168.039	−15.465	5.677	−3.536	−0.957	0.040	0.158	0.050	0.239	0.515	0.680	0.715	0.560
32	−120.900	167.233	−15.015	5.541	−3.613	−0.688	0.412	0.610	0.457	0.557	0.669	0.691	0.683	0.490
33	−125.154	166.775	−14.161	5.613	−3.582	−0.441	0.669	0.993	0.869	0.858	0.791	0.682	0.643	0.406
34	−129.409	166.457	−13.082	5.807	−3.506	−0.219	0.811	1.243	1.205	1.103	0.875	0.677	0.616	0.338
35	−133.663	166.142	−11.961	6.024	−3.389	−0.007	0.840	1.384	1.451	1.276	0.941	0.707	0.649	0.333
36	−137.918	165.658	−10.903	6.254	−3.231	0.253	0.860	1.492	1.651	1.423	1.035	0.789	0.753	0.402
37	−142.172	164.936	−9.955	6.555	−3.008	0.606	0.941	1.620	1.857	1.579	1.171	0.942	0.889	0.501
38	−146.427	164.049	−9.084	6.961	−2.665	1.060	1.114	1.797	2.055	1.727	1.313	1.084	0.972	0.542
39	−150.681	162.922	−8.394	7.372	−2.277	1.548	1.289	1.922	2.143	1.757	1.321	1.082	0.896	0.418
40	−155.722	160.466	−8.636	7.146	−2.473	1.517	0.974	1.559	1.751	1.403	1.052	0.889	0.723	0.304
41	−160.763	157.184	−9.713	6.400	−3.244	0.901	0.223	0.714	0.825	0.613	0.453	0.420	0.385	0.099
42	−165.829	155.261	−9.601	7.072	−2.667	1.353	0.389	0.657	0.558	0.341	0.267	0.249	0.222	0.006
43	−170.896	153.398	−9.481	8.025	−2.014	1.814	0.640	0.653	0.362	0.185	0.162	0.118	0.134	−0.040
44	−175.963	151.229	−9.605	9.011	−1.508	2.138	0.876	0.664	0.266	0.210	0.228	0.088	0.164	0.014
45	−179.470	148.868	−10.559	9.062	−1.726	1.811	0.629	0.429	0.099	0.180	0.256	0.087	0.209	0.067
46	−182.978	146.263	−11.696	9.094	−2.017	1.393	0.360	0.213	−0.029	0.175	0.317	0.112	0.261	0.114
47	−186.584	144.412	−12.105	10.110	−1.528	1.599	0.659	0.420	0.129	0.303	0.447	0.129	0.268	0.113
48	−190.189	142.410	−12.593	11.214	−1.074	1.731	0.961	0.586	0.222	0.381	0.529	0.104	0.261	0.114
49	−195.073	138.537	−14.301	11.936	−1.345	1.038	0.695	0.259	−0.117	0.072	0.333	−0.133	0.111	0.025
50	−199.956	134.876	−15.896	13.168	−1.386	0.435	0.655	0.180	−0.223	−0.058	0.310	−0.218	0.056	0.033
51	−204.599	131.643	−17.147	14.902	−1.018	0.008	0.770	0.250	−0.174	−0.057	0.390	−0.205	0.065	0.072
52	−209.241	128.251	−18.496	17.024	−0.368	−0.369	0.930	0.260	−0.146	−0.100	0.449	−0.192	0.066	0.123
53	−213.521	124.525	−20.335	18.968	0.398	−0.701	1.022	0.127	−0.148	−0.233	0.430	−0.190	0.012	0.118
54	−217.800	120.033	−23.020	20.724	1.390	−0.857	1.248	−0.018	−0.166	−0.386	0.356	−0.209	−0.033	0.110
55	−222.079	114.117	−27.246	21.755	2.397	−0.668	1.830	−0.031	−0.057	−0.437	0.283	−0.243	−0.100	0.082
56	−227.205	100.322	−39.845	18.883	0.301	−2.472	2.268	−0.405	0.183	−0.320	0.270	−0.128	−0.161	0.179

A.4.3 中正标准头型

中正标准头型的描述参数见表 A.4。

表 A.4 中正标准头型的描述参数(X_O=25.714) 单位为毫米

id	Z	a_0	a_1	a_2	a_3	a_4	a_5	a_6	a_7	a_8	a_9	a_{10}	a_{11}	a_{12}
1	−4.017	47.012	−17.038	6.422	−1.660	−0.040	0.394	−0.323	0.159	−0.063	0.030	−0.020	0.018	−0.023
2	−8.034	74.037	−22.004	8.302	−1.665	−0.376	0.606	−0.422	0.157	−0.055	0.025	−0.029	0.025	−0.026
3	−12.050	89.950	−21.765	8.173	−0.901	−0.778	0.729	−0.396	0.080	−0.039	0.018	−0.036	0.019	−0.017
4	−16.067	102.599	−21.559	7.977	−0.210	−1.004	0.748	−0.275	−0.005	−0.044	0.029	−0.040	0.006	−0.006
5	−20.084	113.155	−21.264	7.636	0.383	−1.140	0.654	−0.125	−0.036	−0.060	0.048	−0.041	−0.005	0.003
6	−24.101	122.240	−20.924	7.239	0.818	−1.197	0.503	−0.029	−0.037	−0.064	0.062	−0.035	−0.007	0.015
7	−28.117	130.133	−20.544	6.828	1.127	−1.184	0.344	0.012	−0.037	−0.073	0.076	−0.019	−0.006	0.025
8	−32.134	136.986	−20.092	6.460	1.304	−1.121	0.218	0.013	−0.036	−0.079	0.081	−0.003	−0.002	0.031
9	−36.151	142.980	−19.596	6.174	1.352	−1.018	0.124	−0.011	−0.042	−0.086	0.090	−0.002	0.003	0.038
10	−40.168	148.226	−19.068	6.003	1.305	−0.889	0.062	−0.045	−0.058	−0.095	0.096	−0.006	0.005	0.043
11	−44.184	152.799	−18.512	5.936	1.195	−0.751	0.025	−0.081	−0.085	−0.113	0.101	−0.013	0.004	0.039
12	−48.201	156.771	−17.984	5.951	1.040	−0.619	0.010	−0.112	−0.113	−0.137	0.100	−0.025	0.003	0.034
13	−52.218	160.198	−17.496	6.020	0.852	−0.500	0.003	−0.130	−0.134	−0.162	0.096	−0.037	0.000	0.026
14	−56.235	163.123	−17.064	6.122	0.633	−0.398	−0.006	−0.136	−0.142	−0.180	0.090	−0.046	−0.002	0.017
15	−60.251	165.598	−16.704	6.243	0.399	−0.316	−0.024	−0.132	−0.129	−0.189	0.082	−0.051	−0.003	0.006
16	−64.268	167.641	−16.426	6.384	0.162	−0.255	−0.060	−0.119	−0.093	−0.187	0.081	−0.051	−0.004	−0.007
17	−68.285	169.342	−16.180	6.559	−0.047	−0.202	−0.115	−0.113	−0.058	−0.191	0.077	−0.049	−0.005	−0.020
18	−72.302	170.763	−15.928	6.781	−0.206	−0.149	−0.176	−0.118	−0.038	−0.207	0.066	−0.050	−0.011	−0.034
19	−76.318	171.926	−15.672	7.064	−0.311	−0.091	−0.242	−0.132	−0.042	−0.241	0.047	−0.061	−0.028	−0.047
20	−80.335	172.910	−15.320	7.413	−0.357	−0.040	−0.307	−0.162	−0.066	−0.282	0.024	−0.071	−0.045	−0.057
21	−84.352	173.675	−14.968	7.761	−0.421	−0.040	−0.385	−0.210	−0.099	−0.306	0.021	−0.060	−0.043	−0.055
22	−88.369	174.245	−14.630	8.049	−0.542	−0.110	−0.477	−0.269	−0.128	−0.298	0.050	−0.018	−0.016	−0.044
23	−92.385	174.617	−14.309	8.228	−0.756	−0.266	−0.588	−0.332	−0.140	−0.248	0.116	0.060	0.037	−0.029
24	−96.038	174.504	−14.271	8.177	−1.075	−0.479	−0.671	−0.349	−0.116	−0.163	0.188	0.149	0.095	−0.019
25	−99.691	174.182	−14.283	8.033	−1.440	−0.706	−0.728	−0.353	−0.093	−0.072	0.268	0.241	0.160	0.003
26	−103.344	173.555	−14.424	7.735	−1.866	−0.938	−0.760	−0.364	−0.091	0.003	0.332	0.345	0.251	0.061
27	−106.997	172.646	−14.692	7.326	−2.336	−1.151	−0.760	−0.391	−0.135	0.037	0.376	0.445	0.358	0.155
28	−110.650	171.575	−15.002	6.862	−2.762	−1.289	−0.715	−0.417	−0.227	0.005	0.381	0.518	0.463	0.286
29	−114.303	170.436	−15.273	6.423	−3.075	−1.306	−0.602	−0.382	−0.299	−0.055	0.365	0.569	0.564	0.433
30	−117.956	169.292	−15.470	6.040	−3.327	−1.218	−0.399	−0.277	−0.290	−0.041	0.366	0.604	0.658	0.554
31	−122.173	168.039	−15.465	5.677	−3.536	−0.957	0.040	0.158	0.050	0.239	0.515	0.680	0.715	0.560
32	−126.390	167.233	−15.015	5.541	−3.613	−0.688	0.412	0.610	0.457	0.557	0.669	0.691	0.683	0.490
33	−130.608	166.775	−14.161	5.613	−3.582	−0.441	0.669	0.993	0.869	0.858	0.791	0.682	0.643	0.406
34	−134.825	166.457	−13.082	5.807	−3.506	−0.219	0.811	1.243	1.205	1.103	0.875	0.677	0.616	0.338
35	−139.042	166.142	−11.961	6.024	−3.389	−0.007	0.840	1.384	1.451	1.276	0.941	0.707	0.649	0.333
36	−143.260	165.658	−10.903	6.254	−3.231	0.253	0.860	1.492	1.651	1.423	1.035	0.789	0.753	0.402
37	−147.477	164.936	−9.955	6.555	−3.008	0.606	0.941	1.620	1.857	1.579	1.171	0.942	0.889	0.501
38	−151.694	164.049	−9.084	6.961	−2.665	1.060	1.114	1.797	2.055	1.727	1.313	1.084	0.972	0.542
39	−155.911	162.922	−8.394	7.372	−2.277	1.548	1.289	1.922	2.143	1.757	1.321	1.082	0.896	0.418
40	−160.877	160.466	−8.636	7.146	−2.473	1.517	0.974	1.559	1.751	1.403	1.052	0.889	0.723	0.304
41	−165.842	157.184	−9.713	6.400	−3.244	0.901	0.223	0.714	0.825	0.613	0.453	0.420	0.385	0.099
42	−171.100	155.261	−9.601	7.072	−2.667	1.353	0.389	0.657	0.558	0.341	0.267	0.249	0.222	0.006
43	−176.358	153.398	−9.481	8.025	−2.014	1.814	0.640	0.653	0.362	0.185	0.162	0.118	0.134	−0.040
44	−181.616	151.229	−9.605	9.011	−1.508	2.138	0.876	0.664	0.266	0.210	0.228	0.088	0.164	0.014
45	−184.837	148.868	−10.559	9.062	−1.726	1.811	0.629	0.429	0.099	0.180	0.256	0.087	0.209	0.067
46	−188.058	146.263	−11.696	9.094	−2.017	1.393	0.360	0.213	−0.029	0.175	0.317	0.112	0.261	0.114
47	−191.683	144.412	−12.105	10.110	−1.528	1.599	0.659	0.420	0.129	0.303	0.447	0.129	0.268	0.113
48	−195.307	142.410	−12.593	11.214	−1.074	1.731	0.961	0.586	0.222	0.381	0.529	0.104	0.261	0.114
49	−200.256	138.537	−14.301	11.936	−1.345	1.038	0.695	0.259	−0.117	0.072	0.333	−0.133	0.111	0.025
50	−205.205	134.876	−15.896	13.168	−1.386	0.435	0.655	0.180	−0.223	−0.058	0.310	−0.218	0.056	0.033
51	−209.886	131.643	−17.147	14.902	−1.018	0.008	0.770	0.250	−0.174	−0.057	0.390	−0.205	0.065	0.072
52	−214.567	128.251	−18.496	17.024	−0.368	−0.369	0.930	0.260	−0.146	−0.100	0.449	−0.192	0.066	0.123
53	−218.538	124.525	−20.335	18.968	0.398	−0.701	1.022	0.127	−0.148	−0.233	0.430	−0.190	0.012	0.118
54	−222.509	120.033	−23.020	20.724	1.390	−0.857	1.248	−0.018	−0.166	−0.386	0.356	−0.209	−0.033	0.110
55	−226.479	114.117	−27.246	21.755	2.397	−0.668	1.830	−0.031	−0.057	−0.437	0.283	−0.243	−0.100	0.082
56	−231.832	100.322	−39.845	18.883	0.301	−2.472	2.268	−0.405	0.183	−0.320	0.270	−0.128	−0.161	0.179

A.4.4 中高标准头型

中高标准头型的描述参数见表 A.5。

表 A.5 中高标准头型的描述参数(X_O=23.895)

单位为毫米

id	Z	a_0	a_1	a_2	a_3	a_4	a_5	a_6	a_7	a_8	a_9	a_{10}	a_{11}	a_{12}
1	−4.194	49.528	−17.574	6.180	−1.101	−0.364	0.534	−0.394	0.199	−0.098	0.038	−0.037	0.028	−0.021
2	−8.388	74.417	−20.884	7.172	−0.624	−0.697	0.613	−0.324	0.089	−0.047	0.011	−0.024	0.006	−0.003
3	−12.582	90.392	−20.360	7.086	0.135	−0.870	0.502	−0.159	−0.024	−0.016	0.002	−0.011	−0.017	0.020
4	−16.775	103.275	−19.661	7.049	0.745	−0.898	0.339	−0.015	−0.061	−0.037	−0.007	0.007	−0.032	0.022
5	−20.969	113.979	−18.967	6.912	1.196	−0.806	0.192	0.082	−0.032	−0.064	−0.016	0.009	−0.044	0.021
6	−25.163	123.098	−18.360	6.752	1.486	−0.638	0.079	0.133	0.020	−0.078	−0.021	0.011	−0.054	0.018
7	−29.357	130.964	−17.768	6.649	1.618	−0.452	−0.001	0.134	0.056	−0.078	−0.015	0.014	−0.047	0.016
8	−33.551	137.786	−17.214	6.600	1.604	−0.264	−0.053	0.103	0.072	−0.082	−0.002	0.021	−0.037	0.020
9	−37.745	143.691	−16.682	6.619	1.458	−0.098	−0.073	0.055	0.069	−0.097	0.018	0.027	−0.030	0.022
10	−41.938	148.802	−16.148	6.730	1.194	0.052	−0.075	0.012	0.054	−0.116	0.039	0.027	−0.022	0.027
11	−46.132	153.200	−15.606	6.924	0.877	0.175	−0.056	−0.022	0.022	−0.138	0.058	0.016	−0.016	0.035
12	−50.326	156.959	−15.059	7.198	0.556	0.282	−0.034	−0.053	−0.015	−0.163	0.071	−0.005	−0.011	0.034
13	−54.520	160.178	−14.528	7.531	0.248	0.368	−0.019	−0.075	−0.048	−0.189	0.076	−0.027	−0.005	0.028
14	−58.714	162.932	−14.022	7.907	−0.037	0.441	−0.020	−0.086	−0.064	−0.211	0.067	−0.046	0.005	0.014
15	−62.908	165.212	−13.587	8.285	−0.294	0.490	−0.047	−0.093	−0.054	−0.226	0.052	−0.055	0.009	−0.005
16	−67.101	167.055	−13.229	8.645	−0.515	0.508	−0.098	−0.097	−0.027	−0.236	0.038	−0.051	0.006	−0.023
17	−71.295	168.491	−12.956	8.977	−0.700	0.495	−0.166	−0.099	0.005	−0.238	0.035	−0.032	0.002	−0.035
18	−75.489	169.565	−12.732	9.288	−0.845	0.456	−0.237	−0.107	0.019	−0.236	0.037	−0.014	−0.003	−0.037
19	−79.683	170.319	−12.530	9.611	−0.937	0.403	−0.295	−0.123	0.002	−0.239	0.030	−0.008	−0.012	−0.034
20	−83.877	170.840	−12.272	9.947	−0.971	0.351	−0.334	−0.140	−0.043	−0.241	0.006	−0.016	−0.027	−0.044
21	−88.071	171.182	−11.953	10.286	−0.976	0.292	−0.361	−0.165	−0.105	−0.231	−0.025	−0.024	−0.028	−0.061
22	−92.265	171.375	−11.578	10.599	−1.009	0.194	−0.395	−0.209	−0.177	−0.202	−0.044	−0.012	−0.002	−0.073
23	−96.458	171.445	−11.163	10.796	−1.115	0.019	−0.478	−0.268	−0.244	−0.162	−0.018	0.043	0.053	−0.069
24	−100.982	171.102	−11.004	10.745	−1.338	−0.206	−0.560	−0.298	−0.269	−0.090	0.032	0.102	0.092	−0.081
25	−105.506	170.459	−10.923	10.518	−1.632	−0.434	−0.607	−0.316	−0.294	−0.006	0.104	0.154	0.146	−0.074
26	−110.030	169.529	−10.969	10.052	−2.004	−0.672	−0.661	−0.301	−0.319	0.037	0.192	0.234	0.228	−0.024
27	−114.554	168.236	−11.215	9.326	−2.489	−0.923	−0.722	−0.302	−0.385	0.033	0.299	0.323	0.357	0.108
28	−119.077	166.570	−11.688	8.409	−3.043	−1.068	−0.725	−0.289	−0.457	−0.003	0.357	0.401	0.507	0.279
29	−123.601	164.720	−12.260	7.434	−3.555	−1.069	−0.651	−0.192	−0.489	−0.046	0.359	0.431	0.664	0.474
30	−128.125	163.034	−12.658	6.597	−3.931	−0.858	−0.454	0.078	−0.276	0.047	0.350	0.447	0.740	0.571
31	−132.320	161.801	−12.660	6.039	−4.208	−0.571	−0.108	0.562	0.229	0.465	0.526	0.505	0.736	0.493
32	−136.514	161.072	−12.242	5.793	−4.290	−0.243	0.087	0.952	0.713	0.805	0.614	0.549	0.680	0.367
33	−140.709	160.560	−11.568	5.825	−4.292	0.069	0.229	1.242	1.098	1.091	0.677	0.576	0.636	0.281
34	−144.903	160.109	−10.828	6.010	−4.197	0.362	0.289	1.439	1.392	1.274	0.710	0.623	0.613	0.235
35	−149.098	159.509	−10.246	6.250	−4.017	0.641	0.326	1.589	1.591	1.387	0.754	0.695	0.630	0.252
36	−153.292	158.720	−9.860	6.559	−3.767	0.931	0.424	1.732	1.737	1.507	0.860	0.822	0.707	0.328
37	−157.487	157.822	−9.666	6.925	−3.381	1.291	0.582	1.905	1.888	1.642	1.034	0.994	0.799	0.415
38	−161.681	156.822	−9.573	7.461	−2.856	1.772	0.879	2.127	2.016	1.780	1.215	1.111	0.829	0.426
39	−165.876	155.697	−9.620	8.104	−2.255	2.333	1.241	2.297	2.035	1.802	1.264	1.057	0.701	0.277
40	−170.793	153.230	−10.742	8.157	−2.288	2.356	1.109	1.913	1.581	1.491	1.082	0.880	0.619	0.252
41	−175.710	149.933	−12.708	7.623	−3.079	1.588	0.238	0.827	0.521	0.635	0.456	0.355	0.303	0.071
42	−181.002	147.988	−13.240	8.784	−2.583	1.912	0.344	0.562	0.191	0.365	0.260	0.125	0.194	−0.011
43	−186.293	146.031	−13.712	10.326	−2.062	2.187	0.526	0.401	0.041	0.260	0.183	−0.019	0.166	−0.047
44	−191.585	143.531	−14.584	11.836	−1.779	2.277	0.759	0.375	0.123	0.373	0.287	−0.033	0.233	−0.021
45	−194.731	141.028	−16.015	12.054	−2.270	1.768	0.564	0.136	0.052	0.376	0.341	−0.024	0.287	0.024
46	−197.877	138.490	−17.461	12.335	−2.731	1.272	0.418	−0.081	−0.016	0.351	0.365	−0.061	0.276	0.015
47	−201.627	136.562	−18.110	13.915	−2.314	1.461	0.926	0.081	0.125	0.411	0.404	−0.133	0.250	−0.015
48	−205.377	134.389	−19.000	15.428	−2.064	1.539	1.453	0.240	0.268	0.492	0.494	−0.139	0.292	0.027
49	−210.209	130.131	−21.537	16.362	−2.982	0.537	1.414	−0.222	−0.041	0.203	0.323	−0.339	0.199	0.000
50	−215.042	126.240	−23.694	17.945	−3.645	−0.334	1.695	−0.434	−0.150	0.131	0.342	−0.445	0.196	0.033
51	−219.375	122.996	−25.308	20.111	−3.859	−1.013	2.103	−0.519	−0.120	0.172	0.415	−0.448	0.218	0.076
52	−223.708	119.466	−27.111	22.641	−3.729	−1.682	2.391	−0.693	−0.097	0.169	0.431	−0.453	0.245	0.114
53	−227.694	115.413	−29.337	25.079	−3.381	−2.151	2.669	−0.975	−0.173	0.087	0.453	−0.453	0.231	0.119
54	−231.681	110.108	−32.512	27.493	−2.690	−2.347	3.077	−1.278	−0.260	−0.081	0.394	−0.453	0.225	0.133
55	−235.667	102.819	−37.416	29.305	−1.806	−1.907	4.014	−1.268	−0.053	−0.194	0.196	−0.558	0.099	0.055
56	−240.897	89.624	−51.120	23.894	−2.759	−3.845	3.644	−1.173	0.180	−0.312	0.569	−0.392	−0.117	0.321

A.4.5 圆特高标准头型

圆特高标准头型的描述参数见表 A.6。

表 A.6 圆特高标准头型的描述参数(X_O=22.784) 单位为毫米

id	Z	a_0	a_1	a_2	a_3	a_4	a_5	a_6	a_7	a_8	a_9	a_{10}	a_{11}	a_{12}
1	−4.377	52.473	−17.974	4.960	0.046	−0.947	0.669	−0.303	0.101	−0.043	0.025	−0.034	0.026	−0.006
2	−8.755	76.357	−20.540	5.022	0.801	−1.246	0.607	−0.206	0.050	−0.039	0.026	−0.012	0.001	−0.002
3	−13.132	91.861	−19.926	4.461	1.525	−1.275	0.399	−0.076	−0.001	−0.042	0.000	0.001	−0.012	0.008
4	−17.509	104.391	−19.087	4.044	2.056	−1.139	0.196	−0.007	0.000	−0.059	−0.020	0.018	−0.030	0.020
5	−21.886	114.854	−18.203	3.682	2.374	−0.947	0.052	0.027	0.043	−0.063	−0.031	0.021	−0.045	0.018
6	−26.264	123.759	−17.377	3.405	2.519	−0.754	−0.049	0.039	0.101	−0.060	−0.036	0.019	−0.044	0.009
7	−30.641	131.410	−16.581	3.221	2.524	−0.579	−0.109	0.020	0.138	−0.044	−0.028	0.014	−0.041	0.008
8	−35.018	138.024	−15.818	3.137	2.414	−0.419	−0.147	−0.025	0.146	−0.035	−0.007	0.020	−0.036	0.017
9	−39.395	143.795	−15.084	3.131	2.196	−0.273	−0.156	−0.075	0.132	−0.044	0.024	0.017	−0.032	0.028
10	−43.773	149.346	−14.381	3.181	1.944	−0.165	−0.171	−0.088	0.104	−0.082	0.053	0.011	−0.032	0.036
11	−48.150	153.726	−13.707	3.321	1.622	−0.065	−0.166	−0.106	0.077	−0.128	0.074	0.000	−0.022	0.031
12	−52.527	157.433	−13.094	3.525	1.308	0.027	−0.154	−0.111	0.052	−0.178	0.087	−0.009	−0.013	0.021
13	−56.904	160.601	−12.512	3.787	1.014	0.101	−0.150	−0.109	0.033	−0.229	0.086	−0.020	−0.006	0.007
14	−61.282	163.286	−11.989	4.087	0.757	0.157	−0.157	−0.106	0.024	−0.274	0.075	−0.033	−0.002	−0.006
15	−65.659	165.510	−11.534	4.391	0.542	0.187	−0.181	−0.104	0.028	−0.305	0.057	−0.043	−0.005	−0.017
16	−70.036	167.280	−11.172	4.680	0.365	0.193	−0.213	−0.103	0.046	−0.314	0.043	−0.046	−0.010	−0.030
17	−74.414	168.631	−10.911	4.940	0.221	0.172	−0.255	−0.106	0.074	−0.306	0.039	−0.035	−0.010	−0.041
18	−78.791	169.589	−10.732	5.183	0.106	0.124	−0.299	−0.106	0.092	−0.289	0.044	−0.011	−0.003	−0.048
19	−83.168	170.222	−10.593	5.446	0.036	0.063	−0.335	−0.110	0.071	−0.270	0.042	0.003	0.002	−0.050
20	−87.545	170.632	−10.425	5.754	0.031	0.020	−0.349	−0.108	0.020	−0.250	0.013	−0.002	−0.004	−0.058
21	−91.923	170.880	−10.195	6.098	0.063	−0.017	−0.344	−0.106	−0.049	−0.228	−0.032	−0.020	−0.007	−0.076
22	−96.300	170.997	−9.905	6.426	0.072	−0.087	−0.346	−0.119	−0.124	−0.202	−0.052	−0.026	0.009	−0.083
23	−100.677	170.983	−9.580	6.653	−0.014	−0.230	−0.416	−0.186	−0.181	−0.157	−0.043	0.003	0.076	−0.076
24	−105.082	170.608	−9.470	6.715	−0.249	−0.454	−0.500	−0.233	−0.215	−0.109	0.010	0.058	0.137	−0.079
25	−109.487	169.909	−9.488	6.634	−0.579	−0.700	−0.548	−0.245	−0.234	−0.061	0.109	0.123	0.205	−0.065
26	−113.891	168.909	−9.690	6.347	−1.000	−0.962	−0.619	−0.259	−0.247	−0.042	0.230	0.224	0.311	−0.013
27	−118.296	167.559	−10.132	5.841	−1.555	−1.239	−0.676	−0.290	−0.322	−0.055	0.341	0.321	0.439	0.101
28	−122.701	165.883	−10.753	5.187	−2.144	−1.442	−0.691	−0.285	−0.441	−0.115	0.413	0.396	0.563	0.267
29	−127.106	164.076	−11.391	4.536	−2.660	−1.463	−0.608	−0.222	−0.537	−0.154	0.407	0.423	0.693	0.451
30	−131.510	162.389	−11.942	3.908	−3.014	−1.240	−0.400	0.055	−0.357	−0.047	0.405	0.458	0.773	0.539
31	−135.804	160.948	−12.159	3.512	−3.353	−0.893	−0.025	0.528	0.170	0.402	0.550	0.520	0.778	0.447
32	−140.098	160.009	−11.939	3.444	−3.518	−0.559	0.263	0.935	0.626	0.786	0.660	0.524	0.722	0.339
33	−144.392	159.390	−11.452	3.596	−3.544	−0.205	0.454	1.253	1.038	1.066	0.713	0.544	0.662	0.259
34	−148.686	158.864	−10.915	3.886	−3.507	0.129	0.567	1.455	1.344	1.245	0.727	0.580	0.617	0.210
35	−152.980	158.270	−10.498	4.240	−3.414	0.440	0.644	1.574	1.544	1.367	0.738	0.632	0.627	0.224
36	−157.274	157.532	−10.229	4.669	−3.246	0.763	0.743	1.699	1.696	1.477	0.832	0.752	0.690	0.304
37	−161.568	156.699	−10.134	5.161	−2.942	1.152	0.907	1.880	1.854	1.605	1.019	0.932	0.780	0.396
38	−165.862	155.820	−10.154	5.766	−2.463	1.656	1.179	2.116	2.007	1.732	1.212	1.061	0.815	0.411
39	−170.156	154.809	−10.276	6.492	−1.889	2.241	1.514	2.288	2.041	1.751	1.261	1.000	0.694	0.261
40	−175.182	152.364	−11.599	6.590	−2.053	2.200	1.300	1.853	1.559	1.397	1.058	0.804	0.593	0.242
41	−180.208	149.118	−13.692	6.152	−2.906	1.402	0.387	0.756	0.501	0.535	0.439	0.293	0.295	0.083
42	−185.399	147.393	−14.215	7.455	−2.410	1.713	0.476	0.498	0.208	0.287	0.269	0.088	0.198	0.010
43	−190.590	145.602	−14.646	9.093	−1.910	1.987	0.637	0.322	0.088	0.184	0.201	−0.032	0.161	−0.017
44	−195.781	143.324	−15.435	10.682	−1.588	2.070	0.844	0.274	0.171	0.273	0.285	−0.041	0.203	0.020
45	−199.037	140.828	−16.927	11.014	−2.074	1.568	0.667	0.022	0.117	0.293	0.332	−0.035	0.236	0.057
46	−202.293	138.190	−18.551	11.315	−2.598	1.010	0.487	−0.221	0.060	0.306	0.380	−0.044	0.260	0.071
47	−206.198	136.276	−19.191	13.066	−2.144	1.214	1.038	−0.057	0.210	0.399	0.406	−0.130	0.210	0.028
48	−210.104	134.043	−20.140	14.681	−1.903	1.263	1.590	0.076	0.334	0.494	0.474	−0.144	0.247	0.076
49	−215.053	129.821	−22.718	15.628	−2.817	0.234	1.589	−0.390	−0.011	0.247	0.293	−0.350	0.155	0.065
50	−220.001	125.945	−24.868	17.159	−3.417	−0.659	1.907	−0.535	−0.147	0.209	0.299	−0.424	0.136	0.088
51	−224.663	122.659	−26.519	19.273	−3.613	−1.373	2.297	−0.547	−0.188	0.262	0.402	−0.439	0.139	0.125
52	−229.324	119.218	−28.304	21.704	−3.477	−2.077	2.581	−0.580	−0.271	0.208	0.487	−0.428	0.149	0.184
53	−233.704	114.933	−30.738	23.950	−3.257	−2.742	2.838	−0.767	−0.333	0.088	0.481	−0.420	0.128	0.189
54	−238.084	109.503	−34.051	26.268	−2.631	−3.158	3.053	−1.144	−0.328	−0.022	0.314	−0.430	0.196	0.204
55	−242.465	101.651	−39.520	27.861	−1.652	−2.714	3.824	−1.458	−0.065	0.047	0.014	−0.595	0.221	0.236
56	−247.002	89.459	−50.830	24.020	−2.094	−4.506	4.026	−1.560	0.234	−0.152	0.203	−0.074	−0.212	0.304

A.4.6 超圆高标准头型

超圆高标准头型的描述参数见表 A.7。

表 A.7 超圆高标准头型的描述参数(X_O=25.560) 单位为毫米

id	Z	a_0	a_1	a_2	a_3	a_4	a_5	a_6	a_7	a_8	a_9	a_{10}	a_{11}	a_{12}
1	−4.377	46.545	−18.471	5.725	−0.599	−0.719	0.636	−0.328	0.101	−0.031	0.030	−0.032	0.042	−0.034
2	−8.755	73.427	−23.374	6.659	−0.241	−1.163	0.807	−0.390	0.106	−0.031	0.054	−0.069	0.075	−0.056
3	−13.132	90.908	−22.771	5.915	0.483	−1.446	0.802	−0.353	0.046	−0.036	0.060	−0.089	0.057	−0.041
4	−17.509	103.961	−22.106	5.368	1.107	−1.526	0.735	−0.234	−0.004	−0.059	0.068	−0.090	0.019	−0.010
5	−21.886	114.677	−21.384	4.763	1.591	−1.528	0.608	−0.093	−0.013	−0.070	0.061	−0.054	−0.012	0.009
6	−26.264	123.734	−20.642	4.194	1.950	−1.496	0.447	−0.002	0.024	−0.095	0.061	−0.015	−0.031	0.015
7	−30.641	131.527	−19.902	3.687	2.191	−1.443	0.274	0.048	0.062	−0.107	0.063	0.007	−0.025	0.019
8	−35.018	138.334	−19.207	3.236	2.336	−1.338	0.118	0.053	0.088	−0.104	0.060	0.011	−0.009	0.024
9	−39.395	144.195	−18.492	2.886	2.376	−1.202	0.006	−0.001	0.102	−0.103	0.050	0.016	0.006	0.029
10	−43.773	149.321	−17.741	2.633	2.330	−1.044	−0.053	−0.083	0.101	−0.104	0.047	0.013	0.014	0.024
11	−48.150	153.856	−17.039	2.467	2.222	−0.879	−0.081	−0.173	0.080	−0.116	0.044	0.010	0.017	0.005
12	−52.527	157.791	−16.381	2.386	2.063	−0.729	−0.086	−0.252	0.048	−0.139	0.038	0.007	0.018	−0.013
13	−56.904	161.148	−15.778	2.368	1.864	−0.588	−0.066	−0.300	0.011	−0.169	0.024	0.010	0.013	−0.025
14	−61.282	164.034	−15.231	2.405	1.660	−0.473	−0.026	−0.315	−0.005	−0.199	0.007	0.006	0.009	−0.038
15	−65.659	166.464	−14.747	2.456	1.435	−0.396	0.003	−0.304	0.001	−0.219	−0.008	0.001	0.006	−0.051
16	−70.036	168.485	−14.342	2.532	1.200	−0.354	0.000	−0.283	0.031	−0.225	−0.016	0.000	0.004	−0.063
17	−74.414	170.132	−13.987	2.625	0.995	−0.327	−0.030	−0.265	0.061	−0.219	−0.017	0.001	0.006	−0.075
18	−78.791	171.489	−13.641	2.769	0.839	−0.305	−0.082	−0.258	0.078	−0.225	−0.024	0.004	0.007	−0.085
19	−83.168	172.642	−13.295	2.993	0.762	−0.257	−0.149	−0.266	0.067	−0.254	−0.053	−0.010	−0.008	−0.099
20	−87.545	173.627	−12.882	3.284	0.748	−0.201	−0.215	−0.290	0.040	−0.286	−0.087	−0.027	−0.020	−0.111
21	−91.923	174.409	−12.479	3.607	0.732	−0.192	−0.295	−0.325	−0.001	−0.313	−0.098	−0.027	−0.021	−0.110
22	−96.300	174.989	−12.116	3.887	0.663	−0.255	−0.403	−0.378	−0.036	−0.317	−0.082	0.009	0.010	−0.100
23	−100.677	175.315	−11.801	4.085	0.469	−0.430	−0.504	−0.436	−0.070	−0.263	−0.006	0.069	0.061	−0.066
24	−105.082	175.192	−11.786	4.134	0.155	−0.655	−0.578	−0.460	−0.070	−0.186	0.067	0.134	0.118	−0.038
25	−109.487	174.839	−11.829	4.107	−0.209	−0.899	−0.635	−0.481	−0.075	−0.115	0.150	0.205	0.178	−0.003
26	−113.891	174.196	−11.975	3.961	−0.661	−1.153	−0.672	−0.523	−0.126	−0.045	0.225	0.279	0.270	0.063
27	−118.296	173.260	−12.261	3.702	−1.144	−1.372	−0.719	−0.548	−0.198	−0.020	0.282	0.374	0.372	0.149
28	−122.701	172.081	−12.643	3.352	−1.628	−1.512	−0.744	−0.568	−0.288	−0.064	0.306	0.464	0.491	0.262
29	−127.106	170.794	−13.035	3.032	−2.035	−1.522	−0.660	−0.547	−0.379	−0.153	0.298	0.512	0.609	0.418
30	−131.510	169.483	−13.384	2.770	−2.339	−1.402	−0.427	−0.380	−0.335	−0.179	0.308	0.560	0.710	0.552
31	−135.804	168.101	−13.483	2.585	−2.649	−1.193	0.068	0.087	0.035	0.136	0.500	0.623	0.747	0.562
32	−140.098	167.190	−13.147	2.603	−2.771	−0.939	0.436	0.540	0.459	0.417	0.668	0.656	0.706	0.492
33	−144.392	166.567	−12.426	2.834	−2.803	−0.707	0.716	0.931	0.900	0.749	0.819	0.652	0.676	0.418
34	−148.686	166.215	−11.482	3.128	−2.732	−0.453	0.823	1.203	1.315	0.995	0.907	0.680	0.657	0.334
35	−152.980	165.833	−10.486	3.482	−2.639	−0.245	0.855	1.386	1.543	1.171	1.029	0.705	0.646	0.359
36	−157.274	165.295	−9.554	3.845	−2.537	0.042	0.886	1.495	1.750	1.357	1.129	0.787	0.739	0.439
37	−161.568	164.498	−8.746	4.298	−2.414	0.403	1.014	1.618	1.918	1.570	1.275	0.909	0.871	0.548
38	−165.862	163.637	−8.032	4.773	−2.119	0.892	1.151	1.785	2.119	1.740	1.409	1.053	0.955	0.590
39	−170.156	162.644	−7.566	5.266	−1.703	1.438	1.300	1.953	2.263	1.760	1.412	1.084	0.877	0.452
40	−175.182	160.064	−8.095	5.211	−1.989	1.374	1.076	1.649	1.836	1.420	1.223	0.936	0.746	0.408
41	−180.208	156.635	−9.580	4.492	−2.874	0.702	0.223	0.724	0.806	0.543	0.573	0.399	0.337	0.147
42	−185.399	154.776	−9.709	5.313	−2.337	1.180	0.369	0.650	0.547	0.258	0.350	0.203	0.166	0.021
43	−190.590	152.995	−9.750	6.422	−1.727	1.627	0.614	0.660	0.343	0.087	0.247	0.082	0.077	−0.025
44	−195.781	150.866	−10.074	7.574	−1.234	1.905	0.819	0.688	0.261	0.089	0.297	0.072	0.091	0.024
45	−199.037	148.438	−11.172	7.719	−1.517	1.562	0.606	0.470	0.142	0.087	0.334	0.111	0.128	0.080
46	−202.293	145.787	−12.434	7.916	−1.830	1.143	0.376	0.252	0.011	0.084	0.360	0.109	0.192	0.115
47	−206.198	143.902	−12.959	9.100	−1.359	1.365	0.669	0.419	0.161	0.243	0.467	0.120	0.219	0.126
48	−210.104	141.883	−13.551	10.357	−0.863	1.518	0.959	0.575	0.286	0.325	0.526	0.082	0.211	0.115
49	−215.053	137.817	−15.531	11.250	−1.272	0.728	0.691	0.194	−0.048	0.018	0.314	−0.145	0.044	0.032
50	−220.001	134.154	−17.315	12.733	−1.384	0.167	0.750	0.107	−0.125	−0.069	0.308	−0.235	0.012	0.039
51	−224.663	131.007	−18.680	14.634	−1.084	−0.275	0.917	0.160	−0.087	−0.041	0.369	−0.222	0.050	0.077
52	−229.324	127.708	−20.188	16.900	−0.501	−0.705	1.068	0.137	−0.051	−0.017	0.433	−0.245	0.068	0.124
53	−233.704	124.057	−22.222	18.922	0.261	−1.040	1.140	−0.059	−0.147	−0.084	0.438	−0.267	0.042	0.151
54	−238.084	119.305	−25.227	20.676	1.272	−1.140	1.399	−0.298	−0.278	−0.245	0.351	−0.300	−0.010	0.168
55	−242.465	113.090	−29.878	21.577	2.096	−0.900	2.145	−0.270	−0.188	−0.332	0.216	−0.352	−0.105	0.160
56	−247.002	100.154	−40.882	18.111	0.262	−2.698	2.147	−0.380	0.056	−0.261	0.313	−0.039	−0.156	0.259

A.4.7 超圆特高标准头型

超圆特高标准头型的描述参数见表 A.8。

表 A.8 超圆特高标准头型的描述参数(X_O=22.607) 单位为毫米

id	Z	a_0	a_1	a_2	a_3	a_4	a_5	a_6	a_7	a_8	a_9	a_{10}	a_{11}	a_{12}
1	−4.123	51.372	−17.360	4.098	0.581	−1.080	0.671	−0.256	0.066	−0.025	0.015	0.009	−0.004	−0.020
2	−8.246	76.710	−20.699	4.121	1.161	−1.358	0.684	−0.247	0.044	−0.030	0.014	−0.019	0.019	−0.016
3	−12.370	92.147	−19.852	3.238	1.756	−1.366	0.485	−0.122	−0.015	−0.054	0.033	−0.026	0.009	0.001
4	−16.493	104.520	−18.855	2.665	2.239	−1.267	0.309	−0.045	−0.027	−0.056	0.001	−0.016	−0.007	0.005
5	−20.616	114.803	−17.826	2.173	2.564	−1.113	0.180	−0.002	0.013	−0.069	−0.034	0.007	−0.024	0.001
6	−24.739	123.623	−16.838	1.784	2.768	−0.927	0.086	−0.006	0.081	−0.086	−0.035	0.009	−0.045	−0.001
7	−28.862	131.215	−15.861	1.475	2.839	−0.730	0.016	−0.050	0.131	−0.094	−0.023	0.012	−0.054	0.002
8	−32.986	137.760	−14.956	1.275	2.781	−0.565	−0.023	−0.115	0.146	−0.088	0.010	0.027	−0.048	0.006
9	−37.109	143.390	−14.099	1.174	2.626	−0.428	−0.034	−0.170	0.149	−0.094	0.042	0.042	−0.027	0.005
10	−41.232	148.243	−13.301	1.150	2.402	−0.323	−0.021	−0.207	0.128	−0.105	0.075	0.056	−0.010	0.004
11	−45.355	152.452	−12.570	1.192	2.136	−0.257	0.000	−0.231	0.086	−0.142	0.096	0.061	0.011	−0.001
12	−49.478	156.147	−11.893	1.298	1.846	−0.213	0.035	−0.234	0.041	−0.195	0.086	0.049	0.031	−0.010
13	−53.601	159.264	−11.261	1.463	1.580	−0.178	0.066	−0.224	0.013	−0.248	0.056	0.031	0.040	−0.016
14	−57.725	161.931	−10.697	1.655	1.353	−0.154	0.084	−0.212	0.001	−0.290	0.024	0.017	0.036	−0.021
15	−61.848	164.160	−10.229	1.849	1.150	−0.134	0.080	−0.205	0.007	−0.314	−0.002	0.001	0.030	−0.033
16	−65.971	165.970	−9.836	2.040	0.980	−0.123	0.060	−0.194	0.041	−0.308	−0.019	−0.003	0.020	−0.043
17	−70.094	167.382	−9.551	2.229	0.831	−0.129	0.027	−0.186	0.075	−0.289	−0.030	0.002	0.013	−0.054
18	−74.217	168.495	−9.326	2.435	0.710	−0.143	−0.017	−0.185	0.100	−0.259	−0.043	0.011	0.005	−0.070
19	−78.341	169.322	−9.134	2.679	0.636	−0.162	−0.065	−0.188	0.099	−0.236	−0.063	0.006	−0.004	−0.079
20	−82.464	169.928	−8.941	2.964	0.621	−0.172	−0.108	−0.205	0.076	−0.223	−0.081	0.002	−0.013	−0.100
21	−86.587	170.345	−8.743	3.269	0.611	−0.214	−0.149	−0.218	0.048	−0.205	−0.087	−0.011	−0.017	−0.111
22	−90.710	170.564	−8.567	3.573	0.577	−0.278	−0.185	−0.237	0.014	−0.176	−0.080	−0.010	0.011	−0.104
23	−94.833	170.583	−8.411	3.817	0.457	−0.368	−0.246	−0.276	−0.023	−0.136	−0.062	0.016	0.072	−0.093
24	−99.500	170.284	−8.475	4.026	0.234	−0.532	−0.348	−0.278	−0.054	−0.114	−0.006	0.090	0.111	−0.095
25	−104.167	169.731	−8.566	4.207	−0.063	−0.718	−0.408	−0.271	−0.107	−0.092	0.077	0.143	0.148	−0.072
26	−108.833	168.891	−8.710	4.229	−0.462	−0.923	−0.470	−0.287	−0.177	−0.084	0.169	0.216	0.221	−0.013
27	−113.500	167.597	−9.034	4.025	−1.007	−1.181	−0.523	−0.325	−0.284	−0.108	0.276	0.321	0.355	0.092
28	−118.167	165.894	−9.721	3.507	−1.601	−1.395	−0.590	−0.336	−0.428	−0.197	0.368	0.432	0.516	0.292
29	−122.833	163.920	−10.462	2.949	−2.200	−1.444	−0.514	−0.303	−0.539	−0.241	0.360	0.462	0.679	0.515
30	−127.500	162.118	−11.051	2.455	−2.611	−1.232	−0.295	−0.021	−0.328	−0.120	0.333	0.481	0.750	0.596
31	−131.704	160.677	−11.318	2.124	−2.901	−0.956	0.088	0.518	0.192	0.284	0.522	0.539	0.740	0.521
32	−135.907	159.773	−11.102	2.108	−3.041	−0.705	0.364	0.954	0.651	0.619	0.682	0.546	0.676	0.431
33	−140.111	159.183	−10.596	2.306	−3.086	−0.425	0.554	1.251	1.071	0.919	0.774	0.557	0.652	0.318
34	−144.315	158.713	−9.958	2.660	−3.073	−0.178	0.638	1.426	1.358	1.130	0.846	0.581	0.647	0.273
35	−148.519	158.141	−9.411	3.051	−3.036	0.071	0.682	1.511	1.542	1.281	0.893	0.626	0.669	0.287
36	−152.722	157.417	−9.012	3.437	−2.919	0.397	0.698	1.592	1.730	1.388	0.953	0.764	0.740	0.330
37	−156.926	156.546	−8.735	3.936	−2.701	0.738	0.805	1.735	1.859	1.541	1.122	0.907	0.834	0.439
38	−161.130	155.629	−8.600	4.508	−2.328	1.192	1.013	1.934	1.991	1.690	1.293	1.031	0.875	0.462
39	−165.333	154.648	−8.559	5.181	−1.839	1.758	1.295	2.109	2.075	1.735	1.313	1.022	0.751	0.297
40	−170.167	152.250	−9.804	5.127	−2.135	1.642	1.019	1.674	1.630	1.406	1.086	0.871	0.661	0.283
41	−175.000	149.239	−11.610	4.863	−2.860	1.049	0.291	0.749	0.673	0.624	0.457	0.345	0.318	0.069
42	−180.000	147.459	−12.078	6.111	−2.401	1.471	0.502	0.606	0.398	0.396	0.263	0.139	0.227	−0.006
43	−185.000	145.712	−12.464	7.636	−1.830	1.857	0.696	0.504	0.230	0.242	0.160	0.004	0.166	−0.053
44	−190.000	143.554	−13.171	9.217	−1.404	2.057	0.906	0.485	0.241	0.292	0.222	0.004	0.213	−0.005
45	−193.333	141.003	−14.576	9.600	−1.830	1.565	0.703	0.243	0.145	0.297	0.273	0.008	0.262	0.054
46	−196.667	138.274	−16.092	9.994	−2.290	1.003	0.507	−0.020	0.027	0.280	0.301	−0.027	0.271	0.065
47	−200.250	136.298	−16.735	11.552	−1.865	1.145	0.952	0.151	0.150	0.377	0.371	−0.073	0.231	0.047
48	−203.833	134.158	−17.480	13.174	−1.513	1.223	1.465	0.329	0.286	0.478	0.462	−0.079	0.228	0.074
49	−208.750	129.735	−19.878	14.164	−2.382	0.159	1.316	−0.138	−0.114	0.171	0.297	−0.307	0.111	0.052
50	−213.667	125.741	−21.965	15.760	−2.776	−0.587	1.574	−0.264	−0.180	0.107	0.379	−0.379	0.074	0.117
51	−217.500	122.900	−23.286	17.459	−2.880	−1.119	1.913	−0.297	−0.199	0.160	0.430	−0.353	0.087	0.152
52	−221.333	119.857	−24.647	19.435	−2.809	−1.697	2.235	−0.347	−0.243	0.186	0.436	−0.329	0.126	0.171
53	−225.889	115.560	−26.665	21.898	−2.563	−2.489	2.439	−0.483	−0.302	0.168	0.356	−0.344	0.138	0.189
54	−230.444	110.112	−29.750	24.250	−1.906	−3.052	2.504	−0.887	−0.365	0.221	0.214	−0.326	0.144	0.124
55	−235.000	103.296	−34.527	25.807	−0.895	−2.854	3.198	−1.249	−0.592	0.051	−0.174	−0.353	0.208	0.131
56	−238.824	90.230	−46.156	25.058	−1.947	−3.987	4.410	−1.567	−0.190	0.381	−0.143	−0.250	0.095	0.066

附 录 B
（资料性附录）
标准的应用范例及使用方法

B.1 参考头型的号型设置

B.1.1 号型设置方法概述

基于标准头型可建立分型分号的参考头型用于头部装置的数字化设计及应用。首先查阅表 10，以分五种型为例，圆高型、圆正型、中正型、中高型和圆特高型的覆盖率总和达到 93.577%，为主要考虑的头型组。再查阅表 12 获得这几组样本的缩放因子分布，各型头型的各号分段界限一般应较均匀划分整个分布段且使各号对该型头型样本的覆盖率较为合理。

B.1.2 圆高头型的分号实例

例如分三个号时圆高头型缩放因子的分段界限可设为 0.982 8 和 1.020 7，对应百分位分别为 20 和 80，即小、中、大号的覆盖率分别为 20%、60%和 20%。而各号参考头型的缩放因子 λ 在各分段中的位置应是该段头型样本缩放因子的平均值，即取分段内正态分布曲线下的面形心，可按式(B.1)计算：

$$\lambda=\frac{1}{\delta}\int_{\lambda_1}^{\lambda_2}\frac{t}{\sqrt{2\pi}\sigma}e^{-\frac{(t-\mu)^2}{2\sigma^2}}dt \qquad \cdots\cdots(B.1)$$

式中：

δ——某号参考头型对该型头型样本的覆盖率；

λ_2——某号缩放因子分段界限的上限；

λ_1——某号缩放因子分段界限的下限；

σ——缩放因子的标准差；

μ——缩放因子的平均值。

计算所得的参考头型的缩放因子分别乘以表 A.2 的所有参数 X_O、Z 和 a_n($n=0,1,\cdots,12$)，从而获得各号圆高参考头型的参数。由于其他参考头型的覆盖率较小，可只设置中号，则实际采用表 B.1 的配发比率和缩放因子。最后，对照表 8 校核参考头型尺寸，确认号型设置的合理性。另外，还可对表 B.1给出的头长、头宽及头全高值在三维直角坐标系中描述出三维数据点阵，以验证号型设置的均衡性。

表 B.1 参考头型的号型设置

号 型	圆高型中号	圆正型中号	中正型中号	中高型中号	圆高型小号	圆高型大号	圆特高型中号
配发比率	29.644%	19.662%	12.627%	10.169%	9.881%	9.881%	8.136%
缩放因子	1.002 5	1.002 6	1.002 6	1.002 6	0.969 6	1.037 8	1.002 8
头长/mm	187.7	190.0	196.0	192.7	181.5	194.3	182.5
头宽/mm	158.5	158.0	151.8	150.3	153.3	164.1	157.4
头全高/mm	233.6	222.7	227.1	236.3	225.9	241.8	242.9
体积/cm^3	4 246.6	4 121.7	4 141.0	4 198.2	4 107.2	4 396.1	4 272.3

B.1.3 各种分号规格的覆盖率及百分位数

各种分号规格推荐的各号覆盖率及缩放因子的近似百分位数见表 B.2。由于各号缩放因子的百分位数对正态分布函数的参数变化极不敏感，表 B.2 推荐的百分位数适用于所有分型。

表 B.2　推荐的各号覆盖率及近似百分位数

分号		1号	2号	3号	4号	5号
两种号	覆盖率	50%	50%	—	—	—
	百分位数	21	79	—	—	—
三种号	覆盖率	20%	60%	20%	—	—
	百分位数	8	50	92	—	—
四种号	覆盖率	15%	35%	35%	15%	—
	百分位数	6	32	68	94	—
五种号	覆盖率	10%	20%	40%	20%	10%
	百分位数	4	19	50	81	96

B.2　参考头型的三维尺寸计算

B.2.1　参考头型的造型

标准头型的测点坐标和一维尺寸分别乘以 B.1 计算所得的缩放因子后，可获得各型各号参考头型的测点坐标和部分尺寸。但在头部装置设计应用中尚需要大量其他的尺寸数据，尤其是三维尺寸数据，大部分需对参考头型造型后量取，4.1.3 提供的部分测点坐标即为对标准头型造型的量取获得。

先将式(A.1)代入式(A.2)并代入缩放后的描述参数，可对每层周线取 θ 的等增量变化且增量不应大于 3°，从而计算获得表面数据点阵坐标。利用三维软件可方便建立周线再完成对参考头型表面的造型，并可转换生成标准图形交换文件，从而作为装置设计的三维平台，提供参考曲面。参考头型造型也可直接对标准头型造型按缩放因子三维缩放获得。

B.2.2　参考头型造型的量取和分析

三维软件对参考头型造型的量取和分析主要包括：沿直线距离、沿曲线距离及垂直距离，结合测点坐标可测得 GB/T 2428 所提供的大部分项目尺寸，其中头围可取眉间点层周线的周长；截面处理，获得任意方位的横断周线，用于装置的截面设计和校验；角度及曲线、曲面的曲率，是面具、防护目镜等与头部结合较紧密的装置设计的基本数据，如鼻梁点与左右瞳孔的张角影响着防护目镜镜框的设计外形；曲线、曲面法向量，是头部装置系统集成校验以及显示器、夜视仪安装支架自由度范围设计的依据，因为人眼对观瞄仪器的位置和角度非常敏感；曲面面积，是头盔、面具等装置对防护面积和制造用料设计时的重要参考数据；头型体积，体现头型大小，为缩放因子的计算需要；等等。

B.2.3　参考头型尺寸数据的计算公式

参考头型的基于周线的尺寸数据也可直接由参数计算获得。

参考头型第 i 层周线周长 S_i 见式(B.2)：

$$S_i=\int_0^{2\pi}\sqrt{\rho_i(\theta)^2+\left[\frac{\mathrm{d}\rho_i(\theta)}{\mathrm{d}\theta}\right]^2}\,\mathrm{d}\theta \qquad \cdots\cdots(\text{B.2})$$

式中：

ρ_i——第 i 层周线的极径。

参考头型第 i 层和第 $i+1$ 层周线间的头型段侧面积 F_i 见式(B.3)：

$$F_i=\int_0^{h_i}\int_0^{2\pi}\sqrt{\rho^2+\left[\frac{\partial\rho(\theta,Z)}{\partial\theta}\right]^2+\rho^2\left[\frac{\partial\rho(\theta,Z)}{\partial Z}\right]^2}\,\mathrm{d}\theta\mathrm{d}Z \qquad \cdots\cdots(\text{B.3})$$

式中：

h_i——第 i 层和第 $i+1$ 层周线的间距；

ρ——第 i 层和第 $i+1$ 层周线极径在层间的插值，见式(B.4)。

$$\rho(\theta,Z)=\rho_i(\theta)(h_i-Z)/h_i+\rho_{i+1}(\theta)Z/h_i \qquad \text{(B.4)}$$

参考头型第 i 层和第 $i+1$ 层周线间的头型段体积 V_i 见式(B.5)：

$$V_i=\left[A_i+A_{i+1}+\pi\left(a_{i,0}a_{i+1,0}+2\sum_{n=1}^{12}a_{i,n}a_{i+1,n}\right)/4\right]h_i/3 \qquad \text{(B.5)}$$

式中：

A_i——第 i 层周线内面积，见式(B.6)：

$$A_i=\pi\left({a_{i,0}}^2+2\sum_{n=1}^{12}{a_{i,n}}^2\right)/4 \qquad \text{(B.6)}$$

参 考 文 献

GJB 5477—2006 男军人头面型三维尺寸

ICS 13.340.10
C 73

中华人民共和国国家标准

GB/T 23462—2009

防护服装　化学物质渗透试验方法

Protective clothing—
Test method for chemical protective materials to permeation by chemicals

2009-04-01 发布　　　　2009-12-01 实施

中华人民共和国国家质量监督检验检疫总局
中国国家标准化管理委员会　发布

前　言

本标准由国家安全生产监督管理总局提出。

本标准由全国个体防护装备技术委员会归口。

本标准起草单位：中国人民解放军防化研究院、中国安全生产科学研究院、杜邦中国集团有限公司、北京邦维高科特种纺织品有限责任公司。

本标准起草人：李护彬、杨光、杜欢永、陆林、赵阳、金郡潮、刘帆、房鹤、朱华。

防护服装　化学物质渗透试验方法

1　范围

本标准规定了在持续或间歇接触条件下，化学防护材料抗液态或气态化学物质渗透性能的试验方法。

本标准只适用于不透气化学防护材料渗透性能的测试。

2　规范性引用文件

下列文件中的条款通过本标准的引用而成为本标准的条款。凡是注日期的引用文件，其随后所有的修改单(不包括勘误的内容)或修订版均不适用于本标准，然而，鼓励根据本标准达成协议的各方研究是否可使用这些文件的最新版本。凡是不注日期的引用文件，其最新版本适用于本标准。

GB/T 3820　纺织品和纺织制品厚度的测定

GB/T 4669　机织物单位长度质量和单位面积质量的测定

3　术语和定义

下列术语和定义适用于本标准。

3.1

渗透　permeation

化学物质分子透过化学防护材料的过程，即化学物质分子被材料吸附、在材料内扩散以及从材料另一面析出的过程。

3.2

捕集介质　collection medium

不影响渗透测试的气体或液体，化学物质可以自由地溶解于其中，或被吸附到超过0.5%(质量或体积分数)的饱和浓度。

注：捕集介质的选择取决于分析技术。

3.3

开路　open-loop

捕集介质持续流过渗透测试池捕集室而不被重新使用和再循环的测试模式。

3.4

闭路　closed-loop

捕集介质质量固定的测试模式。

3.5

接触时间　contact time

在间歇接触测试中，化学防护材料试样和化学物质在每个循环中持续接触的时间。

3.6

透过时间　breakthrough detection time

从测试开始到化学物质首次被检测到的时间间隔。

注：透过时间取决于方法的灵敏度和取样的频率。

3.7

标准透过时间　normalized breakthrough detection time

开路系统化学物质渗透率达到标准渗透率的时间。

闭路系统化学物质渗透量达到标准渗透量的时间。

3.8

循环时间　cycle time

在间歇接触测试中，从一次接触开始到下一次接触开始的时间间隔。

3.9

吹扫时间　purge time

在间歇接触测试中，化学物质从测试室中移走后，空气或氮气吹过化学防护材料试样外表面所持续的时间。

3.10

渗透率　permeation rate

化学物质在单位时间内渗透过单位面积化学防护材料的质量。

3.11

最低可检测渗透率　minimum detectable permeation rate

完整渗透测试系统可测量的最低渗透率。

注：该数值不一定是分析仪器本身的检测限。

3.12

稳态渗透率　steady-state permeation rate

当化学物质持续跟化学防护材料接触且所有影响渗透的力都达到平衡时的渗透率。

注：在进行渗透测试的过程中，可能达不到稳态渗透。

3.13

标准渗透率　normalization permeation rate

开路渗透测试中用于确定标准透过时间的渗透率。

注：本测试方法提供的标准渗透率：1.0 $\mu g/(cm^2 \cdot min)$。

3.14

渗透量　permeation mass

化学物质在给定时间内渗透过单位面积化学防护材料的质量。

3.15

最低可检测渗透量　minimum detectable mass permeated

完整渗透测试系统可检测的最低渗透量。

3.16

标准渗透量　normalization permeation mass

闭路渗透测试中用于确定标准透过时间的渗透量。

注：本测试方法提供的标准渗透量为 2.5 $\mu g/cm^2$。

3.17

累计渗透量　cumulative permeation mass

从试样最初与化学物质接触开始到指定时间为止渗透过单位面积化学防护材料的化学物质总质量。

4　原理

在渗透试验装置中，保持测试池测试室的化学防护材料试样持续或间歇接触化学物质，捕集室的捕集介质捕集透过试样的化学物质，通过定量分析，测出其通过化学防护材料渗透的化学物质浓度或质量，从而测算化学物质渗透化学防护材料的透过时间、标准透过时间及渗透率，评价化学防护材料的耐渗透性能。

5 仪器设备

5.1 厚度仪

精度不低于 0.02 mm。

5.2 分析天平

精度不低于 0.01 g。

5.3 渗透测试池

包括两个室:测试室和捕集室,测试室跟试样的外表面接触,捕集室跟试样的内表面接触。

5.3.1 标准液态化学物质渗透测试池

用于液态化学物质对化学防护材料渗透的测试,其结构如图 1 所示。测试室与捕集室由试样分隔。当化学物质与测试池材料有可能发生反应时,应选择其他材质的测试池。

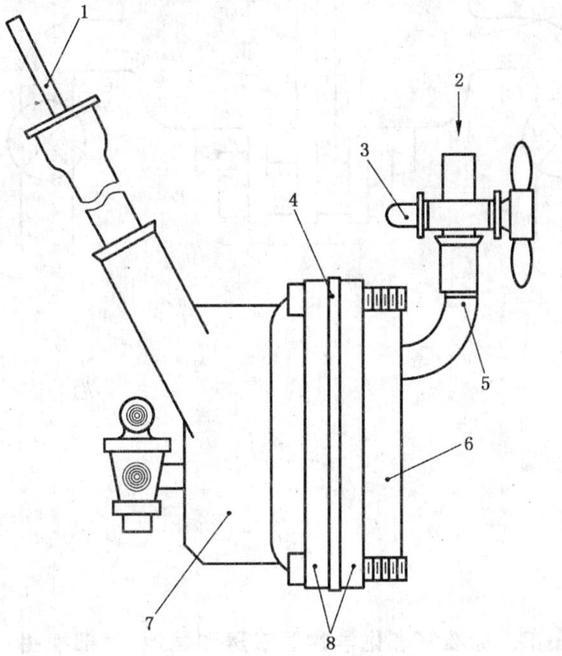

1——可更换搅拌棒;
2——化学物质入口;
3——活塞适配器;
4——化学防护材料试样;
5——装填刻度线;
6——测试室;
7——捕集室;
8——铝法兰。

图 1 标准液态化学物质渗透测试池

5.3.2 标准气态化学物质渗透测试池

用于气态化学物质对化学防护材料渗透的测试,其结构如图 2 所示。气态化学物质从气源进入测试室进行循环。循环过程中,气体的成分与浓度应保持稳定,并且在测试室内充分混合。测试室与捕集室由试样分隔。

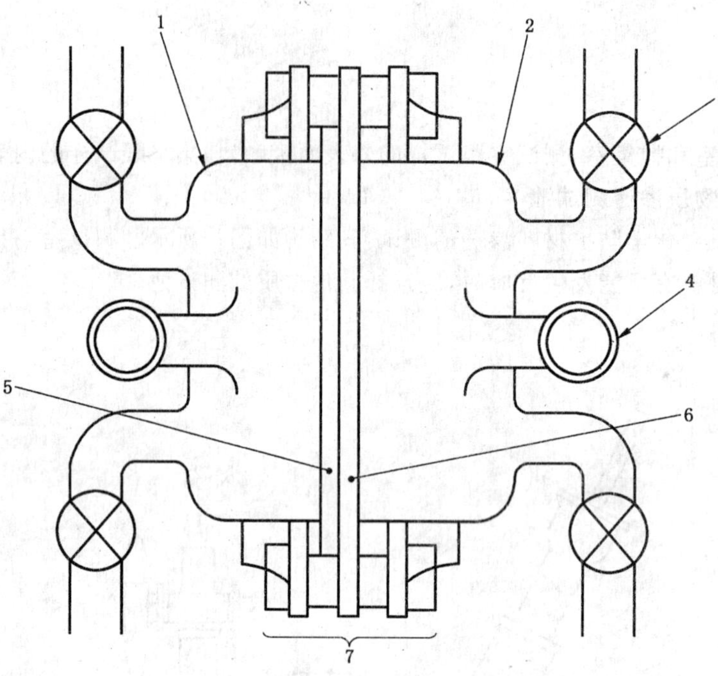

1——捕集室；
2——测试室；
3——阀门；
4——填充管；
5——化学防护材料试样；
6——垫圈；
7——铝法兰。

图 2　标准气态化学物质渗透测试池(顶部视图)

5.3.3　可供选择的渗透测试池

除标准渗透测试池外，图 3 所示的测试池可供选择。该测试池在如下两种场合使用：

a)　小剂量化学物质渗透测试；

b)　化学物质的重量对渗透测试影响可以忽略。

单位为毫米

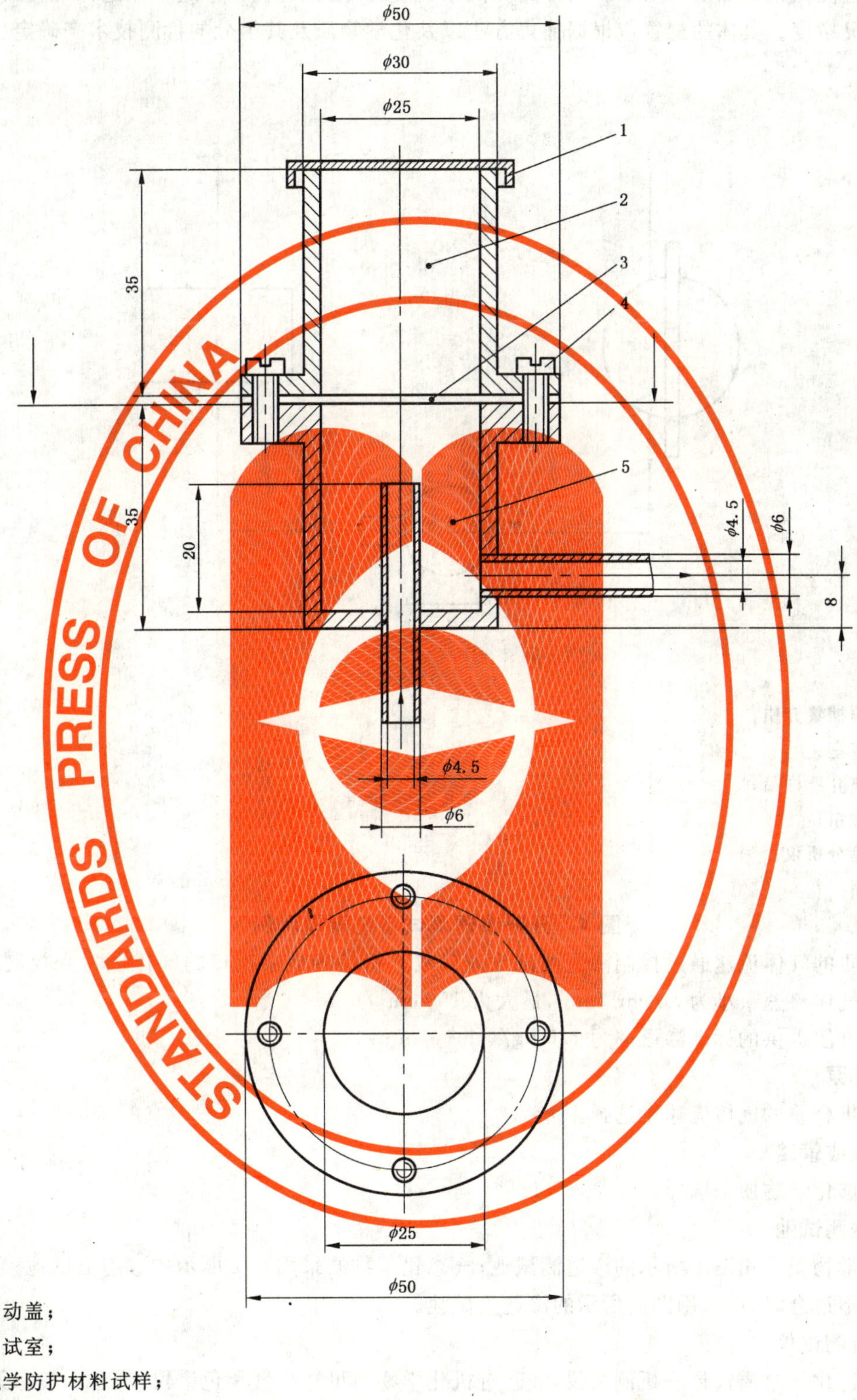

1——活动盖；

2——测试室；

3——化学防护材料试样；

4——螺丝；

5——捕集室。

测试材料的有效面积：4.91 cm^2

流动室体积：17.2 cm^3

图 3 可供选择的渗透测试池

5.4 开路渗透测试系统

开路渗透测试系统如图4所示。在开路测试中，应按照最低可检测渗透率来选择配置设备，以达到期望的测试灵敏度。具体的配置应根据捕集方法以及化学物质及其组分的检测技术来确定。

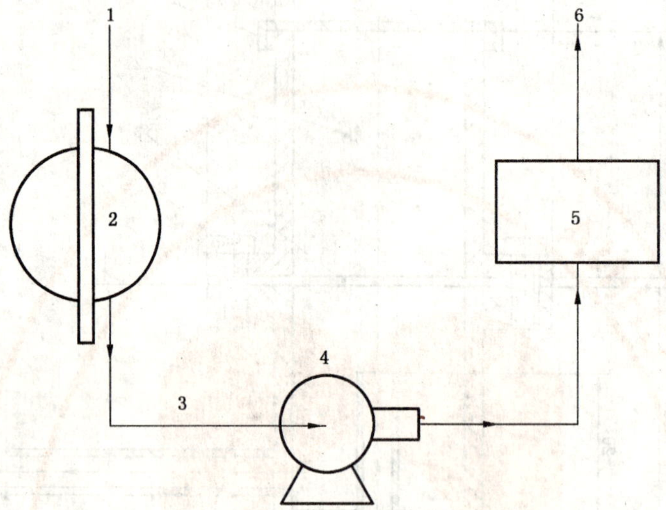

1——新鲜捕集介质；
2——捕集室；
3——捕集介质样品；
4——采样泵；
5——样品分析仪；
6——废料。

图4 开路渗透测试系统配置示例

捕集介质的气体流速通过控制渗透测试池入口或分析检测器泵出口的气体压力来控制；推荐采用的捕集介质气体流速最小为50 cm^3/min，最大为150 cm^3/min。

本测试方法提供的标准渗透率为1.0 μg/(cm^2·min)。

5.4.1 采样泵

根据捕集介质的气体流速来选择。

5.4.2 管线或管路

根据所选化学物质来选择。

5.4.3 渗透测试池

液态化学物质采用图1所示的渗透测试池；气态化学物质采用图2所示的渗透测试池；当这两类渗透测试池均不适合时，可采用图3所示的渗透测试池。

5.4.4 分析测试仪

根据所选化学物质选择分析测试仪，液态有机化学物质可选择气相色谱仪，液态和气态无机化学物质可选择离子色谱仪或者采用其他化学分析方法。

5.5 闭路渗透测试系统

闭路渗透测试系统如图5所示。在闭路测试中，根据最低可检测渗透量确定的测试系统灵敏度来选择配置设备。具体的配置应根据捕集方法以及化学物质及其组分的检测技术来确定。

本测试方法提供的标准渗透量为2.5 μg/cm^2。

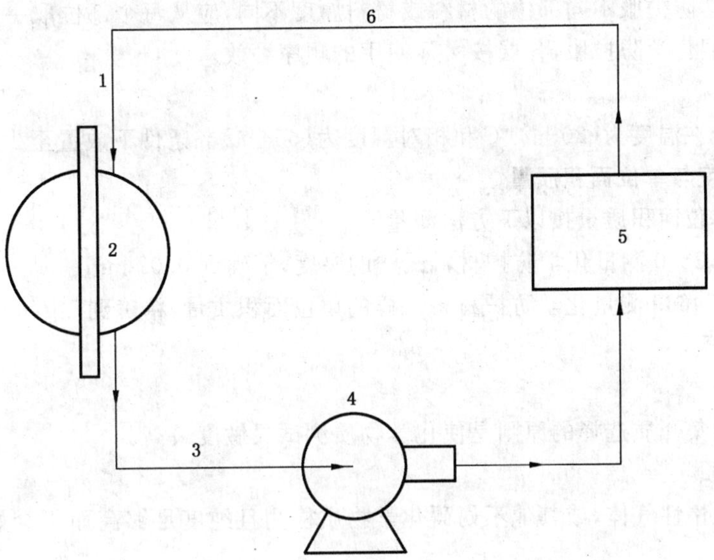

1——循环捕集介质；
2——捕集室；
3——捕集介质样品；
4——循环泵；
5——分析测试仪；
6——分析过的捕集介质。

图 5 闭路渗透测试系统配置示例

5.5.1 循环泵

转速为 0.1 r/s。

5.5.2 管线或管路

根据所选化学物质来选择。

5.5.3 渗透测试池

液态化学物质采用图 1 所示的渗透测试池；气态化学物质采用图 2 所示的渗透测试池；当这两类渗透测试池均不适合时，可采用图 3 所示的渗透测试池。

5.5.4 分析测试仪

根据所选化学物质选择分析测试仪，液态有机化学物质可选择气相色谱仪，液态和气态无机化学物质可选择离子色谱仪或者采用其他化学分析方法。

5.6 计时器

精度不低于 1 s。

5.7 恒温箱，或恒温水浴

用来恒定渗透测试池测试温度，控温精度为±1.0 ℃。

6 测试程序

6.1 试样准备

6.1.1 取样

试样为直径 70 mm 的圆片，取样遵照以下原则：

a) 从化学防护材料上取样时，至少任意选取三个试样；

b) 从成套防护服装上取样时，按以下方式执行：

1）至少从上衣肘部、裤子膝盖部以及接缝处各取一个试样；

2）如果化学防护服不同部位的材料或材料厚度不同，应从每个部位取一个或一组试样；

3）对于多层化学防护服，各层按实际使用的顺序叠放。

6.1.2 调湿

化学防护材料应在温度为(20±2)℃和相对湿度为(65±4)％条件下放置至少 24 h。

6.1.3 测量试样厚度与单位面积质量

试样厚度以及单位面积质量按以下方法测量：

a) 根据 GB/T 3820 测量化学防护材料试样的厚度，精确到 0.02 mm；

b) 根据 GB/T 4669 测量化学防护材料试样的单位面积质量，精确到 1 g/m^2。

6.2 捕集介质的选择

6.2.1 概述

分析技术以及捕集介质选择的原则是使化学物质测试灵敏度最高。

6.2.2 气态捕集介质

干燥空气或干燥惰性气体，或其他不妨碍化学物质检测且纯度足够高而不会妨碍渗透过程或分析过程的气体。

注：这种气体在持续流动条件下，用于捕集能够在测试条件下由测试液渗透过来并能气化的分子。

6.2.3 液态捕集介质

液态捕集介质应当是不影响化学防护材料渗透测试的水或其他液体。

注：这种液体用来捕集测试条件下可溶解于捕集介质的低挥发或不挥发成分。

6.2.4 其他捕集介质

可以使用对所用化学物质具备良好捕集效果的其他捕集介质，如固体吸附剂。

6.3 测试仪器的准备

6.3.1 将试样按图 1、图 2 或图 3 所示装配在渗透测试池中。

6.3.2 测试池在所选测试温度下至少放置 30 min 才能用于测试，捕集介质应在加入测试池之前达到测试温度。

6.4 持续接触液态化学物质渗透试验方法

6.4.1 迅速将液态化学物质加入渗透测试池的测试室至装填刻度线，在添加化学物质的同时开始计时。如果环境温度与测试温度不同时，应让待测化学物质达到测试温度才可加入测试室。

如果化学物质的密度大，而被测化学防护材料试样的强度很低，液体质量可能使试样扭曲，导致化学防护材料试样面积增加时，可以适当减少液体加入量，但应确保整个测试过程化学防护材料试样能被化学物质完全覆盖。

6.4.2 保持捕集介质持续搅拌、循环或流动，以确保取样均匀，防止在服装材料和捕集介质界面出现渗透浓度边界层。

6.4.3 在整个测试持续过程中，按照预定程序持续或者间歇从捕集介质中取样；快速完整地分析每个捕集介质样品中被测化学物质的含量，计算并记录每个捕集介质样品中被测化学物质的浓度，以及被测化学物质加入测试室和取样之间的时间间隔。

注 1：在将化学物质加入渗透测试池之前开始取样，以确定基值，便于随后分析数据的比较。

注 2：为捕集介质回收所选择的方法应当以分析检测技术为基础。

注 3：在闭路系统中，取样导致捕集介质的减少，需要补充捕集介质，以保持捕集介质的量与被测试样面积的比率不变。

6.4.4 符合下列条件之一即终止测试：达到稳定渗透状态（图 6 中 A 和图 6 中 E）；渗透率持续增长（图 6 中C）；达到了最大渗透率（图 6 中 B 和图 6 中 D）；超过预先规定的时间。渗透测试一般持续 8 h。如果没有特别说明，测试持续时间应与被测防护服的应用背景相适应。

6.4.5 拆卸渗透测试池并进行彻底清洗。

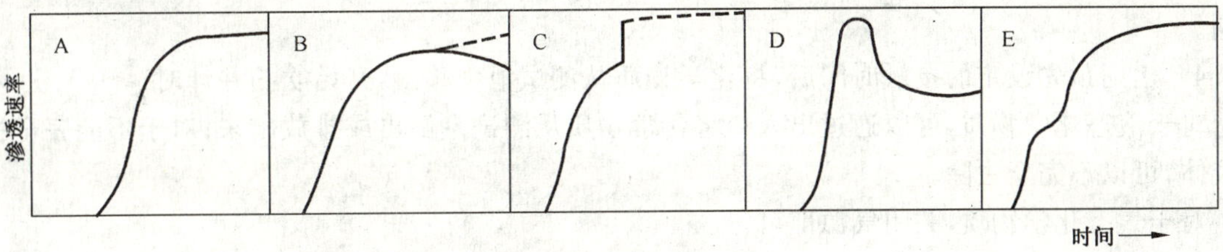

A——渗透率达到"稳定状态"时的渗透类型,这是典型的渗透类型;

B——材料结构发生改变而导致化学物质渗透率快速提高或减少的渗透类型;

C——当材料试样渗透率呈现突然快速增长的渗透类型;

D——虽然渗透率最终稳定,但材料有中等到严重膨胀时的渗透类型;

E——高度膨胀时的渗透类型。

图 6 渗透状态的五种类型

6.4.6 每组化学防护材料至少测试3个平行试样,评估任每一个测试结果,如果测试结果的变化超过平均值的20%,而且不能解释这种变化的原因,则应准备第二组试样,并使用相同的设备和条件进行重复测试;如果测试结果的变化不超过平均值的20%,则取测试结果的最小值作为该组化学防护材料试样的测试结果。

6.5 持续接触气态化学物质渗透试验方法

6.5.1 将气态化学物质通入渗透测试池测试室。当1 min内有五倍于测试室体积的气量通过测试室时,开始计时。如果环境温度与测试温度不同时,气流温度应达到测试温度才可通入渗透测试池测试室。

6.5.2 在整个测试持续过程中,按照预定程序持续或者间歇从捕集介质中取样;快速完整地分析每个样品中被测化学物质的含量,记录每个样品中检测出的被测化学物质浓度,以及气体开始与试样接触到取样之间的时间间隔。

注:在将化学物质通入渗透测试池之前开始取样,以确定基值,便于随后分析数据的比较。

6.5.3 符合下列条件之一即终止测试:达到稳定渗透状态(图6中A和图6中E);渗透率持续增长(图6中C);达到了最大渗透率(图6中B和图6中D);超过预先规定的时间。渗透测试一般持续8 h。如果没有特别说明,测试持续时间应当与被测防护服的应用背景相适应。

6.5.4 拆卸渗透测试池并进行彻底清洗。

6.5.5 每组化学防护材料至少测试3个平行试样,评估每一个测试结果,如果测试结果的变化超过平均值的20%,而且不能解释这种变化的原因,则应准备第二套组试样,并使用相同的设备和条件进行重复测试;如果测试结果的变化不超过平均值的20%,则取测试结果的最小值作为该组化学防护材料试样的测试结果。

6.6 间歇接触液态或气态化学物质渗透试验方法

6.6.1 选择接触时间、吹扫时间以及循环次数,可参考表1中提供的一套或多套测试条件。

表 1 间歇接触测试推荐测试条件

方 法	接触时间/min	吹扫时间/min	循 环 次 数
C1	1	10	12
C2	5	10	8
C3	10	60	2

6.6.2 迅速将液态化学物质加入渗透测试池的测试室至装填刻度线,并开始计时;对于气态化学物质,当1 min内有五倍于测试室体积的气量通过测试室时,开始计时。如果环境温度与测试温度不同,应将其温度调节到测试温度才可加入或通入测试室。

6.6.3 记录每个样品中测出的被测化学物质浓度，以及被测化学物质加入测试池和取样之间的时间间隔。

6.6.4 达到预先设定的接触时间后，将化学物质从测试池中移出，开始吹扫并计时。

对于液态化学物质，可以通过出入口将化学物质从测试室倒出或排放出来；对于不能完全去除的粘性液体，可以不完全去除。

对于气态化学物质，关闭气源即可。

6.6.5 按照预先设定的吹扫时间，使用空气或惰性气体来吹扫测试室。设定吹扫气量每分钟至少为测试室体积的10倍。如果环境温度与测试温度不同时，气流应达到测试温度才可通入进行吹扫。

6.6.6 达到预先设定的吹扫时间后，关闭吹扫气体，即完成间歇测试的第一循环。

6.6.7 重复进行6.6.2～6.6.6所设定的接触与吹扫循环，直至达到预先设定的时间或循环次数。渗透性能测试一般持续2 h；如果没有特别说明，测试持续时间应当与被测防护服的应用背景相适应。

6.7 绘制渗透曲线图

为每个渗透测试绘制一幅化学物质浓度、渗透率或累计渗透量对时间的曲线图。如果使用渗透率，按6.9的方法计算渗透率。

6.8 确定透过时间与标准透过时间

透过时间根据曲线图或测试期间采集到的数据来确定。

对于开路测试，标准透过时间是标准渗透率为1.0 μg/(cm² · min)时的透过时间。

对于闭路测试，标准透过时间是标准渗透量为2.5 μg/cm² 的透过时间。

6.9 渗透率与累计渗透量的计算

6.9.1 概述

根据渗透测试类型以及捕集介质的取样方法来计算渗透率。

6.9.2 开路测试

在任何时间 t_i，捕集介质中化学物质的渗透浓度 C_i 与渗透率 φ_i 成正比。按式(1)计算基于测试浓度的渗透率。

$$\varphi_i = \frac{c_i q_v}{A} \qquad \cdots\cdots(1)$$

式中：

t_i——以化学物质最初接触化学防护材料为起点持续的时间，单位为分(min)；

A——化学防护材料试样的接触面积，单位为平方厘米(cm^2)；

C_i——t_i 时刻捕集介质中化学物质的浓度，单位为微克每升(μg/L)；

q_v——新鲜捕集介质通过测试池的流速，单位为升每分(L/min)；

φ_i——t_i 时刻的渗透率，单位为微克每平方厘米分[μg/(cm² · min)]。

绘制 $\varphi_i \sim t_i$ 曲线，计算 $0 \sim t$ 时间段曲线下的面积即得时间 t 的累计渗透量 ρ_A。

6.9.3 闭路测试

满足下列条件时按式(2)计算 t_{i-1} 到 t_i 内的平均渗透率：

——样品在进一步取样前被收回、分析和更换；

——间歇取出的样品量相对于总量来讲可以忽略不计；

——捕集介质如图5所示再循环；

——没有任何样品移除的情况下测量了捕集室内的化学物质的浓度。

$$\varphi_{avg} = \frac{(c_i - c_{i-1})V_{tot}}{(t_i - t_{i-1})A} \qquad \cdots\cdots(2)$$

式中：

t_i，t_{i-1}——以化学物质最初接触化学防护材料为起点持续的时间，单位为分(min)；

A——化学防护材料试样的接触面积,单位为平方厘米(cm^2);

C_i,C_{i-1}——t_i、t_{i-1}时刻捕集介质中化学物质的浓度,单位为微克每升($\mu g/L$);

φ_{avg}——平均渗透率,单位为微克每平方厘米分[$\mu g/(cm^2 \cdot min)$];

V_{tot}——捕集介质的总体积,单位为升(L)。

到 t_i 时刻为止,整个过程的累计渗透量 ρ_{A_i} 按式(3)计算。

$$\rho_{A_i} = \frac{c_i V_{tot}}{A} \quad \cdots\cdots(3)$$

式中:

t_i——以化学物质最初接触化学防护材料为起点持续的时间,单位为分(min);

ρ_{A_i}——t_i 时刻渗透的累计量,单位为微克每平方厘米($\mu g/cm^2$);

C_i——t_i 时刻捕集介质中化学物质的浓度,单位为微克每升($\mu g/L$);

V_{tot}——捕集介质的总体积,单位为升(L);

A——化学防护材料试样的接触面积,单位为平方厘米(cm^2)。

6.9.4 离散取样闭路测试

如果每次离散取出大量样品后不补充捕集介质,按式(4)计算 t_{i-1} 到 t_i 内的渗透率:

$$\varphi_{i,avg} = \frac{[c_i - c_{i-1}][V_{tot} - (i-1)V_s]}{(t_i - t_{i-1})A} \quad \cdots\cdots(4)$$

式中:

t_i,t_{i-1}——以化学物质最初接触化学防护材料为起点持续的时间,单位为分(min);

A——化学防护材料试样的接触面积,单位为平方厘米(cm^2);

C_i,C_{i-1}——t_i、t_{i-1}时刻捕集介质中化学物质的浓度,单位为微克每升($\mu g/L$);

$\varphi_{i,avg}$——平均渗透率,单位为微克每平方厘米分[$\mu g/(cm^2 \cdot min)$];

V_{tot}——捕集介质的总体积,单位为升(L);

V_s——从捕集介质取出的离散样品量,单位为升(L)。

如果每次离散取样后补充捕集介质,按式(5)计算 t_{i-1} 到 t_i 内的渗透率:

$$\varphi_{i,avg} = \frac{\left[c_i - c_{i-1}\left(\frac{V_{tot} - V_s}{V_{tot}}\right)\right]V_{tot}}{(t_i - t_{i-1})A} \quad \cdots\cdots(5)$$

式中:

t_i,t_{i-1}——以化学物质最初接触化学防护材料为起点持续的时间,单位为分(min);

A——化学防护材料试样的接触面积,单位为平方厘米(cm^2);

C_i,C_{i-1}——t_i、t_{i-1}时刻捕集介质中化学物质的浓度,单位为微克每升($\mu g/L$);

$\varphi_{i,avg}$——平均渗透率,单位为微克每平方厘米分[$\mu g/(cm^2 \cdot min)$];

V_{tot}——捕集介质的总体积,单位为升(L);

V_s——从捕集介质取出的离散样品量,单位为升(L)。

到 t 时刻为止,整个过程的累计渗透量 ρ_{A_i} 按式(6)计算:

$$\rho_{A_i} = \frac{c_i V_i}{A} + \sum_{i=1}^{i-1} c_i V_s \quad \cdots\cdots(6)$$

式中:

A——化学防护材料试样的接触面积,单位为平方厘米(cm^2);

C_i——t_i 时刻捕集介质中化学物质的浓度,单位为微克每升($\mu g/L$);

V_s——从捕集介质取出的离散样品量,单位为升(L);

V_i——t_i 时刻的捕集介质的量,单位为升(L);

ρ_{A_i}——t_i 时刻渗透的累计量,单位为微克每平方厘米($\mu g/cm^2$)。

6.10 视觉评估

在良好光照条件下目测每个被测化学防护材料试样，观察其接触化学物质后是否出现褪色、变薄、膨胀、变脆或碎裂，以及是否发生其他任何变化。

7 测试报告

测试报告宜包括下列信息：

a) 测试样品名称及其套数；

b) 测试依据；

c) 化学防护材料试样厚度，mm；

d) 化学防护材料试样单位面积质量，g/m^2；

e) 化学物质的特性及其分析程序；

f) 测试温度，℃；

g) 测试持续时间，h；

h) 捕集介质、系统构造（即开路或闭路）和分析技术；

i) 循环时间、接触时间、吹扫时间以及间歇渗透测试的循环次数；

j) 最低可检测渗透率（开路）或最低可检测渗透量（闭路）；

k) 透过时间、标准透过时间；

l) 标准渗透率（开路）或标准渗透量（闭路）；

m) 稳态渗透率和平均稳态渗透率，$\mu g/(cm^2 \cdot min)$；

n) 对于每个测试试样，绘制化学物质浓度、渗透率或累计渗透量的时间曲线图；

o) 同化学物质接触后的化学防护材料试样的视觉评估结果。

参 考 文 献

[1] ISO 6529:2001 Protective clothing—Protection against chemicals—Determination of resistance of protective clothoing materials to permeation by liquids and gases

[2] ASTM 739:2001 Standard test method for resistance of protective clothing materials to Permeation by liquids or gases under conditions of continuous contact

[3] EN 369:1993 Protective clothing—Protection against liquid chemicals—Test method: Resistance of materials topermeation by liquids

[4] ASTM F1407:99a Standard test method for resistance of chemical protective clothing materials to liquid permeation—Permeation cup method

[5] ASTM F1383:99a Standard test method for resistance of protective clothing materials to permeation by liquids or gases under conditions of intermittent contact

[6] EN 374-3:1994 Protective gioves against chemicals and micro-organisms—Part 3:Determination of resistance to permeation by chemicals

[7] NFPA 1991:2005 Standard on vapor-protective ensembles for hazardous materials emergencies

[8] NFPA 1992:2005 Standard on liquid splash-protective ensembles and clothing for hazardous materials emergencies

ICS 13.340.10
C 73

中华人民共和国国家标准

GB/T 23463—2009

防护服装 微波辐射防护服

Protective clothing—Protective clothing against microwave radiation

2009-04-01 发布

2009-12-01 实施

中华人民共和国国家质量监督检验检疫总局
中国国家标准化管理委员会
发布

前言

本标准的附录A为资料性附录。

本标准由国家安全生产监督管理总局提出。

本标准由全国个体防护装备标准化技术委员会归口。

本标准起草单位:总后勤部军需装备研究所。

本标准主要起草人:张燕、王群、袁岩兴、王翰林、施楣梧。

防护服装　微波辐射防护服

1　范围

本标准规定了适用频率范围为 300 MHz～300 GHz 微波辐射防护服的要求、试验方法、标识与使用说明等内容。

本标准适用于采用金属纤维混纺、织物金属化加工等方法生产制得的反射型微波辐射防护服，也适用于采用吸波材料衰减微波辐射的吸收型微波辐射防护服。

2　规范性引用文件

下列文件中的条款通过本标准的引用而成为本标准的条款。凡是注日期的引用文件，其随后所有的修改单(不包括勘误的内容)或修订版均不适用于本标准，然而，鼓励根据本标准达成协议的各方研究是否可使用这些文件的最新版本。凡是不注日期的引用文件，其最新版本适用于本标准。

GB/T 250　评定变色用灰色样卡

GB/T 2912.1　纺织品　甲醛的测定　第1部分:游离水解的甲醛(水萃取法)

GB/T 3917.3　纺织品　织物撕破性能　第3部分:梯形试样撕破强力的测定

GB/T 3920　纺织品　色牢度试验　耐摩擦色牢度(GB/T 3920—2008,ISO 105-X12:2001,MOD)

GB/T 3921　纺织品　色牢度试验　耐皂洗色牢度(GB/T 3921—2008,ISO 105-C10:2006,MOD)

GB/T 3923.1　纺织品　织物拉伸性能　第1部分:断裂强力和断裂伸长率的测定　条样法

GB/T 5326　精梳涤棉混纺印染布

GB/T 5453　纺织品　织物透气性的测定

GB/T 7573　纺织品　水萃取液 pH 值的测定

GB/T 8628　纺织品　测定尺寸变化的试验中织物试样和服装的准备、标记及测量

GB/T 8629　纺织品　试验用家庭洗涤和干燥程序

GB/T 8630　纺织品　洗涤和干燥后尺寸变化的测定

GB/T 12190　电磁屏蔽室屏蔽效能的测量方法

GB/T 12704　织物透湿量测定方法　透湿杯法

GB/T 13640　劳动防护服号型

GB/T 13773　机织物及制品　接缝强力和接缝效率试验方法

GB 18401　国家纺织产品基本安全技术规范

GB/T 20097　防护服　一般要求

GJB 5313　电磁辐射暴露限值和测量方法

FZ/T 81007　单、夹服装

QJ 2809　平面材料屏蔽效能测量方法

3　术语和定义

下列术语和定义适用于本标准。

3.1

职业暴露　occupational exposure

受过训练能意识到潜在危险的人，采取相应措施后在电磁场中的暴露。

3.2

暴露限值　exposure limit

人体暴露于电磁场时，辐射电平不能超过的规定值。

注：采用平均电场强度、平均功率密度表示。

3.3

屏蔽效能（*SE*）　shielding effectiveness

指相同电磁场环境和检测位置下，人体模型某一点未穿着微波辐射防护服时的电场强度 E_0 与穿着微波辐射防护服后的电场强度 E_1 之比，并以对数表示。即：

$$SE = 20\lg \frac{E_0}{E_1}$$

式中：

SE——屏蔽效能，单位为分贝（dB）；

E_0——未穿着微波辐射防护服时的电场强度，单位为伏每米（V/m）；

E_1——穿着微波辐射防护服时的电场强度，单位为伏每米（V/m）。

4　要求

4.1　一般要求

4.1.1　微波辐射防护服应符合 GB/T 20097 规定的一般要求。

4.1.2　在较强电磁场强度下职业暴露，应尽可能采取全身屏蔽的整体防护方式。在不宜采用整体防护方式时，防护服应尽量避免从领口、袖口等开口处入射电磁波。在较低电磁场强度下使用的防护服，也可以采用仅对电磁波敏感的胸部、下腹部和眼睛等部位局部设置电磁屏蔽功能材料进行防护的办法，以兼顾防护服的穿着舒适性。

4.1.3　不允许使用孤立和外露的金属件如金属钮扣、拉链、金属标志等，以防金属件在强电场下感应出高电位差、导致放电引发的事故。

4.1.4　微波辐射防护服应采用密封独立包装并加入抗氧剂，以防金属化纺织品的金属层氧化。

4.2　结构与外观

4.2.1　微波辐射防护服可采用电磁屏蔽功能材料直接成衣、普通面料加电磁屏蔽功能材料甚至再加里料成衣等结构形式。防护服款式应简洁、实用、美观。根据具体使用要求，可采用如下款式：

a)　整体屏蔽的连体式并配置头套、可视眼罩、手套和鞋袜；

b)　上衣和裤子分段式。为减少上衣下摆处电磁波入射，除适度紧身外，还应使上衣下摆至裤腰的重叠尺寸大于 20 cm；

c)　大褂、背心、围裙等局部防护式。

4.2.2　号型设置参照 GB/T 13640，超出 GB/T 13640 范围时，按档差自行设置。

4.2.3　成品尺寸测量位置及规格允差应符合 FZ/T 81007 规定，连体式服装的衣长允差为±2.0 cm。

4.2.4　当微波辐射防护服有多层材料组成时，各层材料的水洗尺寸变化率应该相互匹配，以保证服装经洗涤后保持平整外观。

4.3　技术要求

4.3.1　微波辐射防护服的防护性能，以穿着防护服后，人体头部、胸部、下腹部的电场强度低于 GJB 5313 规定的对应频率下的暴露限值为基本要求。

4.3.2　以 915 MHz 和 2.45 GHz 两个频率下的屏蔽效能的最小值作为微波辐射防护服评价防护性能的标称值。在产品指定的适用频率范围内，除首、尾频点和 915 MHz、2.45 GHz 下的屏蔽效能必测外，还应根据表 1 规定的各频段测量点数要求，在整个适用频率范围内，根据对数坐标下各测点间距接近相等的原则选定各频点，测出多个频率下的屏蔽效能。有特定用途的产品，还应增加在该使用频率下的屏蔽性能的检测。

表 1 屏蔽效能的各频段测量点数要求

频率范围/GHz	应测频点个数(含首、尾频点)
0.3～1	≥4
1.1～10	≥6
10.1～40	≥8
40.1～100	≥8
100.1～300	≥10

4.3.3 微波辐射防护服的防护性能按屏蔽效能标称值的高低分为 3 个等级，如表 2 所示。用户可根据屏蔽效能 SE 的定义，在实测工作场所电场强度为 E_0(V/m)的环境中，选择适当的防护等级，使人体穿着该防护服后的人体头部、胸部、下腹部的电场强度均在 GJB 5313 规定的对应频率下的暴露限值 E_1 以下。

表 2 微波辐射防护服的防护等级

防护等级	屏蔽效能标称值 SE/dB
A	50
B	30
C	10

4.3.4 微波辐射防护服应能耐受维护保养(包括直接洗涤、脱卸洗涤或揩擦)而不明显影响屏蔽效能。根据产品规定的维护保养方法维护保养 10 次后，防护服屏蔽效能的量值变化应小于 5%、尺寸变化不大于±3%；且应保证面料与功能层的尺寸稳定性协调一致。

4.3.5 微波辐射防护服的接缝强力不小于 250 N/(5.0 cm×10 cm)，上衣肩部和裤子裆部的接缝强力不小于 320 N/(5.0 cm×10 cm)。

4.3.6 微波辐射防护服甲醛含量和 pH 值应符合 GB 18401。直接接触皮肤的服装甲醛含量不大于 75 mg/kg、pH 值为 4.0～7.5；非直接接触皮肤的服装甲醛含量不大于 300 mg/kg、pH 值为 4.0～9.0。

4.3.7 同色面料服装每套各表面部位的颜色互差不低于 4 级，非表面部位色差不低于 3-4 级。

4.3.8 微波辐射防护服面料的理化性能指标应满足表 3 规定的要求；外观质量应符合 GB/T 5326 规定的一等品要求。

表 3 面料理化性能

项目		标准值
断裂强力/N	经向	≥450
	纬向	≥400
撕裂强力/N	经向	≥40
	纬向	≥30
水洗尺寸变化率/%	经向	+2.0～−2.0
	纬向	+2.0～−2.0
耐摩擦色牢度(干、湿)/级		≥3
耐洗色牢度(变、沾色)/级		≥4

4.3.9 微波辐射防护服各层材料叠加后的透通性能应达到表 4 规定的要求。

表 4 微波辐射防护服各层材料透通性能要求

项目	标准值
透气率/(mm/s)	≥60
透湿量/[g/(m² · d)]	≥6 000

4.3.10 整体屏蔽的连体式防护服中，构成头套、手套、鞋袜的电磁屏蔽功能材料，其屏蔽效能不应低于服装主体功能材料；眼罩的透明部分，其屏蔽效能不应低于 30 dB。

5 测试方法

5.1 成衣屏蔽效能测试采用附录 A 规定的测试系统和方法进行。屏蔽效能分别针对人体头部(齐眼高)、胸部(齐乳头高)和下腹部(脐与会阴的中点)3 个部位进行测量。915 MHz 和 2.45 GHz 频率下的屏蔽效能测试，应在每一部位分别测量 3 次后分别取平均值，并以同频率下 3 个部位中的屏蔽效能最低值作为该频率下的测试结果；以两个频率下的测试结果的最小值作为微波辐射防护服的屏蔽效能标称值。在其他频率下检测时可简化检测点和检测次数，可根据防护服的适用性确定头部、胸部和下腹部中的一个检测点，每个频率下可只检测一次，除非用户有特殊要求。

5.2 成衣接缝强力测试按 GB/T 13773 方法 B 进行，裤子裆部缝接缝强力测试按 FZ/T 81007 规定部位取样、按 GB/T 13773 方法 B 进行。

5.3 成衣甲醛含量测试按 GB/T 2912.1 进行。

5.4 成衣 pH 值测试按 GB/T 7573 进行。

5.5 色差评定按 GB/T 250 进行。

5.6 面料断裂强力测试按 GB/T 3923.1 进行。

5.7 面料撕裂强力测试按 GB/T 3917.3 进行。

5.8 成衣和材料的水洗尺寸变化率测试按 GB/T 8628、GB/T 8630 规定进行，采用 GB/T 8629 之 5A 程序洗涤和程序 A 干燥。

5.9 面料耐摩擦色牢度测试按 GB/T 3920 进行。

5.10 面料耐洗色牢度测试按 GB/T 3921 方法 C 进行。

5.11 微波辐射防护服各层材料叠加后的透气性测试按 GB/T 5453 进行。

5.12 微波辐射防护服各层材料叠加后的透湿量测试按 GB/T 12704 方法 A 进行。

5.13 电磁屏蔽功能材料的屏蔽效能测试在 0.3 GHz～1.5 GHz 范围内按 QJ 2809 进行、在 1.5 GHz～300 GHz 按 GB/T 12190 进行。

6 标识

6.1 产品应具有如下标识：承制方名称、厂址、产品名称、规格号型、材料组分、标准编号、防护等级、屏蔽效能标称值、合格证、使用说明书。

6.2 使用说明书应列出：

a) 用途和使用限制；

b) 本号型尺寸微波辐射防护服适合的使用者的身高、胸围、腰围的大致范围；

c) 屏蔽效能标称值、防护的频率范围及各典型频率下的屏蔽效能；

d) 根据各典型频率下的屏蔽效能确定可应用的电磁场环境的方法；

e) 使用前需进行的检查项目及方法；

f) 使用和维护方法；

g) 其他需要说明的事项。

6.3　微波辐射防护服标志如图1所示。标志应贴敷在上衣左胸口袋所在位置中间、裤子左前片口袋所在位置中间，连体式防护服只在左胸部贴敷标志。可采用直接电脑绣花或印花方式施加标志，也可制成同质标志贴片后缝制到衣物上。标志底色为蓝色、图案为大红色。高度与宽度之比为1.2∶1，宽度(7～9)cm，视防护服尺寸和设计细节选取适当尺寸，达到协调和醒目的目的。

图1　微波辐射防护服标志

附　录　A
（资料性附录）
微波辐射防护服屏蔽效能的仿真测试系统

A.1　微波辐射防护服屏蔽效能的测量系统包括：测量场地、电磁辐射源、信号接收和探头安置平台四部分。

A.2　测量场地应该采用电磁半电波暗室，但开阔场地的空间电磁场场强不影响微波辐射防护服屏蔽效能测量结果、或测量场地中的其他频率的电磁场不对微波辐射防护服屏蔽效能测量频段的电磁波产生明显干扰时，也可作为测量环境进行实际测量。

A.3　电磁辐射源包括信号源和定向发射天线，在信号源发射功率较低的情况下，可以考虑增加功率放大器；信号接收部分包括全向电场探头和信号接收仪器。为提高测量精度，该部分可增加前置放大器，整个信号接收部分可以是分体或整体形式。

A.4　探头安置平台是采用PE、PP等微波透明材料制成的塑料假人、具有良好压缩弹性的羽绒或泡沫塑料弹性层组成，其中内敷弹性层贴敷在塑料假人身上，利用其压缩变形能力便于待测微波辐射防护服的穿脱、利用压缩回弹性将待测微波辐射防护服的穿着位置起到固定作用，以保证微波辐射防护服与塑料假人之间相对位置基本固定不变。假人尺寸与防护服尺寸相适应。电场探头分别固定在假人头部（齐眼高）、胸部（齐乳头高）和下腹部（脐与会阴的中点）3个部位。

A.5　电场探头的导线均经由袖口或裤脚口出入，以避免因导线产生防护服内外的信号通道，破坏屏蔽效果。

A.6　作为微波辐射防护服屏蔽效能检测平台的塑料假人应放置在定向发射天线的主瓣方向的轴线位置上，电场探头与发射天线处于等高的位置。塑料假人与发射天线的距离由式(A.1)决定：

$$r \geqslant 2D^2/\lambda \qquad \text{(A.1)}$$

式中：

r——塑料假人与发射天线的间距，单位为米(m)；

D——天线直径，单位为米(m)；

λ——天线工作波长，单位为米(m)。

A.7　检测时电磁辐射源的辐射强度应使塑料假人内设置的电场探头处于灵敏度较高、测试误差较小的量程范围之内。

A.8　辐射源的频率以2.45 GHz为典型检测频率，并根据需要检测微波段其他常用频率下的屏蔽效能。

A.9　测试步骤：在同一测试频率下，分别测定塑料假人内部的各电场测试点的电场强度 E_0 及套穿待测微波辐射防护服后的同测点电场强度 E_1；E_0 和 E_1 各测三次分别取平均值，按照屏蔽效能的定义计算该频率下的各检测点的屏蔽性能 SE。具体测试方法按4.3.2和5.1的规定进行。

ICS 13.340.10
C 73

中华人民共和国国家标准

GB/T 23464—2009

防护服装 防静电毛针织服

Protective clothing—Static protective wool knitting clothing

2009-04-01 发布 2009-12-01 实施

中华人民共和国国家质量监督检验检疫总局
中国国家标准化管理委员会 发布

前　言

本标准的附录 A 为规范性附录。

本标准由国家安全生产监督管理总局提出。

本标准由全国个体防护装备标准化技术委员会归口。

本标准负责起草单位:北京市劳动保护科学研究所。

本标准参加起草单位:江苏省宝应县恒安针纺织品有限公司、浙江蓝天海纺织服饰科技有限公司、武汉市天鸣服饰有限公司。

本标准主要起草人:杨文芬、臧兰兰、宗淑清、沈茂宏、陈明青、肖志武、姜荣华、胡平。

防护服装 防静电毛针织服

1 范围

本标准规定了防静电毛针织服的款式、技术要求、测试方法、检验规则、标识、包装和储存等。

本标准适用于因静电积聚引发电击、火灾及爆炸的危险场所穿用的防静电毛针织服。

其他防静电毛针织服也可参照本标准执行。

2 规范性引用文件

下列文件中的条款通过本标准的引用而成为本标准的条款。凡是注日期的引用文件，其随后所有的修改单(不包括勘误的内容)或修订版均不适用于本标准，然而，鼓励根据本标准达成协议的各方研究是否可使用这些文件的最新版本。凡是不注日期的引用文件，其最新版本适用于本标准。

GB/T 1335.1 服装号型 男子

GB/T 1335.2 服装号型 女子

GB/T 2910 纺织品 二组分纤维混纺产品定量化学分析方法(GB/T 2910—1997，eqv ISO 1833：1977)

GB/T 2912.1 纺织品 甲醛的测定 第1部分：游离水解的甲醛(水萃取法)

GB/T 3920 纺织品 色牢度试验 耐摩擦色牢度(GB/T 3920—2008，ISO 105-X 12：2001，MOD)

GB/T 3921 纺织品 色牢度试验 耐皂洗色牢度(GB/T 3921—2008，ISO 105-C10：2006，MOD)

GB/T 3922 纺织品耐汗渍色牢度试验方法(GB/T 3922—1995，eqv ISO 105/E04：1991)

GB/T 4288 家用电动洗衣机

GB/T 4802.3 纺织品 织物起毛起球性能的测定 第3部分：起球箱法(GB/T 4802.3—2008，ISO 12945-1：2000，MOD)

GB 5296.4 消费品使用说明 纺织品和服装使用说明

GB/T 7573 纺织品 水萃取液 pH 值的测定

GB/T 7742.1 纺织品 织物胀破性能 第1部分 胀破强力和胀破扩张度的测定 液压法(GB/T 7742—2005，ISO 13938-1：1999，MOD)

GB 12014—1989 防静电工作服

FZ/T 70007 针织上衣腋下接缝强力试验方法

FZ/T 70009—1999 毛纺织产品经机洗后的松弛及毡化收缩试验方法

3 术语和定义

下列术语和定义适用于本标准。

3.1

防静电纤维纱 static protective fibre thread

含有导电或静电耗散材料的纱线。

3.2

静电耗散材料 electrostatic dissipative material

表面电阻率大于或等于 1×10^{5} Ω/□，但小于 1×10^{11} Ω/□的材料。

3.3

防静电毛针织服 static protective wool knitting clothing

防止静电电荷积聚，用防静电纤维纱与羊毛纱、棉纱、腈纶等化学纤维纱进行大致等隔距或均匀比例地混纺或交织、缝制而成的针织服装。

4 款式

防静电毛针织服可分为以下款式，示意图参见图1：

a) 长(短)袖套衫；

b) 长(短)袖开衫；

c) 背心；

d) 裤子。

a) 套衫

b) 开衫

c) 背心

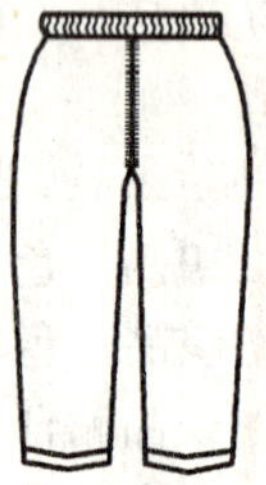

d) 裤子

图1 款式示意图

5 技术要求

5.1 部位尺寸公差

服装号型规格参照GB/T 1335.1、GB/T 1335.2选定，部位尺寸公差按6.1规定的方法测试，应符合表1的规定。

表1 部位尺寸公差

单位为厘米

部位名称	胸围	身长	袖长	总肩宽	腰围	臀围	裤长
部位尺寸公差	±1.0	±2.0	±1.5	±1.0	±1.0	±1.0	±2.0

5.2 对称部位尺寸互差

按6.1规定的方法测试，对称部位尺寸互差应符合表2的规定。

表2 对称部位尺寸互差

单位为厘米

项目		技术要求
袖长互差	长袖	≤1.0
	短袖	≤0.5
左右肩宽互差	有肩带	≤0.5
	无肩带	≤1.0
袖笼长短互差	上衣	≤0.5
	背心	≤1.0

表 2（续）　　单位为厘米

项目		技术要求
裤腿长短互差	长裤	≤1.0
裤腿肥互差	—	≤0.5
裤口肥互差	—	≤0.5
袖肥互差	—	≤0.5
口袋高低位置互差		≤0.5

5.3 领圈拉开尺寸

按 6.1 规定的方法测试，领圈拉开尺寸不应小于 30 cm。

5.4 外观疵点

5.4.1 防静电毛针织服应无破损、斑点、污物及其他明显影响穿着性能的原料疵点、编织疵点、裁缝整理疵点等。

5.4.2 防静电毛针织服的反面疵点不得影响正面的外观质量，外观疵点按 6.2 规定测试。

5.5 带电电荷量

防静电毛针织服按 6.3 规定测试，带电电荷量不应大于 0.60 μC/件。

5.6 附件和衬里

5.6.1 防静电毛针织服上一般不得使用金属材质的附件，若必须使用（如钮扣、钩袢、拉链）时，其表面应加掩襟，金属附件不得直接外露。

5.6.2 带衬里的防静电毛针织服，衬里应采用防静电织物，按 6.3 规定测试，带电电荷量不应大于 0.60 μC/件。

5.7 理化性能

防静电毛针织服的理化性能应符合表 3 的规定。

表 3　理化性能

项目		技术要求		测试方法
纤维含量/%	纯毛产品	(3～5)[a]		6.4
	混纺产品			
胀破强度/kPa		≥323		6.5
腋下接缝强力/N		≥73.5		6.6
起球/级		≥3		6.7
耐洗色牢度/级	变色	≥3		6.8
	沾色	≥3		
耐汗渍色牢度/级	变色	≥3		6.9
	沾色	≥3		
耐摩擦色牢度/级	干摩	≥3		6.10
	湿摩	≥3		
甲醛含量/(mg/kg)		直接接触皮肤≤75	非直接接触皮肤≤300	6.11
pH 值		4.0～8.5		6.12
松弛尺寸变化率/%	宽度伸长	≤5		6.13
	宽度收缩	≤8		
	长度收缩	≤10		
[a] 毛纤维含量的减少（绝对百分比）。				

6 测试方法

6.1 部位尺寸公差、对称部位尺寸互差及领圈拉开尺寸

将防静电毛针织服在不施加额外张力的条件下平摊在平整光洁的台面上，用钢卷尺进行部位尺寸公差、对称部位尺寸互差及领圈拉开尺寸的测试，测量方法见表4，尺寸测量位置见图2。

表4 测量方法

序号	测量位置	测量方法
1	总肩宽	由左肩袖接缝处至右肩袖接缝处
2	胸围	挂肩下1.5 cm处横量，测量结果乘2
3	袖长	平肩式由肩缝处至袖口边，插肩式由后领中间量至袖口边(测量时袖口罗纹应平摊)
4	袖肥	腋下1.5 cm处横量
5	袖笼	从肩接缝处顶端至腋下斜量
6	身长	领肩缝交接处量至下摆底边(连肩的由肩宽中间量至底边)
7	臀围	腰下20 cm处横量，测量结果乘2
8	裤腿肥	裆下10 cm处横量
9	裤长	后腰宽的1/4处向下直量至裤口边
10	裤口	长裤下端宽
11	腰围	裤腰口或罗纹下3 cm处横量，测量结果乘2
12	领圈拉开尺寸	领内口撑直拉足，测量两端距离

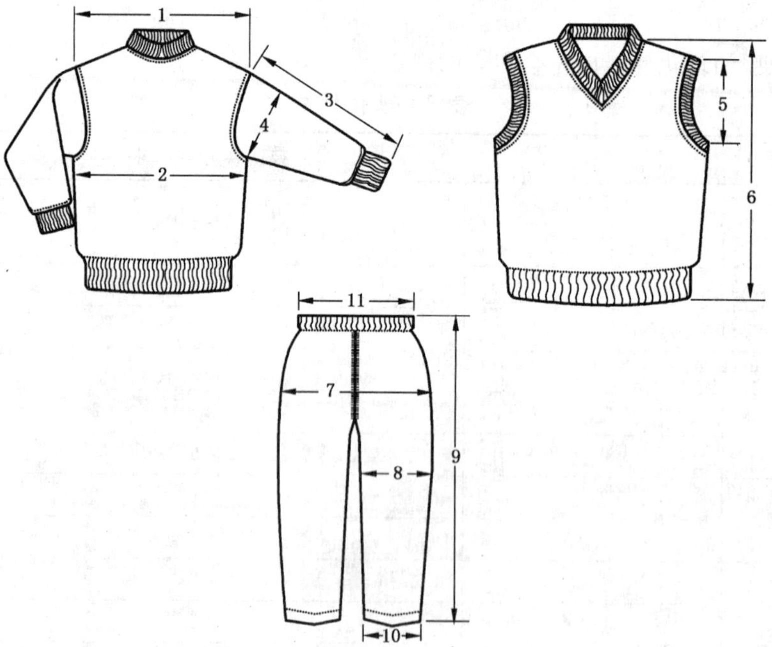

1——总肩宽；
2——胸围；
3——袖长；
4——袖肥；
5——袖笼；
6——身长；
7——臀围；
8——裤腿肥；
9——裤长；
10——裤口；
11——腰围。

图2 尺寸测量位置

6.2 外观疵点

在台面上铺一白布，将测试样品平摊在台面上，测试人员正视被测样品，目光与样品中心距离为40 cm～50 cm，目测外观疵点。

6.3 带电电荷量

防静电毛针织服经附录 A 方法洗涤后，按 GB 12014—1989 附录 B 规定的方法测试。

6.4 纤维含量

纤维含量按 GB/T 2910 规定的方法测试。

6.5 胀破强度

胀破强度按 GB/T 7742.1 规定的方法测试。

6.6 腋下接缝强力

腋下接缝强力按 FZ/T 70007 规定的方法测试。

6.7 起球

起球按 GB/T 4802.3 规定的方法测试。

6.8 耐洗色牢度

耐洗色牢度按 GB/T 3921 规定的方法测试。

6.9 耐汗渍色牢度

耐汗渍色牢度按 GB/T 3922 规定的方法测试。

6.10 耐摩擦色牢度

耐摩擦色牢度按 GB/T 3920 规定的方法测试。

6.11 甲醛含量

分别从防静电毛针织服、衬里上选取样品，甲醛含量按 GB/T 2912.1 规定的方法测试。

6.12 pH 值

分别从防静电毛针织服、衬里上选取样品，pH 值按 GB/T 7573 规定的方法测试。

6.13 松弛收缩

防静电毛针织服的松弛收缩按 FZ/T 70009—1999 中 1×7A 规定的方法测试。

7 检验规则

7.1 出厂检验

生产企业应按照生产批次对防静电毛针织服逐批进行出厂检验。各测试项目、测试样本大小、不合格分类、判定数组见表 5。

表 5 出厂检验

测试项目	批量范围/件	单项测试样本大小/件	不合格分类	单项判定数组	
				合格判定数	不合格判定数
带电电荷量 附件和衬里 胀破强度 松弛尺寸变化率 标识	≤100	2	A	0	1
	101～1 000	3			
	≥1 001	5			
外观质量	≤100	2	B	1	2
	101～1 000	3			
	≥1 001	5			

7.2 型式检验

7.2.1 有下列情况之一时需进行型式检验：

a） 新产品鉴定或老产品转厂生产的试制定型鉴定；

b） 当材料、工艺、结构设计发生变化时；

c） 停产超过一年后恢复生产时；

d） 正常连续生产满一年时；

e） 出厂检验结果与上次型式检验结果有较大差异时；

f） 国家有关主管部门提出型式检验要求时。

7.2.2 样本由提出检验的单位或委托第三方从企业出厂检验合格的产品中随机抽取，样品数量以满足全部测试项目要求为原则。

7.3 项目不合格分类

项目不合格分类见表6。

表6 项目不合格分类

<table>
<tr><th rowspan="2">序号</th><th rowspan="2">检验项目</th><th rowspan="2">标准条款号</th><th rowspan="2">不合格分类</th><th colspan="2">单项判定数组</th></tr>
<tr><th>合格判定数</th><th>不合格判定数</th></tr>
<tr><td>1</td><td>部位尺寸公差</td><td>5.1</td><td>B</td><td rowspan="4">1</td><td rowspan="4">2</td></tr>
<tr><td>2</td><td>对称部位尺寸互差</td><td>5.2</td><td>B</td></tr>
<tr><td>3</td><td>领圈拉开尺寸</td><td>5.3</td><td>B</td></tr>
<tr><td>4</td><td>外观疵点</td><td>5.4</td><td>B</td></tr>
<tr><td>5</td><td>带电电荷量</td><td>5.5</td><td>A</td><td rowspan="2">0</td><td rowspan="2">1</td></tr>
<tr><td>6</td><td>附件和衬里</td><td>5.6</td><td>A</td></tr>
<tr><td>7</td><td>纤维含量</td><td>5.7</td><td>B</td><td>1</td><td>2</td></tr>
<tr><td>8</td><td>胀破强度</td><td>5.7</td><td>A</td><td rowspan="2">0</td><td rowspan="2">1</td></tr>
<tr><td>9</td><td>腋下接缝强力</td><td>5.7</td><td>A</td></tr>
<tr><td>10</td><td>起球</td><td>5.7</td><td>B</td><td rowspan="4">1</td><td rowspan="4">2</td></tr>
<tr><td>11</td><td>耐洗色牢度</td><td>5.7</td><td>B</td></tr>
<tr><td>12</td><td>耐汗渍色牢度</td><td>5.7</td><td>B</td></tr>
<tr><td>13</td><td>耐摩擦色牢度</td><td>5.7</td><td>B</td></tr>
<tr><td>14</td><td>甲醛含量</td><td>5.7</td><td>A</td><td rowspan="4">0</td><td rowspan="4">1</td></tr>
<tr><td>15</td><td>pH 值</td><td>5.7</td><td>A</td></tr>
<tr><td>16</td><td>松弛尺寸变化率</td><td>5.7</td><td>B</td></tr>
<tr><td>17</td><td>标识</td><td>8.1</td><td>A</td></tr>
</table>

8 标识和产品说明书

8.1 标识

8.1.1 每套(件、条)服装上应有:产品名称、商标(如有)、号型规格、生产厂名称、成分含量的组分及洗涤标签。

8.1.2 每套产品应附有合格证，内容包括:生产厂名称、厂址、联系电话、生产日期、标准号。

8.1.3 产品标志应符合 GB 5296.4 的规定。

8.1.4 每套产品应附有产品使用说明及有关国家标准或行业标准规定必须具备的标记或标志。

8.2 产品说明书

产品使用说明书应至少包括：

——禁止在火灾爆炸危险场所穿、脱防静电毛针织服。

——禁止在火灾爆炸危险场所穿用的防静电毛针织服上附加或佩带任何金属物件。

——穿用背心式防静电毛针织服时必须与防静电服配套穿用。

——在火灾爆炸危险场所穿用防静电毛针织服时必须与防静电鞋配套穿用。

——其他需要说明的内容。

9 包装和储存

9.1 产品包装应按客户的要求达到整齐、牢固、无破损、产品数量准确、内外包装应设防潮层并加适量的防蛀剂。箱内应放入生产厂包装检验单,包装检验单应包括产品名称、号型、批号、数量、检验员、检验日期,箱外注明产品名称、数量、生产日期、生产厂名称、厂址。

9.2 产品不得与有腐蚀性物品放在一起,存放处应干燥通风,包装箱距离墙面、地面 20 mm 以上,防止鼠咬、虫蛀、霉变。

附 录 A
（规范性附录）
洗 涤 方 法

A.1 设备

A.1.1 洗衣机：符合 GB/T 4288 中规定的滚筒式(G)洗衣机。

A.1.2 天平：精度为 0.1 g。

A.2 洗涤剂

pH 为 7～7.5 的合成洗涤剂。

A.3 洗涤条件

洗涤条件应符合表 A.1 规定。

表 A.1 洗涤条件

项 目	条 件
洗涤方式	弱洗
洗涤水温	常温
水容量	30 L 以上
洗涤液浓度	1 g/L
浴比	1∶30(布∶水)

A.4 洗涤程序

A.4.1 将试样放入 A.1.1 规定的洗衣机中，按 A.3 规定的洗涤条件进行洗涤。

A.4.2 洗涤程序按表 A.2 进行。

表 A.2 洗涤程序

序号	1	2	3	4	5	6	7
洗涤程序	洗涤 3.5 h	排水	脱水 2 min	漂洗 1.0 h	排水	脱水 2 min	序号 4～6 重复 3 次

A.4.3 洗涤脱水后的试样自然晾干，或根据制造商的说明熨烫。

参考文献

[1] JIS T 8118:2001 Working wears for preventing electrostatic hazards

[2] EN 340:2003 Protective clothing—General requirement

[3] EN 61340-4-1:2004 Electrostatics—Part 4-1:Standard test methods for specific applications—Electrical resistance of floor coverings and installed floors

[4] EN 61340-5-1:2001 Electrostatics—Part 5-1:Protection of electronic devices from electrostatic phenomena—General requirements

[5] FZ/T 73018—2002 毛针织品

ICS 13.340
C 72

中华人民共和国国家标准

GB/T 23465—2009

呼吸防护用品 实用性能评价

Respiratory protective equipment—Practical performance evaluation methods

2009-04-01 发布 2009-12-01 实施

中华人民共和国国家质量监督检验检疫总局
中国国家标准化管理委员会 发布

前　言

本标准参考了 ISO 16900-7(2006) Second draft respiratory protective devices—Methods of test Part 7:Practical performance test methods 和 BS EN 13274-2:2001 Respiratory protective devices—Methods of Test—Part 2:Practical performance tests。

本标准的附录 A 为资料性附录。

本标准由国家安全生产监督管理总局提出。

本标准由全国个体防护标准化技术委员会归口。

本标准起草单位:防化研究院、中国安全生产科学研究院、北京劳动保护科学研究所、3M 中国有限公司。

本标准主要起草人:丁松涛、刘宝龙、杨文芬、李颖、姚红、袁晓华、田军、陆林、黄强。

呼吸防护用品　实用性能评价

1　范围

本标准规定了呼吸防护用品的实用性能评价的试验要求和试验方法。

本标准适用于预防呼吸性危害的各类呼吸防护用品。

本标准不适用于潜水呼吸器。

2　规范性引用文件

下列文件中的条款通过本标准的引用而成为本标准的条款。凡是注日期的引用文件，其随后所有的修改单(不包括勘误的内容)或修订版均不适用于本标准，然而，鼓励根据本标准达成协议的各方研究是否可使用这些文件的最新版本。凡是不注日期的引用文件，其最新版本适用于本标准。

GB/T 12903　个体防护装备术语

GB/T 5703—1999　用于技术设计的人体测量基础项目

3　术语和定义

GB/T 12903 确立的以及下列术语和定义适用于本标准。

3.1

呼吸防护用品　respiratory protective equipment; respiratory protective device

呼吸器　respirator

防御缺氧空气和(或)空气污染物进入呼吸道的防护用品。

3.2

实用性能　practical performance

在模拟的典型作业或逃生活动条件下，对呼吸防护用品的评价。

3.3

过滤式呼吸防护用品　air-purifying respiratory protective equipment

能把吸入的作业环境空气通过净化部件的吸附、吸收、催化或过滤等作用，除去其中有害物质后作为气源的呼吸防护用品。

3.4

自吸过滤式呼吸防护用品　non-powered air-purifying respiratory protective equipment

自吸过滤式呼吸器　air purifying respirator(APR)

靠佩戴者呼吸克服部件阻力的过滤式呼吸防护用品。

3.5

送风过滤式呼吸防护用品　powered air-purifying respiratory protective equipment

送风过滤式呼吸器　powered air-purifying respirator (PAPR)

靠动力(如电动风机或手动风机)克服部件阻力的过滤式呼吸防护用品。

3.6

隔绝式呼吸防护用品　atmosphere-supplying respiratory protective equipment

能使佩戴者呼吸系统与作业环境空气隔绝，靠本身携带的气源或者依靠导气管引入作业环境以外的洁净气源的呼吸防护用品。

3.7
自给携气式呼吸防护用品　self-contained breathing apparatus (SCBA)
携气式呼吸器
佩戴者携带压缩空气瓶、氧气瓶或生氧装置等作为气源的隔绝式呼吸防护用品。

3.8
供气式呼吸防护用品　supplied air respiratory protective equipment
长管呼吸器　supplied air respirator (SAR)
佩戴者靠呼吸或借助机械力通过导气管引入呼吸气体的隔绝式呼吸防护用品。

3.9
逃生呼吸防护用品　escape respiratory protective equipment
逃生呼吸器　escape respirtor
只用于从危险环境中逃生的呼吸防护用品。

4　试验要求

4.1　基本要求

应用本标准对某种呼吸器进行实用性能试验之前，应预先确定以下条件：

a)　试验样品数量，参见附录 A；
b)　按照使用说明把试验呼吸器调整至可工作状态；
c)　试验之前需要进行的其他任何测试或预处理；
d)　试验温度和湿度；
e)　受试者的选取与数量，参见附录 A；
f)　试验项目及试验顺序；
g)　允许的与表 1 规定试验项目的偏离情况；
h)　对试验中所有观测内容的具体要求；
i)　合格与不合格的判据。

4.2　受试者

4.2.1　受试者选择

选择的受试者应具有与试验呼吸器同类型呼吸器的佩戴经验。试验前应核查受试者的病史，确保受试者的身体状况可以从事此类试验，并满足试验的作业强度和相应要求。

受试者应属于使用说明书中规定的适用人群。若某类呼吸器(如逃生呼吸器)规定适用于普通公众，受试者应从相应的普通人群中选取。

4.2.2　受试者信息

应登记受试者的姓名、年龄、性别、身高、体重等信息。

应按 GB/T 5703—1999 的定义或方法测量每个受试者的形态面长和面宽，并记录在试验报告中。

4.3　试验条件

试验温度为 16 ℃～32 ℃，相对湿度 30%～80%；并记录在试验报告中。

如无特殊说明，本标准中除温度外的参数的容许偏差为±5%，试验温度容许偏差为±1 ℃。

5　试验方法

5.1　原理

受试者按照使用说明要求佩戴试验呼吸器样品后，在模拟使用条件下对试验呼吸器使用方便性、佩戴舒适性、功能特性等进行的主观评价。

5.2 试验呼吸器准备

试验前，应确认试验样品符合相应产品标准的要求。

试验前必须确认试验样品处于正常的工作状态，没有使用危险。

5.3 受试者的准备

受试者应预先阅读并理解试验呼吸器使用说明书；了解试验呼吸器涉及的评价项目内容和要求。

5.4 试验项目

本标准规定的全部试验项目见表1。

表1 试验项目

编号	试验项目及具体内容
E1	静态试验：受试者保持舒适的坐姿，不进行任何作业活动。若适用时，试验呼吸器的部分功能组件可以放置适宜的位置，以便其重量不妨碍受试者
E2	快速行走试验：受试者在水平跑台上以正常姿势行走，行走速度为6.0 km/h，持续时间为10 min
E3	屈身行走试验：受试者在水平跑台上以屈身姿态行走，屈身姿态高度控制为(1.3±0.2)m，持续时间为5 min，行走总距离约140 m
E4	持续行走试验：受试者在水平跑台上以正常姿势行走，速度为6.0 km/h，持续时间为空气呼吸器的允许作业时限或30 min之中较短者
E5	慢跑试验：受试者在水平跑台上以正常姿势慢跑，速度为8.0 km/h，总距离约133 m
E6	坡行试验：受试者在坡度为20%跑台以正常姿势行走，速度为2.4 km/h，持续为2 min
E7	中速行走试验：受试者在水平跑台上以正常姿势行走，速度为4.0 km/h，持续为4 min
E8	爬行试验：受试者在水平跑台上爬行，姿态高度控制为(0.7±0.05)m，持续时间为5 min，总距离约70 m
E9	管道试验：受试者在(0.70±0.05)m宽、4 m长管道内爬行，管道顶板应低至限制受试者背负呼吸器，而是摘下来，放在前面推或放在后面拉，但仍然通过呼吸器呼吸
E10	攀爬试验：受试者以正常姿势爬上、爬下垂直竖梯，并从每侧通过460 mm×460 mm的孔洞一次，爬梯试验的总距离为20 m
E11	楼梯试验：受试者在一段包含楼道和楼梯的环境中行走23 min，其中爬楼梯的高度控制为15 m，爬梯速度约10 m/min
E12	装填试验：受试者向容积约8 L的篮子装填试验物料，弯腰或跪地将试验物料装满篮子，然后站起将篮子内的试验物料倒入高度为1.5 m的容器，在10 min内重复大约20次。试验装置示意图见图1
E13	提拉试验：受试者利用定滑轮，从1.8 m高度向下垂直拉动绳索以提升25 kg的重物，重复30次
E14	搬运试验：受试者将20个重12 kg的沙袋运送10 m距离后，依次码放在1.5 m高平台上，每次搬运一个沙袋
E15	模拟作业试验：受试者在30 min中连续、等间隔完成以下活动： ——行走； ——爬行； ——携带质量7 kg木块或类似物体，行走7 m距离，搭建图2所示形状； ——用绳索拖拉质量50 kg重物
E16	盘管试验-1：受试者尽量将呼吸器的供气长管(适用于直管式压缩空气管)盘成直径约750 mm的圈，然后拖动管子走开，直到试验负责人员能够检查、评价管子伸展情况，并记录发生的扭结程度
E17	盘管试验-2：对螺旋状压缩空气管，受试者绕直径约2 m的圆周走，顺时针走10圈，逆时针走10圈，使试验负责人员能够评价管子的性能并记录发生扭结的程度
E18	消防试验：受试者打开长度至少15 m的消防水带，然后再卷起来

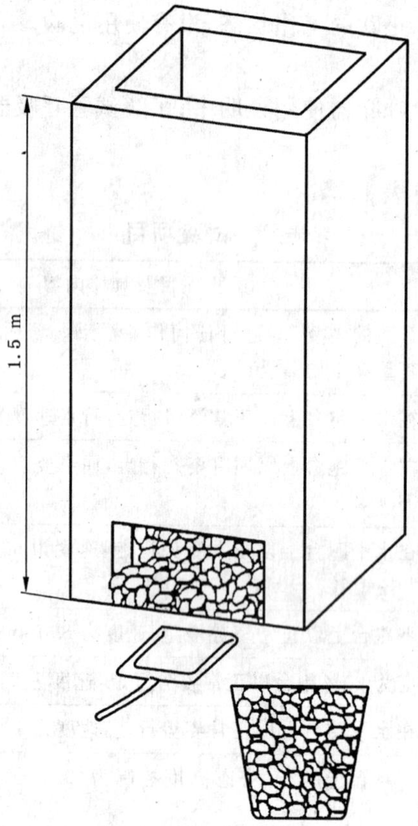

图 1　装填篮子与试验物料图

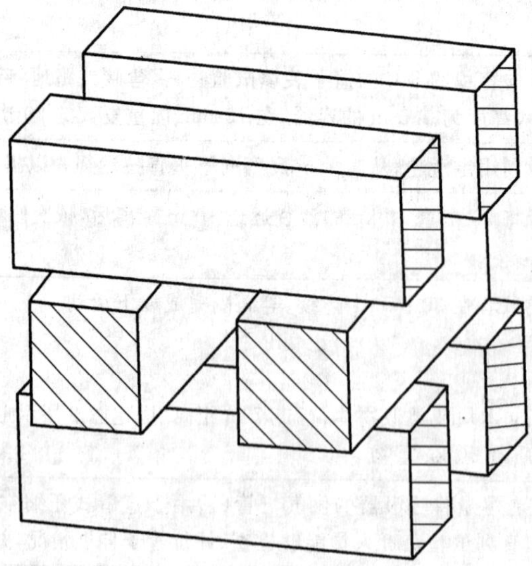

图 2　木块搭建

5.5 试验步骤

5.5.1 受试者在试验中穿着的服装应满足使用说明书的有关规定;如无具体规定,服装应适合试验环境条件及试验项目的要求。

5.5.2 如果使用说明书规定该呼吸器必须与其他指定的某些防护用品或设备配合使用,试验中也必须佩戴该防护用品或设备。

5.5.3 受试者应按使用说明完成所有的呼吸器使用前的检查。

5.5.4 要求受试者按照使用说明书选择适配的号码。询问受试者呼吸器是否适合,如果答复是"是",则可开始试验;如果答复是"否",则应重新调整呼吸器,如果可能,应选择更适合的号码。如果经过所有的调整都无法取得令人满意的适合性,应淘汰该受试者,并且作为事实记录。

5.5.5 在开始试验之前,应检查呼吸器佩戴是否正确。告知受试者,当在试验中感觉需要调整呼吸器时,允许调整。

5.5.6 根据试验呼吸器的类型,按表2确定试验项目,试验项目的顺序由试验负责人员视情确定,试验总时间应不少于30 min。除非该类呼吸器标准有另行规定,试验项目的执行应连续,各试验项目之间不摘除呼吸器。对隔绝式逃生呼吸器,当受试者主诉呼吸困难或难以忍耐时应终止试验。

表2 不同种类呼吸器试验项目的选取

过滤式呼吸器		隔绝式呼吸器		逃生式呼吸器	
自吸式	送风式	供气式	携气式	过滤式	隔绝式
E2 E3 E9 E12	E2 E3 E9 E12	E3 E8 E10 E13 E14 E15 E16 E17	E1 E2 E4 E8 E9 E14 E18	E3 E8 E12	E1 E5 E6 E7 E11

6 评价方法

6.1 试验负责人应根据试验呼吸器的类型和表3给出的评价项目,确定应实施的评价项目。

6.2 受试者应预先了解评价项目,在试验过程中应注意体会相关评价项目,并作出主观评价。

6.3 试验结束后,由受试者根据自己对相关评价项目实际感受,独立地对试验呼吸器的实用性能进行评价。主观评价采取5分制打分方法;5分表示对某评价项目有最佳的感受,3分表示适中的感受,1分表示难以接受的感受。

受试者对每个评价项目应分别评价。若某项评价项目被受试者评为1分,受试者应尽量详细描述试验中的具体发现。

6.4 试验负责人汇总各受试者的评价意见,着重对试验呼吸器不良的特性进行审核判定,并负责撰写实用性能评价报告。

表 3　实用性能评价内容

性能类别		评价内容				
与安全性直接相关的类别（A）	呼吸（A1）	通畅性（A1.1）	供气可接受度（刺激性、通气量、疲劳感）（A1.2）	压缩空气长管扭曲或打结情况（A1.3）	呼吸导管扭曲或打结情况（A1.4）	呼吸导管被障碍物勾挂的可能性（A1.5）
	视觉（A2）	视窗抗起雾性（A2.1）	面镜透明程度（A2.2）	视野受限（A2.3）	—	—
	安全性（A3）	固定部件或装置的牢固度（A3.1）	固定位置的稳固程度（A3.2）	系统关闭装置的可靠性（A3.3）	紧固件使用的便利程度（A3.4）	连接器和接头牢固程度（A3.5）
		连接器和接头使用的方便程度（A3.6）	呼吸器及其部件的耐用程度（A3.7）	—	—	—
	通讯能力（A4）	发音清晰程度（A4.1）	听觉清晰程度（A4.2）	听见指令的能力（A4.3）	给出指令的能力（A4.4）	—
	调节装置（A5）	可触及程度（A5.1）	可见程度（A5.2）	调节的直观性和容易理解程度（A5.3）	通过触觉的可区分程度（A5.4）	操作方便程度（带手套）（A5.5）
		误操作或意外操作的可能性（A5.6）	—	—	—	—
	报警系统（A6）	适合度或可接受程度（A6.1）	可见度（A6.2）	可听程度（A6.3）	功能有效程度（A6.4）	—
	活动性（A7）	头部活动自由度（A7.1）	身体活动自由度（A7.2）	呼吸导管对头部活动的限制程度（A7.3）	操纵空气管的容易程度（A7.4）	—
与安全性非直接相关的类别（B）	佩戴平衡性（B1）	呼吸器重量在头部分布的均匀性（B1.1）	呼吸器重量在身体分布的均匀性（B1.2）	—	—	—
	使用方便性（B2）	装配的便利程度（B2.1）	呼吸器使用前检查的便利程度（B2.2）	佩戴的便利程度（B2.3）	呼吸器适合性调整的便利程度（B2.4）	操作的便利程度（B2.5）
		摘脱的便利程度（B2.6）	与其他装备的匹配程度（B2.7）	—	—	—

表 3（续）

性能类别		评价内容				
与安全性非直接相关的类别(B)	舒适度(B3)	头部固定系统的舒适度(B3.1)	面部的舒适度(B3.2)	身体系带或固定系统的舒适度(B3.3)	热舒适程度(B3.4)	使用之后感觉不舒适程度(B3.5)
	维护与贮存(B4)	清洗的便利程度(B4.1)	维护的便利程度(B4.2)	贮存的便利程度(B4.3)	—	—
	使用说明书(B5)	呼吸器使用方法部分的容易理解程度(B5.1)	呼吸器清洁、维护或存贮部分的容易理解程度(B5.2)	针对工作场所呼吸器使用方法的实用程度(B5.3)	针对工作场所的呼吸器清洁、维护、储存方法的实用程度(B5.4)	—
	总体评价(B6)	对使用性能的总可接受程度(B6.1)	与常见的同类呼吸器作横向比较的水平(B6.2)	—	—	—

7 试验报告

试验报告应至少包括以下内容：

a） 试验呼吸器的型号、规格、品牌及制造商信息；

b） 4.2.2 规定的受试者信息；

c） 试验环境温度、湿度条件；

d） 选用表 1 试验项目的序号和顺序，以及偏离性的说明；

e） 受试者的实用性能评价结果；

f） 评价报告。

附　录　A
（资料性附录）
受试者人数和试验呼吸器样品数量

<table>
<tr><th colspan="2">试验呼吸器类型</th><th>受试者人数</th><th>样品数量及要求</th></tr>
<tr><td rowspan="2">过滤式呼吸器</td><td>自吸过滤式</td><td>2</td><td>随弃式呼吸器为2个收到样；可更换半面罩式为2个预处理后样品；可更换全面罩式为1个收到样和1个预处理后样。
若适用，试验产品应包括最高防护配置的过滤元件。</td></tr>
<tr><td>送风过滤式</td><td>2</td><td>2套样品，最长供气长管配置</td></tr>
<tr><td rowspan="2">隔绝式呼吸器</td><td>供气式</td><td>4</td><td>2套样品</td></tr>
<tr><td>携气式</td><td>4</td><td>2套样品</td></tr>
<tr><td rowspan="2">逃生式呼吸器</td><td>过滤式</td><td>5</td><td>5个样品</td></tr>
<tr><td>隔绝式</td><td>4</td><td>4个样品</td></tr>
</table>

参 考 文 献

[1] BS EN 136:1998 Respiratory protective devices—Full face masks—Requirements, testing, marking

[2] prEN 137:2002 Respiratory protective devices—Self-contained open-circuit compressed air breathing apparatus—Requirements, testing, marking

[3] BS EN 138:1994 Respiratory protective devices—Fresh air hose breathing apparatus for use with full face mask, half mask or mouthpiece assembly—Requirements, testing, marking

[4] BS EN 140:1999 Respiratory protective devices—Half masks and quarter masks—Requirements, testing, marking

[5] BS EN 149:2001 Respiratory protective devices—Filtering half masks to protect against particles—Requirements, testing, marking

[6] BS EN 269:1995 Respiratory protective devices—Powered fresh air hose breathing apparatus incorporating a hood—Requirements, testing, marking

[7] BS EN 403:1993 Respiratory protective devices for self-rescue—Filtering devices with hood for self-rescue from fire—Requirements, testing, marking

[8] BS EN 12491:1999 Respiratory protective devices-powered filtering devices incorporating a helmet or a hood-requirements, testing, marking

[9] BS EN 12942:1998 Respiratory protective devices—Power assisted filtering devices incorporating full face masks, half masks or quarter masks—Requirements, testing, marking

[10] BS EN 13274:2 2001 Respiratory protective devices—Methods of test—Part 2: Practical performance tests

[11] BS EN 13794:2002 Respiratory protective devices—Self-contained closed-circuit breathing apparatus for escape—Requirements, testing, marking

[12] BS EN 14593-2:2005 Respiratory protective devices—Compressed air line breathing apparatus with demand valve—Part 2: Apparatus with a half mask at positive pressure—Requirements, testing, marking

[13] BS EN 14594:2005 Respiratory protective devices—Continuous flow compressed air line breathing apparatus—Requirements, testing, marking

[14] ISO 16900-7(2006) Second draft respiratory protective devices—Methods of test Part 7: Practical performance test methods

ICS 13.340.20
F 79

中华人民共和国国家标准

GB/T 23466—2009

护听器的选择指南

Guideline for selection of hearing protectors

2009-04-01 发布　　　　2009-12-01 实施

中华人民共和国国家质量监督检验检疫总局
中国国家标准化管理委员会　发布

前言

本标准的附录A、附录B为资料性附录。

本标准由国家安全生产监督管理总局提出。

本标准由全国个体防护装备标准化技术委员会归口。

本标准起草单位：北京市劳动保护科学研究所、斯博瑞安(中国)安全防护设备有限公司。

本标准主要起草人：方向明、姚琨、宋瑞祥、王世强、卢伟健、朱亦丹、李孝宽。

护听器的选择指南

1 范围

本标准规定了护听器的选择原则、方法和培训要求。

本标准适用于工业企业噪声作业场所护听器类个人防护用品的选择。其他行业可参考执行。

本标准不适用于头盔和应用电子技术的特殊类型护听器的选择。本标准不适用于脉冲噪声的防护。

2 规范性引用文件

下列文件中的条款通过本标准的引用而成为本标准的条款。凡是注日期的引用文件，其随后所有的修改单(不包括勘误的内容)或修订版均不适用于本标准，然而，鼓励根据本标准达成协议的各方研究是否可使用这些文件的最新版本。凡是不注日期的引用文件，其最新版本适用于本标准。

GB/T 7584.1—2004 声学 护听器 第1部分:声衰减测量的主观方法

GB/T 7584.2—1999 声学 护听器 第2部分:戴护听器时有效的A计权声压级估算

GB/T 12903 个体防护装备术语

GB/T 14366 声学 职业噪声测量与噪声引起的听力损伤评价

3 术语和定义

GB/T 12903确立的及下列术语和定义适用于本标准。

3.1

护听器 hearing protector

保护听觉、使人免受噪声过度刺激的防护用品。

注：护听器有耳罩、耳塞、头盔等类型。

3.2

耳罩 ear-muff

由围住耳廓四周而紧贴在头部遮住耳道的壳体所组成的一种护听器。

注：耳罩可用专门的头环、颈环或借助于安全帽或其他设备上附着的器件而紧贴在头部。

3.3

耳塞 ear-plug

插入外耳道内，或置于外耳道口处的护听器。

3.4

声衰减 sound attenuation

在一个给定测试信号下，所有受试者戴与不戴护听器时，两者听阈之差的平均分贝值。

3.5

过度保护 over-protection

所佩戴的护听器，具有过高的声音衰减性能，导致使用者佩戴时难以接收到必要的声音信号，产生与周围环境隔绝的不适感。

3.6

保护率 protection performance

x

戴护听器时有效的A计权声压级等于或小于预测值情况的百分数。

注 1：保护率用不同方法求出的衰减值的下标所注数字表示。例如：H_{80}、M_{80}、L_{80}、SNR_{80}。

注 2：保护率常选定为 84%（相当于常数 $\alpha=1$）。在此情况下，下标可被省略。

注 3：情况是指在某一特定噪声环境下，某人佩戴某种护听器时的综合状况。

3.7

有效的 A 计权声压级　effective A-weighted sound pressure level

L'_{Ax}

当选定保护率 x 和噪声环境时，根据倍频带法、高中低频衰减法、单值评定法中任何一种方法计算得到的戴护听器时的 A 计权声压级的有效值。

3.8

单值评定量　single number rating

SNR_x

当选定保护率 x 和护听器时，为估算戴护听器时有效的 A 计权声压级 L'_{Ax}，从 C 计权声压级 L_c 中减去的值。

3.9

噪声级降低量的预估值　predicted noise level reduction

PNR_x

当选定保护率 x 和噪声环境时，其噪声的 A 计权声压级 L_A 和戴护听器时有效的 A 计权声压级 L'_{Ax} 之间的差值。

4　护听器的选择

4.1　护听器的选择原则

4.1.1　安全与健康原则

选择护听器要充分考虑使用环境和佩戴个体的条件，保证佩戴护听器过程中的人员安全与健康。

4.1.2　适用原则

护听器应在提供有效听力保护的同时不影响生产作业的进行，避免过度保护。

4.1.3　舒适原则

护听器应具有较好的佩戴舒适性，避免由于佩戴不舒适导致佩戴者不按正确的方式使用护听器，从而降低其听力防护作用。

4.2　护听器选型一般要求

4.2.1　高温、高湿环境中，耳塞的舒适度优于耳罩。

4.2.2　一般狭窄有限空间里，宜选择体积小、无突出结构的护听器。

4.2.3　短周期重复的噪声暴露环境中，宜选择佩戴摘取方便的耳罩或半插入式耳塞。

4.2.4　工作中需要进行语言交流或接收外界声音信号时，宜选择各频率声衰减性能比较均衡的护听器。

4.2.5　强噪声环境下，当单一护听器不能提供足够的声衰减时，宜同时佩戴耳塞和耳罩，以获得更高的声衰减值。

4.2.6　耳塞和耳罩组合使用时的声衰减值，可按二者中较高的声衰减值增加 5 dB 估算。

4.2.7　如果佩戴者留有长发或耳廓特别大，或头部尺寸过大或过小不宜佩戴耳罩时，宜使用耳塞。

4.2.8　佩戴者如需同时使用防护手套、防护眼镜、安全帽等防护装备时，宜选择便于佩戴和摘取、不与其他防护装备相互干扰的护听器。

4.2.9　选择护听器时要注意卫生问题；如无法保证佩戴时手部清洁，应使用耳罩等不易将手部脏物带入耳道的护听器。

4.2.10　耳道疾病患者不宜使用插入或半插入式耳塞类护听器。

4.2.11 皮肤过敏者选择护听器时须谨慎,应做短时佩戴测试。

4.3 作业场所调查

4.3.1 调查作业场所噪声

4.3.1.1 按 GB/T 14366 规定的方法,测量调查作业人员按额定 8 h 工作日规格化的噪声暴露级 $L_{EX,8h}$,以确定作业人员是否需要使用护听器。

4.3.1.2 为便于选择护听器,还应测量作业环境的 A 计权声压级、C 计权声压级和倍频带声压级。

4.3.2 调查作业人员的健康状况

对于需要佩戴护听器的人员,应调查其是否罹患耳部疾病,如耳痛、耳道感染、耳鸣、听力损失以及皮肤过敏等,是否正在接受此类病症的治疗。

4.3.3 调查作业场所的其他信息

对需要佩戴护听器的作业场所,应调查作业场所的温度和湿度、作业人员的操作空间大小和活动规律、作业人员手部的卫生状况、作业人员头部特点、其他防护装备的使用情况、声音信号的重要性、噪声暴露时间等其他信息。

4.4 确定是否使用护听器

4.4.1 当 $L_{EX,8h} \geqslant 85$ dB(A) 时,作业人员应佩戴护听器进行听力防护。

4.4.2 当 $L_{EX,8h} < 85$ dB(A) 时,若作业人员有佩戴护听器的要求时,宜为其提供合适的护听器。

4.4.3 当护听器佩戴人员的作业环境或健康状况发生改变时,应重新进行护听器的选择。

4.5 选择护听器

4.5.1 确定 L'_{Ax}

L'_{Ax} 和护听器保护水平的对应关系见表 1,宜选择 $L'_{Ax} = 75$ dB(A)。

表 1 护听器的保护水平

L'_{Ax} /dB(A)	保护水平
>85	保护不足
80~85	可接受
75~80	好
70~75	可接受
<70	过度保护

4.5.2 确定 SNR_x 需求值

依据所选的 L'_{Ax} 和测量得到的作业场所 C 计权声压级 L_c,用式(1)计算护听器的 SNR_x 需求值:

$$SNR_x \text{ 需求值} = L_C - L'_{Ax} \qquad (1)$$

4.5.3 初步筛选

初步筛选出 SNR_x 值符合 SNR_x 需求值 ±5 dB 条件的护听器,向护听器生产商或经销商索取相关技术资料。如筛选出的护听器不足 3 种,可将选择范围扩大为 SNR_x 需求值 ±10 dB,但应慎重。

4.5.4 计算筛选

4.5.4.1 根据得到的护听器技术资料和 4.3.1 调查的作业场所噪声数据,选定保护率 x 为 84%,按 GB/T 7584.2—1999 第 6 章或第 7 章的规定,用倍频带法或 *HML* 方法计算 L'_{Ax},筛选出 70 dB(A) $\leqslant L'_{Ax} \leqslant$ 80 dB(A) 的护听器,计算示例见附录 A。如筛选出的护听器不足 3 种,可将选择范围扩大为 SNR_x 需求值 ±10 dB 后再进行筛选。

4.5.4.2 当作业环境的 A 计权声压级低于 110 dB(A) 或耳塞和耳罩组合使用时,可不进行计算筛选。

4.5.5 佩戴选择

4.5.5.1 购买一定数量的符合 4.5.3、4.5.4 要求的护听器,由使用者佩戴试用并按 4.1 的原则选择。

4.5.5.2 若同一岗位作业人员较少时,由全体使用者进行佩戴选择;若同一岗位作业人员很多,可采取由部分有代表性的人员进行佩戴选择的方式。

4.5.5.3 考虑到佩戴人群的差异性，宜提供多种形式和规格的护听器供选择。

5 培训和反馈

5.1 应用护听器之前，宜对相关人员进行佩戴方法的培训和佩戴必要性的教育，使佩戴者能够达到以下要求：

a） 了解护听器的性能、类型等基本知识；

b） 按照产品使用说明书正确使用护听器，并了解使用和维护常识；

c） 注意佩戴卫生，避免交叉使用护听器；

d） 在噪声环境下全程佩戴护听器(佩戴时间对保护效果的影响见附录 B)。

5.2 护听器发放使用后应跟踪佩戴人员的使用情况，收集反馈信息。对反映保护过度、保护不足及产生不适感的个体，宜进行单独佩戴指导并按本标准要求调换护听器。

附 录 A
（资料性附录）
选择护听器的算例

A.1 计算 SNR_x 需求值

假设测量得到某企业特定作业场所 $L_c=106.4$ dB，按照表 1 中 L'_{Ax} 和护听器保护水平的对应关系，选择 $L'_{Ax}=75$ dB(A)，按式(1)计算：

$$SNR_x\text{需求值}=L_c-L'_{Ax}=106.4-75=31.4\ \text{dB}$$

按照 SNR_x 需求值 ±5 dB 的原则，若选定保护率 x 为 84 %，可以初步确定护听器 SNR_{84} 值在 26.4 dB～36.4 dB 范围内，结合 4.1、4.2、4.3，向生产商或经销商索取符合要求的护听器的相关技术资料。

A.2 倍频带法计算 L'_{Ax}

如果测量了作业场所的倍频带声压级数据，宜使用倍频带法计算 L'_{Ax}。计算中要用到假设保护值 APV_{fx}，公式如下：

$$APV_{fx}=m_f-\alpha s_f \qquad \cdots\cdots(\text{A.1})$$

式中：

下标 f——倍频带中心频率，单位为赫兹(Hz)；

下标 x——表示选定的保护率，单位为%；

m_f——根据 GB/T 7584.1 测定的平均声衰减值，单位为分贝(dB)；

s_f——根据 GB/T 7584.1 测定的标准偏差，单位为分贝(dB)；

α——常数。

根据各倍频带中心频率的 A 计权值、测量得到的倍频带声压级数据和计算得到的各频带 APV_{fx} 值，用式(A.2)可以计算出该护听器在该噪声环境和选定保护率 x 下的 L'_{Ax}。

$$L'_{Ax}=10\lg\sum_{k=1}^{8}10^{0.1(L_{f(k)}+A_{f(k)}-APV_{fx})} \qquad \cdots\cdots(\text{A.2})$$

式中：

下标 $f_{(k)}$——倍频带中心频率；

$L_{f(k)}$——倍频带噪声的声压级；

$A_{f(k)}$——按照 GB/T 3785 确定的倍频带中心频率 A 计权值。

假设 A.1 所述作业场所噪声测量数据如表 A.1 所示，选择的 4 种耳塞的数据如表 A.2 所示（其中有两种耳塞的 SNR_{84} 值为 37 dB，超出了 26.4 dB～36.4 dB 的范围，但未超出 SNR_x 需求值 ±10 dB 的范围），当选定保护率 x 为 84%时，查 GB/T 7584.2—1999 表 1，对应的 α 值为 1。计算过程如表 A.3 所示（表中使用了 1# 耳塞的数据）。

表 A.1 某作业场所的声压级数据

单位为分贝

倍频带中心频率 f								L	L_A
63 Hz	125 Hz	250 Hz	500 Hz	1 000 Hz	2 000 Hz	4 000 Hz	8 000 Hz		
90.7	95.9	97.6	99.4	97.6	97.0	95.6	94.1	106.4	104.1

表 A.2 4种耳塞的声衰减数据

单位为分贝

编号	参数	倍频带中心频率 f							SNR_{84}	H_{84}	M_{84}	L_{84}
		125 Hz	250 Hz	500 Hz	1 000 Hz	2 000 Hz	4 000 Hz	8 000 Hz				
1#	m_f	26.7	33.3	40.3	37.4	37.1	44.3	46.6	37	36	34	30
	s_f	4.4	3.5	4.1	4.0	3.1	2.1	4.5				
2#	m_f	28.7	30.1	32.8	33.8	34.5	36.2	42.2	32	32	30	27
	s_f	5.0	5.0	4.6	4.1	3.5	4.0	5.3				
3#	m_f	33.5	33.6	36.0	37.5	39.4	43.9	45.2	37	37	34	32
	s_f	3.6	3.4	3.2	3.5	3.5	5.1	5.1				
4#	m_f	26.3	29.0	28.7	31.2	36.3	45.1	47.2	33	34	29	27
	s_f	3.3	2.6	2.8	2.5	3.9	4.4	3.7				

表 A.3 倍频带法计算 L'_{Ax}

单位为分贝

	倍频带中心频率 f							
	63 Hz	125 Hz	250 Hz	500 Hz	1 000 Hz	2 000 Hz	4 000 Hz	8 000 Hz
测量得到的噪声倍频带声压级，$L_{f(k)}$	90.7	95.9	97.6	99.4	97.6	97.0	95.6	94.1
A计权特性，$A_{f(k)}$	−26.2	−16.1	−8.6	−3.2	0	1.2	1.0	−1.1
噪声的A计权倍频带声压级，$L_{f(k)}+A_{f(k)}$	64.5	79.8	89.0	96.2	97.6	98.2	96.6	93.0
m_f	—	26.7	33.3	40.3	37.4	37.1	44.3	46.6
s_f	—	4.4	3.5	4.1	4.0	3.1	2.1	4.5
$APV_{fx}=m_f\text{-}\alpha s_f$	—	22.3	29.8	36.2	33.4	34.0	42.2	42.1
$L_{f(k)}+A_{f(k)}-APV_{fx}$	—	57.5	59.2	60.0	64.2	64.2	54.4	50.9

用式(A.2)计算 L'_{A84}：

$$L'_{A84}=10\lg(10^{0.1\times57.5}+10^{0.1\times59.2}+10^{0.1\times60.0}+10^{0.1\times64.2}+10^{0.1\times64.2}+10^{0.1\times54.4}+10^{0.1\times50.9})\ \mathrm{dB(A)}$$
$$=69.1\ \mathrm{dB(A)}$$

按数值修约规则取整得到 $L'_{A84}=69$ dB(A)。

计算结果说明，这种噪声环境下正确佩戴1#耳塞时，佩戴者所接受到的有效的A计权声压级84%的情况将小于或等于69 dB(A)。

按同样的计算方法得到的对应2#、3#、4#耳塞的 L'_{A84} 值分别为74 dB(A)、69 dB(A)、74 dB(A)。对照表1，2#、4#耳塞的保护水平为“可接受”；而1#、3#耳塞的保护水平为“过度保护”，说明存在过度保护的可能性。

按照4.5.5的要求，由使用者对4种耳塞进行佩戴试用后，再进行选择。

A.3 *HML* 方法计算 L'_{Ax}

如果测量了作业场所的A计权声压级 L_A 和C计权声压级 L_C，并且获得了护听器的 H_x 值、M_x 值、L_x 值，宜使用 *HML* 方法计算 L'_{Ax}。首先计算噪声级的降低量预估值 PNR_x，见式(A.3)：

当 $(L_C-L_A)\leqslant2$ dB时，

$$PNR_x=M_x-\frac{H_x-M_x}{4}(L_C-L_A-2) \qquad \cdots\cdots(A.3)$$

当 $(L_C-L_A)\geqslant2$ dB时，计算见式(A.4)：

$$PNR_x = M_x - \frac{M_x - L_x}{8}(L_C - L_A - 2) \quad \cdots\cdots(A.4)$$

然后用式(A.5)计算 L'_{Ax}：

$$L'_{Ax} = L_A - PNR_x \quad \cdots\cdots(A.5)$$

按表 A.1 的数据，计算 $L_C - L_A = 106.4 - 104.1 = 2.3$ dB，表 A.2 数据的保护率 x 为 84%，按式(A.4)计算使用 1＃耳塞时的 PNR_{84} 值：

$$PNR_{84} = 34 - \frac{34-30}{8}(106.4 - 104.1 - 2) = 33.85\ \text{dB(A)}$$

再按式(A.5)计算：$L'_{A84} = 104.1 - 33.85 = 70.25$ dB(A)

按数值修约规则取整得到 $L'_{A84} = 70$ dB(A)。

计算结果说明，这种噪声环境下正确佩戴 1＃耳塞时，佩戴者所接受到的有效的 A 计权声压级 84%的情况将小于或等于 70 dB(A)。

按同样的计算方法得到的对应 2＃、3＃、4＃耳塞的 L'_{A84} 值分别为 74 dB(A)、70 dB(A)、75 dB(A)。对照表 1，2＃、4＃耳塞的保护水平分别为“可接受”和“好”；而 1＃、3＃耳塞的保护水平为“可接受”且接近“过度保护”。

按照 4.5.5 的要求，由使用者对 4 种耳塞进行佩戴试用后，再进行选择。

附 录 B
（资料性附录）
佩戴时间对保护效果的影响

在噪声环境下如果没有全程佩戴护听器，即使是短时间暴露在噪声环境中，也将明显降低护听器的保护效果；对于高声衰减的护听器，最终提供的保护效果将远低于噪声级降低量的预估值。当 PNR_x 值为 30 dB(A)时，稳态噪声环境下典型的佩戴时间与保护效果的关系见表 B.1。

表 B.1 佩戴时间与保护效果

暴露在稳态噪声环境下，佩戴时间所占百分比/%	PNR_x/dB(A)
50	3
60	4
70	5
80	7
90	10
95	13
99	20
99.9	30

参 考 文 献

［1］ EN 458-2004 Hearing protectors—Recommendations for selection，use，care and maintenance—Guidance document

［2］ CAN/CSA-Z94.2-02 Hearing protection device—Performance，selection，care，and use

ICS 13.340.10
F 79

中华人民共和国国家标准

GB/T 23467—2009

用假人评估轰燃条件下服装阻燃性能的测试方法

Standard test method for evaluation of flame resistant clothing for protection against flash fire simulations using an instrumented manikin

2009-04-01 发布

2009-12-01 实施

中华人民共和国国家质量监督检验检疫总局
中国国家标准化管理委员会 发布

前　言

本标准修改采用美国材料与试验协会标准(ASTM F1930:2000)《用假人评估轰燃条件下服装阻燃性能的测试方法》(英文版)。

本标准与 ASTM F1930:2000 的不同之处在于:

a) 对第 1 章作了文字性修改,增加了条注;

b) 修改了第 2 章的引用文件;

c) 将第 5 章内容归到引言中;

d) 修改了第 5 章推荐的假人尺寸要求;

e) 修改了第 5 章假人表面传感器的分布;

f) 对附录 A 作了文字性修改。

本标准的附录 A 为规范性附录。

本标准由国家安全生产监督管理总局提出。

本标准由全国个体防护装备标准化技术委员会归口。

本标准起草单位:总后勤部军需装备研究所、解放军医学图书馆。

本标准主要起草人:谌玉红、蒋毅、郝俊勤、倪济云、李晨明。

引　言

本测试方法提供一种用仪器化假人测量和比较不同材料、不同服装和服装配套的阻燃防护性能的方法。但本测试方法不能作为一种质量保证测试，也不涉及假人身体姿态和移动对测试结果的影响。

服装热防护性能的测量较复杂，测试结果取决于采用的仪器和技术。在该领域建立一个包含所有可能发生的意外事故状态的测试方法是不现实的。测试方法的差异可能导致测试结果的很大差异。如果本测试方法中给出的说明有明显的偏差，则需要对与热传递理论和测试实践相关的技术知识进行评价。测试方法的标准化能减少但不能消除对上述技术知识带来的误差。测试结果中宜报告所有的差异。

用假人评估轰燃条件下服装阻燃性能的测试方法

1 范围

本标准规定了在热通量、火焰分布和持续时间均可控的模拟轰燃环境下，特征描述防护服阻燃性能的定量测量和主观观测方法。

本标准适用于防护服阻燃性能的测试与评价，也可用于预测人体组织的烧伤程度和烧伤总面积。

注：本标准适用于测量和描述材料、产品或组合物在可控条件下对热量和火焰的响应，它不宜用来描述和评价材料、产品或组合物在实际火场中着火的危害和可能性。但用本标准测试的结果可以作为着火危害评估或着火风险评估的依据，该评估考虑了特定使用中着火危害或着火风险评估的相关因素。

2 规范性引用文件

下列文件中的条款通过本标准的引用而成为本标准的条款。凡是注日期的引用文件，其随后所有的修改单(不包括勘误的内容)或修订版均不适用于本标准，然而，鼓励根据本标准达成协议的各方研究是否可使用这些文件的最新版本。凡是不注日期的引用文件，其最新版本适用于本标准。

GB/T 1335.1　服装号型　男子

GB/T 3291　纺织　纺织材料性能和试验术语

GB/T 8629　纺织品　试验用家庭洗涤和干燥程序

GB/T 13640　劳动防护服　号型

3 术语和定义

GB/T 3291、GB/T 13640 所确定的以及下列术语和定义适用于本标准。

3.1

烧伤　burn injury

在人体组织不同深度造成的热损伤。

注：当人体组织受热并在高温下持续一定时间后，人体组织就会发生烧伤。烧伤程度分为一度、二度和三度三个烧伤等级；烧伤程度取决于温度高低和持续时间的长短。

3.2

火焰分布　flame distribution

在服装轰燃测试中，从燃烧器喷出热通量可控的火焰在假人表面形成的空间分布。

3.3

仪器化假人　instrumented manikin

具有成年人尺寸、表面至少布设 100 个热传感器用于服装轰燃测试中的假人。

3.4

热传感器　heat sensor

试验中测量传递到假人表面热量的一种仪表(装置)。

3.5

热防护　thermal protection

用于检测单件服装或整套防护服阻止产生烧伤的热传递性能的一种属性。

3.6

预估总烧伤面积　predicted total area of burn injury

服装轰燃测试中,通过热传感器计算出的发生二度以上烧伤面积之和。

3.7

二度烧伤　second-degree burn injury

在模拟人体表皮/真皮组织界面造成的不可恢复的烧伤。

3.8

二度烧伤面积　second-degree burn injury area

服装轰燃测试中,由热传感器测量出的人体表皮/真皮界面二度烧伤面积之和。

3.9

三度烧伤　third-degree burn injury

在模拟人体真皮/皮下组织界面中造成的不可恢复的烧伤。

3.10

三度烧伤面积　third-degree burn injury area

服装轰燃测试中,由热传感器测量出的人体真皮/皮下组织界面三度烧伤面积之和。

4　测试原理

本测试方法用于评估不同材料、款式的单件或整套服装的热防护性能。测试原理是将被测服装穿在仪器化假人身上,置于热通量、持续时间和火焰分布均可控的实验室模拟轰燃条件中,通过仪器化假人皮肤表面热传感器输出数据计算可能造成的二度、三度烧伤及总烧伤面积,烧伤面积越大,产生烧伤程度越重,则服装的热防护性能越差,反之,服装的热防护性能越好。

5　测试装置

5.1　仪器化假人

5.1.1　一般要求

采用与成年男性外形尺寸相同的直立假人,见图1。

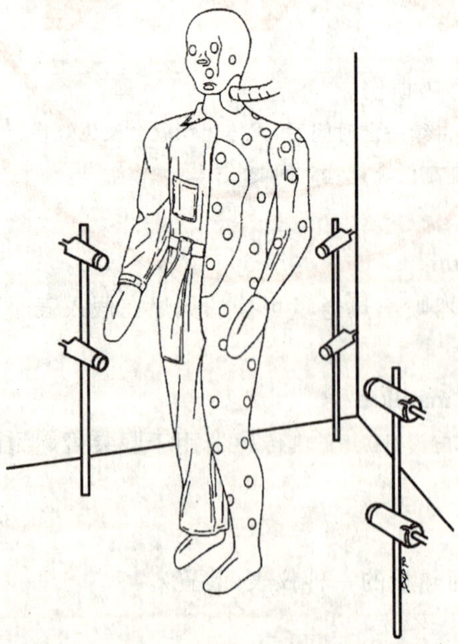

图1　仪器化假人

5.1.2 尺寸及外形

假人由头、胸部(背部)、腹部(臀部)、臂、手、腿、脚等组成。根据GB/T 1335.1,假人尺寸要求见表1。

表1 男性假人尺寸

单位为厘米

测量部位	尺寸
身高	170±5
颈椎点高	145±4
坐姿颈椎点高	66.5±2
全臂长	55.5±1.5
腰围高	102.5±3
胸围	88±4
颈围	36.8±1
总肩宽	43.6±1.2
腰围	74±2
臀围	90±2

5.1.3 制作材料

假人宜用阻燃、且热稳定性好的非金属材料制作。

5.2 烧伤评估装置

5.2.1 热传感器的设置

在假人表面分配至少100个热传感器,各部位均匀分布,分配比例见表2。

表2 传感器分布

身体部位	百分比/%
头	9
躯干	32
双臂	13
大腿	21
小腿	13
双手	5
双脚	7
合计	100

5.2.2 热传感器

5.2.2.1 传感器量程

热传感器量程应为0.0 kW/m^2 至167.0 kW/m^2。在此量程范围内允许通过将裸体假人直接暴露在火焰下,用传感器设置火焰暴露等级,也允许在穿上测试外衣或防护服后测量实验中传递到假人的热量。

5.2.2.2 传感器响应时间

热传感器的响应时间应小于或等于0.1 s。热传感器应由热特性已知的材料制成,其外表面需喷涂一薄层黑色的耐高温漆。

5.2.3 数据采集系统

数据采集系统应在数据采集过程中至少以0.5 s的采样周期从每个传感器中采集测量数据并存储。

5.3 燃烧评估程序

5.3.1 烧伤计算

通过热传感器输出数据计算产生二度和三度烧伤的时间。

5.3.2 烧伤评估

造成二度烧伤的传感器代表的面积总和应是二度烧伤所占百分数的评估面积。造成三度烧伤的传感器代表的面积总和应是三度烧伤所占百分数评估面积。这二个面积的总和应是暴露在轰燃条件下总百分数烧伤评估,见附录A。

5.4 燃烧室

5.4.1 燃烧室设计要求

燃烧室设计有观察窗、用于维护仪器化假人及燃烧设备的通道和门,具有通风、防火功能。

5.4.2 燃烧室容积

燃烧室最小容积应为2.1 m×2.1 m×2.4 m。燃烧室空间必须保证可以在测试服装表面上提供均匀的火焰,并且在假人周围提供足够的调试空间,可以方便的给假人穿衣而不会碰到墙壁或是燃烧器。

5.4.3 燃烧室空气的控制

燃烧室内应有独立的通风装置,应保证充足的氧气在燃烧暴露期间充分燃烧并达到试验所需的热流量,并在数据采集期间调节到稳定状态,在数据采集结束后,强制排气系统应快速排出燃烧产生的废气。要求燃烧室外部的开口能提供适量的空气,以保证燃烧测试过程中燃料充分燃烧。

除燃烧过程需要的自然空气供给外,燃烧室应与外部的空气扰动隔绝,以保证引导火焰和燃烧火焰在实验前、实验期间和数据采集期间都不受影响。

强制排气系统每分钟最小排风量至少应为燃烧室容积的两倍,以排出燃烧试验产生的气体。另外,强制排气系统在排尽燃烧气体后还能以较小的通风量为假人和传感器提供冷却空气。

5.4.4 燃烧室安全设备

燃烧室应配备足够的安全装置和探测器,以保证测试装置安全操作。安全装置和探测器包括:丙烷气体探测器、门启闭探测器及其他需要的安全装置。

5.5 燃料及输送系统

5.5.1 燃料

采用90%纯度的液体丙烷。

5.5.2 输送系统

5.5.2.1 输送系统组成

输送系统由输送管、压力调节器、阀门和压力传感器等部分组成,应保证气体燃料安全传送到点火系统和燃烧嘴。

5.5.2.2 输送系统要求

输送的燃料在至少5 s的燃烧时间内应提供均匀的至少为84 kW/m^{2}热通量。燃料输送应可控,使燃烧时间控制在设定值的±0.1 s范围内。配备可控燃烧器的输送系统应符合相关安全性要求。

5.5.3 燃烧器系统

5.5.3.1 燃烧系统构成

燃烧器系统的每个燃烧器应由安全引导火焰和点火器组成,燃烧器提供所需的热量,火焰分布满足8.3.2的要求。

5.5.3.2 安全引导火焰

安全引导火焰应是置于燃烧室底部的一个微弱的火焰,适当地被遮盖以避免室内气体流通而熄灭。在燃烧室开启通风以后,安全引导火焰在燃料管充满燃料的同时自动点燃,并在整个试验过程中保持燃烧状态。当安全引导火焰熄灭或偶然关断时,应立即点燃,才能继续试验。

5.5.3.3 点火器

每个燃烧器出口处都应配备一个点火器,为了不影响燃烧效果,点火器不能位于燃烧器的正前方。点火器需在燃烧器燃料阀门打开前先点燃,实验前应确认每个燃烧器的引导火焰都已点燃。点火器应配有锁定阀门,以防止燃料泄露。

5.5.3.4 燃烧器

采用大型工业级空气引射式燃烧器分布于仪器化假人周围,以产生均匀的黄色火焰。燃烧室至少应布置 8 个燃烧器,产生 8.3.1 及 8.3.2 所描述的燃烧等级和均匀燃烧的效果。8 个燃烧器在仪器化假人膝盖及大腿的高度以每 90°配置。

5.6 图像采集系统

系统应录制实验前、实验过程中、实验后的仪器化假人影像。主要录制燃烧时假人前部的燃烧暴露过程,其后部燃烧暴露过程也可选择性地录制。

5.7 安全检查

检查内容应包括在计算机操作程序中,以确保燃烧试验前满足所有的安全要求。安全检查包括:

a) 确认假人已穿上测试服装;
b) 确认燃烧室的门已关闭;
c) 确认燃烧室中无人;
d) 其他所有安全要求已满足。

5.8 样品预处理区域

样品预处理区域应保持温度为(20±2)℃温度,相对湿度为(65±5)%,并且要有足够大的空间以保障测试样品周围空气流通状况良好。

6 安全操作

6.1 实验室应提供实验过程操作指南,测试中必须严格执行。这些指南包括:

a) 在任何的试验测试前应彻底更新燃烧室内的气体;
b) 点燃安全火焰防止燃料累积发生爆炸;
c) 进行每项测试时,点火系统工作前应确认燃烧室内无人;
d) 测试过程中隔绝燃烧室以控制热量和燃烧产物;
e) 测试后燃烧室通风换气;
f) 其他安全指南。

6.2 燃烧室应配备合格的灭火系统。

6.3 实验员要求包括:

a) 不允许接触燃烧产物;
b) 在燃烧室充分通风前严禁接触气体产物;
c) 处理燃烧后的服装及清洁假人时,相关人员须穿戴合适的防护装备。

7 测试样品

7.1 样品分类

本测试方法可用于三种评估:服装面料的比较、服装设计、服装使用说明。由于测试结果依赖于被测试材料性能、服装尺寸和服装设计,因此每种评估有不同的服装要求。

服装面料评估要求标准的服装设计和服装尺寸;服装设计评估要求服装面料和尺寸相同,具有不同的设计特点;服装使用说明评估要求标准尺寸的服装,服装材料及设计代表用户需求。

7.2 实验室抽样

应提供三套满足评估要求的服装或全套服装,服装尺寸应满足 GB/T 1335.1 的要求。

7.3 洗烫

测试服装在预处理前要预先洗涤和烘干，只能进行单次洗涤－干燥循环的测试服装除外。洗烫条件参照GB/T 8629。

7.4 预处理

每个测试样品在温度(20±2)℃和相对湿度(65±5)%的环境中进行24 h预处理。从预处理区域取出的测试样品应在30 min内进行测试，否则应立即密封在聚乙烯(或者其他低水蒸气渗透性材料)袋中。测试样品在袋中封存时间不宜超过4 h，从袋中取出后应在20 min内被测试。

8 测试准备

8.1 仪器准备

8.1.1 燃烧室换气

燃烧室持续换气量应足以排除10倍于燃烧室容积的空气，以清除燃料管线中所有残存气体。

8.1.2 燃料加注

在关闭管线溢流阀后打开燃料供给阀，使管线中丙烷气体达到操作所需的压力，但不允许泄露到燃烧室中。在燃烧测试时，打开阀门向燃烧器提供丙烷气体。应在靠近操作气压附近设置高压和低压检测器，以使当供气出现故障时关闭系统。

8.1.3 安全引导火焰的点燃

在燃烧室通风后点燃安全引导火焰，同时进行气体管线的气体加注。安全引导火焰在火焰燃烧系统安全可靠地关闭之前不能熄灭。安全引导火焰熄灭，燃料供给管线的阀门将自动关闭，同时排空管线中的气体。

8.1.4 暴露条件的确认

采用以下过程进行样品测试，将裸体假人直接暴露于轰燃环境中4 s，如果测试时间小于4 s，则记录实际测试时间。确认热通量值的计算标准差不大于2.1 kW/m^2，确定规定的测试条件在±5%以内。如热通量或标准差不在规定范围内，应确定产生偏差的原因并校正。

8.2 传感器校准

8.2.1 传感器校准原则

8.2.1.1 应使用已知的对流或辐射热源或者两者的混合热源对传感器进行校准。用于校准的设备至少能提供范围为8.4 kW/m^2～84 kW/m^{2}的热通量，其范围应与测试设置和服装测试期间可能受到的辐射及热量传递条件相一致。

8.2.1.2 用热流传感器验证由校准设备产生的热通量在测试要求的暴露水平的±5%范围内。

8.2.1.3 假人表面所用传感器应保证在燃烧实验产生的热流范围内热流响应是准确的。如对已知的用于校准的燃烧热量的响应是线性的但误差不在5%之内，在热通量计算时需要考虑修正因子。如响应不是线性的同时误差也不在5%以内，需要对每一传感器确定一个修正曲线。

8.2.1.4 还应将传感器、数据采集、燃烧模型作为一个整体进行校准。将每个传感器暴露在已知的热通量下，由计算机程序计算出引起二度烧伤所需的时间。通过Stoll及Chianta所描述的人体组织的反应来计算已知的燃烧热流中达到二度烧伤所需的持续时间。计算机计算的导致二度烧伤时间与Stoll及Chianta所提出的时间误差应该在±5%以内。其中烧伤计算中还包括一个用于补偿传感器差异及达到相应烧伤结果的校准因子。每个传感器的校准系数将被记录，在烧伤分析时需采用最新的校准结果。

注：Stoll及Chianta描述的人体组织反应参见文献"Method and Rating System for Evaluation of Thermal Protection", Aerospace Medicine, Vol 40, 1969, pp1232-1238

8.2.1.5 当启用新的燃烧假人、替换或修理了某个传感器或测试结果出现偏移或与期望值不同时，都应对传感器进行校准。

8.3 燃烧火焰的校准

8.3.1 将裸体假人暴露于火焰中测量轰燃的强度和均匀性。计算燃烧期间每个传感器的平均热通量、平均热流量的面积加权平均值及标准差。

8.3.2 确定燃烧器位置并调整火焰,使假人中所有传感器平均热通量的标准差不超过 2.1 kW/m^2。确认每次裸体假人测试时,平均热流水平的标准差等于或小于 2.1 kW/m^2,否则调整燃烧器使燃烧火焰均匀。

8.3.3 在测试一套样品前多次将裸体假人暴露在火焰中,如果测试前后平均热流偏差超过±5%时,应重复测试。每天应在实验开始时以及在工作结束时检查热暴露水平。

8.3.4 火焰校准持续时间为 4 s,监控靠近燃料供给顶端燃烧供给管线中燃料的压力。该位置燃料绝对压力在每次火焰燃烧期间下降不应超过 10%。通过数据采集系统的内部时钟控制火焰燃烧持续时间,持续时间的测量误差应在规定值的±5%或者 0.1 s 以内。

8.3.5 在 8.3.1 中计算的平均热通量应与规定测试条件的误差不超过±5%。否则通过调整燃烧头修正气体压力以调整燃料流量,重复校准直到达到规定值。当所有传感器温度降至 38 ℃时校准才可再次重复进行,这样可以消除内部温度的提升或者温度梯度对二、三度烧伤计算的影响。

8.3.6 由计算机控制的数据采集系统在校准期间,每一传感器至少每秒读取 5 次输出数据。测量系统的准确度不低于可读数据的 2%,如读取温度传感器的值,则优于±0.6 ℃。在燃烧期间对每个传感器的采样频率需高于每秒 2 次。

8.3.7 每天第一个和最后一个测试都应用假人对轰燃暴露进行校准。燃烧结果报告包括:平均的燃烧热通量(kW/m^2)、燃烧时间(s)、假人传感器的标准差、二度和三度烧伤及总烧伤百分比。

9 测试过程

9.1 服装穿着

给假人穿上被测服装,如被测服装为封闭式服装,则应有一个足够大的开口以穿过数据线缆,开口处应用不可燃缝合材料(如金属材料)修补。每次测试时服装的宽松度和穿着方式相同,使测试结果产生的误差最小化。

9.2 记录测试信息

记录测试信息,包括:测试目的、测试系列、服装说明、测试条件、测试注意事项、暴露时间、数据采集时间、人员观察测试情况及其他与测试有关的信息。

9.3 确认安全操作条件

遵守计算机程序中的安全说明并填写安全屏上的所有条目,确保达到所有安全要求,保证测试实验的安全。

9.4 点燃引导火焰

当所有安全条件均满足时,点燃引导火焰并确认燃烧测试中将用到的燃烧器的引导火焰均被点燃。

警告:除面板指示灯及计算机显示外,还要实际观察确认每一个引导火焰是否被点燃。当满足所有安全要求,引导火焰被点燃和确认,供气管最后一道阀门被打开,燃烧测试开始。

9.5 开启图像采集系统

开启图像采集系统记录每一次测试。

9.6 燃烧测试服装

点击计算机上的按键开始燃烧测试。计算机程序将开始采集数据,数据采集时间应保证所有储藏在服装中的热量已经释放到空气和假人中。通过检查计算烧伤与时间的关系来确定所有传感器的总烧伤量是否已经稳定并且数据采集结束时有否继续上升,如果烧伤量在数据获取时间的最后 10 s 并不恒定,则需增加数据采集时间。实验结束后,打开强制排气系统,排除燃烧废气。

9.7 服装燃烧现象评价

将观察到任何有关测试服装或者阻燃服装整体反应评价输入到计算机中。这些评价包括：燃烧后火焰附着在测试衣服上的燃烧状态和持续时间，材料的收缩、炭化或者可观察的降解等。

9.8 准备下一次燃烧测试

从假人身上仔细移除燃烧后的服装或者整套防护服。如果传感器温度太高，打开通风设备将其冷却至38 ℃以下，检查假人及传感器，确保已经清除所有残留的物质。如发现残留物，用肥皂水或石油溶剂使用柔和、有效的方法清洁假人和传感器。如必要，对传感器表面重新喷漆，并将其烘干，确保在下一次测试前假人和传感器是干燥的。

9.9 传感器检查

当位于测试服装下两个或两个以上传感器无法正常工作时，就应进行维修或者替换损坏的传感器。使用前校准被修理或替换后的传感器。

9.10 测试余下的样品

在相同的测试条件对余下的样品进行测试。

10 测试报告

测试报告应包括以下内容：

a) 声明样品测试是按照本标准要求进行，样品的描述包括服装类型、尺寸、织物重量、纤维类型、颜色、非标准的服装特点和设计特征。

b) 报告测试目的：材料结构的评估、服装设计的评估或者服装使用说明。

c) 暴露条件：描述暴露条件的信息，包括：

1) 用假人裸体暴露实验测定每个传感器平均热通量和平均热通量的标准差；

2) 每次测试中额定热通量、暴露时间及数据采集时间；

3) 服装测试前所存放的时间及测试房间的温度和相对湿度等差异信息；

4) 有关信息。

d) 结果计算：

1) 二度烧伤的假人面积(%)；

2) 三度烧伤的假人面积(%)；

3) 假人表面烧伤总面积(%)(二度和三度烧伤总和)以及相关的差异统计；

4) 其他用于评估的计算信息包括所有传感器接收到的总热量(每个传感器接收到的热量之和)、用于标识假人表面二度和三度烧伤的位置及程度的图表、传感器数据和总体结果的表格。

e) 客观观察：

1) 燃烧期之后火焰的强度和持续时间；

2) 产生的烟量；

3) 测试服装的物理稳定性；

4) 其他任何可能被用来解释结果及描述测试服装性能的观察。

附 录 A
（规范性附录）
人体皮肤烧伤模型及软件要求

A.1 人体皮肤烧伤的模型

A.1.1 人体皮肤烧伤模型

人体皮肤损伤率可以通过一个一阶方程式进行近似模拟，即：

$$\frac{d\Omega}{dt} = P e^{\frac{-\Delta E}{RT}} \qquad \cdots\cdots\cdots\cdots(A.1)$$

式中：

Ω——在基础层或者真皮层上任何深度烧伤的定量表示数值；

P——频率因子，s^{-1}；

e——自然指数=2.718 3；

E——皮肤的致伤能量，J/mol；

R——通用气体常数，8.315 J/(kmol·K)；

T——在基础层的或者真皮层上任何深度的绝对温度，K；

t——温度 T 高于 44 ℃的时间。

A.1.2 人体皮肤烧伤评估

人体皮肤基础层在 44 ℃以上一定的时间间隔内烧伤程度可以通过式(A.1)积分得出，计算公式见式(A.2)。

$$\Omega = \int_0^t P e^{\frac{-\Delta E}{RT}} dt \qquad \cdots\cdots\cdots\cdots(A.2)$$

当 Ω 小于或等于 0.5，在皮肤基础层将不会受到损伤；

当 Ω 值在 0.5 和 1.0 之间，将产生一度烧伤；

当 $\Omega>1.0$，将产生二度以上烧伤，在表皮/真皮层界面上 $\Omega>1.0$，则产生二度烧伤，在真皮及皮下组织界面上 $\Omega>1.0$，则产生三度烧伤。

式(A.2)中 P 及 ΔE 的选取，建议在表皮层采用 stoll 等人提出的标准，在真皮层和皮下组织采用 Takata 提出的标准。Stoll 提出的 P 及 ΔE 值如下：

当 $T<50$ ℃时 $P=2.185\times10\ 124\ s^{-1}$，$\Delta E/R=93\ 534.9$ K

当 $T\geqslant50$ ℃时 $P=1.823\times1\ 051\ s^{-1}$，$\Delta E/R=39\ 109.8$ K

Takata 提出的 P 及 ΔE 值如下：

当 $T<50$ ℃时 $P=4.32\times1\ 064\ s^{-1}$，$\Delta E/R=50\ 000$ K

当 $T\geqslant50$ ℃时 $P=9.39\times10\ 104\ s^{-1}$，$\Delta E/R=80\ 000$ K

A.1.3 人体皮肤烧伤模型的物理特性值

通过假人皮肤表面传感器得到皮肤基础层的温度变化，推算皮肤表面热通量及其随时间的变化，预测轰燃导致的烧伤程度。表 A.1 列出了用于皮肤烧伤模型的物理特性值。

表 A.1 皮肤烧伤模型的物理特性值

参 数	表 皮	真 皮	皮下组织
层厚度/m	5×10^{-5}	1.5×10^{-3}	1.5×10^{-3}
导热系数，K/[W/(m·K)]	0.255	0.523	0.167
体积热容，C_p/[J/(m³·K)]	4.32×10^{6}	3.87×10^{6}	2.76×10^{6}

A.2 计算机软件程序单元

A.2.1 计算机软件程序构成

计算机软件程序包括仪器的状态监视及根据需要控制进程、过程控制、数据采集、结果计算、报告准备和支持程序。

A.2.2 仪器的状态监视及根据需要控制进程

包括传感器的温度、燃料供应线及阀门的位置、燃料供应装置中压力传感器的位置、安全引导火焰传感器、火焰燃烧器引导火源传感器、通风流量传感器、键盘查询及命令、安全设备(如丙烷传感器、燃烧室门等)。

A.2.3 过程控制

包括用通风扇排出室内气体、燃料管线加料、安全引导火焰点火、火焰燃烧器引导火焰的点燃及检测、火焰燃烧器燃料电磁阀控制、数据采集、排风扇控制、紧急制动。

A.2.4 信息采集

包括：

a) 每 0.5 s 记录传感器温度值，在数据采集期间，建立每个传感器采集数据和时间的关系表；

b) 记录火焰燃烧器燃料电磁阀在燃烧期间开通的暴露时间；

c) 服装外观质地的描述；

d) 燃烧条件的描述；

e) 燃烧备注部分的描述；

f) 服装反应的描述；

g) 服装自身燃烧的程度和持续时间；

h) 其他信息。

A.2.5 结果计算

包括计算假人表面的热通量、皮肤组织温度、计算烧伤程度。

A.2.6 测试报告准备

测试报告应包括第 10 章中内容。

A.2.7 支持程序

包括传感器校准热暴露及相应数据采集、传感器校准因子计算、用辅助热源对假人进行手动热照射、烧伤和传感器反应的诊断程序、传感器分布图的假人图示等。

ICS 13.340.99
C 73

中华人民共和国国家标准

GB/T 23468—2009

坠落防护装备安全使用规范

Code of practice for safety use of fall protection equipments

2009-04-01 发布　　2009-12-01 实施

中华人民共和国国家质量监督检验检疫总局
中国国家标准化管理委员会　发布

前言

本标准附录 A 为规范性附录，附录 B 为资料性附录。

本标准由国家安全生产监督管理总局提出。

本标准由全国个体防护装备标准化技术委员会归口。

本标准负责起草单位：北京市劳动保护科学研究所。

本标准参加起草单位：北京市建设工程安全质量监督总站。

本标准主要起草人：杨文芬、陈倬为、魏吉祥、赵虹齐、罗穆夏、卢伟。

坠落防护装备安全使用规范

1 范围

本标准规定了安全网、安全带等坠落防护装备的配备要求、安全使用要求、使用期限、定期检验要求及标识管理要求。

本标准适用于高处作业、攀登及悬吊作业中使用的安全网、安全带等坠落防护装备。

本标准不适用于体育运动、消防等用途的坠落防护装备。

2 规范性引用文件

下列文件中的条款通过本标准的引用而成为本标准的条款。凡是注日期的引用文件，其随后所有的修改单(不包括勘误的内容)或修订版均不适用于本标准，然而，鼓励根据本标准达成协议的各方研究是否可使用这些文件的最新版本。凡是不注日期的引用文件，其最新版本适用于本标准。

GB/T 3608—2008 高处作业分级

GB 5725 安全网

GB 6095 安全带

GB/T 12903 个体防护装备术语

3 术语和定义

GB/T 12903 中确立的及下列术语和定义适用于本标准。

3.1

安全带 personal fall protection system

防止高处作业人员发生坠落或发生坠落后将作业人员安全悬挂在空中的防护用品。

注：安全带按功能一般分为围杆作业安全带、区域限制安全带及坠落悬挂安全带。

3.2

围杆作业安全带 work positioning system

通过围绕在固定构件上的绳或带将人体绑定在构件附近，使作业人员的双手可以进行其他操作的安全带。

3.3

区域限制安全带 restraint system

用以限制作业人员的活动范围，以避免其到达可能发生坠落区域的安全带。

注：区域限制安全带一般由定位装置、绳、系带组成。

3.4

坠落悬挂安全带 fall arrest system

当高处作业或登高人员发生坠落时，将人员安全悬挂在空中的安全带。

3.5

安全绳 lanyard

在安全带中系带和挂点之间的长绳(带、钢丝绳)。

注：安全绳一般起扩大或限制佩戴者活动范围、吸收冲击能量的作用。

3.6

系带　harnesses

由环绕躯干的织带、带扣及其他金属件构成，可以是全身系带、单腰系带、半身系带。

注：该构件对人体形成捆扎，但不一定有缓冲能力。

3.7

挂点　anchor point

安全带同固定构造物的连接点。

注：挂点强度应满足安全带的负荷要求。

3.8

挂点装置　anchor device

安全带同固定构造物的连接装置。

注：挂点装置强度应满足安全带的负荷要求，可以是固定装置或滑动装置。

3.9

伸展长度　deploy distance

在坠落过程中，从悬挂点到安全带佩戴者身体最低点的最大距离。

注：伸展长度包括安全绳的长度、连接器、打开的缓冲器、部分人体的尺寸、保险余量。

3.10

安全空间　safety space

安全带佩戴者下方，不存在任何可能对坠落者造成碰撞伤害物体的立体空间。

注：该空间的大小及挂点的位置是根据伸展长度选择安全带的关键要素，安全空间的大小涉及到在坠落及晃动过程中是否会发生碰撞。

3.11

安全网　safety nets

用来防止人、物坠落，或用来避免、减轻坠落及物击伤害的网具。

注1：安全网一般由网体、边绳、系绳等组成。

注2：安全网按功能分为安全平网、安全立网、密目式安全立网。

3.12

[安全]平网　horizontal safety net

安装平面不垂直于水平面，用来防止人、物坠落，或用来避免、减轻坠落及物击伤害的安全网。

3.13

[安全]立网　vertical safety net

安装平面垂直于水平面，用来防止人、物坠落，或用来避免、减轻坠落及物击伤害的安全网。

3.14

密目[式安全立]网　fine mesh safety vertical net

网眼孔径不大于 12 mm，垂直于水平面安装，用于阻挡人员、视线、自然风、飞溅及失控小物体的网。

3.15

A 级密目[式安全立]网　fine mesh safety vertical net(class A)

在有坠落风险的场所使用的密目式安全立网，简称为 A 级密目网。

3.16

B 级密目[式安全立]网　fine mesh safety vertical net(class B)

在没有坠落风险或配合安全立网(护栏)完成坠落保护功能的密目式安全立网，简称为 B 级密目网。

3.17

安装平面　setting surface

安全网支撑点所在的平面。

3.18

初始下垂　initial sag

水平悬挂好的安全网由于自重而造成的下垂距离。

3.19

拦接宽度　catching width

安全平网伸出工作平面以外，用于拦接坠落者的宽度。

3.20

安全区域　safety zone

安装好的平网下方的立体区域，其底面积为平网的垂直投影，高度为平网的短边长度与初始下垂之和。

4　配备要求

4.1　安全带

4.1.1　在距坠落高度基准面 2 m 及 2 m 以上，有发生坠落危险的场所作业，对个人进行坠落防护时，应使用坠落悬挂安全带或区域限制安全带。

4.1.2　在距坠落高度基准面 2 m 及 2 m 以上进行杆塔作业，对个人进行坠落防护时，应使用围杆作业安全带或坠落悬挂安全带。

4.2　安全网

4.2.1　在施工中，如工作平面高于坠落高度基准面 3 m 及 3 m 以上，对人群进行坠落防护时，应在存在坠落危险的部位下方张挂安全平网。

4.2.2　在施工中，如工作平面高于坠落高度基准面 3 m 及 3 m 以上，对人群进行坠落防护时，应在存在坠落危险的部位外侧垂直张挂安全立网，或垂直张挂 A 级密目式安全立网。

4.3　配合使用

在实际作业中，应选择多种坠落防护装备配合使用，以达到更好的坠落防护效果。

5　安全使用要求

5.1　总则

5.1.1　作业场所使用的坠落防护装备均应符合国家相关标准的要求，安全带应符合 GB 6095 的要求，安全网应符合 GB 5725 的要求。

5.1.2　坠落防护装备的管理、使用、维护、检查人员应具备相关知识，按附录 A 的要求经过相关培训。

5.1.3　当某些行业对于坠落防护装备的管理、使用有特定要求时，坠落防护装备应符合其相应的规定。

5.2　安全带

5.2.1　安全带的选配

5.2.1.1　如工作平面存在某些可能发生坠落的脆弱表面（如玻璃、薄木板），则不应使用区域限制安全带，而应选择坠落悬挂安全带。

5.2.1.2　当在作业过程中需要提供作业人员部分或全部身体支撑，使作业人员双手可以从事其他工作时，则应使用围杆作业安全带。

5.2.1.3　当围杆作业安全带使用的固定构造物可能产生松弛、变形时，则不应使用围杆作业安全带，而应选择坠落悬挂安全带。

5.2.1.4 专门为区域限制安全带设计的零部件，不应用于围杆作业安全带及坠落悬挂安全带。

5.2.1.5 专门为围杆作业安全带设计的零部件，不应用于坠落悬挂安全带。

5.2.1.6 使用坠落悬挂安全带时，应根据使用者下方的安全空间大小选择具有适宜伸展长度的安全带，应保证发生坠落时，坠落者不会碰撞到任何物体。

5.2.1.7 安装挂点装置时，如使用的是水平柔性导轨，则在确定安全空间的大小时应充分考虑发生坠落时导轨的变形。

5.2.1.8 使用区域限制安全带时，其安全绳的长度应保证使用者不会到达可能发生坠落的位置，并在此基础上具有足够的长度，能够满足工作的需要。

5.2.1.9 当安全带用于悬吊作业、救援、非自主升降时，应符合 GB 6095 中附录 C 的要求。

5.2.2 安全带的使用

5.2.2.1 使用安全带前应检查各部位是否完好无损，安全绳、系带有无撕裂、开线、霉变，金属配件是否有裂纹、是否有腐蚀现象，弹簧弹跳性是否良好，以及其他影响安全带性能的缺陷。如发现存在影响安全带强度和使用功能的缺陷，则应立即更换。

5.2.2.2 安全带应拴挂于牢固的构件或物体上，应防止挂点摆动或碰撞。

5.2.2.3 使用坠落悬挂安全带时，挂点应位于工作平面上方。

5.2.2.4 使用安全带时，安全绳与系带不能打结使用。

5.2.2.5 高处作业时，如安全带无固定挂点，应将安全带挂在刚性轨道或具有足够强度的柔性轨道上，禁止将安全带挂在移动或带尖锐棱角的或不牢固的物件上。

5.2.2.6 使用中，安全绳的护套应保持完好，若发现护套损坏或脱落，必须加上新套后再使用。

5.2.2.7 安全绳(含未打开的缓冲器)不应超过 2 m，不应擅自将安全绳接长使用，如果需要使用 2 m 以上的安全绳应采用自锁器或速差式防坠器。

5.2.2.8 使用围杆作业安全带时，应采取有效措施防止意外滑落。宜配合坠落悬挂安全带使用。

5.2.2.9 使用中，不应随意拆除安全带各部件。

5.2.2.10 使用连接器时，受力点不应在连接器的活门位置。

注：螺纹式连接器除外。

5.2.3 安全带的保管与存放

5.2.3.1 安全带不使用时，应由专人保管。存放时，不应接触高温、明火、强酸、强碱或尖锐物体，不应存放在潮湿的地方。

5.2.3.2 储存时，应对安全带定期进行外观检查，发现异常必须立即更换，检查频次应根据安全带的使用频率确定。

5.3 安全网

5.3.1 安全网的选配与安装

5.3.1.1 安全网的安装工作应由专业人士进行。

5.3.1.2 安全网的安装位置应尽可能远离高压线缆、塔吊及其他移动机械，并远离焊接作业、喷灯、烟囱、锅炉、热力管道等热源。

5.3.1.3 安全网的安装平面应易于到达，便于安全网的检查、清理、维修、更换以及对坠落者进行救援。

5.3.1.4 平网的安装平面应尽可能地靠近工作平面。

5.3.1.5 立网、密目网的安装平面应垂直于水平面，严禁作为平网使用。

5.3.1.6 安装安全网时，每根系绳都应与构架系结，四周边绳(边缘)应与支架贴紧，系结应符合打结方便、连结牢固，工作中受力不散脱的原则。

5.3.1.7 安装时，安全网网面不宜绷得过紧或过松，网边与作业边缘最大间隙不应超过 10 cm。

5.3.1.8 安装平网时，其初始下垂不应超过短边长度的 10%。

5.3.1.9 安装好的平网，网面与下方物体表面的最小距离不应小于其短边长度。

5.3.1.10 根据可能发生坠落的高度，平网的拦接宽度不应小于 GB/T 3608—2008 附录 A 中规定的可能坠落范围半径。

5.3.1.11 安装好的安全网应经专人检查、验收合格后，方可使用。

5.3.2 安全网的使用

5.3.2.1 立网或密目网拴挂好后，人员不应倚靠在网上或将物品堆积靠压立网或密目网。

5.3.2.2 平网不应用作堆放物品的场所，也不应作为人员通道，作业人员不应在平网上站立或行走。

5.3.2.3 不应将安全网在粗糙或有锐边(角)的表面拖拉。

5.3.2.4 焊接作业应尽量远离安全网，应避免焊接火花落入网中。

5.3.2.5 应及时清理安全网上的落物，当安全网受到较大冲击后应及时更换。

5.3.2.6 平网下方的安全区域内不应堆放物品，平网上方有人工作时，人员、车辆、机械不应进入此区域。

5.3.3 安全网的现场检查、修理及储存

5.3.3.1 对使用中的安全网，应由专人每周进行一次现场检查，并对检查情况进行记录，如发现下列问题，则视情况严重程度立即对安全网进行修理或更换：

——网体、网绳及支撑框架是否有严重变形或磨损；

——安全网是否承接过坠落或其他形式的负载(通常表现为网的局部变形)；

——所有挂点装置是否完好且工作正常，有无系绳松脱等现象；

——网上是否有碎物或附着物，如有，是否对安全网造成损伤；

——安全网是否发生霉变；

——网上是否有破洞或绳断裂现象。

5.3.3.2 对安全网的修理工作应由专业人士进行，修理安全网使用的材料应与原网相配，修理后安全网的强度应不低于原网强度，修理完成后必须经专业人士确认合格方可继续使用。

5.3.3.3 同一张安全网上的修理部位不应超过 2 处，否则应立即更换。

5.3.3.4 安全网在修理、更换过程中，应设立明显的警告标志，警示上方的作业人员不应进入由此安全网保护的区域。

5.3.3.5 对于不使用的安全网，应由专人保管、储存，储存要求如下：

——通风、避免阳光直射；

——储存于干燥环境；

——不应在热源附近储存；

——避免接触腐蚀性物质或化学品，如酸、染色剂、有机溶剂、汽油等。

6 使用期限

6.1 围杆作业安全带应在制造商规定的期限内使用，一般不应超过 3 年。

6.2 区域限制安全带应在制造商规定的期限内使用，一般不应超过 5 年。

6.3 坠落悬挂安全带应在制造商规定的期限内使用，一般不应超过 5 年，如发生坠落事故，则应由专人进行检查，如有影响性能的损伤，则应立即更换。

6.4 平网、立网应在制造商规定的期限内使用，一般不应超过 3 年，如发生人员坠落事故，或质量大于 50 kg 的物体坠落事故，则应立即更换。

6.5 密目网应在制造商规定的期限内使用，一般不应超过 2 年，如发生人员坠落事故，或质量大于 50 kg的物体坠落事故，则应立即更换。

6.6 超过使用期限的坠落防护用品，如有必要继续使用，则应每半年抽样检验一次，合格后方可继续使用。

6.7 如坠落防护用品的使用环境特别恶劣，或使用频率格外频繁，则应相应缩短其使用期限。

7 定期检验要求

7.1 安全带

7.1.1 围杆作业安全带、坠落悬挂安全带自购买之日起2年内应从同一批次中随机抽取2条按GB 6095要求进行动态力学性能测试以及静态力学性能测试,如不合格,则停止使用该批次安全带。此后每年进行一次抽检。

7.1.2 区域限制安全带自购买之日起2年内应从同一批次中随机抽取2条按GB 6095要求进行静态力学性能测试,如不合格,则停止使用该批次安全带。此后每年进行一次抽检。

7.2 安全网

7.2.1 平网、立网自购买之日起2年内应从同一批次中随机抽取2张按GB 5725要求进行抗冲击性能测试以及静态力学性能测试,如不合格,则停止使用该批次安全网。此后每年进行一次抽检。

7.2.2 密目网应每年从同一批次中随机抽取2张按GB 5725要求进行抗冲击性能测试以及阻燃性能测试,如不合格,则停止使用该批次安全网。

8 标识管理规定

8.1 使用单位购入坠落防护装备时,应检查其是否具有由国家授权的检验机构出具的产品检验报告,并查验产品标识是否齐全,应检查下列内容是否完整、正确并记录、存档:

——产品合格证;

——产品名称;

——产品规格型号;

——生产单位名称、地址;

——生产日期;

——有效期限;

——国家有关部门规定的标志、编号。

8.2 使用旧的坠落防护装备时,应检查核对产品生产日期,确认其仍在有效使用期内。

附 录 A
（规范性附录）
坠落防护装备相关人员的培训

A.1 应对坠落防护装备的相关人员进行培训，在培训结束时应对培训效果进行考核。

A.2 培训的内容应包括坠落防护装备的标准要求、使用方法、维护维修方法、储存要求、检查方法等。

A.3 使用者除学习A.2中规定的内容外，还应学习高处作业中的安全注意事项、高处作业用其他工具和装备的安全使用、发生事故后的紧急救援、救护知识等内容。管理人员除学习A.2中规定的内容外，还应学习国家相关的法律法规以及有关的行业管理规定。

A.4 除理论知识培训外，培训人员应在教师指导下、在有经验的使用者监督下进行坠落防护装备的实际操作培训。在这一阶段，监督者应在操作开始前检查学员坠落防护装备的所有部件，确认其正确连接，才可以允许学员开始操作。经过测试，当学员表现出足够的知识和经验，能够安全高效地独立完成所有作业项目，并且在出现突发情况时能够采取适当措施，则认为其已达到培训要求。直到监督者认为学员使用坠落防护装备的技能已达到要求后，才可以让其独立进行高处作业。

A.5 应定期对高处作业人员进行应急救援训练，保证其在新的不熟悉的环境中进行作业时，也能够进行应急救援。

A.6 高处作业人员应该具有个人记录，包括其接受的培训和作业经验。管理者可通过记录确认并且监督作业者是否具有高处作业经验。应对新进作业人员的记录进行评估认定。

A.7 管理者应明确高处作业人员的作业能力，并定期对其进行评估，必要时进行进一步培训。若作业者从事其他作业超过1年，则再次从事高处作业时应重新对其进行培训。

附 录 B
（资料性附录）
高处作业的危险识别、风险评估以及防护措施的选择

B.1 高处作业前应进行危险识别及风险评估，并根据其结果选择恰当的工作方法及装备。

B.2 危险识别应包括对所有可能对作业人员造成伤害的因素的识别。

B.3 风险评估是指对所有识别出的危险因素进行详细评价，确定其危险程度，应采取措施消除风险，如无法彻底消除，则应采取预防措施最大程度地减少人员受到伤害的可能。

B.4 危险的识别与风险评估因现场不同各异，并应持续不断地复核，例如每天或每次转换工作后，只有在危险识别及风险评估后才可选择适当的坠落防护装备及系统。

B.5 进行风险评估时，应考虑所有可能发生的紧急情况并制订相应的应急预案。

B.6 应对每个识别出的危险因素、及其风险评估和采取的预防措施加以记录。

B.7 在进行安全生产系统规划时，应考虑下列因素：

B.7.1 工作场所，包括：

——工作场所的自然条件，包括其形状、结构、几何尺寸和原料；

——工作场所环境条件，包括任何不利的气候或大气环境。

B.7.2 工作性质，包括：

——任务的细节，包括与之相关的特定危险；

——所需空间；

——所需时间。

B.7.3 工作者，包括：

——身高、体重、体型；

——其所需要的行动范围以及需要采取的姿势。

B.7.4 个体坠落防护装备，包括：

——使用者的条件（见B.7.3）；

——装备的特点及限制，包括制作的原料及使用方法。

B.8 高处作业应尽可能地消除危险因素，减小对作业人员的威胁。如果不能完全消除危险，则应最大限度地减少危险程度，至少降低至可接受的水平。选择坠落防护方式时，应遵循以下原则：对人群的防护措施优于对个人的防护，预防坠落的措施优于减小坠落高度及后果的措施。见表B.1。

表B.1 高处作业防护措施选择示例

选用优先程度	作业装备分类	防护措施示例	
		对人群的防护	对个人的防护
高	防止坠落的作业装备	a) 带护栏的工作平台 b) 高级护栏系统 c) 栏杆 d) 多人用移动提升工作平台	a) 个体坠落防护系统 b) 个体坠落防护装备（区域限制安全带） c) 单人用移动提升工作平台
低	减少坠落高度及减轻坠落后果的作业装备	a) 高层安全网（距工作平面7 m以内） b) 工作平面附近安装的软垫系统	其他的个体坠落防护装备（绳轨、围杆作业安全带和坠落悬挂安全带）

表 B.1（续）

选用优先程度	作业装备分类	防护措施示例	
		对人群的防护	对个人的防护
低	减轻坠落后果的作业装备	a) 软垫系统 b) 低层安全网（低于工作平面7 m以上）	a) 可充气的预防伤害系统（例如充气夹克） b) 其他通常不用于坠落防护的个体防护装备（如水上作业用的救生衣）
	其他	对作业人员进行指导、监督和培训从而降低其遭受坠落伤害的风险	

注1：在优先程度上，对人群的防护措施优于对个人的防护措施。

注2：确定适当的坠落防护装备（及其优先程度）需要综合考虑所需进行的工作、装备安装、使用、拆除的风险以及与使用的装备有关的救援。

参 考 文 献

[1] BS EN 1263-1:2002 Safety nets—Part 1:Safety requirements, test methods

[2] BS EN 1263-2:2002 Safety nets—Part 2:Safety requirements for the positioning limits

[3] BS 8411:2007 Code of practice for safety nets on construction sites and other works

[4] BS 8437:2005 Code of practice for selection, use and maintenance of personal fall protection systems and equipment for use in the workplace

ICS 13.340.99
C 73

中华人民共和国国家标准

GB/T 23469—2009

坠落防护 连接器

Personal fall protection equipment—Connectors

(ISO 10333-5:2001,NEQ)

2009-04-01 发布　　2009-12-01 实施

中华人民共和国国家质量监督检验检疫总局
中国国家标准化管理委员会　发布

前言

本标准非等效采用 ISO 10333-5:2001《个体防坠落系统　第 5 部分:带有自动关闭和自动锁门的连接器》。

本标准由国家安全生产监督管理总局提出。

本标准由全国个体防护装备标准化技术委员会归口。

本标准负责起草单位:北京市劳动保护科学研究所。

本标准参加起草单位:攀士福安全装备(上海)有限公司、斯博瑞安(中国)安全防护设备有限公司。

本标准主要起草人:杨文芬、肖义庆、潘卫、陈倬为、邓宝举、许超。

坠落防护 连接器

1 范围

本标准规定了连接器的一般要求、技术性能、测试方法及标识。

本标准规定的连接器适用于 GB 6095 规定的安全带。

2 规范性引用文件

下列文件中的条款通过本标准的引用而成为本标准的条款。凡是注日期的引用文件，其随后所有的修改单(不包括勘误的内容)或修订版均不适用于本标准，然而，鼓励根据本标准达成协议的各方研究是否可使用这些文件的最新版本。凡是不注日期的引用文件，其最新版本适用于本标准。

GB 6095 安全带

GB/T 10125 人造气氛腐蚀试验 盐雾试验(GB/T 10125—1997，eqv ISO 9227:1990)

3 术语和定义

下列术语和定义适用于本标准。

3.1

连接器 connector

可以将两种或两种以上元件连接在一起，具有常闭活门的环状零件。

注：用户可以使用连接器组装系统或用于将系统同挂点相连。

3.2

自动关闭连接器 self-closing connector

有自动关闭活门的连接器。

3.3

基本连接器 basic connector(class B)

用作系统组件的自动关闭连接器，亦称为 B 型连接器。

3.4

多用连接器 multi-use connector(class M)

可置于一定直径轴上、用于系统组件的基本连接器或螺纹连接器，亦称为 M 型连接器。

3.5

绳端连接器 termination connector(class T)

系统中只能按预定方向使用的连接器，亦称为 T 型连接器。

注：具有一个连接环眼，用于固定安全绳。

3.6

挂点连接器 anchor connector(class A)

能自动关闭，与特定类型挂点直接连在一起的连接器，亦称为 A 型连接器。

注：挂点的类型为螺栓、管道、横梁等。

3.7

螺纹连接器 screwlink connector(class Q)

用于长期或永久地连接，螺纹关闭时活门部分可以承担受力，亦称为 Q 型连接器。

3.8

旋转连接器　swivel connector(class S)

连接器本体同连接环眼可以相对旋转的T型连接器,亦称为S型连接器。

注:S型连接器用于类似速差器等安全绳较长的场合。

3.9

缆用连接器　Klettersteig connector (class K)

用于同索(缆)连接的B型连接器,亦称为K型连接器。

注:K型连接器一般可以在索(缆)上一定距离内滑动。

3.10

活门　gate

连接器的一部分,用于开关连接器。

注:可为转动、滑动等多种形式。

3.11

自闭活门　self-closing gate

能自动关闭的活门。

3.12

自锁活门　self-locking gate

具有自动锁定功能的活门。

3.13

保险功能　locking feature

可预防不慎将活门打开的功能。可以自动或手动实现。

3.14

开口　gate opening

连接器活门打开时的宽度。

3.15

工作受力方向　major axis

连接器在发生强烈受力时所承受外力的几何方向,一般为连接器环内的较长方向。

3.16

辅助方向　minor axis

同工作受力方向垂直,一般为连接器环内的较短方向。

4　一般要求

4.1　连接器的边缘不应有钩及锋利边缘,以免伤及用户或割断其他物件。

4.2　连接器表面应光滑,无裂纹、褶皱。

4.3　接触皮肤的材料不应导致皮肤过敏、刺激等不良影响。

4.4　活门必须有保险功能,手动、自动均可。

4.5　有自锁功能的连接器活门关闭时自动上锁,在上锁状态下必须经两个以上动作才能打开。

4.6　手动上锁连接器必须经两个以上动作才能打开。

4.7　Q型连接器的活门至少需旋转4圈才能到达拧紧位置,应有形状或颜色表示未旋紧状态。

4.8　按6.1测试,连接器的活门开口尺寸不小于标注尺寸。

4.9　T、S和M型连接器上安装的绳(带)应有固定的环眼。

4.10　Q、S和M型连接器活门开口至少15 mm。

4.11　K型连接器活门开口至少21 mm。

4.12　B、T、M和Q连接器在活门打开时至少能容纳2条11 mm直径的绳索，并不妨碍活门运动。

4.13　K型连接器活门打开时至少能容纳1条21 mm直径的金属轴，并不妨碍活门运动。

4.14　活门应向连接器锁体内打开，不得松旷，同预定打开平面倾斜不得超过20°。

5　技术性能

5.1　工作静负荷

按6.2测试，连接器应保持闭合。

5.2　活门性能

按6.3测试，连接器活门应可以正常闭合。

5.3　活门静负荷

5.3.1　正向：按6.4测试，有保险功能的连接器活门应能正常锁闭，间隙不大于1 mm。

5.3.2　侧向：按6.5测试，连接器活门应无裂纹，测试后能正常使用。

5.4　耐腐蚀性能

按6.6测试，连接器应无红色锈迹、镀层脱落或明显锈蚀，允许有白斑。

6　测试方法

除非特别声明，所有测试均应按产品说明调整到工作状态。

6.1　活门开口尺寸

使用产品标称开口尺寸相等直径的圆棒进行测试，圆棒能进入连接器环内、活门能正常关闭则为通过测试。

6.2　工作静负荷

6.2.1　测试示例

测试示例见图1。

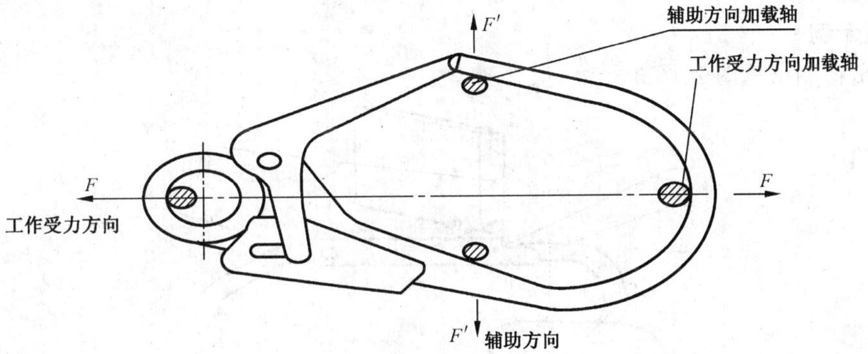

图1　工作静负荷测试示意图

6.2.2　测试设备

材料试验机：量程小于50 kN，精度1级。

工作受力方向加载轴直径：(12±0.1)mm

活门开启方向加载轴直径：(10±0.1)mm

6.2.3　测试负荷

见表1。

表1 测试负荷

连接器使用场所	工作受力方向 活门关闭保险未锁 kN	工作受力方向 活门关闭保险锁定 kN	辅助方向 活门关闭 kN
区域限制安全带	8	15	4
围杆作业安全带	15	15	4
坠落悬挂安全带	15	22	7[a]
[a] M型 15 kN			

6.2.4 测试过程

将连接器置于材料试验机的加载轴上，连接器在两轴之间尽可能平稳，无滑动；拉伸速度为(20～50)mm/min；当拉伸负荷达到表1规定负荷时，保持3 min，卸载。

注：如果无法克服滑动导致偏移无法完成测试，可以加必要的辅助支座。

注：连接器包含纺织物时，拉伸速度为(50～200)mm/min。

6.2.5 测试结果

当加载无法达到规定负荷或卸载后活门不能保持闭合则视为测试未通过。

6.3 活门性能

测试示例、测试设备同6.2.1、6.2.2。

6.3.1 测试过程

将连接器置于材料试验机的工作受力方向加载轴上，连接器在两轴之间尽可能平稳，无滑动；拉伸速度为(20～50)mm/min；当拉伸负荷达到4 kN时，保持(10±1)s，卸载。

注：连接器包含纺织物时，拉伸速度为(50～200)mm/min。

6.3.2 测试结果

当加载无法达到规定负荷或卸载后活门不能正常打开则视为测试未通过。

6.4 活门静负荷

6.4.1 测试示例

活门静负荷测试见图2、图3。

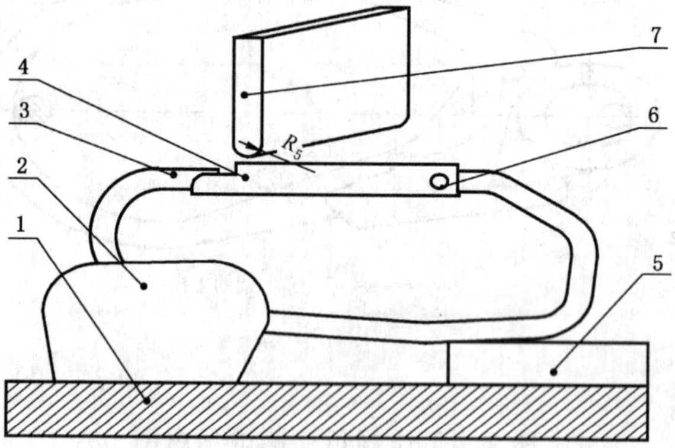

1——夹具底座；
2——夹口；
3——连接器本体；
4——活门；
5——辅助支撑；
6——铰链；
7——压头。

图2 活门静负荷正向测试示意图

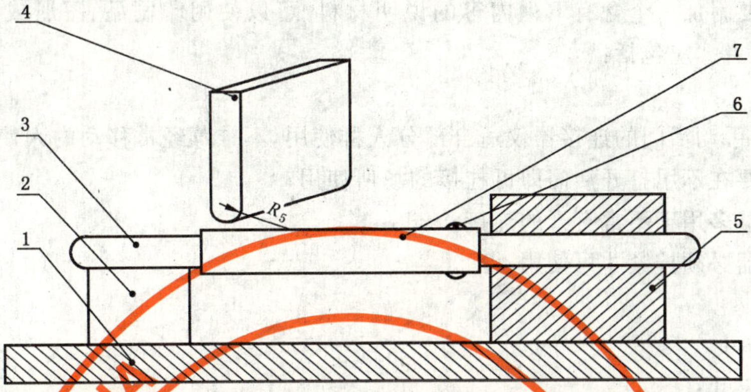

1——夹具底座；
2——辅助支撑；
3——连接器本体；
4——压头；
5——夹口；
6——铰链；
7——活门。

图3　活门静负荷侧向测试示意图

6.4.2　测试设备

材料试验机：量程小于50 kN，精度1级。

压头尺寸：宽(50±5)mm×长(50±5)mm×厚10 mm。

6.4.3　测试过程

6.4.3.1　正向：按测试示例将连接器置于夹具上，使活门在最上面；调整压头位置，尽可能接近活门同连接器本体接触位置(不是铰链处)；以(50～150)N/s的速度加载；当负荷达到(1±0.02)kN时，保持(60±1)s；卸载。

6.4.3.2　侧向：按测试示例将连接器置于夹具上，使活门悬空；下面支撑尽可能靠近活门同连接器本体接触位置(不是铰链处)；调整压头位置，尽可能接近活门同连接器本体接触位置(不是铰链处)；以(50～150)N/s的速度加载；当负荷达到(1.5±0.03)kN时，保持(60±1)s；卸载。

6.4.4　测试结果

6.4.4.1　正向：当加载无法达到规定负荷或活门开口超过1 mm则视为测试未通过。

6.4.4.2　侧向：当加载无法达到规定负荷、活门出现裂纹或有其他活门不能正常使用的情况则视为测试未通过。

6.5　耐腐蚀性能

所有金属零件在进行盐雾试验时均采用GB/T 10125中性盐雾(NSS)的相关条款内容，测试周期为2 d。

7　标识

7.1　永久标识

刻印在连接器本体的永久性标志。必须包括：

——类型(用字母表示)；

——制造商标识；

——工作受力方向强度(用kN表示)。

7.2　产品说明

每件连接器均要附加一个含有下列内容的说明材料，可以使用印刷品、图册或耐磨不干胶贴等形式，提供给最终使用者。应包括：

——适用范围；

——装有速闭、手动活门的连接器仅适合部分人群使用，不推荐经常移动的人使用；

——连接器不要在不用打开活门即可挂接的场所使用；

——螺旋连接器多用于不常打开的连接；

——螺旋连接器必须拧紧才可使用；

——本标准号；

——连接器材料；

——最大开口尺寸；

——连接器的长度(用于坠落防护时会影响坠落高度)；

——在使用宽带等情况下，有可能影响强度发挥；

——报废判别条件；

——是否可以改装的声明；

——制造商的名称、地址和联系资料；

——为合格品的声明及资料；

——调整、装配、使用、清洁、消毒、维护、保养和储存方面的说明和建议。

参 考 文 献

[1] ISO 10333-5:2001 Personal fall-arrest systems—Part 5: Connectors with self-closing and self-locking gates

[2] EN 362:2004 Personal protective equipment against falls from a height—Connectors

[3] ANSI Z359.1:2007 Safety requirements for personal fall arrest systems, subsystems and components

[4] EN 12275:1998 Mountaineering equipment—Connectors—Safety requirements and test methods

ICS 67.240
B 04

中华人民共和国国家标准

GB/T 23470.1—2009/ISO 13300-1:2006

感官分析 感官分析实验室人员一般导则
第1部分:实验室人员职责

Sensory analysis—General guidance for the staff of a sensory evaluation laboratory—Part 1:Staff responsibilities

(ISO 13300-1:2006,IDT)

2009-04-08 发布 2009-07-01 实施

中华人民共和国国家质量监督检验检疫总局
中国国家标准化管理委员会 发布

前　言

GB/T 23470《感官分析　感官分析实验室人员一般导则》分为两个部分：

——第1部分:实验室人员职责；

——第2部分:评价小组组长的聘用和培训。

本部分为GB/T 23470的第1部分。

本部分等同采用ISO 13300-1:2006《感官分析　感官分析实验室人员一般导则　第1部分:实验室人员职责》(英文版)。

本部分由中国标准化研究院提出并归口。

本部分主要起草单位:中国标准化研究院、中国农业大学、北京汇源食品有限公司。

本部分主要起草人:刘文、赵镭、汪厚银、吴继红、李绍振。

感官分析　感官分析实验室人员一般导则
第1部分:实验室人员职责

1　范围

GB/T 23470的本部分给出了感官分析实验室人员职责要求的一般导则,以增强感官分析实验室的管理能力、优化人员配置,提高评价效率。

本部分适用于任何一个计划构建规范的感官分析组织结构的组织。应主要考虑以下两个方面:

——实验室人员的教育程度、背景和专业能力;

——三个层次岗位的人员职责,包括感官分析实验室管理人员、感官分析师和(或)评价小组组长、评价小组技术员。

本部分适用于企业领域、研发机构、服务组织以及与产品质量控制相关的官方部门中的各种类型的感官分析实验室。原则上,感官分析实验室可进行各种类型的感官检验,如差别检验、描述性分析(感官剖析)和消费者检验(如偏好检验)等。一个组织对其感官分析活动各项内容的要求决定了该组织中的感官分析实验室的功能范围、条件以及人员的组成。

应用本部分时,应根据组织内的需要和实际情况灵活运用。例如,实验室人员的数量无法满足三个层次岗位的人员需求时,可在人员间合理分配岗位职责。又如,实验室只有两位人员时,负责行政管理职责的人员和负责操作职责的人员可分担技术和科研部分的职责。

注:本部分中未涉及对各层次工作人员的一般要求,如保密、爱岗、敬业等。

2　规范性引用文件

下列文件中的条款通过GB/T 23470的本部分的引用而成为本部分的条款。凡是注日期的引用文件,其随后所有的修改单(不包括勘误的内容)或修订版均不适用于本部分,然而,鼓励根据本部分达成协议的各方研究是否可使用这些文件的最新版本。凡是不注日期的引用文件,其最新版本适用于本部分。

GB/T 10221　感官分析　术语(GB/T 10221—1998,idt ISO 5492:1992)

3　术语和定义

GB/T 10221确立的以及下列术语和定义适用于GB/T 23470的本部分。

3.1

感官分析实验室人员　sensory staff

实现感官分析实验室主要功能的人员,包括管理人员、科研和技术人员以及操作人员等。

注1:感官分析实验室人员可授以不同岗位(如管理人员、感官分析师、评价小组组长或评价小组技术员等),其岗位的划分主要取决于其所行使的职责(见3.2～3.5)。

注2:本部分中,评价员未纳入感官分析实验室人员之中,因该类人员的基本职责与组织或管理感官检验活动无关,评价员的职责见其他标准。

3.2

感官分析实验室管理人员　sensory manager

感官分析实验室中高层或中层管理人员,负责行政管理和经济预算。

注:该类人员负责制定组织感官分析活动中涉及的培训、技术、科研和质量管理制度等。

3.3

感官分析师　sensory analyst

感官分析实验室中履行专业技术职能的人员，负责监管一个或若干评价小组组长，设计和实施感官研究，分析和解释感官分析数据等。

3.4

评价小组组长　panel leader

感官分析实验室中负责组织管理评价小组的活动、招聘、培训及监管评价员的人员。

注1：评价小组组长可策划和指导感官检验，并分析和解释感官分析数据。

注2：评价小组组长可在一位或多位评价小组技术员的协助下完成任务。

3.5

评价小组技术员　panel technician

感官检验过程中协助评价小组组长或感官分析师进行具体操作的人员，负责感官检验前的样品准备到检验后的后续工作(如：废弃物处理)等。

4 能力和职责

表1和表2分别扼要地列举了感官分析实验室各人员的职责和能力要求。

表1　人员活动及职责一览表

感官分析实验室管理人员	感官分析师/评价小组组长	评价小组技术员
与所有使用感官信息的其他部门保持联系		
组织和管理部门的各项活动		
对感官检验要求的可行性提出建议		
监督指导感官检验活动		
提供项目进展报告，策划和管理研究活动		
设计和实施新方法的研究	设计和实施新方法的研究	
资源的规划和开发	资源的规划和开发	
	完成管理人员分派的任务	
	招聘、选拔、培训评价员	
	选择感官检验的程序、进行实验设计与分析	
	确定评价小组的特殊需要	
	监管从样品准备到感官检验的所有阶段	
	培训下属独立完成日常工作	
	筛选新评价员并协调其定位	
	准备和汇报结果	
	制定感官检验程序表	
	分析数据和提交报告	
	制定和更新计划	
		实验室的准备
		待测样品的制备和安排
		样品的编码
		感官检验回答表的准备和分发
		满足评价员在整个感官检验过程中的需要
		感官检验的准备和实施
		数据的录入
		数据的初步审核
		感官检验样品及其他材料的备份
		废弃物的处理

表 2　人员能力一览表

能力要求	感官分析实验室管理人员	感官分析师/评价小组组长	评价小组技术员
管理能力	组织和策划能力 行政能力(预算、汇报、修改计划等) 商业和环境知识 与产品的生产、包装、储藏以及分发等相关的技术知识	组织和策划能力 行政能力(预算、汇报、更新规划日程) 商业和环境知识	
科研和技术能力	产品知识(产品研发和配方设计) 产品生产和包装的技术知识	产品知识 技术知识 专业背景 统计学知识	实验室操作规程和实验安全常识 食品卫生知识
感官分析能力	感官分析的理论知识 感官分析方法学知识	感官分析的理论知识 感官分析方法学知识 担任评价小组组长或者评价员的实践经验 感官检验的设计、实施及评价 感官分析结果的解释及报告的提交	安排和实施感官检验的理论知识 遵守操作规程
其他能力	内部沟通,与组织内其他部门的联络与沟通 外部沟通(与客户、工业组织及权威部门的联络与沟通) 交流能力(语言和文字表达能力) 人际交往能力 了解团队合作并能激发团队活力的能力	人际交往能力 了解团队合作并能激发团队活力的能力 良好的决策能力 调动小组人员积极性的能力 接受过心理学培训 团队领导能力	有工作热情 可靠并具有责任感 具有职业道德

4.1 管理人员

4.1.1 教育背景及职位要求

感官分析实验室管理人员宜为本公司或组织中的中层或高层管理人员，以便于与其他部门广泛合作，进行有效管理。宜具有产品科学（如食品科学）、心理学或其他相关学科（如化学、技术、工程以及生物学）的专业背景。宜具有良好的人际沟通能力、管理能力、口头与书面表达能力。

4.1.2 能力要求

除针对不同职责的特殊要求之外，应具备的基本能力如下：

a) 管理能力

——组织和策划能力；

——行政能力（预算、汇报和修改计划等）；

——商业和环境知识；

——以人作受试者时的伦理和实验控制知识；

——健康和安全要求知识。

b) 科研和技术能力

——产品知识（产品研发和配方设计）；

——产品生产和包装的技术知识；

——实验室系统的知识，需要时包括微机化系统和软件的知识。

c) 感官分析能力

——感官分析的理论知识；

——感官分析方法学知识；

——感官分析数据采集与分析方法的知识。

d) 沟通和联络能力

——内部沟通，与组织内其他部门和客户的联络与沟通；

——外部沟通，与组织外客户、工业组织及权威部门等的联络与沟通；

——写作能力。

4.1.3 职责

感官分析实验室管理人员应承担的职责如下：

——与所有使用感官信息的其他部门保持联系；

——组织和管理部门的各项活动；

——规划和开发资源；

——质量管理制度和方针的制定并监督实施；

——对感官检验要求的可行性提出建议；

——监督感官检验过程；

——提供项目进展报告；

——设计和实施新方法的研究；

——策划和管理研究活动；

——维护和改善标准操作程序。

4.2 科研和技术人员

4.2.1 通则

在一些组织中具备该职责的人员称作“感官分析师”或者“评价小组组长”。但是对描述性分析的评价小组组长的职责和能力有特殊要求，具体见 GB/T 23470.2。

4.2.2 教育背景及职位要求

感官分析实验室的科研和技术人员宜为组织中的中层管理人员。虽然感官分析教育目前尚未标准化，还不能完全明确该岗位所要求的专业背景，但该岗位的人员至少应具有相关产品科学（如食品科学）和（或）心理学的专业背景。该资质可通过短期的感官科学的理论培训与实践获得。

4.2.3 **能力要求**

针对该岗位的职责要求，应具备的能力如下：

a) 管理能力

——组织和策划能力；

——行政能力；

——商业和环境知识。

b) 科研和技术能力

——产品知识；

——技术知识；

——专业背景；

——接受过统计学培训。

c) 感官分析能力

——感官分析的理论知识；

——感官分析方法学知识；

——担任评价小组组长或评价员的实践经验；

——感官检验的设计、实施及评价；

——感官分析结果的解释及报告的提交。

d) 领导能力

——团队领导能力；

——良好的人际沟通能力；

——良好的决策能力；

——小组人员积极性的调动能力。

上述有些职责可能需要其他经过培训的专业人员来帮助完成，如实验设计和数据分析等可由兼职或全职的咨询人员完成。

该岗位人员应具备统计学的基础知识，能用正确的原理对数据进行解释。

4.2.4 **职责**

科研和技术人员应承担的职责如下：

——完成管理人员分派的任务；

——选择感官检验的程序、进行实验设计与分析；

——筛选新评价员并协调其定位；

——招聘、选拔和培训评价员；

——协助新资源的规划和开发；

——与组织内部人员良好合作；

——确定评价小组的特殊需要；

——制定感官检验程序表；

——监管从样品准备到感官检验的所有阶段；

——培训下属独立完成日常工作；

——分析数据和提交报告；

——撰写公开发表的文章；

——制定和更新计划；

——设计和实施新方法的研究；

——开展新项目。

4.3　**操作人员(评价小组技术员)**

4.3.1　**通则**

感官检验的全过程从样品准备到检验后废弃物处理都有必要设置该岗位。该岗位人员宜具备相关知识背景及技能(如接受过基本的化学实验安全培训,掌握正确准备溶液的实验方法等)。

4.3.2　**能力要求**

针对该岗位的职责要求,应具备的能力如下:

——重要的感官检验知识及实施方法;

——责任感;

——职业道德;

——遵守操作规程;

——细心;

——组织和策划的能力;

——良好的时间观念;

——应变能力;

——良好记录能力;

——健康和卫生知识。

4.3.3　**职责**

操作人员应承担的职责如下:

——实验室的准备;

——待测样品的制备和安排;

——样品的编码;

——评价员的通知和考勤;

——感官检验问答表的准备和分发;

——感官检验过程中对评价员的服务工作;

——感官检验的准备和实施;

——数据的录入;

——感官检验样品及其他材料的备份;

——废弃物的处理。

参 考 文 献

［1］ ISO 6658 Sensory analysis—Methodology—General guidance

［2］ ISO 13300-2 Sensory analysis—General guidance for the staff of a sensory evaluation laboratory—Part 2:Recruitment and training of panel leaders

ICS 67.240
B 04

中华人民共和国国家标准

GB/T 23470.2—2009/ISO 13300-2:2006

感官分析 感官分析实验室人员一般导则 第2部分:评价小组组长的聘用和培训

Sensory analysis—General guidance for the staff of a sensory evaluation laboratory—Part 2:Recruitment and training of panel leaders

(ISO 13300-2:2006,IDT)

2009-04-08 发布 2009-07-01 实施

中华人民共和国国家质量监督检验检疫总局
中国国家标准化管理委员会 发布

前 言

GB/T 23470《感官分析　感官分析实验室人员一般导则》分为两个部分：

——第1部分：实验室人员职责；

——第2部分：评价小组组长的聘用和培训。

本部分为GB/T 23470的第2部分。

本部分等同采用ISO 13300-2:2006《感官分析　感官分析实验室人员一般导则　第2部分：评价小组组长的聘用和培训》(英文版)。

本部分由中国标准化研究院提出并归口。

本部分主要起草单位：中国标准化研究院、中国农业大学、北京工商大学、北京汇源食品有限公司。

本部分主要起草人：汪厚银、刘文、赵镭、吴继红、宋焕禄、李绍振。

感官分析 感官分析实验室人员一般导则 第2部分:评价小组组长的聘用和培训

1 范围

GB/T 23470 的本部分规定了感官分析评价小组组长的聘用与培训总则、主要任务和职责。

2 规范性引用文件

下列文件中的条款通过 GB/T 23470 的本部分的引用而成为本部分的条款。凡是注日期的引用文件,其随后所有的修改单(不包括勘误的内容)或修订版均不适用于本部分,然而,鼓励根据本部分达成协议的各方研究是否可使用这些文件的最新版本。凡是不注日期的引用文件,其最新版本适用于本部分。

GB/T 10221 感官分析 术语(GB/T 10221—1998,idt ISO 5492:1992)

GB/T 23470.1 感官分析 感官分析实验室人员一般导则 第1部分:实验室人员职责(GB/T 23470.1—2009,ISO 13300-1:2006,IDT)

3 术语和定义

GB/T 10221 和 GB/T 23470.1 中确立的以及下列术语和定义适用于 GB/T 23470 的本部分。

3.1

评价小组组长 panel leader

感官分析实验室中负责组织管理评价小组活动、招聘、培训及监管评价员的人员。

注 1:评价小组组长可策划和指导感官检验,并分析和解释感官分析数据。

注 2:评价小组组长可在一位或多位评价小组技术员的协助下完成任务。

3.2

感官分析师 sensory analyst

感官分析实验室中履行专业技术职能的人员,负责监管一个或若干评价小组组长,设计和实施感官研究,分析和解释感官分析数据等。

3.3

感官评价项目 sensory project

有组织的感官分析研究,通常是在企业或研究机构中进行,包括就项目目标与客户达成协议、准备感官分析样品、组织开展感官检验以及对分析结果进行解释并形成结论等一系列步骤。

4 总则

聘用评价小组组长,并通过培训提高其知识水平和技能,以具备如下能力:选拔和培训评价小组人员,组织和开展感官评价活动,评价和汇报感官分析结果。评价小组组长候选人应具备感官分析方法学及统计学的相关经验或知识。

评价小组组长候选人宜具备相关专业的大学学历:如心理学、心理物理学、产品科学(如食品加工技术和食品科学等)、化学和生物学等,以助于对基本科学原理的理解。

5 职责

评价小组组长的一般职责如下:

——评价员的培训和定位；

——评价小组日常工作的开展；

——感官检验的实施。

具体内容见第9章。

6 资质

6.1 感官分析方法学知识

评价小组组长应掌握感官评价的基本原理，以便于工作的顺利开展。若其缺乏该方面的知识，应从感官评价基础培训开始。

6.2 领导力和性格

作为领导者，评价小组组长应自信、具有亲和力、能树立威信以及具有良好的团队管理能力。能通过及时和有效的工作方式引导小组讨论、达成会议目标、完成会议任务。应了解并尽力满足组内各评价员以及整个评价小组技术上和心理上的需求。还应能激励和保持每个评价员的活力，解决好评价小组的内部矛盾。评价小组组长要耐心、公平、诚实、不武断，以增强小组工作的有效性。

6.3 激发团队活力的能力

评价小组组长的领导能力和与评价员之间的互动能力十分重要。因此，候选人应具备领导团队和调动团队的经验，或者通过实践获得该经验。评价小组组长应能够引导、激励和管理评价小组人员，保证评价小组人员能针对项目目标达成合理恰当的结论。评价小组组长应适当关注每位评价员，避免有的评价员过于活跃或拘谨，并能解决评价员之间的矛盾，且不疏远任何评价员。

6.4 沟通能力

评价小组组长是客户与评价员之间的重要纽带。应具有向技术人员和非技术人员解释相关信息的能力和向管理层及新客户介绍评价小组工作的能力。同时也应具备清晰、准确的书面和口头语言表达能力，以便于与评价员之间保持良好的沟通。

6.5 分析思考能力

评价小组组长应具备较强的分析思考能力，能简明合理地解释评价员的评价结果或评价过程中的反应，并能有效地分析数据、阐释结果、做出结论和提出建议等。

6.6 组织能力

良好组织能力包括：

——评价员的培训；

——样品的收集、准备和分发；

——评价工作的指导；

——数据的整理、分析和解释；

——报告的撰写；

——按时间计划完成任务；

——突出重点，合理安排工作。

在培训评价员及组织感官评价过程中，评价小组组长应给予细致的、针对性的指导。

7 评价小组组长的聘用

7.1 有经验的评价小组组长的聘用

科研机构和企业应优先聘用有经验的评价小组组长。

注：选择经验丰富的评价小组组长的主要优势在于：他们熟悉感官评价的所有步骤，除了评定新产品以外，一般都不需要再培训。此外，经验丰富的评价小组组长聘用后能对现有的感官分析小组进行管理及培训。

若感官分析师同时承担评价小组组长或者评价小组组长同时承担感官分析师的工作（如数据分析

和汇报)时,评价小组组长的聘用应考虑其将承担的双重职责。

7.2 无经验的评价小组组长的聘用

候选人的主要来源是企业评价小组人员或经过专门培训的新进人员。企业中的感官分析人员不仅应熟悉该企业产品的感官特性,还应熟知该企业感官分析的流程。当评价小组组长同时承担部分和全部感官分析师的职责时,应聘用具有良好感官分析技能的大学毕业生。

也可聘用评价员作为评价小组组长,因其具有小组培训的经历,熟悉小组的日常工作和团队情况。被选拔者需要学习基本的感官分析方法和在企业里实施的程序,同时也应接受感官分析师的具体监督指导。

8 评价小组组长的培训

8.1 培训形式

8.1.1 通则

评价小组组长的培训有两种方式:一是由有经验的评价小组组长进行培训;二是个人经验积累和参加感官分析部门的短期培训(即在职培训)。本部分中8.1.2和8.1.3中概述了这两种方式。第6章讨论了通过这两种方法培训后应获得的相关知识和技能。若聘用的人员需同时担任感官分析师和评价小组组长两个职位,应参加两个岗位的培训(见GB/T 23470.1)。

8.1.2 由有经验的评价小组组长进行培训

具备基本条件(见第6章)的评价小组组长候选人可由本组织中或者咨询机构中有经验的评价小组组长进行培训,建议聘请知识丰富的专家指导培训过程。当涉及特殊感官分析方法时,需聘请对该方法有丰富经验的评价小组组长或顾问(以下统称为有经验的组长)来对评价小组组长进行培训。

评价小组组长候选人首先应由有经验的组长对其进行感官分析方法学基本理论的培训,或参加感官分析课程的培训,这两种方式也可同时进行。此外还建议评价小组组长候选人能利用相关教材、指导书及杂志等资源学习感官分析实验设计、方法学、数据分析和报告指南等知识。

在学习感官分析方法学之后,评价小组组长候选人可由有经验的组长通过以下任意一种方式培训:

——让候选人以评价小组组长的身份,或在进行描述性分析时以一名优选评价员的身份参与一个评价小组的培训项目;

——一对一培训。

一般而言,评价小组组长候选人主持小组讨论,向有经验的组长汇报小组及组内评价员的评价进展情况,并向有经验的组长咨询所遇到的问题。有经验的组长向他们提供建议,例如指导他们如何解决组内人员的不同意见,如何阐明重要的概念,如何与不同的评价员相处,如何为评价小组组长候选人提供支持、鼓励和指导,使他们获得经验并更加自信。

评价小组组长候选人学习策划评价小组会议、样品准备、设立检验对照、评估评价员的表现、对数据进行基本分析和解释以及报告实验结果等。有经验的组长可继续监督候选小组组长及其人员履行感官分析步骤,直至其胜任感官分析工作为止。

鼓励评价小组组长候选人通过组织、协会或专业机构等途径与有经验的组长和感官分析师等建立个人联系,以作为小组组长之间交流信息和分享经验的来源。

8.1.3 在职培训

8.1.3.1 通则

某些情况下,评价小组组长候选人可通过小组工作,与小组人员交流合作,或从其他途径(如短期课程和研讨会)收集信息等来积累经验,逐渐成长为该领域有经验的专家。

8.1.3.2 与小组人员的交流与合作

没有经验的评价小组组长若受聘于管理一个已建立的评价小组(如描述性分析的评价小组)时,可通过交流与合作从组员中学习到很多有价值的信息。新任的评价小组组长应具有亲和力,能在向组内评价员学习和积累经验的过程中树立威信。

新任的评价小组组长与小组人员之间的交流与合作有助于熟悉感官评价的操作流程，熟悉样品感官特性的描述、量化与评价，熟悉参比样品，在与小组人员的共同工作中获取经验。新任的评价小组组长应从熟悉小组的工作流程开始，逐步胜任小组组长的岗位。

上述技能可通过以下学习和实践经验强化(见8.1.3.3)。

8.1.3.3 学习和实践经验

评价小组组长的必备技能可通过学习获得。

学习和实践经验应包括以下几点：

a) 掌握感官检验的相关基本原理；

b) 参加激发团队活力的课程培训，或者参加能培养此能力的社会团体活动；

c) 参加感官分析方法学和与小组管理相关的课程及技术会议；

d) 如有可能，对大学或企业中的感官评价小组和小组组长进行访问、交流；

e) 阅读专业杂志和书籍。

8.2 基本知识的获取

8.2.1 通则

评价小组组长应具备的背景知识可分为感官分析方法学知识和感官特性的相关知识。

8.2.2 感官分析方法学基本知识

评价小组组长应熟悉主要的感官分析方法和感官检验控制。对感官评价方法相关知识的掌握有助于评价小组组长更好地设计实验，解释项目中的相关数据，并对完成项目所需的其他感官检验提出需求或进行设计。

评价小组组长至少应掌握以下知识：

——熟悉差别检验(差别和相似)、描述性分析和消费者偏好检验(定量和定性)的各种类型及其应用；评价小组组长应非常熟悉所领导的感官分析小组的基本原则、操作流程及其主要议题。

——了解实验控制要求(包括环境、仪器、样品储藏、样品的制备及分发)对样品及其评价结果的准确性所产生的影响。

8.2.3 感官特性相关知识

评价小组组长应了解待评价产品的感官特性，以保证实验设计的合理性和有效性。还应了解感觉器官对感官特性的感知能力，从而能策划和指导不同评价小组的工作。

8.3 个人能力的提高

8.3.1 通则

为有效地策划和召开评价小组会议，评价小组组长应具备多种能力，主要包括策划和组织小组会议的能力以及激发团队活力的能力。评价小组组长候选人最好已具备上述能力(见第6章)。

8.3.2 评价小组活动中组织能力的培训

由于评价小组的任务是完成种类多、数量大而且比较复杂的感官评价实验，因此合理地策划和组织感官评价活动十分必要。

培养组织能力最有效的方法是与有经验的评价小组组长一起工作。他们不仅能为评价小组组长候选人就如何组织及实施感官检验提供具体的指导，而且还可组织一个项目以便于评价小组组长候选人观摩学习。

如果不能与有经验的评价小组组长一起工作，那么候选的评价小组组长应制定一个完整的活动实施纲要，建立时间进度表，同时按照计划指导所有的活动。在执行过程中如有必要可修改计划，但应在计划表中记录下来，以便于下一步骤的计划和实施。

8.3.3 激发团队活力能力的培训

评价小组组长应具备多种能力，才能够成功地管理小组和激发小组的活力(见第6章)，可通过阅读和实践或参加培训来培养。

没有经验的评价小组组长更需加强实践，与评价小组一起工作，把握团队合作情况及小组动态。

8.4 其他培训

某些情况下，除策划和召开小组会议外，评价小组组长有时还应承担其他责任，包括数据采集、分析、说明，以及撰写和汇报实验结果等。评价小组组长若需履行部分或全部感官分析师的职责，应对其进行额外相关的培训。此外，评价小组组长还需接受食品卫生知识、伦理学知识和安全知识等方面的培训。

9 培训描述性分析的评价小组组长的注意事项

9.1 通则

大多数评价小组组长都要承担培训描述性评价小组的职责，包括选择合适的方法、聘用评价员、组织培训的准备工作、实施培训、在整个培训过程中监督小组的表现以及在培训结束后启用评价小组等。

9.2 描述性分析的评价员的培训

9.2.1 通则

评价小组组长应负责对评价小组进行定期培训，也可能对不同类型的评价小组进行培训，包括常规评价小组（即对各种风味、香气及触觉特性等评价的小组）、特定产品评价小组（即对一类或几类产品的感官特性进行评价的小组）和特殊功能评价小组等。

评价小组组长宜具有描述性分析和产品评价方面的丰富经验，以能完成评价员各个阶段的培训工作。也可在经验丰富的评价小组组长或者专家（如组织内部有经验的专家或外部的专家顾问）的支持下，完成对评价员各个阶段的培训工作。

对评价小组组长的其他资质要求也非常重要，具体见第6章的规定。

评价小组组长在小组培训中的主要工作见9.2.2至9.2.4。

9.2.2 选择培训评价员的方法

有经验的评价小组组长应选择或者设计最合适的方法或途径来培训评价小组。选择或者设计培训方法时应考虑以下两个因素：

——选择恰当的描述性分析方法；

——确定要培训的类型[如某些评价小组要接受训练以能评价所有能够感知的感官特性及其强度，而另一些评价小组（如品质控制小组）则要求能评价品质等级]。

9.2.3 评价员的聘用

评价小组组长会不时地聘用新评价员，因此应选择最适合的聘用方法。选择方法时应主要考虑以下两个方面：

——确定最适合的方法进行招聘公示和筛选有潜力的感官评价员；

——选择筛选程序，以筛选出具备一定技能并能承担感官评价项目的评价员。

9.2.4 新评价员的培训

评价小组组长时常需要对新选拔的评价员进行培训，使他们能够及时融入现有的小组中，以备候补。评价小组组长每次培训5名～8名新评价员为宜。在培训过程中，鼓励小组人员之间互相交流，使他们熟悉未来的合作，融入集体。每一位参加培训的新评价员正式加入评价小组之前，都应通过考核。考核时，新评价员与现有的优选评价员分别对一系列样品（均包括双份样品）进行感官评价，新评价员达到要求的水平后即完成培训。

9.3 评价小组日常工作的开展

9.3.1 评价小组的监督

评价小组组长应记录评价员的表现并进行监管，以确保评价小组能维持期望的评价水平（如保持评价结果的一致性）。

若评价小组的表现低于要求的评价水平，评价小组组长应采取补救措施。评价小组评价水平的降低，可能与单个评价员有关，也可能与评价程序或评价样品的感官特性相关。

9.3.2 小组讨论会的召开

当一组样品评价结束后，评价小组组长应召开讨论会，检查评价中有无术语使用不一致的地方，确定需要进一步培训才能评价的较难评价的特性，以及鉴别出哪些评价员所评价的样品或特性与其余的小组人员不一致。

9.3.3 数据的检查

评价小组组长应绘制图表，总结和分析数据来考察小组人员的表现。通过检查评价小组得到的数据，评价小组组长可发现差异较大的感官品评分值，剔除过高或过低的实验结果，以及排除产品之间或评价员之间的相互影响。

9.3.4 评价小组的规范

评价小组组长应定期召开专门会议，规范优选评价员。会议内容包括以下几个方面：

a） 讨论所使用的术语：重点讨论不同评价员之间评定结果相差较大的感官特性；

b） 提供参比样：让评价员熟悉参比样，以明确评价术语或建立产品评价的标准；

c） 讨论样品提供和评价的方法；

d） 使用修改过的术语或新的参比样进行产品评价；

e） 讨论产品评价结果。

9.4 描述性分析的感官评价项目的实施

9.4.1 通则

评价小组组长的主要任务是确保描述性分析的准确实施。应采取的步骤包括：与实验委托方交流，策划召开专门会议，选择正确的实验设计，实施检验，分析和说明数据，撰写最终报告。

9.4.2 实验设计

评价小组组长应协助提供实验设计所需要的各类信息，包括：

——样品的数量及类型；

——重复次数；

——评价员的数量及类别；

——所需样品总量；

——实验设计；

——所需召开专门会议的次数；

——实验时间；

——数据的收集程序、录入及处理。

检验开始前，应制定出样品准备和分发的计划。评价小组组长应与负责制备样品的技术员一同工作，以确保样品按照标准程序制备，并按照实验设计的顺序分发。

9.4.3 检验环境

评价小组组长应确保检验环境能满足样品评价的要求。

9.4.4 样品量

评价小组组长应确保有足够量的样品来完成感官评价项目。

9.4.5 专门会议的召开

9.4.5.1 通则

描述性分析的评价小组组长的主要职责之一是召开专门会议，其目的是：

——通过广泛采样和重复实验，提高评价员对待测样品感官特性的识别、确定、定义和建立参比样的能力；

——规范操作流程；

——使评价员熟悉某些特定的检验方法。

9.4.5.2 专门会议的召开

评价小组组长应不断召开专门会议，组织实践，直到评价小组能够重复得到准确、一致的检测结果。采用圆桌会议的形式往往非常有效，可保证评价员之间较好的交流。

专门会议中，评价小组组长应做到以下几点：

a) 提供足量的与待测样品同类的产品，便于评价员辨别样品的感官特性；

b) 协助评价员确定待测样品特有的感官特性；

c) 对特定的感官特性或强度的样品，提供参比样作为参考；

d) 协助建立特定且统一的方法来测定待测样品的每一种特性，包括品尝时的样品量、样品在口腔中的位置、咀嚼的次数、提供样品的数量及摆放位置、样品与评价员之间的距离，标准化程序对减少非试验性因素对评价结果的影响非常重要；

e) 建立一套固定的评价程序，包括评价的特性、标度、顺序、方向和地点等；

f) 在预实验中确定检验方法是否合适，并在需要时进行调整。

9.4.6 实施检验

在实际检验过程中，评价小组组长应确保严格执行检验步骤，回答评价员所提出的问题，保证提供的参比样品随时可用，并收集实验数据。评价结束后，必要时，评价小组组长可组织召开小组讨论会。

参 考 文 献

[1] ISO 3972 Sensory analysis—Methodology—Method of investigating sensitivity of taste

[2] ISO 5496 Sensory analysis—Methodology—Initiation and training of assessors in the detection and recognition of odours

[3] ISO 6658 Sensory analysis—Methodology—General guidance

[4] ISO 8586-1 Sensory analysis—General guidance for the selection, training and monitoring of assessors—Part 1: Selected assessors

[5] ISO 8586-2 Sensory analysis—General guidance for the selection, training and monitoring of assessors—Part 2: Experts

[6] ISO 8589 Sensory analysis—General guidance for the design of test rooms

[7] ISO 13299 Sensory analysis—Methodology—General guidance for establishing a sensory profile

[8] Guidelines for the selection and training of sensory panel members. ASTM Subcommittee E-18 on Sensory Evaluation of Materials and Products, American Society for Testing and Materials, STP 758, Philadelphia, 1981.

[9] HOOTMAN R C. Manual on descriptive analysis testing for sensory evaluation [M]. American Society for Testing and Materials, MNL 13, Philadelphia, 1992.

[10] CHAMBERS E IV, WOLF M B. Sensory testing methods. American Society for Testing and Materials, STP 434, 1977, revised 1993.

[11] AMERINE M A, PANGBORN R M, ROESSLER E B. Principles of sensory evaluation of food [M]. New York: Academic Press, 1965.

[12] CIVILLE G V, SZCESNIAK A J. Guidelines to training a texture profile panel [J]. Journal of Texture Studies, 1973, 4: 204-223.

[13] RUTLEDGE K P, HUDSON M J. Sensory evaluation: methods for establishing and training a descriptive flavor analysis panel [J]. Food Technology, 1990, 44(12): 78-84.

[14] MEILGAARD M C, CIVILLE G C, CARR B T. Sensory evaluation techniques[M]. Znd ed. Boca Raton, FL: CRC Press, 1991.

[15] STONE H, SIDEL J L. Sensory evaluation practices [M]. 2nd ed. New York: Academic Press, 1992

[16] ZOOK K, WESSMAN C. The selection and use of judges for descriptive panels [J]. Food Technology, 1977, 31(11): 56.

[17] JELLINEK G. Sensory evaluation of food: theory and practice [M]. Weinheim, Deerfield Beach, Fla: VCH Verlagsgesellschaft, Basel, and Ellis Horwood, Chichester, 1985.

[18] MCDANIEL M, HENDERSON L A, WATSON JR B T, et al. Sensory panel training and screening for descriptive analysis of the aroma of pinot noir wine fermented by several strains of malolactic bacteria [J]. Journal of Sensory Study, 1987, 2(3): 149.

[19] MUNOZ A M, CIVILLE G V, CARR B T. Sensory evaluation in quality control [M]. New York: Van Nostrand Reinhold, 1991.

[20] RAINEY B A. Importance of reference standards in training panelists [J]. Journal of Sensory Study, 1986, 1: 149-154.

[21] LAWLESS H T, HEYMANN H. Sensory evaluation of food, principles and practice [M]. Gaithersburg, Maryland: Aspen Publishers Inc., 1999.